毛治國

國立交通大學出版社

作者介紹

毛治國

成功大學土木工程系畢業，曼谷亞洲理工學院碩士、美國麻省理工學院博士。工作經歷涵蓋學、官、產三界。曾任交通大學教授、系主任、講座教授兼管理學院院長；交通部主任秘書、觀光局長、高鐵籌備處長、常務次長（並曾短期兼任民航局長）等職務。第一次政黨輪替後，曾任中華電信董事長；第二次政黨輪替後，出任交通部長，行政院副院長、行政院院長。2015 年 2 月退休，目前為交通大學終身榮譽教授。入選國際智能運輸大會名人堂，並為中華民國管理科學會管理獎章得獎人。

毛治國於交通部主任秘書任內協助啟動交通各業的自由化政策；觀光局長任內創辦臺北燈會（後改稱臺灣燈會）；高鐵籌備處長任內完成臺灣高鐵工程規劃並引進民間參與公共建設的 BOT 模式。交通部常務次長期間完成「電信三法」的制定，並推動電信市場開放；後轉任中華電信董事長，推動公司民營化並再造其企業競爭力。交通部長五年任內：推動兩岸觀光、民航、海運三通政策，八八風災期間曾任中央應變中心指揮官，災後重建原住民部落原鄉交通幹線；另完成臺灣公路幹線危橋全面改建（原定六年計畫縮短爲兩年完工），完成五楊高架公路工程（工期縮短兩年、經費節省 1/3 近 300 億元），貫通十二條東西向快速公路，完成桃園機場第一航廈改建，完成花蓮臺東鐵路電氣化，推出「台灣好行」觀光巴士與「郵輪式」鐵路觀光列車，完成全球首案的高速公路系統全面電子收費，設立年度性預算科目、全面改善公共運輸服務品質；以及揭舉社會公平與安全目標，化解環評爭議，推動蘇花公路山區路段改善工程。行政院長一年任內：解決臺灣高鐵財務問題並將其公開上市，通過「溫室氣體減量管理法」、「實驗教育三法」、「長期照顧服務法」，修訂「公司法（增訂閉鎖型公司條款）」改善青年創業環境，通過實施房地合一稅制，核定「高齡社會白皮書」與「生產力 4.0 發展方案」，設立「新住民事務協調會報」融合族群，推動社會企業發展，開放政府資料（獲國際組織評比全球第一名）。

毛治國把探索決策力與執行力的竅門當作一生的功課，並將職涯中的理論檢驗與實踐心得，分別納入《決策》與《管理》兩本著作。2003 年出版的《決策》歸納出「見識謀斷」四部曲模式，提出「決策不只是選擇」的看法，將決策研究帶出傳統理論的誤區；2018 年的《管理》，除深化決策四部曲內涵外，更根據複雜系統的科研成果，演繹出以「因緣成果」原理為核心的自組織系統理論，為迄今尚未被東西方管理學界正視的「執行」概念，建立理論基礎。綜合來說，他所提倡的是一套「用勢不用力」的管理觀。

自序

這是一本寫給領導者，或想當領導的人看的書

自序是保留給作者用來說明：為什麼寫這本書、寫給誰看、怎麼寫成的、寫了些什麼內容，以及向協助成書的幕前幕後參與者表達謝意的空間。以下是本書的故事。

動機

我是個相信「好理論必然實用」的人。自己的親身見證是：從 1987 年第一次離開學校教職進入政府工作，近 30 年的公務生涯當中，雖經歷過許多性質完全不同的職務，但我的「隨身行囊」中始終長相左右的只有兩件法寶——決策與執行兩套理論。第一件法寶讓我知道如何看清問題、確立對策；第二件法寶讓我知道如何運用組織的力量，將自己的理念付諸實施。而為了分享這一信念，就在 2003 年第一次離開公職時，把自己對決策這一題目的經驗與心得整理出書[1]；當時也曾預告還要再出一本以執行為主題的書，以便與決策搭配，使它們成為從知到行的完整套書，供企業管理與公共行政工作者參考。

自從 1978 年赴美求學開始，自己逐步從工程轉入管理領域以來，除了大半政府公職生涯外，也兩度在交通大學管理學院專任

---

1 《決策》，2003，台北：天下雜誌出版社。

教職，累計超過十年時間。回想起來，我比其他管理學者幸運的是：有機會利用大半輩子的職涯作為實驗平台來檢驗管理理論；而另方面我又比一般行政與企業管理工作者幸運的是：因為受過學術訓練，所以只要有心，就有機會從工作經驗中去發展管理理論。而2003年的《決策》一書，就是從上述的著眼下筆，所寫都是經過實務驗證或自己從工作經驗中領悟出來的決策原理。事隔15年，自己已從職涯退休，又動念再次寫書，就決定乾脆將決策重寫，並將它與尚未撰寫的執行合併成一本書，用管理作書名來出版。

概念架構與示例取材

本書在宏觀結構上與《決策》相同的地方是：為了使讀者對全書主題能有全貌性的了解，避免內容碎片化，所以都先提出了一個具有原創性的整體概念架構，然後再把許多歷久彌新的經典理論或經過篩選的新理論納入架構。而2003年《決策》的原創性概念架構是「見識謀斷」四部曲。

本書以管理為主題，開宗明義就把決策與執行當成管理提綱挈領的兩個核心工作。其中的決策因已有前書見識謀斷的架構可資利用，無需另再張羅；至於其中的執行則根據以下認知另再為它發展出一套概念架構。首先，本書認定執行是利用組織作工具，以群策群力方式完成的一種工作。其次，本書再將執行區分成大小兩個範疇：把由經理人奉命行事，單純利用既有組織，將決策付諸施行的執行工作稱為小執行；而把由領導者親自帶領，根據「先利其器、再善其事」精神，先進行「組織變革」再利用新組織作工具，去實現決策宏大願景的執行工作稱為大執行。其三，因為本書以探討大執行為重點，所以發展出一套稍後會再說明的新組織變革理論，作為大執行的概念架構。

本書用來解說理論用的案例，在取材上與《決策》只用古典案例的情形已有不同。本書，包括重寫的決策那部分內容在內，都採用了許多我自己職涯中親身經歷的案例，用來印證書中的理論，主要是回應《決策》書友們的回饋意見，因為許多人認為：第一人稱的案例會更有說服力。

成書過程

本書決策各章的內容，主要是將《決策》的見識謀斷四部曲，用事實、價值兩前提的二分法，再細分成八個步驟所作的更深入討論。由於這一部分的寫作背景與前次成書並無太大出入，因此我特別將共發行了三版的《決策》第一版自序保留了下來，以便有興趣的讀者可據以了解我當年寫書的動機與過程。

至於本書執行部分的內容，原曾構想以傳統組織變革理論為核心來下筆，並認為應可很快就可殺青成書。但實際的撰寫工作卻一耽誤就是將近 15 年時間，原因不在工作繁忙——因為公餘之暇讀些有難度的書，一直是我用來轉移焦點，自我放鬆的「以毒攻毒」偏方，所以時間不是問題——根本的問題是自己鑽入了理論上的牛角尖。

1995 年前後全球出現了許多介紹複雜系統（complex system）的科技普及讀物，使我注意到這套發展自 1970 年代自然科學領域的新系統科學所提到的自組織（self-organizing）概念，因為具有司馬遷所稱「究天人之際、通古今之變」的特性——貫通自然與人文科學領域，可用來理解自然、生命與人文社會現象——所以也應可用來處理目前的組織理論，特別是組織變革理論，還無法圓滿解釋出現在現實世界的許多問題。從那時起我就曾動念，有朝一日應該把這套有趣的理論引進管理界。結果，等到正式動手寫執行有關內容時，「爲什麼不用這本書來推廣自組織理論」的念頭，就一直魂縈夢繫、揮之不去，最後終究忍不住自我挑戰的誘惑，就下定決心去捅這個難惹的大馬蜂窩——因為學術上，這個馬蜂窩是一個大到可稱為科學典範（science paradigm）的大問題。

牛頓典範與複雜系統

目前管理領域的組織理論採用的是牛頓機械論的系統典範。這個從工業革命後，就被許多不同領域學門共同採用的系統概念，它的最大問題是只把任何拿來探討的系統，都一律當作沒有生命的人造機械來看待，所以就沒有能力來處理具有生命力的有機系統——包括人類社會與組織——所實際出現的生命演化現象。傳統的牛頓系統典範出現了與事實脫節的現象，就只能用替代性的新理論來重建一套新典範才能化解危機。而複雜系統論就是這個替代性新理論的主要候選者。

但問題是複雜系統論是個龐大的理論家族，發展上又各有淵源，到目前為止全世界都只把這套分支眾多的理論，用各分支自有的專門語彙以科普讀物形式向外推廣。而這些科普讀物的文字雖已力求軟化，但實際上仍充滿科技術語所形成的文字障，以致對一般耐心不夠的讀者來說，就不免把它們當成晦澀難懂的「新易經」，根本無從入門一窺堂奧。

說到《易經》，傳統解易向來有「象數」與「義理」兩條路線——前者直接針對易卦的卦象本身進行技術性解讀；而後者則探討《易經》文字中所蘊含的哲學意涵——因此以解易的雙路線來比擬，目前有關複雜科學的科普讀物，幾乎都以類比於「象數派」比較瑣碎的技術性、細節性內容為主；真正可供非科研出身的管理者直接應用，屬於「義理派」完整的新系統哲學概念，以及可用以了解複雜系統全局特徵的訊息，到今天都還不存在。

所以情勢很清楚，橫亙在我這個「業餘」登山者面前的，是一座高不可攀「系統科學典範重建工程」的學術大山。雖然在後來的登山過程中，我也常自問「只為了喝牛奶，真值得去養頭牛嗎？」但又因為自認只是個「業餘」者，並沒有攻頂必須成功的壓力，所以就在沒什麼好損失的心情下，展開了攀登這座學術大山的奇異探索之旅。

為喝牛奶養頭牛

整個探索歷程歸納起來可分成「究今、辯古、以今解古、借古喻今」幾個階段。所謂「究今」是：(1) 對分支眾多、重點各異，並且完全是以生硬數理語言所表達的複雜系統理論——本書涵蓋耗散結構、混沌、巨變、協同、分形（dissipative structure, chaos, catastrophe, synergetics, fractal）等五套理論——我仍必須先從「象數」之學入手，搞清楚它們究竟在講些什麼；(2) 我還得再動手把這些系出多門、各有淵源的立論，予以不斷解構以分析出其中的含金量，然後再設法將它們重組以尋找出埋藏其中的一貫脈絡——這就進入難度極高、令人衣帶漸寬寒徹骨的「義理」之學森嚴領域。事實上，一直等到這一摸索過程後期，也就是漸修到一定程度後，我才在驀然回首中頓悟出兩個道理：(A) 自組織概念是隱藏在所有複雜系統理論中的公約數，也是撐開複雜系統這頂大傘，使它綱舉目張的軸心傘柱；(B) 要建構一套新的演化系統論，關鍵在能否發現複雜系統的創生、存在與演化等各生命階段所遵循的規律。於是我就在打通這兩個竅眼後，重新回頭去篩揀各個理論間可相互勾稽與參照的意涵，並嘗試利用這些素材去綜整出一套前後連貫的理論脈絡。

至於「辯古」與「以今解古」是：在解讀複雜系統「義理」過程中，我頓然發現如果「古人所稱天道用大自然的自組織力量來理解」的話，那麼複雜系統所蘊含的哲學意涵，其實與許多古人直觀的洞察不謀而合；甚至可用複雜系統科研成果作為古人直觀智慧的現代科學佐證。不過為了避免誤解古人，落入斷章取義、牽強附會的陷阱，在辯古過程中我也花了不少時間重新查閱《易經》、《老子》、《莊子》、《荀子》、《韓非子》、《孫子》，乃至相關佛經等文獻，去確認相關古典概念的意義。至於其中在解讀上素來眾說紛紜的部分玄奧概念，我則嘗試用複雜系統的新理論去「以今解古」，來論證哪一套傳統古老說法最接近現代科學的新發現。

最後「借古喻今」則是：在把複雜科學理論轉化成管理語言過程中，我又發現：借用以今解古所篩揀論證過的古典詞彙，來作本書所綜整成果的標籤的話，就可把這一套內容複雜的新概念，用相對言簡意賅的方式表達出來。「以今解古」與「借古喻今」其實是一種雙向詮釋的「既述且作」論述方式，我就用這一方式從複雜系統的科研成果中彙整出：(1) 宏觀三原理——因緣成果、常變循環、臨機破立；(2) 微觀三原理——因勢利導、量變質變、共生演化；以及 (3) 支撐宏觀原理的六法則——和合律、自強律、守常律、應變律、分岔律、因革律。我認為本書所發現與歸納的六原理與六法則，代表的是人類組織「創生、存在、演化」生命歷程所遵循的一套自組織規律，也是可用來發展更全面性新演化系統論的一套積木（building block）元素。

二十年鑄一劍

以上說得頭頭是道的過程其實只是事後說來輕鬆的描述。因為這一趟奇異探索之旅，對我來說其實是一趟無從預知盡頭，又充滿了一次次山窮水盡、柳暗花明轉折的孤獨冒險；而最後收斂到採用六原理六法則的方式，來呈現本書所綜整的自組織規律，也相當於是經歷了不計其數打掉重鍊的鑄劍苦行，無數次一再易稿重寫後，才終於淬鍊定型的版本。

從開始涉獵複雜系統科學理論的1996年算起，我用了「二十年鑄一劍」的工夫「登山」，但自己究竟登上峰頂沒有？遠處飄渺的雲霧中，是否還藏著另一座更高山峰？對身為「業餘」者的我來說，不想妄加判斷。但可確定的是：從「喝牛奶」的需要來看，本書目前「養的這頭牛」應該已經夠用。

自組織為體、他組織為用

回到典範危機的題目。我發現人類文明原本就是大自然「自組織」無形之手和人類「他組織」可見之手，共同合作下所創造的成果。例如，古人就曾利用「揠苗助長」的寓言，很早就提醒我們：人類的可見之手充其量只是用來改善作物的生長條件而已，因為作物本身的成長是大自然無形之手的工作，人類根本不可能越俎代庖、妄加插手。換句話說，人類文明的創造從來就是以「自組織為主、他組織為輔」方式完成，人類或許因過於自我中心，所以只看到這一過程中自己可見之手的努力，而忽略了大自然無形之手的更大貢獻。牛頓典範世界觀也因為看不到自組織力量的存在，就使上述盲點造成的問題更形變本加厲。

本書根據對自組織力量的重新認識，提醒管理者：管理的世界其實是一個「自組織之海」的世界，不過因為自組織之海本身不具方向性，所以管理者必須建立「自組織為體、他組織為用」的管理觀，善用自己的決策力與執行力所產生的他組織可見之手功能，將自組織之海轉化成具方向性的管理工具，然後管理者就可在「自組織出力量、他組織給方向」的「用勢不用力」方式下，借助自組織之海的力量取得管理成果。

寫給領導者看的書

本書融會東西方管理哲理，探索領導者決策力與執行力的竅門，闡釋「決策不只是選擇、執行不只是奉命行事」的道理。韓愈說「一時勸人以口、百世勸人以書」，我希望這本將自己近四十年來對管理理論的思考，以及從管理實務中所獲的心得，沉澱反省後不揣簡陋拿出來與讀者分享的書，對現職領導者，可成為一本歷經實戰檢驗的教戰手冊；對未來領導者，可成為一本內功外功兼修的進修教材；而對卸任領導者，也可成為一本分享人生哲理的心得報告。

本書內容鳥瞰

本書共有十二章，除第一章緒論說明管理、決策與執行的基本概念外，其餘內容區分為決策、執行與綜論三部分。第一部分決策共四章，分別將「見、識、謀、斷」決策四部曲，較過去版本更進一步，利用事實與價值前提二分法，將它們展開出「察徵候、顯問題；審事理、定目標；籌對策、推後果；評利弊、作取捨」八個單元，詳細說明什麼是決策、如何做決策。

第二部分執行也有四章，分別討論「行、自組織、領導、戰略」四個主題。其中行的一章以討論小執行為主，並納入管理者因應日常風險的危機管理議題。自組織一章則根據複雜科學的科研成果，以自組織為經，系統的創生、存在、演化生命歷程為緯，綜整出一套可用以解釋人類組織生命現象與生命過程的組織變革規律。而領導與戰略兩章則根據「自組織為體、他組織為用」管理觀，針對管理者所擁有最強勢的領導與戰略這兩個他組織力量，說明它們在「自組織之海」中發揮功能的方式；其中戰略一章並對《孫子》採以今解古方式，解析出可與自組織宏觀與微觀原理相互對應的「孫子五律」——勝負律、奇正律、破立律、先勝律、全爭律——作為他組織之手發揮戰略力更具體的指導原則。

第三部分綜論有「案例、管理者、管理之道」三章。其中案例一章是本書管理觀的檢驗與印證，採用了 2008 年被哈佛商學院撰寫成亞洲企業轉型教學個案的「中華電信（2000-2003）組織再造」，以及發生於 1978 年的「埃及 – 以色列大衛營和平協議談判」兩個經典案例。在中華電信案例中，我是以第一人稱的方式說明當年帶領那場變革的心路歷程，並應用本書理論分析那場變革所以會以那種方式發生的道理。其次管理者一章則聚焦決策者多元風格的發展，以及領導者用人、治事、修己功夫的鍛鍊等議題。最後管理之道一章，除歸納決策、執行、組織變革、領導、戰略等基本概念外；另以既述且作方式，將自組織原理與古人智慧結合，以「遵天道、興人道（自組織為體、他組織為用）」的管理觀作為歸納，申論管理學「術有其道、用有其體、變有其常」的「變中的不變」道理。

本書另有二篇附錄分別介紹：出現在自然界的兩種典型耗散結構——貝納花紋、B-Z 化學鐘反應——說明它們的發生過程與原理；以及應用尖點巨變模型解析民主選舉所出現的自組織「棄保」現象；以期增進讀者對自組織現象的認識。

本書因篇幅較大，採用套書方式分兩冊出版[2]。第一冊取名「見

2 本書一版分為上、下兩冊，首刷於 2018 年 2 月出版。唯為使內容文字更臻精確，本書於 2018 年 8 月推出二版，將上、下兩冊合訂為一冊，除校改一版疏漏之處外，並將「價值律」易名為「和合律」，微觀三原理之一的「用勢不用力」原理，易名為「因勢利導」原理。特此說明。

識謀斷談決策」，內容包括上述第一到第六章；第二冊取名「因緣成果論執行」，內容包括第七到第十二章與附錄。

致謝

本書能夠順利出版，首先感謝國立交通大學出版社不計篇幅，全力支持本書的問世；其次要感謝責任編輯程惠芳小姐與助理編輯陳建安先生的不辭繁瑣，完成本書近三十七餘萬字的編輯校稿與出版發行工作。當然必須特別感謝華人管理學界的宗師許士軍老師，耐心閱讀冗長的原稿，並撥空為本書撰寫六千餘字精闢導讀，使本書經此加持，光采與價值倍增。另外，也要感謝中研院王汎森院士熱心閱讀我在早期用自組織理論來解讀工業、資訊與網路等歷次產業革命過程所寫的草稿，並提供許多寶貴高見；而台灣大學石正人教授則閱讀與討論過有關動物自組織行為的較早草稿，可惜後來都因篇幅關係無法將那些內容予以納入，或可留待日後作為另出他書之用。又為了印證理論，本書採用許多我自己職涯中發生的案例，但它們其實都是在相關工作夥伴一起協助下才能完成的成果，所以要在這裡向他（她）們表達最大的感謝與祝福——這些案例都是大家美好的共同記憶。而對在職涯中協助我長達 27 年的蕭淑嫻小姐，也要向她再次表示謝意。最後，還要感謝內子錢瑩瑩女士與我的家人，在本書數易其稿的冗長成書過程中，對我的支持與包容。

毛治國 序於台北市
二〇一七年十二月卅一日

導讀

許士軍
逢甲大學人言講座教授
台灣董事學會理事長

前言

認識本書作者毛治國教授應該有三十年以上的光景，稱呼這位老朋友為教授，是從他著書立說的身分。否則以他這三十年來在學術、教育、政府和業界各方面的不凡經歷與成就，是很難找到一個適合的稱呼的。

兩個多月以前，承他以本書手稿見示，並囑作序，深感榮幸。全書計十二章，都三十七萬言。在首章概論中以管理的核心在於決策和執行開始，作為全書之龍骨，並兼及討論管理是科學還是藝術這些基本問題，最後以第十二章「管理之道」貫穿全書，融合總論結束。就這開始和結束的結構而言，表面上似乎和一般管理學無殊。但一經細讀進去，頓然發現，在這始末之間以及各章文字背後，有如進入一座典雅精奧的學術殿堂。譬如以本書中討論管理核心工作的決策為例，乃按「見」、「識」、「謀」、「斷」四項，各以一章文字闡述其中道理。再以其中「見」而言，先由第一層次的「刺激－反應」的感知作用原理開始，再進入到第二層次「顯問題」，抽絲剝繭，層次分明，邏輯清晰。尤其在學理之中，融入作者自實務中深入觀察所獲得的獨到見解和體悟，這是在同類管理學中極為罕見的。

這些特色，見之於這一章，也貫穿全書，渾然天成，如非出自作者多年之用心、專注、深思、明辨，是不容易達到這一境界的。這也印證了作者在首章結語中所說，「原則性的管理知識，基本上是來自個人經驗所轉化的直覺體悟」，但是他又接著說「如何把個人化的直觀經驗轉化為具公共性的可教可學知識，就是產生管理知識或理論必須跨越的重大門檻。」他總括地說，管理理論「都不外是在歸納前人實證經驗的基礎上，再加上學者對問題特徵的理解與洞察」，經由這一段話，讓我們瞭解作者著作本書以及治學的基本態度。

管理學之發軔與性質

至於管理這一學科究竟是「科學還是藝術」，長久以來一直是個不斷論辯的問題，書中作者也提出他的看法，予以澄清。作者對這問題的剖解，既有三度空間論述，又有二元論的呼應：對於前者，他認為管理兼具知性（客觀地認知事實）、理性（主觀地取捨價值）和感性（有節有度地表現行為）；然而在於後者，則有「術與道」、「用與體」、「變與常」的表裡，究屬科學或藝術，似乎難以一概而論。

儘管如此，如果我們同意，管理的最終目的在於建立事功，也就是人類為達成某項任務所採取的促進人們協力合作以提高績效的行為，就如杜拉克所稱，管理為掌管一個機構生產力的器官，那麼管理的本質應屬應用之學。

然而要達成這種績效，其背後因素千變萬化，十分複雜，既包括了人類個人或群體的心理、社會、經濟、政治各種因素，又受到科技、地理、政府、各種外在環境的影響。換言之，管理就是配合任務（task）的性質和需要，將相關的技能、資源、情勢整合起來，以達成這項任務。在這整個過程中，本書強調管理作為，乃在於「因應變化以求其通」，如在這本著作中所主張的「自組織為體，他組織為用」之說，就是二元論中的「用與體」組織為主軸的應用，有關這一點，文後將再論及。

從某一觀點而言，這種管理功能，可以說是和人類文明發展同步發生，然而人們並未察覺它的存在，似乎就如《周易：繫辭》中所稱「百姓日用而不知」的狀況。這有待 1945 年時，杜拉克從深入觀察通用汽車這家巨型企業的實際運作後，方才提出「管理」這一觀念，並奠定管理學發展的基礎。

管理步入科學之途

人類一旦發現管理這一行為後，很自然地，很想知道有關這種行為背後的道理，這時就接上科學這一成分。本來科學之性質，就是針對某種現象（phenomenon）之「存在」（being）與「變化」（becoming），就其構成因素以及其間之關係，提出說明與解釋。這種經由科學方法（scientific method）獲得的，才稱為「科學知識」（scientific knowledge）。所謂科學的真諦，不在於其內容，而在於獲得知識的途徑，這代表了歐洲啓蒙時代開始所發展的科學觀點。

如果依照同樣道理，將管理現象或行為提升為一種社會現象，則應用科學方法以發展相關知識，則管理亦可視為一種社會科學。唯此時將出現兩種途徑或選擇，一者為將管理視為可明確界定之「一種」社會現象，將其發展為一門社會科學，有如心理、社會、經濟、政治等社會科學學門。在事實上，在相當大程度內，學者的確亦循類似於自然科學之途徑，將其應用於社會現象，加以研究。

科學或是實務

如果依循此途徑發展，管理學似乎可與前此所稱各種社會科學學門並列。但問題在於，管理與其他社會學科之性質不同。如前所稱，管理之本體（ontology）屬於任務性（task-based）或規範性（normative）之實務，而其他社會學科所研究者，乃就某方面之社會現象，依其自然的（natural）或實然的（positive）性質，發展為不同的理論。此種基本社會學科所重視者，在其界定範疇內，以「其它條件不變」（ceteris paribus）之假定，講求效度上之嚴謹性。然而，如前所述，管理乃以應用為主，所講求者，為如何達成期望之績效，此時所涉及的因素，一般跨越上述各社會科學學門，因此他和後者間關係並非水平式並列，而是上下間之應用。

在這種意義下的管理，追求績效是不可能在採取「其他條件不變」的假設下達成的；換言之，此種任務性行為，或稱之為實務，乃是對於前述各種社會科學知識之應用。其間關係有如臨床（clinical）醫學與基礎醫學間之關係。

如採另一發展途徑，則分別由原有的各社會科學學門學者，各以其本身觀點與立場，針對管理問題或現象進行研究，因而出現有「管理心理學」、「管理社會學」或「管理經濟學」之次學科。此種研究，有其學術上之價值。問題在於，如要將此等各有所本的理論應用於管理實務上時，依然存在有不同之基礎學科理論與實務之間之鴻溝，有待克服。

管理理論之科學典範

再者，在科學研究背後，依學者孔恩（Thomas Kuhn）的說法，尚存在有所謂「科學典範」（paradigm），以規範科學研究之進行。一般而言，其內容涉及兩個層次，一是有關科學知識之「實相」（reality），此即針對所研究之對象，採取一種跳出實體世界而進入思維世界的陳述，建構理論背後所依據的宇宙觀或世界觀，屬於「抽象的」（abstract）或「形而上的」（meta-physical）的層次。由於此種論述或預設無法由科學方法加以實證（empirical verification），一般又稱之為科學哲學（philosophy of science）。以本書而言，作者以具有自主、主動與動態之演化系統論取代他律、被動與靜態之牛頓機械系統論，從而推衍出「自組織為體，他組織為用」之基本模式，即代表一種新系統典範之重建。

另一層次是有關人類何以能夠獲知「實相」之途徑以及所獲知識之性質，此屬於「知識論」（epistemology）之範疇。首先，知識之發現，最先一步有賴語言之創造，此即將所觀察的人事物，依所體悟到的共相，賦予某種名稱，日後遇到新的人事物，即依所認定之共相，以共名稱之，因此溝通了實相與思想之間的聯繫，在這關聯性上，語意學（semantics）扮演一種關鍵角色。例如在本書中，作者使用了大量的「構念」（construct），如「因」、「緣」、「勢」、「力」、「虛」、「實」、「和」、「合」等等，提供理論建構之素材。

至於知識之獲得，大致言之，有來自邏輯推導之「理性論」（rationalism）或來自實證歸納之「經驗論」（empiricism）。前者中之最極端者，如最早之唯心論者，主張要想得到真正的知識，一個人應該閉上眼睛，把自己的感官存而不論，只要運用自己的思想去界定實相。後者乃嘗試自所獲得大量而蕪雜的資料中，採取去蕪存精的「化約法」（reductionism）或進行兼容並蓄的「詮釋法」（interpretationism），發展知識，或如一般所稱「量化」或「質性」的研究方法。

以上乃自知識觀點，說明管理理論之發展，這是屬於「科學」構面的認知。但自管理屬於實務這一性質，其根源除了科學構面外，還應該加上倫理（ethics）與美學（aesthetics）兩方面之探究，如此方可兼及管理之「真」、「善」與「美」之內涵以期達到更圓滿之整體。

管理倫理

所謂「管理倫理」，即自根據某種道德原則以形成評估管理行為之正當性，從而對於管理實務產生某種程度之影響或制約作用。有關管理與倫理二者間的關係，自歷史背景視之，不但十分複雜，而且也在不斷變動之中，這可分自兩方面來說。

首先自倫理對象的範圍來說，大致言之，人們最先所指的，乃是某些直接相關人群，如企業投資者、顧客、員工等；日後擴大到所謂「利害關係人群」（stakeholders）如當地社區，以及環保、消費者、女性、弱勢等；近年來又將這範圍再擴大到社會與生態之永續發展等，也都包括在倫理對象之內。

其次，有關道德原則。以企業而言，在工業革命之初，亞當斯密提出，在「看不見的手」的市場機制下，人們追求私利，結果反而可達成公益。由於這種關係，企業營利行為之本身是合乎倫理原則的。再說，學者威伯（Max Weber）認為，依基督教新教教義，認為經濟上的成功，乃代表上帝對於人們消除貧窮天職的獎賞。同樣道理，個人進入機構工作屬於契約行為，只要是依市場公平運作下所訂定之契約，都是正當的。

然而，人們發現，市場不是完美的，有其外部性（externality）或失靈（failure）問題。此時，基於市場交易所產生的效果，是不完全和不公平的，因此有賴市場以外力量的匡正和規範。這種外在力量，除來自所謂政府「看得見的手」透過法律程序，訂定許多規則規範外，再則為倫理。

此種建立在道德原則上之倫理準則，例如有依「實用主義」（pragmatism）原則所發展的以「最大多數人之最大效用」做為準則，或建立在「動機主義」上之「普遍規則論」，例如公平、正義之類等。此種倫理準則近年來已納入一機構內，形成其組織文化與價值觀念。其中最為核心者，則在於建立一機構內外之信任關係。論者認為，此種信任關係，可代替傳統層級組織結構下之控制，大大降低交易成本，增加行為上達成目的的彈性，尤其在當前網路經濟中，更為重要。

管理美學

人固然有理性和德行的兩種成分，但無可置疑地，人作為一個生命體，也必然有一種情感成分，在此稱為美感。在西方十八世紀後，此種美感逐漸發展為哲學的一個領域；學者認為，美代表人類之一種最終價值，與真與善並列；比較言之，真之「思想」法則為「邏輯」，善之「意志」法則為「倫理」，而美之「感受」法則為「情感」。

依美學之父包姆嘉登（Alexander G. Baumgarter,1714-1762），美學主要就是對於人類情感的研究，也就是美感經驗。這種感受，是立即的，直覺的和情緒性的。一般而言，美感有來自利害關係方面者，亦有與利害關係者無關者，後者稱為自由情感，屬於人本主義美學。在此所討論者，即屬於後者，主要成分為一個人在主觀上之快樂與否——而非真實與對錯——對於人們的思想和行為每每無形中產生引導與影響作用。

自此而論，管理中所稱的投入、信任與熱情之有無和程度大小，每和美學成分有關，尤其領導這一核心功能和人們的主觀情感有極密切關係。

美的感受，除了一般所認為存在於個人層次外，自管理觀點，也存在於組織層次，此即認為，一個機構也會給人某種美的感受。有人稱之為一個機構的「美的風格」（aesthetic style），這種風格可能是自然形成的，但也可能來自有意識之設計。

不論何者，這種機構所傳達的，美的風格給予人們某種美學關係（aesthetic relations），有學者嘗試自此觀點發展出一種「廠商的美學理論 (the aesthetic theory of the firm)」； e.g. Strati, A., (1999) *Organization and Aesthetics* London: Sage。

自這美學途徑以探討組織與管理行為，相信可以彌補一般管理理論過分傾向經濟與理性觀點之失衡狀況。尤其近年來世界上所出現女性領導者崛起之趨勢，如果女性行為較為傾向感性方面，則管理美學之受到重視，更有其歷史與社會上之意義。

典範轉移的挑戰

繼前節中討論管理與管理學之基本性質與發展，現在回到有關這一著作本身。

就這一著作之內容言，應該不是一般教科書，而是一部專著。比較言之，教科書的功能是依據一套普遍性之架構，兼容各家之說，有系統地呈現給讀者，以獲得一般性之理解或做進一步之鑽研。而專著者，則有其源本與前提，獨特之觀點，和嚴謹之邏輯，推衍出一套具有內部一致性之論述。這也形成了在社會科學不同領域內所出現的各家或門派的理論。

基本上，本書之範圍兼及理論與實務兩部分。就理論部分言，又包含了科學哲學與科學理論二個層次；實務部分除已見於理論各章有關原理原則之應用外，尚有「中華電信組織再造」（2000-2003）與「大衛營和平協議談判」（1978）兩個具體專例，作為本書管理觀的檢驗與印證。

本書之超越一般管理學著作，在於全書之立論始於科學哲學層次，對於傳統管理理論所依據之典範進行挑戰。作者認為，「傳統的系統理論充其量只是個人造機械鐘錶模式的理論，無法反映出人類組織是具有自發演化生命力的複雜系統的事實」。

作者在科學哲學層次所採的世界觀，主要以自然科學理論中之「複雜系統」理論，取代牛頓傳統力學的「機械系統觀」。作者以這一個演化性的複雜系統理論為前提，視人類組織是一種具有生命力的系統。作者藉由「究今，辯古；以今解古，借古喻今」的過程，析離出「自組織」這一概念，認為是「隱藏在所有複雜系統理論中的公約數」。

「自組織為體，他組織為用」

在這系統內，管理的世界就是一個「自組織」的世界，所謂「自組織」是指「沒有主觀意志的外力介入，只在適當的環境條件下，就自然發生的一種過程」。書中，作者為了說明這種「自組織」的性質，嘗試以宇宙與星系的生成與演化，地殼變動，地球的天氣變化，自然界的物理現象，生物的物種進化等等為例，著力至深。

在這種以自組織無形之手所建構的世界內，如果內因和外緣不再和合，所謂分形基模開始異化，從而全面啓動系統的相變過程，帶動「全新功能的新系統湧現而出」。

書中以這上述基本道理綜整出一套前後連貫的理論脈絡，包括宏觀三原理和微觀三原理以支撐宏觀原理六法則，代表人類組織「創生、存在、演化」生命歷程所遵循的一套自組織規律，也是可用來發展更全面性新演化系統論的一套積木元素。

相對於「自組織」的本體，尚有「他組織」之運作，此即管理者通過「德」與「理」兩個「他組織」控制因子，形塑或改造系統的內因方式，以維持系統的穩定存在（小執行）或促成系統由應變來達成泛穩定目標（大執行）。但是要達到這種「和合」、「成事」的境界，除了內因條件外，管理者還要觀察和尋求「機」和「緣」這些屬於外在環境因素的配合。書中提出了所謂「形機成勢」、「因緣成果」種種道理，以求既能圓滿宏觀的常變循環，也實現微觀的「共生演化」。

這種自組織的系統觀念所推衍出的理論，至少包含有兩層涵義，一是整體或宏觀性的意義，此即每一組織有其使命和文化，缺乏此一意義，一個組織是不能有效運作也沒有適應環境和學習改進的能力。

一是微觀或部分性的意義，此即在組織內部的構成部分，存在有互動配合的關係。此種關係間之化學變化，並非來自原設計者所預期和決定的，對於組織整體效能之發揮，可能是有利的，但也可能是有害的。在這一個「自組織為體，他組織為用」的理論建構內，自組織的運作，是自然的，客觀的，作者稱之為天道；而所謂他組織則指由管理者順從天道，善用天道，所採之行為屬於主觀的人道。

總結來說，人類社會與組織是「自組織」與「他組織」並存的系統，人類文明之成就也都是靠「自組織的自然力」和「他組織的人力」合作下所獲得的結果。

「以管窺豹」

以上對本書的內容所做描述，最多只是一嘗試，在寫作中，內心是惶恐的，誤解和失真幾乎是難免的，這樣做的目的，除了顯示寫此導讀之過程所做的努力外，更重要的，乃是引發讀者的好奇心與親身探究之興趣。

做為序文，本篇文字似已過長（也由於這一緣故，完稿之後，蒙出版社之建議，改為導讀），對於本書而言，也有狗尾續貂之感。但是最後要說的是，本書之價值所在，然而卻也是在這篇導讀中尚感闡述不足的，乃在於書中在理論架構之下所融入作者的洞見、感悟和智慧。譬如有關領導角色一項。隨著今日企業或任何機構所面對的環境如此瞬息萬變，使得領導者所扮演帶動變革和創新的角色，更為關鍵。他可以是一位企業的 CEO、電影導演、球隊教練或是交響樂團指揮；在現代組織中他也可能是十分普遍存在的團隊負責者。沒有有效的領導者，所有其他管理活動都將變為失去方向和動力。

以本書作者而言，貫穿全書都可發現在各種國家重大建設策略和規劃中，他做為領導者面對的嚴酷挑戰，以及所表現出的勇氣和智慧是十分深入和感人的。反映了毛治國教授這位作者，在他豐富的人生歷練中所呈現出「深思、遠慮和洞見」的為人做事風格。有關這一點就留給讀者自己去體會和發掘吧！

二〇一七年十二月三十日 寫於台北市

《決策》一版 自序[1]

金針度與有緣人

本書內容脫胎於我過去在交通大學 MBA 課程所用的講義。不過，由於全書是利用公餘之暇完成的作品，心情上不免把它當作自娛之作，因此下筆時就只顧寫下自己的看法，而沒有考慮到別人閱讀的可能反應。一直等到將寫好的部分稿子請人過目，經提醒：「資訊密度這麼高的書，恐怕讀者不多」之後，才注意到該好好想清楚這本書究竟是寫給誰看的問題。

簡單說，這是一本適合 EMBA 學生看的書。因為我認為本書的讀者最好已經有一些工作經驗，並且也要有一定的學習動機——也就是說，他心中已經累積了許多從工作實務中發掘的問題，並且有心利用再學習的機會為這些問題找到答案——而這些背景也正好都是一般 EMBA 學生所具備的條件。孔子說：「不憤不啟、不悱不發」，我希望利用本書將自己有限的一點心得，拿出來與對決策這個議題有興趣的人士共同分享。

為決策研究提供新的思考架構

決策這一話題雖然古老並且也無所不在，但令人非常意外的是，對於「究竟什麼是決策」這一問題的答案，在各相關學域的

---

1 本序首刊於筆者所著《決策》，2003，台北：天下雜誌出版社。

中外文獻當中，到目前為止似乎仍然停留在「見木不見林」各說各話的階段。

舉例來說：統計學家把力氣花在探討決策資訊的精度以及決策風險的高低上；但對於決策過程本身卻從不著墨。運籌（Operations Research）學家則只在意如何將決策問題形塑（formulate）成某些刻板的問題類型，以便將它們套入特定的數量模型進行運算；但對於決策問題是否因而真正解決並不關心。認知心理學家雖在部分決策議題上，建立了決策行為的理論基礎；但他們似乎滿足於研究室裡有限格局的實驗，對於現實世界的實際決策行為與程序，一直還沒有太多有系統的研究。政治學家或歷史學家雖有針對特定個案進行探討的案例（包括為特定決策者寫傳記）；但內容上多以過程、現象的描述，或語錄、雜感的記載為主，至於全面性決策理論的建構就不是他們的重點，所以讀者也很難從這類個案的散珠碎玉素材中，去歸納出有關決策的完整概念……面對這種有如「瞎子摸象」的局面，對於把決策當作一門認真的學問，並且有志對它進行系統化學習的人來說，難免會產生很大的挫折感——我自己就曾經是這群人當中的一員。

決策行為的研究是自己長期以來的興趣。早年的學術訓練以及後來的實務經驗，使自己了解到決策研究其實是個跨學域的議題；要窺知決策的全貌，就絕不能把自己侷限在壁壘分明、典範森嚴的任一單獨學域中。換句話說，我們需要一個跨學域的觀察架構，並且在思維上必須突破任何特定學域既有典範的限制；而在方法上也必須克服目前只重分析卻無綜合的缺失，然後我們才有機會把決策的原貌完整呈現出來，並且使決策研究重新成為一門生動活潑、具有生命力的學問。本書的撰寫動機就是要嘗試：從跨學域的觀點以及分析與綜合並用的方法，為決策研究提供一個新的思考架構。當然對於一般讀者，我也希望本書的內容，可使他們對日常決策的本質有新的體認，並且也可因而提升他們的決策品質。

內容與架構的演化過程

寫一本以決策為題的書是自己長期以來的心願。至於書的內容與架構則有一番演化過程。1986 年（筆者時為交大副教授）當時的交大管理學院院長唐明月教授與我兩人，共同主持工研院電子所管理訓練班課程，那時在我所撰寫的「決策與問題處理」講義中，就已經提出「見、謀、斷、行」的架構。其中的「見、謀、斷」雖是借自賀伯・賽蒙[2]（Herbert Simon）的 intelligence，design 與 choice 三段論的概念，但內涵上則各有所本，並不重疊。1994 年（筆者時任交通部次長）當時的交大管科所長吳壽山教授力邀我重返該所兼課，他原預期我會開諸如 BOT 之類較應用性的課程，但我後來實際開授的則是較理論性的「決策原理」。課程內容分成「程序論、結構論、價值論、資訊論、創新論、群策論－群體決策」以及「執行論－變革管理」等七個議題來講授。這門課每年在交大管科所開一次，一直維持到 2000 年因我調往中華電信工作而中止。

1998 年底，發現自己已進入「知天命」的年紀，覺得應該找一件有意義的事來做，於是決定正式動筆寫書。一開始原本只打算把已經整理了幾年的要點式講義，改寫成文章直接出書；但下筆前考慮到，如果以個別議題的方式來介紹決策行為，那麼不僅有過於理論化的顧慮，並且這種作法仍屬於以分析而非以綜合為

2 Herbert Simon 後來給自己取了個中文名字叫司馬賀。

主的表達形式，因此最後決定還是回歸到1986年的「見、謀、斷、行」架構。不過，在那之前已發現要將「見」的作用交代清楚，必須將它拆解成「見」與「識」兩個部分才行；於是從1998年開始就有了「見、識、謀、斷、行」五層次的說法。

不過，本書目前並未將「行」納入範圍，最主要是篇幅上的考量。因為只包括「見、識、謀、斷」四部分的內容，再加上一章有關「決策者」的討論，便有近15萬的字數（已足夠單獨出書的分量）；尤其是「行」這一章，它所要討論的是「執行的科學」——從1986年起我就把「行」套入變革管理（change management）的架構來討論——內容涉及組織心理、行為變革乃至於突變現象等理論；若要將它交代清楚，至少還需5、6萬字的篇幅，所以不得不將這一重要且有趣的議題保留到將來再發表。

此外，值得在此一提的是自己系統觀念的改變過程。濫觴於1940年代二次大戰期間軍事運籌作業的系統科學，基本上是一套機械性的系統理論。一直到1970年代後期，自組織、耗散結構、混沌、巨變、分形（self-organization dissipative structure、chaos、catastrophe、fractals）等理論逐漸成形，這些物理世界與生物世界共同適用的新複雜系統理論，方才一舉突破了舊系統理論無法用來處理系統演化問題的侷限性，並且也為過去帶有神秘色彩的許多現象提供了合理的解答（例如：自組織作用可用來解釋認知上的頓悟現象）——有人把過去機械性的系統科學稱為「存在的」系統科學；而將晚近發展的複雜系統理論稱為「演化的」系統科學。

我留意到這方面的發展，肇因於1996年6月自加拿大返國途中，在洛杉磯的希爾頓飯店不期而遇正要往華府訪問的當時交通部部長劉兆玄先生（那時他是我的頂頭上司）；也就在當時共進早餐的場合，閒聊到生命科學、熵等話題，使自己意識到新的系統科學已經蔚為一門新的學門。從那時開始我便著手蒐集並研讀相關文獻，使自己重新認識到自然科學與人文科學，其實已經找到了具有共通性的規律與法則。事實上，也因為這種新的認識，使自己得以修正過去的系統概念，並且使自己正打算要提出的決策理論，獲得了更周延的立論基礎。

六經皆為我註腳

本書在系統概念上採用新近發展的複雜系統論，但在內容上則應用許多諸子百家的傳統學說，在舉例上引用的也多為歷史典故。主要是因為決策是有歷史以來就有的行為，所以古籍中隨處可見許多歷久彌新的記載。事實上在撰寫本書的過程中，我花了相當多的時間，重新研讀過去自己未曾搞懂過的一些國學經典。本書將這些古典理論與案例，納入現代化的決策理論架構中，予以重新解讀並發掘出它們新的意涵；這不僅是寫作上一件自娛娛人的快事，它其實也印證了古人「六經皆可為我註腳」的看法。

決策不只是一門給學究在象牙塔裡鑽研的學問，它更是一門講究活學活用的功夫。不過，任何以實用為主的學問，仍然必須知行並重，否則難免會因為只知其然卻不知其所以然，而陷入事倍功半的困境。決策這個領域，長期以來在理論與實務間一直存在一條鴻溝；對於兼具學術訓練與實務經驗的決策者來說，如何彌平這一鴻溝就不只是一種挑戰，並且也是一種責任。

曹丕說文章是經國的大業、不朽的盛事，並且提醒我們「勿徒營目前之務，而遺千載之功」。決策這門學問是我青年時期唸書與教學的重點功課，到了壯年自己又有機會在許多不同的工作崗位上，累積了一些實務經驗，並且歸納了一些經過檢驗的理論與心得。雖說「大道常存文字外、真詮不在語言中」，但是既然「書成未付爐中火」，就姑且將「金針度與有緣人」吧！

對於一本醞釀了十五、六年，實際動筆又花了四年多時間的書，在這發行面世的前一刻，我必須感謝內子錢瑩瑩在這段時間對我的包容——她一直到前不久還在懷疑這種書會有人願意出版。對於《天下雜誌》發行人殷允芃女士，以及該雜誌出版部的總編輯兼總監蕭富元小姐，我要感謝她們甘冒風險來印行這本內容很硬的書。在此也要感謝劉兆玄先生及中華電信呂學錦兄，他們兩位特別撥冗撰寫序言推薦本書，增加了本書的價值。此外，本書的責任編輯吳毓珍小姐與美術編輯符思佳小姐，她們的心血與巧思，提高了本書的可讀性；還有蕭淑嫻小姐在行政上的長期協助，都謹此一併致謝。最後，家父毛秉熙先生在本書撰寫期間過世，未及看到本書付梓，謹以本書紀念他的在天之靈。

毛治國 序於台北市

二〇〇三年三月十二日

目錄

自序　　毛治國 ………………… i

導讀　　許士軍 ………………… xi

《決策》一版自序 ………………… xxiii

第一章　概論 ………………… 1

一、什麼是管理？………………… 1

二、什麼是決策？………………… 4

三、什麼是執行？………………… 19

四、管理是科學還是藝術？………………… 33

第二章　見 ………………… 39

一、引言 ………………… 39

二、察徵候 ………………… 44

三、顯問題 ………………… 57

四、見的溝通觀 ………………… 63

五、見的限制 ………………… 70

第三章　識 ………………… 87

一、引言 ………………… 87

二、審事理 ………………… 98

三、定目標 ………………… 130

第四章　謀 ………………… 141

一、引言 ………………… 141

二、籌對策 ………………… 145

三、推後果 ………………… 169

第五章　　斷 185
一、引言 185
二、評利弊 195
三、作取捨 215
四、群體決策 224
五、決策結語 233

第六章　　行 237
一、管理開門三件事 237
二、守常 238
三、應變 248
四、小執行結語 280

第七章　　自組織 285
一、引言 285
二、自組織宏觀現象 289
三、自組織宏觀三原理 300
四、自組織的微觀相變過程 322
五、自組織相變微觀三原理 352
六、自組織與管理 358

第八章　　領導 363
一、領導力與組織變革 363
二、領導力的宏觀功能 373
三、領導力的微觀作用 378
四、領導力：帶動微觀質變、促成宏觀相變 405

第九章　戰略 …………………………… 413
一、引言 …………………………………… 413
二、自組織宏觀原理與戰略思維 ………… 417
三、自組織微觀原理與戰略設計 ………… 438
四、解碼《孫子》 ………………………… 444

第十章　案例 …………………………… 463
一、中華電信轉型再造 …………………… 463
二、泛執行：1978年大衛營和平談判 …… 509

第十一章　管理者 ……………………… 527
一、決策者 ………………………………… 527
二、領導者 ………………………………… 555
三、管理者的應變、備變、不變之道 …… 592

第十二章　管理之道 …………………… 599
一、管理的概念 …………………………… 599
二、自組織原理申論 ……………………… 618
三、自組織爲主、他組織爲用 …………… 641

附錄一　自然界的耗散結構 …………… 649
附錄二　巨變論的應用：選舉棄保現象的分析 662

第一章

概論

一、什麼是管理？

管理是知行合一、群策群力的工作。在各種不同管理定義中，本書認為不論任何性質的管理工作，如企業管理、公共行政、社團組織管理，都可簡單歸納成決策與執行兩個核心議題。因為管理以決策與執行為核心，以解決問題為目標；所以管理者在解決問題的過程中，必須扮演好決策者與執行者兩種角色。

管理的核心工作：決策與執行

決策是為問題找對策，執行是將決策付諸實施、解決問題；因此，管理者要有績效就必須具備決策力與執行力兩項基本功夫。又因為問題的解決越到位，管理者的工作績效就越好；所以管理者必須銘記在心的第一個管理公式[1]是：

管理績效＝決策力 × 執行力　　　　（公式 1-1）

公式 1-1 的意思是：管理績效是決策力乘上執行力創造出來的成果。因為這是一個乘積的關係，所以要有好的管理績效，必須決策與執行兩項能力都具一定水平才行；如果其中一項很低，

---

1 本書為方便說明，將許多概念都用公式來呈現。不過，這些公式表達的是相關變數之間的概念性與質性的簡化關係。這些簡化的公式可視為建立更複雜的計量模型前，相關變數之間必須先釐清的基本定性關係。

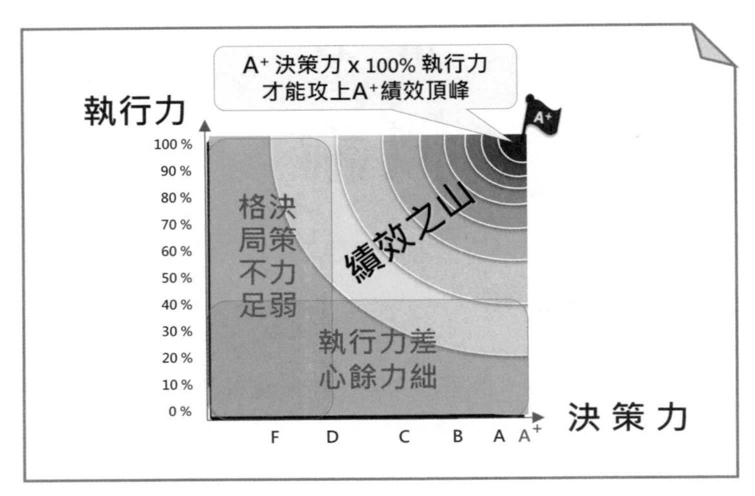

圖 1.1 管理績效＝決策力 × 執行力

另一項即使再高，乘積仍然會被拉低。

為加深大家印象，這一公式可用決策力為橫座標，執行力為縱座標，圖解如圖 1.1。圖中清楚顯示：只有 A⁺的決策力搭配 100% 的執行力，管理績效才可能登上 A⁺的峰頂。當決策力偏低（例如：圖中 D 以下），那麼不論執行力有多高，仍將落個志大才疏的下場；反之，當執行力偏弱（例如：圖中 40% 以下），那麼不論決策力有多強，也不免淪入心餘力絀的結局。凡屬後兩種情形，管理者就都只能踟躕徘徊在績效之山坡腳下，望峰興嘆。

決策力與執行力是本書的核心議題。決策力是面對問題時，知道如何認識問題與選擇對策的能力；而執行力則是完成決策後，知道如何把對策付諸實施，以解決問題的能力。從「知行合一」的觀點看，決策力是「能知」的功夫，執行力是「能行」的本領；唯有既能知又能行——決策有想法、執行有方法——才能成為高績效的管理者。

管理以解決問題為目標。接下說明：什麼是問題？

管理的目的在解決問題

■ 問題構成要件

對於管理者來說，問題的構成有四個元素：(1) 預期、(2) 實況、(3) 實況與預期的差異，以及 (4) 因出現差異而引發的心理焦慮。其中：實況與預期間出現的差異是形成問題的前提；因而引發的心理焦慮則是形成問題意識的必要條件。

穿泳衣參加宴會　穿泳衣出現在泳池邊非常正常；但如出現在正式宴會場合，就會引起騷動，因為跟大家的預期完全不同。不過，對一般賓客來說，由於只是觀眾身分，因此除了會對這種異常現象好奇外，通常不致於引發必須處理它的心理焦慮與壓力；但對宴會主辦單位來說，就會立即引發心理焦慮，把它當成會干擾宴會秩序，必須立即予以排除的問題。

■ 疑問與問題

上例顯示：觀察到與預期不同的異常現象後，賓客與主辦單位的反應並不相同。賓客們所引起想一探究竟的好奇心，本書把它稱為疑問（question）；而主辦單位所引發必須處理並解決它的反應，本書稱為問題（problem）意識。從構成要件看，疑問只涉「預期、實況、差異」三個元素，而問題則多了「心理焦慮」第四元素。兩者定義的不同，反映出面對相同情境，人們會根據自己的立場而採取不同態度。用「疑問」的態度面對異常，通常只進行到「釋疑」——搞清楚怎麼回事（what），或更進一步了解為什麼（why）——就會打住；但把異常當「問題」時，除了「釋疑」外，還須進一步採取怎麼辦（how）的行動來「解決」它。

基於好奇心的「疑問」，是引發科學家對自然與人文世界進行知性探索的主要動機，驅使他（她）們去搜集資料、進行研究，來描述究竟發生了什麼事，以及解釋為什麼發生的前因後果。但對管理者來說，光能描述、解釋異常現象還不夠，基於責任心的「問題」意識，使他（她）必須進一步採取行動，去處理與控制整個場面。因此，對於管理工作者來說，對職責範圍內的異常現象，都是站在當事人立場，把它們當「問題」而非僅「疑問」來看待；並用「求解」而非「求知」的態度來面對它們，進而採取行動解決它們。

■ 問題與系統狀態

前面所稱的預期與實況，術語都稱為系統狀態（system state）。實況是指當下「實際出現」的系統狀態，預期則指當事人所認為「應該出現」的系統狀態。至於所謂系統則是指被觀察的一組特定對象；例如，穿泳衣出現在泳池周邊，與穿泳衣出現宴會廳都各構成一組被觀察的對象，亦即系統；而從「實際」與「應該」出現的兩種系統狀態來看，前一系統的兩種狀態一致無差異；但後一系統的兩種狀態就有不一致的重大差異，對管理者來說就代表出現了問題。

了解了什麼是問題後，接下談什麼是決策？

二、什麼是決策？

決策是有史以來就存在的古老議題，本書提出「見、識、謀、斷[2]」的概念，來說明「什麼是決策、如何作決策」，並期望這一套概念能夠協助管理者精進決策力。

在「為問題找對策」的決策過程中，決策者通常都是根據問題的不同複雜程度而採取不同的程序來完成決策。接下就按由簡而繁、循序漸進的方式，說明不同性質決策問題的發生過程，以及「見識謀斷」概念架構的展開邏輯。

最單純的決策：斷

決策是每人日常生活的一部分。例如：早上起床要不要再多賴個十分鐘？上館子吃飯要點什麼菜……這些瑣碎的決定都是決策。不過，對個人、企業或政府來說，有時也須面對許多關係重大、影響深遠的決策。例如：未婚男女要不要向交往的對象求婚或接受求婚？企業要不要用降價來拓展銷量？政府要不要用加稅或舉債來籌措公共建設預算？……

出現選擇就須作決策

這些大小決策的共通點是出現了選擇（choices）。決策者如果不從這些選擇中作出取捨，那麼個人生活步調就可能中輟，企業產銷活動就可能停頓，而政府的公共服務也可能受到影響。因此「面對選擇作出抉擇」是決策最簡單的定義。

面對不同的選擇，當斷即斷，從中作出抉擇的行為，本書把它簡稱為「斷」。 在本書所討論見識謀斷各類型決策中，斷是形式上最單純的一種決策。不過，形式單純並不代表就是容易作的決策。以莎士比亞《王子復仇記》劇情為例，王子哈姆雷特不斷喃喃自語「要還是不要，真是難啊（To be, or not to be, that is the

---

2 決策可劃分為「見識謀斷」四個層次的概念，是筆者在 2003 年出版的《決策》一書中提出。有興趣的讀者可參考：《決策》，2013（三版），台北：天下雜誌出版社。

question[3]）！」的著名獨白，反映的就是他發現父親之死竟是叔叔與母親共謀毒殺的事實後，在究竟要忍辱自殺或挺身報仇兩難抉擇下，所出現的內心掙扎與煎熬。當斷不斷的後果，也可用滿清末年兩廣總督葉名琛的故事來說明。

六不將軍　1852 年葉名琛出任兩廣總督，正值鴉片戰爭戰敗之後，廣東民間迭有仇外事件發生。而葉名琛因一再誤判情勢、處置失當，給割據香港的英軍找到藉口，終於在 1857 年底組成英法聯軍，再次發動戰爭攻打廣州。葉名琛卻以「不戰、不和、不守、不走、不降、不死」六不政策作為因應，結果城破被俘。英軍把他押往印度囚禁，不久病死囚所。史家認為葉名琛當斷不斷、一誤再誤，致使英法聯軍打下廣州後，乘勝北上攻陷大沽口，逼迫清廷簽下不平等的天津條約，所以就給葉名琛冠上「六不將軍」的千古罵名。

葉名琛的故事印證了「當斷不斷，必受其亂」的古訓。不過，要提醒的是：出現選擇固然必須作決策，但反過來「沒有選擇就不需要作決策」的說法也同樣成立。因為把沒有選擇餘地的問題當成決策來作，就會陷入庸人自擾的困境。例如，為人父母有養育未成年子女的天職，如有人把這一職責當作選擇題來處理的話，那就難免會因棄養而引發嚴重的人倫與法律爭議。

決策資訊：問題情境、事實認定、價值判斷

面對選擇就要作決策。但根據什麼資訊來作決策呢？以下舉買房為例。

3 根據本書的用語，這裡的 question 應該換成 problem 才更能精確反映哈姆雷特當時面對的真正情境——他必須在生與死之間作出抉擇，而不只是基於好奇心去探究某個道理而已。

張三買房　張三要買房子，有市區與郊區各一棟價格相當的房子可供選擇。市區的房子區位不錯，但面積較小；郊區的房子面積大，還有小院子，但坐車到市中心約需一小時。過去一向堅持住市區圖方便的張三，這次卻決定買郊區的房子。太太問他為什麼？他說過去每天要上班，不喜歡通勤花太多時間；現在不久就要退休，以後不必每天通勤，所以雖住得遠些，但環境好就比較重要。

這個例子說明了「決策是在特定問題情境下，根據事實認定所作的價值判斷（取捨）」的道理。張三買房涉及以下三類資訊。第一類是事實性（factual）資訊：張三的兩個選擇各有不同屬性（attribute），市區房子交通方便，但面積小；郊區房子有院子面積大，但交通不便。第二類是價值性（valuational）資訊：張三上班時偏好市區的房子，但退休後偏好郊區的房子。第三類是問題情境（problem situation, contextual）資訊：張三作決策的時空條件，亦即他採取上班族或退休族立場來買房？這些資訊的關係可整理成表 1.1。

表 1.1　「問題情境、事實認定、價值判斷」三類決策訊息的關係

價值偏好/取捨、問題情境、事實認定	上班族選屋	退休族選屋 ✓
市區房 交通方便、面積小	交通方便：喜	面積小、環境差：惡 x 捨
郊區房 環境好、面積大	交通不便：惡	環境好、面積大：喜 v 取

表中左上角欄位顯示決策過程必須用到的三類訊息。(1) 最左側縱軸是有關市區房、郊區房兩項選擇屬性的事實認定；(2) 上方橫軸是問題情境，代表張三做選擇時的兩種可能立場；(3) 表格中央的是與價值判斷有關訊息，它包括兩部分 (a) 價值觀：上班偏好交通方便，退休偏好環境好的主觀價值取向；(b) 取捨：在特定抉擇立場下，根據特定價值觀作出抉擇，亦即圖中圓圈所框的「取郊區、捨市區」的判斷。以上的資訊有下列特性：

1. 上述三類資訊可納入邏輯推論的「大前提＋小前提→結論」的架構，其中的事實性與價值性資訊屬一般性的大前提，問題情境則是限制性的小前提，而所作取捨就是結論。

2. 價值判斷必然伴隨情境。圖 1.1 中的價值偏好不能無的放矢，必須搭配是上班族或退休族的立場，當立場或情境不同，偏好就不相同。就如談黃金價值，必須說明是在平時的情境，或是在渴了三天之後的大漠之中。

3.「價值判斷必然伴隨情境」通常會帶出「換位置就換腦袋」的議題。這一問題可從責任與權力兩種觀點來解析。例如職務升遷代表責任加重，問題考量範圍也必須與以前不同，所以應採取比以前更宏觀遠慮的高度與角度看問題，價值取捨標準也就會跟著改變；因為不改變的話就可能成為不勝任的管理者。但也有人對職務升遷看到的不是責任，而是權力的膨脹，並從此沉淪腐化於權力中，只知享受權力、分配利益，罔顧管理者的真正職責，反而幹盡過去素所堅決反對的不公不義之事。

換位置換腦袋的問題也涉及工具價值與本質價值之辨。許多價值觀不應隨職務調整而改變，例如：嚴以責己、寬以待人，對法律尊重，對人平等關懷，對環境保育等，這是本質性的價值信念，必須一本初衷，甚至職務越高，越要發揮影響力去弘揚它們。至於須隨職務而改變的則是以解決問題為導向的工具性價值觀。例如，以前只是部門經理，解決問題只求部門效益最大化，不必管跨部門平衡的問題；但當了總經理後，跨部門平衡就變成自己的主要責任。

「斷」把選擇當作已經給定

在見識謀斷各類型決策中，斷出現的機會最多。在斷的過程中通常都把「選擇」當作已給定（given），所以決策者只從所給的既有選擇當中去作抉擇。例如：出門要穿哪件衣、哪雙鞋？上餐館要點菜單上哪幾道菜？只剩五秒綠燈，要不要快跑穿越馬路？這些都屬在「已知、既有」的選項基礎上進行抉擇，而不對選項本身去挑剔或質疑它們夠不夠齊全？夠不夠好？

當決策者拒絕從「既有選擇」中作抉擇

不過，決策者也可能對眼前的「既有」選擇都不滿意，例如，消費者上餐館不滿意菜單上的選項，或者主管不滿意幕僚送來的甲乙丙候選方案。這時除非當事人願意降低自己的標準，遷就既有選項，去從中作出不盡如意的抉擇；否則就會拒絕作抉擇。例如，消費者說聲抱歉後另覓其他餐館；主管退回公文要部屬重擬。

上述情形下，由於選擇本身已成為被挑戰與質疑的對象，原先「選擇已給定」的前提不再成立，因此就須重新研議選擇的對象。這時決策也就不再只是單純的選擇題，而決策程序也就從單純的「斷」升高到「先謀後斷」的層次。這一程序的升級，反映出「決策不只是選擇[4]」的特性。

決策不只是選擇：先謀後斷

從斷往上反推的謀——選擇空間的擴大

把原本已給定的選擇，變成了未知待定，相當於移除了既有選擇的界線，擴大了選擇的可能空間。而把未知的選擇空間，填入可供選擇的內涵，就是本書所稱的「謀」，它的功能就在創造或擴大解決問題的可能空間。以下用大家熟悉的《唐伯虎點秋香》來說明。

唐伯虎點秋香　明人創作的戲曲《三笑姻緣》中，江南才子唐伯虎偶遇陪侍華太師夫人上寺廟進香的丫嬛秋香，驚為天人；就改姓更名賣身進華府作書僮，以便就近追求。因唐伯虎的機靈與勤快，使華太師決定以配婚獎賞他。但當唐伯虎正要從站在大廳一字排開的婢女當中，挑選他屬意的對象時，卻因不見秋香在列，而當場婉拒了華太師的好意。後來華太師把侍候華夫人的春、夏、秋、冬四個貼身丫嬛也都召來一起讓他挑選，唐伯虎這才如願點選了心儀的秋香，圓滿成婚。

這一故事先後出現兩個選擇空間：一個沒秋香，另一有秋香在內。劇中唐伯虎的行為完全符合決策理論的預期：只有在選擇空間擴大，包含有自己滿意的選項時，決策者才會出手作抉擇。要擴大選擇空間必須經由謀的過程來完成。點秋香劇中，華太師是擴大選擇空間的推手。他本著成人之美的善心，在獲知唐伯虎心思後，就把秋香納入新的選擇空間，滿足了唐伯虎的心願。

---

4 選擇一詞在本書中有動詞與名詞兩種用法，作為動詞（choose）時它與抉擇同義，也直接對應「斷」；而作為名詞時則代表選項（choice），亦即可供作選擇的候選方案。

謀與斷是性質上不同的兩種過程：謀因為是創造或擴大選擇的可能性，所以是一種「從少到多」的發散過程；而斷則是從可能空間內眾多選擇中，去挑選出一個作為問題的對策，所以是一種「從多到一」的收斂過程。但要強調的是：當決策過程從斷升高為先謀後斷後，謀所確立的選擇空間仍只是在為斷作準備；因為只有謀而沒有斷，決策仍未完成，謀後必須接上斷，決策才算結束，所以斷仍然是決策的核心。

從上往下啟動的謀——為交辦的問題設計對策

先謀後斷的決策程序也可能是長官「從上往下」交辦，因而啟動「為問題設計對策」的一種工作。以下用「圍魏救趙」的典故來說明。

圍魏救趙　戰國初期，魏惠王派龐涓攻打趙國。趙成侯向齊威王求救。齊威王對該不該出兵救趙要群臣獻策，結果群臣歸納出上中下三策：(1) 不救是下策：因魏國一旦消滅趙國，齊國將接著陷入險境；(2) 早救是中策：因過早投入戰場等於替趙軍抵擋魏軍鋒芒，不利齊軍；(3) 晚救是上策：等趙軍先消耗掉魏軍部分實力後，齊軍再出兵勝算較大。於是，齊王一方面答應趙成侯出兵相救，另方面則觀望等待最佳發兵時機。等到趙都邯鄲快被攻破前，齊王任命田忌為大將、孫臏為軍師出兵馳援。當大軍正要向趙國開拔時，孫臏提出了「批亢擣虛（避實擊虛）」的策略。他認為齊軍不該直接發兵邯鄲，而應改採間接路線，轉攻守備空虛的魏都大梁，並在桂陵設下伏兵，半途截擊由邯鄲倉促回師的龐涓。田忌採納了這個計策。接下來的戰況就如孫臏所料：魏軍從邯鄲撤軍回防，在桂陵遭齊軍伏擊而大敗，使孫臏「圍魏救趙」之計一舉取得了「存趙、弱魏、強齊」三重效果。而他所創造「避實擊虛、攻其必救」的間接路線策略，也從此成為古今中外戰術與戰略的經典範例。見圖 1.2。

圍魏救趙的謀，有前後兩段情節：第一段是趙成侯向齊國討救兵，齊威王對大臣們抛出「要不要出兵救趙」的問題；於是群臣經過討論，提出上中下三策。第二段是齊王按照上策律定的時機，下令田忌發兵救趙，但這時孫臏提出「圍魏救趙」的奇策，使齊王交付田忌的任務，出現了風險更低、效益更高的執行方式。

這兩段情節涉及群臣之謀與孫臏之謀，而它們的發生都是在為齊王由上而下交辦的問題，尋找最佳的對策與最佳的執行方法。從成案的狀態來說，群臣之謀是「從無到有」為問題創造選擇空間；而孫臏之謀則是「從有到變」進一步改善既有選擇的內涵，以降低執行風險、提升解題效果。

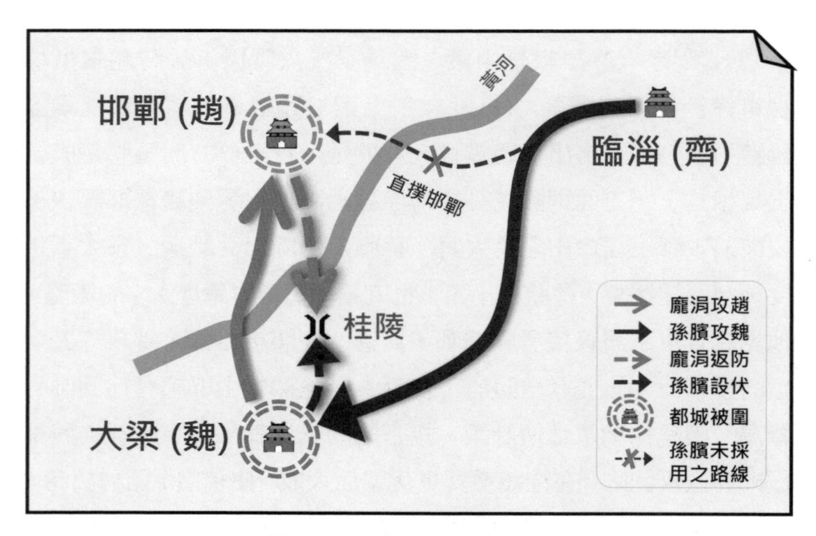

圖 1.2　圍魏救趙之役示意

謀把問題當已知——只管把事做好，不管是否做對的事

就如同斷把選擇當作已經給定，只從既有選擇中作抉擇，而不去質疑選擇本身是否齊全或夠好；謀則把問題當作已經給定，只為它設計對策，而不去質疑問題的必要性或正當性。因此，謀在性質上只管「把事做好（do the thing right）」，而不過問是不是在「做對的事（do the right thing）」。

好萊塢電影裡常聽到一句無奈的對白「Well, you are the boss！」對應場景通常都是部屬對上級下達的命令不以為然，但仍得硬著頭皮去執行。所以為了撇清責任，就先撂下這句話，挑明「你是老闆，我不得不依你；但將來出亂子不要怪我！」

出現「你是老闆！」的無奈，代表問題本身的正當性與必要性遭到質疑，相當於「把問題當作已經給定」這一前提的妥適性受到挑戰。為了避免發生「為錯的問題去找答案」的謬誤，這時領導者就須警覺：問題是否不能再用先謀後斷程序來解決，而須把眼界再往上拉高，進入「先認清問題，再尋求對策」的層次，亦即採用「先見識、後謀斷」的全套決策程序來解決問題？

全套決策程序：先見識、後謀斷

見識與謀斷在決策過程中的功能與目的完全不同；前者重點在發現問題（見）與定義問題（識），而後者則在設計對策（謀）與抉擇對策（斷）。前面提過，先謀後斷只能做到「把事做好」，唯有通過「先見識、後謀斷」的過程，才能確認決策者是真正在「把對的事做好（do the right thing right）」。

「識」是理解問題的工作

屬於謀的決策，在問題本身的定義遭到質疑，需要往上溯源

時，碰到的就是「識」。要瞭解「識」的含義，大禹治水的故事可用來說明。

大禹治水　傳說中，上古洪水為患，堯派鯀去治理。鯀採用逆勢的圍堵法，花了九年時間，因為不得要領，無法平息水患，所以被舜治罪處死。鯀的兒子禹受命繼續治水。禹有鑒於他父親鯀只用逆勢對抗的圍堵法不足以根治洪災，就改採順勢疏導的策略。他因此開鑿了無數小河，將漫流洪水匯集起來導入大河；再把阻擋大河水路的障礙一一清除，使它們都能順暢貫通注入大海。結果，禹用了十三年時間把黃淮平原梳理出九大河系，使中原地區重新恢復成可安居的樂土。

鯀、禹治水的故事反映出：能否掌握正確的「事中之理」是舉事成敗的關鍵。鯀因對水性認知錯誤，逆勢操作下，非只徒勞無功，甚至還賠上了性命；而禹則因認清水理，順水性治水，所以收到「因事之理，勞而有成」的效果。

有經驗的決策者都可見證：解決問題的竅門，其實就隱藏在問題之中，就看我們能不能參透它，這是古人所說「理在事中[5]」的道理。識是為問題下定義的工作，它的核心就是要發掘出問題背後的事中之理，以確保決策是在做對的事。凡事只要能先掌握事中之理，再去設計解決問題的對策，就可達成「把對的事做好」的目標。

談決策的識，有一則西方故事值得一提。英國倫敦的重要地標聖保羅大教堂遭大火焚毀，於 1675 年由雷恩（Christopher

---

5「理在事中」為清初理學家李塨提出；而《韓非子》則有「因事之理，不勞而成」的說法。

Wren）爵士負責設計重建，在長達 35 年的施工期間，留下一則有趣的傳說。

大師三問 雷恩爵士某天微服訪視工地，看到現場有三個一起工作的工人，他就分別問這三個人都在幹嘛？第一個工人沒好氣地說：「你沒看到我在敲石頭砌牆嗎？」第二個工人想了想後說：「我在賺取今天的工錢。」第三個工人放下手中工作，雙手合十抬頭望天虔誠地說：「我在為上帝的子民，蓋一座心靈的殿堂。」

初次聽到這個故事，許多人都會有認知上的震撼。同樣一份工作竟可出現三種截然不同的解讀，反映出同一工作在不同人心目中代表非常不同的意義[6]。前兩工人只把手上工作，當作一份照表操課或是用來糊口的職業；而第三個工人則給自己的工作賦予崇高意義，把它當成一個使命在做。第三個工人為自己的工作定下很高的調性，俗語說「視野導引方向、格局決定結局」，在這種調性下即使沒人監工，他都會用完美主義的標準，自我要求做出品質來。

第三個工人表現的視野與格局就是決策的「識」所追求的一種境界，也是決策者有無勾勒願景能力（visionary）的檢驗。

「見」是發現問題的工作

識除了因謀的向上追溯問題定義而被啟動外，它也可能是按照「先見後識」從上到下的順序而發生的過程，因為見是識的更上一層決策程序。相對於識的定義問題，見的功能是搜集資訊、發現問題，也是全套見識謀斷程序的正式起點。

6 為「工作（與生活）賦予意義」其實有深邃的哲學意涵，它甚至是存在主義人生觀的核心。

如果把決策比擬為醫師治病，那麼見就是發覺異常徵候的體檢（亦即前面討論「什麼是問題」時，提到要去尋找「與預期有差異的實況」的工作）。而識是審症求因的診斷，謀是規劃治療方案與預判療效，至於斷則是從各種治療方案中，去選出療效最佳、後遺症最小的方案作為對策。

見是發覺異常徵候的工作，《漢書》有一則著名典故。

春牛喘息　漢宣帝的宰相丙吉於某年春天出巡時，遇到清道夫打群架、已見死傷。他從旁經過未加聞問；後來見到城外路旁有頭牛張口吐舌、大聲喘氣，丙吉卻立刻停轎盤問牧童，牛是否剛走了長路，或得了什麼病。事後隨從質疑丙吉「為什麼對嚴重的群毆視若無睹；見牛喘息竟垂詢再三？難道人命不如牛命值得關切嗎？」丙吉回說「民眾鬥毆是地方官的事，宰相不需插手；這種地方事務，我只需年終考核政績時，奏請皇帝將有關地方官加以懲處便可。但在清涼初春，出現牛喘大氣現象，我卻須提防是否代表節氣反常，即將引發天災的先兆。因為『順應四時、化育萬物』是宰相的責任，所以春牛喘息才是我該關切的事！」

清道夫打群架發生傷亡是明顯而嚴重的衝突事件，春牛喘息則是相對微弱的訊號。這一強一弱的訊息丙吉都注意到了。不過，他把前者留給地方官去處理；但後者則引發他的「問題意識」，並立即查問以確認自己的疑慮是否屬實。

這則故事提醒決策者：沒有人有足夠的時間與資源，去處理所有的異常現象。決策者必須懂得如何從代表異常現象的訊息中，去篩選出值得自己處理的問題。所以，丙吉是個深諳「見必須篩選異常資訊」這一竅門的明相。

決策的見識謀斷四部曲

歸納來說，完整的決策是由「見識謀斷」四單元所構成，它們分別代表「發現問題、定義問題、設計對策、抉擇對策」四個決策的層次。這四個單元往上收斂，又可兩兩整合成「認識問題、確立對策」兩部分，反映出決策是「為問題找答案」的工作；再將這兩部分結合起來就構成最上層的「決策」。以上關係可表達如圖 1.3，本書將它稱為決策的四部曲模型。

見識謀斷四部曲以「斷」為核心，具有可按照需要再循「謀、識、見」的順序逐級上升的特性[7]。不過，一項決策究竟是否該往上升級再來作決定，或者當決策者初次面對一個決策問題時，究竟該從見識謀斷的哪一層次入手，代表的都是決策者「如何選擇最適當的程序來完成決策」的一種判斷，本書將這一決策前有關

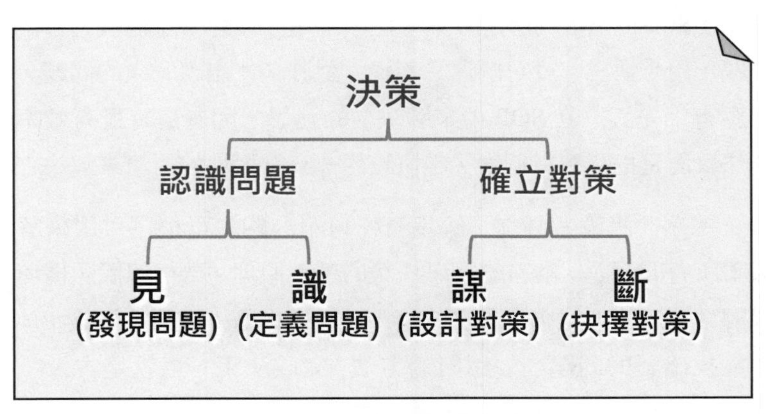

圖 1.3　決策的見識謀斷四部曲模型

7 「斷」一旦往上升級，決策就不只是選擇了。

最適決策程序的判斷稱為「決策的決策（meta-decision）」。這一決策之前的決策如果發生誤判，例如該升級時卻不知升級，就可能使決策誤入歧途，掉入「沒把事做對（do the thing wrong）」或「做了錯事（do the wrong thing）」的陷阱；反之，如在不必升級時卻採用了升級程序，那就會把簡單的事情複雜化，使決策變得沒有效率，甚至貽誤時機。

利用「決策的決策」概念，可將2002年諾貝爾獎得主卡尼曼（Daniel Kahneman）所提的「快思慢想」作以下解讀：決策問題類型千變萬化，有些適合「快思」，甚至必須想都不想就用反射動作來因應：例如職業運動員在賽場上的臨場反應；而有些決策則適合「慢想」，例如企業重大投資方案的決策，就須搬出見識謀斷整套程序，按部就班地定義問題、尋找對策；過程中甚至還需容忍不斷出現的反覆迴路。

當然，對於一再循環出現的問題，可設計通案性的標準作業程序（SOP）來提高解題效率，把原本用「慢想」才能找到答案的問題，用「快思」就可解決。不過，對許久才出現一次的問題，就不應有「先訂一套SOP再來解決」的迷思，因為這時最有效率的作法反而是把它視為個案，趕快設想一套針對性的對策來解決它。

總之，決策者必須了解沒有任何單一的決策程序可用來解決天下所有的問題，唯有掌握了決策的基本原理，再根據問題情境，以因案制宜的方式來選擇決策程序（亦即作好「決策的決策」），才能找出對的問題，並用對的方法[8]完成決策。這就是古人所說

8 用對的方法可達成效率（efficiency）目標；找到對的問題則可達成效果（effectiveness）目標。

「上焉者鑄法，下焉者法法；法法而成者謂之明，鑄法而成者謂之神」的道理。

三、什麼是執行？

決策是「坐而言」的認知與論證，執行是「起而行」的實踐與行動，管理者必須「坐言起行、知行合一」才能將問題解決。因為從解決問題觀點看，執行其實是與見識謀斷相連貫的「最後一哩」環節，所以把「見、識、謀、斷、行」五個段落貫串起來，就構成解決問題的完整歷程（problem-solving cycle）[9]。

執行是管理領域的基本議題，但在企業管理與公共行政兩學域裡，令人意外的是直到今天都還找不到系統化成套的執行理論；並且不論國外或國內，也還看不到任何大學開授以「執行」為名的課程。本書認為執行並非「做就對了（just do it）」那麼簡單，而是一門有道理可講的學問。如用工程學來類比的話，它相當於為決策過程所產出的工程設計圖，去找出最經濟、最有效率的施工方法，把設計中的結構物興建出來的一套「方法學」。以下就來一探執行這門方法學的門道。

執行力與執行成果

要為執行建構一套方法學，本書從「執行力」與「執行成果」的定義切入；接著將執行帶入群策群力的情境，說明執行者如何運用組織作為工具來完成執行工作；另再根據「欲善其事、先利

9 20 世紀初，法國人亨利 ‧ 費堯（Henri Fayol）首先用「規劃、組織、命令、協調、控制」五大功能來定義管理，後來這五大功能被人簡化為 plan-do-see（PDS）的管理循環。本書用「決策與執行」來定義管理，也用「見識謀斷行」來取代 PDS 作為更有理論基礎，且內容也更精準細膩的管理循環。

其器」的道理，說明作為執行工具的組織本身的變革，其實是執行過程的關鍵環節；最後用系統演化觀點總結執行的意義。

執行力

執行是行動力的展現。對於行動力，《孟子》有一則著名且生動的比喻（metaphor）：「挾泰山以超北海（懷抱泰山跨越渤海），非不為也，是不能也；為長者折枝（指輕而易舉小事），非不能也，是不為也。」

■ 企圖心與能力

《孟子》的比喻提到「為不為」的企圖心（motivation, M）以及「能不能」的能力（ability, A）兩個概念。這個比喻提醒我們：一件事情是否發生決定於當事人的主觀企圖心與客觀能力；當這兩個因子都俱足，也就是當事人既有企圖心又有能力時，才會展現出行動力去促成某件事情的發生。本書把這種行動力稱為執行力（force of execution, F），於是上述 F、M、A 三個變數的關係就可用公式表達為：

執行力（F）＝企圖心（M）× 能力（A）　（公式 1-2）

執行力公式 F=M×A 與牛頓第二運動定律的符號恰好一致。公式中企圖心與能力兩個自變數是相乘而非相加的關係，代表公式右邊的兩個自變數，都必須達到一定的強度，才能表現出足夠力道的執行力。《孟子》所說「非不為也，是不能也」或「非不能也，是不為也」，就是：其中某一自變數是 0，而另一自變數即使是無窮大，執行力仍然是 0 ，這時任何事情都不會發生。

■ 企圖心是執行力的核心動能

執行力的核心動能是企圖心。例如，凡創業家都有企圖心忒強的人格特質，一旦發現商機，就會憑著強烈的企圖心，沒錢找錢、沒人找人、沒技術找技術，把各個必要的環節一一兜攏，來實現創業宏圖。但對一般人來說，因為沒有那份企圖心，所以即使遇上再大的商機，也都只是擦身而過而已。這也就是俗語所說「態度決定高度」的道理。

執行成果

執行力是可用來成就事功的力量，但問題是：有了執行力是否就必然可成就出事功來？很不幸，它的答案是否定的。這方面的古今案例俯拾即是。

■ 機緣因子

台灣出生的美國職業籃球員林書豪，雖然練就了一身好本領，但如果始終只是個板凳球員沒有上場機會，那就永遠不可能在 2012 年美國職業籃球聯賽中，造就帶領紐約尼克隊（New York Nicks）創造連贏七場的林來瘋（Linsanity）傳奇。千里馬沒有碰到伯樂，就只能永遠埋沒與老死在群馬之中；范仲淹滿腔「先天下之憂而憂」的抱負，但沒遇到有格局與魄力的明主，就無法一展長才；諸葛亮雖有曠世英才，但天不假年「出師未捷身先死」，無法實現北伐中原的宏願。

歷史上太多悲劇英雄都是空有一身本領，但因找不到用武之地、有志難伸而抑鬱以終。反過來說，「時勢造英雄」中的英雄，就是因為正好碰上有利於發揮長才的機會，就使這些具備英雄條件且又已準備好的人物，得以應時而出，去成就一番英雄事業。這也應了俗語所說：機會只留給已經準備好的人。

■ 因緣和合產生執行成果

對於世間萬事萬物，在佛家眼中都是「因緣和合[10]」所生，也就是「因緣成果」的現象；其中「因、緣、果」三個變數的關係代表「造因、結緣、成果」三個相互扣合的過程。

把因緣成果概念應用到管理領域，那麼「因」就代表執行者必須創造與掌握的內在變數（內因，internal causes, I），所以稱為「造因」；「緣」代表執行者無法完全掌握與控制的外在變數（外緣，external opportunities, O），所以稱為「結緣」。用數學語言來說，外緣是所謂的邊界條件（boundary conditions），邊界條件不俱足，問題就解不出來。至於執行「成果」則是「內因為依據、外緣為條件」前提下，產生因緣和合效應所得到的結果（result, R）。以上因緣成果關係可用公式表達為：

$$\text{執行成果}(R) = \text{內因}(I) \times \text{外緣}(O) \qquad \text{（公式1-3）}$$

執行成果公式反映出，在因緣和合過程中，作為依據的內因與作為條件的外緣，分開來看都只是成果的必要條件；但當內因外緣同時出現時，它們就轉化成充分條件，促成因緣成果作用的自發啟動，進而修煉出執行的「正果」。本書把這一道理稱為「因緣成果原理[11]」。根據因緣成果原理所定義的執行成果是以執行力作基礎所成就。以下說明這一關係。

---

10 佛學理論中的因緣概念強調「單因不立、獨緣不成」的因緣互依互起關係。本書從系統論觀點借用因緣這一對概念，將它們分指系統與環境，用來說明唯有與外在環境間具有和合關係的系統才能存在的事實。

11 因緣成果原理可英譯成：The Principle of the Convergence of Causes and Conditions giving rise to all Phenomena.

■ 從執行力到執行成果

執行力與執行成果間的關係，可用物理學中的力與功（work）的關係來類比。物理學的功是以「施加在物體上的作用力 (F)，乘上該物體因受力而產生的位移量 (Δ)」作為衡量。這一關係可用公式表達為「功＝ F×Δ 」。因此，如果用物理功來定義執行成果 (R) 的話，就可得到「執行成果 (R) ＝功＝執行力 (F) ×Δ（位移量）」的式子。而要理解這一式子的管理意涵，關鍵就在如何為 Δ 賦予管理意義。

物理功中的「位移量」代表「物體受力後在空間上所獲得的進展」。如把這一物理「位移量」翻譯成管理語言，就代表「執行力施展後所得到的發揮空間」——這一空間越大，代表執行力的作用越能淋漓盡致施展出來。由於在執行的場域，執行力的發揮空間決定於外緣條件 (O)，因此外緣 O 就可用來取代 Δ；這時執行力公式 1-2 就可與因緣成果公式 1-3 相結合得出公式 1-4：

執行成果 (R) ＝執行力 (F)× 外緣 (O)
＝企圖心 (M)× 能力 (A)× 外緣 (O)（公式 1-4）

公式 1-4 隱含「執行力 (F)= 內因 (I)= 企圖心 (M) × 能力 (A)」的關係；對應物理學的能量概念，可將它作二種解讀：一種是完成式，代表執行力所實際完成的成果；另一種則是未來式，代表執行力在已知的外緣條件下，所擁有完成事功的「潛在勢能」。

上述第一種完成式的解讀代表執行力所創造「與現況的差異」，因為式子中 Δ 的數學原意就是「差量」，所以在這一解讀下，執行成果的意義就與英文的「有所作為、造成改變（make difference）」完全等價。至於第二種勢能的解讀則可與法家與兵家所主張：「凡事都應『因機乘勢、用勢不用力』的『勢』」相呼應，代表執行力在特定外緣條件下，可用以成就事功的潛在能量。

■ 因果定法則、因緣成萬事

執行成果的 MAO 公式使我們注意到：一般習慣所稱的「因－果」關係其實應該是「因－緣－果」的關係，因為因與果是通過緣才能建立起關係，也就是有因不必然有果，還須搭配緣才能修成正果，所以佛家就歸納出「因果定法則、因緣成萬事[12]」的道理，意思是：在因緣成果過程中，任何人都應從屬於必要條件的內因下功夫，使自己成為機緣雖然未到，但已先完成準備的人。一旦可配對的外緣出現，因緣和合的充分條件俱足時，自己就能乘勢而起，成就一番功業。因此，「造內因」是為自己創造可能性的空間，而「結外緣」則是去追求與掌握實現可能性的機會。

說明了執行力與執行成果的定義後，接下就把執行放到組織的情境，說明管理者如何利用組織作工具，群策群力完成執行工作。

執行與組織

《韓非子》有「上君用人之智、中君用人之力、下君盡己之能」的名言，而《列子》也有「治國之難在知賢，不在自賢」的說法，都在提醒領導者：要善用組織的智慧與力量來成就事功，凡事都親力親為必然難成大事。它們也都清楚反映「執行離不開組織[13]」，所以領導者必須懂得以群策群力方式，善用組織作為工具，通過執行來解決問題的道理。

---

12 語出掛於台北市濟南路華嚴蓮社牆上的一幅深具啟迪作用的對子。這一對子中的「因果」是內部關係，「因緣」是外部條件；當其中的「緣」來自管理者的投入時，這一「因果定法則、因緣成萬事」的對子，就可用來分別對應本書所主張「自組織為體、他組織為用」管理觀的兩句話。下冊第七章之後有詳細說明。

13 本書把非涉機構組織的個人自我成長、生活、養生等執行議題排除在外。

小執行、大執行

本書把組織情境中的執行工作區分成兩類。第一類是由領導者親自推動的執行工作，稱為大執行；第二類則是由經理人帶領執行團隊所推動的執行工作，稱為小執行。

■ 小執行——利用既有組織「奉命行事」完成任務

一般談執行，多半是指組織內的經理人作為執行者，去完成上級交付某項特定任務的一種工作；這種執行通常都是在既有組織架構下，利用已有的組織資源，秉持以紀律為基礎、以成果為導向的精神，去「奉命行事」完成任務。由於它們的格局與範疇相對較小，因此將它們稱為小執行。

為了做好小執行工作，執行者通常都會預先規劃分工合作的作業程序，預判各種可能出現的變數，備妥應變計劃，以「事先備變、臨場應變」的方式，來確保使命必達。細節決定成敗是它的特性，俗語所說「魔鬼就在細節中」是它的座右銘，也就是在執行的事前與事中，都必須注意到每一個可能出錯的細節。

■ 大執行——改造組織、實現願景

在小執行過程中，組織系統只是執行任務的單純工具，系統本身不受執行過程的干擾。至於大執行，因為它的規模較大、牽涉範疇也較廣，所以往往在「工欲善其事、必先利其器」前提下，就會出現「為了實現組織的願景，必須先整頓與改造組織系統，才能使它成為實現組織新願景的有效工具」的情境；而具有這種性質的執行問題，通常也都由組織領導者親自來推動，所以把它稱為大執行。

明朝張居正變法就是大執行的典型案例[14]。張居正擔任萬曆

內閣首輔後，為挽救明王朝命祚，採取雙管齊下戰略，先發動整飭吏治的工作，然後再推出改善民生的財經措施，結果成就了中國歷史上少數中興變法成功的案例。

張居正為了實現王朝中興的願景，在正式變法前採取「先利其器」的戰略，先托古改制，推出考成制度來整飭吏治，進行文官系統紀律與效率的再造，成功地將萬曆官僚機構的可能阻力轉化成可為他所用的助力，等做到了「朝廷號令，雖萬里外，朝下而夕奉行」的地步後，才再正式推動實質的變法，整個過程是本書所稱大執行的範例。

執行不只是奉命行事

歸納來說，小執行與大執行的差異可用「系統之內（in the system）」與「系統之上（on the system）」的概念來區分。小執行是系統之內的執行，也是執行者把自己放在現有的組織架構之內，不去動要改變組織系統的念頭，直接把既有組織當工具，用它來解決問題。反之，大執行則是「系統之上」的執行，執行者把自己放在現有組織架構之上，不把組織系統視為不能改變的定數；在解決問題過程中，只要有「先利其器、再善其事」的需要，既有組織系統的改造就成為執行過程中，必須先行處理的工作。

所以「是否牽動組織系統的再造」是小執行與大執行的分野。歸類上，系統之內的小執行是一般經理人的日常執行模式，對應英文的 execution；而系統之上的大執行則是組織領導者所推動的執行工作，對應英文的 implementation[15]。相對於小執行的奉命行

14 朱東潤，1968，張居正大傳，台北：開明書局。

15 Ken Favaro, 2015: Defining Strategy, Implementation, and Execution. HBR, March 2015.

事、一步到位就要作出成果的過程，大執行是分兩步走的過程，而組織系統的整頓與再造就是其中第一步要進行的前置作業。也因為多了這一前置作業，就使得大執行反映出「執行不只是奉命行事」的特性。

為什麼要大費周章去分辨執行的大小？主要是兩者的內涵不同，所遵循的規律也大異其趣。由於本書旨趣以探討領導者所推動的大執行為主，因此用區分大小的方式，來明確討論的對象。接下說明與大執行有關的組織變革問題。

組織變革與系統演化

組織變革與執行

對於組織變革，《韓非子》有一句值得領導者銘記的格言：「世異則事異，事異則備變」。它的意思是：時代變了，問題就不相同；問題不同了，解決問題的工具（政策、制度、組織）也須跟著改變。

談到組織變革，通常都會提到早年創設麻省理工學院群體動力學研究中心的克特 ‧ 盧文（Kurt Lewin）教授。盧文在 1940 年代就洞察到「處於自穩定狀態的組織不可能推動變革」，因此提出「要推動組織變革必須按照『解凍、變革、回凍 （unfreeze, change, refreeze）』三個步驟來進行」的概念[16]。以下說明被簡稱爲盧文變革三部曲的這套理論。

16 筆者在 1980 年於美國麻省理工史隆管理學院選修 Organization Planned Change（計畫性組織變革）課程，首次接觸盧文三部曲的解凍概念時，曾有茅塞頓開的莫名興奮與震驚。因為發現由人所組成的組織系統，在實務上居然也有一套臨床方法學，可像工程施工一般，一步步去改變成員的態度與認知，最後就可使這個組織系統按照自己的意思去表現行為。

■ 盧文變革三部曲——解凍、變革、回凍

盧文認為組織內部始終存在維穩與變革兩股力量，而組織外顯的現狀就是「企圖改變現況的變革推力與企圖維持現況的維穩拉力」兩股力量交互作用下所形成的「準平衡狀態（quasi-equilibrium state）」。他再根據物理學反作用力概念進一步主張：由於改變組織現狀是以施加額外推力的方式來打破系統既有的準平衡狀態，這時就必然會引發抗拒改變的新反作用力（亦即引發額外的維穩拉力成為抗變阻力）；因此組織變革的首要課題就是要善用變革策略，亦即「解凍、變革、回凍」三部曲來化解抗變的阻力、營造變革的助力（推力），達成變革目標。見圖 1.4。

解凍：解凍是運用組織心理學作爲工具，來克服抗拒變革的阻力，打破組織如同凍結狀態般的現況，並把組織潛在的變革動能激發出來。它是變革三部曲中最重要的起手式。這一化解阻力、營造變革動能的工作，相當於激烈運動前進行的暖身操，目的就是要創造《孫子》所稱「勝兵先勝而後求戰」的先勝局勢。如果能將一個處於準平衡狀態的組織事先予以有效解凍，接下來的變革就可望在「用勢不用力」情形下取得成果。

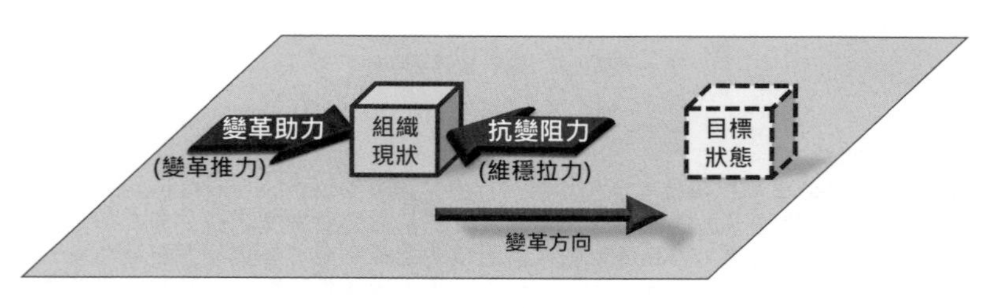

圖 1.4　盧文的組織變革模型

推動組織變革須先進行解凍工作是盧文的創見。他提醒我們要推動變革不須急著把組織從現狀直接推向目標，而應先針對現況中所存在抗拒變革的阻力，進行化解的工作，等到殘餘阻力化解消蝕到不足為慮時，變革情勢就轉趨成熟，系統也就可從「解凍」進入「變革」階段。

變革：變革是把既定的變革計畫付諸實施。事實上，只要解凍工作充分到位，接下來的變革就是將經由過程所律定的問題對策或組織再造方案等，以因勢利導、水到渠成方式予以完成的工作[17]。

回凍：回凍則是把已完成變革的組織系統穩定下來，把已發生改變的系統狀態予以常態化與制度化（institutionalization），以確保系統不會退回到舊狀態。

■ 解凍——大、小執行共用的臨床方法學

盧文變革三部曲中的解凍是組織變革最關鍵的步驟。它提醒管理者「任何變革都必須預期阻力！」例如，公務機關在還沒有電腦的 1970 年代，推動「打卡取代簽到」新差勤紀錄制度的小變革都曾引起機關內部的反彈。雖然推動打卡不屬正式組織變革的範疇，但因任何現況的改變都需要組織成員行為或習慣的改變作為配合，但因現況工作流程的再小改變，都難免引起當事人不便甚至疑慮，所以就形成抗拒變革的阻力。

由於不只推動大執行必然改變組織現狀，就連把既定決策付諸實施的小執行，相關現況也都難免受到衝擊（例如上述打卡案例）而引發抗變阻力。因此，「改變現況必須預期阻力」的法則，

---

17 只要解凍工作做到位，變革階段的工作有時可用小執行方式完成。

不論對大執行或小執行都具有相同的制約作用。換句話說，「化解阻力、營造助力」的解凍工作，即使是小執行也都必須把它當作必要的起手式，以創造「先勝」的先機，來確保後續執行的順利進行。這就使解凍的相關知識與技能，成為大、小執行工作都須應用的「臨床」工具。

解凍概念也可用來豐富執行力與執行成果兩公式的內涵。它提醒管理者：(1) 執行力公式中，企圖心因子須包含「與變革阻力周旋到底的決心」；而能力因子則須包括「化阻力為助力的解凍知能」。(2) 執行成果公式中的外緣條件，也必須把創造「先勝」的執行環境列為必須納入的元素。執行力與執行成果兩公式融入上述解凍概念後，使它們更具有臨床操作的實用價值。

歸納來說，在討論大執行過程中，我們發現了組織變革與執行的關係；而在討論組織變革過程中，我們又發現大執行的解凍概念其實同樣適用於小執行，因而得出「解凍知能是大小執行共通臨床工具」的結論。此外也發現將解凍概念融入執行力與執行成果兩公式，不只豐富它們的內涵，還可提升它們的實用價值。

組織變革的可見與不可見之手

■ 盧文理論的深入

盧文變革三部曲中解凍概念的立論，源自「組織現況是系統內在變革推力與維穩拉力相互作用下出現的準平衡狀態」的洞察。根據這個洞察，盧文提出三部曲的理論，作為管理者進行組織變革的指導方針。

用今天眼光來看，盧文所洞察組織內部的推拉兩股力量，其實就是組織系統內在「無形之手」所產生的作用。變革者外來的「可見之手」如果能夠針對這隻無形之手的內生原力，設法化解它所產生的拉力，強化它所形成的推力，那麼組織變革就可以事半功倍的方式達成。而要發揮這種借力使力的槓桿效應就必須了解這隻無形之手的運作規律。

■ 組織系統內部的無形之手

人類組織是具有生命力的系統，盧文所稱「維持準平衡狀態」的組織內部維穩拉力與變革推力，其實都是組織成員企圖心 (M) 與能力 (A) 兩個內因所發揮無形之手的「合力（resultant force）」作用。由於這隻無形之手具有「載舟、覆舟」的潛在力量，因此管理者可見之手所產生的外緣 (O) 效應，必須要能有效啟動這股無形內因的正向潛力，然後管理者才能以「執簡馭繁、用勢不用力」的方式，運用組織作工具成就事功。

張居正洞見上述竅門，所以他在變法之前先建立考成制度這一外緣因子 (O)，用它當鑰匙來啟動「績效考成 ⇆ 獎懲回饋」善性循環效應，從而激勵萬曆年間官僚系統的自發性（無形之手）內在動能 (M×A)，發揮出應有的「載舟」功能，結果就使張居正得以舉重若輕的方式取得變法成果，避免了王安石的「覆舟」之憾。值得提醒的是：這時外緣因子就不只代表機會獲發揮空間，它也代表「系統之上」的可見之手對內因所產生的激勵作用。

■ 牛頓典範的突破

上述的討論，把人類組織系統成員的企圖心與能力所構成的內因，視為系統內生的無形之手作用力；將管理者可見之手的管理措施視為「系統之上」的外緣；最後把組織系統因此而產生的結構與功能變革，視為「內因為依據、外緣為條件」下因緣和合的成果。這一論述等同把人類組織的變革視為：組織系統的生命力與管理者的意志力互動下，所完成的一種生命系統演化過程。

不過，由於盧文變革三部曲屬於牛頓典範下的產物，而牛頓典範中的系統只是一個不具生命力的人造系統，不擁有先天性無形之手的內生動能，因此盧文也就無從進一步打開他的理論黑箱。但我們卻不應以此厚誣盧文，因為突破牛頓典範的侷限，用自組織（self-organizing[18]）概念與無形之手的作用相連結，來解釋生命演化現象的系統理論，一直要到 1970 年代末期才在屬於複雜系統科學領域的理論中被發展出來。

■「自組織爲體、他組織爲用」管理觀

由於牛頓典範系統無法處理生命演化現象，而可用來發展演化系統（evolutionary system）理論的相關素材，雖然從 1970 年代開始就已存在於複雜系統科學的領域，但在管理領域到目前為止都還未能根據相關的科研成果，整理出一套現成可用有別於牛頓典範的新系統理論；因此本書就直接根據耗散結構等五套複雜系統理論，在第七章〈自組織〉中綜整出可用以解釋人類組織所出現「創生、存在、演化」等生命現象的自組織規律；然後以此為基礎發展出「自組織為體、他組織為用[19]」的管理觀，作為指導組織變革的原則。

演化系統論的整理不僅可為執行這一議題奠定更現代化的理論基礎，它對傳統的組織理論與管理理論也可發揮互補的價值，並為管理者提供一套新的觀點來重新認識自己周遭的世界。

---

18 自組織是本書第七章的主題。它是在沒有具有意志的外力「直接」介入，只在「適當環境條件」下就能自然發生的一種過程；不過，所謂的「適當環境條件」不排除是由有意志的外力所「間接」創造。

19 這是在自組織的管理世界中，管理者應知如何善用自己的他組織可見之手所能發揮的作用，以「用勢不用力」的方式來進行管理工作的一套原理原則。

四、管理是科學還是藝術？

說明了什麼是「管理、決策、執行」後，接下討論「管理究竟是科學還是藝術」這個古典老問題。要討論這個問題，必須先從幾個基本認識談起。

管理知識的產生與理論的發展

原創性的管理知識基本上都是來自個人經驗所轉化的直覺體悟。不論東西方凡商業有關的管理知能，過去都是以「做中學、熟能生巧」的師徒制——如同手工技藝與武術修練——來傳承行業的門道。不過，這種屬於個人「感性」的自發體悟，必須進一步轉化為可予以公共化「知性」的自覺認知，才能使直覺經驗變成可傳播、可複驗的知識[20]。因此，如何把個人化的直觀經驗轉化為具公共性的可教可學知識，就是產生管理知識、形成管理理論所必須跨越的一道門檻。

歷史上出現較早也較有系統可查考的「管理」理論，春秋戰國時期具有實用主義色彩的法家著作是一個代表。當時因為主張王道的西周文明衰落，使得主張霸道的功利主義應運而生，而發源於齊國，兼用禮法，提倡富國強兵的《管子》思想就成為這一發展的濫觴[21]。不過，法家的論述在性質上屬於公共行政而非商業經營的範疇。如以現代商管理論主要發源地的美國為例，按照哈佛大學錢德勒（Alfred Chandler）教授的看法，以企業經營為焦點

20 知性自覺是指當事人經過邏輯論證所產生的有意識（conscious）認知。至於自發體悟則是當事人無法交代清楚它發生過程的一種直覺認知，所以就會出現溝通上的困難。理論上，所謂自發是一種難以用語言表達清楚的潛意識思維突變（自組織）過程。見本書第三章〈識〉有關認知頓悟的討論。

21 黃公偉，1983，《法家哲學體系指歸》，台北：臺灣商務印書館。

的西方管理學的系統化發展是以 1850 年作為里程碑與分水嶺[22]。

歸納來說，不論古今中外的管理理論都不外是在歸納前人實證經驗的基礎上，加上作者本身對問題的洞察與體驗，以符合前述公共性的方式所提出可教可學的立論。本書內容的產生與發展過程也不例外。

管理教育的路線分歧

相對於博雅（liberal art）教育或純科學研究的學門，管理學就如同工程學同樣是一門講究實踐與應用的方法學。但也正因為它被認為有濃厚技藝訓練色彩，所以過去在西方就一直將它歸屬於技職教育範疇，而將它排除在大學的門外。遲至 19 世紀末，西方的綜合大學才正式開授商管學程並設立商管學院[23]。不過，商管學程成立後又再度出現該教些什麼的內容爭論。哈佛大學讓學生直接從問題情境中學習的個案教學法的異軍突起，反映出管理教學究竟應採用「分析法」或「綜合法」的路線之爭。

所謂分析法是如同其他學門的傳統教學，把管理分解成不同科目，一章一節來講授，這好比練武都是從蹲馬步與拆解成招式的拳譜、劍譜、刀法、棍法來入手一樣。而個案教學為主的綜合法則相當於從一開始就讓學生上擂台對打，以便學生們一旦學成就具備了立即上陣對敵的能力。個案教學派認為：即使管理的內涵可用分析法來傳授，但真正對敵應戰必須融會貫通，因為臨場

22 Alfred Chandler, 1977, The Visible Hand: The Managerial Revolution of American Business. The Belknap Press. 1850 年代是美國鐵路貫通二洋的年代，對具有管轄跨洲際經營能力的企業組織與管理系統的發展，發揮重要的催化與孕育功能。

23 美國賓州大學的華頓學院（Walton School）是美國第一所商管學院，成立於 1881 年。

應敵根本沒有按譜依式套招的機會，所以乾脆從一開始就讓學生直接從實際的問題情境中，去體悟凡事講究綜合應用的管理之道。

對於這一路線之爭，目前全球的管理教育，比照哈佛大學採取全個案教學的學程還是屬於極少數例外。一般大學都採折衷作法，亦即：教學上仍以分析性的傳統課堂講授為主，另再輔以一定比例的綜合性個案研討課程。主要原因是，對一般學生來說，在不具備管理基本概念與知識之前，就立即要去分析個案，通常都會因摸不著頭緒與不得要領，以致影響學習效果。也就是說，學生仍須先蹲好馬步、練好基本功，才具有上場討論個案的條件。不過，在這一折衷路線上仍有須再往下深究的議題，那就是：管理學的馬步與基本功究竟是什麼？

管理學的體用之辨

管理學是應用之學。凡是應用都有「因應變化以求其通」，也就是俗語所稱「變是唯一不變」的特性。因此管理教學上的基本挑戰是：面對恆變的應用世界，如何避免「學校永遠只教不合時宜的過時知識」的問題。對於這個問題，本書的看法是：管理教育必須認清「體用之別」，了解恆變的應用只是表象，教育的本質是引領學生去認識恆變表象背後，處理問題「變而有其常、變而有其宗」的不變本體。

《孫子》就曾說[24]：「基本的聲、色、味元素都只有五種，但掌握了五種元素特性後，藉由應用上的變化就可達到聽不完、

24 《孫子‧兵勢》：聲不過五，五聲之變不可勝聽也。色不過五，五色之變不可勝觀也。味不過五，五味之變不可勝嘗也。戰勢不過奇正，奇正之變不可勝窮也。奇正相生，如循環之無端，孰能窮之哉。

看不完、嚐不完的地步；而戰爭的謀略也不過奇（變）、正（常）兩類，但『奇正相生，如循環之無端』就沒有任何人可跟得上了」。整句話歸納起來就是：只要能夠掌握「變中不變」的基本道理，就能針對任何不同的情勢，在應用上找到創意發揮的空間。

從教學的觀點看，任何成功的個案都有它成立的特定條件，甚至也都有它不可複製的唯一性，因此不論是解讀自己或別人的管理經驗，重點就必須放在發掘其中更深層變中不變的通案性原理（generic principle）上，也就是本書所篤信「好理論必然實用[25]」的道理。至於所謂好理論，應該具備二個特性：(1) 經得起實務檢驗，能直指特定問題的「通案性」核心，而非僅個案特性；以及 (2) 經得起時間考驗，歷久而彌新，沒有過時之虞。

管理學是應用之學，學習者很容易在令人目眩神迷的恆變應用叢林中迷失方向，因此好的管理理論，它的價值就在：讓人領悟「術有其道、用有其體、變有其常（宗）」的道理，不止啟迪人們的創意，更要在專業倫理上發人深省。

管理教學目標：精進知性、發揚理性、淨化感性

管理究竟是科學還是藝術？根據以上的討論可知，從可教可學的觀點來看，它當然屬於科學的範疇；但從它在實務上必須因應變化、因案制宜的特性來看，它又富有藝術與創意的成分。因此，從體用二分的眼光來看，如果管理教育都根據「術有其道、用有其體、變有其常」的道理，以通案性的原理原則作為內容的話，那麼管理學中可教可學的不變「道、體」就是科學；而應用

25 組織變革理論的鼻祖盧文教授就說過：There is nothing more practical than a good theory.

於個案的「術、用」則是「師父領過門、修行在個人」的功夫，就不屬科學範疇。不過，不列入科學範疇的功夫，卻不必然都能高攀藝術的境界，因為《莊子》「庖丁解牛、匠石斫鼻」的寓言就告訴我們：任何實踐性的技能，唯有達到「由技入道」的程度才能稱為藝術。換句話說，凡屬藝境都有必須滿足的一定條件，也就是古人所說「迹有巧拙、藝無古今」的道理。

回到管理的本質是解決問題的觀點，不論前述的道體或術用，在內涵上都涉及管理者如何客觀地認知事實（知性），如何主觀地取捨價值（理性），以及如何有節有度地表現管理行為（感性）；又由於管理者是在「知性、理性、感性」所構成的三維空間中，認識問題、作出決策，執行對策、解決問題；因此本書認為「精進知性、發揚理性、淨化感性」應該是專業經理人，特別是領導者，共同追求的目標；而本書內容也聚焦這個宗旨，再度以「金針渡予有緣人」的心情，提出具有實證基礎的通案性管理原理原則與讀者們分享。

第二章

見

一、引言

本書第一章〈概論〉以「出現選擇必須作決策」的「斷」為入手點，用從下到上、由簡入繁的逆向反推方式把決策「斷、謀、識、見」整體結構予以展開。從本章開始，我們將按照「見、識、謀、斷」從上到下的順序，說明這套決策架構更深入的內涵。

刺激－反應

決策的見識謀斷四部曲，「見」位居首部曲的地位。第一章提到「斷」是許多決策的起點；不過，也有許多決策是從「見」入手後，就須立即作出反應，而非按部就班走完見識謀斷程序後才再採取行動。例如，球賽中的球員必須練就無招勝有招的反射功夫，來因應稍縱即逝的攻擊或防禦機會。要了解這類行為的特性，可從觀察動物的「刺激－反應」行為入手。

動物為逃避敵害或捕捉食物都會出現刺激－反應的反射行為；這是動物受到外來刺激（視、聽、嗅、味、觸等感官訊息）後，所作的瞬間反應。這種反應是動物求生本能，不存在任何思考空間，因為只要稍有遲疑，就可能落入立即喪命或繼續挨餓的下場。

從接受刺激到作出反應，除反射動作外，也可能是出於潛意識的過程。這種過程不像反射動作般快速，但也不遵循見識謀斷的決策程序，而是根據習慣與感受，在當事人不自覺情形下，就

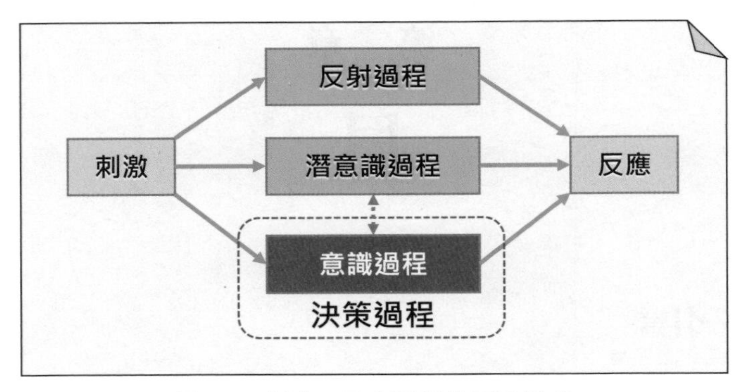

圖 2.1 刺激－反應過程的不同模式

對外來刺激作出了反應。例如，聽到不以為然的意見，人們往往不自覺表現出雙臂交抱胸前的肢體動作。

刺激－反應過程的第三種模式就是人類有意識的決策行為，也是本書所要探討的過程。圖 2.1 歸納上述三種反應模式。圖中意識與潛意識過程間繪有虛線箭頭，代表有意識的見識謀斷過程，仍會受到潛意識的滲透。從刺激－反應的概念切入來討論見，反映出見是從感覺（sensing）外來刺激而啟動的作用。接下討論人類感覺過程的特性。

感知（感覺—知覺）作用

人類的感覺是由眼、耳、鼻、舌、身等五種感官系統來分別主管色（視）、聲（聽）、嗅、味、觸等五種功能。有趣的是：首先，這五種感官的前四種，包括人類在內的所有動物幾無例外都長在身體前（頭）端，並以身軀中軸為準，呈左右對稱分布；因為在這種安排下，來自前方各角度的訊息，都能被平衡而完整接收。其次，這五種感官具有高度的分工互補性[1]；例如：白天用視覺、夜間用聽覺；發覺隱藏危險或機會用嗅覺，分辨食物用嗅覺與味覺，要體驗質感就用觸覺；而要感應遠方狀況多用視、聽、嗅覺，但要了解近距離情境就可用味、觸覺。各有職司的感官功能，綜合起來就可取得充分互補的外在環境資訊，使人們得以有效應付威脅、掌握機會，滿足生存與發展的需要。

感官所產生的感覺是人們認識外在世界的第一步。至於這些感覺對於決策者究竟代表什麼意義，就須決策者再將這些訊息進行篩選、重組與解讀後才有答案。這種為感覺賦予意義的工作稱為知覺（perception）作用。本書把感覺與知覺兩種作用合稱為感知作用。

注意力

感知作用中的感覺是一種被動的物理性過程，感官系統不須刻意去搜尋，就會接收（感覺）到源源而來的外部訊息；而知覺則是一種主動的心理性過程，決策者必須有意識地對感官所獲訊息進行加工，賦予意義。不論感覺或知覺，它們都是一種喚起注意力的過程。

上課錄音的經驗　上課錄音回家重播時，都會對播放出來各種喧賓奪主的雜音而大感吃驚。因為對一個專心聽課的人來說，在上課當時耳中根本不會注意到這許多雜音的存在。這種經驗清楚反映：注意力有很強的篩選作用；當我們專注某一件事時，發生在該事周遭的其他事情，就會出現《荀子》所說「心不使焉（注意力不專注的話），則黑白在前而目不視；雷鼓在側而耳不聞」的現象。

---

1 動物用視覺分辨顏色、明暗、形狀與環境動靜；用聽覺確認音源所在與聲音特徵；用嗅覺感覺空氣中化學分子的氣味；用味覺感受食物鹹甜酸苦辣；用觸覺感覺外物冷熱軟硬乾濕。

喚起注意力

在感覺的被動接收訊息過程中，注意力受到異常現象刺激而被引發；例如第一章〈概論〉提到穿泳衣進入宴會場合，必然成為眾目焦點。人的注意力平時處在放鬆狀態；唯有周遭出現不預期的異常現象時，注意力才會被喚醒而進入緊張狀態。唐朝李端所寫《聽箏》「欲得周郎顧，時時誤拂絃」的詩句，就很生動地描述「注意力會受到不符預期異常現象而被引發」的特性。談到引發注意力，筆者有個常跟學生分享的親身經歷。

黃稿紙自薦信　筆者當年退伍後寫自薦信向工程顧問公司求職。但想到應徵者眾多，為使自己的信件能夠引人注意，就特別用醒目的黃色稿紙來寫。後來負責面談的主管就證實，當時他從人事部門一尺高的應徵資料中，抽出三份資料安排面談；而筆者被挑中的原因正是因為用了與眾不同黃色稿紙的關係。

科學家估計[2]，人類五大感官系統的感覺能量[3]，加總起來每秒可接收大約 12 百萬位元的訊息（亦即視覺約為 10^7 bps、聽覺 10^6 bps、嗅覺 10^5 bps、觸覺 10^6 bps、味覺 10^4 bps）；但是人類有意識的知覺系統的頻寬，每秒最多只能處理大約 40~80 位元的訊息。因此人類通過感官系統所接收的大量訊息，經由神經系統傳達到大腦成為有意識的知覺，進而引發注意力的訊息，只有令人吃驚的 15 至 30 萬分之一的極為微小的比例！至於那些雖被感官接收但卻沒能進入意識程序的大量資訊，絕大部分都成為過耳東風、過眼雲煙，當場流逝；只有其中一小部分殘留訊息，通過潛

2 Zimmerman, M., 1986. Neurophysiology of Sensory Systems, Robert F. Schmidt Ed., Fundamentals of Sensory Physiology. Berlin: Springer-Verlag.

3 一般稱為頻寬（bandwidth），以位元／秒，簡稱 bps（bits per second）來衡量。

意識程序，被儲存到人腦的某個角落，這些訊息往往會在決策者不自覺情形下，被觸發、擷取而重現在思維過程中。

上述感知系統資訊處理的高度篩選性，使得注意力（亦即意識狀態下的知覺作用）只在出現異常現象時才會被喚起。這可說是人類的感知系統為了有效利用有限的訊息處理能量，所不得不演化出來的一種資源分配機制。接下的疑問是：所有進入知覺系統的訊息，是否都會被當成必須作決策的問題來處理？

引發問題意識

第一章「穿泳衣參加宴會」案例中，「疑問」與「問題」的差異就在於喚起注意力後，有無接著激發必須解決它的「問題意識」。例如「春牛喘息」中的清道夫打群架與牛在樹下喘息兩個鏡頭都映入丙吉眼簾；但丙吉對這兩個異常現象，又再作出「捨群架、取喘息」的選擇。這代表丙吉對通過「喚起注意力」這道濾網的異常徵候，再作了一次「引發問題意識」的篩選，只有通過第二道篩網的異常徵候，才會被送入後續「識」的決策過程。見圖 2.2。

決策的見可區分成「察徵候」與「顯問題」兩個段落。凡尚未喚起注意力前的訊息都屬感覺作用所接收的「潛在」刺激；而「察徵候」是利用喚起注意力這一道濾網篩選出異常訊息，這些訊息就屬「知覺作用」下的「有效」刺激。至於「顯問題」則再把有效刺激利用引發問題意識的第二道濾網，篩選出必須進一步加以處理的重要徵候，這些徵候就屬「認知作用」（cognition）下會引發問題意識的訊息。第二道濾網篩出的訊息出現後，決策見的程序也就完成；而後續的識、謀、斷程序則從此啟動。

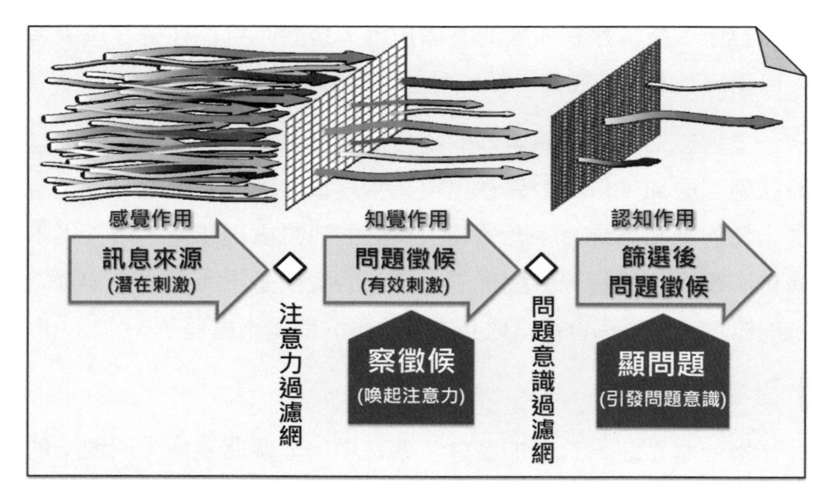

圖 2.2 見的察徵候與顯問題過程

前面提到，一般感覺作用基本上都是被動的訊息接收過程；但在決策過程中，人們有時也會以有所為而為的方式主動搜尋特定的目標訊息，並且在這一目標訊息尚未搜得前，注意力就會處於高度緊張的狀態，一直要到目標訊息出現，注意力才會恢復放鬆狀態。例如刑警辦案，非等到證物齊全、嫌犯落網，大家才會鬆一口氣。因此決策過程的「察徵候」，經由感覺作用所取的訊息，就包括被動接收與主動搜尋兩類來源。

有了以上概念性說明，接下正式討論「察徵候、顯問題」的具體內容。

二、察徵候——注意力喚起

察徵候是正式決策的起手式，它的作用在循情究理、發覺異常，喚起決策者的注意力，並以「對外明察」與「對內反省」為主要內容。

所謂對外明察就是要對外部環境進行掃描，把握住「了解全局、洞察趨勢、把握重點[4]」的要訣：(1) 視野必須觀照所有該涵蓋的方位；(2) 對於變動中的大環境必須注意它的動態走勢；(3) 必須從全局與趨勢中去挑選應該聚焦與關注的重點。

至於對內反省則是要能隨時進行自我檢視，以求與時俱進。俗語說「不自反者，看不見自己一身病痛」，反省是理性化與進步的基礎。唐太宗「以銅為鏡可以正衣冠、以史為鏡可以知興替、以人為鏡可以明得失」三句話，可作為對內反省的要訣，也就是不只要將今天的自己跟昨天的自己比，還應建立對照系統，去跟設為標竿的對象作比較；尤其要懂得從別人的錯誤中去學習教訓，避免重蹈別人的覆轍。

對外明察

對外明察的資訊必須動員五種感官系統的功能來搜集。以中醫診病為例，第一步工作就是「望聞問切」，包括「觀氣色、聽聲息（聞體味）、問症狀、切脈搏」等四個問診動作。這就用到了視覺、聽覺、嗅覺、觸覺等四種感官。刑警辦案也必須「眼到、耳到、鼻到、口到、手到」，仔細探究相關的人、地、物，來發掘與案情有關的線索。

4 這三句話的頭尾兩句是曾任國防部部長俞大維先生的名言。中間一句「洞察趨勢」則是筆者根據工作經驗所補上。因為有時決策者所須了解的全局與所須把握的重點，並非靜止而是處於持續變動的狀態，所以決策者往往須以「打飛靶」而非「打定靶」的方式，來了解全局、把握重點。

了解全局、把握重點

對外明察的工作可歸納成「看什麼」與「怎麼看」兩個基本問題。不過，這裡所稱的「看」不限視覺，而是泛指五種感官的功能，以及包括更深層的知覺與認知功能在內。

杜拉克三問　管理大師彼得・杜拉克（Peter Drucker）受聘擔任企管顧問時，通常會劈頭提出三個問題[5]：你做的是什麼生意？你的顧客是誰？你憑什麼認為自己可以存活？對這三個禪意十足的問題，企業主一開始都是嚇了一跳：請你來當我顧問，怎連我做的是什麼生意都沒搞清楚！但很快會發現這三個看似簡單的問題，其實直指企業成敗的核心。這三個問題提醒企業主：做生意不能只想自己，心中必須要有顧客，也要講得清楚自己在這些顧客心目中的價值是什麼（亦即自己的競爭力在哪裡）？杜拉克三問其實是夜深人靜時企業主應該經常反思的根本問題。

孫子五問　《孫子》十三篇開宗明義就說「兵者國之大事……經之以五事……而索其情。一曰道，二曰天，三曰地，四曰將，五曰法。」強調興師作戰前，必須先依序檢視以下五個問題：民心向背、天候好壞、地形險易、兵將能耐、軍紀鬆嚴。根據這五個問題的答案，就可預判戰爭的勝負。所以，將領須通曉「天之道、地之理」，洞察「軍之心、敵之情」，掌握知彼知己全盤狀況與個中重點，然後才能領軍作戰。

以上兩則都是用「問」字訣來處理「察徵候該看什麼」的案例。重點是決策者只要能把握「了解全局、洞察趨勢、把握重點」的要訣，在察徵候時，就不至於出現摸不著問題門路的窘境。

---

5 原文是：What is your business? Who is your customer? Why do you think you can survive?

用「問」字訣來察徵候，碰到自己完全不熟悉的題目，在做法上就是「訪賢問道」。周文王渭水訪賢得姜太公，劉備三顧茅廬問道得諸葛亮，這些都是在訪賢問道之後，乾脆請賢者加入行政團隊的故事。以下是一則筆者親身經歷。

訪賢問道　1994 年中華航空日本名古屋機場空難後，筆者奉派以次長身分兼任民航局局長，進行危機處理。民航是個高度專業但卻是自己當年並不熟悉的領域。要在整個民航界危疑震驚、兵荒馬亂的時刻，去擔任引領大家走出危機的指揮官，筆者發現自己沒有任何學習的時間，必須要能立即切入問題、下達解決問題的正確指令才行。於是就用「訪賢問道」的辦法，很快搜尋出李雲寧先生等幾位資深前輩作為對象，針對國內民航業的航務與機務等問題，以深度訪談方式向他們請益。結果使自己在一週後正式接任時，得以發表公開信的方式，很有把握地告訴社會大眾、民航局以及民航業者，我們必須採取哪些行動來因應與處理當時的危機[6]。筆者事後形容這段經歷採用的是「吸星大法[7]」策略，因為如能「找到對的人、問對的問題」就能立即獲得可作為決策依據的關鍵訊息。

察徵候，把握了搜集異常徵候的「看什麼」問題後，接下「該怎麼看」的問題就必須把握兩個重點：(1) 要注意訊息來源的可靠度，以及 (2) 要講究「機、微、隱、漸」的竅門。

---

6 事後聽說當年派我去兼任民航局長的交通部劉兆玄部長曾跟人說：「毛次長恐怕想當民航局長很久了，早有準備，所以才能那麼指揮若定。」或許因有了這次紀錄，以致後來劉兆玄先生常找我去當救火隊長。

7 與金庸小說所說不同的是：交換知識與資訊的「吸星大法」不會傷害或減損對方功力。

多重資訊管道、不偏聽

決策資訊的取得，有時決策者可親臨第一線去觀察與蒐集，就是俗稱的走動管理，如「春牛喘息」中的丙吉。但大多情況，決策者的訊息是依賴制度化的資訊系統，或經由參與決策的同僚來提供。

創造貞觀之治的唐太宗，就強調決策者要廣開言路，以避免發生偏聽的風險。他說：「為政之道，務於多聞；是以聽察採納眾下之言，謀及庶士，則萬物當其目，眾音佐其耳。」歷史上有很多佞臣、宦官擅攬朝綱的案例，幾乎都是從壟斷國君訊息管道開始下手。唯有能做到不偏聽，決策者才有「了解全局」的可能。如何避免出現偏聽，可舉個近代例子來說明。

羅斯福的統御術　美國富蘭克林·羅斯福總統在職期間，二次世界大戰爆發。當亞洲與歐洲戰場都已戰火正酣之際，美國卻因受到經濟大蕭條餘波盪漾，以及國內孤立主義勢力的影響，遲未參戰。不過，羅斯福深知當時美國雖然尚未正式參戰，但他最重要的一項工作，就是要能及早充分掌握歐亞戰場的動態。那時期的美國海外情報系統還很不健全，除陸、海軍各有情報單位外，聯邦調查局（FBI）也兼管海外情資。因此，羅斯福商請丘吉爾動員英國的軍情六局（MI-6），協助美國成立統籌海外情報的戰略情報局（Office of Strategic Services），後來改組成中央情報局（CIA）。羅斯福向來不容許幕僚們壟斷他的訊息來源。據說，就在上述海外情報系統的重整過程中，有一次 FBI 胡佛局長向他面報有關納粹德國三點情資，他就當場給胡佛下馬威，提醒他是不是還有兩點忘了報告，嚇得胡佛瞠目結舌。羅斯福用這種當面點破的方式，讓胡佛知道他不是自己唯一的情報管道，使得胡佛往後有任何情資向他提報時，都不敢再懷有隱瞞或操弄的居心。

上例顯示，羅斯福是深諳偏聽風險的領導者。而要避免偏聽就必須善用多管齊下的重複（redundancy）原則。層級越高的決策者，越需要建立彼此競爭的多重情資管道，以使提供給他（她）的資訊，具有相互勾稽、交叉確認的作用，來避免因為資訊被壟斷，而發生重大決策被誤導的情形。

在決策資訊取得上，決策者還須注意不要陷入「一言堂」現象所導致的危機。

一言堂　花剌子模是與成吉思汗同時期，雄踞中亞與波斯兩地的穆斯林汗國。據說因為國王摩訶末（Muhammad）不喜歡聽到吃敗仗的消息，所有講真話的人都被殺或罷黜；剩下來的朝中佞臣無不報喜不報憂，刻意隱瞞或扭曲不利的戰況。於是整個朝廷變成「眾曲不容直、眾枉不容正」的一言堂。滿朝文武都陶醉在自己編織的謊言中，完全沒有面對事實真相的勇氣與反省力。結果，過不了多久就被成吉思汗的蒙古大軍給滅亡了。

「機微隱漸」的竅門

對於察徵候「怎麼看」的問題，諸葛亮說過「觀日月之形，不足以為明；聞雷霆之聲，不足以為聽」，因為這些都是非常明顯的表象。所以他認為「視聽之政，在視微形，聽細聲」，也就是要去注意那些細微而不明顯的問題徵候。

因此為充分提供後續「識」（定義問題）所需的依據與佐證，在「見」的察徵候階段，除了顯而易見的異常現象外，還必須去發掘更多隱晦不明的線索。這時就需懂得如何從「機、微、隱、漸」處下手，去取得「常人所不能見、常人所不能知」訊息的竅門。以下說明「機、微、隱、漸」這四種不同線索來源的性質。

■機

察徵候的「機」字訣，代表專業修為與火候達到一定程度後，對「事中之理」所具有的特殊洞察力。群醫束手的疑症難症，到了扁鵲、華佗手上就能藥到病除；田忌與齊王賽馬連戰連敗，到了孫臏手上就能反敗為勝[8]，反映的都是這個道理。《列子》有一則與相馬有關的趣聞，可用來說明「機」的意義。

機：九方皋相馬 伯樂晚年，秦穆公問他有沒有接替人選可繼續幫忙尋找千里馬。伯樂說：「千里馬和普通好馬，表面特徵很相似，我的兒孫們雖能分辨一般好馬，但對於只能意會、無法言傳的千里馬之道，卻還不能體會。但一個與我平日一起打柴叫九方皋的年輕人，他相馬的功力不在我之下，可請他來接替我的工作。」秦穆公聽了很高興，就派九方皋去找千里馬。三個月後，九方皋回報千里馬已經找到，正拴在宮外沙丘上。秦穆公迫不及待地問是匹什麼樣的馬？九方皋說是匹黃色母馬。但後來牽進來的卻是匹黑色公馬。秦穆公就責備伯樂「連馬的毛色和公母都分不清楚的人，怎能找到什麼好馬！」伯樂卻感嘆道「沒想到九方皋相馬功力已到了這種境界，他所觀察已是最玄妙的『天機』！他眼中只注意千里馬的關鍵特徵而遺忘了它的雌雄；只注重它的內在本質，而不顧外觀的毛色。這種只關切核心的重點，而忽略無關細節的相馬本領，早已遠遠超過了千里馬本身的價值！」等到黑馬邁步開跑，果真是一匹神駿非凡、舉世罕見的千里馬。

九方皋相馬的啟示是：發掘問題徵候時，懂門道的決策者會把焦點放在關鍵性的本質特徵上，而不顧「驪黃牝牡（黑黃公母）」

---

8 孫臏以「下駟對上駟」策略使田忌馬隊以弱勝強，擊敗齊王馬隊的故事，詳第九章〈戰略〉的討論。

的細節，才能夠洞燭「天機」；而一般人因為把注意力分散在無關宏旨的表象上，結果就落入瞎子摸象的困境。要穿透表象、把握本質，竅門就在於善用減法而非加法。這樣才能把進入感官系統大量但瑣屑無用的訊息，隔絕在意識之外，使有限的意識能量能夠專注在最關鍵的重點上。這也是《老子》「為道日損」的「損」字訣要旨。

■ 微

接下的「微」字訣是指微小、蛛絲馬跡的線索。「春牛喘息」是好例子：牛在樹下喘氣，相對於清道夫打群架，是個相對微弱、很容易被忽略的訊號；但丙吉明察秋毫，捕捉了這個訊號，並作出必要的反應。而《孫子》也根據戰場上的微小徵候，就能解讀出敵方的動態與企圖。

微：孫子觀陣　孫子《行軍篇》對如何觀察與研判戰場敵情，有很多生動而具體的描述，例如：近而靜者恃其險也；遠而挑戰者欲人之進也⋯⋯眾樹動者來也⋯⋯鳥起者伏（埋伏）也⋯⋯塵高而銳（狹長）者車（戰車）來也，卑（低）而廣者徒（步兵）來也⋯⋯仗而立（倚靠著長矛站立）者飢也，汲而先飲（從河裡打了水就立即喝掉）者渴也⋯⋯。這些跡象的細膩觀察與精準的解讀，都是身處戰場的將軍，臨陣觀察必須具備的基本能力。

《孫子》講究如何在戰場上「觀陣」；古人另有一種講究是如何從小地方來觀察與了解一個人。

微：古人觀人術　《論語》提到孔子利用「視其所以、觀其所由、察其所安」——觀察行為、檢視經歷、了解志趣——的方法來認識一個人。三國劉邵《人物志》則提出「八觀、九徵」的說法，也就是從人外在行為逐步深入到內在心理變化，用由表而裡反覆察考的方法，來識別一個人的品行與才能。而曾國藩的《冰鑑》談到識人，則強調利用觀察一個人能不能「五到」（身到、心到、眼到、手到、口到），來識別對方是不是個堪用的人才。

對觀察人事物的竅門，古人有「聽其言必觀其行是取人之道；聽其言不問其行是取善之方」的說法。這句話提醒我們：選人才要講究表裡如一，聽建言就不應因人廢言。

■ 隱

至於「隱」字訣是指發掘隱藏、潛在、不明顯的跡象，講究「見微知著、見端知末」的功夫。《漢書》有一則這方面的寓言。

隱：曲突徙薪　有個客人受邀造訪某員外的新家，注意到他家廚房的煙囪（煙突）出口正對著柴火，就提醒員外應把煙囪轉個向（曲突），把推積的薪柴搬個位置（徙薪），以免發生火災；但員外未予理會。不久果真發生火災，靠著熱心的左鄰右舍奮力搶救才將火撲滅。員外殺牛買酒酬謝這些鄰居，並按照每個人焦頭爛額的程度依序安排座位，但卻忘了邀請曾提醒他「曲突徙薪」的那個客人。

「曲突徙薪」用俗話說就是「要在事先拔掉未爆彈的引信」。《漢書》對這則寓言還有一段評語「如果員外一開始就採納客人建議，排除發生火災的原因，那這場回祿之災根本就不會發生，當然也無需花錢去請那頓酒席了。」後人以「曲突徙薪無恩澤、焦頭爛額為上賓」作為這則寓言的標籤。管理者從這個故事可得兩點反思：(1) 防火勝於救火、預防勝於治療，只要事前把握住「先見之明、先知之聰」的原則，做好發現問題消弭禍源的工作，臨場焦頭爛額的救火場面就可根本避免。(2) 主管要懂得分辨「功勞、苦勞」的差異，考核績效不能只看表面，因為除非是猝不及防的天災，否則平時該做的防災工作不落實，即使在後來救災過程中奮不顧身、焦頭爛額，也不能稱英雄。

《莊子》另有一則故事也可用來說明「隱」字訣的意義。

隱：不龜手之藥　宋國有人擁有冬天預防手腳凍傷龜裂的妙方，他的家族靠著這個祖傳秘方，經營絏絲行業，但生活並不富裕。後來有客人聽說了這個不龜手的藥方，想用百兩黃金買下它。祕方主人召開家族會議一致認為：過去靠祖傳秘方只不過能勉強維持生計而已，現在一次可得百金，何樂不為？客人付錢後，拿了藥方直奔吳國，跟吳王說從此寒冬打仗，就不愁士兵手腳會再凍傷了。等到嚴冬來臨，吳王就派這人率領吳軍與入侵的越軍展開水戰，結果大敗越軍。吳王因此劃了塊封地犒賞他。

莊子對這個故事的評論是：同樣的不龜手之藥，有人只拿來做絏絲之用，賺些微薄的收入，有人卻用它而得了封地，差異就在能否看出它的潛在價值！故事的主人翁在聽說了不龜手之藥的那一刻，就意識到這帖藥在軍事上的潛在價值，所以不惜將它重金買下，成就了這項報酬極高的投資。不龜手之藥是個在見的察徵候階段，就運用洞察力發現了被觀察對象的重大潛在價值，具體地說明了「見到深處，識在其中」的道理。

許多隱晦的訊息往往必須不惜工本去刻意搜尋才能取得，一旦取得立刻就成為決定事情成敗的關鍵。二戰期間太平洋中途島之役的情報戰就是一個著例。

隱：中途島之役情報戰　1941 年 12 月 7 日日本偷襲珍珠港，1942 年 4 月 18 日美機轟炸東京作為報復。為了避免日本本土再度受到美軍空襲威脅，山本五十六決定奪取中途島，一舉殲滅美國太平洋艦隊的主力，並打通前進夏威夷的門戶。而美軍自從珍珠港事件後，對破解日軍密碼一直不遺餘力。從 1942 年 5 月起，根據日軍傳送的大量電文，美軍研判日本聯合艦隊短期內必有重大行動，並推測電文中經常提到的代號 AF 應是日軍企圖奪取的目標，但卻無從判定究竟所指何地。後來有個聰明的情報官就釋放出誘餌：要中途島守軍用明碼發出「本島淡水機故障影響供水」的電文，結果日軍攔截到這一明碼電文後，就向各單位發出「AF 淡水機故障，供水出問題」的密電通告。日軍吞下美軍情報官的誘餌，揭露了 AF 就是中途島後，美軍太平洋艦隊司令尼米茲（Chester Nimitz）就立即組成以三艘航母為核心的艦隊，火速馳往中途島附近守候備戰。而日本的聯合艦隊則在自以為神不知鬼不覺的情形下，於 1942 年 6 月 4 日對中途島發動突襲。結果，聯合艦隊中的四艘航母被埋伏在旁的美軍迎頭痛擊、悉數沉沒；而美軍則只損失一艘航母。山本鎩羽而歸、退返日本。

中途島之役是美軍二戰在太平洋反敗為勝的轉捩點。這一關鍵性的情報戰美軍採用「假設－檢驗法」，先作了 AF 就是中途島的假設，然後讓日軍自動來證實這一假設，因而使美軍取得了先勝的契機。所以，破解這類隱晦訊息的價值往往勝過百萬雄兵。

■ 漸

最後「漸」字訣，是指要能洞察未來趨勢的端倪或新潮流的先聲。落葉知秋、滴水穿石、星火燎原等成語反映的就是這一意義。《韓非子》有一則箕子的故事。

漸：象箸之兆　商紂王要屬下為他製作象牙筷，箕子聽了大感驚恐，嘆道：大王用了象牙筷後，就不會再用陶土製的餐具，而會改用犀角翠玉做的杯盤；大王的餐具變得精美了，就不會再用它們來盛裝青菜蘿蔔的粗食，而會改盛山珍海味的佳餚；大王吃的是精緻美食後，身上就不會再穿粗布衣裳、也不會再住簡陋的木屋，因為穿必錦衣、住必華屋，才能配得上象牙筷！而大王為了滿足這些奢侈的要求，就必然會到處搜刮錢財，使得天下貧困、民不聊生。

韓非評論說：箕子能夠見微知著、見端知末，不愧為聖人。對於「漸」的意義，還可舉個現代的例子。

漸：摩爾定律 美國加州柏克萊大學的摩爾（Gordon Moore）教授是積體電路（integrated circuit, IC）先驅者，他在 1970 年代初期就注意到，IC 產品大約每隔 18 至 24 個月就會有新一代的產品問世，兩代 IC 內部的電晶體密度也出現大約相差一倍的現象。他當時就大膽推測：這個神奇的 18 至 24 個月，將會是未來所有微電子產品的生命週期。這個被暱稱為「摩爾定律」的預言，後來大家發現它還有更深刻的意義。因為摩爾定律等於宣告：以 IC 為核心的產品，每隔 18 至 24 個月它們的「性價比」就有提高一倍的趨勢，亦即用相同價格，就可在市場上買到性能高一倍的產品；或是相同性能的產品，價格便宜一半。

摩爾定律相當準確地為 1970 年代後，資訊社會的生產與市場的發展節奏，預先譜出了基調。因此摩爾定律的發現就成為運用「漸」字訣，洞察出科技社會發展趨勢的經典案例。

有所為而為、無所為而為的資訊搜尋

引發問題意識的外來刺激，可能是「有所爲而為」刻意搜尋下所獲得的線索，例如：九方皋相馬、杜拉克三問、孫子觀陣、中途島之役情報戰、刑警辦案等；也可能是「無所爲而為」不預期情形下，偶然得到的訊息，例如：春牛喘息、周郎回顧、摩爾定律的發現。

不論是「有所為」或「無所爲」哪一種背景下所獲得外來的有效刺激訊息，通常都具有以下兩種特徵：(1) 出現的現實情境與心中的預期間存在落差（實然與應然的不一致），例如周郎因歌女誤彈而回顧、九方皋在一群凡馬中發現令人眼睛一亮的千里馬等；(2) 出現值得探究的未知情境，這時心中雖無特定預期，但卻引發一探究竟的念頭，例如：丙吉對春牛為何喘息的查詢、摩爾對 IC 發展趨勢的探索。

對內反省

談到對內反省，要旨在於「自強不息、標竿學習、與時俱進」。這方面的幾個重要概念都出自《論語》，包括：(1) 吾日三省吾身；(2) 見賢思齊，見不賢而內自省；以及 (3) 三人行必有我師焉，擇其善者而從之，其不善者而改之。其中的 (1)、(2) 兩點都強調自省的重要。歷史上最有自我內省意識的皇帝，恐非唐太宗莫屬。《貞觀政要》就有很多這方面的記載。

以史爲鏡　前面提到《貞觀政要》中最有名的一句太宗語錄是：「以銅為鏡，可以正衣冠；以史為鏡，可以知興替；以人為鏡，可以明得失」。這是唐太宗在魏徵去世後，有感而發的一句話。感慨失掉了魏徵，從此就少了一面可反映自己行為缺失的鏡子。由於唐太宗親眼目睹，統一南北朝、國力強盛的隋帝國，竟只維持了短短 38 年的壽命，就樓起樓塌地亡國了，因此使他深有憂患意識，不斷訓令群臣，制定政策、治理國家，一定要記取隋朝快速滅亡的教訓，絕對不能重蹈覆轍。因此，史家們都同意唐太宗是非常懂得「以史為鑑」的一位君主。

上述對內反省的 (2) 見賢思齊，與 (3) 三人行必有我師，可看成是提醒我們「標竿學習（benchmarking）」的重要。呂新吾的「四看」值得在此一提。

呂新吾四看　明朝呂新吾《呻吟語》有四句常被人引用的名言：「大事難事看擔當、逆境順境看襟度、臨喜臨怒看涵養、群行群止看識見」。這「四看」一方面可視為一種觀人術（觀察別人的一套標準）；另方面也可作為自己與別人比較時，省視自己優、缺點的四把量尺。

任何人如能常以「四看」來檢視自己的心思與行為，就是使人得以自強不息，不斷與時俱進的一項重要祕訣。

三、顯問題——問題意識引發

不論是經由對外明察或對內反省，過濾出值得注意的問題徵候後，接下就是將它們進一步篩選，把真正重要、必須留下來進行後續處理的徵候挑選出來。第一章提到決策需要事實、價值與情境三類資訊；在決策見的層次所劃分的察徵候與顯問題兩步驟，察徵候獲得的屬於情境與事實認定的資訊為主，而顯問題所產生的便屬於價值判斷的資訊。

問題意識

觀點與立場的選擇

問題徵候的識別決定於觀點與洞察力。同樣的被觀察對象，不同的人可從不同觀點看出不同的蹊蹺與奧妙，這就是蘇東坡所說「橫看成嶺、側成峰」的狀態。例如春牛喘息例中，丙吉與隨從對因徵候而引發的問題意識便不相同。《論語》裡也有一則值得注意的故事。

爾愛其羊、我愛其禮　子貢為避免每月初一都要宰殺一頭羊作為「告朔（祭祖）」禮的祭品，建議廢除這個儀式。孔子則根據完全不同的觀點對子貢說「賜啊！你有善心，捨不得那些羊；而我看重的是這個祭典所代表國君上朝聽政的制度。一旦廢除了這個祭典，就怕國君會從此怠忽上朝聽政的職責。」後來，周朝到了幽王、厲王時期，告朔之禮就不再舉行，國政就真的因而荒廢，並且從此走上亡國之路。

我們還可再用美學大師朱光潛在經典之作《談美》中，所舉「三人觀樹」的例子，來說明問題意識與觀點選擇的關係。

三人觀樹　面對同一棵長在山巔的松樹，植物學家從求知的觀點，著眼松樹的年齡多大，以及分類歸屬的品種；木匠從實用的觀點，著眼枝幹是不是可以拿來做建材或傢俱；而藝術家則從審美的觀點，著眼松樹形體所具有的美感。其實，植物學家、木匠與藝術家三人，上山看到松樹前，心中可能都沒有任何特定的探索動機；但是看到松樹後，就不約而同地都把松樹當作問題來探究，但每個人想要尋找的答案卻不盡相同。植物學家想判斷它的年齡與品種、木匠想確認它的實用價值，而藝術家則想探討它的審美意義。

這種基於某種特定觀點，為心中疑問尋找答案的動機與企圖就是所謂的問題意識。「三人觀樹」說明：問題意識觀點的選擇，涉及觀察者的職業慣性與主觀價值的取捨。

問題與徵候的連結

要將徵候與問題建立連結必須審慎，否則容易發生未審先判或看到影子就開槍的誤判。《韓非子》有一則相關的故事。

宰人三罪：徵候與問題的連結　晉文公吃烤肉，發現肉上有根頭髮，就把大廚找來責罵「你想噎死我嗎？為什麼把頭髮纏繞在烤肉上？」大廚嚇得跪倒在地上說「臣有三個死罪：用磨刀石把菜刀磨得跟寶劍干將一樣鋒利，但卻沒能把頭髮切斷，是第一罪；拿木棒穿肉塊卻沒看見上面有頭髮，是第二罪；在炭火赤紅的爐上，雖把肉烤熟了，但卻沒把頭髮燒掉，是第三罪。報告大王，臣認為有個嫉妒我的人躲在這個堂屋裡，想陷害我。」晉文公聽後覺得有道理，就召集侍應人員來一一質問，果真找到了謀害者，就將他捉拿問罪。

不論是什麼原因引發的問題意識，都可將它們歸納為6W1H——何人、何事、何時、何地、何物、為何、如何的「七何」來表達。要將「人事時地物」的線索連結在一起，往往需要高度的想像力與推理力。《福爾摩斯》中有一則稱為「五個乾橘核」的案例。

時地線索的連結　這是涉及祖孫三代的三起連續命案，並且事前都收到一封以KKK落款，裝有五顆乾橘核的恐嚇信。福氏注意到第一封信寄自印度彭迪切里（Pondicherry），寄出後七週收信人被謀殺；第二封寄自蘇格蘭鄧迪（Dundee），寄出後四天發生命案；而第三封則寄自倫敦，第二天就發生命案。由於三封信的發信地都是海港，因此福氏就假設謀殺者是在一條帆船上：前兩次是倫敦以外的海港，因為他們將恐嚇信交由速度較快的郵船寄送，而自己則搭乘速度較慢的帆船，所以每次恐嚇信都在帆船抵達倫敦前寄達，等帆船抵達倫敦後隔日發生命案。福氏研判出這些線索的時地關聯性後，就去追查這三個港口進出帆船的記錄，發現一艘美國德州籍的孤星號，進出各港時間與案情完全吻合，而該船船長與大副、二副等三人都為美國籍（其餘船員則為其他國籍），也符合第一起命案的被害者曾一度移民美國南方，而 3 K黨又只存在美國南方的事實，於是他查明「孤星號」的下一停泊港後，就立即通知港警去緝捕這三名嫌犯。

篩選原則

了解問題意識的意義後，接下說明如何根據問題意識來篩選問題徵候。我們可用行事曆（或時程表）設定（agenda setting）的概念，來理解這個過程的機制。

行事曆的設定

春牛喘息（二） 丙吉看到清道夫打群架的傷亡事件，只望了一眼而不採取行動，因為這種事情自有地方官處理，無須臨時納入他的行事曆。但當他看到春牛喘息，就擔心那恐怕是即將發生大旱或大澇的先兆，因此不論是否另有要務在身，他都要立刻停轎查證那頭牛究竟發生了什麼事；因為解除天候是否失調的疑慮遠比趕路來得重要，所以他就臨時修正行程，插入了這項現場查證工作。

所謂行事曆是指決策者在一定時間內必須處理的一份工作清單：形式上它可能是決策者每天的行程表，是某個會議的議程，或是一份待辦事項備忘錄。不論哪一種性質的行事曆都有以下幾項特性。

1. 它的內容會與時推移、不斷動態更新。一旦出現了更重要的新事件，原定行程就須另安排時間或取消；而當情勢已經變更，某些原訂行程就會被刪除。
2. 它代表決策者時間資源的分配方式。時間是決策者的最寶貴資源，決策者工作績效就決定於當事人如何運用自己的時間。有些決策者每天行程滿檔，甚至到了宵衣旰食、夙興夜寐的地步，但臨下台卻發現自己的工作成果竟然乏善可陳。這是因為每個人時間資源有限，而可能的選擇卻無窮，所以如果決策者不知「有所不為，方能有為」的道理，並忘了在自己的行事曆中刻意「留白」，使自己擁有可用以適時思考與反省的機會，時間就會在「忙、盲、茫」中消耗掉而渾不自知。

3. 凡未能納入行事曆的事情，代表決策者不會花時間（也沒有時間）去處理它們。有時這是一種刻意的忽略，例如丙吉對待清道夫打群架事件的立場；但有時也可能是致命性的輕忽，例如許多大意的決策者對待「溫水煮青蛙」之類危機，或對待「曲突徙薪」之類情境的態度。所以本書強調決策者在做行事曆項目抉擇的時候，必須要有「善策多惕」的警覺。

歸納來說，行事曆的設定，性質上是競爭性工作項目或議題選項的優先排序（prioritizing）問題。例如，政府政策的提出或預算的編擬，因資源有限而會發生排擠現象，所以必須區分優先順序；再如，媒體新聞報導或評論的刊載，因版面有限但訊息來源無窮，也會出現哪些該上哪些該下的排序問題。因此，只要在決策者心目中無法取得優先地位的事項，就不可能納入行事曆、工作清單、會議議程、預算科目，或媒體的版面或時段。這一優先排序的取捨決定於決策者的價值觀，最後也會反過來決定決策者的工作績效。

有所為、有所不為

究竟要選擇哪些問題徵候作為後續處理的對象，作法上可有以下幾種模式：

1. 按「信號」強度來取捨：以春牛喘息為例，清道夫打群架發生傷亡，信號的強烈程度絕對高於春牛樹下喘息。沉不住氣的決策者很容易依據信號的強弱程度來選擇問題；而身為宰相的丙吉沒有犯下這種錯誤。

2. 按自己興趣與專長來取捨：南唐後主李煜、宋徽宗趙佶兩人都是不世出的傑出藝術家；但從領導者觀點來看，卻都屬不適任的國君。再以現代企業為例，資深技術人員升任部門經理後，有時會出現只樂於繼續處理技術問題，而憚於處理人際問題的不勝任現象。這些案例的共同特徵是：這些決策者都率性地以「為所好為、為所善為」的方式選擇自己所做的事。

3. 按「為所當為」原則取捨：決策者選擇問題的「當」或「不當」屬於價值判斷的範疇，有他律與自律兩個標準。他律是指別人對決策者角色的要求，例如皇帝就該有皇帝的樣子，李煜與趙佶都太任性，連起碼的角色要求標準都達不到。而自律則是決策者的自我角色期許，這是出於價值觀與責任感的一種自我要求。相對於李煜與趙佶，唐太宗就是一個正面典範。

貞觀之治：爲所當爲　唐太宗雖是軍旅出身，但他深明「馬上得天下，不能馬上治天下」的道理，即帝位之後，就收起自己喜好與擅長的刀鎗弓箭，偃武修文、以史為鑒，虛心學習歷代王朝盛衰興替之道，立志做個開物成務、創業垂統的明君。他任用房、杜、魏等能臣來輔佐自己，處理原先所不熟悉的國政事務。從決策者觀點看，李世民是一個懂得「擇所當為」的國君。

分辨什麼能改變、什麼不能改變的智慧

面對期望無窮、資源有限的排擠效應，決策者在作選擇時，知性、理性與感性上要如何自處，以下是個很好的建議。

勇氣、寧靜、智慧　美國知名神學家倪布爾（Reinhold Niebuhr），於 1943 年發表一篇經典性禱告辭「上帝啊！請賜我勇氣，去改變可改變的事；也請賜我寧靜（serenity），去面對那些無法改變的事；更請賜我智慧，去分辨哪些事可改變，哪些不能變。」這一篇「寧靜禱文」充分反映了倪布爾「完善的不可能性」的現實主義思想，使人們知道要用平常心去面對無法改變的事實，也使必須在理想與現實間尋找折衷點的決策者，能夠更泰然鎮定地去作他（她）的困難抉擇。

四、見的溝通觀

本章從「刺激－反應」概念入手，討論見識謀斷中見的意義與內涵。但廣義的見所涉及的資訊多是通過人際溝通過程而取得。以下就從溝通觀點，進一步探討見的一些重要特性。

人際溝通模型

遊客問路　外地遊客向警察問路，警察很熱心地告訴該遊客「往前直走左轉，穿越鐵路走到十字路口後，沿著湖邊道路走到路的盡頭，再右轉往前就可看到你要去的地方。」但是遊客只依稀記得「左轉、鐵路、十字路口、湖邊道路、右轉」幾個說法，腦中所拼湊出來的圖像，可能跟警察告訴他的完全不同，甚至更可能根本毫無頭緒，完全拼湊不出任何有意義的地圖來。

人際溝通是個相當複雜的過程。圖 2.3 中的警察為回答遊客

圖 2.3　溝通過程出現的編碼與解碼落差

的問題，他必須先在自己腦中建構一張地圖，然後再將這張地圖用口語描述給遊客聽；而遊客則須將警察的描述，在自己腦中先重新勾勒出這張地圖，然後才能按圖索驥找到自己的目的地。

圖 2.3 的溝通過程可分解成圖 2.4 的流程。圖中的發訊主體是警察，收訊主體是遊客。客體 X 是通往遊客目的地的路線圖，資訊載體（vehicle）X’ 是警察描述路線圖的口語說明，而客體 X” 則是遊客根據警察口語描述的 X’，在自己腦中所解讀出來的路線圖。這一溝通過程中的客體 X 出現兩次轉換：X → X’ 與 X’ → X”。上述第一次轉換是警察（發訊方）把自己所認知的道路意象 X，經由編碼（coding）程序將它轉化成可用口語來傳達的 X’。第二次轉換則是遊客（收訊方）將警察口語描述的 X’，經由解碼（decoding）程序整理出自己所要的路徑圖 X”。因此，圖 2.4 反映出：人際溝通是一種客體意象的表達（編碼）與解讀（解碼）的過程。

圖 2.4 溝通是客體意象的表達（編碼）與解讀（解碼）過程

編碼後的認知意象與客體間的失真

圖 2.4 所示的每一個環節都可能出現失真（distortion）現象。第一種是描述失真，也就是客體 X 與發訊者編碼後 X' 間的落差。上例中，就是警察向遊客描述的路徑與真實路線間的編碼失真。《韓非子》有一則這方面的故事。

畫鬼最易　畫家為齊王作畫。齊王問畫家「什麼東西最難畫？」畫家說「狗與馬最難。」齊王又問「什麼東西又最好畫呢？」畫家說「畫鬼最容易。因為狗與馬，人們都很熟悉，經常出現在人面前，只要畫錯一點就會被人挑剔，所以難畫。至於鬼魅，因為誰都沒見過，不論怎麼畫別人都無從指責，所以好畫。」

這個故事反映：當客體 X 非常具體且又為人們所熟悉時，發訊者編碼後的意象 X' 是否如實或失真，大家很容易判斷。但如客體 X 虛無縹緲，並非真實的存在，發訊者編碼後所表達的意象 X'，因為沒有可供參照的具體對象，所以也就無從判斷是否失真了。

認知意象與重現意象間的失真

第二種失真發生在發訊方所表達 X' 與收訊方經解讀後所重現 X" 間的落差，這屬於解碼失真。上例中，就是旅客在腦中重建的路線與警察口語所描述路線間的落差。《韓非子》中也有一則這方面的有趣故事。

毀新如故　鄭國有個姓卜的人，要妻子給他做一條褲子。妻子問「褲子要做成什麼樣子？」他回答「就做成跟舊的一樣好了。」結果，妻子把全新的褲子做好後，又很辛苦的地折騰一番，去把新褲子磨損得跟舊的一樣。

這個故事反映：發訊方在意思表達（編碼）上，如果模棱兩可，收訊方所解讀的意義就可能與原意南轅北轍。正因為發訊者所表達的意象與收訊者解讀後所重現的意象，難免都會出現某種程度的落差，所以閱讀文學作品或欣賞其他藝術作品的過程，一般都視為一種新的「再創作」過程。

溝通過程中的噪音

資訊載體的編碼過程可能夾帶噪音（noise），這也是使溝通出現失真的第三種現象。我們可再從《韓非子》中找到例子。

郢書燕說　楚國有人在晚上寫信給燕國宰相。因光線昏暗，就要僕人舉高火燭。一面說著一面就不自覺地寫下與信文內容完全無關的「舉燭」二字在信裡。燕國宰相收到信後，對於信中很突兀的「舉燭」二字百思不解。後來很費心地將它拐彎抹角解讀成「舉燭就是追求光明，要追求光明就必須推舉與任用賢人。」於是宰相就把這道理告訴燕王。燕王很高興地採納這個見解，開始禮賢下士、重金求才。結果燕國就真的強盛起來。

本例中的「舉燭」二字對發信者楚人的整篇信文來說，屬於該被過濾掉的「噪音」，因為這種噪音會干擾收訊者的解碼，以致解讀出與本意完全不同的訊息。故事中的燕國，雖然因為誤打誤撞地採用了正確的政策而強盛，但終究不是楚人寫信的原意。

資訊載體的特性

溝通過程中的資訊載體是發訊方用來傳達事物意象的一種媒介（media）。一般溝通過程最常使用的媒介是口語、文字與圖像；至於文字又有各種呈現方式，例如：簡單的文句、短或長篇的文章，與書冊文獻等形式；而圖像則包括：靜態的圖畫、照片，以及動態甚至三維的影視檔案。

載體的多元性

廣義的資訊載體（溝通媒介）還包括：以立體模型或雕塑形式所表達，具視覺效果的作品；以節奏、旋律形式來表達，具聽覺效果的作品；乃至以動作、舞蹈形式來表達喜怒哀樂與故事情節的肢體語言作品等。不同性質的資訊載具，在編碼與解碼上各有不同的門道與規矩，所以發生失真的情形也各有不同。

語法、語意、語效

溝通過程必須以資訊載體為媒介，而語言又是最重要的一種溝通媒介，所以可借用語言學的概念來了解資訊載體的特性。

語言學通常涵蓋三個主題：語法（syntax）、語意（semantics）、語效（pragmatics）。從溝通觀點看，語法涉及編碼與解碼過程所須遵循的共同法則，而不同的語言就有不同的文法，發訊方如不照特定法則編碼，收訊方就無從解讀資訊載體上的訊息；反過來，收訊方如不了解資訊載體的編碼法則，也就無從進行解碼的工作。

從語法學觀點來理解其他的資訊載體，例如用音樂、繪畫、雕塑、舞蹈等形式來表達創作者（發訊者）所要傳遞的心靈意象或訊息，它們也都須遵循特定的相關編碼、解碼規則，才能讓欣賞者（收訊者）有解讀與理解的機會。

中途島之役（二）　中途島之役美軍獲勝的關鍵，就在美軍破解了日軍通訊編碼的「語法」，所以他們對日軍加密後所傳遞的訊息，都能予解碼還原，使日方聯合艦隊的行蹤與企圖，完全暴露在美軍情報人員的眼中。於是，山本五十六就在不知情勢已翻轉成我明敵暗情形下，吃了個空前的大敗仗。

其次，語意涉及溝通過程所傳達訊息的「意義」。前小節有關各種失真的討論，都是圍繞在「客體 X、發訊者編碼後 X'，收訊者解碼後 X"」三者間出現落差的問題上。但要進行有效的溝通，光是語意不失真往往仍有所不足，還需注意接收方的理解能力。《莊子》有一則「夏蟲、井蛙」的寓言，值得在此提出。

夏蟲、井蛙　《莊子》說「夏蟲不可語冰，井蛙不可語海」。意思是：對於生命只有一個季節的夏蟲，不可能去跟它討論冬天結冰種種情形，因為它完全不具備任何條件，去理解寒冬會結冰的這一客觀事實。而對於活在井裡的青蛙，因受到生活經驗的限制，所以也無從了解天下還存在一望無際、波濤洶湧的大海。

《孟子》引用惠子的話說：在與人溝通的時候，在用語（語意）上必須「以其所知喻其所不知，而使人知之。」意思是：要讓對方了解過去不知道的事，一定要用他（她）已經了解的事來作比喻，這樣對方才能掌握我們的語意，了解我們的意思。白居易的詩贏得「老嫗能解」的稱譽，就是掌握了語意表達上的三昧。

最後，語效是指經由溝通過程，收訊者接收訊息後所產生的效果或所引發的行為改變。《韓非子》中也有個難得的例子，可用來說明語效的含義。

射稽謳歌 宋王為了準備打仗而興建練武場。有個名叫癸的歌手在工地邊上唱歌，歌聲非常動人，路過的人停下腳步，幹活的人也忘了疲勞。宋王就召見、賞賜他。癸對宋王說「我的老師射稽唱得比我更好。」於是宋王就召射稽來工地演唱。但他的歌聲沒有使路過的人停下腳步，而幹活的人反而覺得疲累。宋王失望地跟癸說「你師傅唱歌，路人不停步，工人反而疲倦；他的歌聲明明不如你，你怎麼還稱讚他呢？」癸回答說「請大王檢視我倆唱歌的實際功效。當我唱歌時，工人築了四片牆，而射稽唱歌時工人築了八片；再看牆的堅實度，我唱歌時工人所築的牆可砸進去五寸，射稽唱歌時工人所築的牆只能砸進去二寸。」

見與溝通——結論

從溝通的觀點來理解見，究竟讓我們增進了哪些新知識？根據溝通模型，由於在見的階段，決策者不是發訊者就是收訊者；因此當決策者是發訊方時就會知道要去檢視：(1) 自己所見是否為真——是否能夠掌握客體 X 的本來面目；(2) 如何能夠把自己的所見，如實地編碼成 X’ 傳遞出去，使接收方可正確無誤解讀出自己要傳達的訊息。反過來，當決策者是收訊方時也會知道要去檢視：(1) 經過自己解碼所重現的意象 X”，相對於 X 與 X’，可能失真程度為何？(2) 發訊方經由資訊載體所傳達的意象 X’ 與源頭客體 X 間，是否已先出現了失真問題？

不過，為了回應上述幾個決策者應予檢視的問題，就會不期然地觸及到更深層的哲學性議題：什麼是真實？什麼是客觀？以下從見的生理與心理限制觀點來討論這些相對深層的議題。

五、見的限制

本章開宗明義就說：決策的見是一種感知作用；要討論這種感知作用究竟有多真實、多客觀，必須從人類通過「天演[9]」過程所發展出來的「視、聽、嗅、味、觸」等感官系統的特性下手。

視覺與聽覺的頻寬

圖 2.5 所示是人類可聽音與可見光的頻段。圖上半部是音波的頻譜，下半部是電磁波的頻譜；中央的橫軸則是兩者共通的頻率軸。因為「波長＝速度／頻率」，音波在常溫常壓下速度約為每秒 340 公尺，而電磁波速度與光速相同，達到每秒 29,900 公里；所以在相同頻率下，電磁波波長達到音波波長的 10^5 倍之多[10]。

重點是：在非常寬廣的電磁波頻譜中，人的視覺系統只對 10^{14} 到 10^{15} 赫茲（hertz）[11] 的頻率有感應能力，使這一頻段的能量變成「可見光」。但這一「可見光」頻段前、後的電磁波譜，對人類的裸眼來說就是完全視而不見的範圍。

至於人的聽覺系統在同樣非常寬廣的音波頻譜當中，也只對 16 到 20K 赫茲的頻率發展出聽覺感應力，使這一頻段的音波成為

9 演化在生物學裡有兩種意義。第一種是「用進廢退」的發展說，這一學說認為後天習得或發展用以適應環境的機能，久而久之就可能納入基因而被一代一代遺傳下去。第二種則是「適者生存」的突變說，這一學說則認為基因所儲存的訊息都是先天的，兩代間的基因如果出現重大的質變，基因突變是唯一的原因。對於演化的意義，本書第七章〈自組織〉有進一步討論。

10 可聽聲頻段屬於低頻，佔有三個數量級 (10^3)；可見光頻段屬於高頻，只佔有一個數量級 (10^1)。不過，因為聲波與電磁波波速不同，所以即使頻率相同，但是波長會有五個數量級的差異。

11 一赫茲 = 每秒一個循環週期（1 cycle/sec）；可見光波長大約是 350 至 800 奈米（1 奈米 =10^{-9} 公尺）。

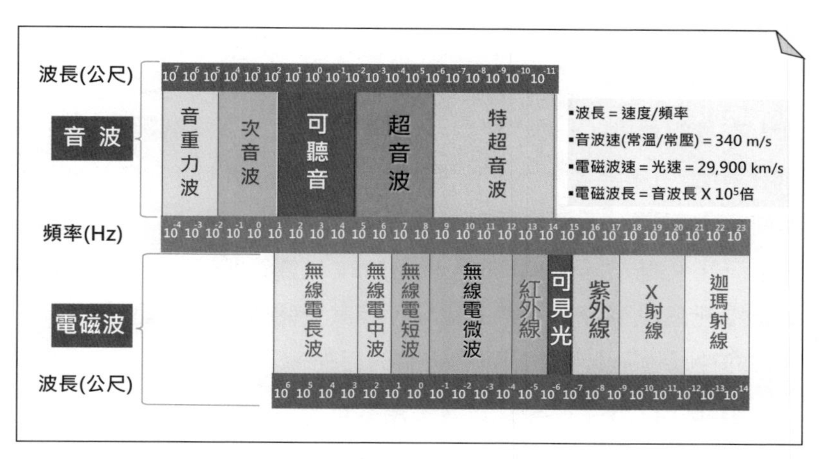

圖 2.5　人類可見光與可聽音的頻段

「可聽音」。至於這一頻段之外的音波，對於人類的聽覺系統來說，也都屬聽而不聞的範圍。

在那麼寬廣的電磁波與音波的頻譜中，為什麼人類的視覺與聽覺能力，只對那麼狹窄而特定的頻譜波段發展出感應能力？從天演與天擇角度看，這是基於生物存活的需要性，所發展與保留下來的一種能力。因此不論從「用進廢退」的發展說，或「適者生存」的突變說，都是只有能不斷精進並具有適應環境能力的物種，才能在不斷變動與充滿風險的環境中存活。所以人類發展出上述的視／聽覺感知能力，並能憑藉它們存活到今天，代表這種天演過程所發展出來的感知系統，經得起人類求生存需要的考驗。

感知系統的選擇性、自組織性

選擇性

人類都是以自己作為尺度來衡量外在世界，例如英制的

「呎」據說就是某個英國國王腳丫的長度，這種尺度稱為人本尺度（human scale）。人類感官的敏感度也決定於人本尺度，亦即：以人本身的尺度（1.5± 公尺）為基準，向大、小兩端延伸到某一極限為止。在「至大無外、至小無內」的宇宙範圍，往小的方向看，即使距離再近，人類的裸眼都無法看清 1/100 公分以下尺度的東西；而往大的方向看，目前人類所知的太空至少有 14 億座銀河，每座銀河又都至少有 4 億個星球，但其中絕大部分的星球，單憑人類的裸眼也完全無法感覺到它們的存在。

因此，以人本尺度為基準來觀察世界，會遭遇到「往小的方向看，有看不清楚的問題；而往大的方向看，又有看不完盡的問題」——這就是《莊子》「自大視細者不明，自細視大者不盡」的意思——它代表「雖存在但卻看不見」的事實。這種事實究竟會不會成為問題，亦即：看不見的部分究竟是「該看見而未看見」，還是「根本不需要看見」，因為看不見也沒關係！

就用人類有信史開始到目前為止，超過五、六千年以上的歷史為例，發明顯微鏡與望遠鏡來輔助並延伸裸眼對更小與更大尺度的觀察能力，還是最近五百年內的事。其餘漫長的早期歷史中，人類始終只生活在裸眼能夠看到的有限世界裡，對那些「雖存在但看不見」的廣袤宇宙，甚至根本就不知道它們的存在。所幸，這種無知與無感，對人們的日常生活基本上沒有太嚴重的影響[12]。

事實上，人類的感官系統雖是在自然演化下所發展形成，並且在功能上還是具有選擇性與侷限性的產物，但這種選擇性也使

12 不過，人類對於裸眼無法覺察的細菌認識與覺察得太晚，在過去造成很多不幸的大規模致命性傳染病的傳播，確屬科技不夠發達下的一種歷史遺憾。

得人類感官只需具備相對較小的感應規模，就足夠提供因應生存所需的功能。而它的侷限性又使得人類感官的有限注意力，能夠在不受無關刺激干擾（感官系統根本接收不到）情形下，去完全專注在直接影響個體生存的問題上。

歸納來說，人類之所以可在天演過程中存活下來，原因之一就是人類所擁有能量有限的感官與認知系統，發展出「選擇性注意力（selective attention）」的緣故。這一選擇性注意力的特性也就是「察徵候、顯問題」兩個概念的生物學基礎。

自組織性

人類的感知系統，除了有先天功能上的選擇性外，另一基本特徵是自組織性。所謂自組織是指事物在一定的外在條件下，它的結構會自發性地從無序轉變成有序的現象。例如，相對無序的液態水，當外在溫度降到零度後，就會自動結晶成結構有序的固態水。本書第七章對自組織現象有完整討論。

認知過程也會出現自組織現象。瑞士心理學家倪克（Louis Necker）在 1832 年發現圖 2.6 所示的倪克方塊（Necker cube）現象——由 12 條直線所構成的平面圖，在一般人視覺意象裡，都會不由自主地（其實是無法抗拒地）將它看成是一幅立體圖——這一立體圖由 9 條直線所構成；原圖中有 3 條線被不自覺地忽略掉。而當圖 2.6 內側有 3 條線被忽略掉後，就構成圖中 B1、B2、C1、C2 四種可能視覺意象：

B1：從上方俯視看到的外凸立方體——圖中陰影面為朝上的立方體頂面，圖中黑點位於觀察近端；

B2：由下方仰視看到的內凹天花板一角——圖中陰影面為朝下的天花板，圖中黑點位於觀察遠端；

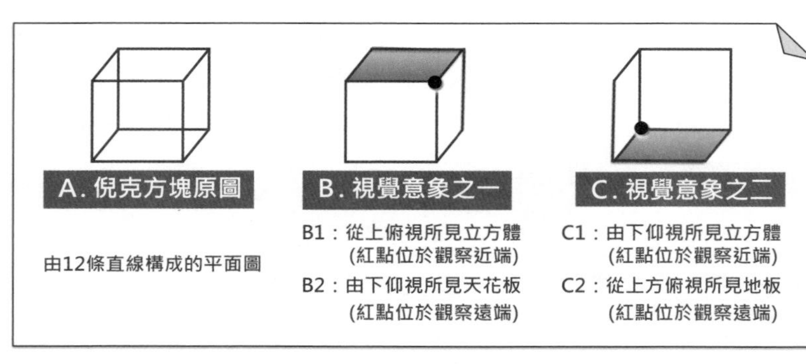

圖 2.6　倪克方塊的自組織視覺意象

C1：由下方仰視看到的外凸立方體——圖中陰影面為朝上的立方體底面，圖中黑點位於觀察近端；

C2：從上方俯視看到的內凹地板一角——圖中的陰影面為朝上的地板，圖中黑點位於觀察遠端。

有趣的是，以上四種可能的視覺意象，在人的意識裡還會互相排斥，無法同時並存；也就是說，面對倪克方塊圖時，人的意識會不斷在上述 B1、B2、C1、C2 四種視覺意象間往復跳動，並且每次只能有一個意象可停留在意識中。這種身不由己、情不自禁的現象，就是認知系統的自組織效應在作祟。倪克方塊是實際體驗人類知覺過程自組織現象最簡單的例子。接下討論自組織作用在人的認知上究竟會產生什麼影響？

認知心理學家認為，自組織作用會在人們不自覺情形下，對感官系統所接收的資訊予以自動詮釋，也就是感官系統會自動把資訊「化零為整」並進行填補空白的動作，目的是把陌生的外來資訊，轉化成人們所素來熟悉的某種意象或意義。倪克方塊自組織現象就屬認知系統自動詮釋的一種效應。

心理學家認為人類具有尋找模式（pattern）與發掘事物間規律（regularity）的天性。因為許多事物間都存在某些特有的關係，所以人們往往可根據片段的線索，就能自動演繹出許多隱藏在它們背後的相關資訊。例如：談到交易，人們就會去追問賣方、買方、交易標的物、交易條件與交易媒介等各種與人事時地物有關的資訊；而談到吃，人們也會自然想到與它有關的另一套固定的人事時地物資訊。由於人們記憶中儲存了數量龐大、代表各種固定關係的「概念樣板（術語稱為基模，schema）」，因此透過自組織的詮釋作用，決策者便可以「舉一反三」或「聞一知十」的方式，在即使非常有限外來資訊情形下，也能很快勾勒出問題的輪廓。因此可推論：感知與認知過程所發生的自動詮釋自組織作用，其實也是人類演化過程中所發展出來用以提升資訊處理效率的一種特殊功能。

自組織所發生的是自動從決策者意識與潛意識的記憶中，去為外來資訊找出相關背景資訊，以使該資訊因而具有可解讀的意義。事實上，也因為自組織作用橫梗在外來資訊與決策者的意識之間，所以決策者所意識到的資訊，其實都是已經被人腦的自組織作用詮釋過的資訊，而不是感官系統所接收的原始資訊。

存在的看不見、看見的不存在

歸納來說，感官與認知系統的選擇性與自組織性，一方面使決策者的見、識過程因而變得更有效率；但另一方面卻也使決策者陷入兩種可能的陷阱：「存在的未必看見」與「看見的未必存在」的問題（按：這裡的「看」泛指五官功能，不限於視覺）。

「存在的未必看見」是因為感官系統的選擇性所引起；例如，前面已經討論過，人類對不可見光與不可聽音，視而不見、聽而不聞。至於「看見的未必存在」則是因為認知的自組織作用所引起;例如，面對倪克方塊人們會看到了事實上並不存在的那個三維立體空間。

感知系統的衍生限制

人類的感知與認知系統，除了具有先天的選擇性與自組織性兩類基本限制外，還受到從這兩種限制所衍生出來的其他限制。接下討論這些衍生限制的特性。

恆常性與容錯性

由於認知的自組織特性，使人們對於事物的形狀、大小、色彩以及與其他事物相互關係等，通常都會在心目中發展出一套穩定的常模。因此對於一些可識別的事物，不論實際接收的訊息是什麼，我們往往都會不自覺地把記憶中的印象，拿來詮釋感官的實際感受，或者把填滿細節的過去記憶，當作當下實際感受的事實。這種特性稱為認知的恆常性（constancy）。

認知的恆常性　在晦暗的深夜看到消防車時，對於車子的顏色我們都會毫不猶豫地認定是深紅色，就如同我們白天看到的一樣。但是如稍加反思就會發現，這其實只是記憶中先入為主的印象，而不是現場實際視覺的感受。因為如我們用照相機去拍攝的話，在現場的能見度以及夜間各種不同光源的干擾下，拍出來相片的顏色一定與我們印象中的深紅色有極大出入。

認知恆常性來自於自組織性，它在資訊處理上有特殊價值。由於恆常性是利用記憶中的常模來修正實際的外來資訊，這就使決策者認知具有糾正錯誤或「容錯（fault-tolerance）」的能力[13]，並使決策者所認知的世界可維持一定程度的一致性與一貫性。

認知的容錯性　上述消防車的顏色，即使視覺系統實際上所感受的是紫色，原本必然會引起認知上的困惑，但我們的解讀系統卻會自動把它修正為深紅色，甚至還認定就是一般的消防車，而不是其他種類的車輛。這種認知上的容錯功能，可使我們免除許多資訊處理上的額外負擔。

不過，認知恆常性也會導致「看到的未必存在」的風險，使許多粗心大意的決策者，在未加深究情形下，不辨魯魚亥豕，發生錯覺或誤判。另方面，認知的恆常性也會使許多偷懶卻又自負的決策者，以帶有成見的「有色眼鏡」或預設立場的「刻板印象」來認知外在事物。這些錯覺、誤判或刻板印象，都會扭曲決策者的判斷，並嚴重影響決策品質。《列子》有則很生動的寓言。

鄰子偷斧　有個農夫丟了斧頭，懷疑是鄰居小孩偷的。他觀察這小孩走路的樣子、臉部的表情、講話的神態……，不論哪種舉止都是一副偷斧賊的樣子。不久，農夫在清理山溝時找到了他的斧頭。後來，他再遇到這個鄰居小孩，就覺得這小孩的舉止言行，其實怎麼看都不像偷斧頭的人。

這則寓言告訴我們：因為決策者的先入為主、預設立場，會使他（她）在資訊解讀上發生嚴重的扭曲與誤判，以致同樣一件事就可能出現完全相反的解讀。

---

13 容錯性通常都涉及重複性或備份性（redundancy）資訊的運用。上述記憶中的常模對於外來資訊而言，是一種可用來作檢驗與比對的內在參考標準，性質上是一種重複性資訊，所以就可據以發揮糾錯的功能，而認知系統也就因而具有容錯能力。

適應性

適應性是人類認知系統通過自組織作用，對本身的選擇性注意力所發揮的一種調節與適應（adaptability）功能。

感官的適應性　視覺在暗室中所具有的適應能力，是視覺系統通過自組織作用把瞳孔放大，以使自己在低能見度情形下，仍能夠看清東西，代表視覺系統所具有因地制宜的自律性（自組織）調節功能。再以「入鮑魚之肆，久而不聞其臭」為例：進入腥味濃重的魚市，認知系統一旦發現撲鼻的氣味雖然強烈但卻無害時，就會自動把這一部分的嗅覺功能，調節到較不敏感的程度，讓嗅覺系統可以暫時忽略掉這些無害的「背景」訊號。這樣不僅可減輕嗅覺系統的負擔，也可使整個感官系統的警覺性，得以轉移到其他更值得注意的地方去。

以上說明顯示：人類的不同感官系統都各自發展出適應環境的特殊能力，來減輕資訊處理的負擔、增加資訊處理的效能。

除了上述感官系統的先天生理適應力外，人類認知的適應性也可透過後天學習養成。例如，刑事人員對於進入一般人避之惟恐不及的命案現場，醫護與檢驗人員對於接觸一般人所嫌惡的人畜排泄物等，都必須培養出超越世俗認知的平常心與適應性，才能進入專業門檻。不過，適應性也會造成決策者的錯覺。

適應性導致錯覺　飛行員對倒飛所發展出來的適應性，有時在沒有地平線及儀器可供參照情形下，特別是在經過連續翻滾動作後，往往會使他把倒飛當成正飛，或者把下降誤為爬升，許多事故便因此發生。此外，適應性也會使決策者因為過於熟習身處的環境，以致陷入「習焉而不察」的陷阱，即使變成了徐徐加溫熱鍋中的青蛙，卻仍渾然不自知。

防衛性

人類的認知除了有先天的生理限制外，還可能出現心理上的後天選擇性，認知防衛性就是其中一種現象。人在遭遇情緒上重大挫折或心理上巨大壓力時，認知系統對外來資訊的接收或解讀，往往出現不自覺的逃避或曲解行為。這種為了降低焦慮與痛苦，而出現的認知消極反應就是自我防衛（self-defense）行為。

認知防衛性之一：失憶症　人在受到極度驚嚇後，有時會出現失憶的徵候：當事人對事件當時的情形喪失所有記憶。這種失憶症的發生就是認知系統在當事人不自覺情形下，以自組織方式將事發當時的不愉快經驗，逕自封存到潛意識記憶中，使它排除在有意識記憶之外而引起的。佛洛依德學派的許多心理治療案例，重點就在於把病患潛意識中的記憶顯性化，使它不能再躲在心靈暗處，成為操控病患行為的無形之手。

認知的防衛性對於維持一個人內在人格結構的平衡，以及維繫與外在社會關係的和諧上，往往有它的積極意義。因此當事人為緩和自己情緒偶而出現的自我防衛，有時是正常且可接受的行為，例如具有自我安慰效果的阿 Q 行為。不過，這種行為不能變成習慣性的反應模式，否則當事人就會在不自覺情形下，因為脫離現實而陷入更大的困境。

認知的選擇性除防衛性外，還會出現其他的偏差（bias）現象。例如，主觀的動機性偏差（self-serving bias）：在各種數據中偏向選擇對自己有利證據（功勞都屬自己，錯誤都在別人）的歸因偏頗；或者方法性的倖存者偏差（survivorship bias）：只有倖存者納入抽樣，忽略失敗者數據，因而得出誤謬推論。這些偏差都會發生誤導決策的後果。

認知選擇性所導致的自我防衛以及各種可能出現的偏差，最嚴重的後果是形成所謂「集體失智（groupthink）」效應（例如前面提到的花刺子模「一言堂」案例），這是決策者必須避免掉入的陷阱。本書第五章〈斷〉對集體失智問題有深入探討。

以上討論的恆常性、容錯性、適應性與防衛性等問題，都屬決策者必須注意有關感知系統的「質性」面特性。接下討論另外兩種具有「計量」意義的人類感知系統特性。

資訊超載律

資訊超載（information overload）在資訊氾濫的網路社會已是普遍存在的現象。根據醫學研究，資訊超載會引發各種生理與心理症候，甚至導致認知行為異化。以下說明資訊超載的意義。

隨堂測驗與資訊超載　臨時宣布的第二天隨堂測驗，如教師指定的測驗範圍總共只有 3 頁內容，那麼這 3 頁資料通常會被學生反覆研讀、充分準備；如果指定的內容總共有 30 頁，那麼其中許多資料就可能只會被學生粗略瀏覽而已；一旦指定內容有 300 頁之多，那麼大多數學生就可能乾脆放棄，完全不作準備了。

■ 資訊超載現象

這一現象可從資訊供給量與使用量的互動關係來觀察，見圖 2.7。理論上，如沒有資訊超載效應，那麼決策者所獲得的每筆資訊都會被完全使用，亦即圖中 45°斜虛線（0A 線）所示。但實際上，決策者所使用的資訊不僅會隨著資訊供給量的增加而遞減（0R 線），並且在供給量超過某個臨界點 P（資訊超載點）後，還會出現急遽的跳崖現象，甚至進入全盤放棄的狀態（Q 點）。

資訊超載現象反映出「資訊多並不必然好」的事實。因為資訊過多，反而會使決策者因不堪負荷而放棄所有的資訊，所以任何決策都有一個「最適資訊供應量」，亦即提供資訊恰好達圖 2.7 橫軸 S* 點，決策者資訊使用度可達縱軸 U* 的最高點。提供資訊一旦超過橫軸的 S*，不僅是一種浪費，甚至還可能發生因為資訊超載而癱瘓整個決策機制的風險。

面對相同決策問題，資訊的最適供應量 S* 點與資訊超載點 P，因人而異。出現差異的原因，與決策者所具備的知識與經驗有關。例如，一份詳細的財務報表到了有經驗的會計師手上，很快就能診斷出企業的潛在問題；但到了沒受過財務分析訓練的人手上，恐怕只能立即宣告放棄。因此，適當的領域性專業知能（domain knowledge）的訓練可改善資訊處理的瓶頸，使一個人的資訊處理能力 U* 點往上升高，也可使一個人的資訊超載點 P 向右延伸。

資訊超載現象雖以資訊使用「數量」為著眼，但也要注意它與資訊使用「質量」的關係。例如，有些決策者在資訊處理上傾

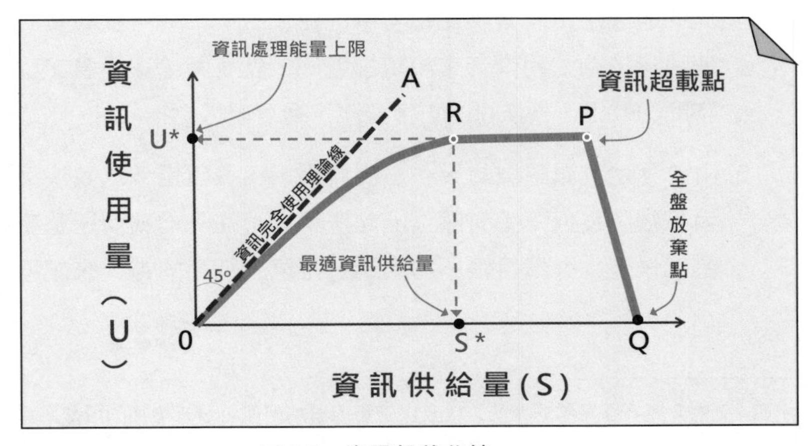

圖 2.7　資訊超載曲線

向「先入為主」，以致對後續接收的資訊就不再有吸收能力；但也有「見異思遷、後來居上」的健忘型決策者，只根據最後收到的資訊作決策。很顯然，這兩類決策的品質都會有嚴重缺陷[14]。

■ 資訊超載的克服

研究資訊超載的目的是為了探討如何協助決策者克服資訊處理的能力限制（術語稱為頻寬不足）問題。面對資訊超載問題，除了前面提到的專業知能訓練外，通常還可採以下對策。

1. 由於是否出現資訊超載現象，與容許的決策反應時間有關；因此決策者可採「設法爭取更多的緩衝時間來消化資訊」的策略；例如「以 300 頁教材為範圍的隨堂測驗」，如可爭取一星期而非一天的準備時間，那麼願意認真研讀的學生人數就會大增。好比看大部頭章回小說，就要有「長期抗戰」的心理準備。

2. 由於發生資訊超載的原因之一，與人腦記憶量的生理限制有關——腦神經學家有 7±2 記憶區塊（chunk）的說法；因此如能設法提高有限記憶容量的使用效率，就可提高資訊使用量。例如用諧音來記電話號碼，就有壓縮與節省記憶空間的效果，不僅可記更多資訊，還可記得更牢。

3. 由於發生資訊超載的另一主要原因，與資訊過多以致決策者不知該從何下手有關；因此決策者可採先勾勒問題整體輪廓作為「網舉目張」的大綱，再填入細節的方式來記憶

14 圖 2.7 中 R 與 P 兩點間的距離，代表供應量能增加但使用量未增加的段落。這一段落就有那些資訊被真正用到，那些資訊未被納入決策考量的問題，先入為主與後來居上就是兩種簡單但有偏誤的選擇方式。

更多的訊息。本書第三章〈識〉對於如何將問題概念化有詳細討論。

為使決策者能夠充分有效利用資訊來完成決策，如何為決策者提供「最適質、量」資訊的問題，不僅是「網路經濟學」必須探討的重要的課題，它也代表網路社會所出現的一項重大商機。「大數據（big data）」分析概念的提出，就是回應這一議題的一種發展方向。

對數律

人的感官或認知經驗都是由外來刺激所引發。實證發現，不論是哪一種感知系統，人的「感受強度」與外來刺激的「實際強度」間的關係，並不是一般人所想像 1 對 1 的線性關係。

■ 感官感受強度與實際刺激強度的對數關係

以人類聽覺系統為例，如果我們先聽到 10 分貝響度的音量，那麼對接下來逐步加大的前 3 個分貝的響度通常都無法察覺出來；一直要加大到第 14 分貝時，人們才會感受到響度已出現了變化。有了這 14 分貝記憶後，如再繼續加大音量，那麼下一次能夠感受到響度差異的音量就是 19.6 分貝（=14 分貝 × 1.4）。如持續這一音量差異感的試驗，就會依序得到：10、14、19.6、27.4 分貝……的記錄。數學上這是以 1.4 為間隔的等比級數。因此「實際」音量每增加約 1.4 倍，人所「感受」的音量才會增加 1 單位，這是「1.4 倍等比級數的實際音量強度」對「1 單位等差級數的感受音量強度」的關係。

除音量感外，在視覺上實際亮度增加約 1.1 倍時，人的亮度感才會增加 1 單位；在重量感方面，實際重量增加約 1.04 倍時，人的重量感才會增加 1 單位；而在嗅覺方面，氣味濃度必須增加約 1.3 倍時，人的氣味感才會增加 1 單位。資訊科學家也發現，當問題的「實際」複雜度增加為 2 倍時，決策者所「感受」的問題複雜度（又稱資訊熵 information entropy）才會增加 1 單位。

針對人類的感受強度（R, reception）與實際刺激強度（S, stimulus）之間存在的非線性關係，德國物理學家費希納（Gustav Fechner）歸納出稱為費希納定律的對數式：$R=\log_a S$。這個對數式的意思是：實際刺激強度 S 增加 a 倍時，感受到的刺激強度 R 才會增加 1 單位。而式中對數的底 a 是感知系統的敏感度，對聽覺系統來說是 1.4；視覺是 1.1；嗅覺是 1.3；而對決策問題則是 2。

費希納對數式所表達的是「呈等比級數變化的外在刺激實際強度，轉換成等差級數變化的感官感受強度」的關係，因此我們把它稱為「感知與認知的對數律」[15]。由於對數並非一般人所熟悉的一種數學尺度，接下說明感知作用的對數律究竟產生哪些效應。

■ 對數律的抑強扶弱效應

感知與認知對數律主要提醒我們「人類的感受對象是外來刺激的比例變化，而不是外來刺激的絕對量」。例如人們對 100 公斤胖子減肥 10 公斤，與 50 公斤的人瘦 10 公斤的感覺不會一樣；但與 50 公斤的人瘦 5 公斤的感覺就會相同。

對數律真正令人驚異的重要特性是：它具有「把大數值的效果加以壓縮、把小數值的效果加以放大」的「抑強扶弱」作用。以視覺為例：人的裸眼既可在亮度僅為 10^{-2} 勒克斯（lux）微弱星光下看

---

15 嚴格來說，因為人並不是硬邦邦的機器，所以人的感知系統對費希納定律並不全然精確遵守──費氏定律主要適用在常態分布範圍，對於極大或極小兩端的外來刺激，費氏定律便無法完全適用。

東西，也可在高達 10^5 勒克斯耀眼陽光下看東西。這就是透過視覺系統對外來刺激的對數轉換，使視覺在光線黯淡時變得極為敏感，在刺眼環境下變得相對遲鈍，由於耀眼陽光與微弱星光實際強度相差一千萬（10^7）倍，但人眼視覺感受的相對差異卻只有 170 倍[16]；因此如果沒有對數轉換的抑強扶弱作用，那麼對於連 0.01 勒克斯夜間微弱亮度都有反應的視覺系統，遇到 10 萬勒克斯烈日強光便非失明不可。

從「自大視細者不明，自細視大者不盡」觀點看，對於細而不明的事物，要了解它們就須將它們放大；而對於大而不盡的事物，要全盤掌握它們就須將它們壓縮。對數尺度所發揮的正是這種「壓縮大尺度事物、放大小尺度事物」的抑強扶弱作用，使人類同時具有既可感應極強刺激，又可感應極弱刺激的能力。

感知系統的對數尺度效應是以人本身為原點（人本尺度），向宏觀與微觀兩個方向同時展開，也就是以人為中心將周遭事物區分出遠近親疏，然後再根據這一遠近親疏關係來分配注意力。凡是往極大或極小兩端伸展，距離「人本原點」越來越遠尺度上所出現的刺激，人類感知的敏銳度就可按照等比級數的幅度快速遞減，因為這些刺激與人類維護生存的關係越來越薄弱。

感知系統所遵循的對數律，是一種天演過程所發展出來的機制，也是實現人本尺度的基礎：它一方面使人的感知系統在外來刺激接收能力上，可因對數尺度兼容並蓄的特性，而得以涵蓋很寬廣的範圍；另一方面，在實際處理資訊的時候，又使感知系統

16 因為 $\log_{1.1}(10^5/10^{-2})=\log_{1.1}10^5-\log_{1.1}10^{-2} \fallingdotseq 170$；式中對數的底 1.1 是人對亮度的敏感度。

可利用注意力的選擇性機制，去篩選與過濾掉與當時決策情境無關的訊息。正是因為人感受的解析度遵循對數律，所以使決策者的認知，在範疇上可因周觀兼顧而得以「了解全局」，但在內涵上卻又可因省略細節而得以「把握重點」。

見的真實性——結論

本節從見的溝通觀所遭遇「見的真實性」問題入手，從感覺、知覺系統生物演化上的選擇性，與天擇過程所發展的自組織性開始討論，接著談到從這兩個特性所衍生的恆常性與容錯性、適應性、防衛性，以及資訊超載律與對數律等內容。討論的重點圍繞「雖存在但卻看不見」以及「雖看見但卻可能不存在」兩個現象，並對它們發生的原因作出解釋，並說明它們的影響，以及可採取的因應之道。

根據以上的討論，使我們了解到「見的真實性」並不像一般想像中那麼容易定義。不過，從決策實務觀點看，我們倒不需要為上述這些現象太過操心。因為只要知道它們的存在，了解它們發生的原因，並且在決策過程中善用因應它們的策略，以及避免落入因它們而形成的一些認知陷阱，那就可使感知系統所具有的各種限制，對決策可能造成的影響減到最小。

第三章
識

一、引言

「識」在決策過程中，上承「見」的發現問題，下啟「謀」的設計對策，要做的是定義問題的工作。展開來看，它首先要做的是問題徵候的解讀。因為見所發覺（掘）的只是問題表象，而識則要探討問題的本質，亦即要了解問題的發生原因、釐清解決問題的事理因果，這是為決策確立事實前提的工作，本書將它稱為「審事理」。其次，它還須為問題定調性（重要程度、範疇大小），為對策定規格（目標、手段），這是為決策設定價值前提的工作，本書將它簡稱為「定目標」。識的這兩項工作是進行後續謀、斷的基礎，也是確認決策是在「做對的事」的關鍵步驟。

問題徵候的解讀

針對見所篩選出來的問題徵候，識的徵候解讀工作，內容上也可區分為事實認定與價值判斷兩種性質。

事實認定

識所進行的徵候解讀，它的主要核心是事實認定。決策者這時須切記《韓非子》「無參驗而必之者，愚也」的提醒。所謂參驗就是要進行假設檢驗的意思。《呂氏春秋》有一則故事。

陳國可伐　楚莊王想要攻打陳國，就派探子前去打探。探子回報說：陳國不可打；因為它城牆很高、護城河很深，糧草積蓄也很充足。但大臣寧國卻說：陳國可打！因為陳是小國，糧草充足代表賦稅重、民怨深；城牆高、護城河深，代表國力已消耗殆盡；所以出兵攻打，一定可輕易把它取下。

同樣的深溝高壘徵候，卻出現完全相反的兩種解讀。理論上，楚王這時該下的指令應是「再探！」以確認陳國民心是否真如寧國所說，已到天怒人怨的地步。一旦取得這一關鍵訊息，楚王就可有憑有據地去作出攻打的決策。不過，可能楚王平日也已耳聞陳王暴虐，所以他並沒派人再探，而是直接採信了寧國的判斷，很快就發兵攻陳，並一舉得勝。

《韓非子》強調參驗的重要性後，接著又說「弗能必而據之者，誣也。」意思是：講不出必然的因果關係，卻把它當作行動的依據，那是自欺欺人的行為。這句非常符合現代科學精神的警語，對徵候解讀也有很大的啟發作用。劉向《說苑》有一則關於周武王的故事。

武王犯三妖　周武王計劃興兵討伐紂王時，依慣例先行卜卦，結果燒龜殼的火竟然熄了，眾人都說這是凶兆。武王說：火滅了，就是告訴我們不用再占卦，直接出兵就對了！接著正要出兵前，突然又下了場大雨，把裝載兵器的車子都灌滿了水，眾人又說這是凶兆。武王說：這是上天幫我們清洗兵器！到了出發當天，忽然刮起一陣大風，把旗杆吹折成三節，眾人再說這是凶兆。武王說：這是上天昭示我們，將斬紂王首級的象徵！周武王連續遭遇三個大家都認為是大凶的兆頭（原文稱為三妖，意指三個妖孽來犯），但他卻很篤定地一次次力排眾議，最後斷然發兵。結果大獲全勝，並在牧野活捉紂王，推翻了商王朝。後世甚至從此用「洗兵」一詞代表出師遇雨必將獲勝凱歸的意思。

周武王發兵之際出現的三種異象，一般來說都代表極為凶險的徵兆，但武王卻認為這些現象與戰爭的勝負沒有因果關係，所以不僅他自己的決心沒有因而改變，還設法將它們一一作出正面解讀來安定軍心。在凡事都要卜上一卦，再根據卦象來定吉凶、作取捨的古代，周武王敢冒天下大不韙，堅持自己的自由意志，果敢地展開討伐紂王的歷史性戰役，確實是極為難得的行為。這種高度理性的態度對身處現代的我們來說，也不能不萬分欽佩。

價值判斷

識的徵候解讀工作也包含有價值判斷的元素。這種價值判斷通常是在見的顯問題單元就把它們先處理掉了，但在「由下而上」的決策過程裡，則往往是在識的階段碰到它們。這時涉及的是決策者對於有些可大可小的異常徵候，究竟是用什麼態度來看待它們的問題。而這一態度的取捨，就決定於決策者的眼界、胸襟與格局。《說苑》另有一則故事。

絕纓盡歡　楚莊王平定了多年的內亂，在宮中大宴群臣直到深夜，這時忽然刮起一陣大風，把宴席上的火燭全都吹滅了。結果，奉命為大臣們斟酒的莊王寵妃，發現有人摸黑拉扯她的衣裙，於是就一把拉斷了那人綁帽的帶子（帽纓），然後向莊王告狀，要莊王趕緊點亮火燭，來抓那個沒有帽纓，乘暗侵犯她的人。不過，半醉的莊王非但沒答應寵妃立即上火燭的要求，反而下令要在場每個人都把自己帽纓扯下來，否則就要處罰，然後才重新點亮火燭，讓群臣們盡歡而散。過了三年，楚國與晉國在一個叫邲的地方決戰，楚軍陣中殺出一員勇將，奮不顧身帶領楚軍往返衝殺，大敗晉軍。莊王很高興召見這位將軍，並要賞賜他，但這位將軍卻說：臣已受過大王恩賜，即使戰死都不足以回報。莊王這才知道他就是當年被寵妃拉斷帽纓的人。後世將這個故事作為領導者寬厚待人的範例。

楚莊王是帶領楚國崛起「一飛沖天[1]」的君主，故事中的楚晉之戰也是當年楚國勢力進入中原的關鍵性戰役。「絕纓盡歡」這一傳頌千年的典故，充分表現出楚莊王的領導者風範。在一個由他主辦的慶功酒宴上，有大臣酒醉失態，他當機立斷、不予追究，甚至還慨然下令要大家一起湮滅證據。這種體諒與包容的胸襟，正是做大事領導者所需具備的器識。

「絕纓盡歡」是楚莊王愛妾告狀，但被莊王否決，從而一併打消了接下「謀、斷」的需要，致使問題沒有成案的例子。

問題定義的範疇

識是定義問題的工作。一個問題定義至少要關照三個面向：(1) 描述問題：根據所取得的問題徵候，把決策者面對的是什麼問題講清楚；(2) 解釋問題：把為什麼發生這個問題的來龍去脈，以及背後的因果規律說明白；(3) 設定解題目標：例如，處理問題只治標，或要治本？考試要以滿分為目標，或是只求及格便可？接下說明上述三面向的重點。

問題的描述

問題的描述，有時會出現各說各話、莫衷一是的情形。日本

1 「一飛沖天」這句成語講的就是楚莊王的故事。因為莊王早年不務正業，有大臣進諫把他比喻為不飛的大鳥。莊王回說這隻鳥不飛則已，一飛便沖天。後來楚國真的在他帶領下稱霸中原。

導演黑澤明所拍攝，改編自芥川龍之介原著的電影《羅生門》，就是個有趣的例子。

羅生門　這是一個武士被殺，究竟誰是兇手，卻各說各話的故事。故事中有武士、武士之妻與浪人三個主角。浪人說人是他殺的：因為自己被武士之妻的美貌吸引，想佔有並帶走她，所以就與武士對決，把他殺了。武士之妻也說人是她殺的：因為她被浪人逼姦，事後丈夫看不起她，出於羞憤，所以殺了丈夫。而已死的武士，藉由靈媒傳話，則說他是自殺的：因為妻子背叛，使身為武士的他無地自容，所以自殺。至於真相則是：武士妻子被浪人強暴後，因兩個男人都嫌棄她，所以心生怨恨，就挑撥這兩個都很怕死，而劍術又都很差的男人決鬥，結果在死纏爛打過程中，武士被自己的小刀戳死。這個故事的破題語是「哪裡有軟弱，哪裡就有謊言」的對白——武士之妻用謊言掩飾自己的放蕩與不貞，浪人用謊言掩飾自己的猥褻與懦弱，武士則用謊言掩飾自己的虛有其表與無能。

「羅生門」三個字也因這部電影，從此成為「各說各話、難辨真相」的代名詞。任何事件的描述會演變成羅生門，代表該事件某部分真相被人隱瞞或刻意扭曲，因此，除非這些關鍵性資訊能夠被完整發掘出來，否則真相就難以大白。

在識的過程中，決策者一旦遭遇羅生門的情境，基本的脫困對策還是前面強調過的假設檢驗法——把每一種說法都當成有待檢驗的假設，然後以搜集更多證據的方式，來印證與篩選出可站得住腳的正確假設。

正確的問題描述是後續籌謀對策的起點與依據。問題的描述反映出陳述者的認知水平與眼界視野。決策者必須以「將軍無能、累死官兵」的警語為誡，避免出現瞎指揮的行為。而對於一個膠著僵持多時的問題，如果能夠找到一個新的角度來看待它時，往往就能出現柳暗花明的轉折。以下用「蘇花改」的例子來說明。

蘇花公路改善工程 2008 年台灣二度政黨輪替的前一個月，當時的行政院經建會以蘇花高速公路是否符合「東部永續發展綱領」仍有疑義，必須重作政策評估為由，把立法院已通過全案 930 億預算，且第一筆用地預算也已發放的蘇花高速公路計畫，給硬生生推翻掉，使得「如何改善蘇花公路」的議題，再度變成燙手的政治蕃薯。「給我蘇花高，其餘免談」的發展派以及「花東應保持原貌」的保育派，無法妥協的對立主張又重新集結能量準備繼續對抗。不過，在發展與保育兩種基調外，還出現了相對微弱的第三種聲音「請給我一條安全回家的路」。剛接任交通部長的筆者，立即注意到第三種呼聲其實是任何政府都無法忽視、必須嚴肅回應的「社會公平」訴求。由於「公平」原本就是「發展」與「保育」外，公共政策必須考量的第三個面向，因此責成公路局跳脫「發展對保育」的角力困局，把蘇花公路的改善重新定義為一個「在社會公平與環境保育間尋找平衡點」的問題[2]。然後在這個問題定義下，從 2009 年起以「為蘇澳－花蓮間提供一條具有抗災能力，能確保行車安全的公路」作為目標，先花了一整年的時間規劃出一個環境衝擊最小的山區路線改善計畫，以及必要的配套措施（包括增建鐵路側線，來分流和平鄉以南運送礦石卡車的巨大

2 從花蓮經宜蘭、蘇澳通往台北的蘇花公路，是一條經過破碎地質，位於懸崖地形，每遇豪雨、颱風，就會落石坍方的幹線公路。當「蘇花高」計畫案被迫終止後的 2008 年，交通部首當其衝必須為這一問題重新尋找答案。有鑒於蘇花公路的道路安全僅達 1970 年代水準，相對於台灣其他地區，它所涉已不是「經濟發展」而是「社會公平」的問題。於是根據這一認知，交通部把整個問題重新定義為：在提供「安全回家的路」前提下，尋找一條兼顧環保的公路改善方案。

交通量等）；接著在 2010 年又再另外多花了將近一年的工夫，與主張建設的地方人士，以及關心保育的團體進行充分溝通，以凝聚必要的共識，另還同時辦理多次環評預審，來檢視規劃資料的完整性與周延性。結果在工程規劃與相關配套充分到位，而溝通工作也做足功課的情形下，終於使「蘇花公路山區路段改善計畫（簡稱「蘇花改」）」在社會公平與環境保育兩面向間，找到了具有共識的平衡點，在 2010 年底的環評大會中一舉過關[3]；使這個一波數折、延宕經年的案子，從此獲得了決定性的突破。

蘇花公路的改善，把觀點從「發展對保育」改為「公平對保育」後，整個問題就從「該不該做」的原則性爭議，轉化為「該如何做」的技術性問題。問題定義經此轉換後，就使蘇花路的改善擺脫了長期僵持不下的價值衝突困局，重建了理性討論平台，並進而得以主導議題的走向。在這種新情勢下，交通部再採取了實質與程序並重的工作計畫。後來就因交通部「實質」工程內容充分到位，而執行的溝通「程序」也下足功夫，所以「蘇花公路山區路段改善計畫」就在 2010 年底環評大會中順利過關。

蘇花改案例凸顯以下幾個重點：(1) 原則面的政策爭議容易陷入僵局，如能找到適當觀點將它轉化為技術問題，就容易找到理性討論的空間。(2) 公共政策的形成，行政部門往往只重「實質」內容，而忽略讓利害關係人（stakeholder）適度參與決策的溝通「程序」，以致小則造成積怨、引發不滿；大則形成風波、觸發危機。因此，兼顧實質決策與執行程序的政策形成過程，是順利推動公

3 2010 年 10 月 21 日梅姬颱風帶來超標的大豪雨，蘇花公路出現嚴重坍方，並發生一輛遊覽車墜落山崖的不幸事件，對於推動「蘇花改」也產生一定的助力。但事前公路規劃兼顧實質與程序面的專業投入，仍是本案順利過關的最根本動能。

共政策的不二法門。(3) 保育要用行動落實，例如為了減輕「蘇花改」南段大量礦石貨車的交通負荷，並確保行車安全與減少空氣污染，交通部特別協調中鋼公司自行打造鐵路貨車，改用鐵路運送礦石到花蓮港。又為進一步落實保育理念，在環評會議並未要求情形下，當時主辦「蘇花改」的公路局吳盟分局長，主動引進國際間仍屬試辦中的「碳足跡」管理概念，要求負責設計的顧問公司以及負責興建的工程包商，一體遵循該環保規範。

問題的解釋

對問題能夠清楚描述，只是定義問題的入門功課，接下來的考驗是：去找出為什麼會發生這個問題的前因後果。清朝儒者李塨提倡「理在事中」的概念，認為處理任何事情都應先去發掘與掌握「事中之理」，然後才能收到《韓非子》所稱「因事之理，不勞而成」的功效。發掘與掌握事中之理這個概念，非常適合用在決策識的過程，作為定義問題的準繩。

第一章提到「大禹治水」的例子就是因為掌握了事中之理，所以能事半功倍解決治水難題。東漢荀悅的《申鑒》有則有趣的寓言，可用來說明「因事之理，不勞而成」的道理。

孺子驅雞　有人觀察小孩趕雞群回家，發現以下現象與道理：趕得太急，雞嚇得亂跑；趕得太慢，雞就停下不走。雞往北跑時，攔截過急，就會折回往南狂奔；雞往南跑時，攔截過急，又反向往北狂奔。總之，追急了雞就亂飛、趕慢了雞就四處遊蕩，唯有等雞群安閒自在時，慢慢靠近，牠們才不會驚慌，這時再悄悄撒米餵食、慢慢引導，牠們就會順從地沿著道路走回家門。

因此，不用驅趕的方法卻能自然達到驅趕的目的，這種「不驅之驅、用勢不用力」的道理，才是驅趕雞群的真正竅門。這則寓言提醒：即使像趕雞回家這種小事，都有一套必須遵守的道理；違背這套道理就會連趕雞這種小事都做不成。所以，做任何事情都應設法找出它背後道理（事中之理），講究方法、不要蠻幹。

「因事之理」就可少勞而有大成，都江堰是個極佳的案例。

巧奪天工的都江堰　四川岷江上的都江堰（圖 3.1）是秦昭王時代蜀郡太守李冰父子在二千多年前興建，直到今天仍然繼續發揮著防洪、灌溉與民生供水等多元水利功能的工程傑作。都江堰興建之後，雖迭經歷代維修擴建，但李冰父子當年所建的基本結構與功能卻千古不廢。將它在二千餘年歷史長河中所產生的總效益（分子），拿來與它生命歷程中所投入總成本（分母）作比較的話，都江堰工程益本比之高，我們只能用「不可思議」來形容。

圖 3.1　李冰父子都江堰工程

岷江上游山區地勢陡峻，水流湍急並挾帶大量泥沙，但江水一到成都平原，流速減緩，河砂沉積河床、壅塞河道，使雨季洪水氾濫成災，但旱季農田卻又缺乏灌溉用水。要治水患、興水利，必須「因水之性、順河之勢」。李冰父子秉持這個原則規劃三項工程：(1) 在岷江成都平原上游段，建魚嘴分水堤，將岷江分成兩支水流——汛期用外江洩洪、旱季則封閉外江，使水留內江以利灌溉。(2) 開挖內江下游玉壘山，鑿通寶瓶口，興建直通成都平原的灌溉渠道。(3) 在內江中段開闢飛沙堰溢洪道，使內江汛期的滿溢水量得以分流釋出。這三項工程發揮了分水、引水灌溉與洩洪排沙的作用，進而達成防洪、供水與排沙的多重目的。

都江堰能夠千古不廢是因為它「巧奪天工、渾然天成」。這兩句形容詞的意思是：都江堰雖是一項人工興建的水利工程系統，但因李冰父子完全掌握了水流動力學與河床動力學的大自然「事中之理」，所以使他們所設計的系統能夠發揮「因事之理、少勞有成」的功效，讓人造結構物與當地河川、地質、水文以及自然生態環境完全融為一體，成就了與天地並存的千年偉構。

設定解題的目標

在完成描述與解釋問題的「審事理」工作後，完整的問題定義還須包括「為問題定調性與為對策定規格」兩類訊息才算完整。本書把這兩項資訊的產生稱為問題「定目標」的工作。

為問題「定目標」在概念上可想像是為了把接下的謀、斷辦理委外發包所準備的投標須知（request for proposal）：把問題目標訂清楚，不只要求「做什麼」，更要具體說明「要做到什麼（deliverable）」；然後再加上執行到位，就可獲得預期的成果。

東勢谷關抗災工程　以 2009 年展開的一連串省道公路改善工程為例。筆者發現東勢－谷關段[4]的台 8 線中橫公路，如能改建幾座新橋，並克服幾處路段的嚴重坍方（包括強化邊坡、暢通排水、興建明隧道，以及改路堤為橋梁等工程），就可避免每次颱風豪雨後必須封路數週來搶修的困境。因此就責成公路局要在兩年內達成那一段台 8 線「颱風豪雨過後，就能立即通車」的目標。2010 年 9 月谷關新篤銘橋的通車代表這一目標已經達成。

以下再舉個工程建設的案例。

五楊高架工程　為紓解中山高速公路壅塞而規劃的五股－楊梅段高架拓寬工程是交通部當年一項指標性工程。該工程 2013 年 4 月通車，工期從原定 6 年縮為 4 年，完工經費較原預算節省 296 億（33.5%），2015 年榮獲國際道路協會「全球道路成就獎」的設計類首獎。該工程於 2009 年，筆者在交通部長任上，將它從高速公路局手中轉交由國道新建工程局[5]執行，責成該局當時的曾大仁局長以縮短工期及節省成本為目標；要求重新歸零思考該案的工程設計、施工方法與發包策略，期許將五楊案作為其他工程的標竿。本項工程受到國內外肯定，主要是該局同仁與工程顧問在規劃上善盡職責，包括 (1) 生態友善設計：不僅為了避開地質敏感區，將泰山附近的北上線，跨越平面主線與南下線雙層共構，成為五楊景觀上的最大特色外；另舉凡引進井基竹削工法減

---

4 台 8 線的谷關到梨山段，因大範圍邊坡地質不穩定，非開鑿超長隧道難以銜接；加以梨山地區的開發管理問題尚待解決，所以該路段到 2017 年仍僅能在每日指定時段，以管制方式由前導車帶領通行。

5 交通部國道新建工程局是任務編組的專案單位，當時正規劃要將該局併入高速公路局，唯鑒於該局是個有紀律與績效的施工單位，所以決定把指標性的五楊工程當做該局裁併前的「最後之役」，鼓勵他們要為自己留下完美紀錄。

少邊坡開挖、種子庫表土保存、動物逃生坡道等設計，也全都一絲不苟；(2) 發包策略：將原規劃 30 幾個小標合併成 12 個大標，讓品牌大廠商有機會投標並彼此競爭，也使國工局便於監工；(3) 引進新工法：將弧形大跨徑鋼廂型梁，以旋轉工法跨越中山高主線；又大規模採用預鑄節塊吊裝法，以適應現場狹小的施工環境；(4) 前置作業時間壓縮：取得用地的都市計劃程序，在新北與桃園兩地方政府通力合作下，將一般兩年以上的時程縮短為七個月，使本案可儘速動工。

任何重大的工作在規劃上多花一分功夫，不僅可使實際執行省掉十分力氣，也更可確保成本控制與工程品質。順便一提本案的趣聞：在五楊案規劃初期，為了縮短工期並減少碳足跡，曾考慮全線都採鋼構設計；但因本案工程規模較大，經估算後發現這一措施將使同一時間全台灣其他工地，出現無鋼可用的困惱，最後只得修正僅有 1/3 路段採用鋼結構。

有了以上概念性說明，接下正式討論「審事理、定目標」的具體內容。

二、審事理——徵候解讀、發掘事中之理

審事理的內涵可用中醫「審徵求因」（根據病徵、探究病因）的概念來概括。在內容上，它包括 (1) 解讀徵候：清楚描述決策者究竟碰到的是什麼問題；(2) 理解問題：明白解釋問題發生的原因，並明確界定所要解決的是什麼問題。而在方法上仍以假設－檢驗為主。因此，審事理是一個利用見、識兩步驟所構成的循環迴路，來逐步收斂得到結論的過程。

要做好審事理的工作，考驗的是決策者的洞察力、概念力、創新力。對於複雜的問題，決策者還須把經由洞察、概念化後的資訊，運用組織力再重新綜整成一套邏輯清晰的概念架構（conceptual framework）來呈現問題的整體性事理，並用它來與人溝通。以下依序說明。

洞察力

獨立思考——直擊問題背後的假設

談洞察力，通常會問：它可以培養與訓練嗎？筆者有個親身經歷可用來說明。

麻省理工的隱藏課程　筆者在美求學期間，有個影響深遠的深刻經驗。剛開始上課，一直搞不懂明明自己的答案都對，但為什麼每次作業都只拿B，就拿不到A？後來參考了幾份其他同學拿A的作業，才領悟到得分的關鍵不只在算對數字，而在能不能針對答案做出有意義的討論！因為每一道習題的答案能否成立，背後都有一定的假設前提，教授們真正要看的是：學生有沒有能力去發覺這些隱藏性假設，以及有沒有能力去討論這些假設在什麼情況下會不成立？一旦不成立又該怎麼辦？後來發現，把學生培養出凡事都能比別人更深入多想一兩層的思考習慣，訓練學生去發掘「問題背後的問題」的能力，幾乎是該校各類課程教學上的一項共通的「隱藏課程（hidden curriculum）」。

麻省理工期望在這一隱藏課程熏陶下，每個畢業生都能培養出對內有反省力，對外有批判力的人格特質。因為這種人格特質不僅是獨立思考與洞察力的基礎，也是創新與創意的驅動力量。

反省力與批判力在訓練上的一個重點，就是要培養當事人「直擊問題背後可疑假設」的能力。利用直擊問題背後的問題，來導引創意的發想，孫臏的「圍魏救趙」就是一個精彩的案例。

圍魏救趙（二） 這一故事的關鍵是孫臏質疑「去邯鄲才能解邯鄲之圍」這一假設的正確性。孫臏認為用兵基本原則是「避實擊虛」，而他洞察的契機是：魏軍傾巢而出，國都大梁已經空虛，按照「兵形象水、避高趨下」原則，大梁才是齊軍流向上的吸引子（attractor）[6]。一旦齊軍發兵大梁，在「攻其必救」效應下，龐涓就非得立即從邯鄲調頭回防不可。這一調動就會使魏、齊兩軍虛實情勢發生逆轉。魏軍為返防而馬不停蹄兼程趕路，而齊軍卻可在魏軍必經之路佈陣埋伏，以逸待勞予以迎頭痛擊，使原本實力較弱的齊軍因而穩操勝券。至於邯鄲之圍也因魏軍的回防而自然解除，達成齊軍出兵的原始目標。

見端知末、見微知著

決策者洞察力的造詣與修為，也可用是否具備「見微知著、見端知末」洞察宏觀大趨勢的能力作為檢驗標準。根據《呂氏春秋》以及《史記》記載，公元前 1000 年周公跟姜太公兩人曾經有過一段非常具有歷史洞察力的對話。

周公太公前千禧對話 周武王推翻商紂王建立周朝後論功行賞，將姜太公封於齊、周公封於魯。武王死後，太公進見攝政的周公，在西元前 1000 年有過一段非常值得注意的對話。周公問太公如何治理齊國，太公答道「尊賢而尚功，先疏後親、先義後仁。」周公認為這是霸者之道，就回說「太公恩澤可以延續五個世代。」太公反問周公如何治理魯國（周公因在朝攝政，所以由兒子伯禽代為在魯主政），周公回說「親親而尚恩，先內後外、

6 吸引子的概念在本書第七章討論自組織現象時，另有完整介紹。

先仁後義。」周公認為這是王者之道，因此「魯國的恩澤可以延續十個世代」。但太公則回道「魯國將來恐會積弱不振，甚至向齊國稱臣。」周公就反過來提醒太公「齊國尊賢尚功，將來要預防出現篡弒的臣子。」

這兩位備受後代推崇的歷史人物，在治國理念上各有明確但卻完全不同的主張；並且對於實踐這些政治主張的後果，也都具備高度的遠見與洞察力。他們兩人所推測的後果，歷史都一一予以證實：齊國的桓公果真率先稱霸諸侯，但姜氏後來被田氏篡位；而魯國也確實始終積弱不振，但在文化上卻作出了重大貢獻，並且命祚也延續較久。事實上，周公與太公各自的治國主張，後來分別成為王道與霸道政治思想的濫傷，對中國歷史的發展都產生了巨大的影響。

周公與太公的「前千禧對話」，就是他們兩人各自展現出「見微知著、見端知末」功力，事先洞見了歷史局勢未來發展的精采預言。第二章〈見〉提到的摩爾定律則是另一則見端而知末，對科技發展趨勢展現出高度洞察力的現代經典傑作。

趨勢轉折、典範變遷

■ 發覺趨勢反轉、推動典範轉移

要洞察趨勢，有時可用具體的數字作依據。

台灣人口趨勢　少子女化與高齡化在台灣已是常被人掛在嘴邊的問題。過去討論人口問題都用「14 歲以下未成年人口」與「65 歲以上高齡人口」在總人口中占比的兩條曲線，來說明問題的特性。2013 年筆者時任行政院副院長，就在人口會報上提醒同仁應繪出第三條「15 至 64 歲工作年齡人口占比」趨勢線，才能看清人口結構的全貌，結果得到圖 3.2 令人震驚的拋物線，顯示出：台灣 15 歲到 64 歲的工作人口占比，將在 2015 年前後達到 74% 的高峰後，就出現戲劇性反折，以每年大約 15 萬人的速度急速減少。如不作任何因應，到了 2060 年不僅台灣的總人口將降至約 1,900 萬左右，而工作人口也將只佔到時候總人口的一半。人口結構是所有公共政策規劃的公分母，自從上述拋物線繪製出來後，它的政策意涵立即成為行政院跨部會的重要議題。舉凡勞動參與率提升、退休年齡再檢討、教育、移民，乃至產業與科技發展等政策，也都必須從「典範變遷（paradigm shift）」觀點，啟動全面性的檢討與因應。

從洞察趨勢的觀點看，趨勢線如僅單調（monotonic）無起伏的持續上升或下降（如圖 3.2 中的老年人口占比與未成年人口占比兩條虛線），政策的因應只涉及強度大小的「量變」調整問題；但趨勢線一旦出現拋物線式「從量變到質變」的轉折（如圖 3.2 中的工作人口比），對決策者就是一個重大警報，因為它代表行之有年的各種政策，已到了必須進行「換腦袋」的典範變遷關頭！

就工作人口快速下滑可能導致實際勞動力短缺問題，短期內雖可能有退休、半退休（包括婦女）等人力的再就業，與外勞補充勞力可作為調節；再加上經濟成長可能變緩，不見得就會馬上顯現出它的嚴重性；但工作人口占比翻轉後不斷下滑所產生的影響，未來必將日益顯著。所以與人口有關各項政策的檢討與調整必須持續進行，並及早籌謀對策、付諸實施。

■ 預見趨勢拐點

人口結構出現拋物線式轉折，代表相關政策已到必須全盤改弦更張的關頭，但如一條平緩的趨勢曲線，突然出現斜率陡升（或

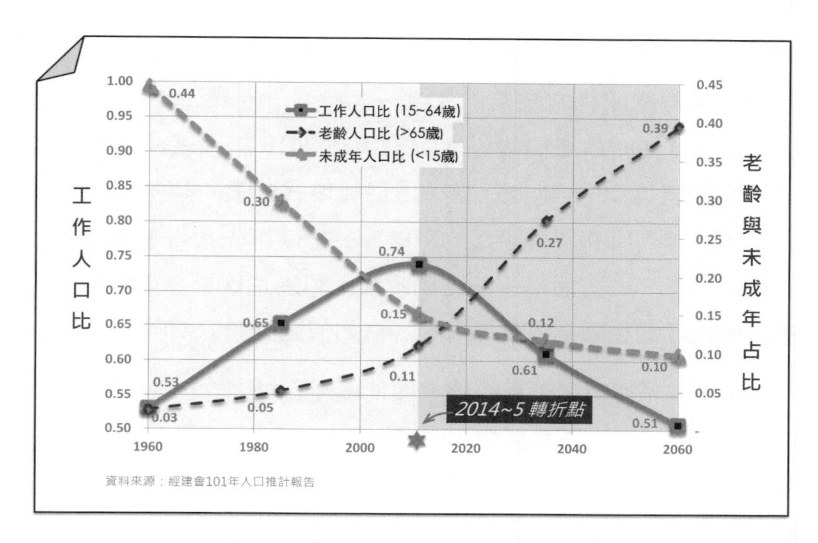

圖 3.2　台灣工作人口的結構性轉折

陡降）的拐點，也同樣有它嚴肅的政策意涵。

千萬觀光客來台　讓來台觀光客倍增一直是不分政黨的歷任政府追求的一個重要政策目標[7]。2008 年馬英九總統上任，兩岸正式三通，除了開放陸客來台觀光，交通部設立 300 億觀光發展基金外，觀光局在賴瑟珍局長領導下，推出「觀光拔尖領航計畫」，使台灣觀光的國際行銷推廣動能火力全開。從圖 3.3 清楚看出 2008 年是一個明顯的斜率拐點——台灣過去每增加 100 萬人次的觀光客，大約需要 10 到 15 年；而 2008 年後則每年都上升 1 個百萬位數。在這些觀光客中，陸客固然成長最快（但即使到後

7「觀光客倍增」是 2002 年來台觀光客為 298 萬時，就由當時的行政院提出的口號，但直至 2007 年來台觀光客也僅達 372 萬，始終未能達成政策目標。

期仍佔不到四成）；陸客之外的其他客源也都全面倍增，所以這是一波全方位成長的結果。在這一趨勢下，台灣終於在 2015 年出現了第 1,000 萬名的觀光客。筆者在 2010 年底就注意到來台觀光客量已以 2008 年為拐點，出現陡坡式成長的趨勢，並預期在 5 至 6 年內將有突破千萬的可能，於是就率先預告千萬觀光客在望的訊息，一方面提醒觀光局政策上應注意質量並重的管理，另方面也呼籲相關業者及早著手評估如何因應新的情勢。

全球觀光客超過千萬的國家與地區（含港澳在內）只有 30 個左右，甚至日本也是遲至 2013 年才達這一水位。不過，台灣與日本兩地都屬海島，所以它們所吸引的都是難度較高，硬邦邦搭乘飛機、郵輪進出的觀光客。不像歐陸各國或港、星等大多數千萬

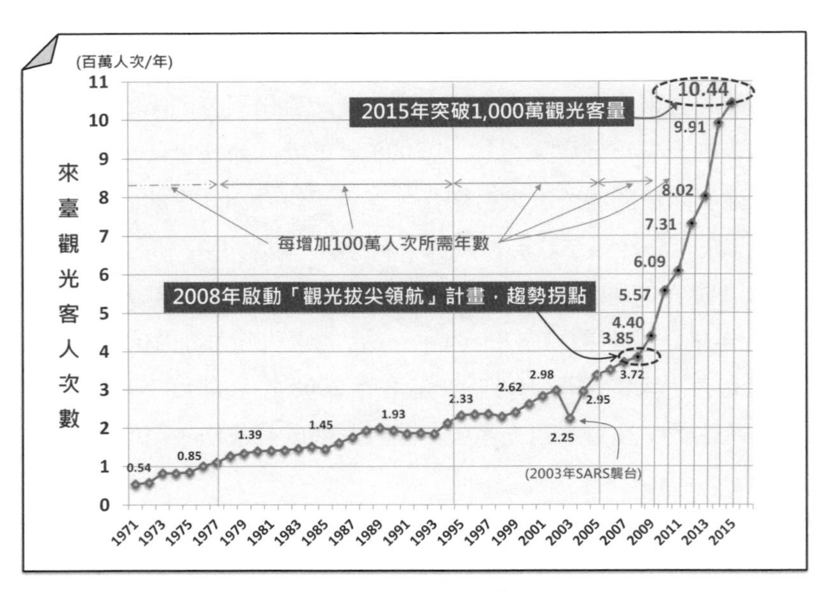

圖 3.3 來台觀光客成長趨勢

觀光客俱樂部成員，都有接壤的方便陸路可直接進出，因而產生出巨量的跨境遊客。

來台觀光客的最適總量該有多少是個可討論的問題。而 2015 年所創造的千萬入境觀光客記錄未來能否繼續維持，也決定於許多條件。不過，除了數量之外，如何讓觀光客創造出對台灣的最大效益，仍是最重要的政策議題。

見到深處、識在其中

第二章〈見〉提到要從「機微隱漸」處去發掘異常現象的徵候。事實上，具有這種能力的決策者，也都深諳「見到深處、識在其中」的箇中三昧。再看「不龜手之藥」的案例。

不龜手之藥（二） 買「不龜手」藥方的客人，以獨到的洞察力，把一個既有的老產品與一個尚未滿足的新需求相互聯結起來，成就了一樁「老產品、新應用」組合下的重大「商機」，這是完全符合現代創新定義的案例。而當事人也因為這個藥方立下戰功，並享受劃地分封的巨大利益。

「不龜手之藥」的主人翁具備兩個條件：(1) 他是個「有心人」，注意到士兵的手冬天受凍龜裂，會影響作戰的問題；(2) 他是個識貨的人，看到了不龜手之藥，馬上就意識到它就是可用來解決上述問題的答案。至於祕方的主人，因為從來沒想過藥方還可能有其他的用途，所以無從了解它的潛在價值。

伯樂識千里馬以及蕭何月夜追韓信的故事，也都代表伯樂與蕭何對馬的潛力與對人的潛能，具有非凡的洞察與辨識能力。再舉兩個現代的例子。

滑鼠與 GUI 1970 年代末期美國全錄（Zerox）公司雖率先發展出滑鼠與「圖形化使用者介面（Graphical User Interface, GUI）」，但因沒有看出它們的潛在商機，就一直將它們晾在實驗室裡。識貨的蘋果創辦人賈伯斯到全錄實驗室參觀，看到這套好東西，知道那就是自己夢寐以求的答案，就偷學了這套產品概念，回去發展出蘋果版的滑鼠與 GUI，並從此成為蘋果電腦引領風騷的標準配備與規格。

全錄在賈伯斯還沒推出蘋果版的相關產品前，就已把個人電腦部門賣掉了。賈伯斯後來說：好險！當年如果全錄也洞察到相同的商機，那麼個人電腦的歷史恐怕就要改寫，蘋果可能就沒有成功的機會了。

3M 便利貼 1968 年美國 3M 公司的實驗室一個超強膠水的研發案，結果卻發明出具有長效的低黏力膠水。幸好 3M 的企業文化，鼓勵嘗試、容忍失敗，所以就讓這個產品在公司內部流傳，繼續發想它的可能用途。到了 1974 年有個員工發現，把它拿來作為教堂唱詩班歌本的書籤非常好用；結果 3M 就朝這個方向進行了許多並不成功的嘗試，直到 1980 年才以便利貼（Post-It）名稱正式行銷，成為 3M 最受歡迎的一項暢銷產品。

便利貼是一個因失敗卻將錯就錯的案例，甚至 3M 公司自己也利用這個例子來強調「失敗＝創新」的觀念。事實上，便利貼的流行，不止大量取代了圖釘、迴紋針的功能，甚至在圖釘、迴紋針使不上力的地方，創造了辦公室與書房裡不曾存在過的許多新應用模式。所以它不僅是一種滿足老需求，但方便性更高的新產品，也是創造出新需求的新產品。從洞察力角度看，便利貼成功的轉捩點是發現它可用做書籤的那個點子。有趣的是：從 1968

年發展出材料到 1980 年正式產品化量產上市，這段發現之旅竟走了 12 年之久，而 3M 居然對它始終不棄不離，這才是真正令人驚訝與佩服的地方。

概念力

認知與概念化

人類對於外在世界複雜現象的認識與理解是通過概念化（conceptualization）的過程完成的。所謂概念化是一種「以已知類推未知」的功夫，也就是認知者把從外在事物或現象所分解、抽離出來的特徵屬性，與本身已擁有的相關知識，加以勾連結合、關聯重組，從而對外在事物或現象產生出一個具有意義的新看法——亦即發掘了隱藏在這些資訊背後的「事中之理」——這就是所謂的概念。

概念化是把複雜事物用簡單語言講清楚的能力，也是一種抽象化能力。《老子》「為學日益，為道日損」的說法，就強調求學問要用加法，知道越多就越有學問；但求智慧（道）就要用減法，捨棄的細節越多，抽離出來的道理才越簡潔精華。因此「為道日損」的減法就是抽象化的基本門道。

概念化過程憑藉的是認知者對內、外在資訊敏銳的抽離與組合能力。概念一旦成形，認知者就可用它來描述與解釋自己所觀察到的外在事物或現象，並且還可利用這個概念與別人溝通。接下討論概念化過程的一些竅門。

為道日損——用減法發現事中之理

對於抽象化的概念力，《莊子》有一則非常有名的寓言。

庖丁解牛　庖丁在梁惠王面前表演宰牛，不論手扶、腳踩、肩靠、膝頂，動作典雅流暢、一氣呵成；運刀刷然有聲，筋骨喀然剝離；整個過程符合音律節奏，彷彿就是一齣配有音樂的優美舞蹈劇。惠王看了大為讚歎：太精采了！你的功夫怎能高明到這種地步啊？庖丁放下刀子回答：我追求的是一種「由技入道」的境界！剛開始宰牛，我跟大家看到是同樣的一頭牛，但三年後，我眼中看到的牛就開始跟大家看到的不一樣了。現在我宰牛已根本不用眼睛，只用直覺，不憑感官，只憑意念。我順著牛體生理結構，專找筋肉與骨頭的空隙下刀，得之於心、應之於手，不硬碰筋肉與關節，更別說粗大骨頭了。一般庖人每月換一把刀，因為用刀砍骨頭；好的庖人每年換一把刀，因為用刀去解關節；而我這把刀雖已用了 19 年，宰牛無數，但刀刃卻像剛磨過的新刀一樣。這是因為牛的骨肉之間有縫隙，而刀刃薄到幾乎沒有厚度；用很薄的刀刃切入有距離的骨肉間隙，自然遊刃有餘；所以 19 年下來，我的刀子依然鋒利如新。不過，每當遇到筋骨交錯難以處理的地方，我仍然會戒慎恐懼，全神貫注、放緩動作，然後對準要害、送刀而上，使牛的骨肉喀然一聲迎刃而解，像爛泥般攤平在地上。我這才提刀起立，舉目四望、欣然自得，收刀下工。聽得入神的惠王興奮地說：太好了，聽了庖丁的一席話，讓我領悟了養生之道。

這是《莊子》中繪聲繪影、躍然紙上，如聞如見、引人入勝的一則精采故事。歷來已有無數人士針對這則寓言，做出不同的註釋，提出不同的演繹與申論。本書從「理在事中」與「由技入道」兩個觀點來討論。

首先，從「理在事中」觀點看，莊子這則寓言說明：解決問題的道理就隱藏在事情之中，就看我們能不能參透它。只要能夠參透，就可收到「因事之理，不勞而成」的效果。莊子的一貫主張就是人們要去發覺、尊重並順應自然規律來做事與生活。在庖丁解牛的寓言裡，他用庖丁之口說出，如能依乎天理（依據牛的生理構造）、因其固然（專找骨肉的間隙運刀）來解牛，就能以遊刃有餘、牛刀無損的方式，讓整頭牛迎刃而解。這則寓言其實可用來印證許多不同事物的道理，只是莊子用梁惠王的口，把它導向養生問題。

其次，從「由技入道」觀點看，當大家跟梁惠王一樣，深深著迷於庖丁臻入藝境的解牛功夫時，莊子用庖丁之口劈頭道破：眼睛看得到的技術，只是一般人所能領會的熱鬧表象，身為行家的他，真正關心的是如何精進解牛的內在門道。本寓言中莊子用牛刀壽命當檢驗標準，把由技入道過程分成三個層次：(1)「蠻力解牛」碰到大骨頭揮刀就砍，每月換一把刀是一般庖人；(2)「眼到手到」懂得避開骨頭，但仍會用刀去切割關節，每年換一把刀是良庖；(3)「以心觀物」懂得避開骨頭與關節，以得心應手、遊刃有餘方式使牛體迎刃而解，用了 19 年的牛刀依然鋒利如新，才是真正入道的庖人。

由技入道用的是減法，簡化到只剩幾條簡單規律時，就具有「以一馭萬」的作用。本例中，庖丁所歸納的最後規律就是：依乎天理、因其固然，以無厚入有間的遊刃有餘等幾條原則。現代設計理論有強調「禪風」的流派，它以減之又減的方式，產生出極簡的作品。從為道日損的角度看，這種禪風與本書談的入道，講究的是同一套概念與方法。

執簡馭繁、綱舉目張

問題徵候只是顯現在外的表象，要解決問題就必須瞭解問題的肇因與內在本質。審事理就是要找到問題的核心機理，並理出一套可用來解決問題的頭緒。「隆中對」是這方面的經典。

隆中對　劉備三顧茅廬，諸葛亮為他分析天下大勢，指出：割據天下的軍閥、世家當中，氣勢最盛的袁紹，不過是個過渡性配角，真正的主角是握有「天時」的曹操，與佔得「地利」的孫權。因此，在這樣一個群雄競逐的時代，對於當時既無資源、勢力又不成氣候的劉備來說，就必須爭取「人和」，並採「聯吳抗曹、借荊奪益」基本戰略，以「三分天下」作為最高目標，才有機會去搏出一片屬於自己的天地。這一席「隆中對」的精彩之處，在於它掌握了大時代的宏觀發展趨勢，洞見了扭轉時勢的關鍵契機，堪稱是洞照事理、格局恢宏、綱舉目張的戰略規劃經典範例。

隆中對是記載在《三國志》的史實。它不只展現出宏觀的視野廣度，更涵蓋了遠慮的時間縱深，不僅觀照時局的眼前現象，更洞察時勢的未來演變。四川成都武侯祠用一副「兩表酬三顧、一對足千秋」的門聯，來總結諸葛亮的一生事跡：其中兩表是前後出師表，而一對就是隆中對。對聯作者用「足千秋」來禮讚隆中對是千古傑作，可說貼切而允當。

前面提到「見到深處、識在其中」，反映出見、識兩個決策階段間所隱含的重疊性；同樣道理，因為識、謀也是前後相接的兩個決策階段，所以也有「識到深處、謀在其中」的特性。當我們把事中之理概念化後，對於什麼是可用來解決問題的對策，也就產生了撥雲見月的功效。再用「隆中對」進一步說明這個道理。

隆中對（二）　劉備遇到諸葛亮前，空有匡復漢室的口號與抱負，但因手上沒有任何資源，所以只能帶著一群不成氣候的隨眾，四處流亡。直到三顧茅廬，諸葛亮提出了「聯吳抗曹、借荊奪益、三分天下」的大戰略後，對前途茫茫毫無頭緒的劉備來說，才彷彿在漫天迷霧航程中，看到了燈塔的光芒，確立了明確的航行方向；甚至也才從此相信「匡復漢室」有實現的可能性，並不完全是個自欺欺人的神話。事實上，諸葛亮不僅把「三分天下」的概念，當作劉漢集團的發展願景，甚至還親自把它帶到東吳，去實現「聯吳抗曹」的大戰略。他很幸運地碰到一個對孫權具有影響力，並在「孫劉聯合、共抗曹操」概念上又與自己一拍即合的魯肅，作為最佳搭檔。於是身為「三分天下」編劇的諸葛亮，這時就跳出來自兼導演，在當時的歷史舞台上推出一幕幕照著他劇本演出的劇情。因此，以「三分天下」為核心的隆中對，從概念化觀點看，確實是一個「了解全局、洞察趨勢、把握重點」的經典傑作，幾乎發揮了作為一個大戰略概念應有的所有功能，包括 (1) 為束手無策、窮途末路的劉備打開眼界（vision）；並為他未來事業的發展，提供了具有定向作用的指南針與路線圖（roadmap）。(2) 為人心惶惶，不知所終的劉漢集團找到了可用來統一思想、集中意志的任務目標（venture），及時凝聚了渙散的人心。(3) 對盟友東吳來說，這個概念也是個方便的溝通工具，可用來分析與論證，孫劉兩家合則兩利、分則兩害的戰略價值（value）。

諸葛亮所編的劇本，雖在東吳魯肅病故，以及關羽恣意孤行失掉荊州後，出現演出失控的情形。但「隆中對」對三分天下局面的形成，所發生的歷史指導作用，應屬一般史家的共識。

如同「隆中對」的戰略指導作用，凡事先確立清晰的概念作為後續決策與行動的依據，是決策者值得遵循的一條行事準則。筆者也有個早年的故事可分享。

觀光是沒有煙囪的工業…… 1989年時任交通部部長的郭南宏先生指派筆者出任觀光局局長，由於自己的專業訓練與觀光無關，因此連番推辭但都無效後，不得不誠惶誠恐接下使命。上任後的首要工作就是要趕緊為台灣觀光事業的未來發展理出頭緒。所幸很快就在文獻中發現「觀光是沒有煙囪的工業、是沒有教室的教育、是沒有文字的宣傳、是沒有會議的外交、是沒有口號的政治」這五句名言，不啻如獲至寶，為當年才剛滿40歲的筆者，指引了一個兼具視野與格局的政策制高點，來推動往後的工作。

後來得知這五句話的來歷有其典故。1966年台灣省政府成立觀光事業管理局，敦請曾經提出「時代考驗青年、青年創造時代」這兩句口號，感動過當時無數年輕人的蔣廉儒先生擔任局長。蔣局長長期襄贊蔣經國先生，素有文膽雅號。但自他接任局長後，經國先生就不再找他。經側面打聽得知是長官誤會他喜歡當官而疏遠他，於是蔣局長就利用經國先生主持某次重要會議的場合，伺機發言並提出「觀光是沒有煙囪的工業」這五句話，來強調觀光事業所具有不容小覷的巨大潛力。據說經國先生聽後也不由動容，並立即約他見面。

對於觀光事業，直到筆者擔任觀光局長的1980年代，都還有人提到送給觀光局的最佳對聯是「觀看什麼無非風花雪月、光臨何事不外吃喝玩樂」，再加上「不成格局」的橫批。在「勤有益、戲無功」的傳統思維下，當年要讓提倡「克難精神」的人們，認識到觀光事業是一件攸關國計民生的正經事，還真需下一番大工夫才行。

轉識成智

■ 看問題的高度與格局

第一章的「大師三問」使我們注意到為工作賦予意義時，會出現格局與高度的差異。《呂氏春秋》有一則發人深省的故事。

百世之謀、一時之計　晉文公跟楚軍在城濮決戰，徵詢大臣咎犯的意見，咎犯說：「君王行禮，就怕儀式不夠隆重；而君王打仗，則怕誘敵的詐術不夠高明，所以，大王就用詐術應敵吧！」文公再問另一大臣雍季，雍季則說：「燒了樹林圍獵，獵物雖多，但明年就無獸可獵了。放乾水池捕魚，魚獲雖多，但明年就無魚可捕了。詐術雖可取得近利，但往後就不再管用了。」後來，晉軍出兵擊敗了楚軍，論功行賞，雍季列名在咎犯前面，有人打抱不平說：城濮之戰用的明明是咎犯的計謀啊！文公解釋說：雍季的建議是百年大計，咎犯的建議是一時權謀，他們倆的意見其實我都採納了。

晉文公有稱霸諸侯之志，城濮之戰具有指標意義。這場仗對晉文公來說，他要的不僅是打敗楚國，更要藉此收服諸侯人心。所以戰術上，不能太不擇手段。咎犯建議的策略是「退避三舍」欲進反退、誘敵深入的包圍戰術（按：古一舍為 30 里，所以晉軍一共後撤了 90 里）。但由於晉文公身為太子時，流亡國外期間曾接受過楚王的隆重接待，因此他聽了雍季一席話後，就把這一退兵誘敵之計，對外宣稱是「為了回報楚王當年禮遇，先禮後兵的禮讓之舉」。後來楚軍果真中計發動追擊，陷入晉軍埋伏而大敗。不過，晉軍戰前先禮後兵的宣示，確使諸侯們對晉文公的勝利心服口服，因而奠定了他後來稱霸中原的基礎。

晉文公洞察出目標與手段的主從關係，所以很技巧地把短期利益（戰勝楚軍的一時之計）與長期利益（稱霸諸侯的百世之謀）兩者間的矛盾統一了起來，沒有因為贏得戰爭反而失去和平。北宋儒者謝良佐說「莫為一身之謀，而有天下之志；莫為終生之計，而有後世之慮」，就在提醒決策者在作決策的時候，一定要放大格局、拓展眼界，不要完全被眼前的短期利害所侷限。

■ 爲工作賦予意義

談到為工作賦予意義，筆者有個與高速鐵路有關的親身經歷。台灣的高速鐵路於 1987 年進行可行性探討，1990 年 7 月行政院核定交通部成立籌備處負責推動高鐵工程。不過即使正式成立了籌備處，但當年「台灣不需要高鐵」的反對聲浪仍然很高，甚至當時的財政部長都以政府沒錢為由而堅決反對高鐵建設[8]。筆者就在這種氛圍下於 1991 年 9 月從觀光局調任高鐵籌備處擔任處長。

面對這種恍如四面楚歌的局面，筆者的第一個念頭是捫心自問：自己相不相信台灣需要高鐵？因為筆者從來不去做無法說服自己的事。而當時自己的專業判斷確信高鐵是台灣未來必要的交通建設，因此不論基於信念或基於職責，筆者都必須想出一套簡單有力的說辭，來說服大家一起支持高鐵建設。結果情急之下，就硬拗出「台灣經濟發展的交通史觀」的說法，作為高鐵對外文宣的核心訴求。

台灣經濟發展的交通史觀　400 多年前唐山過台灣，「一府、二鹿、三艋舺」的形成，就因為海運是台灣當時最重要的交通工

8 當時的財政部長曾經數次跟筆者說：國庫是沒錢蓋高鐵的，錢就由你高鐵處長自己想辦法！

具，而與大陸間的東西向交通又是最重要的生命線，所以台灣的聚落必然是以面向大陸的西部海港為中心開始發展。直到 1908 年縱貫鐵路開通，台灣內陸的西部走廊才轉變為以火車站為中心，發展出南北一字排開的內陸市鎮。到了 1970 年代高速公路興建完成，台灣南北交通時間大幅縮短，於是形成了以一小時行程為半徑的北、中、南三大都會區生活圈，使台灣的經濟力因而獲得大幅度凝聚與躍升，甚至以此為基礎創造了 1980 年代後的台灣經濟奇蹟。而下一階段可為台灣經濟再度帶來結構性躍進的交通建設，必然是能夠把台灣南北交通進一步壓縮到 1.5 小時的高速鐵路。因為有了高鐵後，台灣西部走廊就可全部納入一日生活圈內，而台灣經濟發展模式也有望再度發生轉型。

以上這段論述就是筆者當年提出的「台灣經濟發展的交通史觀」。見圖 3.4。高速鐵路通車後，早上 7 點高雄上車的乘客在台北洽公後，中午還可趕回高雄吃午飯，代表台灣西部走廊已全部涵蓋在一日生活圈之內。

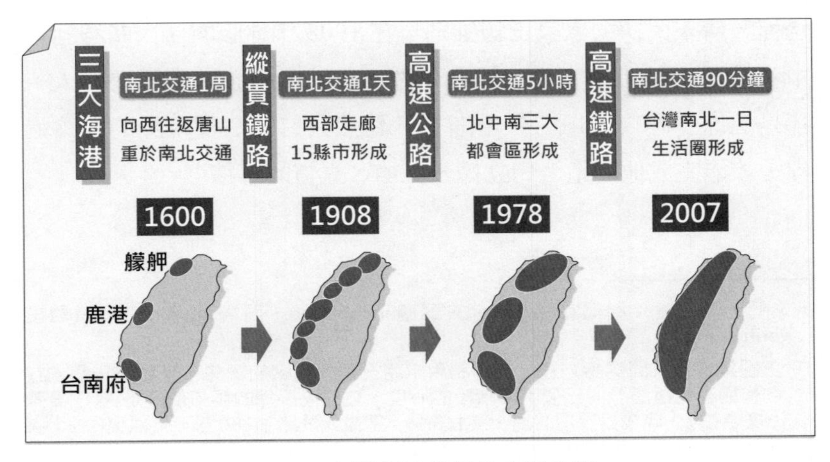

圖 3.4　台灣經濟發展的交通史觀

高鐵的必要性，今天在臺灣早已毋庸置疑。但查史料，早年十大建設時期也曾有許多人站出來說「台灣不需要高速公路！」筆者深信「台灣經濟發展的交通史觀」在學術上都是站得住腳的概念。當年筆者以這套文本為台灣高鐵工程的推動賦予了歷史性的意義，對穩住全案的陣腳曾經發揮了一定的作用。

創新力

外在事物與現象的認知與概念化過程，有時只是單純歸類或歸因過程，但也有許多外在現象的認知或理解過程，往往會遭遇到在既有的概念系統中，根本找不到合適的類目可予歸類，或找不到合理的原因可予歸因的情形。這時認知者就必須創造或發展新的概念或理論，來認識與理解這些現象。這就涉及人類認知的創新創意過程。

創新、創意階段論

心理學家葛拉漢•華樂士（Graham Wallas）在 1926 年曾提出「準備、醞釀、開悟、驗證」[9] 四部曲的理論，來說明人類的創意過程。清末民初國學家王國維則早在 1908 年出版的《人間詞話》中，就以詞境比喻人生，認為：古今成就大事業、大學問的人，都是經歷「昨夜西風、衣帶漸寬、驀然回首」三種境界的心路過程，才能完成他（她）們立德、立功、立言的事蹟 [10]。

---

9 它們的原文是：準備 preparation、醞釀 incubation、開悟 illumination 及驗證 verification。

10 王國維在《人間詞話》裡，分別利用宋朝三位大詞家的詞句，來寫照一個人在創作過程中所經歷的三個不同階段的心境。這三段摘錄的詞句依序是：(1) 晏殊（蝶戀花）「昨夜西風凋碧樹，獨上高樓，望盡天涯路」；(2) 柳永（鳳棲梧）「衣帶漸寬終不悔，為伊消得人憔悴」，以及 (3) 辛棄疾（青玉案）「眾裡尋他千百度，驀然回首，那人卻在燈火闌珊處」。

事實上，王國維三段論與華樂士四部曲的前三階段異曲同工，可完全相互對照呼應，並且都可用來解釋創意的產生過程。只不過因為王國維探討的不是科學發現的議題，所以沒有華樂士理論中第四階段的驗證動作。

不論是華樂士或是王國維所主張的創意產生過程，大家最關心的其實都是：從「醞釀」到「開悟」，或是從「衣帶漸寬」到「驀然回首」這兩個階段中間，當事人的大腦裡究竟發生了什麼變化，以致於使他（她）的認知可以從一片渾沌突然豁然開朗？要討論這一問題就須從腦神經科學下手。

左右腦的分工合作

腦神經學家發現，人類的左、右腦職司不同的功能。左腦是以語言為基礎來進行認知，它擅長利用分析／綜合、抽象／概括，以及演繹與歸納等方法，進行線性、垂直性的邏輯思維。而右腦則是以非語言的心靈意象[11]（mental image）來進行認知，它擅長利用分解／組合、類比／聯想，以及平行與跳躍等方式，進行整體性、水平性的直覺與意象思維。至於左、右腦是以何種方式完成創意產生的過程，筆者摘錄《決策》書中的描述如下[12]：

每當因為新資訊的闖入，致使既有的概念系統出現無法將它歸類或歸因的困境時，左、右腦就開始一起動員。以華樂士的四部曲模式為例，一般認為「準備」階段是以左腦為主，也就是說既有的概念系統是否確實對新資訊已經失去包融或因應能力，是

11 心靈意象包括：視覺意象、聽覺意象、空間意象、時間意象與動感意象等，這些都是難以用一般語言或文字來表達或記憶的另類資訊形式。

12 毛治國，2014，《決策》，台北：天下雜誌出版社，第 234~240 頁。

通過左腦的邏輯思維來下判斷的。至於「醞釀」與「開悟」則是以右腦為主的左右腦合作階段。這時右腦是以整體性的直覺與意象思維，對問題作全方位的審視，並且對相關的新、舊資訊進行各種可能的分解與組合；一旦資訊之間隱藏的關係被成功地發掘出來後，一個嶄新的概念架構就自然的脱穎而出。而最後的「驗證」又是一個左腦為主的階段，因為右腦的直覺／意象思維所形成的概念，可能發生錯覺或被誤導，所以必須用左腦嚴謹的邏輯思維，來檢驗右腦所形成的假設性意象與概念。

認知的頓悟與漸修

認知的創新起源於新現象、新資訊對舊概念系統所產生的衝擊與顛覆。舊系統瓦解所帶來的痛苦與失落感，以及舊核心結構消失而引起的疑懼與徬徨，都是創新者必須忍受的第一道煎熬，這就是「昨夜西風」的情境。創新者這時必須發揮旺盛的企圖心與堅強的意志力，去無怨無悔地嘗試與發掘各種可能性，來為群龍無首的認知狀態重建新秩序，這又是「衣帶漸寬」的情境。在這個階段的創新者往往會發現，好像再多「為伊憔悴」的努力（以左腦為主）也都無法化解渾沌、迷離的多頭競逐局面。不過，另方面，在創新者不自覺的情形下，他（她）的潛意識（右腦為主）早已同時在進行著「無言」的思考，也就是說，這時的創新者在左腦的邏輯思維與右腦的直覺意象思維協同合作下，其實早已把既有的知識與經驗都動員起來，正在和外來的新資訊進行著自由的分解與組合之中。於是創新者也就在左、右腦一明一暗的推波助瀾之下，逐步把他（她）的認知狀態拉抬到「引而未發」的突變臨界點，然後就只等某個「臨門一腳」偶發因子的出現，來成就一樁由破到立的創新功德，這也就是「驀然回首」之前一刻的情境。

從自組織的角度看，上述的偶發因子其實是系統狀態轉化時機已趨成熟情形下，所出現的一項外來干擾因子（perturbation factor）[13]。由於這一偶發因子所激起的意外衝擊，使得系統中參與多頭競逐的某一個特定的組合模式，因而順勢取得了決定性的優勢，使它得以出而主導系統整體的重組與整合工作；於是微觀面原本看似沒有關連，但實際上卻可以互連榫接的一對對介面，也就因而喀喀然一一接合。一個宏觀有序全新概念結構，也便因此應聲自渾沌的迷霧當中從容湧現。

這一偶發因子對發現浮力原理的阿基米德來說，是那一片溢出澡缸的水流；對發現地心引力的牛頓來說，是那一只傳說中從樹上不期然掉落的蘋果；對發現苯環六角形結構的凱庫勒（Fredrick Kekule）來說，則是某次爐邊小寐夢境中，那一條口裡銜著自己尾巴的小蛇。而根據禪宗公案的記載，對於追求開悟佛道的禪師來說，可以是在渡船頭所見到的那個自己的水中倒影；可以是出現在眼前的那片盛開的桃花林；也可以是深夜爆竹所發出的那聲破空巨響。

創新的功夫：積之在平日、得之在俄頃

為什麼一個在平時可能是毫無意義的偶發因子，在概念創新的過程中佔有這樣關鍵性的地位？事實上，問題竅門不在這個偶發因子的本身，而在於創新者事前「衣帶漸寬、為伊憔悴」的投入，以及經過這些投入所培養出來，已達到蓄勢待發狀態的認知敏感度。唯有具備了這一「積之在平日」的先決條件，「得之在俄頃」的偶發因子才能觸發認知狀態的感應，在看似山窮水盡的情形下，

13 或稱為相變當下所出現的偶發性邊界條件（boundary condition）。

帶動了柳暗花明的突變，成就了福至心靈、驀然回首的創新。所以俗語所說「不經一番徹骨寒、怎得梅花撲鼻香」反映出創新是一種窮而後工的功夫，天下沒有不勞而獲的頓悟。

以上引用筆者《決策》書中有關頓悟過程的描述，其中涉及部分自組織[14]的概念，本書第七章將專章討論這一議題。不過，認知的突破並不必然是以戲劇性、「硬著陸」的頓悟方式出現；平常認知的增進，其實多是以漸修漸進、「軟著陸」方式完成的。另要強調：即使是頓悟，通常也以長期漸修為基礎。所以從認知與學習的角度看，我們不必有漸修或頓悟孰輕孰重的迷惑，因為兩者往往相依並存。

重新定義問題 跳脫困境框框

管理問題陷入無解或危機的困境，往往最佳對策是尋找一個新的觀點，跳脫既有概念的框架，重新定義問題。前面提過的「蘇花改」就屬這方面的案例。在商業行銷的領域，為了突破滯銷的困境，也有將產品重新定義因而改變命運的案例。

鐘錶的故事　瑞士過去向來執世界鐘錶業的牛耳，但 1980 年代日本電子錶問世後，因為既精準又便宜，開始橫掃全球市場，使瑞士機械錶毫無招架之力，幾乎一蹶不振。在窮則求變的情勢下，瑞士人以脫框思維（thinking outside the box），重新定義手錶的功能。其中一條改走精品路線：強調手錶不是計時器，而是讓人觀賞與炫耀，等同貴重珠寶的收藏品——講究品牌的勞力士等就走這個路線。另一條則反其道而行，同樣強調手錶不是「買個耐用、不壞就用它一輩子」的計時器，而把它定位為趕時髦用

14 更具體說，這是認知過程經由自組織的量變所導致質變的突變現象。

的流行品——只要有新型號手錶上市，誰沒買誰就落伍。於是，在 20 世紀末、本世紀初，幾乎每個年輕人都有一整抽屜各式各樣的 SWATCH。而瑞士的鐘錶業也就在這兩種商業創新策略下重振雄風，重返世界主流市場。

SWATCH 的成功故事，後來雖被 iWatch 等智慧錶潮流所掩蓋，但它說明了利用脫框的概念將產品重新定義，是翻轉已式微市場的有效策略。耐吉（Nike）等運動鞋為了刺激銷量，也把自己定義為趕時髦、追求流行款式的消費品，而非講究耐穿與只是用來走路或運動的鞋子，也達成了同樣的商業目的。

創新的本質：人無我有、人有我變

哈佛大學克里斯汀生（Clayton Christensen）教授洞察到創新有不同類型：一般已居市場主導地位的企業，所從事的多為產品性能提升、生產效率改善之類的維持性創新（sustaining innovation）。但能顛覆傳統市場，甚至創造新產業的創新，大多屬由新創家根據完全不同的技術、產品概念或商業模式所推出的破壞性創新（disruptive innovation）。所以他在 1997 年發表《創新者兩難》[15] 探討不同類型的創新對產業發展、對企業家以及新創家的意涵。克氏的創新理論使人聯想到「另闢蹊徑」的成語，用俗話說就是「要超車必須走不同的車道才行」，要不然就只有亦步亦趨做追隨者（me too）的份。

創新是競爭力的來源。哈佛大學另一位麥可・波特（Michael Porter）教授就把競爭區分為資源（天然資源、廉價土地與勞力）驅動、效率（產品性能、生產方式改善）驅動與創新驅動三大類[16]，

15 C. Christensen, 1997, "The Innovator's Dilemma", Harvard Business School Press.

甚至把它們視為國家經濟發展循序而進的三個階段。

對照克氏與波氏兩人的理論，克氏的維持性創新在波氏眼中屬於效率驅動，只有破壞性創新才符合波氏較嚴格的創新驅動模式。創新的目的就是要使企業創造與維持一個「藍海」的生存環境，所以它的基本策略就是「人無我有、人有我變」，因為一旦「我有、人也有」，那就立即演變成血淋淋競爭的一片「紅海」。

歸納來說，效率驅動所產生的只是量變，難以招架創新驅動的質變所帶來的強大挑戰力量，並且在每一次出現量變到質變的現象時，無數曾經居於效率領先地位的大型企業王國就會被無情淘汰。例如蘋果的 iPhone 推出後，原來手機市場的國際盟主 Nokia，就黯然退出市場。

組織力：概念架構

複雜的問題洞察了它的事中之理，也經由抽象與創意過程把這一事中之理簡化，並凝聚成一個核心概念後，往往因為問題的複雜性，我們還需再以這個核心概念為中心，將它重新展開成縱橫層次分明、脈絡清晰的系統性架構，使它具備可操作性（operational），不致因過於簡化而變得難以應用。這時考驗的是決策者整合概念的組織力。

概念架構例一：中醫理論體系

概念架構是「先確立中心思想（核心概念），再據以展開系統架構」的一套呈現複雜理論系統的方法，中醫理論體系是個現成的例子。

16 M. Porter, 1998. "The Competitive Advantage of Nations", Macmillan Press.

中醫理論的概念架構　中醫把人體五臟六腑等器官，視為一個具有自我調節（自律／自組織）功能的整體性動態平衡系統，並以這一概念作為中心思想，發展出中醫的生理學。在中醫眼中每個健康的人，平時都是通過各器官彼此間相生相剋的循環反饋，而使整個人體維持在平衡穩定的狀態;即使某器官因故發生異常，人體其他部分也會啓動內在自動修復機制，發揮「損有餘、補不足」的生剋反饋功能，使系統恢復穩定。在這一概念下，中醫的病理學就認為：人的各種疾病是人體動態平衡系統遭到破壞，而內在自我調節的自律機制又無法將它及時修復時，所發生的問題。中醫把這種致病過程形容為「正氣虛則外邪侵」。於是中醫的治療學就有兩條路線：(1) 以內為主，直接強化系統內在的自律調控機能，使它的功能恢復正常；或 (2) 以外為主，隔絕或排除外來致病因子的侵襲，使內在調節機制在不受干擾情形下，儘速恢復功能。而在具體治療技巧上，則利用外來的物理（如針灸）或化學（如藥物）等力量，來支援與強化人體內在自組織調節機制，使它儘速恢復功能；或利用這些外力來將侵入體內的外來致病因子排出體外。這套把人體視為動態平衡系統的中醫理論，依據的是五行生剋概念。中醫把人體的五臟六腑分別拿來與代表五種不同質能屬性的五行分類相互對應；然後把這套五行循環生剋關係套到五臟六腑，作為這些臟腑的生剋關係；最後再把這套五行生剋概念，與中醫生理、病理、治療經驗相結合，於是在不斷實驗與論證的深化發展下，就建構出今天的中醫理論系統。

中醫的醫學概念與五行生剋理論的共同特徵是整體性思維，它們都把宇宙的事事物物視為相互關聯、深刻互動，彼此一旦切割、就無法獨立存在的整體系統。雖然中醫重實證、五行談理論，但在發展上它們彼此存在相互啟發、共同演化的關係。

從今天的眼光看，生理上自發性的動態修復概念，與生物免疫系統的功能相吻合。而生剋循環關係中的「生」可對應「正反饋」放大作用，「剋」則可對應「負反饋」收斂作用，它們都是任何動態系統要維持穩定與成長，所必須應用的一對互補性控制機制。因此，對一個動態平衡系統來說，只要能夠掌握它的內在正負反饋控制機制，就可維持系統的有效運轉[17]。

本書花費篇幅將中醫納入討論，主要是方法學的著眼。古人習慣上把「處事、治病、作戰」這三件事的方法學相互關聯，讓它們相互激盪產生具啓發性的創意火花。本書認同古人這種觀點，所以也將中醫理論納為本書「六經皆我註腳」的一部分。

概念架構例二：高齡社會全照顧系統的聯立方程式

如何因應高齡社會的到來是一全球都在探索的重大議題。筆者在行政院工作期間，對這一問題有以下的觀察與心得。

■ 關鍵議題

要建立完整的高齡社會照顧系統，必須根據「了解全局、把握重點」的原則，釐清它在需求與供給兩方面的關鍵議題（issue）。首先，在需求面的滿足上，目前檯面上實施中的只有以「長照」為名的政策與計畫，但長照以只佔 65 歲以上高齡人口 16.5%（2015 年數字）的失能失智者為對象；其餘 83.5%的高齡健康與亞健康人口卻沒有相對應的完整配套措施。由於高齡社會政策都是以「增加健康年數、減少失能人數」作為基本目標，而要落實這一目標，通常也都以如何預防健康與亞健康高齡人口退

---

17 中醫生理學概念與本書第七章〈自組織〉介紹的現代複雜系統科學自組織概念相一致。

化成為失能失智者作為主要重點。因此唯有落實這一預防工作，長照的資源需求才能有效控制，因失能失智者的出現而造成的家庭與社會負擔也才可能獲得改善，也因此高齡社會政策絕不能只處理「長照」問題，必須要有一套涵蓋所有高齡者的「全照顧」政策才行。

其次，在供給面的資源投入上，高齡社會所需的支撐服務必須善用民間力量，絕不可能全部由政府包辦。但目前從醫療與社會福利政策所延伸而來的許多限制民間資源進入高齡社會服務的措施，已成為有效動員社會資源因應高齡社會來臨的主要障礙，必須儘速檢討籌謀合宜的對策。

為了檢視什麼是高齡社會所需的「全照顧」系統，筆者在行政院長任內責成衛福部，在政務委員馮燕協助下完成「高齡社會白皮書」，並於 2015 年 10 月報院核定，用作社會各界進一步討論如何建構「高齡社會全照顧」系統的參考架構。從政策的複雜度來說，這是一個標準的跨部會、跨部門的政策聯立方程式，它的解決必須把握住「求解必須一次求出通解，實施則可分階段執行」的竅門，因為如果只選擇其中一兩個式子來求解，結果將是治絲益棼，製造的問題反而比解決的問題為多。見圖 3.5。

高齡社會全照顧（一）：主體系統　全照顧系統的主體以「居家安老、社區托老、機構養老」為三大支柱，服務涵蓋健康、亞健康、失能失智等三類全部高齡人口。展開來看，這一由三大支柱所構成的高齡照顧服務網有以下特性：(1) 居家是高齡者的主要安老環境，並依健康狀態分別提供強度不同的「居家服務、居家照護、居家護理」等服務。例如，對失能失智者的居家護理可包括臨終照料的居家安寧服務。(2) 機構養老針對三類高齡者提供全天候的「長照中心、安養中心、養生村」等服務。(3) 社區

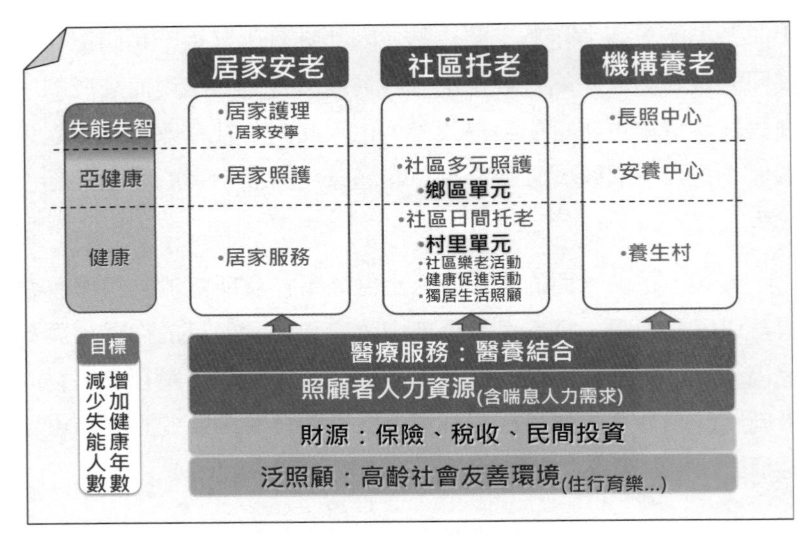

圖 3.5 高齡社會全照顧系統

托老是未來最重要的社區互助機制，也是發揮預防醫學功能的重要據點；它的托老系統必須以「村里單位」作為最基層的單元來全面建置（亦即以全台 7850 個村里，每一村里至少設置一個「社區關懷照顧據點」作為目標[18]）；在日間（朝九晚五）收容需要照顧服務的健康、亞健康長者，提供午餐與各種樂老與健康促進等活動；另對村里內獨居長者也可提供必要的供餐與生活照顧服務。至於更上層的「鄉區單位」，則應選擇功能較完整的「村里單位」加設多元照護服務設施以強化它們的能量，例如提供收容短期性 24 小時托老等服務，以因應偶發性的需求。

18 筆者在行政院院長任內注意到社區托老的重要性，就針對當時（2014 年底）已存在的 1969 個「社區照顧關懷據點」——多數由社區志工或退休村里長主持，利用社區在地資源來經營——責成農委會提供免費公糧以滿足各據點午餐之需；另又責成衛福部審查通過，將當時民間經營的各類型 597 個社區托老中心納入系統，使總數增加為 2466 個。

上述三大系統服務網的建立，必須在公辦系統外，開放民資與民營的投入。至於公、民力量如何分工以發揮互補功能，應及早研議並訂定合宜的政策原則，並付諸實施。

高齡社會除了全照顧主體系統外，還必須要有堅強後勤資源的支撐，才能發揮功能。

高齡社會全照顧（二）：支撐系統　(1) 醫療服務：與全照顧系統搭配的醫療服務必須客製化，根據「醫養結合」理念提供高齡預防醫學、保健、治療，乃至出院準備等服務，支援居家、社區、機構三系統的安老、托老、養老功能[19]；(2) 照顧者人力資源：此一資源由前述三系統共用，它的主要利用者為失能失智與亞健康長者，所以為能精確估計所需人力（含喘息服務），必須對需要照顧者服務的亞健康者予以明確定義[20]。至於本項人力的供給來源更須妥為規劃，因為它是全照顧系統所應發揮的預防功能能否具體落實的重要關鍵[21]；(3) 財源：當務之急是及早釐清所需涵蓋的範疇並估算所需總金額。針對其中長照的需求，根據 2015 年所提出《長照保險法草案》，每一失能失智者基本照顧與護理成本，如以每月二萬元試算，那麼採用保險制度來涵蓋時，所需年度金額約為當年健保總額度的 20%[22]。這一基本費用

---

19 居家、社區、機構三系統與醫療系統所應提供的服務內涵，都需另再進一步討論予以確立。

20 為估計照顧者人力總需求，亞健康應以「是否需要一對一照顧者服務」作為與健康者分界的基本定義，並應進行需求數量的統計推估研究，以作為政策規劃的依據。

21 照顧者的人力來源，涉及本勞、外勞政策與本勞、外勞等來源問題，都須及早務實規劃。

22 當「長照」所需費用另立財源支應時，原由健保系統所分擔屬「長照」範疇的費用，就可節省下來供健保統籌運用。

究竟該如何分攤，將是未來「全照顧」政策最重要的一項決策。有鑒於任何家庭只要出現一名失能失智長者，祖孫三代的生活、就業、就學，乃至家庭財務都可能因而陷入不安狀態，所以《長照保險法草案》提出由社會共同負擔該項成本，以建立一套社會保險制度的方式來促進高齡社會的安定與經濟安全。由於高齡社會全照顧系統必須兼顧健康與亞健康族群，但失能失智問題的處理仍是一個最重要的核心議題，因此除了《長照保險法草案》所提出的保險制構想外，對於照顧失能失智者所需的財源，是否還有更好的對策，是政府必須以專業態度，及早認真務實討論與面對的問題；(4) 高齡社會泛照顧環境，包括衣食住行育樂等，對高齡者環境友善條件的創造，不只代表對人倫、人道的尊重，也是社會文明的指標。

結構性的複雜問題，必須用結構性的對策來解決，這也是本書用聯立方程式來形容複雜政策問題的原因。對於這類問題，有經驗的決策者通常都會提出一套概念架構，以方便大家能夠在「既見樹也見林」情形下來討論問題。「高齡社會白皮書」提供的就是這樣一套概念架構。

概念架構例三：決策四部曲模型

本書的見識謀斷決策模型其實也是一套概念架構。任何概念架構都是以某個特定概念為核心，將它的內涵按照邏輯規律展開而形成的架構。見識謀斷模型的形成也不例外。見圖 3.6。

見識謀斷（一）：概念架構　第一章〈概論〉提到見識謀斷模型是經過以下邏輯演繹過程所形成的一套架構：(1) 確認斷是決策的核心，無斷就不成決策。(2) 隨著問題複雜度的提高，決策過程入手點也逐步提升，決策結構就從單一的斷，發展成見識謀

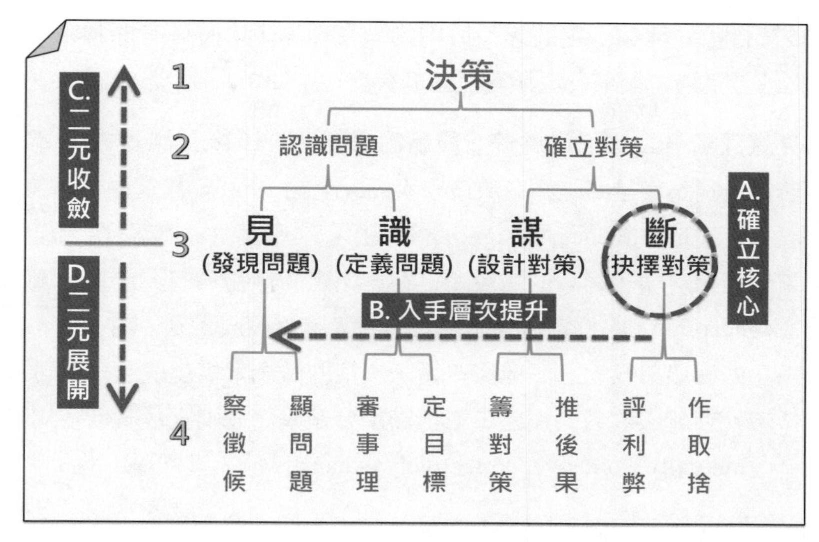

圖 3.6 見識謀斷概念架構的演繹展開

斷四部曲的形式。(3) 見識謀斷可往上收斂還原成決策本尊。(4) 見識謀斷也可往下二元分解成「察徵候→作取捨」八個更基本的單元。

筆者對於決策科學的興趣，源自大學時代著迷於 1960 年所興起系統分析方法論的那段經驗。但後來發現，對於「要解決一個問題，究竟該展開成幾個分析步驟」的問題，各家主張都很主觀，只按自己高興隨意增減項目，卻都沒講出個有說服力的道理來。後來赴美唸書發現司馬賀[23]（Herbert Simon）的「見、謀、斷」三段論，相較於一般系統分析模型動輒至少七、八個步驟，那是

23 司馬賀是 Herbert Simon 給自己取的中文名字。他是提出抉擇不是找最佳（best or optional）解，而是找「相對滿意（satisficed）解」的決策學大師。

最符合「好理論一定簡潔」原則的一套理論，當時確有深獲我心之感。不過，後來發現那套裡論仍有修正空間。

見識謀斷（二）：司馬賀三段論的修正　1978 年諾貝爾經濟獎得主司馬賀是國際知名決策學大師，他在 1960 年代首倡「見、謀、斷（intelligence, design, choice）」三段論的決策模型。但筆者後來發現司馬賀的三段論，在見與謀間存在一個「定義問題（conception）」的斷鏈，因此就將它大膽修改成「見、識、謀、斷」的四段論模型。經此修改後，決策的概念架構就成為一個可做二元展開與收斂的模型，並也滿足分類學「分則互斥、合則周延（mutually exclusive, collectively exhaustive）」的要求。

以上藉由一個「學門（中醫）」、一個「政策理念（高齡社會全照顧）」以及一個「學科（決策）」整套理論系統的發展與形成過程的介紹，說明概念架構的意義。不過，一般決策問題所需要發展的概念架構，不必然都這麼複雜。實際上，只要能把問題「事中之理」的核心概念，以及根據這個概念所代表的因－緣－果關係交代清楚，使後續的「謀、斷」可據以發展出問題對策也就足夠了。

三、定目標——定問題調性與規格

決策的問題定義，除了辨明與交代問題的事中之理，了解問題發生的原因（亦即審事理），作為下一階段謀的對症下藥依據外，另還需再為後續的謀、斷訂出「解題須知」，也就是「定目標（goal setting）」的工作。以下說明它的意義。

定目標的原則

定目標性質上相當於寫任務說明書（mission statement），它設定解題的目的與所要達成的成果，規範解題過程所應遵循的行為準則。談定目標都會提到 SMART 原則，亦即使定出來的目標滿足「明確 specific，可衡量 measurable，可達成 achievable，切題 relevant，有期限 time-bound」等五個條件。在定目標這一議題上，筆者也有個親身經歷可分享。

高考應試策略　當年大學畢業前後，因心有旁鶩，國內研究所都沒考上，後又因腎結石發炎住院，躺在病床上猛然警覺人生都還沒開始，怎可如此懷憂喪志，就決定要找一件事來重振自信心。結果發現入伍前還有個高等考試可考，但當時距考期只剩兩週，對共考九科的高考來說，幾乎是個注定無望的念頭。所幸大三升大四暑假，自己因檢定考試及格，曾考過一次高考，雖沒及格但橫豎有過一次經驗，於是決定姑且再試一次，因為沒什麼好損失！不過有鑒於情勢嚴峻，非出奇無以致勝，因此就策定了大膽的「三三三」計畫：以總平均 60 分為目標，最有把握的三科要拿 90 分，最沒把握的三科至少 30 分，剩下三科則要達 60 分。至於時間分配：90 分三科各 3 天複習，60 分三科各用 1.5 天，餘下時間（包括每堂考試中間 20 分鐘休息）則拿來翻閱最後 3 科的筆記與目錄。這種應試計畫成敗關鍵在專注與自律，所以計畫確定後，就將一年前應考用的舊筆記找出來，並把接下來 14 天每天該做的事安排停當，開始按表操課、嚴格執行。10 月底放榜時，在當年土木工程科報考近 3000 人中，自己是 7 個及格者之一。由於自己當時正在工兵學校受預備軍官入伍訓練，校方還因此給一天榮譽假。到今天都還記得在教育班長向全連宣布這一消息時，真正讓自己興奮的，不全然是自己能在不到 0.3% 的超低錄取率中勝出，而是證實自己設計的險中求勝應考策略居然管用！

筆者常把這一親身經歷當成自我期許與自我實現的故事與學生分享。這段經歷其實也是筆者人生中第一個「我做得到」的高峰經驗。這一經驗甚至影響自己一生的發展，因為它使自己體認到：凡事只要認清問題、設定目標，並用對的策略嚴格執行，再困難的事都可能實現。

從定目標觀點，高考應試的故事符合 SMART 原則。它的目標很清楚，就是要用挑戰一件高難度的事來重建信心。而就過程來說，它也反映出「識到深處、謀在其中」：因為可用時間資源有限，所以必須鋌而走險，用最嚴格的自律規範，去執行一套沒有任何懈怠空間的應試計畫。結果很幸運通過考試，並且後來收到成績單的各科分數分布也大致與預期相符。

明確的目標可提供人們具體的努力方向；具有一定難度的目標可激發人們奮力一搏的鬥志；可衡量的目標可用來鑑別成敗的關鍵；有時限的目標可用來追蹤階段性績效。

為問題定調性

見識階段為問題所下的定義，在進入謀斷前必須予以總結並確定調性。第一章的「大師三問」使我們認識一件相同的工作，可賦予天差地遠、完全不同的意義，因此「為問題定調性」在定義問題過程中是定奪決策問題基本走向最重要的一個步驟。

■ 定視野格局

為任務定調具有「視野指引方向、格局決定結局」的重要性。胡雪巖湖州批絲的故事可用來說明。

胡雪巖湖州批絲　晚清商人胡雪巖因年輕時有接濟過王有齡的恩惠，後來王在中舉後經迭次升遷，派到湖州當知府，所以胡就跟到湖州做當地最賺錢的蠶絲批發生意。但因湖州批絲大盤向由青幫把持，以致胡一腳踩進青幫地盤，就發生嚴重利益衝突。但他卻不逃避也不對抗，而是採取一起合作把餅做大的戰略；結果，青幫在他居間穿梭下，從上海洋商手中奪回了被長期剝削的巨額利益，不僅使青幫獲得較過去更多的收益，胡雪巖也名正言順地從變得更大的利益之餅中，分享了他應得的份額，並成為青幫的合夥人。而原本劍拔弩張、你死我活的零和遊戲，也就在胡雪巖「以和為貴、有生意大家一起做」的胸襟與氣度下，發揮創意、創造了皆大歡喜的雙贏結局。

為任務定調性考驗的是決策者「轉識成智」的器識。胡雪巖所以能夠在晚清創造出紅頂商人的傳奇，他「與人為善」的器識是最重要的關鍵因素。

■ 長短期之辨、治標治本之別

為問題定調性也涉及長短期視野，以及治標治本選擇的挑戰。在本章討論概念力時所舉「百世之謀、一時之計」的例子，反映出晉文公稱霸諸侯前作重大決策時的恢宏視野與格局：他除了要考量當下的戰場如何獲勝，同時還要考量如何讓諸侯們對他的獲勝，口服心服。在晉文公的時代，發生過無數的諸侯會戰，但別的國君就因沒有晉文公這層遠慮與心思，所以成不了霸業。

為對策定規格

為對策定規格，是為接下來的謀斷設定設計規範與目標。它包括兩部分：(1) 對預期成果或所要達成目標的描述；(2) 對解決問題的過程或方法所做的要求或規範。在一般委外招標的文件裡，這些內容通常反映在應提交的成果（deliverables，亦即必須「做到什麼」的陳述）或關鍵績效指標（key performance index）等類似項目下。但在實際的決策過程中，為對策定規格的工作不見得會比照發包過程真的訴諸文字。

設定成果目標

設定具體的成果目標是為後續的謀斷鋪路。前面提到「五楊高架工程」預設的高目標，成就後來國際得獎的成果；「高考應試策略」中所設定各科得分目標，成為籌劃時間資源分配的基礎，也是後來檢驗結果的依據。用設定目標的方法來激勵人心，南非前總統曼德拉（Nelson Mandela）有個令人動容的故事。

曼德拉 1995 傳奇　曼德拉 1994 年當選南非總統，在制度上代表了種族隔離政策已成歷史，但因 50 年來的黑白仇恨難以化解，國家仍處於嚴重分裂狀態。曼德拉體認到自己上任後的首要任務，就是要避免使他的當選只代表南非黑人爭取人權的勝利[24]。因此為及早實現南非的真正統一，他必須儘速針對根深蒂固的種族分裂與仇恨進行彌補工作。在某次觀看橄欖球比賽時，他親眼目睹黑人觀眾對南非跳羚隊（Springboks）喝倒彩，卻為英格蘭隊進球歡呼的場景，使他感觸良深。但也因此激發他的靈感，認定這就是他要找的變革突破口——他要利用體育這一軟性題目，發動「黑白一體、力挺跳羚（One team one country）」的全民運動。因緣上的巧合，南非當時正在籌辦 1995 年世界盃橄欖球賽，曼德拉就決定要把它拿來當賭注，於是找來跳羚隊的馮斯華・皮納爾

24 曼德拉令人佩服的地方是：他當選總統後，完全沒有掌握權力的傲慢，而是秉持獨立理性的堅毅人格，展現國家領導人的器識與格局，一本初衷，一心為化解種族仇恨，實現國家真正統一而持續努力。

（Francois Pienaar）隊長，要求他務必贏得世界盃大賽的冠軍。由於曼德拉洞察到，要人民團結就必須找到一個可讓全民參與，一起來追求國家榮耀的方法，而這場國際賽事正好用來作為激發全民，展現同舟共濟精神的一帖催化劑。被賦予任務的皮納爾發現，他的工作已不僅只是打一場國際球賽，而是要去催化與實現一項超越任何人預期的新國家理想。結果，在曼德拉的鼓舞與感召下，跳羚隊奇蹟般的一路晉級進入決賽，最後竟然擊敗了難纏的紐西蘭隊，不負眾望地奪得了世界大賽的冠軍杯。球賽結束，曼德拉向皮納爾道賀「馮斯瓦，謝謝你對國家的貢獻。」而這位從小在白人世界長大，過去從未曾質疑過種族隔離政策的隊長，發自內心回說「不，總統先生，要感謝您對國家的貢獻才對！」

要領導一個徬徨、焦慮、失志的組織，脫離危機、重新再造，找一件可全員參與的事，讓大家一起來把它做成功，是有經驗的領導者經常採取用來因應危機的策略。曼德拉在新南非剛剛重建的關鍵時刻，憑著智慧與膽識選擇了國際運動賽事，作為化解國家長期種族紛爭的催化劑，就是預見到：南非國民一旦共同體驗了一次黑白都認同的「球隊即國家」全民運動後，從此再困難的種族議題都將難不倒他們。曼德拉的幸運是跳羚隊真的有如神助般地奪得了世界冠軍，讓他的巧計圓滿達成；使得 1995 年世界盃大賽成為南非國家發展過程中，一項重要的里程碑，以及一個撫平歷史傷口、找到未來希望的共同美好記憶。

回到為任務定目標的觀點，跳羚隊隊長皮納爾是這個戲劇性故事的樞紐人物。曼德拉的一席話，徹底顛覆了皮納爾向來的自我角色期許，為即將來臨的國際賽事灌注了艱巨而神聖的意義。

訂定對策規格

「百世之謀」的故事顯示：晉文公因深知即使打仗也要講究什麼是百世之謀、什麼是一時之計，亦即心中要有一套「有所為、有所不為」的規範，所以終能稱霸諸侯。「周公太公對話」則顯示：齊、魯兩國的國家治理規範不同——一個尊賢尚功、一個親親尚恩——導致不同的歷史結局，代表政治理念對政權未來命運具有決定性的影響。而根據「隆中對」鼎足而三的大戰略，諸葛亮設下的規則是「與東吳絕不可反目成仇」，但孤傲的關羽不遵守這個規則，結果連劉備都因此賠上性命。這些案例在在說明，預先訂定的行為規範，對成就一件事所具有的決定性影響。

■ 預留成長空間

以下說個工程單位因恪遵公共建設規劃的專業倫理（ethics），因而免除後來一場潛在政治風暴的故事。

高鐵規劃預留三站空間　筆者於 1991 年 9 月接手第二任高鐵工程籌備處處長，除了對內要積極達成行政院所要求儘速完成各項工程規劃外，對外還須設法化解「台灣根本不需要高鐵」的反對力量。在紛紛擾擾的任務情境（task enviorment）中，筆者注意到一個規劃問題：高鐵路線上的苗栗、彰化、雲林三個縣沒設車站。詢問同仁的回答是：這三縣因預估運量未達標準，所以已奉交通部核定不予設站。但筆者認為：既然這三縣提供了高鐵路線用地，其縣民就應有權利直接享受它的服務（即使停車班次較少），否則高鐵對這三縣豈不成了台灣俗稱「光拉雞屎不生蛋」招惹人厭的建設。因為這是攸關公共政策「社會公平」的原則性問題，所以筆者當時就在籌備處長可做主範圍內，要求規劃同仁在行經這三縣適當區位的公有土地上，選定足夠長度的路段，拉直線形、消除坡度，以備將來設站之用——如不預作這種安排，將使這三縣在未來永遠喪失設站機會。後來高鐵通車後，三縣民意果然強力要求增設車站。幸虧當初已預做安排，使高鐵公司可在原先預留的地段，推動就地新建車站事宜。這些新車站都已在 2015 年底順利完工啟用。

任何行業都有應遵守的基本行規。公共政策必須兼顧「效率、保育、公平」三個面向是公務員必須遵循的專業倫理，以及不應輕易妥協的專業信念。事前忽略這個原則，事後就須承擔疏失的後果，但如能把握住這個原則就可避免難題與危機的發生。

■ 創造傳統、戒慎恐懼

接下來，再說個為台灣的大型活動預定規格的故事。

台灣燈會　每年元宵節在台灣各縣市輪流舉辦的台灣燈會，在 2001 年前稱為臺北燈會，固定在台北市中正紀念堂辦理。它的緣起是 1989 年交通部要求觀光局研議，能否將每年元宵節台北各寺廟的花燈集中展示。筆者時任交通部觀光局局長，一開始就為籌劃中 1990 年首創的燈會定調：中央主辦的活動，在規格與品質上一定要達國際標準，另為避免花燈展示淪為庸俗的爭奇鬥豔，因此又設定「民俗文化根、傳統國際化」作為規劃燈會的基本方針——要將燈會作為傳統民俗技藝的年度性展演平台，並要將它加入科技元素、帶上國際舞台，成為台灣觀光的亮點。而為了打響品牌特將它定名為臺北燈會，希望若干年後它能享有如同日本北海道雪祭同樣的名聲。定義了這些「產品規格」，觀光局就開始無中生有去創造燈會這個產品。在決定利用中正紀念堂四周道路作為展場後，為了使燈會具有儀式性，於是產生了用園區中央裝置大型主題燈，並在國家戲劇院台階搭設開燈台的想法。

接下來又為了使入夜後的開燈典禮能夠聚集足夠人潮，就規劃典禮當天下午舉辦民俗陣頭表演活動，並搭配贈送免費手提燈的誘因，吸引小朋友拉著大人一起來觀賞。最後為了增加典禮的隆重感，特別從鹿港陣頭中找來 24 支長號角，並律定「發號、擊鼓、鳴鑼」的開燈式三部曲（1990 年後開始，朱宗慶打擊樂團參與每年開燈式的音樂演奏）。結果第一年五天四夜的燈會，總共吸引超過四百萬以上的人潮，立即成為台灣當時規模最大、規格最高的年度性節慶活動。觀光局為籌辦首屆燈會，特地邀請許多專精文化、歷史、民俗的學者參與規劃。燈會結束後，大家的共同心得是「我們在創造傳統！」因為元宵燈會究竟長什麼樣子，可供考據的歷史文獻很有限，既然無例可援，大家就只好放膽創作了。事實上，後來每一屆燈會，不論是以主題燈開燈式作為燈會的吸睛亮點，或是現場發放免費小提燈、日間民俗表演聚集人潮，或是人潮再多但現場仍需維持秩序與清潔，乃至於「在熱鬧中講究門道」等規劃原則，遵循的無一不是第一年燈會所定下來的「傳統」。

回想第一屆燈會的規劃過程，除上述那幾項辦理活動的基本信念與原則外，其餘的所有內容都是在想到哪就做到哪「且戰且走」情形下，一路拼湊出來的。後來很多人都說：觀光局膽子很大、運氣也很好。而在民眾回響方面，令筆者印象最深刻的是在燈會現場，聽到一名家長向同行友人的抱怨：「這個毛治國真是害死人，好端端的辦什麼燈會嘛，害我被小孩吵到非來看不可！」

由於當年燈會籌辦時間短促，臨時從學校徵集來的花燈中，就發現有學生把自家店門口的「羊肉爐」招牌拿來充數的情形。因此在燈會結束後，筆者就徵召手藝精湛的燈藝師傅（如陳金泉、林健兒等人），到全台各地去教中小學美勞老師如何製作花燈。

令人欣慰的是，往後參展的學生花燈果然一年比一年做得更好、更有創意。從 2009 年開始，甚至連監獄裡的受刑人也加入了製燈行列，並連奪了好幾年的競賽組燈王，有人後來還藉此創業，開啟人生新頁。

近年的元宵節在台灣，除了觀光局主導的台灣燈會以外，至少有十多個縣市都在舉辦與花燈有關的活動，並成為當地最重要的節慶歡樂華會。這種光景應是觀光局 1990 年首創臺北燈會以來，所持續發揮「點火」效應的一項成果。

第一屆燈會籌辦之初，就抱持著既然辦了就要有讓它繼續辦下去的決心與安排，所以堅持它的規劃基調一定要訂定清楚，往後的路才能走得遠。台灣燈會近年屢屢被許多國際旅遊雜誌，以及重要的國際媒體（如 Discovery 探索、National Geographic 國家地理……），評選為全球最精彩的慶典活動。而從活動規模、內容的豐富性與多元性來說，相信它的名氣也早已超越了當年所設的標竿：日本北海道雪祭。這些成果都有賴歷年觀光局局長（包括張局長學勞、賴局長瑟珍等人）以及承辦的地方政府共同持續努力才能達成，而當初所律定的基本規劃精神，能夠被代代傳承下去也發揮了重要作用。

第四章
謀

一、引言

「謀」在決策過程中，上承「識」的定義問題，下啟「斷」的抉擇對策，它要做的是設計對策的工作。展開來看，它首先要做的是根據識的審事理所發覺的事中之理，以及定目標所律定的解題須知，去構思可用以解決問題的各種可行方案，本書把這一工作稱為「籌對策」；其次是針對這些不同的候選方案，去預測它們付諸實施後，對系統狀態所將造成的改變，本書把這一工作稱為「推後果」。

案例——布萊德雷用兵

謀是構思對策的工作，以下用二次大戰盟軍登陸諾曼第後，一場突破德軍防線轉捩性戰役的美軍參謀作業作為案例，來說明謀的意義。見圖 4.1。

布萊德雷用兵　1944 年 6 月 6 日盟軍登陸諾曼第後，向內陸擴張戰果的進展並不順利。到了 7 月底由布萊德雷[1]（Omar Bradley）將軍統率的美軍兵團，從諾曼第灘頭堡西側的聖露突破德軍防線，沿著海岸線向南推進；8 月 1 日攻克阿楓朗榭後，盟

---

1 布萊德雷與艾森豪、麥克阿瑟、馬歇爾、尼米茲等五人於二戰後都晉升為美軍的五星上將。

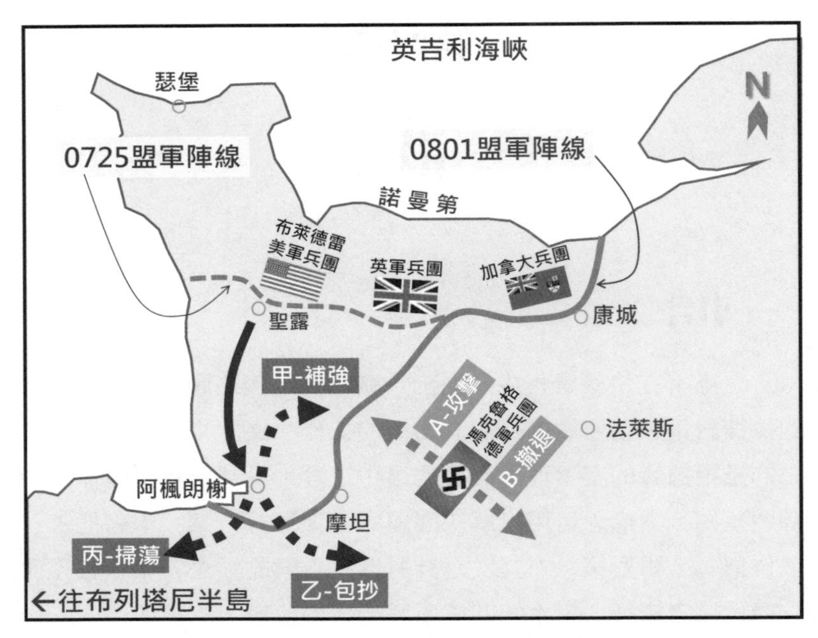

圖 4.1　1944 年 8 月初盟軍、德軍的部署與雙方的可能動向

軍才佔有整個瑟堡半島。當時與盟軍對抗的是德軍元帥馮克魯格（Gunther von Kluge）所指揮的兵團。美軍攻入阿楓朗榭後，布萊德雷的參謀部對於由巴頓（George Patton）將軍率領即將要投入戰場的第三軍，研擬了三個行動方案。「甲案」補強：就地增補美軍陣地防禦能力；「乙案」包抄：向東包抄馮克魯格兵團側翼；「丙案」掃蕩：向西掃蕩法國布列塔尼半島德軍，以摧毀其向東支援諾曼第戰場的戰力。對於美軍參謀部所研擬的行動方案，布萊德雷究竟該如何決定巴頓裝甲師團的最佳運用方式？[2]

2 本案例有關資料由本書自行整理，但選題發想則源自：O.G. Haywood, *Military Decisions & Game Theory*, Journal of the Operations Research Society of America, Nov. 1954。

分析——方案、情境、後果

布萊德雷（以下簡稱布氏）的參謀部構思了運用巴頓第三軍的三項行動方案後，接著預判馮克魯格（以下簡稱克氏）有兩種行動選擇：(1) 攻擊：預判會以奪回盟軍剛攻下的阿楓朗榭作為目標；(2) 撤退：預判會向東撤退保全實力，以便進行巴黎保衛戰。德軍這兩種可能動向就是布氏所須考量的「問題情境」。

由於理性決策的基本前提是：抉擇方案必須根據方案的預期後果，而不是決策者對方案本身的主觀好惡來作決定。因此，本書模擬美軍參謀部為方便布氏做決策，製作了一張如表 4.1 用來分析「多元方案對多重情境」的「後果預測矩陣（consequence prediction matrix）」，將不同方案在不同問題情境下可能出現的系統狀態一一臚列出來。

表中的 3 個橫列是美軍「就地補強、向東包抄、向西掃蕩」的甲、乙、丙三個候選方案；而 2 個縱列則是德軍「攻擊、撤退」兩種情境。該表顯示，不論布氏選擇哪一方案，他都須面對克氏

表 4.1　美軍參謀部對三項行動方案所製作後果預測矩陣（本書模擬）

德軍動向 / 美軍方案		馮克魯格兵團	
		情境 A：攻擊	情境 B：撤退
布萊德雷兵團	方案 甲 就地補強盟軍陣地	甲-A：盟軍可強力迎戰克魯格；但半島德軍可北上增援，並成為盟軍未來前進巴黎後顧之憂	甲-B：對撤退德軍已喪失追擊先機，另方面也無法解除半島德軍威脅
	方案 乙 向東包抄德軍側翼	乙-A：巴頓可與盟軍夾擊並擊退摩坦德軍攻擊；但半島德軍可能側擊巴頓，使其兩面作戰	乙-B：對撤退德軍可順勢有效追擊；如半島德軍隨後追來，巴頓可回頭反擊
	方案 丙 向西掃蕩肅清德軍	丙-A：巴頓可解除半島德軍威脅；但美軍陣地嚴重曝險，除非巴頓及時回師夾擊克魯格	丙-B：雖解除半島德軍隨後追擊風險；但對撤退德軍喪失追擊先機，巴頓只能從後追擊

攻擊或撤退兩種情境的檢驗。這就構成「三選項、二情境」的決策問題，它的後果包括「甲－A、甲－B……丙－B」等共6種（3x2）戰場狀態。

表中「甲－A」欄所模擬的美軍預判是：當布氏下達給巴頓的指令是就地補強，而克氏又正好採取攻勢時，盟軍陣線因為預備部隊的增援而強化，所以推測的後果是德軍可被擊退，盟軍陣地得以固守。不過，本方案無法阻止駐守在諾曼第西南方布列塔尼半島（位於圖4.1範圍外8點鐘方向）的德軍趕來增援。從「了解全局」觀點看，布氏除了直接面對的克魯格軍團外，他還需將駐守半島的德軍納入視野，因為這一支德軍將是盟軍前進巴黎的後顧之憂。

而「甲－B」欄所模擬的美軍預判則是：當美軍採甲案，而德軍卻採撤退策略時，因第三軍已進入駐守狀態，所以要臨時拔營追擊德軍，將不免喪失先機。其餘欄位的分析內容，依此類推。

表4.1反映出(1)決策的謀，有籌對策與推後果兩部分工作；(2)要推測後果，必須針對決策問題所有可能出現的問題情境進行逐項分析。因為相同一套候選方案，情境組合不同時，推估的後果就完全不同，所以決策幕僚必須將所有可能的情境全部設想出來，以避免所設計的對策雖對某些特定情境應付裕如，但對另些情境卻毫無招架之力，致使情勢成為危機狀態。

布氏如何根據幕僚所準備「籌對策、推後果」的資訊，去作出「評利弊、作取捨」的決定，將在第五章〈斷〉揭曉。

有了以上引言，接下正式討論有關謀的「謀對策、推後果」二項工作。

二、籌對策

第一章〈概論〉的「唐伯虎點秋香」案例清楚反映：謀的籌對策就是在創造或擴大選擇的可能空間。另外從謀是根據識所發覺的事中之理去設計解題方案的觀點，籌對策不是憑空胡思亂想，而須扣緊問題的因果脈絡，來構思具有解決問題效力的對策方案，這時講究的是可行性與有效性。例如大禹的治水對策相對於鯀的治水，就更符合這一要求。

選擇空間的擴大

籌對策要創造或擴大可能性空間，但究竟該從何下手？以下是四個主要竅門：(1) 認知障礙的排除、(2) 實質可行性限制的突破、(3) 破壞性創新機會的把握，及 (4) 目標與格局的提升與擴大。

認知障礙的排除

為說明「認知障礙」的意義，心理學教科書一般都會引用以下的古典案例。

一筆穿九點　如何用不超過四條直線的一筆畫（筆不離紙，線條頭尾相連），貫穿圖 4.2（A）中 3×3 點陣的每一黑點。圖 4.2（B）則是本題的一種可能解法。第一次見到這題目的人，通常都會不自覺地受到「一筆畫的線條不可以超出點陣邊界」的限制，於是不論怎麼試都找不到符合題意的答案。一直要等到發現題意中其實並沒有線條不可超出點陣邊界的限制後，才能找到可行的答案。

不過，圖 4.2（B）的解法並非本題的唯一答案。想像力一旦解放，就可能想到：(1) 因為題意並沒有限制線條的寬度，所以可用足夠寬的粗線，一筆蓋掉整個點陣；(2) 因為題意也沒有規定紙

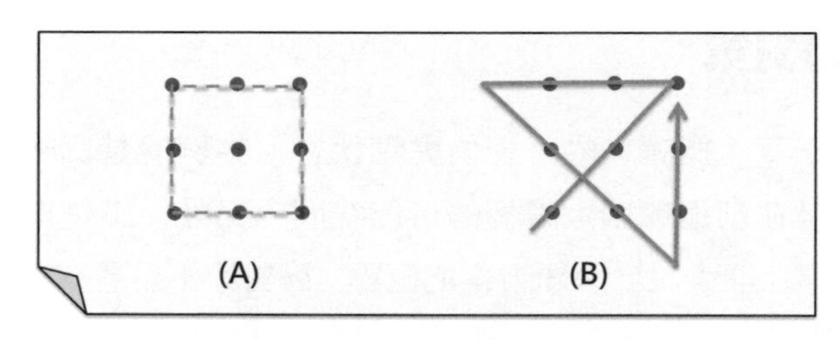

圖 4.2 突破思考的框框

面必須保持平整，所以也可想辦法把九個點折疊在一起，然後用一支尖筆戳穿它們……

「框框丟出去、創意走進來」是「一筆穿九點」案例的最好寫照，它用視覺化的方式清楚顯示：跳脫框框的「破格（或脫框）」思維是創意的核心本質；排除不必要的認知障礙，檢視錯誤的假設前提，是擴大「籌對策」可行空間的先決條件。孫臏「圍魏救趙」的竅門就在洞察了別人決策前提的迷思，利用脫框的點子顛覆既有遊戲規則，翻轉戰場的虛實形勢，從而創造出「以弱勝強、以寡擊眾」的戰果。本書第九章〈戰略〉對這一議題還有深論。

實質限制條件的突破

任何對策付諸實施都需要消耗資源，因此可動用資源的多寡與質量的高低，都會成為可能性空間的一種客觀限制。

孫子用兵　《孫子》有「十則圍之、五則攻之、倍則分之；敵則能戰之、少則能逃之、不若則能避之」的主張。意思是：當自己實力是對方十倍的時候，就採包圍策略；是五倍的時候，可採攻勢策略；只是兩倍的時候，就採分化策略。如實力相當就對抗；如果實力不如人，就要有逃脫或者避免發生衝突的辦法。

《孫子》這套應敵用兵原則清楚反映：解決問題所採取的對策，決定於我們所能掌握與運用的資源，如果資源不足，那麼許多對策就不具有可行性。因此，如能放寬資源的限制就能擴大可能性空間。例如，兵力如能倍增，那就不必逃走，可留下一戰；或原來只能勉強一戰的，就有能力先分化敵人，再予各個擊破。

決策者要突破資源的限制，除了厚植本身的實力外，還要懂得善用「借、轉」字訣的策略。例如，兵家強調「因糧於敵」就是長途遠征為了減輕自己後勤負擔，用直接去奪取敵方糧草的方法。縱橫家強調「合縱連橫」就是以聯盟的方式，壯大自己的聲勢，對付共同敵人。《戰國策》「狐假虎威」的寓言則提醒職場的工作者，要懂得善用上級的授權，來強化自己的執行力。

近年福利支出額度高的國家，廣泛採用民間參與自償性的公共服務，例如台灣的高鐵建設，來活化政府公務預算的理財政策——運用的就是「借」字訣。下面是港埠政策的例子。

前店後廠的借字訣　台灣港埠直轄腹地有限，為了方便「轉運加工再出口」產業的發展，必須將內陸的既有工業區或產業特區與港埠運作相連結，才能一方面增加港埠與產業的競爭力，另方面也可為內陸的園區創造二次價值。於是在這一理念導引下，2010 年交通部與港務系統同仁就規劃出「前店後廠」的政策，只要出口商在港區設置出貨倉儲區，就可依法將設在內陸專供外銷的生產線申請為保稅作業，享受通關與保稅等優惠與便利。結果，不只車輛組裝出口業（即進口部分零組件，再利用本地電子、玻璃、照明、輪胎等零件加工組裝成車出口），立即成為這一政策的受惠者。後來當年農委會主委陳保基也發現了這個政策的妙處，就把設在屏東的農業生物技術園區也申請成為「前店後廠」系統，藉以發揮該園區的國際競爭力。

「前店後廠」是筆者與當時台灣港務公司蕭丁訓董事長合力推動的一項「互借雙贏」政策，在財政部關務系統配合下，港埠「借」內陸園區延伸自己的腹地，而內陸園區「借」港埠找到保稅出海口，雙方都突破了本身原有的限制，大幅提升國際競爭力。當然這一政策必須搭配國際市場的整體戰略才能展現效力。

■ 預算之爲用

不論是企業 CEO 或政府機關首長，許多政策理念的未能實現，往往是未能洞察推動新政策要從預算結構下手的重要性。以下也是筆者另一項親身經驗。

發展公共運輸的預算科目 當過行政首長的人都知道每年度所編機關預算，光是固定業務費用、法律義務與延續性計畫支出等科目，通常就佔掉七、八成額度，可用來實現自己政策理念的預算空間少之又少。因此，如何在額度大致固定的年度預算中，去騰挪出至少 5 至 10% 額度，來推動新興政務，就成為機關首長必須認真學習的一門功課。筆者在交通部長任內，從 2010 年起就爭取當年經建會同意在該部每年約 1,000 億元左右的公共建設預算中，創設一個以 5% 為目標額度的「發展公共運輸[3]」年度性新科目。到了 2014 年（與 2009 年比較）就看到以下成績：公共運輸總運量增加為 32 億人次（成長 20.3%），在運輸市場中的占比也增加為 16%（成長 19.4%）；全台灣低地板公車占比增加為 46%（成長 5.4 倍）；公車總數增加為 9,512 輛（成長 68%）；市區公車車齡降為 4.2 年（降低 61%），徹底改善過去

3 公共運輸（public transport）的範疇比大眾運輸（mass transport）為廣。後者指軌道運輸為主的公共運輸，無法涵蓋 50 人座以下的公車或準公車（如計程車）

中南部普遍使用北部淘汰二手公車的現象；而偏遠地區公車路線也增加為 1106 條（成長 12%）。

「公共運輸為主、私人運輸為輔」雖是喊了很久的口號；而改善公共運輸可同時達成「嘉惠弱勢族群（高齡、身障）、因應氣候變遷、提升能源使用效率」等多重政策目標，也是早已形成的共識，但過去都僅止於坐而言，沒有真的起而行。筆者從改變預算結構下手，以新增預算科目，編列年度性穩定財源的方式，落實自己篤信的政策理念。

破壞性創新機會的把握

除可用資源的限制外，可行技術是否存在也是擴大可能性空間的前提。技術演進往往帶動革命性的「典範變遷（paradigm shift）」，誰能洞察並掌握這種變遷帶來的新機會，誰就取得「先行者」的優勢。這也是所謂「破壞性創新」的要旨。

科技改變戰術思想　結合機動力與火力的戰車發明後，德國人率先洞察到它的戰術價值，所以創造了二戰初期閃擊戰的奇蹟，並使當時仍然深陷陣地戰迷思的法國人吃盡苦頭。結合海權與空權的航空母艦發展後，也使根據傳統巨炮主義所建造的重型主力艦，喪失作為艦隊「主力」的功能。晚近網路技術的發展，再度帶動新一波軍事思想的典範變遷。由於小小的電腦病毒就能癱瘓敵方戰力，因而發展出「不對稱」戰略思維，使許多傳統戰略與戰備基本概念都必須全面改寫。

等服務。交通部的「發展公共運輸」的科目預算所補貼的對象，以公共汽車為主，也包括無障礙計程車。過去由於大家皆慣用大眾運輸之名，導致許多地方首長只知爭取軌道捷運系統；而忽視以公車為主的公共運輸發展。筆者任交通部部長時，特予正名。

新技術的出現、新典範的形成，對決策的謀來說，代表可能性空間的擴大，以及創新的契機。微電子、數位和網路技術的進步與應用的普及，不僅使資訊、通信、家電等製造業的界線模糊；也帶動了全球通信、資訊與傳播等服務業的解構與重組，使多媒體網路技術因而湧現，為人類提供了語音、數據、影像與動畫等整合性的多元化服務。這一由全球性多媒體網路所形成的網路虛擬空間與人類傳統的實體生活空間，兩相結合後所創造的「網實整合」新環境，已是一個充滿機會與挑戰的人類新世界。

目標與格局的提升與擴大

除了應用破除認知障礙、擴大實質可行性，以及破壞性創新等三項策略來擴大可能性空間外，為了避免謀陷入膠著狀態的另一種辦法，就是設法提升決策的目標與視野，透過候選方案包容性的放大，來化解價值衝突，尋求多贏的機會。

胡雪巖批絲（二） 胡雪巖到湖州做批絲生意踩入青幫地盤，一場原來無可避免的黑白道衝突，卻被他圓滿化解。關鍵就在：首先，他不仗恃與知府王有齡的政商關係，決定與青幫合作而非對抗，是使整個局面不致激化的前提；其次，他「有錢大家一起賺」的恢宏格局，以及獨具隻眼洞察到「供應鏈缺口」的商機。結果成功地把生絲批發「利潤之餅」做得更大，成就了他與青幫皆大歡喜的雙贏結局。這個故事清楚說明決策者的態度與格局，對決策結局的決定性影響。

因事之理、構思對策

可能性空間的放寬，只界定了對策方案的可能範圍，接下來要做的就是研議具體的對策構想。中醫臨床診斷與治療有兩句話「審證求因、審因論治」。其中「審證求因」相當於在識的階段，必須根據問題徵候，去發覺與歸納為什麼會發生問題的「事中之理」。至於「審因論治」則相當於在謀的階段，必須「因事之理」去研議對策方案，而不能憑空亂想。

《韓非子》強調「因事之理、不勞而成」，意思是只要能掌握問題背後的基本道理，事情就能以舉重若輕的方式解決。例如，大禹治水與都江堰兩個案例都與治水有關，也都是因為掌握了水文、水理的基本原理而成就了事功。不過，決策者也須知道：相同的一套事理用來籌劃對策時，依情況的不同，往往還有「正、反」「順、逆」的不同應用方式。

正反皆道、順逆皆法

中醫治病：正反皆道　中醫治病是以「損有餘、補不足[4]」的方式來恢復系統平衡，因此病因與處方間存在「寒者熱之、熱者寒之；虛者實之、實者虛之；塞者通之、通者塞之……」的關係，這是「病療互補」的反向關係。不過病症與病因間的關係，就有兩種可能性。(1) 表裡一致：亦即病症為熱症而病因也診為熱症，這時的處方根據病療互補原理，跟病症就是反向相逆的關係，這種正常的療法中醫稱為「正治」。(2) 表裡相反：亦即病症表象是熱症，但病因卻診斷為寒症的情形，這時處方與病症就不再是反向互補，而是同向相從關係，也就是「以熱治熱、以寒治寒、以通治通……」。從表面上看，這就是「補有餘、損不足」，火上加油、雪上加霜的反常療法，中醫稱為「反治」。不過必須注意的是：它反常的只是「病症與處方」間的關係；它的「病因與

4 「損有餘、補不足」是《老子》提出來的概念，被中醫採用為人體生理學的主要原理之一；也是第七章〈自組織〉要討論「自組織系統的守常狀態」用以維持系統穩定的基本機制。

處方」間依舊是正常的病療互補關係。見圖 4.3。

遇到病症與病因表裡相反的病例，對任何醫師來說，都是需要反覆求證、審慎處理的不尋常情況。中醫療法「正治、反治」的論證，對決策者也非常具有啓發性，它提醒我們處理問題除了表面徵候外，更須注意內在的事理。尤其是當表面徵候與內在事理出現不一致的情形時，我們所採的對策就容易被看熱鬧的旁觀者誤解為不合常理。司馬懿用兵的故事可用來說明。

■ 先發制人、後發亦可制人

司馬懿用兵，快慢皆法 司馬懿軍事上有「擒孟達、敗公孫」兩場著名戰役。孟達是蜀漢投魏的降將，曹丕死後，孟達企圖叛魏歸蜀。司馬懿掌握情報後，一方面寫信安撫孟達，另方面則派遣大軍進討。孟達給諸葛亮的信中說魏軍至少要一個月才會抵達，所以他有充分時間準備歸降事宜。不料司馬懿兼程奔襲，

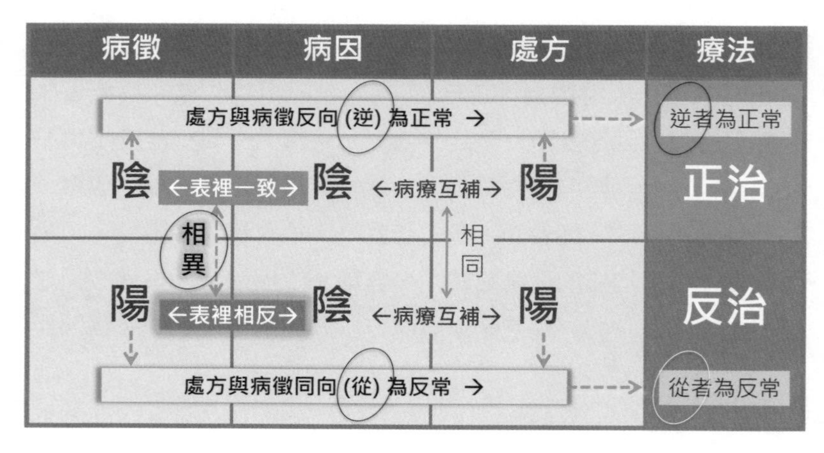

圖 4.3 中醫「正治、反治」療法與病症、病因、處方的關係
（按：本表的「陰陽」是用來代表「寒熱、通塞……」的一對泛稱概念）

1800 里路 8 天內就趕到，再用了 8 天就斬殺了措手不及的孟達。至於公孫淵原為遼東太守，卻自立為燕王，魏明帝派司馬懿領軍 4 萬討伐。司馬懿連拖帶拉花了 6 個月時間抵達遼水，後來又逢連日大雨遼水暴漲，魏軍軍心動搖；公孫淵乘雨出城邀戰，司馬懿卻仍不動如山。直到一個月後雨停水退，司馬懿才展開攻擊，斬殺公孫淵，一舉拿下遼東四郡。

這兩場一快一慢的平亂戰役，當中有何玄機？史家評論是：擒孟達之役，大軍千里急行，輜重難隨，因為「兵多糧少」所以必須快攻，速戰才能速決。至於敗公孫之役，司馬懿只有4萬部隊，卻要去對抗長期經營遼東，兵員眾多的公孫淵，由於可用兵力相對較少，要想以少勝多就得打消耗戰，因此他花了六個月時間調足糧草，隨部隊運送到遼東，創造出「兵員雖少，但糧草充足」的局勢，接下來就可用慢攻戰術，伺機取勝。

分析「兵員、糧草、戰術」的三角關係，顯示司馬懿所掌握的事中之理是：兵多糧少則快攻、兵少糧多則慢攻。這一分析也解除了人們對於「同樣是遠征平亂，為何一快一慢」的困惑。

前面提到的「圍魏救趙」乃至於「司馬懿擒孟達」都是用來證明「先發者制人、後發者制於人」的案例。但有時我們也會看到「後發制人」的例子，其中的道理又是什麼？

趙奢後發制人　戰國後期趙惠文王與秦昭襄王進行交換土地的政治交易，但趙王只拿而不給，秦王大怒派大將胡陽領軍撲向趙國邊塞閼與（音煙餘）。趙王急召廉頗等人籌謀對策，但都以閼與山遙路狹難以救援而不敢接軍令。反而文職的趙奢認為「狹路相逢勇者勝」值得一試。於是趙王就拜趙奢為將去對付秦軍。不過，趙奢領軍到邯鄲30里外，就安營紮寨按兵不動，並傳軍令「膽敢議論軍機者一律斬首」。這時胡陽已親領秦軍主力，屯兵距趙奢營地不遠的武安，擊鼓吶喊叫戰。趙奢軍中有人建議趕快出戰，結果都被問斬。秦軍奸細潛入趙營，趙奢故意加深他們趙軍只想防禦邯鄲的印象，胡陽得報也就鬆懈了進擊閼與的企圖。而趙奢在紮營 28 天後，卻突然下令全軍開拔，以兩天一夜時間，急奔閼與城外 50 里的隘口築壘備戰，並在隘口北側高地部署重兵。屯兵武安的秦軍發覺中計，緊急拔營追趕趙軍，但在閼與隘口就遭向下俯擊趙軍的猛攻而潰散，接著又被趙奢伏兵追殺。結果秦軍大敗、胡陽戰死。趙奢則因一戰成功，被趙王冊封為馬服君。

閼與之戰表面上是一場「後發制人」的戰役，但趙奢的「後發」其實只是一種「以時間換取空間，並奪回『先發』戰機」的策略，因為胡陽發兵在先，要搶佔險要的閼與，趙奢已失先機，所以他只能用「能而示之不能」的策略來欺騙與迷惑胡陽，才能奪回已喪失的先機。因此，趙奢獲勝的理由仍然是因為奪得「先發據守險要之地」的主動權。所以說「先發制人、後發者制於人」仍是兵法不變的道理。

值得一提的是趙惠文王在本故事中的關鍵地位。試想趙奢受命後原本該十萬火急趕往閼與，但他卻在邯鄲近郊埋鍋造飯待了 28 天，換作其他國君，可能早把趙奢給拔將問斬了。但趙惠文王卻很沉得住氣，將在外君命就不去干擾。這種領導者的器識，不僅成就了趙奢閼與之戰的輝煌勝利，也使惠文王自己因此坐享趙秦之間長達 8 年的和平歲月。

■ 術有其道、變有其宗

趙奢閼與之勝的原因是居高臨下，佔據了戰略制高點。但三國馬謖守街亭，同樣是搶佔山頭制高點，卻被張郃圍困而大敗。

這一勝一敗的道理又該怎麼說？

閼與之勝、街亭之失　　閼與之戰趙秦兩軍都屬長途遠征的孤軍，所以都有必須速戰的壓力。趙軍用計搶先佔據易守難攻的閼與，山頭、山谷分置兵力，以逸待勞；秦軍攻入山谷後，受制於地形兵力無從施展，在趙軍上下夾擊下便潰不成軍。至於街亭之戰，馬謖雖先用整個主力部隊佔據制高點，卻因忽略水源問題，被後抵戰地不急著速戰的張郃，切斷水源後團團包圍。結果好好的一個據險扼守、以逸待勞的優勢，反轉變成了作繭自縛的危局。

居高臨下通常應用於兩種情況，(1) 伏擊：這是速戰之計，不涉後勤問題，趙奢的閼與之戰就屬這種情形；(2) 據險扼守：這是久戰之計，須先確保後勤問題，否則一旦被圍就會變成「急戰則存、不急戰則亡」的死地[5]。但街亭之役，馬謖始終沒有急戰以突圍的決斷性作為，以致最後潰不成軍。《唐太宗李衛公問對》中，李靖就說過：兵書上的千章萬句，不過都在說明，要克敵制勝必須「致人而不致於人」的道理。

一般人總喜歡說「變是唯一的不變」，但本書認為「萬變不離其宗」。本章利用「中醫治病，正反皆道」、「司馬懿用兵，快慢皆法」、「趙奢後發而先至」、「閼與之勝、街亭之敗」等案例來提醒決策者：應用「事中之理」的原則去解決問題時，關鍵都在於掌握事理之中「變有其常」的核心道理。

展開來看，中醫臨床正反皆道，變化無窮的療法都只是表象，它們共同的不變核心是「病療互補」的道理。司馬懿快攻慢攻、

5 險地與死地的定義，分別見《孫子》九變與九地篇。

趙奢後發先至，戰場上變化無窮的戰術，也都只是應用上的熱鬧，它們共同遵守的門道，都是「致人而不致於人」，取得主動權就能獲勝的道理。馬謖的失敗就在於：只知其一、不知其二；不知道「居高臨下」只不過是用兵方法上的一種選擇，取得戰場主動權才是克敵制勝真正的不變原則。他誤把技術性的居高臨下概念，當作原則性的鐵律盲目套用；再加上他又未能事先洞察高據山頂的「險地」可能轉化為「死地」的風險，以致一敗塗地。

創意與唯一

構思對策除了講究「因事之理」外，前面提到創意也是擴大選擇空間與提升對策品質的關鍵因素。對於這一題目，筆者有以下故事可分享。

從 3K 變 4C 鑄造業是人類最古老的一個行業，也是機械等工業之母，但在今天它是傳統產業中被人視為 3K（骯髒、辛苦、危險，來自日文：汚い，kitanai；きつい kitsui；危険，kiken）的行業。筆者任副院長期間，當時勞動部勞動安全處傅還然處長，來院討論鑄造業勞安改善情形。他提到為了要將這個行業從 3K 翻轉為 3C（clean 清潔、career 終身事業、competive 競爭力）產業，業界自發推動做了許多令人動容的努力，包括嘉義一位二代女性董事長涂美華，從德國引進將粉塵吸入地下室的技術，使一樓鑄造廠甚至可穿白色工作服上班的事蹟。筆者聽後就請他轉達產業公會一個與勞安無關，但卻可為產業的 3C 目標再加一個 C（creativity，創新）的點子：引進 3D 列印技術。不過，當時也特別提醒他，鑄造業知道這項技術的人可能還不多，但務必請他們研究可行性。兩個月後，傅處長回報，果然大部分業者不知這一技術，但經他們兩個月認真研討，已確認這一技術雖一時還無法用於最終產品的生產，但用來製作過去失敗率很高的翻模用複雜模具，確可成為競爭利器。於是筆者就將輔導產業引進這項技術的任務，轉而責成業管的經濟部來推動。

後來筆者接任院長，又更進一步要求經濟部設於台灣北中南三地的金屬工業中心，分別購置不同噴材與尺寸規格的 3D 列印機，作為鑄造業共用的生產設備，以節省他們各自重複購買機具的成本。

從事設計的人喜歡說「不只要第一，更要唯一」，因為若能創造出別人無法複製的唯一性，那麼這種優勢地位形成後，就不是任何挑戰者所能輕易撼動。以下是筆者親身經歷的另一案例。

台灣是自行車生產王國，擁有全球領先的知名品牌。從 2009 年開始，交通部決定將自行車休閒運動當作台灣觀光發展重點項目，並先以東台灣為對象，結合公路局、鐵路局、觀光局三個單位力量，從該年開始進行：(1) 省道兩側全線劃設自行車專用道；(2) 改建東部台鐵車站成為自行車補給站，提供淋浴設施以及「甲地租、乙地還」租車服務；(3) 打造自行車與車友同車共行的「雙鐵（鐵路、鐵馬）」車廂，並推出自行車友包租車廂等服務。而觀光局則責成所轄東海岸、花東縱谷、東北角暨宜蘭海岸三個風景區管理處，打出「想到自行車就想到台灣，想要騎自行車就來台灣」的口號，進行國際宣傳；另從 2011 年開始，每年 11 月舉辦「台灣自行車節（Taiwan Cycling Festival），並納入「台灣觀光年曆」向全球推廣。

台灣自行車登山王挑戰賽　筆者時任交通部長，就一直思考要如何為「台灣自行車節」活動，找到一個國際級的「唯一性」賣點。後來注意到台灣公路網的最高點台 14 甲的武嶺就位在鄰近花蓮的合歡山上，於是就要求觀光局規劃一條「從花蓮海岸線上0公尺的七星潭到3,275公尺的武嶺」全長105公里，全球任何其他競爭對手都無從複製的國際比賽路線（圖4.4），作為台灣自行車節的旗艦活動。觀光局在2011年試辦國際邀請賽；2012年起以「台灣自行車登山王挑戰賽，Taiwan King of Mountain（KOM）Challenge」為名，正式舉辦國際報名賽。到了2014年，僅短短3年時間該項比賽就已打響國際知名度，被全球專業自行車界評為媲美歐洲阿爾卑斯賽事的國際級大賽，使它立即成為台灣推廣自行車活動的閃耀亮點。

這條自行車路線有兩項唯一性：(1) 一端在海平面，另端在3,000公尺以上的高山，路線全長卻僅有105公里，這是全世界具備這種條件的唯一路線；(2) 路線本身充滿挑戰性與趣味性，坡度

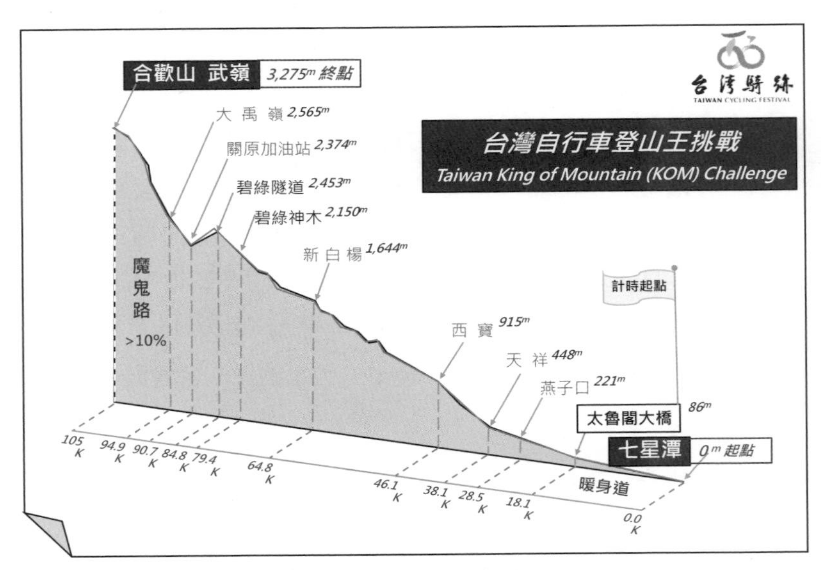

圖4.4　台灣自行車登山王挑戰賽路線圖

包括 1%、3⁺%、5⁺%、10⁺% 各種組合，尤其是最後將近 6 公里的 3⁺% 下坡後，接著連續 14⁺ 公里超過 10% 號稱魔鬼路的衝刺路段，考驗的不只是專業車手們的「破風」能力，更挑戰他（她）們的技巧、智慧與耐力。

台灣自行車登山王挑戰賽（KOM）有它先天的唯一性特色，但即使天生麗質也需有人發掘，還需再加上適當的包裝與行銷才能真正發揮它的價值與優勢。KOM 經過交通部與觀光局短短 3 年的努力，就已使它成為國際重視的賽事。而該局從 2013 年起大幅提高了第一名獎金後，不止強化了國際好手參與比賽的誘因，也進一步推升了這項比賽的國際知名度。

系統思維

審視決策的事中之理，都須用「了解全局、把握重點」的系統性思維，不能以偏概全、只知其一不知其二。

■ 明察本末、知所先後

籌謀對策首須明察本末，以免出現「問題正確，答案錯誤」的決策困境。《列子》有一則發人深省的故事。

郗雍視盜　晉國苦於盜匪橫行，後來發現一個光憑相貌就能辨識盜匪的郗雍，晉侯就找他來捉拿盜匪，解決治安問題。郗雍上任後，辨識盜匪幾乎萬無一失。晉侯大喜，就跟大臣趙文子說：有了郗雍，晉國的盜匪就要從此絕跡了。文子回說：大王用這方法捉盜匪是捉不完的，並且郗雍恐怕很快就會遇害。不久，郗雍果然被盜匪刺殺了。晉侯嚇了一跳，再找趙文子說：果然被你料中，郗雍真的死了！晉國以後該怎麼維持治安呢？文子說：大王要消滅盜匪，不如找些賢人來管理國政，等到政治清明、百姓教化後，人民開始有了羞恥心，盜匪就會自然絕跡。

郗雍的故事是個「捉錯藥方」的典型案例。因為維護治安是任何政府都該努力做好的事，但如只知在捉拿盜匪的末端問題上著力，而不知從上游的經濟改善、文明教化下手，就犯了本末倒置的根本錯誤。因為唯有在源頭端就根絕人民鋌而走險成為盜匪的原因，才不會落入知末不知本、治絲益棼的困境。

■ 急則治標、緩則治本

對於「何時該治末、何時該治本」的問題，我們可從醫療概念找到線索。一般醫院都設有急診科，專門用來處理緊急重症；當病患狀況穩定後，就會按照病症類別轉入正常的病房治療。中醫則直接提出「急則治標顧命、緩則治本療病」的概念。

急則治標、緩則治本　對於急症，例如高燒、劇痛、大出血等症狀，不論病因是什麼，首要工作就是「治標」，把這些嚇人的病徵趕快控制住。因為耽誤了這些急救工作，病人可能就此喪命，根本沒有再予「治本」的機會。這是「急則治標顧命」的意思。反過來，許多緩慢漸進、難以根治的慢性病，例如高血壓、糖尿病、癌症……；以及因新陳代謝功能衰退而引起的老年病，都不是「病來如山倒」的急症，而是留下來不走的「病去如抽絲」的宿疾。罹患這類疾病的人都需有長期「與病共舞」的心理準備，所以它們的處理方式就屬「緩則治本療病」。

以上討論提醒決策者：在籌謀對策時，必須明察本末、慎擇先後，並需針對個案性質，作到通權達變、因案制宜。

■ 了解全局、把握重點

籌謀對策也要遵循「了解全局、把握重點」原則。例如，要治淹水就不能只想到蓋隄防去擋水，必須更宏觀地從水的來龍去脈，去尋找解除水患的根本對策。要處理物價高漲，不能用直接打壓的手法，而必須從整體供需的角度，去了解物價上升的原因，才能對症下藥。

系統思維案例：台灣高鐵財務危機之解決

複雜的公共政策問題盤根錯節，往往不容易有快刀斬亂麻的斷然處置對策。所以為了避免治絲益棼，通常都須根據系統思維，用解聯立方程式的方式來處理：先釐清問題的事理，再籌謀通盤解決方案，然後再律定章法、按部就班將方案付諸實施。台灣高速鐵路財務危機的解決就是一個值得分享的案例。

台灣高鐵 BOT 案　台灣的高速鐵路是到目前為止全球規模最大的一項民間參與投資及經營（BOT）的交通建設計畫。1992 年 6 月行政院針對交通部所陳報的「由政府自建」或「BOT 模式」兩個替選案中，核定了由政府編特別預算自建的方案。但 1993 年 7 月立法院將交通部的高鐵預算悉數刪除，並決議該案應開放民間投資。高鐵案因此就由政府自建轉變為 BOT 模式。1994 年底立法院通過《獎勵民間參與交通建設條例》，使高鐵 BOT 有了法令依據。1996 年 10 月底高鐵 BOT 公告招標，1997 年 9 月評定台灣高鐵企業聯盟為最優申請人。1998 年 5 月台灣高鐵股份有限公司（以下簡稱台高公司）成立，同年 7 月該公司與交通部簽訂興建營運契約。2000 年 2 月台高公司再與由台灣銀行領銜的 25 家銀行團簽署聯貸授信契約，而交通部則同時與台高公司及銀行團簽訂三方契約，同意於聯貸 3,083 億元額度內承擔債務。2000 年 3 月高鐵土木工程開始動工，台高公司並於該年 12 月與機電系統供應商簽訂契約。2007 年 1 月高鐵試運轉，旋於 2 月正式營運。

台灣高鐵是跨世紀的大案，有許多議題可探討。本書從財務觀點，探究它發生問題的原因，並說明解決問題所採的對策。

圖 4.5 顯示台高公司 2009 年的息前折舊前營業毛利潤率（EBITDA margin）高達 56.1%，名列國際鐵道系統前茅。專業上看，這代表 BOT 模式下所組成的台高公司經營效率相當優異，是個值得肯定的企業體。不過，攸關投資報酬的息後折舊後淨利潤率（Net Profit margin）則慘不忍睹，該指標在圖 4.5 中向下反轉成為負的 108.5%。原因是：運量遠低於預期，致使營運收入嚴重不足，而債務利息與折舊攤銷的負擔又過於沉重（分別佔營收的 -75.8% 與 -83.1%），於是利息與折舊不僅吃掉所有毛利潤，甚至還須倒貼賠上巨額股本。

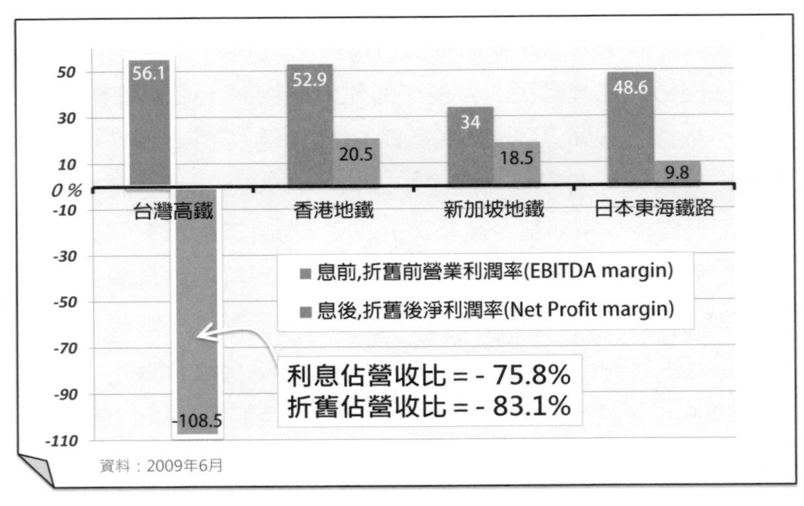

圖 4.5　台灣高鐵 2009 年的利息、折舊對利潤率的影響

一個全球矚目的 BOT 案，怎會落到這種下場？由於 BOT 案的核心在財務，因此用減法思維，拋開細節直指核心看問題，焦點就該放在原規劃的財務收支與實際財務收支間的差異，亦即比較以下兩組指標的落差：(1) 攸關營運收入的預測運量與實際運量；(2) 攸關還本付息的原規劃財務結構與實際財務結構。

■ 預測與實際運量

圖 4.6 中的細虛線是於 1991、1993 與 1997 等年由國內外不同專業機構所預測[6]台灣高鐵系統的預測運量，圖中的粗虛線是由法國高鐵顧問於 1991 年「綜合規畫報告」中所估運量。而居中實線是台灣高鐵團隊於當年投標計畫書中所採的運量預測線；至於最下方的曲線則是高鐵通車後的實際運量線。

圖 4.6 顯示通車後的實際運量還不到台高公司當初所預估運量的一半（圖中 Δ1）。直接的後果就是：因為高鐵固定成本高，所需負擔的折舊攤銷成本也高，所以高鐵通車後出現實際運量較預估減半現象後，就已註定台高公司在特許期限內，不可能有足夠收入來負擔應攤提的折舊成本。換句話說，光因運量嚴重不足，所導致原規畫財務計畫落空，就使高鐵 BOT 案難逃違約危機。

■ 財務結構

表 4.2 是台高公司 2000 年（簽訂聯貸契約時）的財務結構計畫與 2009 年 6 月實際執行結果的比較。從圖中小圈可知，2009 年

---

6 政府投資的交通建設案，通常運量預測只會做一個。但高鐵案後來因考慮要由民間來投資興建，而運量預測攸關營運收入的預估，甚至會決定投資的可行性，所以高鐵籌備處除了委託法國高鐵顧問外，當年還特別再發包英國鐵路顧問、香港財務投資顧問，以及由學界組成的區域科學會等不同背景的專業人士，分別進行運量的再預測工作，就是希望一旦高鐵開放民間投資時，投標者可有多重來源的預測值，可拿來與它們自己的預測值比較。

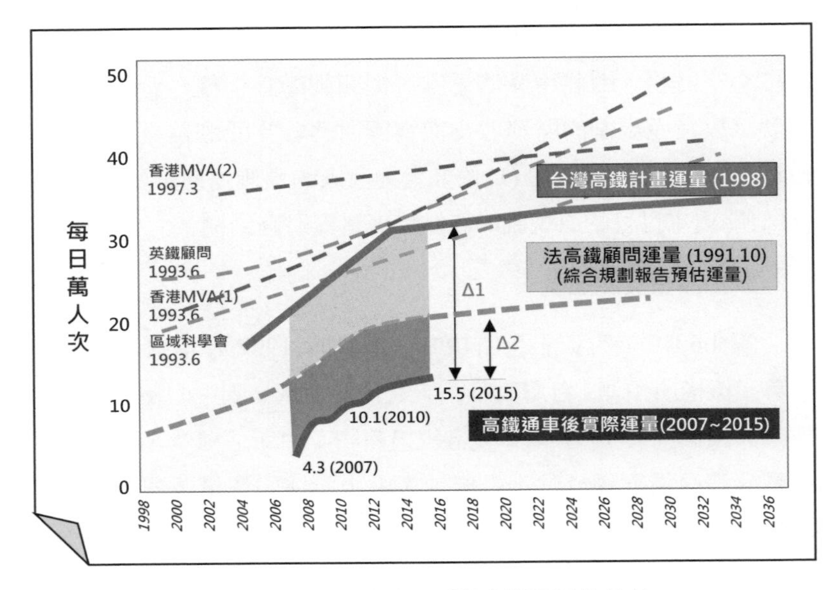

圖 4.6 台灣高鐵的預測與實際運量的比較

6 月實收資本額比預期短少了 271 億（圖中 $A_1–A_2$），使融資總額擴增了 688 億[7]（圖中 $B_1–B_2$）；再加上融資利率平均達 4.4%，遠高於當時不到 2% 的市場水準，致使全案承受了遠遠超過預期的還本付息沉重負擔。後來 2012 年公司法修正，又規定特別股都應作為債務處理，而台高公司當時的 551 億特別股（圖中 C）都已到期，就更進一步惡化該公司實質債務——比 2000 年總共增加了 1,239 億（=688+551）的負債總額度。

7 增加的 688 億元融資，除其中 270 億元係因自有資金籌資不足而移轉過來的額度外，其餘 400 餘億元應屬工程總預算執行超支約 10% 所產生的資金需求。

表 4.2 台灣高鐵 2000 年財務計畫與 2009 年實際執行的落差

高鐵財務結構 — 2009年6月相對於2000年										
	股本					融資			其他	合計
2000年財務計畫	A_1 1322				A_2	B_1 3083		B_2	28 ***	4433
2009年6月執行結果	實收資本				1051	融資		3771		4803
	普通股			500		第一聯貸	2791			
		五大股東	228			第一聯貸保證之公司債	225			
		公/泛公股	82			第二聯貸	655			
		其他(散戶)	190	C		海外可轉換公司債	100**			
	特別股*			551						
		五大股東	76			-	-	-		
		公/泛公股	311							
		其他(散戶)	164							
註記	*：按照IFRS定義，特別股歸類上屬於債務，而非股東權益；**：美金3億元；***：利息收入									

■ 治標治本兩階段方案

2008 年筆者接手高鐵案[8]，發現它已是存在致命性結構問題的一個政策難題。於是根據「急治標、緩治本」原則，決定採取兩階段解題策略[9]：優先解決圖 4.5 所反映現金流的嚴重失血，等穩住「急症」病情，爭取到「治本」的時間後，再來規劃台灣高鐵更根本、可長治久安的結構性改善對策。

8 交通部於 1990 年 7 月成立高速鐵路工程籌備處。筆者於 1991 年 9 月接任第二任處長時，高鐵的路線與場站位址等都已定案。筆者於 1993 年 3 月調任交通部常務次長時，於籌備處長任上已完成：全案的綜合規劃報告、路線用地的都市計畫變更程序、車站特定區計畫編定、新增三站用地保留，以及推動工程細部設計等工作；另也同時完成 BOT 可行性分析，以及配合開放民間投資預估營運收入之需，所進行高鐵運量的四個新版本的再預測工作。1993 年 7 月於筆者交通部次長任內，立法院刪除高鐵局高鐵建設預算，並決議高鐵應開放民間投資。筆者當時立即主持《獎勵民間參與交通建設條例》起草工作，並協助該條例於 1994 年底通過施行。之後因交通部修法通過，增設一名常務次長，經工作重新分派，筆者便專責推動電信自由化等政策，未再參與高鐵的後續推動工作。

9 高鐵治標、治本二階段改革方案的規劃，曾任職高鐵局、時任交通部顧問的林雪花女士著有貢獻。

第一階段治標：債務重組 (1) 目標：現金流「止血」，使高鐵能產生現金淨流入。(2) 標的：債務重組（re-financing)，降低利率並遞延與延長還本期，減輕利息負擔與財損壓力；另取得金管會同意將折舊改採前低後高「運量百分比法」。(3) 前提：維持高鐵正常營運，確保最低處理成本，政府不增加債務承擔 3083 億額度、不收買、不增資、特別股不轉換。(4) 策略：以高鐵資產作擔保，重議三方契約，進行「借新還舊」債務重組。(5) 配套措施[10]：回應新銀行團要求，調整董事會組成、由泛公股代表主導高鐵經營。全案於 2009 年 9 月定案並開始實施。

債務重組的新債務平均利率降為 1.8%，使高鐵營運開始產生淨現金流入，並使高鐵公司可有足夠現金來支應諸如新增三站等必要的資本支出。

第二階段治本：結構性改善方案 (1) 目標：使高鐵正式成為由公股主導，為全民所有可持續經營的公司，並在財務上具有還本付息、負擔折舊攤銷，及支應資產增置與汰換成本等能力。(2) 標的：調整股權結構，延長特許期。(3) 前提：最低處理成本，最大公共利益原則下，使台灣高鐵滿足 a. 增資可行性，亦即增資者須有合理報酬率；b. 延長特許期正當性，確保利益由全民共享。(4) 策略：a. 清理股權結構，償還特別股並減資打銷累積虧損；b. 增資金額由公股與泛公股出資，使股權比重高於原始五大股東；c. 特許期延長 35 年；d. 改組董事會；e. 降低票價回饋旅客；f. 相關

10 第一階段債務重組計畫的三方協商到最後階段幾乎破局。主要是新銀行團提出公司主要股東須提出自然人保證，致與台高公司無法達成協議。後來民股董事長為顧全大局自動請辭，並在全體董事支持由泛公股代表出任董事長的協議下，全案才在搭配這一配套措施後，獲得新銀行團同意付諸實施。

股東停止特別股訴訟，撤回仲裁案。(5) 具體對策：原股本先減資 6 成打銷累積虧損，再增資 300 億（由公股增資至 48.9%[11]，其餘由泛公股補足）；投資報酬率設定為4.9%。(6) 配套措施：a. 修改獎參條例中有關公股投資不得超過 20% 之規定；b. 設置平穩基金，以吸收超額利潤，用以調節市場低迷，收入不足時的資金調度之需。全案於 2015 年 6 月獲立法院備查[12]，同年 8 月完成三方修約，12 月陸續完成各項法定程序與相關配套措施。

台高公司於 2016 年初申請上市，同年 10 月掛牌，2017 年 5 月 MSCI 將台高股票納入指數，代表該公司的成功改組深獲市場肯定。但該公司 2017 年底的政府直接間接持股仍高達 63% 以上，比重過高，應按原規劃將政府的多餘持股，繼續大幅釋出，使台灣高鐵能夠更名符其實成為全民所有的公司。

■ 治本方案的本質

高鐵財務危機發生初期，一般人多將它看成《獎參條例》的違約法律問題。不過，筆者一直都把「用違約來處理本案」的對策，當作最壞狀況下的備案（Plan B），仍希望能規劃出不影響高鐵正常營運，更平和的解決方案。後來從減資增資討論中，以改變股權結構方式來改組董事會的方案逐步浮現成形，因而擺脫了以「資產移轉」為焦點的《獎參》框框，改依《公司法》來規劃第二階段的治本方案。

---

11 在這一減資再增資過程中，當時高鐵公司的劉董事長維琪成功說服原始股東放棄增資的優先認股權，使增資過程中（泛）公股輕易取得大多數比例。

12 第二階段方案第一次提出時，因各種原因未能獲得立法院支持，導致交通部葉匡時部長請辭。後將原擬採部分公開上市募資的增資金額，修正為全數由公股與泛公股出資，並將特許期之延長從 40 年縮短為 35 年，投資報酬從 5.5% 下修為 4.5%，以及加入調降票價等配套措施後，由接任的交通部陳建宇部長再次提出，全案才獲得立法院支持並予備案。

這一高鐵治本案執行後，原來 BOT 甲乙丙三方關係中，因股權結構改變而使甲乙兩方實質上合為一體，也使高鐵系統經營權相當於提前移轉給政府。因此這時再延長的特許期所制約的對象已不是甲乙兩方的關係，而是合體後的甲乙方用來依約將債務餘額如期如數償還給丙方銀行團的一個依據而已。不過，另方面因董事會只是依新股權結構而改組，不發生公司本身的法律存續問題，所以表現優良的台高公司經營團隊，也無需再經由任何委託經營的法律安排，就可完全無縫地繼續提供運轉高鐵的服務。

總之，交通部以處理公司經營權取代處理公司資產的方式，來化解台灣高鐵 BOT 危機的案例，值得作為國內外專家處理民間參與案件類似問題的重要參考。

■ 系統性偏差的結構性原因？

高鐵案出現運量高估與籌資風險低估，致使全案執行後陷入危機狀態，以運量預測為例，四家不同背景的專業機構，採用各自不同的預測方法，居然都得出一致偏高的數值[13]，本書認為這已是一種「系統性偏差（systematic bias）[14]」現象。此外高鐵 BOT 招標時，台灣還是股市萬點、錢淹腳目的年代，所以投資者對籌資也極為樂觀。但到了 2001 年台高公司完成普通股 500 億的募資後，要再進一步籌資就遭遇極大困難，與短短數年前的資本市場情況大不相同。這是否也是另一種系統性偏差？

---

13 這些預測的運量，即使法鐵顧問（Sofrerail）估的數字最低，但也較實際運量超過 30%（圖 4.6 中的 Δ2）。因此，本書把這種誤差稱為專業上的系統性偏差——專家們可能一致性地忽視了某些已經發生變化的環境因子。

14 根據當年法鐵顧問原來的運量預測，台灣高鐵在特許期後半就必須引進雙層車廂才能滿足運量需求。

理論上，凡出現重大而一致的系統性偏差，背後都存在當時尚不為人察覺「大環境已發生結構性質變」的原因。對高鐵案來說，是不是真有這種原因存在，值得更多研究來驗證。不過，眼見高鐵通車後第一年（2007）每日平均運量只有 4.3 萬人次時，一位從頭參與高鐵建設的台高公司資深經理人就曾感傷地說：戒急用忍政策後，台灣消費能力最強的 100 萬人已經離開台灣了。

三、推後果

籌對策的下一步就是推後果，也就是針對各種候選方案去預測它們的後果，以作為接下來「斷」的評利弊與作取捨的依據。推後果的工作包括兩部分：(1) 根據因果關係，去預測各方案所造成的系統狀態改變；(2) 找出隨這些系統狀態改變而引發的副作用，以便規劃必要的配套措施。以下分別說明。

根據因果、預測後果

推後果不能憑空臆測，必須以因果關係作為依據。不過作為推後果依據的因果關係，有時並不明顯或那麼直接。對於這類隱晦的因果關聯性，決策者就必須要有足夠的洞察力才能識破。《韓非子》有一則寓言值得注意。

狗猛酒酸　宋國有人開酒店賣酒，酒旗醒目高掛、酒味醇美、酒價公道、待客親切，但卻門可羅雀，甚至美酒也因滯銷而發酸。主人覺得很奇怪，百思不解，就向長者請教，長者就問「你養的狗兇嗎？」主人回說「很兇，但這與酒賣不出去有啥關係？」長者就說「客人怕狗啊！設想有人揣著錢，提著壺來買酒，但卻要被狗追著咬，誰還會來買酒呢？酒不變酸反而才奇怪咧。」

值得強調的是：預測後果絕不能只選擇對自己有利的情境來思考，必須同時針對可預想到的最不利情境，去推估自己所設計的方案究竟會有什麼樣下場。例如，在布萊德雷用兵案例中就提到，美軍作戰參謀在設計如何運用巴頓第三軍的方案時，不能只想到自己當面馮克魯格的德軍動向，還需把布列塔尼半島上其他德軍部隊的可能動向也一併考慮在內才行。

後果預測就是要針對決策者所設計對策所能達成的問題解決程度作出預判。以下先從系統觀點說明對策－後果關係。

對策－後果關係：系統狀態的轉化

從系統觀點看對策與後果的關係，是一種系統狀態轉化的關係。而所謂的系統狀態就是在特定的問題情境之下，問題所呈現的一種局面（可簡稱為「局」）。在布氏用兵案例裡，就是德軍與盟軍在諾曼第後方所展開的兩軍對峙的局面。因此，從系統狀態的觀點看：(1) 決策的目的就是要把目前不符理想的系統狀態，改善成自己所偏好的系統狀態；(2) 而所謂的對策就是付諸執行後，可使系統狀態發生轉化，使不符理想的狀態轉變為符合理想的狀態的一套作為。

圖 4.7 顯示，對策執行前後的系統狀態是通過「狀態轉化」機制來完成它的變化。但究竟什麼樣屬性的對策，可促成系統狀態的轉化？ 2015 年台南市登革熱疫情的處理是個有趣的案例。

發揮創意、化解危機：2015 年登革熱案例

登革熱是一種由蚊子傳播的病毒所引起的熱帶病；近年台灣南部入夏後經常有重大疫情發生。登革熱預防方法以消滅病媒蚊孳生源為主，所以它是利用鄰里聯防才能收效的一種社區傳染病

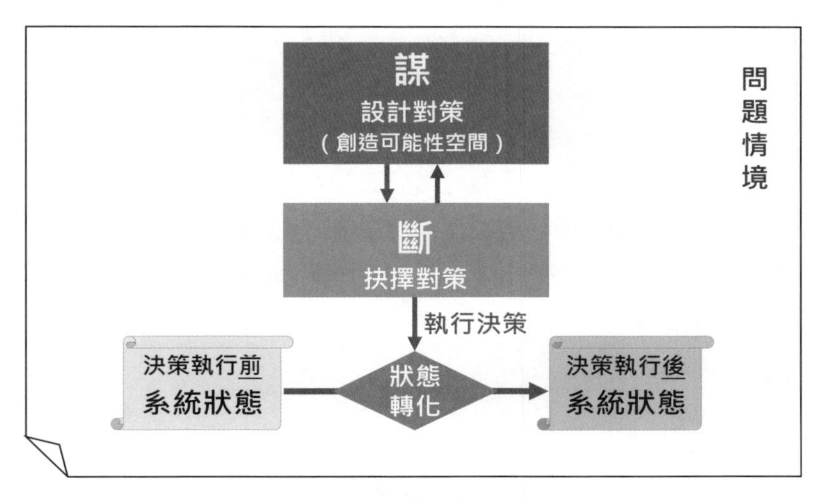

圖 4.7 通過決策改變系統狀態

（或稱環境病）。《傳染病防治法》也規定這類疫情發生時，由地方政府主導執行有關的防治工作，必要時才由中央協助。

2015 登革熱疫情控制 2015 年台南市登革熱疫情，5 月開始出現病例，8 月加劇、9 月急速飆升。9 月 15 日行政院成立疫情指揮中心，並隨即確認台南老市區是病媒源頭，其他區域病例都是病患流動所帶入，而非病媒蚊的直接擴散，因此設定老市區為主戰場。接著發現以下四個尚待解決的瓶頸問題：(1) 病患確認瓶頸：快篩劑尚未普遍使用，確認是否得病耗時過久，以致延誤處理時機；(2) 病患住處消毒瓶頸：噴藥設備不足，戶內戶外噴藥需求大排長龍；等待時間長達兩周，致使病媒蚊重複傳染機率增加；(3) 社區孳清瓶頸：設備與人力動員能量皆不足；(4) 醫療能量瓶頸：醫療院所未予分工，病患過度集中，照顧難以周全。於是中央指揮中心立即對症下藥：(1) 推廣快篩劑，實施病患快篩分流；(2) 將地方醫療院所依功能分工合作，以妥善病患照護；(3) 立即下單採購補充噴藥設備與藥劑；(4) 針對病患住處消毒與社區孳清工作重新規劃新的策略：從 9 月 23 日起執行每週末一波共五波，以老市區為範圍的環境清理工作。執行一個半月後，每日最高曾達 700 多病例的台南市疫情，急速翻轉下降到每日只發生個位數病例（見圖 4.8）。中央指揮中心隨後在 11 月 18 日決議：臺南市防疫協助工作已告一段落，接下來的重點移轉到疫情還在持續升溫的高雄市。

■ 對策的形成與執行

2015 年 9 月 15 日成立中央指揮中心時，台南病例已累計達 9,000 多名，並還持續飆升，無法預知要飆到何時才會反轉。筆者時任行政院長，詢問相關同仁「中央既然要出手幫忙，能不能拿出什麼不一樣的良策，來控制不斷擴大的疫情？」眼見已經發生

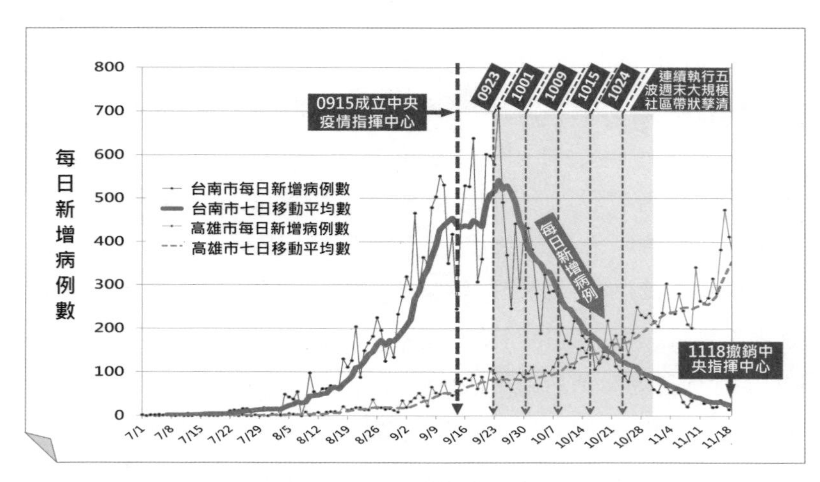

圖 4.8　台南市 2015 年登革熱疫情防治處理過程

的病例在台南老市區 GIS（Geographic InformationSystem，地理資訊系統）圖上密密麻麻標為紅色的落點，筆者就用一片「火海」來形容；隨後順著火海的比喻，筆者提出詢問：可否就採用森林救火開設「防火巷」的概念，探討把疫區進行切割的可能性？因為蚊子正常飛行距離不超過 50 公尺，時任環保署署長的魏國彥就立即回應以「面積反比」的生物地理學理論，認為只要將熱區面積對開切分一次，就可達到使疫情擴散力減半的效果。於是經討論後就決定未來社區孳清先後順序的規劃，必須發揮「帶狀防火巷貫穿疫區」的效果。另方面對於病患住家及其周邊環境，環衛系統原本就有「隨出現、隨噴藥清理」（被暱稱為「打地鼠」）的一套標準作業程序，也在行政院協助下完成設備藥劑添購後，而被要求必須一併更落實執行，亦即於發現病例當天就必須到病患住處與鄰接範圍消毒。

於是就在疫區外圍劃設防堵圈，並以「開防火巷（切割）」「打地鼠（圍堵）」雙重策略，由中央與地方聯手合作，在台南老市區以鄰里為單位，從 9 月 23 日起共發動了連續五波，每波動員都達數千人次的大規模病媒蚊孳清工作。而為保持戰果，所有完成孳生源清理的水溝都要求覆蓋紗網，並噴灑正規的環境用藥。結果就產生如圖 4.8 所示，疫情迅速獲得控制的成果。

圖 4.8 是觀察系統狀態改變的好案例。圖中每日病例數趨勢黑粗線左半部的上升曲線對應圖 4.7 的「決策執行前的系統狀態」；圖中黑粗線右半部下降的曲線對應圖 4.7 的「決策執行後的系統狀態」。而啟動圖 4.7 中「系統狀態轉化機制」的決策，就是以「開防火巷＋打地鼠」策略為核心，每週一波接連五週的大規模環境孳清運動。因此，發動五波社區孳清運動的決策，就是使疫情最後獲得控制的關鍵。

在氣候變遷等環境條件益形嚴苛的趨勢下，為避免登革熱大規模流行的風險，中央與地方每年的防疫必須及早完成整備。雖然 2015 年登革熱防治處理後 ，2016、2017 年很幸運都未再發生大規模流行疫情，但在政策上我們仍須注意：本土化疫情的常態性防疫與境外移入再作因應的防治，在做法上有很大差異，這些地方我們還有很多有待研討，以及必須向國際學習的地方。

周延配套：消除不利副作用、防範風險

任何方案都有直接、間接的後果，直接的後果是籌謀對策者所預期得到的解題效果，而間接後果則是執行該特定方案後所無法切割，必須付出的代價或副作用。這一道理在劉伯溫所寫《郁離子》中的一則寓言，講得非常清楚。

趙人患鼠　趙國有人深受老鼠侵擾之苦，就向鄰近中山國的朋友討來一隻很會捉老鼠，但也喜歡吃雞的貓。過了一個月，老鼠吃光了，但雞也被吃得一隻不剩。這家人的兒子就跟父親說：為什麼不把貓給扔了。父親說：這你就不懂了。我們家的問題在老鼠不在雞。有了老鼠就會偷吃米糧、咬壞衣物、毀損牆柱器物，使我們遭受饑寒的威脅，這些都跟雞沒有關係。沒了雞，不吃就罷了，跟忍飢受寒差得遠咧。因此有什麼理由要把貓給趕走呢？

找了會捉老鼠的貓來，它除了發揮捉鼠的正作用外，還伴隨有雞被吃掉的副作用。對於這類預期或不預期的副作用，決策者必須要有因應的配套措施。不過，在談配套的對策前，還可再舉漢人所寫《風俗通》的一則有趣寓言。

東食西宿　齊人有一個美麗的女兒，有兩家人前來提親。東邊一家很有錢，但兒子長得醜；西邊一家很窮，但兒子長得俊，還略有才華。做父母的無法決定，就要躲在屏風背後的女兒用露出

某隻臂膀的方式，來表達她的選擇。結果，女兒把左右兩隻臂膀都伸到屏風外頭來；父母大驚之下，問她究竟是什麼意思？她回說：我想在東家吃飯、在西家睡覺！

君臣佐使、周延配套

為了化解有害的副作用，在對策設計上就要有適當的配套措施。中醫藥劑學有「君臣佐使」的複方配套原理，這對決策者設計對策方案的配套措施是一套非常值得借鏡的概念。

君臣佐使　中醫開立處方有「單味不成方」的法則，因為單一藥材（亦即偏方）的療效，往往都有副作用，所以中醫處方講究「君臣佐使」的複方配伍原則。其中的君藥是用來治療特定疾病，具有最主要療效的藥物；臣藥是強化君藥療效的藥物；佐藥是化解處方不良副作用的藥物；而使藥則是將療效帶到患病的部位，具有標靶作用的藥物。「君臣佐使」的概念提醒我們：任何周延的問題對策，都必然是以配套的形式提出。

「君臣佐使」的概念可直接應用到問題對策的設計過程。例如，起草法案時可加入適用（或排除）對象的條款，以使法案的效力在對象上具有針對性——這就相當於使藥的功能。以下回頭討論前述兩例困境的可能解套方式。

趙人患鼠（二）　故事裡的父親是用不吃雞來承受養貓捉鼠，但雞也被吃光的後果。不過，這絕非唯一的選擇，因為他還可：(1) 換一隻只捉老鼠，不吃雞的貓。(2) 雖自己不再養雞，但可買別人養的雞來吃。(3) 把放養的雞用籠子圈養起來，使貓想吃也吃不到。(4) 其他……

東食西宿（二） 因為齊女不可能一女嫁二夫，所以她須先確立自己目標是什麼？如果她圖的是立即的富裕，那就嫁東家，這時的配套就是：慢慢去發覺長得不俊美丈夫的其他優點，好好培養感情。如果她圖的是日後的發展，她就可嫁西家，這時的配套是：鼓勵有才華的丈夫，去報考功名，或求取其他事業方面的發展，以期待下半輩子的富貴。

歸納來說，這類配套措施都屬中醫「君臣佐使」的範疇。例如，對患鼠的趙人來說，配套措施 (1) 是更換君藥（換另一類貓），而 (2) 與 (3) 性質上都是針對既有君藥的副作用（無雞可吃），而設計使主人繼續有雞可吃的對策，所以屬於佐藥的範疇；其中 (3) 又帶有使藥成分，因為它針對主人家自己飼養的那幾隻雞而設。至於對想東食西宿的齊女來說，前面提到的兩種對策都是針對她所選夫婿的先天缺陷所進行的彌補工作，所以就屬佐藥性質。

設計配套方案的作業程序

設計配套方案的實際程序，通常可採用以下兩類過程。

■ 先定「君」藥，再定「臣、佐、使」藥

運用「君、臣、佐、使」概念開處方時，可先啟動「籌對策」以先確立作為處方核心的君藥內容，接著進行「推後果」來預判君藥的療效以及可能引發的副作用，然後再回到「籌對策」去設計用以強化君藥療效的臣藥，以及用以化解君藥所引發副作用的佐藥，來構成完整的配套處方。有時還可再加上具有標靶作用的使藥，讓療效可更精準地瞄準病灶發揮作用。

■ 根據風險管理原則，直接預擬配套應變計畫

籌對策的配套，除了根據上述程序，先定「君藥」再回頭設

計必要配套的「臣、佐、使藥」外，也可一次就用「數計並舉」的規劃方法，來提出解題的配套對策。以下是筆者經歷的實例。

A、B、C 計畫　2010 年春節前，氣象預報顯示春節年假期間金門島將出現連續數日的霧鎖現象，因此為避免出現大量旅客滯留機場，並減輕年假期間往返金門民眾的不便，交通部就準備了 A、B、C 三套應變計畫：A 計畫是利用任何容許開場起降的「時窗（time window）」，動員所有可動員民航機加班機飛航；B 計畫是當預知霧鎖狀態將持續數日，以致飛機完全無法起降時，則調度公路客運將旅客接駁到距離金門最近的台中港，再用海運客輪接送旅客往返金門[15]；C 計畫則是 A 計畫之下，所有民航機即使全力出動加班，仍然來不及疏運滯留候機的旅客時，就動員軍用運輸機一起參與運送。結果，這三套計畫在當年春節果真全都派上用場，因而使離島春運任務圓滿達成。後來 A、B、C 計畫就成為離島霧季運輸的常態性應變對策。

兵法說：計不可孤行、謀不可獨制。任何複雜問題的對策，務必考慮如何因應出現意外情境的風險，並預留應變用的替代方案（backup plan，備案）。決策者最基本的目標就是要使問題的演變與發展完全在自己掌握之中，也就是要使意外狀況的發生機率降到最低（minimize the surprise）。而要達成這一目標，就必須準備好各種必要的應變措施，達到《兵經[16]》所說的「由千百計煉數計」再「以數計助一計」，最後達到「此策阻而彼策生、一端制而數端起」乃至於「百計疊出、算無遺策」的境界。凡是

15 時間上來說，從台中港發船，即使加上陸上接駁的時間，仍比從基隆發船可更快抵達金門。

16 明朝揭子暄著《兵經百篇》。

一招失靈就沒有足以應付情勢的第二招稱為「窮策」——這時如何脫困就只能靠火線上人員的臨機應變與自求多福。從籌謀對策的角度看，這是不及格的幕僚作業。

預測方法

謀有兩難：籌對策難在創意，推後果難在不確定性。其中推後果是預測未來可能發生的事，必須講究方法；一般有以下幾種方法可供採用。

現況外插法

對相對穩定的系統，要預測未來狀態可直接根據現況往前外插（extrapolate）。但第三章提到的「台灣人口趨勢」等案例，長期趨勢出現結構性的轉折，這時未來的對策以及所需面對的後果，就不能再用線性思維來因應，而須採取大開大闔的新典範才行。

思考推論法

外插法是直接用統計數字來預測的方法，而思考推論法則是根據理論來演繹的預測法，這時在應用上必須有清晰的因果概念作為推論基礎。

第二章「爾愛其羊、我愛其禮」例中，孔子根據的因果論是：每月祭祖典禮可用來規範國君至少一個月要與群臣聚會一次，來處理國家重大事務；廢了這個機制，國君就可能因此而怠忽國政，國家就會衰亡。周朝到了幽王、厲王時代，孔子所憂慮的事就果真發生。

第三章「周公太公對話」例中，周公秉持的因果論是：以王道治國，符合天理人倫，即使國力未見得強盛，但國祚可穩定綿延；

以霸道治國，不免君臣交爭利，使國祚失衡，甚至出現篡弒事件。周公的預言也被歷史證實。

試誤法

如找不到理論作演繹的依據，只能從大量實證數據中用歸納法去尋找蛛絲馬跡。這種方法稱為試誤法（trail-and-error method）。

當年愛迪生為了尋找最佳燈絲的材料，據傳一開始幾乎是盲目摸索，把任何可到手的白金、竹子、紙、釣魚線、碳棒等，全都拿來作試驗。後來逐步歸納出他真正要找的其實是一種電阻高、耐熱而又價廉的材料。日後使用的鎢絲就是在確認這一原則後，才將它從元素表中篩選出來的。

愛迪生的故事就是事前無理論可參考，只好用試誤法來蒐集數據，然後再從數據中去歸納的辦法。而先前提過的假設－檢驗法則是理論導向的方法，它在進行試驗前，先整理出待檢驗的候選理論，然後根據實驗找出可通過檢驗的理論。

試誤法是決策者要預知候選方案後果最直接的一種方法，但實用上有許多限制。最重要的是：這種方法只適用在容許重複試驗、不涉及人道問題，並且不致引發重大後遺症的場合。例如，許多涉及遺傳基因的實驗，往往就出現人道與環境等爭議。另方面由於「歷史無法重複實驗」，因此在人文社會領域，大規模的試誤實驗也不可行。

系統模擬法

順著推理法與試誤法的思路，為預判不同決策所導致的不同系統狀態，1970 年代利用電腦科技發展出以數理模型為核心的系統模擬（simulation）技術，其中曾經聲名大噪的是由麻省理工學院教授佛瑞斯特（Jay Forrester）所發展的系統動態（system dynamics）模擬系統。該系統曾被關切地球可持續發展的羅馬俱樂部（Club of Rome）作為預測工具，於 1972 年發表著名的《成長的極限》研究報告，引起全球開始關注產業發展與環境保育間如何取得平衡的問題。

對於較複雜或較長期的問題，決策者需要的如果只是一個概略的宏觀印象，例如《成長的極限》之類的報告，那麼系統模擬技術所推估的成果便可滿足需求。但對於涉及具體利益分配或責任承擔的問題，需要精確「量化」推估的結果時，那麼包含有大量簡化假設的系統模擬程式，應用上就需格外小心。

沙盤推演法

沙盤推演（sand table exercise）是軍事參謀作業慣用的戰情預判技術。這種方法應用上具有三度空間的可塑性，可用以表達戰場地形特性，更重要的是它使決策者可從縱觀全局的視野，來檢視敵我部署的強弱。《墨子》有則精采有趣的故事。

墨子守城　戰國時代的工藝大師公輸般，幫楚王設計了雲梯，楚王計劃用它去攻打宋國。反戰的墨子知道後，就花了十天十夜的工夫，連腳都磨破了，專程趕到楚國，企圖勸說公輸般不要幫楚王打宋國。公輸般不同意，兩人就去見楚王。楚王也認為用雲梯攻城很有把握，所以不願放棄攻宋的決定。墨子只好向公輸般挑戰：你能攻、我就能守，讓你佔不到便宜。於是解下身上腰帶，圈在地上當城牆，再用幾塊木片當雲梯，就與公輸般模擬攻防戰術。結果，公輸般用了九種方法攻城，但都被墨子一一抵擋下來。技窮的公輸般不服氣地說：我知道還有個辦法可對付你，但現在不說。墨子笑道：「你的辦法不外是把我殺掉，好讓宋國不知如何防守吧！但是你打錯主意了。因為在我出發來楚國前，就已派了三百名弟子到宋國去，他們每個人都精通我的這套守城戰術，楚軍是攻不下宋國的。」楚王看到這種情況，也就打消了攻宋的念頭。

以上是《墨子》中很鮮活的一段記載，也是古典文獻裡用「沙盤推演」概念——腰帶當城牆、木片當雲梯——來模擬戰爭攻防的一段有趣記錄。

沙盤上的兵棋演習是按照敵我兩方所採取的策略，在沙盤上將系統狀態循序向前推演，從系統狀態的不斷發展過程中，決策者不僅可檢視自己作戰方案的優劣，並可從中歸納出克敵致勝所必須掌握的關鍵因素。

沙盤推演可視為一種以空間關係來表達問題特性的「視覺圖象語言」。工程用的藍圖、透視圖，與實體模型都屬視覺圖像語言，工程師利用這種語言不僅可用來檢視自己設計的優缺點，並可作為與別人溝通的工具。

近年資訊科技的進步，使圖象語言也從傳統的平面圖或實體模型，演變成三維的「虛擬實境（virtual reality）」表現方式。應用這種新科技不僅使傳統的沙盤推演，有了更有效率的載具，也使沙盤推演從靜態展示進入到動態展演的新境界。

劇情撰寫法

順著沙盤推演的概念，在方法論中另外還發展出一種稱為「劇情撰寫（scenario writing）」的預測方法。對於結構較複雜的問題，由於影響系統狀態的自變數較多，並且變數間的關係往往無法建構具體的量化模型，因此傳統的沙盤推演或數理模擬技術都派不上用場。這時劇情編撰法就成為一種值得考慮的預測技巧。

事實上，各行各業中應付緊急狀況用的應變方案（contingency plan），都是事先準備好用來處理預想中災難性事件的一種設計，因此這些應變方案也可看成是劇情編撰法下的產物。

沙盤推演有「墨子守城」的古典文獻可考，而劇情撰寫也可用章回小說《三國演義》的錦囊妙計作例子。諸葛亮讓趙子龍帶去東吳的「錦囊妙計」，就可看成是羅貫中筆下的諸葛亮根據劇情編撰法所預先籌謀的一系列精密配套的對策。

諸葛亮的錦囊妙計　第一個錦囊開在進入東吳地界之後，結果趙雲把劉備來東吳招親的事，搞得路人皆知，導致喬國老興沖沖跑去恭喜孫國太，逼得周瑜只得假戲真做，讓劉備真的做了東吳乘龍快婿。第二個錦囊開在劉備成親後樂不思蜀的時刻，提醒劉備要儘速離開東吳。第三個錦囊則開在劉備被周瑜尾隨追殺之時，要劉備央求孫尚香出面喝退東吳將領。這三個錦囊妙計一一執行，就使周瑜「陪了夫人又折兵」氣得昏死過去。

羅貫中筆下料事如神的諸葛亮，就像一個深諳現代劇情編撰法的規劃師，事前精準地預測到「劉備赴吳招親並平安返蜀」整個過程中的三個重要關頭，並且針對這三個關頭預先設計出用以扭轉局面的「必殺」計，把危機一一化解，使劉備一如預期帶著新婚夫人平安歸來。

接下再舉個現代電影的例子。

回到未來　好萊塢一系列《回到未來（back to the future）》的電影，也是利用劇情編撰法所推出的賣座影片。故事基本場景是電影首映的 1985 年，17 歲的男主角馬提有個生性懦弱的父親，成天被他上司也是高中同學的畢夫欺負。某日馬提意外搭上時光機倒退回到 1955 年，見到了與他同齡但還在高中就讀的父母親。他藉機鼓勵懦弱的父親變得自信，在畢業舞會上痛扁畢夫，以高姿態贏得母親芳心。等再重新回到 1985 年，馬提發現整個家已跟他離去前完全不同，父親已是成功的科幻作家，而畢夫反過來成了他家幫傭。

《回到未來》系列電影使我們清楚看到，劇情撰寫法以關鍵人物與關鍵事件作為主要決策變數的特性——只要關鍵人物在關鍵時刻作出關鍵的決策與行為，就會發生關鍵性的事件，使整個歷史的軌跡出現關鍵的戲劇性轉折。這種「偶然導致必然」前因後果的長鏈關係，就是劇情撰寫法所要發覺與處理的問題。本書第七章〈自組織〉對這種偶然必然關係，另有深入討論。

第五章
斷

一、引言

「斷」上承「謀」的設計對策，所要做的是抉擇對策的工作，也是決策過程的終點。展開來看，它首先要做的是根據謀的籌對策所規劃出來的各種候選方案，以及推後果所預判各候選案的效果與衝擊，進行利弊得失的評價工作，本書把它稱為「評利弊」；然後再根據各候選案所評定的利弊得失，去挑選出要用來付諸實施、解決問題的對策，本書把它稱為「作取捨」。

案例——布萊德雷用兵（二）

第四章〈謀〉針對二次大戰盟軍登陸諾曼第後，突破德軍防線那場轉捩性戰役做了初步討論。以下根據戰史，先揭曉那場戰役的實際進行狀況（見圖 5.1），然後再反推布萊德雷麾下的美軍參謀部，對自己所擬議的三個方案可能作出什麼樣的分析，而布氏根據這些分析又作了什麼樣的決策？下達了什麼軍令？

戰史考據　盟軍在 1944 年 7 月 25 日發動代號眼鏡蛇的作戰計劃，8 月 1 日攻克阿楓朗樹，8 月 3 日巴頓第三軍主力向西掃蕩布列塔尼半島，亦即第四章〈謀〉稱為丙案的掃蕩方案。3 天後的 8 月 6 日馮克魯格從摩坦向西發動攻擊，亦即第四章所稱的情境 A，企圖奪回阿楓朗樹，盟軍受到重創，但旋即穩住陣腳展開反擊。巴頓用了 5 天執行掃蕩方案，肅清了布列塔尼半島羅亞爾

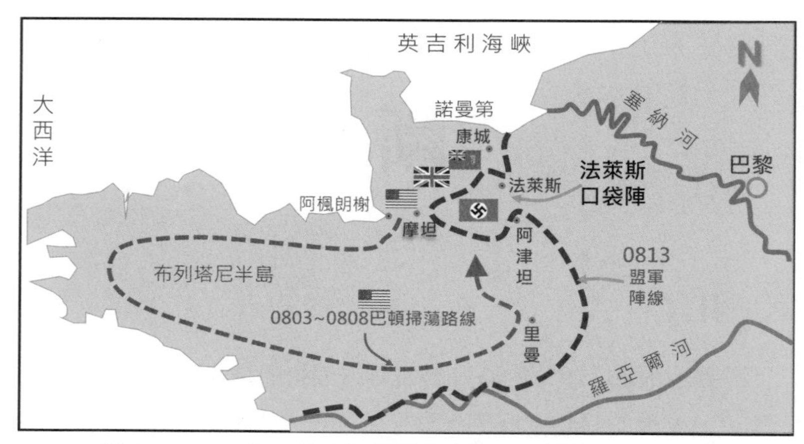

圖 5.1　1944 年 8 月中旬盟軍與德軍的關鍵性法萊斯之役

河以北的德軍據點，並攻克德軍位於里曼的指揮部；於 8 月 8 日率領第三軍從摩坦南側進擊，配合北側美、英、加三國盟軍，兩面夾擊德軍。雙方激戰數日後，德軍於 8 月 13 日放棄摩坦西撤。8 月 14 日英、加兵團從北方康城攻破德軍防線進據法萊斯；而巴頓則於同日從南方包抄，一路打到阿津坦。3 天後 8 月 17 日盟軍在法萊斯合攏，將德軍團團包圍在口袋陣中，這是史稱的法萊斯包圍戰，盟軍俘虜 5 萬德軍。馮克魯格在 8 月 17 日當日被希特勒撤職，旋即自殺身亡。盟軍則在 8 月 19 日渡過塞納河，並於 8 月 25 日光復巴黎。

從網路上查到的戰史資料來看，布氏率領的美軍於 8 月 1 日攻下阿楓朗樹，而 8 月 3 日巴頓就展開布列塔尼半島（以下簡稱半島）掃蕩行動，所以布氏作出本案決策的時點應在 8 月 2 日，而參謀部提出用兵三方案的時間也不會早於 7 月 31 日。至於布氏所選的對策就是方案丙。根據這些資訊，可用來反推美軍參謀部方案評價作業的可能內容，以及布氏決策的可能過程。

表 5.1　美軍參謀部對三項行動方案所製作後果預測矩陣（本書模擬）

美軍方案＼德軍動向		馮克魯格兵團	
		情境 A：攻擊	情境 B：撤退
布萊德雷兵團	方案 甲 就地補強盟軍陣地	甲-A：盟軍可強力迎戰克魯格；但半島德軍可北上增援，並成為盟軍未來前進巴黎後顧之憂	甲-B：對撤退德軍已喪失追擊先機，另方面也無法解除半島德軍威脅
	方案 乙 向東包抄德軍側翼	乙-A：巴頓可與盟軍夾擊並擊退摩坦德軍攻擊；但半島德軍可能側擊巴頓，使其兩面作戰	乙-B：對撤退德軍可順勢有效追擊；如半島德軍隨後追來，巴頓可回頭反擊
	方案 丙 向西掃蕩肅清德軍	丙-A：巴頓可解除半島德軍威脅；但美軍陣地嚴重曝險，除非巴頓及時回師夾擊克魯格	丙-B：雖解除半島德軍隨後追擊風險；但對撤退德軍喪失追擊先機，巴頓只能從後追擊

表 5.2　布萊德雷對各方案預判後果的初評（模擬）

美軍＼德軍	情境A：攻擊	情境B：撤退	初步比較
甲案：補強	O	✓	不必考慮
乙案：包抄	OO	✓✓✓	考慮
丙案：掃蕩	OOO	✓✓	考慮

評利弊

為方便讀者閱讀，特將表 4.1 複製為表 5.1。表 5.2 則是模擬布氏偏好的初評表，意思是：如克氏採攻勢，那麼布氏對方案的偏好順序是丙、乙、甲；反之如德軍撤退那麼布氏的偏好順序就是乙、丙、甲。這些揣測是假設布氏在識的定目標層次，已將「儘速突破德軍防線、前進巴黎」設為作戰目標。如這一揣測屬實，那麼乙、丙兩方案在德軍兩種可能動向中，就各有擅場；但甲案則不論德軍動向如何，在布氏心中都「無可取」，因為甲案是陣地防禦戰，但對盟軍來說防禦已非重點，攻擊才符需要；所以相對於乙、丙兩案，甲案是可被刪除的無效候選案——甲案稱為被乙、丙凌駕（dominated）。因此，布氏實際納入考量的應該只有乙、丙兩案。接下來要揣測的是在乙、丙兩案中，布氏的優先順序是什麼？以下先來分析兩案的內容、效果與風險等面向的差異。

首先，在內容上，乙、丙兩案都是攻勢作戰，但差別在於乙案直接包抄摩坦當面的敵軍，而丙案則是先肅清盤踞半島的德軍，以解決盟軍未來向巴黎推進時的後顧之憂，然後再回師配合北側美、英、加三國的盟軍，從南側夾擊從摩坦到阿津坦的德軍主力。

其次，在效果與風險上，布氏必須考慮以下問題。先說乙案：當德軍向盟軍攻擊時，巴頓的包抄兵力可使德軍腹背受敵；反之，如德軍撤退，巴頓就正好乘勢追擊。不過，乙案的風險是半島上德軍可能集結起來從後方逆襲巴頓，使他陷入「螳螂捕蟬、黃雀在後」的局面。至於丙案：目標在解除半島德軍逆襲盟軍的威脅，但風險是當巴頓正在半島掃蕩時，克氏一旦發動攻勢，阿楓朗榭的美軍因兵力較弱，軍情將異常吃緊；另方面如果克氏撤退，那麼巴頓部隊就可能還在半島上，無法立即用來追擊德軍。

總之，不論布氏採哪一方案，該方案都須面對克氏攻擊或撤退兩種情境的檢驗。就乙、丙二個方案來說，巴頓究竟需花多少時間來肅清半島德軍，將是布氏取捨的關鍵考量。

作取捨

從後來的事實來看，克氏到 8 月 6 日才發動攻擊，亦即在布氏下決心的 8 月 2 日顯然還不能確定德軍的具體動向，所以可假設布氏當時正在盤算丙案的可能性：為解除將來前進巴黎的後顧之憂，就讓素以迅猛著稱的巴頓裝甲師團，乘機先完成半島的掃蕩工作，然後再回師支援阿楓朗榭的利弊得失。這時一旦德軍發動攻擊，唯一曝險的是美軍防禦能力；反之如德軍撤退時，巴頓就算沒能就近攔截，也仍可尾隨追擊。至於乙案，在克氏還無動靜的時刻，就去主動包抄攻擊他，但卻因此讓自己必須承受被半島德軍從背後攻擊的風險，恐怕不是布氏樂見的後果。更何況美軍當時可能已預判德軍採取攻勢機會較大，因而使乙案可讓巴頓在德軍撤退時，逕行追擊的優點已不再重要。

因此，當布氏預判美軍防禦能力至少可挺好幾天後，他就在 8 月 2 日下令巴頓第三軍於次日（8 月 3 日）開入半島掃蕩德軍；而巴頓也不負所望只花了 5 天就掃平半島（按：布列塔尼半島居民後來還為巴頓樹立雕像，來紀念這次成功的戰役）。克氏在 3 天後（8 月 6 日）發動攻擊，阿楓朗榭的美軍苦撐了 2 天，8 月 8 日就盼到了巴頓裝甲軍團趕回來解圍。

■ 量化模式

以上口頭描述的評價與取捨分析，也可用量化方式來表達。

1. 矩陣分析法：表 5.3 是布氏決策的矩陣分析表。該表與表 5.2 的差異在於：它把三種方案、二種情境所得的 6 種後果，按照布氏的主觀偏好，以 6~1 配分排列優先順序。該表中布氏最希望發生的是丙 – A（得分 6），其次是乙 – B（得分 5），餘類推。接下來，布氏還可再將橫軸 A、B 兩種情境數字加總，得到的積分代表在德軍二種可能動向下，布氏對甲、乙、丙三方案的綜合性評價，其中積分最大的就是最佳方案，亦即丙案，與前述口頭描述的布氏抉擇一致。
2. 決策樹法：矩陣分析表也可轉化為決策樹（decision tree）來表達。圖 5.2 的決策樹，從最左端決策點（樹根）開始逐層向右展開：第一層是美軍「籌對策」後所產生的甲乙丙

表 5.3 布萊德雷對各方案的量化評價（模擬）

美軍＼德軍	情境A：攻擊	情境B：撤退	評價積點
~~甲案：補強~~	~~O (1)~~	~~✓ (2)~~	~~(3)~~
乙案：包抄	OO (3)	✓✓✓ (5)	(8)
丙案：掃蕩	OOO (6)	✓✓ (4)	(10) ⬅

三候選案；第二層是各方案所需面對的「問題情境」，亦即德軍攻擊或撤退兩種動向；第三層是各方案在每一情境「推後果」的結果，對應表 5.1 各格位的後果預判；接下是決策者的「評利弊」欄位，對應表 5.2 各格位的配分；最後則是決策者「作取捨」的結果（配分總和最大的就是決策者所選擇的對策）：答案為丙案，與矩陣分析結果一致。在圖 5.2 決策樹下方，可看到針對「謀、斷」所展開的「籌對策……作取捨」次級項目。

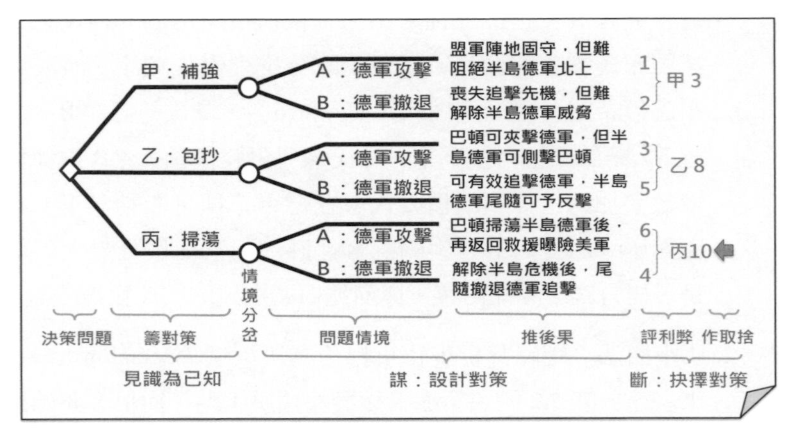

圖 5.2 以決策樹分析布萊德雷的決策

■ 關鍵性情資

在進行決策分析時，決策者最希望知道的是每一種情境發生的機率。例如，如果布氏事先就掌握了德軍採取攻勢的機率達到8成，那他就可將情境A格內的數字全部乘上0.8，而情境B的數字乘上0.2，然後將各方案積點重新加總，於是三案評價就變成：甲1.2、乙3.4、丙5.6，亦即根據新情報，丙案相對於甲、乙兩案的優勢更形提高，將更強化布氏選擇丙案的信心。

■ 決策準繩

前述的量化分析是以最簡單的配分方式，作為方案的相對評價基準。這顯然不是評價的唯一方法，例如：涉及經濟、財務類的評價分析，就會用貨幣單位作衡量的基準。

討論多元選擇多重情境的決策問題一般都會提到決策準繩（criteria，亦稱為判準）的概念，亦即決策者在「害取其輕（maximin）」、「利取其重（maximax）」或「最小機會成本（minimum regret 最小後悔度）」三類準繩中，究竟根據哪一準繩來選擇方案？

在布氏用兵例中，因甲案已被凌駕而不予考慮。而乙案在「利取其重」及「最小機會成本」原則下，都較丙案略遜一籌。因爲如果布氏早已設定儘早進軍巴黎是主要目標，那據守半島的德軍，即使並非重兵但始終都是他的後顧之憂，所以(1)當德軍採攻勢時，布氏寧願承受美軍曝險，也要先解除半島風險；(2)萬一德軍撤退，雖然喪失立即追擊的先機，但由於後顧之憂已解除，整個美軍也到了該拔營追擊的時候，何況英加盟軍更可從旁側擊，因此採取丙案將是布氏最無悔的方案。

■ 量化分析的侷限性

決策者在應用量化方法來輔助決策時，必須切記：(1) 不是所有問題都可進行量化分析：因為大多數決策問題受限於問題的因果關係過於複雜或資訊的不完整，計量方法往往難以應用。這時決策者就不應過於執著於量化方法，甚至為量化而量化；而應培養在質性資料基礎上去作最佳判斷的能力與習慣。(2) 對於適用量化分析的問題，仍應先釐清定性關係；另在建構量化模型時，最好先以假設－檢驗法確認模型的適用性，以避免只是亂套數字，以致誤導決策。

討論——抉擇行為的特性

決策的「斷」由方案的「評利弊、作取捨」兩部分所構成，它的特性可用《荀子》、《孫子》與張居正的看法來作總結。

荀子、孫子論斷

■ 荀子

《荀子・不苟篇》說「見其可欲也，則必前後慮其可惡也者；見其可利也，則必前後慮其可害也者。而兼權之，孰（熟）計之，然後定其欲惡取捨，如是則常不失陷矣。」前一句的意思是：任何方案不能只看它好的一面，一定也要去檢視它不好的一面；不能只看它有利的一面，一定也要去發掘它不利的一面。而後一句的意思則是：在抉擇候選案的時候，必須把每一方案的可欲可惡、可利可害（也就是利弊得失），一起放在天平上審慎地權衡與比較，然後再作定奪取捨，這樣才可確保決策品質。

上述第一句話可能是「評利弊」的基本法則，因為任何方案必然都是「利弊互見、得失交雜」的，所以決策者進行評估時，必須「正反俱陳、平衡關照」不可有所偏廢，尤其不可先入為主「對自己偏好的方案就只講好處，對自己討厭的方案就只講壞處」這樣就會落入非理性、情緒性的陷阱。而第二句話則是「作取捨」的最佳註腳，亦即：要從候選方案中挑選最佳對策，必須根據各方案的後果，從多元價值的角度做出最適當的判斷。

■ 孫子

《孫子 ・ 九變》對於候選方案的評價與取捨，有「智者之慮必雜以利害，雜於利則務可信也，雜於害則患可解也」的說法。荀子、孫子都強調候選方案的評價與取捨，必須利弊得失、兼籌並顧；另也清楚指出決策者是「根據方案的預期後果來作抉擇，而不是根據對不同方案本身的主觀好惡來直接作抉擇」。不計後果的決策行為，不論是基於意識形態的「政治正確」或逞一時之快的情緒反應，決策者都須為這種行為付出代價，因為決策的後果不會隨著決策者的主觀意志而轉移。

方案取捨的真正難處在於「魚與熊掌不可兼得」，就像「東食西宿」中，齊女不可能一女兩嫁，去佔盡所有便宜一樣。因此，決策者必須秉持「有捨才能得」的原則，去作出自己的抉擇。

張居正：謀在於眾、斷在於獨

張居正有一句名言「天下事，慮之貴詳、行之貴力，謀在於眾、斷在於獨」，這應是他一生從政所歸納的一項重要心得。

布氏用兵正好用來呼應張居正「謀在於眾、斷在於獨」的說法。因為這個案例內容豐富且有戲劇性，但不複雜，最重要的是它的內涵非常完整，舉凡情境、事實、價值、幕僚、決策者、風險等決策元素一應俱全。所以在案例資料的鋪陳上，我們可把「推後果、評利弊、作取捨」分成很清楚的三個段落來討論，充分反映出張居正所稱「謀在於眾、斷在於獨」的意義。

■ 籌對策、推後果

本書把「推後果」列在謀的階段，有兩個理由：(1) 在第四章「君臣佐使」方案配套的討論裡，曾提到候選方案的核心對策（君藥）設計後，必須先試推後果，以便發覺有無必須補強的藥效或必須克服的副作用，然後再設計搭配用的輔助措施（臣藥、佐藥、使藥），構成配伍完整的方案，以解聯立方程式的方式徹底解決問題，所以「推後果」劃歸為謀階段的工作。(2) 相對於「籌對策」有客觀的「病療關係」因果鏈結可作參考，「推後果」在範疇上就沒有標準答案，往往決定於決策者「看多遠、想多深」的主觀判斷。例如，在「爾愛其羊」案例中，子貢只看到每次祭典犧牲羊隻的後果，而孔子看到的則是君臣例會制度的維繫。「百世之謀、一時之計」案例中，群臣只看到戰役勝負，而晉文公更看到如何使諸侯在戰後對自己口服心也服的問題。

又如現代企業主有的只關心自己獲利，不惜以鄰為壑；但也有人以維護可持續環境為己任，儘量創造外部效益，不製造外部成本。換句話說，相對於「籌對策」是以事實因果認定為主，而「推後果」就有很深的價值判斷色彩。凡涉及價值判斷的事務作為幕僚的專業經理人就必須要有警惕，因為原則上這是決策主管的權責，即使獲得授權也必須在提供資訊時說明清楚，自己依據的價值標準是什麼，以方便決策者確認這些標準與自己的想法是否一致，這就是所謂的職業倫理（professional ethics）。

■ 評利弊、作取捨

至於「斷」階段的「評利弊、作取捨」兩項工作都屬價值判斷性質，基本上都屬決策主管的權責。不過，對於有制式成規的決策問題，其中的「評利弊」仍可在授權下由專業幕僚代勞；但「作取捨」就是決策者責無旁貸的專責。例如，幕僚的利弊評估都認為某工程案不應投標，但決策者卻因想藉由得標來與招標的業主建立長期關係，所以選擇去投標——這是因為決策者口袋中另有一張不為人知的「隱性行事曆（hidden agenda）」，以致幕僚在事前就不可能作出包含這一因素的完整分析。

「布氏用兵」案例，幕僚在推後果後就把評利弊與作取捨兩項都留給指揮官本人去作。這是因為本案是否要把巴頓派去掃蕩半島德軍，以及一旦馮克魯格發動攻勢，美軍陣地能否支撐到巴頓回師救援等，在判斷上都存在高度風險，而這些風險除指揮官布氏本人外，無人可代替分擔；且事後如有懊悔，這一苦果也得由決策者一人獨吞。這就是俗語「高處不勝寒」的意思，也是張居正認為「斷在於獨」的原因。

有了以上引言，接下正式討論斷的評利弊、作取捨二項工作。

二、評利弊

第一章「餐館點菜」說明出現選擇（菜單）就必須作決策（點菜）的意義。「六不將軍」印證當斷不斷、必受其亂。「張三買屋」說明價值判斷會伴隨情境而改變的事實。第一章也歸納「斷」是以事實認定為基礎，根據特定的問題情境所下的價值判斷。不過，在實際的決策過程中，由於所引用有關事實前提的資訊，常因涉及群體互動的因素，而使事實認定在決策實務上變得複雜。

事實認定

認清事實是正確決策的前提

《漢書》裡有一則故事，說明凡事都應先確認事實，再決定如何採取行動，否則就不免鬧笑話。

力排眾議　漢成帝建始三年秋，關中連下 40 天大雨，忽有傳言說有大洪水正淹向長安城。剎時間，整個京城恍如炸鍋，老百姓紛紛扶老攜幼爭相逃命。消息傳到宮中，漢成帝立即召集文武百官商量對策。大權在握的國舅爺大將軍王鳳，也嚇得驚慌失措，力勸成帝與太后趕快找船，準備撤離，大臣們都紛紛附和王鳳。只有左將軍王商堅決反對，判斷大洪水不可能突如其來，一定是謠傳，並且認為在這種關鍵時刻，朝廷不應隨著百姓瞎起鬨，使人心更加慌亂。成帝採納了王商的意見，先按兵不動，另即派人打探實情。後來，長安城確實沒有出現大水，謠言不攻自破。成帝對於王商力排眾議的舉動，深表讚許。

這個故事的決策背景是具有高度時間壓力的情境，而提議要撤離的又是位高權重的大將軍，所以群臣很容易就不假思索地加以附和。在這種情形下，能夠力排眾議，提醒皇帝應先確認事實再採取行動，不只需有高度理性、自信，還需有足夠的勇氣才行。

事實認定與決策環境

1980 年代美國挑戰者號太空梭發射爆炸的意外，就是因為高度的時間壓力，致使專業幕僚作出了錯誤的判斷，因而產生災難性後果的一個不幸案例。

挑戰者號爆炸　美國挑戰者號太空梭於 1986 年 1 月 28 日升空進行太空任務，但因外掛的固態火箭推進器上一個箍緊用的 O 形環失效，導致火箭推進器與太空梭在發射 73 秒後一起爆炸墜毀，艙內 7 名太空人全數罹難。挑戰者號原定升空時間是 1 月 22 日，但因各種大小問題使發射一再延後。這一延後不僅造成公眾失望，嚴重影響美國太空總署（NASA）形象，甚至激化了國會挑戰 NASA 預算正當性與必要性的聲浪。所以，NASA 上下早已進入集體焦慮狀態，都急著要把挑戰者號儘速送上太空。但在 27 日（預定發射的前一天）固態火箭推進器製造商的一名工程師，提出推進器的 O 形環有無法鎖緊問題。相關人員獲報後，立即召開緊急會議，經過冗長討論後，獲得「這一問題不構成計畫必須停頓的理由，因此計畫可依預定時程進行」的結論，結果釀成了天大的災難。

挑戰者號事件後，不同單位提出了許多調查與檢討報告，所有證據一致顯示 O 形環失效是發生意外的根本原因，而發射前的技術檢討會議未能對它的潛在風險作出正確判斷，並及時作出停止發射的建議是全案的最大失誤。另報告也一致指出：本事件呈現的是一種非常嚴重的「集體失智（groupthink）」現象。

集體失智現象

■ 不自覺的集體失智

集體失智是 1972 年由鄂凡・賈尼斯（Irving Janis）教授所提出的理論。它描述一群人在必須形成共識的高壓氛圍下，就會出現集體性不自覺的從眾心理，主要特徵包括：(1) 盲目深信集體所做決定為無懈可擊（invulnerable），並一起極力將它合理化；(2) 先入為主預設立場，以致無法對問題真相做完整的檢視；(3) 事先已作出主觀的選擇，以致未能客觀評估其他替代方案的可能性與必要性；(4) 為維持「眾議咸同（unanimous）」的表象，還往往出現集體霸凌，強迫集團內的異議分子噤聲。

挑戰者號案例幾乎找得到集體失智的所有癥候：(1) 一再延宕的發射時間，使 NASA 上下都不自覺地被「不惜代價、達成任務」的目標綁架。(2) 當有人提出 O 形環有問題，以致出現可能延誤發射時間的風險時，所有參與討論的工程師都不自覺地預設了「大事化小、小事化無」的立場，儘可能找理由來證明問題沒有想像般嚴重；因為對於全球矚目的發射時程，不可如此不識時務（政治不正確）予以延宕，所以必須果斷下定決心，好讓計畫準時執行。(3) 提出 O 形環問題的那名工程師，在討論問題的過程中雖曾據理力爭，但因得不到其他專家的支持，最後也不得不屈服於泰山罩頂的同儕壓力下，放棄自己的堅持。(4) 湊巧當時 NASA 也確實擁有幾近於零事故的安全記錄，因此就在全體一致的過度自信下，貿然地對 O 形環問題作出「可予忽略」的結論。(5) 結果在「任務優先」罔顧「安全高於一切」的誤判下，不僅犧牲了 7 條寶貴的人命，也毀掉了整個計畫。

許多集體失智現象都是群體在不自覺的情形下發生，例如挑戰者號案例中的 NASA 決策團隊，以及「力排眾議」例中，王商所面對附和大將軍王鳳的所有其他朝中大臣。不過，集體失智現象也可能是出自有心人士刻意操弄的結果。發生於清朝末年（1899 ～ 1900 年）導致八國聯軍攻打北京的義和團事件，就是一件集體失智下所發生的不幸事件。

■ 刻意操弄的集體失智

義和團事件　義和團前身是提倡反清復明的白蓮教，清廷一直將它視為邪教，後來因為他們改打扶清滅洋的旗幟，專找外國教堂、教士以及中國教民作為攻擊對象，所以在滿清官僚心目中被重新定位為「義民」。義和團仇洋仇教事件越演越烈後，列強為護教護民，與清廷衝突不斷升高。大臣們病急亂投醫，實地考察義和團刀槍不入「神術」後，竟「寧信其有」向慈禧回報「拳民忠貞、神術可用」，於是在滿朝大臣眾議咸同下，開城迎入10萬義和團拳民。這些人進京後頓時成為燒殺擄掠的暴民，見洋物便毀、見洋人便殺，不僅北京使館區變成戰場，還殘殺成百成千中國教民，隨後又再攻入天津租界，終於引來八國聯軍。

歸納起來，慈禧身邊滿清官員支持義和團是出於愚昧無知、一廂情願，因而喪失客觀的判斷力，陷入了不自覺的集體失智而無法自拔。但對義和團的首領們來說，信眾們出現不怕死的集體失智行為，則是他們刻意操弄下的結果。他們對內利用「神靈附體、刀槍不入」的迷信，來催眠與操控信眾，使得每個人都自認是具有不死之身的「天兵天將」；對外則利用謠言，妖魔化洋教、洋教士與教民，並合理化信眾所做各種燒殺擄掠的極端行為。所以到了事件後期，義和團所宣揚的迷信與所散布的謠言，出現越來越多不攻自破、難以自圓其說的證據與事例時，信眾的信心與凝聚力就開始全面崩解，而義和團本身也難再繼續維持，終於落到一哄而散的下場。

賈尼斯認為，集體失智的群體將自己決策合理化，是為了賦予它正當性，以激發每個人實踐它的使命感。這種群體也習慣於將外部反對者抹黑、污名化，來強化內聚力；對內又人人都以集團的心靈守護者（mind guard）自命，不止自我檢查也檢查別人的想法，所以就會很自然地對集團內的異議者施壓、霸凌，使其噤聲。

此外，賈尼斯也認為具有以下特徵的團體，較容易陷入集體失智：(1) 成員背景相近；(2) 與外界資訊隔絕；(3) 欠缺明確決策規範，例如決策的見識謀斷過程，不存在任何必要的檢核（check and balance）機制；(4) 成員自尊心弱、與領導人地位有重大落差，例如：義和團成千上萬的拳民相對於裝神弄鬼的「大元帥」、「力排眾議」裡大將軍王鳳的權勢與官威相對於其他的朝臣。

■ 集體失智現象歸納

本書將集體失智歸納「選擇性認知、雙重標準、預設立場、不計後果」四個特徵，來與見識謀斷四個步驟相互對照，用以反映集體失智決策過程的四大失誤：(1) 在問題癥候的發覺上，以特定意識形態的「偏光鏡」看事情、選擇性認知，只看自己想看的，刻意忽略或扭曲不想看的。(2) 在問題定義上，採「女兒可以，媳婦不可以」的雙重標準，自己人做的錯事，百般合理化，自欺欺人死不認錯，若有錯也一定怪罪是別人的錯；但非己族類做的事，雞蛋裡挑骨頭，沒問題也找出問題來，並蓄意曲解、惡意抹黑。(3) 在對策設計上，預設主觀立場，凡不符立場的想法，一概排斥在可能空間外；在後果評估上，凡非屬「自己人」所將承受的後果與衝擊，一概不納入考量。(4) 在對策抉擇上，不計客觀後果，只顧方案本身的「政治正確性」，以鴕鳥心態完全不顧方案在客觀世界所將產生的真實衝擊。

集體失智在「對事、對人、對方案、對後果」每一面向上，都出現佛家所稱負面「差別相」的嚴重謬誤。在這種一廂情願、自我防禦的「封閉性」環境下，再加上對內部或外部異議者的集體霸凌與強迫噤聲，整個決策機制就完全喪失任何反省與修正的可能性，因此所作的決策在「開放性」的現實世界中，不僅解決不了任何問題，必然只會為自己與別人帶來災難性的後果。

集體失智的克服

■ 獨立思考：堅持追究合理懷疑的道德勇氣

究竟有沒有方法可用來克服或對抗集體失智呢？答案是 (1) 知是行之始：不論是決策者本人或參與決策的幕僚，都必須要知道有這種心理現象的存在，才能心生警惕，並避免這種現象的不自覺發生。(2) 理性的認知態度：凡事只要心存合理的懷疑（reasonable doubt），就應追根究底，而不應抱持「寧信其有」或「寧信其無」的姑息態度，將它輕輕放過。(3) 培養獨立思考習慣與能力：以客觀認定事實作為基本態度，從徹底了解事實真相下手。

出現集體失智的場合，必須有人能秉持道德勇氣，發揮直指問題核心的洞察力，站出來力排眾議，整個狀況才能出現轉機。

十二怒漢（12 Angry Men） 這是好萊塢 1957 年製作的一部經典電影。場景是 12 個背景各異的陪審團員，聽完法庭上的偵詢與答辯後，退回窄小悶熱的會議室，商討「被告的一個紐約貧民窟猶太裔少年，是否就是殺父兇手」的問題。由於幾乎所有的證據都對被告不利，因此陪審員們幾乎一面倒地都有速戰速決，儘快作出有罪共識，以便及早回家的念頭。但其中第 8 號陪審員發現了好幾個應該「合理懷疑」的地方，認為必須再進行仔細推敲與論證，才能作最後判斷。由於陪審團是共識決的合議制，一旦有人異議，就非得等到產生共識才能解散。於是就在 8 號陪審員堅持下，陪審團只好回頭逐項檢視他所提出的「合理懷疑」。在歷經一連串唇槍舌劍的衝突、劍拔弩張的對峙、思想矛盾的掙扎、跌宕起伏的激烈論證後，終於取得了「本案兇手另有其人，少年應無罪獲釋」的共識。

《12 怒漢》中，除 8 號陪審員外，其餘 11 名陪審員對於「少年就是殺父兇手」的認定從一開始都已各有成見，因此電影的重點就在描述每個陪審員的思緒如何隨著發覺真相的論證，不斷翻轉掙扎的過程。不過不論每個人最初所持理由是什麼，但最後大家卻都一一捐棄成見，向真相低頭，讓我們見證了一場令人唏噓的人性試煉大戲。本書認為它是說明「如何針對合理懷疑，運用獨立思考的論證，來發覺真相，以及克服集體失智現象」的好案例。

儒家說：毋因群疑而阻獨見、毋任己意而廢人言。從表面看，這是既要人「勿在意別人批評，要堅持獨見」，又要人「要聽別人勸告，不要堅持己見」兩則相互矛盾、令人無所適從的處事原則。《12 怒漢》則用具體的故事情節，在事實認定這個議題上，讓人分辨出什麼叫做「堅持原則」（如 8 號陪審員的態度），什麼叫做「固執偏見」（如那些持有偏見陪審員的初始態度）。

■ 倪布爾「完美的不可能性」

第二章〈見〉曾提到以「寧靜禱告」而馳名的美國神學家倪布爾，其實也是提出「完善的不可能」的 20 世紀美國基督教現實主義的重要哲學家。倪布爾有鑒於當年的勞資衝突、經濟危機、種族歧視抗爭、兩次大戰人類相殘、東西陣營冷戰對峙等問題，開始為「人類災難、社會不公」探索拯救之道。

倪布爾發現人性既有自私自利的衝動，也有超越自我的利他理性的雙重性；他並進一步觀察到個人理性與社群理性的悖論：個人無私的道德意識，在社群環境中會轉化成封閉的社群利己動機，並成為對外不公不義行為的驅動力量。於是在「社群道德低於個人道德」的現象下，這一不道德行為就成為人類衝突與社會不公正、不公平的根源。這其實也是集體失智現象的結構性基本成因。

倪布爾的對策是：因為任何社會道德都是特定社群利益的體現，所以為了實現人人平等的理想，人們就必須設法超越受到特定社群利益支配的偏狹道德標準，以追求「社會道德重公正、個人道德重無私」的目標。他並認為唯有宗教的慈愛與悲憫精神，是人類超越自我，達成上述目標的基本動能。

倪布爾在 1940 年代提出的洞見與思考，對於今天全球普遍存在「政治民粹橫行，社會割裂對立、經濟財富集中」等現象，不僅仍是一針見血的診斷，並且也仍舊是一帖管用的處方。

■ 領導者的角色與功能

「評利弊」必須以客觀、理性的態度來認定事實，是本書特別提醒「集體失智」這個議題的原因。要避免集體失智的發生，領導者扮演了關鍵性的角色。例如在「力排眾議」中，漢成帝接納王商的建議，就是問題轉折的關鍵。劉向《說苑 · 君道》有一則領導者不滿屬下厚顏諂媚的故事。

滿堂彩　齊景公邀請大夫們飲宴，席上景公即興射箭，但箭射到靶外，大臣們卻仍給了個滿堂彩（原文是：唱善若出一口）。景公不由變臉，嘆口氣丟下弓箭。這時大夫弦章正好進來，景公就對他說「晏子去世已 17 年了，從那以後，我就沒再聽到有人會提醒我的過錯，或糾正我做得不對的地方了。我方才射箭偏到靶外，群臣居然還異口同聲叫好。」弦章回說「這就是臣子的無能了。他們的智慧不足以知道你的不對，勇氣不足以冒犯你的威嚴……」景公高興地說「太好了。就你這一席話來說，你算君，我算臣，受教了。」

這個故事有兩點值得注意：首先是齊景公注意到大臣們過分諂諛的舉動，因而心生警惕發出嘆息。它清楚說明：要避免集體失智現象，領導者頭腦是否清楚是最重要的關鍵。其次是景公說要拜弦章為「君」，表達虛心接納他所講道理的態度，符合「師臣者帝、友臣者王、臣臣者霸、虜臣者亡」的帝王之道[1]。

歸納來說，領導者必須注意人們在群體背景下，容易出現不自覺的集體失智風險，至於刻意的集體失智就是領導者絕不應該觸犯的大忌。

價值判斷

價值是決策過程很根本的概念，接下討論價值有關議題。

定義價值

價值代表事物對人的特殊意義，這一意義會隨人所處情境而改變。以下用「價值系統」的概念來定義價值。價值系統由圖 5.3 所示的四個要件構成：(1) 主體＝人；(2) 客體＝擁有對主體具有某種意義屬性（attribute）的外在事物，例如黃金在平時對人們具有代表財富的屬性；(3) 主體所處情境，例如處在平時或身陷沙漠，代表主體所處的兩種不同情境；(4-1) 主體對客體所擁有屬性的認知與發覺，以及 (4-2) 主體對該屬性賦予的評價；例如在平時會貴黃金賤水，身陷沙漠時會貴水賤黃金。

圖 5.3 表達「主體、客體、情境、屬性認知、屬性評價」間的關係，也為價值概念作出了操作性的定義。如果把前述「荀子論斷」的說法套入圖 5.3，那麼決策者通過認知過程所發覺的「可欲、可惡」與「可利、可害」，就是主體對客體所作的評價；其

1 齊景公在位 58 年是中國歷史上少數任期較長的君主，他在位前期，因為任用了晏子、弦章等賢臣輔佐，使齊國國強民富，可稱明君；只可惜他的後期晚節不保，不堪聞問。

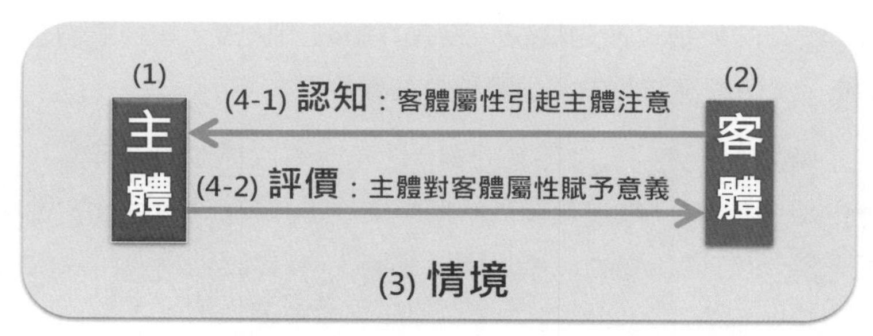

圖 5.3 價值系統由主體、客體、情境，與認知—評價過程所構成

中的可欲性與可惡性反映的是事物的本質價值，而可利性（有用性）與可害性反映的是工具價值。

再以大家熟悉的「仁者樂山、智者樂水」說法為例。仁者、智者對於山、水各取所需：仁者將山作為自己所偏好「靜」與「常」的象徵，而智者將水作為自己所偏好「動」與「變」的象徵。但是「山、水」對於「仁者、智者」所具有的究竟是本質價值還是工具價值呢？就須看仁者與智者當時的心理狀態（屬於問題情境）。如果在觀山、看水的那一刻，心中了無牽掛，那麼雄偉寧謐的山、流動變化的水，對於仁者與智者所具有的就是本質價值。如果當時是心有旁騖、另有所慮的狀態，那麼觀山、看水對於仁者與智者，所具有的就是淨化思緒、昇華決策品質的工具價值。

所以任何事物所具有的究竟是工具或是本質價值，往往不是全有或全無（all or nothing），而是混同並存；至於兩者的比重則決定於決策者評價當時的具體心理狀態。

多元價值觀的衝突性

本書定義決策是：針對特定情境，以事實認定為基礎所下的價值判斷。這裡所稱的價值判斷是「根據特定價值觀作出取或捨的判斷」的簡稱。換句話說，沒有具體的價值觀，抉擇就會失掉依據。《伊索寓言》的父子騎驢是個好例子。

父子騎驢　這則大家熟悉的寓言，至少有四種價值觀可作為父子的決策依據：(1) 尊重長者，所以父親騎；(2) 愛護兒童，所以兒子騎；(3) 善用物力，所以兩人都騎；(4) 保護動物，所以兩人都不騎。但真正的問題是：這一問題並沒有標準答案，所以不管哪一種騎法，也都只能滿足一種價值觀而已。因此抱持其他三種價值觀的人，都有理由去批評這對父子的不是。

人具有自主意識，所以群體場合必然會出現多元的價值觀，而價值觀具有「仁者見仁、智者見智」難以妥協的衝突性，通常也難以化約成單一指標來處理。所以在作抉擇前，決策者必須先堅定自己的價值觀，站穩立場，然後根據這個價值觀，去選擇自己認為最適當的行為。否則一聽到有人批評，就立刻見風轉舵改變選擇的話，就會使決策陷入舉棋不定、進退兩難的窘境。

群體場合容易出現價值衝突，並不奇怪；單一個人的場合其實也會出現價值衝突。這是因為每個人都是一個多重角色的集合體（role set），當不同的角色都來要求自己根據各該角色的價值觀表現特定的行為時，就會使自己陷入嚴重的角色衝突。「忠孝不能兩全」是古典的例子，而「顧家庭（子女）或顧工作」則是現代人常有的角色掙扎。

評價方法面面觀

評利弊在不同的應用領域，有不同的思考模式與衡量方法，但在概念架構上其實都可套入表 5.1「以候選方案為縱軸，以問題情境為橫軸」的後果預測矩陣作為基本架構來進行分析。從因緣成果觀點看，縱軸的方案是「因」，橫軸的情境是「緣」，而所預測的後果是「果」。以下針對賽局、消費選擇、投資選擇、外部性評價與企業經營價值觀等五類議題，說明評價方法的同異。

■ 賽局

布氏用兵的案例屬於最簡單的「兩人零和賽局（two-person zero-sum game）」，布氏的對手是馮克魯格。望文生義可知這是一種由兩個人所構成互搏輸贏的比賽，局中兩方都各有一組攻防策略，對手方的每一策略對自己來說就是必須面對的一種問題情境。問題的難度在於：對手方有哪些具體策略以及會如何出手，自己不盡然清楚也無法預知。布氏的決策情境就是標準的賽局寫照。參賽雙方必須在這種不確定的問題情境中，儘可能根據「知彼知己」原則，為自己找到「守而必固、攻則必取」的策略。

賽局理論除了可用於「人－人」競爭場合外，也可用於對手為不可控自然界或自由市場的場合。例如，對於舉辦戶外活動的籌備者來說，天氣好與壞就是必須考量的兩種不同問題情境；又如，對重大投資案決策者來說，未來市場景氣的榮或枯也是必須考量的不同問題情境。

一般賽局都假設參賽者的資訊各自保密，但賽局論中著名的「囚徒困境」顯示：雙方如能開誠布公交換資訊的話，那麼彼此就都可得到比各自保密更好的結局。因此一場賽局如最後能發展成「不再區分你我」可公開交換資訊的局面，賽局就被解構並質變成為合作解題（collaborative problem-solving）的問題，遊戲規則也就完全改觀。

■ 消費選擇

每個人日常生活都需要購買許多消費性的物品或服務，這種不斷重複出現的購買行為，選擇上就有它一定的模式。以下就用通勤族選擇交通工具（運具）的決策來說明。

上下班通勤族選擇每日運具，如捷運、公車、計程車、私家車、機車、自行車，甚至走路等都有一定模式。這種選擇偏好決定於：通勤者可支配所得高低、車輛（含轎車與機車）持有狀態、通勤距離的長短、當事人對運具服務品質與方便性的要求，以及各項運具的使用成本等。而這些需求面的偏好，進一步結合諸如車站遠近、車班密度、路線涵蓋範圍、轉車方便性、票價等公共運具的供給條件，再加上汽柴油價格、工作端停車價格與方便性等私人運具使用成本等因素，交通專家就可推算出不同社經背景的通勤族選擇各類特定運具的機率，進而推算出都會區各類運具的市場佔有比率。

交通專家還可利用類似「敏感度分析（sensitivity analysis）」的方法，來分析如何利用改變各種運具相對使用成本、通勤時間與服務品質等屬性的方法，來促成通勤族「少開（私）車、多坐（公）車」的運具移轉效果。這也是第四章〈謀〉「發展公共運輸」案例所獲成果的背後門道。

上述這套「運具選擇」的分析邏輯與架構，後來也被用來探討一般日用消費品的市佔率變化問題，成為市場研究的重要工具。

■ 投資抉擇

相較於上述重複性的消費選擇，對偶一為之、價格較高耐久財的購買，或頻率不高長期投資的選擇行為，決策上所遵循的邏輯就完全不同，這時「效益—成本分析」的概念就成為主要模式。

效益、風險、成本分析　新投資案的效益—成本分析根據的是「價值＝效益／成本」的概念，由於每個候選案都有它可推算的效益與成本，因此只要套入公式，把每一候選案的價值都計算出來，然後從中挑出價值最高的一個，就是決策者該作的選擇。價值公式應用在不同領域，會以不同形式出現。例如在高科技產品市場稱它為「性價比」，在股票市場則稱為「益本比」。把以上的分析邏輯套入「後果預測矩陣」的架構，縱軸仍是各種候選案，而橫軸則是從樂觀到悲觀（upside, downside）風險程度各有不同的問題情境。這時決策的挑戰是：如何在獲益與風險間尋找妥適的平衡點。

邊際分析　改善性投資案通常會採用邊際分析法（marginal analysis）。例如，競爭激烈的市場該不該去繼續爭取新客戶？決策者就應該計算爭取一個新客戶所花費的成本（亦即邊際成本：包括廣告、促銷和客戶維繫成本），以及從這一新客戶身上所能獲得的新增營收（亦即邊際效益）。如果邊際效益大於邊際成本，那就應繼續爭取新客戶；一旦兩個邊際值相等時，就應停止促銷活動——因為再繼續爭取新客戶，所花的成本就會高於所得的收益，所以當「邊際效益＝邊際成本」時，改善的動作就應停止。

機會成本　對相互競爭的投資案必須計算它們的「機會成本」。因為有限資源的使用都具有排擠作用，例如投資公路的效益，對鐵路案來說是它的機會成本，只有興建公路的效益大於它的機會成本時，公路投資案才值得推動。清朝末年，慈禧太后把原本用來強化北洋艦隊的二千多萬兩白銀的預算，挪來重建頤和園作為她六十大壽的紀念品，因此重建頤和園的機會成本就是中日甲午戰爭慘敗所付出的代價。

家庭理財　一般家庭對於多餘閒錢的理財方式，不外「銀行定存、買股票或債券、買不動產」三種途徑。要進行這類理財，通常都會以銀行定存利息作為參考底案（base case），然後比較其他兩種投資的預期獲益與風險。如它們所預估的淨效益，都不如銀行定存利息為高時，那最簡單的銀行定存就是最好的選擇。這可說是機會成本決策準則最常見的應用案例。

■ 外部性評價

外部性（externality）是評價政府重大投資案件經濟可行性重要衡量。例如政府用納稅人的錢打造了一座免費的隧道，使偏遠的社區多了一條免費的聯外捷徑，這時即使直接的財務收入為零（亦即財務可行性不及格），但如間接外部效益夠大，它的投資評價仍可能過關。這是因為經濟可行性分析打的是宏觀的「大算盤」，不論成本或效益直接或間接承受者為誰，它都一概計入。

近代公共政策的設計，通常都會儘量設法將外部成本或效益內部化（internalize）。例如，我們對排放廢氣、廢水的生產者都會處以高額罰金或稅金，逼使他們必須投資處理設備，直到排放物達到法定標準為止。此外，我們也可根據使用者付費的原則，在公路上設置收費系統向用路人收取通行費。

不論是硬體面的公共基礎建設，或軟性的其他公共政策，它們在評價上都必須兼顧「經濟發展、環境保育、社會公平」，亦即發展性、可持續性、公平性等三個面向。例如，公共工程建設必須通過環境影響評估的程序，就是在確保發展性與可持續性間的平衡。

■ 企業經營

企業經營通常都會以「員工、顧客、股東」為對象，提出「企業價值金三角」的概念。不過，員工、顧客、股東所追求的價值並不相同：員工要薪資福利與就業保障、顧客要價廉物美、股東要投資利潤與低風險。從決策角度看，這三個目標是相互衝突的，但它們也可調和成具有彼此拉抬效果的善性循環關係，這也就是「企業價值金三角」的旨意。

不過，有鑒於近年全球性金融醜聞、大規模環境污染事件頻傳，乃至於全球化趨勢下所產生濫用廉價勞工等問題，國際商管教育界開始提倡「企業社會責任（corporate social responsibility）」的概念，一方面認為企業應對自己所座落社區善盡應有的公民責任，而跨國企業更須善盡世界公民責任；另方面也強調公司治理（corporate governance）概念，要求企業訂定規範來避免擁有董事席次的大股東作出利益輸送與剝削小股東權益的決策，以及防範專業經理人以權謀私，發生代理人道德風險的行為。

這些概念不僅提醒企業經營不應唯利是圖，讓無辜的投資大眾成為受害者，並強調應把受到企業經營直接、間接影響的外部利害關係人（stakeholder），都納入企業決策的考量範圍。因此傳統的「企業價值金三角」納入這些新理念後，就可修正並建構出如圖 5.4 所示的「企業價值金字塔」：(1) 除員工、顧客、股東外，再加上外部利害關係人這一對象；(2) 股東這一對象也必須細分成大股東與一般投資大眾兩個角色。

評價過程須知

對方案後果作出評價，由於它具有主觀性，因此是一項必須審慎進行的工作。以下是評利弊必須注意的問題。

■ 評價的相對性

價值判斷決定於情境；事物的價值決定於評價者的立場。

價值判斷決定於立場與觀點　《淮南子．說山》有「箭無虛發、竿無虛擲，對於射箭與釣魚的人來說，固然是善射與善釣的表

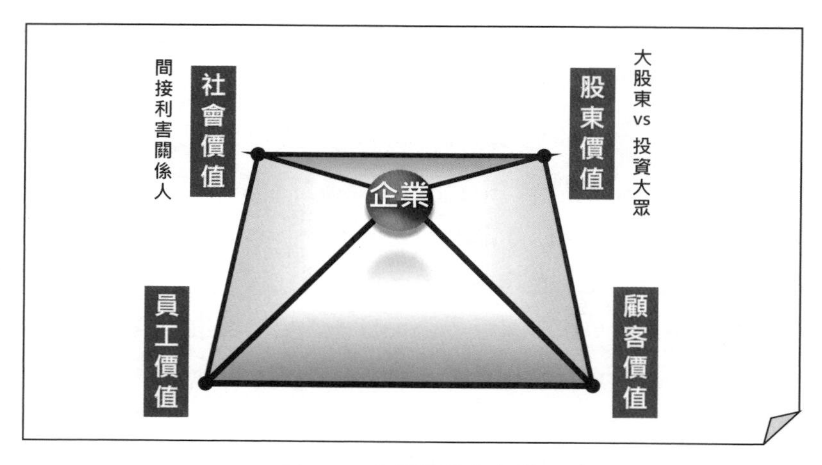

圖 5.4 企業價值金字塔

徵。但是對於被射與被釣的鳥獸和魚鱉來說，卻是大大的不善」的說法，這句話充分說明價值判斷的相對性。

■ **誰得、誰失？**

誰的得？誰的失？ 例如兩個接壤縣市轄區界河上興建的堤防，在評估工程效益時，便不可將右岸的防洪效益與左岸的淹水損失直接加總，當作全案的「淨效益」來計算，因為「左岸的失」與「右岸的得」兩者主體不同，所以得方的一單位與失方的一單位之間，並不存在可互相抵消的關係。

由於評價有相對性，因此在進行候選方案利弊得失分析時，就不能囫圇吞棗，把利弊得失不分青紅皂白地炒成一鍋；而須針對不同的利害關係人，區分清楚：得是誰的得？失又是誰的失？這種講究不止是公共政策衝擊分析必須做好的基本功課，也同樣適用在企業決策的分析上，去分辨這些利弊得失究竟是落在哪一種人身上？是員工、顧客、大股東、社會投資大眾，或其他間接的利害關係人？

■ 誰作的評價？

評價的相對性，從關係人觀點，凸顯出方案評價必須講究「誰得、誰失」的問題；而從評價資訊的提供上，則須講究「是誰作的評價」問題。《戰國策》有一則談到客觀評價之難的故事。

鄒忌窺鏡　鄒忌身長八尺，形貌俊美。一天他穿戴好衣冠，邊照鏡子邊問太太說「我跟城北的徐公誰比較俊美？」他太太說「當然是你美，徐公哪能跟你比呀！」鄒忌並不相信，就再問侍妾同樣的問題，侍妾也回說「徐公哪有得比呀！」後來有客人來訪，鄒忌又乘機問客人「我與徐公誰美？」客人也說「徐公沒有你美！」第二天，徐公親自到訪，鄒忌仔細端詳後，自嘆不如；再攬鏡自照，更覺差得很遠。後來頓然想通：「我太太說我美，是因偏愛我；侍妾說我美，是因怕我；客人說我美，是因有求於我。」於是第二天就把這個心得報告齊威王，並接著說「齊國領土方圓千里、城池百廿座，後宮眾多嬪妃，無不偏愛大王；滿朝大臣無不畏懼大王；國境之內無不有求於大王。因此大王被蒙蔽的情形恐怕非常嚴重！」威王說「講得好！」於是下令：不論官員百姓，凡能當面指責國王過錯的就有獎賞。

鄒忌窺鏡的故事，反映出有時要獲得事物的客觀評價是很困難的，因為光是提供資訊這件事的本身就可能很「政治」，決策者稍不留意，就會被涉及利害關係或另有居心的資訊提供者刻意誤導；這是「集體失智」發生的一種原因，也是法律上訂定「因利益衝突而必須迴避」等規範的立論基礎。

■ 評價者的主體性

方案評價的相對性是從 (1) 決策利害關係人，或 (2) 方案評價的資訊來源的角度來觀察時，決策過程所須注意的問題。接下回到決策的主體——決策者本身——來觀察當事人價值觀對評價的決定性影響。《史記》有一則與范蠡有關的故事，可用來說明評價者主體性的意義。

范蠡救子　勾踐復國後，范蠡退隱齊國陶地經商，不久就成巨富。後來二兒子在楚國殺人被囚。范蠡正打算派小兒子帶重金去找老友莊公幫忙，但大兒子極力爭取由他去營救弟弟，媽媽也從旁幫腔。范蠡拗不過只得答應，但特別交代「把錢如數交給莊公後，就趕快回來，莫再過問」。長子到了楚國把重金交給莊公，莊公要他儘速離境，但長子非但沒離境，還另動用帶來的私房錢，向楚國高官下功夫。而莊公收下重金後，一方面跟家人說這些陶朱公的錢不要動，等事成後還他；另方面就去見楚王說「近日夢見災星臨頭，恐怕是凶兆。」並建議以施行德政避災，楚王欣然同意。不久楚國高官回報長子，楚王很快就要大赦了。長子一聽，既然大赦弟弟自然得救，重金豈不白送莊公？於是就再去找莊公，莊公嚇了一跳說「你怎還沒走？」長子說「這次為弟弟的事來楚國，現聽說弟弟馬上要被大赦，所以特來辭行。」莊公聽懂來意，冷冷地說「錢在裡頭，自己進去拿吧！」長子高興地把重金帶走，莊公卻惱羞成怒，再去見楚王說「我今天走在路上，聽到每個人都在說大王的大赦不是為楚國消災解厄，只是為了放走朱公子。」楚王大怒，就下令先將朱公子速審速斬，等次日再實施大赦。結果長子只領了一具弟弟冰冷的遺體回家。媽媽悲痛萬分，陶朱公很看得開說道「我早知大兒子救不了弟弟。不是他不愛弟弟，而是他從小跟我們一起吃苦長大，捨不得賺來的每一分錢。我想派小兒子去辦這事，就因他出生時我們已很富裕，對於錢財只要用在該用的地方，就不會吝惜。這個道理早就擺在那裡，因此大家不用太悲傷。」

這則故事告訴我們兩點：(1) 價值觀不同，行為模式就完全不一樣。長子吝惜財物，精打細算過頭，功敗垂成，反而害死了弟弟。幼子出手寬綽，不鑽牛角尖，應該不至於去做會讓莊公惱羞成怒的事，所以可能不僅哥哥不會被處死，而且重金還會被莊公原璧歸還。(2) 范蠡拗不過太太的堅持，派大兒子去救弟弟，結果大兒子熱心過度又吝嗇成性，把事情搞砸了，讓弟弟也因此送命，他卻沒怪罪大兒子。這反映出范蠡深知自己雖授權大兒子去辦事卻沒辦成，但要承擔後果的不該是大兒子，而是他自己。這也就是「權可授，責不可授」的道理。

評價的主體性也可用暴發戶與勤儉致富者的行為模式差異來說明。暴發戶因為財富得來容易，凡事表露炫耀的心態，就怕別人不知道他（她）有錢；而勤儉致富的人，因為財富是一分一毫累積起來的，比較能夠了解世事無常的道理，所以行為上就會比較低調。面對風險時，後者就會傾向採保守的「避險」策略，而前者就會採取大膽的「趨險」策略。這種態度取向，就會影響接下要討論的取捨行為。

三、作取捨

簡單的決策問題，完成評利弊後往往不需作取捨，對策就已清楚浮現。但多元方案多重情境的決策（如布氏用兵），方案評價與取捨則是很清楚的兩階段動作。不過，有時即使情境單一，但因決策涉及不確定性或風險性，以致對策往往也不會在評價後自然浮現，這時評價與取捨也就必須分成兩步來走。接下討論具風險性的情境中的取捨行為。

取捨與風險

面對風險的取捨

《莊子》有一則寓言可用來說明當取捨與風險相遇時，決策者的心理反應。

朝三暮四、朝四暮三 宋國有個老人養了一大群獮猴，他與猴子間已可互通心意。後來老人的家道中落，必須控制猴子的食量。老人就哄猴子說「給你們吃橡樹果子，上午三顆、下午四顆，這樣夠不夠？」獮猴知道後，就群起鼓譟，大表不滿。過了一會，老人再說「吃橡樹果子，上午四顆、下午三顆，這樣好不好？」獮猴們就開心地接受了。

這則寓言中獮猴吵得好像沒道理，因為不論哪種分法，最後吃下肚的總數都一樣，但如加上風險因素來思考，獮猴的行為就講得通了。因為根據避險觀點，早上到手的橡果是「一鳥在手」的確定利益，而傍晚才能拿到的橡果則是「眾鳥在林」的不確定利益。所以，即使表面上看來結果相同的兩個選項，但在避險心理下就會偏好儘早拿到最多的確定利益。

接下想像一個「拿現金」或「拿中獎率為 50% 彩券」二選一的假設性實驗。

現金或彩券 當「現金為 50 元，彩券面額為 100 元」時，有相當多的人會選彩券，因為 50 元現金不拿並不可惜，但選彩券就有一半機會得到 100 元。不過，當把問題規模放大一萬倍，將它變為「現金 50 萬元，彩券面額為 100 萬元」時，那麼原本選彩券的一部分人，就可能會改選現金，因為100萬彩券一旦落空，就會為了沒有去拿那50萬現金而懊悔不已。事實上，根據傳統的評價方式，兩種選擇的期望值（expected value）完全相同；只不過在所涉現金額度較少時，許多人的眼光往往會落在獎額高、但風險也高的彩券上；而當所涉現金額度變大時，人們眼光就會移轉到額度雖較低，但風險也較低的現金上。更有趣的是，每個人從選擇彩券到改選現金的轉折點並不相同：例如，個性保守的人會在規模放大到一千倍時，就改選現金；但賭性強的人，可能要等規模放大到十萬倍或更高的倍數時才會改變。這種取捨轉折點的高低，除涉及個人財力大小的因素以外，主要決定於決策者面對風險時，究竟是傾向冒險或傾向避險的取向。

上例顯示決策者面對風險時，會隨著情境轉變而發生行為逆轉的現象，這也使決策的評價與取捨自然成為兩個不同的步驟。以下介紹分析趨險與避險行為的工具：功效曲線（utility curve）。

風險下取捨的功效曲線

圖5.5是以上述「現金或彩券」案例為背景所繪製「價格對價值」的功效曲線。圖中橫軸代表實際交易「價格」，對現金來說就是面額；而對彩券來說，則是在一定獎額與中獎率情形下，持有人願意讓別人用現金來交換的價格，簡稱「彩券的現金對價」的「確定金額當量（certainty monetary equivalent, CME）」。縱軸是以期望值作為衡量的決策者感受「價值」。圖中45°斜虛線是期望值線，S形的實線就是決策者心目中彩券的功效曲線。

圖5.5顯示，當現金「價值」亦即面額A為50元時，對選擇拿彩券的人來說，別人必須拿出高於A的A_1交易價格（現金對

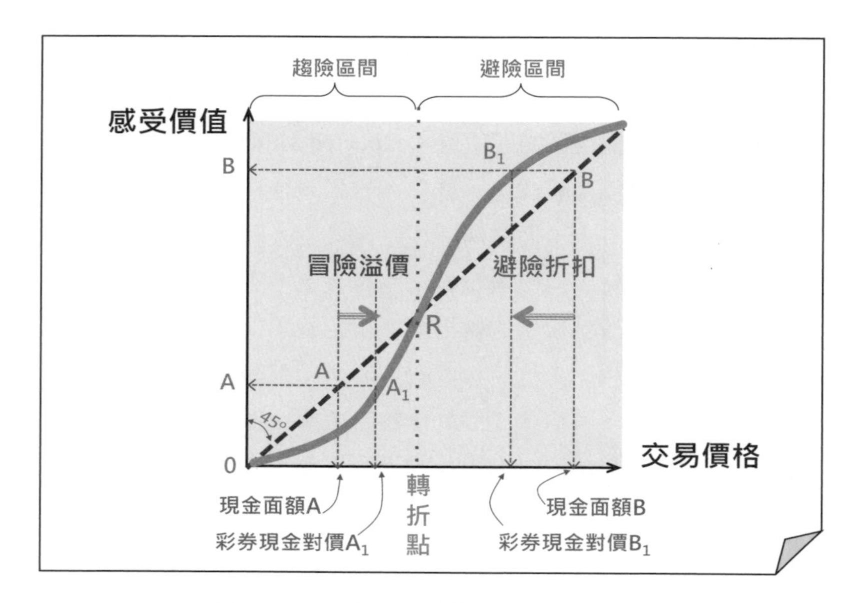

圖 5.5 功效曲線—決策價值取向的轉折

價），才願意交換所持的彩券；因為在持有人心中的彩券價值比現金為高。這一交易價格 A_1 與現金 A 間價差，稱為趨險者心中的「冒險溢價（risk premium）」。

但當案例中現金價值提高 10,000 倍，變成 B=500,000 元[2]時，這時圖中原本選擇持有彩券的決策者就會改變心意，願意放棄彩券改選現金，代表決策者這時願以小於 500,000 元的 B_1 交易價格把彩券出脫給別人；因為在決策者心中這時的現金價值較高。這一 B 與 B_1 間價差，是避險者願意接受的「避險折扣」損失。

不論是溢價或折扣，代表的都是決策者面對風險時，心中的價格與價值間的落差。圖 5.5 中的 R 點是決策者價值取向的轉折點，它的左側方代表決策者採取趨險取向，而右側方則是避險取向。案例中現金額度的「量變」——從 50 元放大為 500,000 元——是促成上述決策者價值取向發生「質變」的原因。

趨險或避險的價值取向決定人們的抉擇行為模式。功效曲線以圖解分析法分析這種現象。通案來說，功效曲線有圖 5.6 所示五種不同態樣。圖 5.6A 與圖 5.5 相同，代表「先趨險再避險」的決策行為，也是俗稱「窮算命、富燒香」的模式——人窮則無恆產而無恆心，所以會尋求冒險以期獲得戲劇性翻身機會；而人富有後因患得患失心理加重，所以會惜福避險、祈求持盈保泰；圖 5.6B 的直線與 45°期望值線完全重合，這是直接根據期望值來作抉擇的行為模式。不過，一旦出現期望值相同，但風險不同的選擇情境時，它就會陷入無所適從的狀態。所以它有實用上的侷限性，應用前應先確認它的適用性。

圖 5.6C 下弦月狀的曲線，代表賭性堅強、性好冒險的決策者。在相同期望值水準下，不確定彩券獲利的價值永遠高於確定的現金報酬，只要有任何一搏的機會都一定會下注。

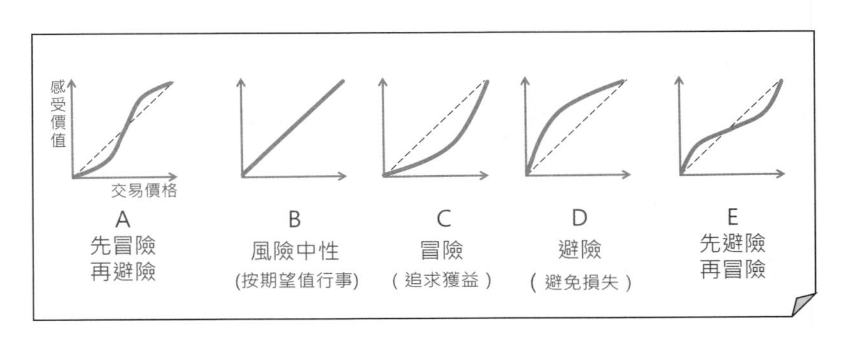

圖 5.6　各種可能的抉擇行爲功效函數

2 設想圖中座標縱、橫軸都是對數座標，離原點越遠的點位，數值呈指數倍增。

圖 5.6D 上弦月狀的曲線是個性保守、完全不願承擔任何風險的功效曲線；45°的期望值線全部落在功效曲線右側，代表在相同期望值水平下，確定現金的價值永遠高於不確定彩券的獲利，所以是典型的風險規避者（例如前面提到的獼猴）。

圖 5.6E 則是「先避險再冒險」的行為模式。代表決策者在避險區間內（圖中轉折點左方上凸線形），因為已經累積了相當資源後，接著開始出現「即使犧牲一部分資源也無所謂」的冒險心理（圖中轉折點右方的下凹線形）。

價值取向的改變

決策者面對選擇的取捨，決定於當事人決策當下的價值取向。同一個人在不同情境下所表現的行為，有時必須視為相同情境下，兩個不同的人的行為。我們可用改編自嚴歌苓原著的電影來說明。

少女小漁　少女小漁隨男友偷渡到紐約，整日在成衣工廠當非法外勞，男友則一邊唸書一邊在魚市場打工，生活極為吃緊。為了讓小漁取得綠卡，並為自己將來可申請居留，男友安排「假結婚」把小漁「嫁」給一個美籍義大利老頭。結果小漁搬進老頭家裡，使老頭原來的女友滿肚子不高興；而小漁和老頭日漸建立的樸實友誼，也讓男友心生嫌隙，致使劇情出現轉折。電影利用片中插曲〈決定〉表達小漁對人生想法發生轉變，醒悟到不應只是一味無條件地遷就男友，而應為自己的人生作出抉擇。

這部由張艾嘉執導，得獎無數的電影，一般人會把它視為一部宣揚女性自主意識的作品。本書則認為這個故事正好用來說明：一旦人生價值觀發生改變，主人翁行為模式也將翻轉的現象。

小漁的心境轉折可用圖 5.6E 來表達。在先前逆來順受的階段，她的價值取向是避險、不挑戰傳統價值觀；但在劇情出現轉折後，她的心態已跨越圖 5.6E 中的轉折點，選擇了挑戰傳統價值觀的自主意識，作為自己新的價值取向——這相當於她從此走出避險區進入冒險區，願意去承擔未來生活上所將遭遇的各種風險。

價值取向的表裡

價值取向與實際行為表現間的關係，如果進一步加以檢視，往往會發現它們之間其實存在連當事人都不自覺的認知矛盾。好萊塢在 1970 年代發行的《誰來晚餐（Guess who is coming to dinner）》電影，可用來說明這一現象。

認知與行為的矛盾

誰來晚餐　保守的美國 60 年代，一個思想開明、倡導自由主義、反對種族歧視的加州報社主編，在女兒帶了黑人男友回家，並宣稱要與他結婚後，卻頓時陷入手足無措的窘境。劇情的內容就在描繪當事人如何從震驚、掙扎，進而反省、超越的整個心路歷程。這部電影反映：人們所宣稱的價值觀，有時必須要經過設身處地的利害與得失試煉後，才能證實這些價值觀，究竟只是嘴巴說說而已的假冒偽善與高調，還是表裡如一的真正信念。劇中男主角遭遇的就是這樣的試煉：自己平日根據理性所選擇的價值取向，與自己當下的感性反應（對女兒未來幸福的關懷）發生了嚴重的衝突，無情地揭露了潛藏在他心中的認知矛盾，因而造成極大的心理震撼，並也引發深度的反思與掙扎。結果使他徘徊在兩種選擇當中，不知如何抉擇：(1) 究竟該繼續堅持自己素來所宣稱的信念，而不顧自己對女兒婚姻前途的擔憂；或是 (2) 乾脆放棄虛幻的自由主義理想，讓自己屈服於感性的直覺反應，起而反對女兒的婚事。

劇情結局是：主人翁把女兒與她的男朋友未來婚後可能遭遇的各種困難，毫不隱晦地攤到桌上，提醒她倆必須要認清這些可預見且必然會發生的事實，並要她倆一定要有充分的心理準備去面對與因應。

取捨行為與社會常模

《誰來晚餐》電影中所反映的另一項人類行為特性是：人們所表現的外顯行為，往往與當事人的內在評價並不盡然一致，而是受到「社會常模（social norm）」影響後的折衷產物。

■ 取捨行爲的社會效應

一般人對某特定事物的態度，雖然取決於當事人對該事物的內在評價或偏好（當偏好為正面就會接納該事物，若為負面就會排斥它）；但要當事人對該事物實際對外表態時，往往就會受到周遭其他人對該事物所採態度的影響，而出現從眾（conformity）行為。例如，對某個公眾人物，儘管自己內在偏好喜歡他（她），但因親朋好友都排斥他（她），所以一旦別人要自己表態時，往往就會隱藏自己內在的獨立判斷而去屈從眾意。

這種從眾心理就是台灣俚語「西瓜偎大邊」的心態，它往往也是集體失智的主要成因。圖 5.7 是這種從眾現象的圖解分析。

圖 5.7A 的橫軸是內在偏好的座標，圖中的外顯行為完全決定於當事人的內在偏好，不受外來的干擾，所以它兩種狀態的分野是穿越座標橫軸原點的 MN 垂直線，亦即內在偏好為正面（縱軸右側）時就表態接納；內在偏好為負面（縱軸左側）時就表態排斥。

圖 5.7B 除多一條外在常模縱軸外，它的狀態分野線 MN 也變為穿越原點的斜線：這時當內在偏好與外在常模符號相同時（a_0

與 b_0 以及 a_1 與 b_1），外顯行為就與內在偏好一致（P_0 點與 P_1 點）；但當內在偏好雖為正值 a_0，但因外在常模是強度很大的負值 b_1，所以外顯行為的 P_2 點就落在排斥區塊內。

上述外顯行為的社會效應模型套用到「誰來晚餐」的劇情，可作以下分析：故事主人翁在沒有出現女兒要與黑人男友結婚的事件前，他對外公開表態反對種族歧視，相當於不考慮外在常模下自主表達的自己內在偏好 a_0，屬於圖 5.7A 模式。但等到出現了晚餐事件後，他的價值取向模式就被迫轉變成圖 5.8B 中的 P_2，因為他不能不替女兒考慮到外在常模 b_1 的存在。不過，經過一番在接納或排斥臨界線上的徘徊、踟躕、掙扎後，他終於站穩了接納的立場（相當於橫軸的內在偏好又再往右移到更堅定的 a_0'，而態度也就繼續落在接納區的 P_3）。這相當於古人所說：經過「見山是山、見山不是山、見山又是山」的心路辯證過程，主人翁的價值觀變得比以前更為堅定，更為圓融。本書第七章〈自組織〉的巨變論對上述現象有進一步說明。

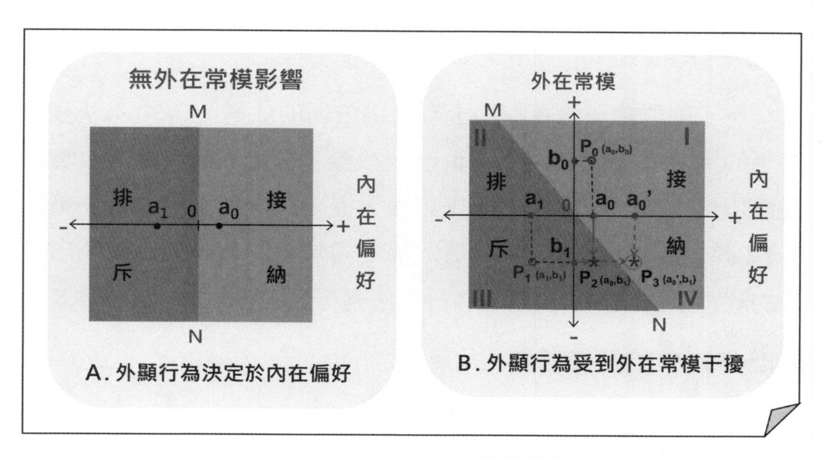

圖 5.7　外顯行爲的社會常模影響力

四、群體決策

本書討論的決策過程，到目前為止都屬決策者為個人的場合，所以具有張居正所說「謀在於眾、斷在於獨」的特性。不過，除了個人決策外，實務上也有把決策利害關係人，乃至諮詢顧問、調解者等一起納入決策過程的情形，包括董事會、議會等法定會議、特定議題導向的專案會議，乃至衝突的協商、談判等場合，這類決策就屬於群體決策（group decision-making）的範疇。

理論架構

事實前提與價值前提的不確定性

事實與價值是決策的兩個必要前提，其中事實前提涉及「是不是」、「能不能」的客觀認定；而價值前提則涉及「要不要」、「為不為」的主觀取捨。由於群體決策是在眾多利害關係人共同參與下進行，因此相關的事實認知與價值取向就必然趨向多元，致使決策前提充滿不確定性，也使決策的複雜度與難度也遠高於個人決策的場合。

為了使群體決策在程序上有可供依循的法則，1967 年匹茲堡大學的湯普森（James Thompson）教授，根據決策問題的事實前提與價值前提的確定性與不確定性，提出一個適用於群體決策的 2 × 2 問題分類法[3]，並針對這四種不同類型問題，分別歸納出最佳的解題策略。本書將湯普森分類法略作修正後，整理如圖 5.8。

問題類型與解題策略

圖 5.8 問題類型中，第 I 類是事實與價值兩前提都無爭議，性質最單純的「定義明確」問題。它的解題策略，理論上可用演算

法（algorithm）或邏輯演繹去推導出答案，而實務上通常也會應用標準作業程序（SOP）或遵循一般行政流程去解決。

第 II 類是價值前提雖確定，但事實前提不明確的「專業判斷」問題。它的解題策略，理論上需要蒐集更多資訊去確認事中之理，實務上則是進行調查研究，或者敦請專家諮詢等方式來取得關鍵性的事實認定資訊，以作為決策的依據。例如圍魏救趙的例子，齊王雖已確立要出兵救趙（價值前提已定），但對發兵時機的早晚，以及該直接馳援邯鄲或是包抄大梁等不同作法還在斟酌（事實前提尚待認定），所以等到軍師孫臏對各種選項的利弊得失作出專業判斷後，齊軍主帥田忌才據以下達發兵的軍令。

第 III 類是事實前提確定，但價值前提有爭議的「衝突化解」問題。以父子騎驢為例，不同騎法可贏得持哪一種價值觀的人的

問題類型與解題策略		價值前提 (價值判斷與取向)	
		確定 (一致)	不確定 (有衝突)
事實前提（事實與因果認定）	確定 (一致)	• 問題類型 I：定義明確 • 解題策略：演算、演繹、推論；應用標準作業程序	• 問題類型 III：衝突化解 • 解題策略：首長定奪；合議表決；協商、談判
	不確定 (有爭議)	• 問題類型 II：專業判斷 • 解題策略：蒐集更多資訊、發掘事中之理；調查研究、專家諮詢	• 問題類型 IV：渾沌待機 • 解題策略：等待時機成熟，將問題向其他三種類型轉化

圖 5.8　群體決策的問題類型與解題策略

3 James Thompson, 1967, Organization in Action, McGraw--Hall.

掌聲，相當明確（事實前提確定），但究竟應該採取哪一種價值觀作為行為的依據則舉棋不定。這類問題的解題策略決定於起衝突成員間的關係：(1) 在首長制組織中，部門間發生價值衝突時，「斷在於獨」的首長是最後拍板者。(2) 在合議制[4]組織中，一旦出現價值爭議一般是以少數服從多數的表決機制來定奪，但實務上多會儘量以修正決議內容、包容各方意見的方式來達成協議。(3) 對於沒有正式組織關係的兩造，發生價值觀衝突時，通常是採協商、談判等方式來解決爭端。

第 IV 類問題因兩前提都不確定，是缺乏處理基礎的「渾沌待機」問題。由於這類問題解決時機尚未成熟，因此它的解題策略就是等待，亦即等到事實與價值兩前提中，有任何一前提從不確定轉變為確定後，問題才有機會從第 IV 類轉化為第 II 或第 III 類，出現解決的契機。

操作策略：跳躍漸進向第 I 類轉化

根據湯普森分類模型，決策者在涉入任何群體決策問題之前，首要認清自己面對的是那一類型問題，然後再決定採取那一種對應的解題策略。不過，實務上的決策問題往往是事實與價值兩前提都存在某種不確定性，因此不免落入任何問題都是第 IV 類問題的窘境。這時決策者就須判斷：是否可先從釐清「技術性」的事實認定爭議下手（視問題為第 II 類），或先從協調「原則性」的價值判斷矛盾切入，來化解雙方衝突（視問題為第 III 類）。因此為了避免決策陷入長期渾沌無解狀態，並在爭議各方都有願意坐下來一談的前提下，仍可能以「跳躍漸進」方式，以 Z 字型路徑

4 合議制組織的領導者（例如議會的議長），只是程序主持人，任務在維持會場秩序與會議的進行，沒有作實質決策的權力。

來化解膠著的僵局。

圖 5.9 顯示，面對第 IV 類問題（圖中點 0）時，雙方把價值矛盾暫時擱置，先從釐清事實認定的爭議下手（圖中點 1）；當事實前提獲得一定程度澄清後，再回頭尋求價值前提的可能交集（圖中點 2）；等價值前提建立異中求同初步共識後，再回頭就事實前提尚未完全釐清部分，重新攤開來討論（圖中點 3）……於是就以每次往前推進一步的方式，將問題狀態在第 II 類與第 III 類間來回跳躍，使雙方的事實與價值前提歧異逐漸縮小，一步步朝向第 I 類問題轉化、收斂（圖中點 n）。當然這一 Z 字型跳躍漸進模式，也可從建立初步價值共識下手，改走 0-2-1-4-3-n 的路徑。

本書提出圖 5.9 的跳躍漸進解題程序，使我們可將湯普森問題分類中原本無解的第 IV 類問題創造出解題契機，突破無奈等待的困境。這一跳躍漸進的動態解題策略，應用上的經驗是：(1) 雙方都要有願意坐下來談的誠意，這種「異中求同」的價值原則是啟動程序的必要前提[5]。(2) 事實前提涉及的技術可行性相對較單

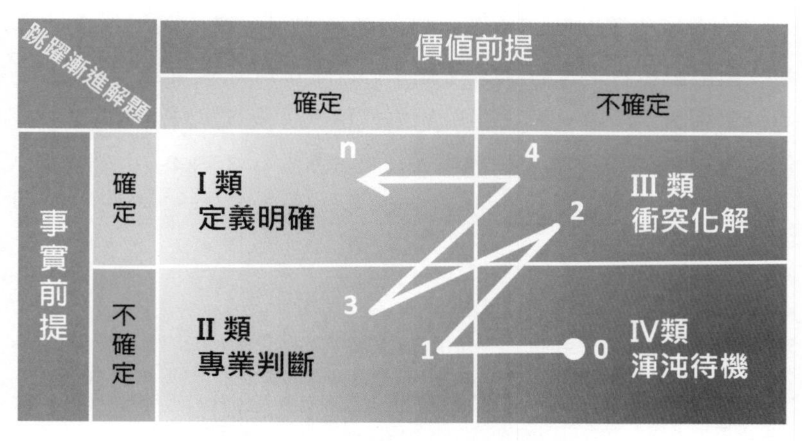

圖 5.9　複雜決策的跳躍漸進解題策略

純，所以先確認技術面（事實認定）可行解決方案的存在，往往是相對於尋求原則面（價值取捨）共識的優先選擇。

歸納來說，第 II、III、IV 類問題的解題過程，其實是一套問題類型的轉化過程，而第 I 類問題則是其他三類問題經過類型轉化後的共同回歸與收斂點。換句話說，其他三類問題只有轉化成第 I 類問題後，它們的不確定性才完全消除，解決問題的對策也才真正確立。

應用案例

「蘇花改」案例

第三章〈識〉提到的「蘇花改」就是當年交通部有意識地運用上述「跳躍漸進」法，來化解具有爭議性公共政策議題的一個案例。交通部先從重新定義問題下手，把該案由「環境保育」與「經濟發展」無從交集的原則性「要或不要」問題，轉化為在尋求「社會公平」前提下，兼顧「環境保育」的技術性「如何」問題，為問題的解決建立理性討論的平台。

於是爭議雙方暫時擱置各自的價值立場，讓公路局先根據專業技術規劃可行的工程方案（圖 5.9 的從 0 到 1），再針對具體的工程案判斷是否符合雙方預設的價值標準（圖 5.9 的從 1 到 2），然後經過來回的反覆溝通與修正（圖 5.9 的從 3 到 4……到 n），方才完成定案設計，並在環評會議認可後推動執行[6]。當時主辨環

---

5 檢驗雙方共同解決問題的誠意，可用彼此願意「共同分享」多少資訊作為衡量。

6 蘇花改工程當年為能順利推動，避免出現是為蘇花高速公路「借殼續命」的聯想，所以採「抓大放小」策略，在路線規劃上就以原有蘇花公路的起點為起點，而未直接銜接國道五號預留的高架橋。未來如因流量提高，以致蘇花改起點附近路段出現交通壅塞情況時，可根據情況進行改善。

評的行政院環保署的沈世宏署長也認為，「蘇花改」的規劃、設計、事前溝通等環評相關準備工作，是近年大型工程案件的模範。

國際案例

重大的公共政策議題很容易落入「渾沌待機」的困境。這時能否建立理性討論的機制，避免出現民粹化的集體失智現象，考驗的是民主社會的成熟度。以下就來對照英、德兩國核電政策的決策過程。

英國擁核政策　2008 年英國政府發表將開放新核電廠申請的政策白皮書。在確立這一政策前，英國政府採取了相當廣泛的公民參與程序，讓正反雙方進行充分論證，然後由政府將政策拍板。英國政府根據氣候變遷所造成廣泛而巨大的影響，確立減碳優先的大原則，並作出火力發電必須逐步淘汰的決策。又因判斷再生能源在未來 20 至 30 年內，它的成本與可靠度都還不可能用來取代火力發電的基載能量。因為風力與太陽能受天候影響，每日可發電時間只有 15~25%，加以電力還不能儲存，無法進行尖離峰電力調節；至於水力只有特定國家有優勢，英國沒有這方面條件。所以，為確保國家未來經濟發展所需「低廉且充足」的電力，英國政府決定接納核能作為電力重要來源的政策。對於一般人關切的核安問題，在日本爆發福島事件後，英國政府曾立即成立專案小組檢視核電運轉風險[7]，並在 2011 的當年就發表確認英國核電安全無虞的白皮書。至於最難處理的核廢料則評定「未來新核電

7 在國際原子能總署（International Atomic Energy Agency）用來反映各國核能機組營運績效的 UCL（Unplanned Capacity Loss）指標排名中，日本相對排名都落在後段班，不僅不能與名列前茅的台電機組（2012-2014 年全球排名第六）相提並論，並且也落後排名在台灣之後的美、德、英等國。

廠所產生的廢料，可送往目前存放老核電廠廢料的中期儲存場一併存放，短期沒有任何安全的顧慮。」對於最終核廢料儲存場的規劃與選址，他們認為那是長期問題，承諾將與關切這一議題的公民團體，持續來研議相關對策。

德國非核政策 歐盟各國對於氣候變遷的影響，普遍採取比其他國家更嚴肅以對的態度，所以在優先淘汰火力發電這一議題上，德國基本上採取與英國一致的立場。不過，在替代能源的選擇上，德國就採取了與英國完全不同的路線——它以風力與太陽能作為替代電源，對核能則採短期減核與最終非核的政策。德國採取這種能源政策有兩個與英國不同的背景條件：(1) 因為德國可從歐陸相互聯結的大電網（其中有相當數量是其他國家核能電廠所發電力）中，以輸入（購買）、輸出（躉售）電力方式，來確保基載需求不發生缺電風險，另方面也可用來調節再生能源發電無法儲存的不穩定性。(2) 說服德國國民接受非核政策下所導致的高電價現實（德國電價至少比其他先進國家貴 2 至 3 倍），並且在國民日常生活上鼓勵養成全面節電的習慣，例如：德國人洗衣後普遍不用烘乾機、室內照明偏暗、夏天不開冷氣、冬天用瓦斯取暖（但燃燒瓦斯仍然排放等同燒煤一半的排碳量）。

能源政策的前提是技術可行性與政策價值取向，而取捨的依據是不同選擇的預期後果，這些後果必須根據客觀事實來認定，而不能有主觀的選擇性認知或雙重標準。任何選擇的後果必然各有利弊，所以選擇前必須以理性的態度，認清各種政策選項後果的得失優劣，因為作出選擇後就須概括承受它所有的後續衝擊。

英國與德國的案例都是在認識到火力發電對氣候變遷所造成巨大影響的事實前提下，作出必須抑制火力（含天然氣）發電的決定。但在替代能源的選擇上，這兩個國家就在不同的客觀環境與價值觀下分道揚鑣。英國不止要減碳，同時也要低廉電價，所以它在確認核能安全的可控制性後，選擇核能作為自給自足電力的重要基礎。而德國為實現減碳目標，選擇由國民承擔高額電費以及用歐陸電網來調節電力供需的方式（即使這些從外輸入的電量仍有很高比例的其他國家核能電源），採用了目前技術上還不成熟的風力、太陽能，取代本身核能作為頂替火力發電的能源。

上述英、德兩國的擁核與非核政策決策過程，也可用圖 5.9 的跳躍漸進程序來理解。英德兩國都先以理性的態度確認事實前提（圖中 0 → 1），去了解各種能源選項的特性，以及採用後所需承擔的各種後果。然後再進行價值取向的論證（圖中 1 → 2）。英德兩國在 III 象限裡都取得了在減碳目標下，必須抑制並降低對傳統火力發電依賴的結論[8]；但在取代火力的替代能源上，英國因為追求低電價採取了擁核的立場；德國則不惜忍受高電價以及從外輸入尖鋒需求電量的方式而採取非核政策。

在確立了擁核與非核的價值立場後，英德兩國又必須從 III 回到 II 象限（圖中 2 → 3），從客觀事實認定的基礎去釐清在各自擁核與非核政策下，民眾所需承擔的風險與代價。等到政策廣為民眾周知（圖中 3 → 4）並接受後，問題狀態就循著 4 → n 由 III

8 火力發電的排碳量，以台灣為例：依台電估計，2016 年燃煤電廠合計約有 1,000 萬瓩發電能量，而當火力全開時，每天的二氧化碳排放量如予以液化的話，需要用大約 140 萬個 55 加侖的汽油桶才能裝完，相當於台灣一天汽油消耗量的 10 倍。至於天然氣每度發電成本較燃煤高 2 倍，它每度二氧化碳排放量其實也高達燃煤發電的一半。因此與燃煤電廠同樣的發電量下，燃氣廠所發的電不只成本增加近 2 倍（2016 年瓦斯價）；而排放的二氧化碳經液化後，每天也達 70 萬個汽油桶的巨量，相當於台灣一天汽油消耗量的 5 倍。

類轉化為 I 類，政策的事實與價值前提的不確定性已經消除，執政者可按照標準程序去進行政策的細部規劃與執行工作。

政府治理問題

事實上，要化解第 III 類的價值衝突，對於經民意選出的立法機關、依公司法成立的董事會等法定的合議制組織來說，都自有一套依法決議的治理機制。至於就特定議題舉辦的專案性公民參與活動，要化解價值衝突，理論上有兩種收斂方式：

1. 由過程參與者逕行作出問題對策的取捨定奪，然後由政府據以執行。不過，這將出現很嚴肅的法理正當性問題——相對於監督行政權的立法權，這些參與者應經由何種法定程序產生？參與者的代表性基礎為何？所行使的權利是什麼性質？更重要的是：所作決策的後果責任，該由什麼人（或單位）、以什麼方式來承擔？以上這些問題都對「政府治理」的基本原理構成嚴重挑戰。

2. 這一參與過程也可只做到「評利弊」而不「作取捨」；只將不同價值觀對政策所作的評價，予以平衡而完整記錄，最後的價值取捨與政策裁量仍留給政府，並由它來作決策以及承擔最後的政治責任。這種程序其實才是西方公民參與或公民論證（public deliberation[9]）的基本精神，也是英國核能政策的公民參與所遵循的過程。至於握有行政權的政府為尊重民意，必要時可將上述公民參與過程中所產生的正反兩方資訊予以公開，並以此為基礎進行公民投票，依憲法跳過代議制度，直接由全民來定奪重大政策的取捨。

9 本書認為 deliberation 應譯為「論證」，較目前常用的審議，意義上更為貼切。

不過，要特別提醒的是：以公民投票方式來決定公共政策，最困難的挑戰在：如何把公民所投下那一票的後果，在事前讓投票者完全搞清楚。就以核能政策為例，投票者不能只知道票投下去會決定某座電廠啟不啟動，更要讓公民知道啟動與不啟動所代表的後果，包括：會不會缺電？電價會變得多高？污染可改善或會惡化到什麼程度？發電的安全風險有多少？……等客觀事實的資訊[10]。

這兩個外國案例的真正重點是：在作出價值判斷前的事實認定必須客觀、平衡、理性，絕不可以自欺欺人的心態，來處理影響重大的民生、經濟與國安問題。例如，英國須公開面對核安議題，並作出清楚的評估與交代，爭取全民支持；而德國則須告知國民，放棄核能改採再生能源，在電價與節電方面所須付出的代價，以及要從國外輸入多少核能與非核能電力的事實。唯有在這種理性的事實認知基礎上，公共政策的決策才有合理的基礎。

五、決策結語

決策是一個引人入勝的議題，可從許多不同觀點來定義它。首先，從認識論觀點看，決策的發生以及它的核心意義是面對選

10 對於公民投票這一手段，英國「脱離歐盟」公投結果揭曉後，引起舉國譁然，並有應仿效法國舉行二次公投，以使公民們有「再思後二次表態機會」的廣泛討論。出現上述現象其實代表用公投來處理複雜的公共政策時，即使是英國這種老牌民主國家，也都無法在投票之前，讓公民們充分了解公投後果的正反具陳完整訊息；而根據後果來作抉擇是理性決策的基礎，因此當投票人是在連後果都還搞不清楚情形下就把票投下，這種公投結果就難説是理性的選擇。而法國人則對此現象有先見之明，因此即使是較重大的一般選舉投票，都設計出可兩次投票再定奪的機制，以減輕一次投票就一翻兩瞪眼情形下，投票人所必須忍受的「自作自受」後悔度。

擇作出抉擇的行為，而它的構成則可區分成見識謀斷四個不同的層次。其次，從方法論觀點看，決策是針對特定問題情境，在事實認定基礎上所作的價值判斷。再次，從手段－目的觀點看，決策是用來發現問題、解決問題的手段。最後，從價值論觀點看，決策是追求「擇所當為、止於至善」的目標導向行為。本書第二到第五章，除了將見識謀斷四部曲依序說明外，也將以上提及的各種決策的定義融入在討論中。

上述所稱的方法論觀點，其實是把決策套入邏輯學的演繹推理架構，將事實認定與價值判斷設為大前提，將問題情境設為小前提，而決策就成為根據這組大小前提的命題所推導得出的結論。不過，在純邏輯學範疇裡，它只管推論形式（亦即演算過程）是否符合邏輯法則，而不管命題本身是否為真、為善。但把決策當作一種邏輯推論過程的話，它大小前提的命題是否為真或為善就須嚴加檢驗，否則就可能使決策者作出違反原意的決定。

命題的真假、善惡，與命題陳述的是屬於事實性或屬於價值性的訊息有關。事實性資訊涉及客觀事實或因果關係的認定，所以可細分為兩種情況：第一種是對已經存在事物狀態或屬性的認定，例如第一章〈概論〉「張三買屋」例中，對市區屋與郊區屋屬性的判斷；第二種則是對事物的未來狀態所作的因果預判，例如「圍魏救趙」例中，間接路線相對於直接路線所降低的預期風險。不過，不論是上述哪一種認定，它們都具有可被客觀檢驗，不會隨著決策者主觀意志或好惡而改變的特性。所以決策者對於這類資訊必須注意它們的「真假」，以避免被「非真」的事實前提誤導決策。以行業別舉例，法官判案根據的是已經存在的過去事實，術語稱為證據；而醫師治病根據的則是各種治療方法的未來預期效果，術語稱為預後。

價值性資訊涉及決策者的「主觀」偏好，沒有客觀的標準答案。不僅不同決策者的偏好會有很大差異，例如父子騎驢中的不同騎法，總有人可從不同觀點予以批評；甚至同一決策者的偏好也會隨著情境的改變而有不同。例如「張三買屋」例中，張三取捨標準會隨上班或退休身分的不同而改變；或如「彩券或現金」例中，當所涉金額改變時，趨險者就可能轉變為避險者。不過，價值性資訊即使再主觀，通過它所產生的決策仍須避免落入「內疚神明、外慚清議」的下場，所以決策者對於這類資訊所代表的「善惡」意涵，必須要有非常清楚的論證，以免自己作出悔不當初的抉擇。

至於屬於小前提的問題情境資訊，性質上也應以事實性資訊來看待，否則就會出現「選擇性認知」下的文不對題風險，甚至使決策者因不願或不敢面對事實真相而使整個系統陷入險境，例如花剌子模以鴕鳥心態面對成吉思汗的大軍壓境。

事實性資訊與價值性資訊是任何決策必須備的兩個大前提，如果欠缺其中任一前提，決策便無從進行，甚至即使兩前提都具備，但若事實性前提不清晰，抉擇仍將被誤導；而價值性前提不明確，抉擇仍將失去依據。

事實上，不僅宏觀整體決策是以事實性與價值性兩類資訊作為大前提，見識謀斷每一階段所處理的資訊也可二元分解（binary decomposition）為事實與價值兩大類。本書第二到第五章將見識謀斷分別展開成「察徵候、顯問題；審事理、定目標；籌對策、推後果；評利弊、作取捨」等八個子單元，也是以這一二分法作為方法依據。因此在「察徵候……作取捨」八個子單元中，按照所處理資訊的相對著重程度，可將「察徵候、審事理、籌對策、評利弊」等四項視為以事實認定為主的過程，而「顯問題、定目標、推後果、作取捨」等四項則視為以價值判斷為主的過程。見圖 5.10。

圖 5.10 的架構以見識謀斷為核心，向下根據事實與價值前提二分法，將見識謀斷予以二元分解成察徵候到作取捨八個下層子單元；而向上則予以二元整合，亦即見識收斂成「認識問題」，謀斷收斂成「確立對策」兩個更上層的單元；最後「認識問題」與「確立對策」相互結合就還原成為最上層的「決策」本尊[11]。

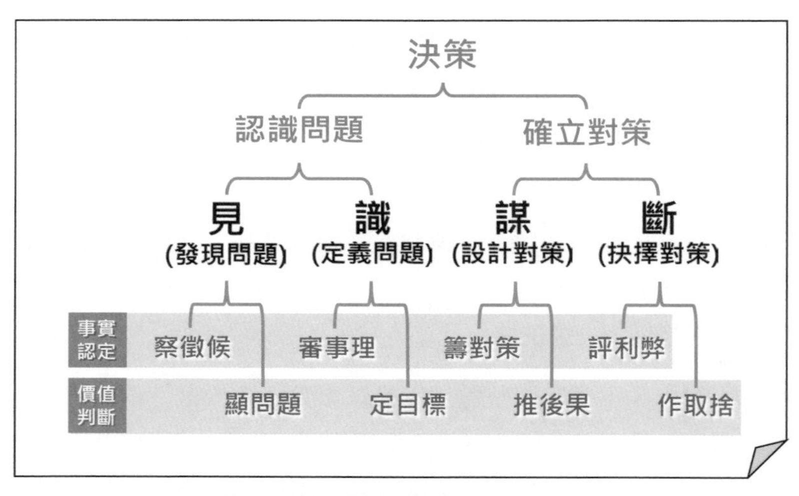

圖 5.10 見識謀斷四部曲的再展開

11 以見識謀斷四部曲為核心，往下展開與往上收斂的結果，宏觀看是一個「一生二、二生四、四生八」的二元化層級架構，與《易傳》「太極生兩儀、兩儀生四象、四象生八卦」結構相似。不過相對於八卦系統是以第二層「陰陽」概念作為往下展開的基礎；本書則是以居中第三層「見識謀斷」四單元為核心，再根據決策內在的邏輯結構特性，進行向下與向上的二元展開與收斂。

第六章

行

說明了決策的見識謀斷後，本章開始討論決策之後的執行問題。本書第一章〈概論〉提出執行力與執行成果兩概念，來說明執行的意義；並另將經理人以既有組織為工具，奉命行事的執行，與由領導者帶領以組織變革為入手點的執行，分別定義為小執行與大執行。本章以小執行為主題，進一步說明管理者在守常與應變兩種情境下，如何以組織作為工具發揮執行力、達成執行成果。另為滿足管理者因應與處理日常風險事件的需要，本章也針對危機管理議題，根據筆者的工作經驗整理出實用的原理與原則。

一、管理開門三件事——戰略思考、守常、應變

有經驗的管理者都會把「戰略思考、守常、應變」當作每天開門的三件基本工作。其中的戰略思考是指事豫則立，以遠慮化解近憂，並以實現未來願景為目標的見識謀斷決策工作；守常是指貫徹異常管理的組織自律規範，確保內因外緣和合運作，以現況維穩為目標的執行工作；而應變則是指面對不斷漲落變動的世界，採取以變應變來化解危機，使系統恢復穩定的執行工作。這三件一開門就需面對的事，可從兩個角度來說明其意義與重要性。

首先是「線上（on-line）」與「離線（off-line）」的角度。小執行的守常與應變屬於線上管理工作，而戰略思考則屬離線管

理。線上與離線之辨，主要提醒管理者不要讓自己的行事曆被日常例行性的線上工作塞滿，一定要給自己留出離線時間來進行反省與戰略思考（time to think），以避免落入忙、盲、茫的下場。尤其近年來，不論中外，許多管理者多有炒作短線、媚俗取寵的現象，凡事跟著股市或民調載浮載沉，完全沒有專業上的中心思想，全副注意力全部投入線上事務，以致忽略離線的戰略議題，因而對「重要但不緊急」的問題喪失了預謀對策的先機，使組織逐步陷入「溫水煮青蛙」的險境；另在「人無遠慮必有近憂」效應下，也將因而出現許多不必也不應發生的危機。

其次是處理開門三件事所需達成「對外因應環境、對內創造環境」的角度。所謂「對外因應環境」是帶領組織有效因應無常無明「系統之外」的外緣，以維持組織持續的生存與發展；這時領導者必須遂行「系統之上」的管理使命，也是大執行的戰略範疇。至於「對內創造環境」則是領導者必須為經理人日常「系統之內」的守常與應變工作，去創造執行條件與排除執行障礙的一種責任。

由於戰略思考因另有第九章專章討論，因此接下僅探討與小執行有關的守常與應變兩項議題。其中守常部分是執行成果 MAO 公式的進一步展開；而應變則相當於把「系統之外」的外緣因子 O 中不可測性予以放大檢視，再將它納入危機管理的架構來討論。

二、守常——日常管理

第一章〈概論〉中「企圖心 × 能力 × 外緣 = 執行成果」的 MAO 公式，是以執行者個人為對象所導出，以下則從群策群力的組織觀點將該公式展開，檢視它的構成內涵。

企圖心

組織個體成員是執行工作的基本單元，所以要談執行力就必須先從如何動員這些成員的執行動機，亦即企圖心談起。組織成員的企圖心受到組織文化以及組織績效考成制度的影響。張居正變法就是以嚴明的團隊紀律搭配有效的績效考成制度，激勵官僚系統來展現執行成果的案例。以下先談組織文化與紀律問題。

組織文化──成員人格特質、工作態度……

執行力強的組織，它的成員通常都擁有正向、積極的人格特質。這些人格特質使成員們分享共同的價值觀，並塑造出特有的使命必達組織文化。例如，美國西點軍校以「國家、責任、榮譽」作為校訓，西點畢業生再將這一套價值觀帶入軍中，從而塑造了美軍特有的文化傳統，也因此成就了美國軍事強權。

組織成員的正向人格特質由三個面向構成。首先，在人生價值取向上，這些成員必然都有：(1) 旺盛的企圖心──凡事主動積極，勇於承擔責任。(2) 強烈的成就欲望──與時俱進、不墨守成規，能以不屈不撓的毅力，克服挑戰、創造價值、爭取榮譽。

其次，在工作態度上，這些成員通常也都具有 (1) 敬業精神：專注執著、不辭勞怨，不放過細節、追求完美。(2) 行動導向：劍及履及，決定了就馬上做，絕不猶豫不決、拖泥帶水。(3) 贏家的自信：展現「只為成功找方法、不為失敗找藉口」的自我期許。

最後，在工作方法上，這些組織也必然強調 (1) 團隊精神：各守崗位、分工合作。(2) 不逞個人英雄：充分發揮如同訓練有素職業球隊「漏接補位、掩護助攻」的團隊默契與互信。(3) 成果導向：用智用力、達成任務、交出成果。

團隊紀律

紀律是組織得以發揮團隊執行力的根本依據。紀律是集體主義精神下，個體成員服從命令、遵守秩序、履行職責，具有強制性的一套行為規範。團隊紀律的建立以個體行為的自律、自制與自我管理為基礎，任何個體從加入團隊之日起，就等於簽下要服從組織目標的「心理契約」，承諾限縮自己行為的自由度。

紀律嚴明是任何團隊要成為一支使命必達、值得信賴的執行隊伍，所需具備的基本條件。有紀律的團隊，每一成員隨時隨地都知道自己所應扮演的角色與所應發揮的功能，並且彼此也都能以高度默契分工合作，成就團隊榮譽。

有紀律的團隊都知道執行工作的成敗決定於細節，也就是所謂「天使就在細節中」的道理——執行工作必須做到把隱藏在細節中，會使人感動的天使飛出來為止（這是「魔鬼就在細節中」的另類說法），所以它們會把這種精神反映在日常工作的態度上：凡事必然追蹤到最後一個環節，上緊每一顆該上緊的螺絲；也必然隨時保持高度的警覺與危機意識。而為了要做到「凡事走在問題前面」，也都會建立洞察趨勢、把握先機的能力，使自己能備變到位、應變有方。

總之，組織文化與團隊紀律是決定組織成員執行動機的兩大內在支柱。組織文化薰陶出成員特殊的人格特質、工作態度與工作方法，包括：積極進取的敬業精神、果決的反應力、講究細節的習慣、高度的團隊默契，以及與困難周旋到底的強韌毅力等。這些元素都被內化在每一個個體成員身上，匯聚起來就成為組織執行力的堅強基礎。以上的概念可簡化為下列公式：

團隊企圖心＝組織文化 × 團隊紀律　　（公式6-1）

能力

組織情境中的團隊能力是由成員知能、組織資源與執行機制三項因子所構成。所謂知能（know-how）是指團隊成員擁有與執行力有關的各種必要知識與技能的總和，而資源則是指團隊可運用人力、物力、財力的總和。至於所謂執行機制則指團隊成員用來分工合作、解決問題的組織結構與流程。以下分別說明。

成員知能

組織的知能決定於組織成員整體的素質。成員知能不足，有兩種改善方式：一是加強內部訓練，另一是對外徵才。不過，俗語說「千軍易得，一將難求」，有些職位所需的知能，不僅無法靠內陞或短時間訓練來滿足，有時甚至連向外求才，都不見得一定能找得到合適的人選。當然，大多數組織與團隊所需的知能，都是利用有效的教育啟發，以及嚴格的操演訓練就可予以培養。

組織資源

組織的資源在準備與運用上，必須先分辨清楚「打啥」與「有啥」兩者的差異。對於企圖心旺盛、使命必達的執行者，通常是根據「有啥打啥」的精神，將手頭既有資源發揮最大功效，來完成任務。這種情形其實是「為成功找方法、不為失敗找藉口」贏家思維的發揚。不過，對於執行者的上級領導來說，就必須反過來要根據「打啥有啥」的原則，去為執行團隊預先準備好執行任務所需的各種資源。基本上，「打啥有啥」是平時準備或戰略層次，「系統之上」應該遵循的原則，而「有啥打啥」則是戰時（臨場）應變或戰術層次，「系統之內」必須採取的態度。

執行機制——組織結構與流程

任何組織的設立都有它的目的，執行團隊（不論是常設部門或臨時任務編組）的存在也都有明確的任務目標。為了達成這一目標，執行團隊就須針對所要執行的任務，將它的成員進行分工合作的結構編組，並將執行任務的過程律定（成文或不成文）各種必要的標準作業流程（SOP，standard operation procedures），來明確化在各種不同的任務情境中，每一成員所須扮演的角色與所應發揮的功能。這套人員組織結構與作業流程，是執行團隊發揮整體執行力（群策群力綜效）的依據與憑藉，本書將它們合稱為團隊的執行機制。對於是由跨部門成員所組成的執行團隊，這一明確分工合作機制尤其重要。當然，這套機制除軟體面規範與準則外，往往也須搭配必要的硬體工具（例如，支撐團隊作業所需的資訊與通訊系統）才能發揮功能，但這些硬體工具需求屬於前述組織資源範疇。綜合來看，團隊能力可歸納成以下公式：

團隊能力＝成員知能 × 團隊資源 × 執行機制　（公式6-2）

外緣

在張居正案例中，作為變法執行工具的萬曆官僚系統，它的外緣條件可歸納為以下三大因子：(1) 上級的政策領導力、(2) 考成系統發揮的功能，以及 (3) 來自不可控外部環境的影響力。這一組外緣條件可予一般化，並用下列公式表達。

團隊外緣＝上級領導力 × 考成系統功能 × 外部環境條件

（公式 6-3）

上級領導力

上級領導力——指領導者見識謀斷的決策力，帶人帶心的人際影響力——是執行團隊被動承受的一項外緣因子。俗語說「兵隨將轉」，意思是：同樣一支部隊，平庸的將軍把它帶得士氣低迷、戰力不振；能幹的將軍卻可把它帶得鬥志高昂、戰果輝煌。這也是西諺所說「一頭獅子帶領的一群羊，能夠打敗一頭羊帶領的一群獅子」的意思。有關領導力議題，本書第八章〈領導〉另有完整說明。

考成系統功能

張居正的案例使我們知道有效的考成系統，可成為驅動團隊企圖心的一隻「無形之手」，讓執行團隊成員可在一個會被公平考核績效的環境裡，去貢獻最大的心力，分工合作完成使命，爭取團隊榮譽。

張居正變法整飭吏治所採用的考成系統，是一套符合目標管理（management by objective）精神的異常（例外）管理機制。圖

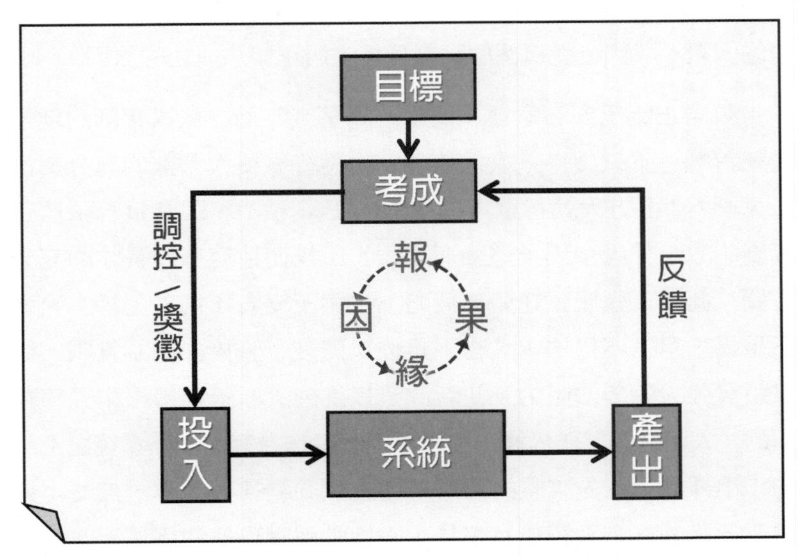

圖 6.1　考成系統的「因緣果報」負反饋機制

6.1 的考成系統是以「投入－產出」系統作為基礎，再針對它的產出建立反饋管道，以便與預設目標進行比對考核成果，然後決定：(1) 後續的投入應否作出增減的調控？ (2) 對產出的執行者需否進行獎勵或懲罰？

有趣的是：這一套考成系統，如用因緣成果觀點來理解，那麼投入是因，系統是緣，產出是果；再加上隨考成而來的獎懲「報」應，那就構成一個「因—緣—果—報」循環圈。

由內因 (M×A) 與外緣 (O) 所產生的「因—緣—果」效應是因緣成果原理所起的作用；而從個人情境進入到組織情境後，由於組織系統設置有目標導向的績效考成系統，因此使因緣成果過程增加了「報」的機制。這一機制的出現，就使領導者所掌握的「系統之上」外緣 (O)，對於組織成員根據內因 (M×A) 所產生的績效有了介入的著力點，並且使外緣因子在因緣成果過程中的意義，從單純的機會因素，擴大成為對組織成員的內因具有感應與影響力的因素。我們可從這個觀點來分析張居正變法成功的原因。

張居正比王安石幸運。他當政時皇帝年幼，他以帝師的地位擔任首輔，不只獲得皇太后信任，也獲得掌權大太監的充分奧援（見圖 6.2 上方大執行框內的「張居正$_{外緣}$」），因為這一張居正專屬的「小外緣」因子堅強而穩固，所以使他有施展長才的充分空間。此外，張居正在變法策略上也與王安石不同：王採「天變不足畏、祖宗不足法、人言不足恤」態度，直接向體制宣戰，結果引發強大的變法阻力，使新政難以推展；而張則搬出朱元璋親頒的《大明會典》作依據，推出考成制度作為官僚們「系統之上」的「小外緣」，先來整飭萬曆一朝官僚的紀律與效率，然後才運用改革後的文官系統作為工具，去推動與實現他的變法新政。這種分兩步走的策略是本書大執行的範例。

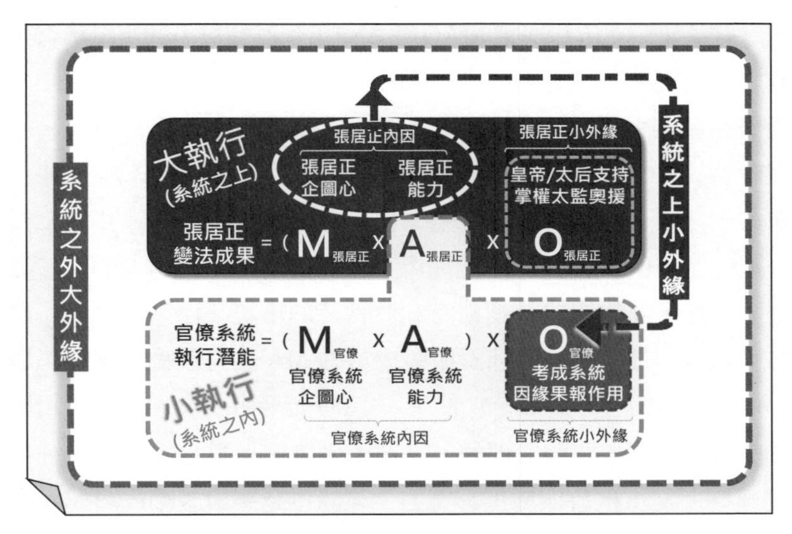

圖 6.2　張居正取得變法成果的大執行架構

圖 6.2 用兩個相互套疊的因緣成果 MAO 公式，將官僚系統的「系統之內」小執行嵌入張居正「系統之上」大執行架構之內。圖中有三個重點：(1) 在張居正的企圖心與歷史洞見（有鑒於王安石的失敗）下，創制了（圖中弧線箭頭所示）對官僚系統內因具有決定性影響力的小外緣（$O_{官僚}$）因子——考成系統——來激勵官員成就欲望（$M_{官僚}$）並用以篩檢官員行政能力（$A_{官僚}$），完成了文官系統紀律與效率的再造；(2) 這一行政系統整頓工作完成後，就使整個文官系統所產生的執行潛能，完全轉化為支撐張居正推動新政的能力（$A_{張居正}$）——如圖中下方虛線區向上突出嵌入「$A_{張居正}$」所示——成為貫徹他變法企圖心（$M_{張居正}$）的有效工具；(3) 圖 6.2 外圈「系統之外」的大外緣，代表張居正與萬曆官僚系統所需共同面對外在大環境，包括：如何推動安民生的新政，以及應付水旱天災，西北邊患、東南倭寇，乃至權貴土豪抗拒新政等。

歸納來說，因緣成果 MAO 公式運用到群策群力的組織場合，意涵上出現轉折。其中的內因 $MA_{官僚}$代表組織成員「無形之手」的潛在執行力；至於外緣 O，根據公式 6-3 則可再區分成大、小兩類——其中「大外緣」指「系統之外」的外部環境影響」因子；而「小外緣」則指「系統之上」的「上級領導力 × 考成系統」這一因子產生的影響力。因此從「小外緣」角度，領導者的「可見之手」除了為組織成員創造有利於執行的環境（原型外緣的「機會」功能）外，還需發揮對組織成員的 MA 具有激勵作用的影響力（小外緣的「影響力」功能）[1]。這時領導者所發揚的是「用勢不用力」的間接路線管理觀——亦即領導者可見之手利用小外緣因子 O 所提供機會與施加影響力，來間接誘導與激勵成員 MA 去成就事功。根據上述的概念，公式 6-3 就可轉化為公式 6-4。

$$
\begin{aligned}
\text{團隊外緣} &= \text{上級領導力} \times \text{考成系統} \times \text{外部環境條件} \\
&= (\text{上級領導力} \times \text{考成系統})_{\text{小外緣}} \times \text{外部環境}_{\text{大外緣}} \\
&= \text{系統之上}_{\text{小外緣}} \times \text{系統之外}_{\text{大外緣}} \qquad \text{（公式6-4）}
\end{aligned}
$$

因緣成果 MAO 公式中的外緣因子 O 的意涵，經公式 6-4 的展開與轉換後，就與第七章的自組織概念可相互銜接，本章在此先預留這一伏筆。

外部環境條件：大外緣

根據以上討論可知，外緣條件 O 在認定上具有相對性。對由經理人組成的執行團隊來說，上級領導力與考成系統都屬內部性

---

1 領導者上述兩種外緣功能，與人本管理的主張一致。本書從「生命系統自組織」觀點所作的演繹，與人本管理「勿將組織成員物化」思想不期而遇；不過，「自組織」概念除適用於日常管理的小執行外，對組織變革、戰略思維等大執行議題也具有重大啟發作用。後續章節即將討論。

的「小外緣」因子；當把經理人團隊與領導者看成一體時，組織之外的外部大環境才是他（她）們所須共同面對不可控制的「大外緣」條件。

■ 外緣因子的不可測性與無常性

以張居正變法為例，他的遺憾發生在萬曆皇帝成年之後。雖然他當政十年後，變法已見成效，但是重掌實權的年輕皇帝明神宗，因為本身個性的偏執，再加上過去受變法影響而喪失既得利益的權貴們從旁進讒與反撲，使支持變法新政的上層小外緣條件開始崩解，以致張居正終究沒有逃過他身故之後，蒙受被萬曆皇帝抄家、廢爵的莫大羞辱，一直到明熹宗天啟年間他的冤案才獲得平反。這種轉折充分見證了外緣因子對施政成果所具有的決定性影響，以及它的無常性與不可測性。

外緣因子的無常與不可測，除了可能肇因於人為主的因素外，還包括其他一般性的外部環境因素，例如大自然的水、旱、地震、流行病等天災；交通、工業、食品安全等人為災變；經濟、農業市場的榮枯，以及社會的治亂，乃至外患等現象與問題，它們都會嚴重影響執行的績效。

為因應執行外緣的無常與不可測，管理者唯有發展出「善策者多惕」的思維模式，並培養「作最好準備、也作最壞打算」，亦即凡事都比別人多想一層，多作一分準備的職業性工作習慣才能有效因應。

■ 培養守常與應變能力

歸納來說，一個勝任的管理者必然兼具「守常、應變」兩面向的決策與執行能力。對於日常工作中所遭遇各種會影響組織執行績效，但卻無法掌控的自然與人為等外部風險因子，管理者就必須根據風險管理與危機管理的概念，事先做好未雨綢繆、備變應變的工作。接下討論處理日常危機的應變知識與技能。

三、應變——危機管理

組織因應外在大環境巨變的重大應變作為，有屬於大執行範疇的組織變革，這部分留待本書第八章〈領導〉再來討論。以下討論管理者因應日常重大異常事件，屬小執行範疇的危機管理工作。

危機的定義與結構

危機定義

危機是一種發生機率雖小，但衝擊與影響極大的事件或情境。不論是國家、政府機關、企業機構、社團組織乃至個人，可能面對的危機事件或情境種類很多，以下是較常見的幾種類型：

1. 自然災害：颱風、暴雨、土石流、地震、海嘯……
2. 人為災害：恐怖攻擊、綁架勒贖、食品下毒、連環謀殺……
3. 事故災難：工業／工程等公共安全事故、重大交通事故、藥品／食品公共衛生事件、環境污染事件……
4. 重大政治或社會衝突與抗爭事件：國際軍事或外交衝突、重大勞資衝突、重大公共政策爭議、大規模政治抗議……
5. 重大財經事件：能源危機、金融風暴、重大企業經營危機……
6. 組織治理危機與風紀事件：機構主管或員工貪瀆、重大企業大股東掏空、性醜聞……

7. 複合性危機：多重危機事件重疊發生……

突發性與緊急性是所有危機的共同特徵，它們對國家、社會、組織或個人都會產生立即且嚴重的威脅或危害。面對危機，決策者通常都須在事實狀況不明、價值爭議未定以及高度時間壓力下，作出關鍵性的判斷與處置，來避免情勢失控。

不過，重大危機通常也有「危機即轉機」的雙效性，亦即：危機處理得當有時反而可成為帶動組織變革及轉型再造的契機。許多重大組織變革的啟動往往源自危機事件的發生，例如，中華電信案例。但反過來，如果危機處理不當，也可能因情勢失控而發生惡性的連鎖反應，使原本短期性的單一事件，演變成持續性的複合危機，甚至導致組織崩潰的下場，例如日本 2011 年的 311 海嘯導致核災，或歷代王朝的覆亡。

以下危機管理的內容，是根據筆者親自參與處理過的各種不同危機的經驗所整理的心得，提出來供大家參考。

危機結構

對管理者來說，工作上遭遇危機就像人會生病一樣，都是難以避免的事。問題是：危機是否也像人生病一樣，能夠事前預防、事後治療？答案是肯定的。許多危機都是可預防與管理的，而要管理危機必須先了解危機的特有結構。

危機從潛伏到爆發，再經過緊急應變處置到危機解除，有它一定的發展與演化結構。圖 6.3 是分成「危機管理、危機處理、危機異變」三個層次的危機結構展開圖。

■ 危機管理（crisis management）

潛伏的危機可經由「危機管理」的規劃與執行而化解——經

由事前防範來消弭並解除危機，走的是圖 6.3 最上層 1-2-3-4 的路徑——這是標準的「危機管理」模式。最後加上虛線框的節點 11「後危機學習（post-crisis learning）」是管理者於危機解除後所進行的經驗歸納與檢討的工作。例如，本節所討論的許多經驗與教訓，大部分都是筆者經由「後危機學習」所歸納整理而得。

不過，危機仍可能猝不及防地爆發（路徑 1-5），或在危機管理的規劃與執行過程中，因出現變卦而使危機爆發（如 1-2-5 或 1-2-3-5 的岔路轉折）。危機一旦爆發，整個情勢就進入第二層的危機處理階段。

■ 危機處理 （crisis handling）

危機爆發（圖 6.3 中節點 5）後，經啟動節點 6「緊急應變」並處置得宜的話，危機可能迅速解除（路徑 5-6-4）；但較為複雜的事件在緊急應變後，往往還須進行後續的善後與復元[2]工作，危

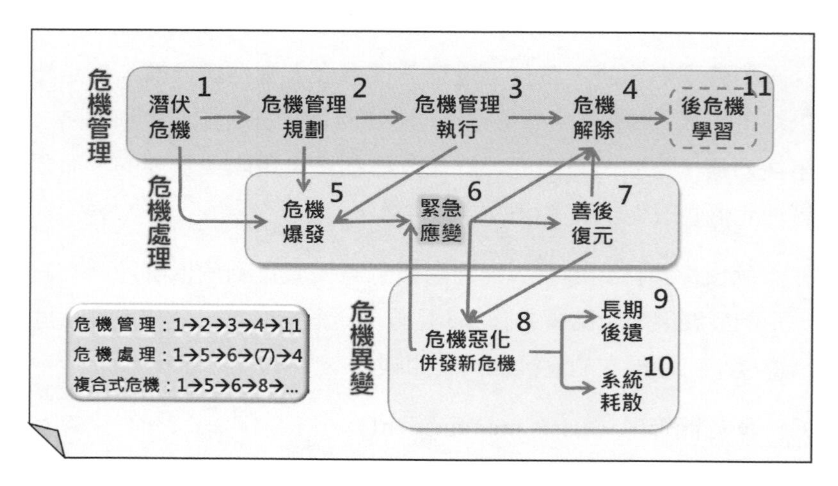

圖 6.3　危機的結構與演化路徑

機才能完全解除（路徑 5-6-7-4）。以上兩種路徑都是先走在圖 6.1 第二層框內，然後返回第一層脫離危機狀態，屬標準的「危機處理」模式。

■ **危機異變 （complication）**

危機爆發後，如緊急應變失當致使危機出現變卦，或在善後復元階段發生重大變故，因而出現 6-8 或 7-8 的分岔，這時危機就會惡化，甚至併發其他新的二次危機，使問題情勢進入圖 6.3 最下層的「危機異變」框內。這時管理者必須立即啓動另一波緊急應變程序（回到節點 6），以設法解除新一波的危機。這時如情勢能循著 8-6-4，或 8-6-7-4 路徑發展，儘快脫離險境，算是不幸中的大幸。危機異變最不希望發生以下兩類情勢。

1. 危機異變後產生長期性後遺症

這是危機發生異變後，雖經再度緊急應變而解除危機，但危機異變過程已對組織產生具有長期傷害的後遺症（出現 8-9 分岔）。重大疾病或傷害治癒後，有時會留下伴隨終生的後遺症（如燒燙傷），許多重大的政治衝突事件，特別是發生人命傷亡後，所產生的後遺症往往歷經幾代都難以消解。

2. 危機全面失控導致系統潰散

這是危機發生異變後，雖經危機處理但已無法再使系統恢復秩序，以致全面失控，最後導致系統耗散（dissipate）敗亡的不幸下場。它所走的是圖 6.3 中 6-8-10 或 6-7-8-10 的路徑，這是危機

2 本書用「復元」而非「復原」，主要表達善後重建不必然恢復原狀，而是以恢復正常生活為重點。例如，需要遷村的案件就屬「復元」而非「復原」的例子。

所帶來的最壞狀況，也是管理者必須絕對避免的狀況。歷代王朝的覆滅就走這個路徑。

接下按照：(1) 以危機管理化解危機，(2) 危機爆發後的緊急應變，(3) 善後與復元，以及 (4) 危機異變的防治等順序，逐一說明危機結構各個單元的內涵。

以危機管理化解危機

面對潛在危機最好的辦法就是設法在它爆發前就先將它處理掉。以下用實例說明如何利用不同方法，化解危機的發生於事前。

善策多惕、防患未然——曲突徙薪

史家說：諸葛一生唯謹慎。事實上，有經驗的管理者都有「善策多惕」的憂患意識，並懂得本著「謀事於未朕，治事於未亂」的精神來預弭禍源。這也是古人所說「思所以危則安，思所以亂則治，思所以亡則存」的居安思危、防患未然要旨。

危機管理的重點在落實事前的防範工作，而第二章〈見〉所提「曲突徙薪」就是危機管理必須奉行的最基本精神。它的關鍵在及早發現潛在危機，並把握先機採取行動將它消弭。

管理者在心態上首須有「善戰者無赫赫之功」的見識，並須有「前人種樹、後人乘涼」的胸襟。古人說「利小而顯、弊大而隱，得近而易見、失遠而難知」，西方也有「溫水煮青蛙」的寓言，這些概念提醒我們管理危機是一套「成事於無跡無象，立功於不知不覺」的功夫——不僅管理者本身須具備洞察「幾微隱漸」的見識，以及凡事掌握先機的行動力；另方面當上司的領導者更需有分辨「曲突徙薪之功」和「焦頭爛額之勞」的考核功夫；至於整個社會也要有鼓勵敬業務實的風氣，否則人人都抱「五日京兆」

的作秀心態，事事但求急功近利、炒作短線，結果必然是「小善無人屑為，小惡無人願除」；一個組織或社會的積弊也就此滋生，相同的危機周而復始一再發生，等到最後一根稻草壓下，整個系統便進入生死存亡的關頭。

例如，因年久失修，再加上辛樂克颱風豪雨，台中地區的后豐大橋於 2008 年 9 月發生斷橋與人命傷亡的事件後。當時剛接掌交通部不久的筆者，就立即檢討全台 47 座已列為重大危橋的重建計畫，決定調撥足額預算，把原先預定 6 年完成的計畫工期壓縮為 2 年。結果公路局從 2009 年 2 月開始執行，如期於 2011 年 2 月全部重建完成。這是痛定思痛，為預防憾事再度發生，並儘速縮短社會安全的「曝險期」，所必須採取的危機管理作為。

不過，要處理已陷入僵局的爭議性政策，要執行具有高度風險的計畫，或者要預防重複出現的天災等，通常並不存在如「曲突徙薪」般一眼就能看透的現成答案。因此在因應上，不僅對策的規劃必須深思熟慮、兼籌並顧，在對策的執行上也須步步為營、應變有方，才有希望徹底解除危機。

第三章〈識〉的「蘇花改」案例就是從問題定義的高度找到新的觀點，來化解政策激烈對立抗爭的危機。而第四章〈謀〉的「高鐵財務危機」則是利用短期治標、長期治本，解聯立方程的方式，來化解危機的案例。以下再舉三個危機管理的實例。

釜底抽薪、解除危機：桃園機場第一航廈改建

■ 七年之病、三年之艾

危機管理工作的難度，有時出現在那些具有「七年之病，求三年之艾」性質的長期性危機上。這類危機成因盤根錯節、陳陳

相因，如要徹底處理這類已轉化成慢性重症的危機，非要花費相當長時間的持續「治療」才能奏功。

這類危機考驗的是決策者面對問題的企圖心與意志力：是否能下定決心、克服困難，去執行「三年之艾」的釜底抽薪之計，將危機徹底解決。因為對於水煮青蛙的慢性危機，揚湯不可能止沸，遲早還是得拿出釜底抽薪的治本辦法才行。當年台灣桃園機場第一航廈的改建就屬這種性質的案例。

■ 從典範變危機

台灣的桃園國際機場是蔣經國院長時代的十大建設之一，它的第一航廈（Terminal 1，簡稱 T1）於 1978 年啓用，是當時亞洲各機場中的一座典範航廈。但到了本世紀初，因為年久失修，以致因屋頂漏水、廁所不通等問題層出不窮而成國際笑柄。不過，對於究竟應將 T1 改建或拆除重建的決策，交通部遲遲延宕未定。

■ 任怨任謗、戒急用忍

2008 年第二次政黨輪替後，兩岸正式通航，國際觀光市場也快速成長，桃園機場勢必需要兩座航廈同時運作，才能滿足需求。也就是說，要將 T1 拆除重建，或將它全面封閉改建，時機都已錯過，不再有可行性。因此，為徹底解決航廈老舊問題而進行的「拉皮」與增建[3]工程，就必須「穿著衣服改衣服」以每次最多封閉 1/3 面積的方式，來進行分階段施工。這種吃力而不討好的工作，任何「聰明」的決策者都會設法留給別人去做。

對於這個至少已耽誤了 10 年，早就該做的工作，當時筆者別無其他選擇，就決定當「傻瓜」，以「任勞、任怨、任謗」的心理準備，從 2010 年起毅然「戴上鋼盔」推動改建工程。果不其然，在施工後的前兩年，因無法完全封閉的工地，不斷調整與改變的旅客動線，漏水、灰塵、噪音等各種各樣難以避免的施工事故，招來民眾、媒體與民意代表們無止無盡的抱怨與指責。一直到 2012 年 6 月起，改建中的 T1 階段性逐區開放使用，各方抨擊的聲浪才漸次平息。到了同年第三季末，雖然 T1 還有將近 15% 仍在施工中，但桃園機場的當季 ACI（國際機場協會，Airports Council International）整體服務品質評比名次，就已連升 26 名獲得全球第 11 名的成績；到了當年第四季則被評為第 10 名。2015 年獲得 2,500 至 4,000 萬級旅次機場的亞洲與全球第一名。

■ 揚湯不能止沸、釜底抽薪需要決心

對於溫水煮青蛙的慢性危機，許多人採取「把問題掃到地毯底下」的辦法，眼不見為淨，但這種作法不僅問題不會因而消失，還會在下一次以加倍奉還的方式捲土重來。所以，逃避絕非解決問題的道理。

T1 改建是一項「七年之病、三年之艾」的典型案例，它在執行上確實是「不經一番徹骨寒、怎得梅花撲鼻香」的戒急用忍過程，所下的也是釜底抽薪、從基本面下手的硬功夫。在只知看熱鬧、沒有耐心聽門道的媒體、民代等外部大環境裡，要作「前人種樹、後人乘涼」的功德，主其事者還真需具備古人所說「處變須堅百忍以圖成」的無比決心與毅力才行。

3 桃園國際機場第一航廈的整建預算為新台幣 29 億元。

因事之理、化解危機：高速公路電子收費

■ 國際典範

2013年12月30日台灣高速公路全面啟用電子收費（Electronic Toll Collection, ETC），使它成為全世界第一個從傳統人工計次（entry-based）收費，成功轉換為全面電子化計程（mile-based）收費的高速公路系統。這一政策一舉達到以下效果：(1) 一舉廢除計次收費制度，克服收費站設置不公平的批評（例如台南市轄區比別的縣市多二個收費站，因而曾提出拆站的要求）；(2) 落實節能減碳效益（可節省停車繳費的減速加速時間損失與碳排放數量，達每年台幣 24 億元，另每年還可節省堆疊高達 122 座臺北 101 大樓高度的回數票券用量）；(3) 可用來作為高速公路實施不同時段、路段彈性收費的交通管理工具；(4) 由於所有甲種車輛裝置 ETC 的 e-Tag 比例很高（約佔 85%，2015 年），使台灣相當於已建構完成一套先進的車輛物聯網（IOT）系統，未來可進一步發展其他智慧管理應用。

ETC 系統全面啟用後，曾榮獲2015年世界智慧運輸大會（ITS World Congress）工業大獎（Industry Award），以及該年度國際收費橋梁公路隧道協會（IBTTA）首獎。許多國家的高速公路管理當局也陸續來台洽商出口與技術移轉可能性。

■2008 年預見危機

不過，這個具有諸多重大效益並普獲國際肯定的 ETC 系統，在 2008 年筆者剛接掌交通部時，面對的卻是一個即將出現跳票危機的計畫。因為政策上已設定 2013 年全面實施電子收費，但從 2006 年開始推出的電子收費車機（on board unit, OBU），到 2008 年用路人使用率[4] 僅達 30% 水平（到 2011 年也仍膠著在 40%，

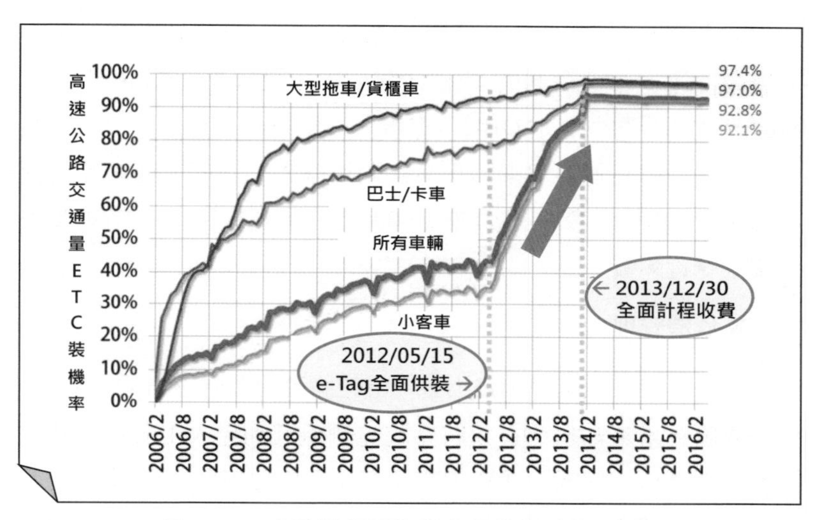

圖 6.4　ETC 裝機率變化與全面計程收費的實施

見圖 6.4），這麼低的比率使全面電子收費不具可行性。另一嚴重的政策誤判是當時設定 65%使用率做為啟動全面電子收費的門檻值，這一偏低的數值，不僅使實施電子收費政策的法律正當性將遭到質疑（因並未正式立法為全面電子收費，而禁止未裝車機之車輛不准上高速公路）；且當 35%用路人不裝車機也可上路時，難免誘使已裝機但心存僥倖的用路人拆掉車機，因而導致巨量欠（逃）費的追（補）繳風險，使高速公路行之有年的低呆帳「預付式」系統出現全面崩盤危機。因此為避免電子收費政策成為政治上危險的未爆彈，唯一的對策就是以 90% 為使用率目標，儘速設法突破裝機率膠著的困境。

4 電子收費裝置的裝機率有兩個算法：一個是行駛高速公路車輛的裝機率，另一是全部車輛中裝置這一設備的比率。因為有些車輛很少上高速公路，所以後者比率會比前者低。

許多國家為實施電子收費，多採用政府補貼免費裝機的策略來拉高使用率。但台灣的 ETC 建置因採用民間投資的 BOT 方式興建，並且合約中明定 OBU（車機）由承包商「有價」售予用路人，致使政府已無再另編列預算補貼用路人的空間。而廠商從國外引進的 OBU 售價超過台幣 1,000 元，就成為使用率無法突破 40% 的關鍵障礙。

■ 危機管理

在構思對策過程中，雖也曾考慮乾脆政府收回重辦的可能[5]，但如要廢約重新辦理：首須將系統先倒退回到全人工收費，然後再重新啟動新的採購、建置程序（不論政府自辦或再度 BOT），時程上至少需 3 到 4 年，而 ETC 系統自 2006 年 2 月啟用到 2008 年底，累計裝機者已近 70 萬，所以要廢約重辦，必將引發廠商與用路人求償等法律爭議，致使社會與政治成本極高而不具可行性。

因此處理本案的上策是從合約中尋找依據，要求廠商擔負起全責。結果經過長達 3 年「戒之以禍（違約的法律與財務後果）、喻之以利（成為全世界第一個全高速公路 ETC 民營運營商的國際商機）」的規勸與說服，BOT 廠商（遠通公司）終於下定決心進行增資，以「零元」方式為用路人提供成本較低、技術更先進的黏貼式 e-Tag，來取代並回收已上線的老 OBU 系統。圖 6.4 顯示 e-Tag 系統推出前後，用路人裝機率出現戲劇性的轉折變化。

e-Tag 正式推出前的 2011 年 9 月，交通部指定在基隆地區率

5 當年 ETC 案一度指定由中華電信來承辦，但在 2001 年立法院決議要以 BOT 方式辦理。筆者時任中華電信董事長，曾建議交通部：該案因所涉經費不多，但對民眾日常生活影響重大，最好由高公局收回自辦，不要採 BOT 方式，以免一旦發生問題就會變得難以處理。不過該意見未獲採納。

先推出「零元」e-Tag 裝機試辦計畫，結果 8 個月實驗期內，小客車裝機率由 40% 飆升為 80%，準確率則高達 99.9%。2012 年 5 月全台各地全面推出 e-Tag 供裝，結果小客車裝機率立即翻轉飆升，到 2013 年下半年已突破 90% 關卡。2013 年 12 月 30 日計程收費終於正式實施。

高速公路採取全面電子收費是一項因應科技進步必須採取的正確政策。但台灣因為採取民間投資模式，再加上原來的政策規劃又有許多誤判，以致出現政策跳票危機。但後來因為掌握了「唯有採用免費裝機政策，全案才有挽回機會」的竅門，而 BOT 廠商也經政府長期鼓勵與說服下同意進行增資，於是在政府與民營業者發揮夥伴關係精神的情形下化解危機，終使台灣的 ETC 在國際領域嶄露頭角。

無恃其不來、恃吾有以待之：離島疏運、公路防災

■ 莫非定律

危機管理最忌落到臨渴掘井、噬臍莫及的下場，必須根據「會出錯的事，遲早一定出錯；並且錯誤總在疏忽時發生」的莫非定律（Murphy's Law）事先預謀對策，做好防範未然的工作。例如：生產事業的工安防災、食品業衛生安全的維護、海空運輸業的油價避險等，都可針對預料得到的最壞狀況，事先備妥應變計畫（contingency plan）以為因應。一旦出現了「長期不規劃、事先不防範、平時不檢查、危機不通報」的現象，管理者就難辭其咎了。

為了因應潛在危機，一般機關或企業都會事先組成危機管理小組，備妥應變計畫，並建立預警制度，就是希望能達到將災害排除、化解、延緩、移轉或減少的目的。三國演義「錦囊妙計」的故事，可視為危機應變計畫設計上的最高境界。不過，現實世

界裡我們很難像小說中諸葛亮那般神奇與幸運，凡事都能百分百料中。因此，我們必須記得「計必活而後用，無後著是窮策」的道理，務使自己的應變計畫具有「以數計助一計，此策阻而彼策生」的效果。工程上有所謂「失效仍安全（fail-safe）」的設計規範，採用的就是同樣的理念。

根據「無恃其不來、恃吾有以待之」精神進行防災與避險工作，除第四章〈謀〉提到過的離島疏運 ABC 計畫外，以下再舉公路防災系統的例子。

■ 公路防災

對台灣來說，每年汛期必然出現的颱風與豪雨，是永遠都不可能消弭的天災危機，這時「事豫則立、有備無患」就成為面對這種危機的基本原則。要全面做好這種防災工作，必須採取「全生命歷程（total life cycle）」的概念來處理問題。2008 至 2010 年公路局在歷經幾度斷橋與邊坡崩坍事故後，首先從工程規劃開始，發展出「路、橋、河、山」共治的跨部門協調程序，來統合公路橋梁、道路上下邊坡、河川整治及邊坡保全等各類工程新建與改善計畫的規劃與施工作業。其次，在汛期的第一線預警與防災工作上，公路局與氣象局合作，根據河川上游與山路邊坡的預測與實測兩種降雨量，發展出「流域管理」與「邊坡風險管理」兩套系統作為管理工具，見圖 6.5。

其中流域管理的重點在：(1) 根據氣象預報鎖定可能出現災害的潛勢區域；(2) 把握預期洪峰到達的前置時間（D–2 日）[6]，事先

6 2008 年后豐斷橋事件後，當時公路局第二區工程處處長陳進發，便提出要建立從橋梁上游流域「出現第一朵雲開始」，就有能力追蹤它發展的防災資訊系統。對於這一從源頭下手的防災理念，筆者深以為然，就全力支持該局，根據這一理念重建台灣公路防災系統。

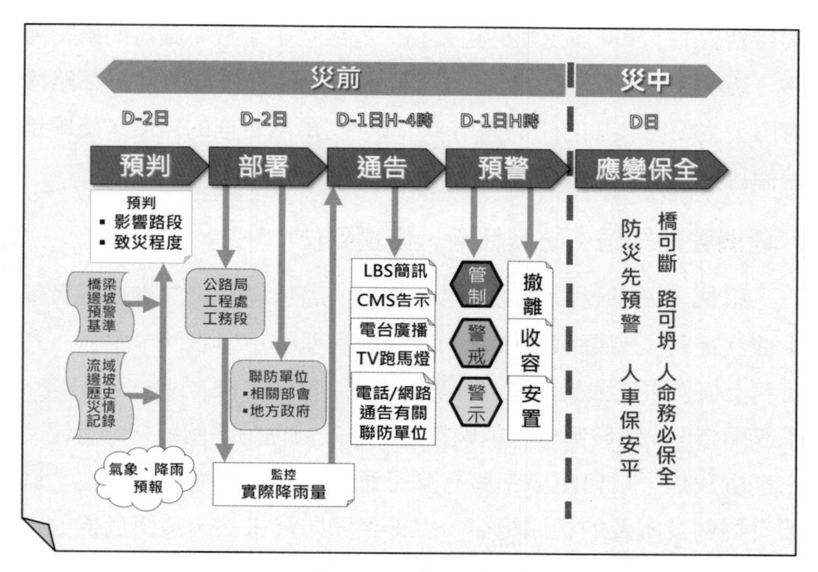

圖 6.5　公路防災預警管理系統

完成必要警戒、撤離或封路等備變與應變工作。至於邊坡風險管理的重點則在平時邊坡落石的監測，以及豪雨、颱風期間頻繁出現的小範圍瞬間超強降雨災害的因應。後來公路局根據經驗法則，對於蘇花公路這類偏遠的山區道路，甚至建立了「10 分鐘」累計強降雨的監測系統，來因應啟動預警性封路與封橋機制的需求。

為了落實這些預警系統的功能，除了建置必要的監測、通報系統外，由公路局工務段與地方村里所構成的第一線災害「聯防」單位間，平時就須進行不斷演練，來精進工作默契，確保危機出現時，大家都能在第一時間各就崗位，進行協同應變。

公路防災預警系統的目標是「路可坍、橋可斷，但人命務必保全」。歷經兩年發展，2011 年起建置完成這兩套系統後，公路局所轄管的 5,400 多公里幹道公路，歷經接下來數年嚴苛的風雨考驗，證明了它的防災功能。而每年預警性封路次數與被封閉路段實際發生災害次數的比例約為 10：6，從風險管理的角度，這應是一個可接受的合理數字。

危機管理結語：防微杜漸、備變到位

根據居安思危、防範未然的精神，周延規劃與落實執行各種「曲突徙薪」預警備變措施，是危機管理的不二法門。不過，在實務上值得再三強調的是：(1) 防微杜漸、掌握先機：「房子有破窗，不立即修理，窗玻璃就會越破越多」的破窗理論是個適切的警惕。它提醒我們，任何組織都應有憂患意識，一旦洞察危機徵兆，就要發揚劍及履及的組織紀律，立即展開防範未然、消弭危機的工作。如果只把問題掃到地毯底下，問題絕不會消失。「船到江心補漏遲」是必須記得的格言；(2) 平時演練、備變有方：應變計畫不是備而不用的裝飾品，必須在平時就根據「演習視同作戰」精神，進行定期與不定期的演練。例如上述的公路防災預警系統，在平時就要使「預防」單位甚至地方民眾嫻熟自己的角色與相互配合方式，這樣才能在狀況發生時，有默契地啓動因應危機的標準作業程序。

危機處理：緊急應變、應變有方

再周延的事前防範都不可能完全避免危機的發生，尤其是天災。危機一旦爆發，第一時間的緊急應變是最關鍵的工作。圖 6.3 中「緊急應變」節點的進出箭頭最為複雜，反映出它在危機結構中佔有樞紐地位。臨場緊急應變得宜，情勢就可轉危為安；但如應變不當，危機情勢就會惡化。

緊急應變的現場工作

危機爆發後緊急應變現場必須立即展開非常複雜的跨部門與跨專業的分工與合作，尤其是涉及人命傷亡的危機事件。

■ 緊急應變現場工作的基本結構

圖 6.6 顯示，涉及人命傷亡緊急事件應變的現場工作，一般可區分成五個主軸：前四項「罹難、失蹤、受傷、獲救」是以人為中心的工作，第五項則以現場環境為對象。五個主軸工作可再區分為線上即時應變與後線作業兩部分。通常第一時間應變的焦點都放在掌握黃金 X 小時[7]，搜救失蹤者與急救傷患的工作上。但同時也須儘速掌握上述四類人員的清單（人數、姓名、關係人聯絡方式等），以利後續工作的規劃與處理。

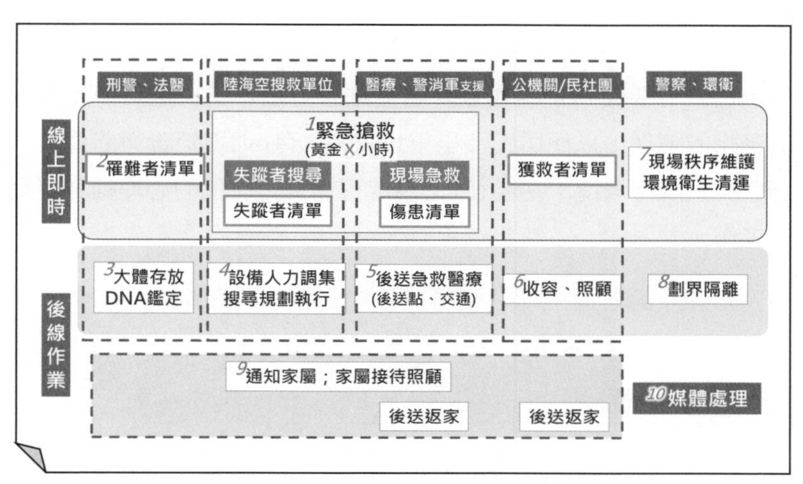

圖 6.6 緊急應變現場的工作展開示意

7 黃金 X 小時：凡涉及公共安全與人命傷亡的危機事件，搶救生命是第一時間最優

對罹難者必須注意大體存放或後送問題，有時還需安排 DNA 鑑定。對失蹤者必須立即調集人力設備進行有計畫的搜尋，如未能在第一時間搜索找齊涉入事件的所有人數，接著就須進行至少連續 72 小時或更久的搜尋作業。對傷患的重點則在第一時間的急救，以及做好必要的後送工作。對天災等規模較大事件的獲救者，往往還有收容照顧問題。以上這些工作也都有通知、接待與照顧家屬（包括來自境外）等問題，必須妥善處理。

對於後線作業，依案情的不同，有時還有衍生性的工作要做。例如，對傷亡事件肇事者的究責與要求理賠（如空難、大車禍）、傷患的長期醫療復健（如燒燙傷）、災民收容後的長期安置（如 921 地震、88 風災案例）等問題。

緊急應變過程中，事件現場管制[8]也非常重要，包括 (1) 現場封鎖：以保全證據、防止趁火打劫、避免閒雜人等干擾救災或發生危險；(2) 居民撤離：以避免發生二次危險或影響救災；(3) 現場清理：首要任務是尋找並妥處罹難者遺體，其次是災損建物或廢棄物的清理，以便居民及早重返家園；(4) 環境消毒與防疫：以避免發生流行疫情；甚至 (5) 必要時還需進行災民的心理輔導與重建工作。

這些不論是線上即時應變或後線支援等非常複雜的作業，都須在事件發生現場的第一時間展開。為在緊急狀態下能有條不紊、

先要務。但「黃金 X 小時」的說法，災害不同時 X 值也不相同。例如從地震廢墟中搜尋、搶救的時間較長，往往可長達 72 小時以上；但土石流災害就幾乎沒有搶救時間。而為發現地震後現場的生還者，所有搶救單位通常必須律定全場靜默的時段，以便仔細傾聽有無從廢墟中傳出的呼救聲息，並且也會利用這一靜默時段主動發出探索性敲擊聲，去喚醒生還者同樣以敲擊回應。

8 事件現場的管理，依事件不同而有重大差異。例如食安事件，立即將有嫌疑的食品下架或關閉相關食品的生產線，就是必須採取的一種現場隔離措施。

分工合作進行這些工作，通常都須在平時就律定應變計畫，成立跨部門的專案小組或應變中心，不斷演習操練。由於不同危機事件性質差異很大，所以「因案制宜」是現場決策者的基本處理原則。但有以下幾點通案性的基本概念必須了解與掌握。

1. 有 SOP 的危機處理

一旦危機爆發，對事前已訂有應變計畫的危機處理，應變中心指揮官就須立即啓動 SOP 程序，並根據已律定的計畫，下達處置指令。這時考驗的是危機情資通報系統的反應速度、指揮系統的臨場判斷能力，以及第一線現場危機處理的執行效率。

危機事件態様各有不同，圖 6.6 雖歸納了緊急應變現場工作的一般結構，但仍不可能涵蓋所有狀況。而要去訂定一套可用來因應所有緊急事件的 SOP 是不切實際的想法，因此當遭遇事先沒有應變計畫（或 SOP）的突發事件時，又該怎麼辦？

2. 沒有 SOP 的危機處理

古人說「下焉者法法，上焉者鑄法」，對事前沒有 SOP 的突發事件，一旦發生必然會出現信息紊亂、媒體蜂擁而上等現象，這時決策者必須秉持「避免橫生枝節、減少不必要意外（minimize surprise）」精神，把握以下二個原則：

(1) 了解全局、把握重點：決策者獲報後，必須儘速掌握究竟發生了什麼事以及第一線處置情況的訊息，並須立即確認自己的權責，以及接下該採取的處理策略與步驟。如危機事件已超越本身處理權限，就應立即向上級通報請求支援。

(2) 人亂我不亂，沉著因應：對於偶發緊急事件——例如監獄人犯挾持人質—— 決策者獲報後，第一時間須立即確認現場最高指揮官為誰？萬一層級不夠，一方面先責成在場指揮者務必穩住局面，另方面應立即指派適當層級人員趕赴現場坐鎮指揮。這時還應檢視現場警力及週邊交通封鎖情形，以防暴徒突圍，使情勢失控；另須調派急救資源就近待命，以防一旦出現威脅生命安全事件，可把握黃金救援時間。

危機的緊急應變首重時效，所以為把握時機（特別是涉及可能發生人命傷亡的事件），必然是根據「效率優先，成本其次」原則來處理。而在作業流程上往往也須打破常規，以例外或權宜方式進行緊急處分。在民主法治國家，為滿足這種緊急行政處分的需要，通常都會制定只有在一定條件下，才能啓動的特殊授權法令，使行政部門對於會影響國家安全與社會安定的重大危機事件，具有快速因應與處理的能力。

■ 危機處理的階段與節奏

圖 6.6 緊急應變五項工作主軸的線上即時應變和後線支援作業，其實都有階段推進的關係。所以要妥善處理危機，決策者必須了解危機的基本結構（圖 6.3），掌握它階段性推進的節奏。而最關鍵的要訣則是：要讓自己永遠走在問題的前面，為下一階段可能出現的問題預作準備，為跨部門的危機處理工作帶出節奏感，以主導與掌控情勢的發展。

■ 媒體處理

重大危機事件必然是媒體採訪的焦點。對應變中心來說，媒體是危機事件本身之外，必須審慎面對的另一個重要標的。應對媒體得當，不僅可免除許多使危機發生異變的原因，更可使媒體成為決策者與社會大眾溝通的管道，協助主管機關或企業化解危機。危機處理過程的媒體因應，必須注意以下原則。

1. 爭取媒體支持：危機處理過程必須設法使媒體成為協助化解危機、對外溝通的正面工具。因此，必須隨著危機處理進度發展，適時對外發布新聞，以阻止不實訊息的傳播，避免引發二次危機。而為了滿足無可避免的媒體採訪需求，應變中心必須指定發言人，作為對外發言的正式窗口；必要時處理危機的最高指揮官都須親自上場，說明危機的最新處理情形。而在發言時機上，也應以定時或預告時間方式舉行記者會，以使應變中心的其他時間，可在不受外界干擾情形下，全力處理危機本身的問題。

   決策者應了解媒體在危機處理過程中，所能發揮的正面積極作用。例如，在狂犬病案例中，應變中心便利用媒體作為與外界對話的管道，每天上、下午各一次記者會，使民眾了解政府處理危機的對策，避免出現誤解或誤導，並告知民眾只要注意如何保護自己，做好預防工作，就無須恐慌。通過媒體的正確報導，可使政府作為透明化，提升民眾對政府處理問題的信心，也可讓社會大眾檢視政府行政裁量的正當性，支持政府的決策。

2. 展現同感心（empathy）[9]與公信力：危機事件的媒體報導，特別是涉及人命傷亡事件，都可能發生引導公眾情緒，以致出現影響組織形象或干擾應變決策的效應，因此處理危機過程中，如何與媒體有效互動，就須小心拿捏。

   處理突發事件，發言人面對媒體時必須充分掌握資訊，以誠懇、誠實、耐性與自信的態度應對，秉持同感心說明事

9 Empathy 是感受力作用下感同身受的感性反應，而不是思考力作用下的理性結論，所以應該將它翻譯成「同感心」。一般翻成「同理心」應非最佳翻譯。

實與背景，交代處理狀況，體諒當事人的情緒反應，以樹立在大眾心目中的公信力。

因案制宜、把握重點：實例說明

危機爆發後的緊急應變講究「了解全局、把握重點」，關鍵在能立即掌握處理問題的優先順序，以及事件的通盤應變策略與步驟。這些應變的重點內容，會隨危機的性質而有差異。除了前面章節提到過的公路防災、離島疏運、登革熱處理等案例外，以下再舉幾個值得分享的案例。

■ 莫拉克八八風災

2009 年 8 月 7 日開始，莫拉克颱風以及伴隨而來的強勁西南氣流，在台灣阿里山附近以及高雄、屏東山區，僅四天時間（7 至 10 日）就降下超過全年總雨量 2500 毫米的超大豪雨。8 日白天大家關注災情還集中在高屏溪口附近低窪鄉鎮的嚴重淹水，但 8 日下午發現山區已有整個村子失聯，才驚覺高屏溪上游楠梓仙溪、荖濃溪，及阿里山南北兩麓，已發生大規模土石流災害，甚至出現村落被掩埋的重大災情。

8 日當天，行政院災害應變中心成立南部前進指揮所，整合軍民力量，針對沿海地區水患以及山區土石流災害，分頭進行搶救。最困難的是山區救災，因為超大豪雨仍在持續中，而地面道路柔腸寸斷，電信網路也已全數斷絕，許多山區已形同陸上孤島。

筆者時任交通部部長，8 月 13 日奉行政院劉兆玄院長指派兼任中央應變中心指揮官。為了掌握災情，筆者首先責令軍方偵察機高頻率出動拍攝災區照片，以便研判尚在擴大中的災情，另方面也立即策定三項救災重點：(1) 運送救災人員與物資進入災區，進行黃金時間的人命搶救；(2) 緊急撤離滯留災區的災民到安全地點，並管制交通，禁止非救災人員與車輛進入災區；(3) 儘速搶通災區聯外道路與通訊系統，以便支撐後續的救災工作。

不過，由於當時災區的狀況還無法完全掌握，因此應變中心再下指令，要求由直升機載運的救難部隊，立即增加人力，執行三項任務：a. 提供飲水與食物給災民，並就地留守陪伴災民，以安定其情緒；b. 利用隨身軍用通訊系統，建立聯外通訊管道，以便應變中心掌握災區狀況；c. 持續選擇並清理可供直升機降落的場地，以便後續救災工作。

事後統計資料顯示，在搶救前三週高峰期，輪班駐守山區部落的部隊人數每天都維持400多人次，而在兩條長達20公里以上，狹窄的楠梓仙溪與荖濃溪河谷，內政部消防署與軍方直升機，總共飛航超過 2,000 架次（其中一架消防署直升機組人員，因勾絆流籠鋼索而不幸失事殉職）。對於這種動員能量與救災效率，連當時專程來訪的國際救災組織觀察員都深表驚訝與佩服。

莫拉克風災後，對於每年都可能出現的颱風與豪雨天災，預警性撤離就成為防災的根本策略，前述「公路防災系統」一節已有說明。基本上，預報規模較小、延時較短的災害，只需選擇性撤離重症病患、待產孕婦等對象，而一般民眾則原地防災保全便可；但對預期規模較大、延時較久的災害，就須整村整里撤離。到了災中，應變重點則是根據淹水、土石流等實際狀況，視需要擴大撤離規模或補強各類保全措施；另外就是要善用預置於災區的抽水機、開口合約[10]廠商的人力與機具，來儘速抽排積水、搶通道路，避免災害蔓延。

---

10 所謂開口合約是指與廠商事先簽訂每年某預估數額的工作量，但可依據事實需要於年底以實報實銷方式增減實際履行金額的合約。

■ 狂犬病防疫

台灣的狂犬病監測網，於 2013 年 7 月確認在山區尋獲的三隻死鼬獾，病因為狂犬病，使在台灣已絕跡 50 多年的狂犬病，突然出現可能死灰復燃的危機。經媒體報導後，立即引起民眾恐慌。筆者時任行政院副院長，兼任災害防救委員會主任委員，就在由衛生與農業兩部會成立的聯合緊急應變中心會議中，責成相關單位執行以下三項工作：

首先，在媒體方面以宣導防疫常識，避免民眾不必要恐慌為重點：強調狂犬病雖發作後死亡率很高，但被帶原動物咬傷後，只要立即沖洗並就醫注射疫苗，通常都可治癒且無生命危險。

其次，專業防疫的重點則在：(1) 掌握鼬獾分布區域，進行防疫主動監測，儘速建立防疫圈，控制疫情，另並加強邊境防疫（含防杜走私），杜絕境外移入來源；(2) 人用與動物用疫苗（含治療用免疫球蛋白）盤點整備，律定施打計畫——優先對象包括第一線防疫人員，山區高危險群（原住民獵人、獵狗）、與家庭寵物；(3) 強化送檢樣本處理能量與效率，以助疫情監控、防疫管理與流行病理研判；(4) 強化相關聯防措施，如校犬造冊、疫苗施打、流浪犬圍捕、收容、接種，加強防疫圈內鄰里系統衛教、文宣等。

其三，新聞發布：狂犬病疫情爆發第一週，應變中心對外的重點工作之一是每天上下午各一場的記者會，讓外界了解疫情發展與管控情形，並藉機宣導防疫常識、澄清外界各種錯誤與不實報導，穩定民眾情緒。

■ 海研五號沉沒

2014 年 10 月 10 日下午 5 時，2012 年方才啟用的 2,700 噸級海研五號研究船，搭載 45 名人員，在澎湖外海發生觸礁並於 3 小時後沉沒的海難事件。當日海象惡劣，船上放下的救生艇多被狂風大浪打翻，大部分人員在海上載浮載沉，情況異常危急。海巡署及軍方等搜救單位獲報後，火速出動直升機及船艦前往救援，歷經 6 個多小時全力搶救，到凌晨 12 時左右將 45 名人員全數救起，但其中 2 名研究人員因失溫而不幸往生。

本案事發後，時任副院長的筆者立即前往海巡署救災中心協助王進旺署長救災。在整個過程中，筆者介入兩項決策。第一項是空勤總隊一架設有吊掛裝備的直升機，因在現場作業時機件故障而返航。筆者便親電基地指揮官，要求該機必須儘速完成搶修並重新加入援救行列，結果就在該機修復重返現場路徑上，湊巧發現並救起一名落單海漂的待救人員。第二項則是作為現場搶救主力的一艘海巡艇，於載送獲救人員返抵馬公港後，筆者也請王署長要求該艇立即重返現場。結果該艇也在返航路線的驚濤駭浪中，發現了雖已接獲求救訊號，但卻一直搜尋不到的橡皮艇。於是，整個搜救工作也就在尋獲並救起這條橡皮艇上最後 6 名人員後結束。國際海研界對於這次搜救工作，能在海象極為惡劣、作業非常困難的夜間，全數救起所有落海人員而大表讚佩。

本案有兩點值得提出：(1) 此次夜間海上救生，最幸運的是所有救生衣都裝有自動發光的 LED 燈，所以增加了落海人員在惡劣海象中被發現的機會；(2) 所幸所有落海人員都在當夜全數尋獲，因為只要有任何 1 名未尋獲的失蹤人員，接下來至少 72 小時的海上搜救，將會是成本極高的救援行動，更重要的是落難人員的生命安全也將因此出現極大風險。

■ 八仙塵爆

事件 2015 年 6 月 27 日晚上 8 時 30 分左右，新北市八仙樂園發生嚴重的粉塵暴事件，造成 500 名遊客輕重度燒燙傷。衛福部緊急應變中心隨即調度救護車、騰空北部各醫院可用病房，收容、搶救傷患。筆者時任行政院院長，第一時間責成衛福部部長蔣丙煌立刻組成醫療專家顧問團協助處理本事件。6 月 29 日專家顧問團成立，隨即派出工作小組巡迴各收治傷患的醫院，提供醫護處置、感染控制、醫藥材使用等專業諮詢與協助，獲得各醫院及傷患與家屬普遍認同。

傷燙嚴重程度　曾入院傷患總數 499 人，256 人灼傷面積超過四成，41 人超過八成；平均灼傷面積 41%；188 人曾插管。收治醫院共 54 間分布於全台 12 縣市（惟以雙北、桃園為主）。

傷患救治過程　第一週為搶救與觀察期。第二天後就傳出：(1) 醫護人員因負荷過重出現因人力不足而大量超時現象，於是行政院立即責成衛福部調度中南部醫護人員北上支援，另亦請相關專科學會動員已退休或在外開業醫護人員歸隊應急，都獲得令人欣慰之回應。(2) 部分醫院因擔心本案開支無法報銷，對傷患的搶救出現有後顧之憂的遲疑；行政院又立即宣布以第二預備金作為後盾，凡本案所發生經費一概外加，不計入各醫院正常健保給付總額。經此宣告後，醫療系統便放手全力啟動搶救與治療工作。

第二週進入手術期前，行政院要求衛福部評估未來醫藥材需求量，並進行緊急國外採購。實際外購大體皮膚 70 萬平方公分，共 0.87 億元，截至 2015 年 12 月底，使用率約 96.1%。

另病房外社工現場服務與病房內外心理師服務的需求，第一時間由衛福部統一調配中央與地方人力資源。至 2015 年底，投入社工達 4.3 萬人次、提供 8 萬人次個案關懷。衛福部支出本案超時加班費，合計：醫師約 3.1 億元，護理人員約 1.25 億元。

後續 2015 年底檢視本案：499 名傷患中，15 人往生，19 人繼續留院（加護病房 0，無人病危——按：所有住院者不久後全數出院）。6 名外國人已返國，24 人輕傷無須療養，其餘 435 名全數獲得新北市 0627 專案中心與各地方政府照顧，民間的陽光基金會也參與提供照顧與服務。

經驗 根據「凡事走在問題前面，不要等問題來找我們」原則，每一時間點都預想下一階段的需求與問題是什麼，然後及早籌謀對策，是處理危機的不二法門。例如，對於這一規模空前的嚴重燒燙傷事件，因為有召集專家顧問團的決定在先，結果就使台灣最有經驗的專家在第一時間都能夠參與決策，不止彌補衛福部人力與經驗的不足，甚至在人力需求高峰期，這些資深專家在全台灣的醫護社群（包含志工）動員上，也發揮了關鍵作用。

在救人第一的搶救原則下，本案經治療而出院的人數遠遠超過一般人的預期。在本案進入第二週後，專家們曾一度預估，因為大面積灼傷的人數比例極高，所以死亡人數恐怕上百。但在全體相關醫護人員全力搶救與妥善手術治療下，大家共同完成了一項讓全世界敬佩的救人任務。不過，在事件初期一次訪視某醫院的過程中，筆者在一樓大廳曾遭遇民眾嗆聲「毛治國，你怎能這樣花納稅人的錢！」

危機處理：善後與復元

複雜的危機一旦爆發，除緊急應變是高難度的挑戰外，善後工作通常也是千頭萬緒，必須用戒慎恐懼態度，持續發揮耐心與同感心，才能克盡全功。因為這些工作一旦處理不慎就可能引發二次危機。

危機處理的階段性與重疊性

複雜的危機通常具有階段化的結構。不同的階段會出現不同的重點課題，而這些階段性重點往往還會相互重疊，倍增危機處理的困難。

莫拉克的救災過程就見證了危機處理前後重疊的階段性現象。例如，在災區居民陸續撤離的同時，另一階段的收容工作立即開啓序幕。又因臨海淹水地區與土石流成災的山區，撤離居民人數都以萬計，所以中央與地方的社政、民政與教育單位，必須馬上動員盤點包括學校禮堂、社區中心等在內所有可使用的資源，來收容災民。不過，救災單位很快發現由於災情過於嚴重，重建復元工作將極為耗時——莫拉克風災不可能如同一般颱風災害，警報解除後收容所內民眾便可立即返家——因此，臨時收容的工作就須轉化為短期安置工作。於是，應變中心就開始商請宗教團體出借供信眾住宿的大樓，並協調軍方騰讓住宿條件較完備的軍營，以及閒置的榮民安養設施，來暫時安置這些災民。

事實上，在處理安置工作的同時，位於土石流高潛勢地區的部落應否就地重建或遷村的問題也一併浮出檯面。但不論是遷村或重建都不是短期內能夠解決，因此就有興建過渡性組合屋或貨櫃屋的需要；於是政府就成立莫拉克重建委員會來統籌長期的善後復元問題。這些居民撤離、收容、安置，以及臨時組合屋的設置、永久屋的新建，連同道路搶通／重建等，一連串的救災主軸工作；以及災後防疫、醫療照護與心理輔導等相關配套作業，都是在災後一個月的時間內，陸續一一重疊出現。危機管理者往往必須以「解聯立方程式」的方式，快速找出它們的「通解」。

災後復元

重大災害最花時間的還是復元工作。以莫拉克重建為例，政府就編列了連續三年的跨年度特別預算。其中的公路復建工作，交通部公路局便分為三個階段來推動。首先是第一時間的搶通工作，這項任務花了大約四星期時間，打通了 90% 陸上「孤島」地區的聯外道路；接下來又花了大約一年時間，再把第一階段搶建出來跨越河床的涵管便道，陸續改建為抗洪力較高的鋼架橋；第三階段才是正式重建永久性的橋梁與道路。到了 2011 年夏季，整個災區的重建工作大約完成九成以上，剩下不到一成未能重建的山區道路，多數因為地質狀態仍然非常不穩定，例如，台 20 線臨近布唐布納斯溪路段，一場 300 公釐降雨就能引發土石流，把大片河床墊高 5 米，所以基於工程規劃的難度，就仍只能興建具有一定抗災力的便道來服務山區部落。至於更永久性的道路，就須進行長期地質監測與追蹤後，才能研議出如何在兼顧國土保育前提下，重新規劃新路線。

值得一提的是，台灣實力雄厚的宗教、企業等社會志工團體與企業所設立的基金會，在每一次重大災害發生後，都動員社會力量，出錢出力、發揮大愛，全力協助政府，為救災與災區復元重建作出重大貢獻。

危機異變的防治

二次危機、複合性危機

危機發生異變或出現併發症是危機處理的最大夢魘，它會使單一危機演變成禍不單行的複合性危機。2011 年日本的 311 大地震，引發大海嘯，導致福島核能電廠出現爐心熔毀的重大災害，就是連鎖性天災與人禍（相關人員的核電應變處置不當）導致的複合性危機。災害的嚴重程度，讓大半年後進入災區訪視的人員，觸目所及仍是滿目瘡痍、尚未能完全清理的受災慘狀。

危機異變的發生，除了天災外，也可能因人為處置不當而引起。例如，2011 年墨西哥灣屬於英國石油公司的鑽油平台發生漏油污染意外，原本只是技術失誤所引發的危機，但因公司總裁處理問題的心態缺乏同感心，再加上連番失言，結果不僅導致自己下台，整個公司形象也因此蒙受無可彌補的二次傷害。

因危機異變導致系統潰散的下場，最顯而易見的就是歷史上改朝換代的案例。以明朝覆亡為例，崇禎即位後雖然宵衣旰食、勤政自律，但因性格剛愎多疑，錯殺無數能臣良將，使得原已積重難返的政軍系統更形搖搖欲墜。到了執政後期，由於北方連續多年乾旱，瘟疫流行不止，餓莩遍野、民不聊生，朝廷束手無策；李自成、張獻忠因此揭竿而起，縱橫南北半壁江山。再加上遼東女真族，經努爾哈赤統一並稱帝建元，在薩爾滸一役大敗明軍後，頻頻叩關，意圖問鼎中原，早就成為明朝難以抵擋的外患。這些內憂外患沉痾所構成的遠因、近緣交疊在一起，使得危機日益擴大與惡化，終至一發不可收拾，導致明朝覆亡。

容易發生異變的危機

危機是否會發生異變可從它隱藏的風險性來判斷。以下是較容易識別的一些風險因子，處理不慎都容易導致危機異變。

1. 原因不明、暫無對策，但會引發社會普遍恐慌的危機：例如，經由空氣傳染、具致命性必須隔離，卻無藥可醫只能仰仗人體免疫系統來自體療癒的 SARS，就是最典型的案例。前述狂犬病案例出現初期，社會一度出現的恐慌，也是類似心理背景所引發。

2. 可能觸發長期「隱疾」發作，以致危及生命的危機：例如，罹患多種慢性病的老人，即使染上一般感冒，在治療上都須預防會否引起其他併發症而危及生命。上述的朝代覆亡，也可從這個角度來解讀。

3. 潛在後果嚴重的危機：例如，海上油井漏油污染海域、影響海洋生態事件；多氯聯苯、戴奧辛污染等重大食安事件可能導致的後果等。

處理容易發生異變的危機，最主要的策略應是建構防火牆，使危機事件可被侷限在一定範圍內來處理，不至於擴散。例如，SARS 的病患被送入負壓隔離病房；狂犬病劃設疫區來控制；食安事件也須採下架、封廠、回收等措施，來預防事件的擴散。這些都屬用於控制情勢的不同性質防火牆。

危機管理結語

對管理者來說，面對無常無明的外在環境，危機管理的知識與能力是因應每天開門三件事，所需具備的基本功夫。本章歸納了危機的基本結構，希望管理者能因此而知道如何掌握它階段性演進的節奏，隨時使自己走在問題的前面，為下一階段可能出現的問題預作準備，來主導情勢的發展。本章另歸納了重大危機爆發後，現場緊急應變的跨部門工作架構，希望管理者在處理危機時，能因此而知道如何根據「了解全局、把握重點」的精神，善用跨部會的資源能量，有章法有節奏地穩住局面、化解危機。

掌握階段性節奏，走在問題前面

不論事前防範或事中應變，面對危機「隨時預想下一階段的發展，並預作準備，使自己永遠走在問題前面」是應該遵守的最高法則。例如，在莫拉克搶災應變過程中，指揮官每天必先確認當天搶災的重點，預設必須達成的目標，另並預估第二天可能出現的狀況，再責成相關部會預先做好行動的準備；然後利用每天上、下午各一次的記者會，親自以投影片報告半天以來的工作成果，並預告第二天所要進行的工作。筆者當時就根據「凡事走在媒體前面」的方式，滿足它們採訪的需求，甚至還利用這種方式把跨部會團隊所需要的搶災、救災行動一致的「節奏感」，也一併帶了出來。又如在八仙塵爆案中，也清楚反映出：召集專家成立諮詢小組，適時動員外圍人力支持、宣布預備金支應專案預算，及時向全球蒐購治療醫材等措施，都須在對的時間連續做出對的決策，來因應危機情勢的演化。

■ 善用防火牆策略

處理複雜危機，在臨場應變與善後復元相互重疊的銜接面上，決策者必須借用森林救火開闢防火巷或防火牆的策略，把危機的災害損失，隔離並侷限在一定的範圍之內。例如，高鐵財務危機的處理，先用短期的債務借新還舊以及折舊遞延的措施，先止住現金流的嚴重「失血」現象，以爭取研議長期治本策略的空間，也可視為一種防火牆策略。

又如，在處理越南暴民燒毀台商工廠的事件中，一方面必須以行動讓台商感受到政府協助他們解決問題的力道，包括：第一時間組成跨部會專家團赴越南訪視災區，了解災情並提供即時協助；另並立即增加僑委會「海外信用保證基金」額度，協助台商貸款重建工廠；此外也向當地政府交涉求償，以及要求保障未來投資安全等事項。不過，在此同時也要讓台商充分了解因事關對外交涉，不可控因素較多，處理過程可能較為耗時，所以根據「預期心理管理」原則，先打「預防針（也屬一種防火牆）」，提醒受災台商對問題的解決要有耐心。值得欣慰的是：在政府協助下所有需要重建的台商工廠，在 2015 年底都已全數重新開工，恢復正常運轉。

■ 當 SOP 不管用時，要根據「事中之理」發揮創意

為了避免臨時抓瞎，根據莫非定律事先律定處理危機的 SOP，是管理者未雨綢繆的必要備變措施。但危機情勢的發展有時超乎預設 SOP 所能處理的程度，這時管理者就不應固執拘泥、不知變通，而須根據「事中之理」，跳脫既有的 SOP，發揮創意來立即籌謀管用的對策。第四章的「登革熱」就是好案例，傳統「打地鼠」的策略不管用時，就要能想出開「防火巷」的策略，並且要以動員數千人次的方式大規模來做，將問題徹底解決。這也是本書所稱「下焉者法法、上焉者鑄法」的意思。

慎謀能斷、堅忍圖成

危機管理是一種動心忍性、堅忍圖成的過程，管理者在過程中所面對的挑戰，可用明朝呂新吾所說「大事難事看擔當 、逆境順境看襟度、臨喜臨怒看涵養、群行群止看見識」來形容。管理者唯有拿出面對逆境的毅力與智慧，掌握轉禍為福、化害為利的契機，利用對情境精準的判斷，以及對問題明快的處置，才能把組織帶出危機的困境。

善於處理危機的管理者，每次危機平息後，也都會虛心檢討處理過程的利弊得失；而平時也會儘可能參考並汲取別人的經驗，來提升自己危機處理的能力。這就是圖 6.3 中所稱的「後危機學習」。

例如，2009 年受到莫拉克風災重創與 2011 梅姬暴雨車禍之後，肩負第一線防災重責的交通部公路局，就因此先後發展出結

合氣象預報與偵測資訊的「橋梁防救災流域管理」與「山區公路邊坡風險管理」兩套區域聯防系統，來支撐每年汛期的防災工作。再如，交通部根據高速公路國道 3 號順向坡走山的教訓，因而要求部屬各工程單位必須以「全生命週期」觀點來重建工程規劃、設計、施工、養護的整套理念。另外，越南暴民焚廠事件後，行政院也要求外交部根據該案例的實際經驗，修訂駐外單位的協助旅外國人與僑民的緊急應變標準作業程序。這些都屬「前事不忘、後事之師」以及根據實際經驗來精進應變備案的作為。

總之，紀律嚴明、使命必達的組織，必然都會保持高度的危機意識，凡事力求萬全準備，以降低執行風險。它們也必然會秉持「善策多惕」精神，對於可預見的危機，在事前律定針對性的應變計劃與標準作業程序；對於難以逆料的突發性異常情勢，也會善用平日訓練有素的組織團隊，根據危機結構的特性，以專業化的臨場反應來化解危機。俗話說「危機即轉機、轉機靠契機」，有經驗的決策者對於危機都會抱持「作最壞的打算，也作最好的準備」的態度，因為他（她）們知道機會只留給已準備好的人。

四、小執行結語

本章內容歸納

本章從管理者開門三件事「戰略思考、守常、應變」談起。因為其中的「戰略思考」本書第九章另有深論，所以本章聚焦管理者日常工作所須面對的「守常、應變」兩個範疇上屬於小執行的議題。對於守常，本章將第一章〈概論〉所定義執行力與執行成果概念，放入組織情境，說明在日常工作中如何以群策群力的方式，來遂行組織的意志。對於應變，本章則從「危機管理、危機處理」的角度，來討論管理者在日常工作中，遭遇不同性質的大小危機與風險事件時，所應具備的基本知識與所應培養的能力。上述這些有關守常、應變的討論，就在提醒要作一個勝任的管理工作者，必須使自己兼具「守常、應變」兩面向的決策與執行能力。

管理績效與執行成果

最後要討論與執行相關的議題是第一章〈概論〉的公式 1-1「管理績效＝決策力 × 執行力」與公式 1-4「執行成果＝執行力 × 外緣」之間的關係。

首先，管理績效公式原來是以個別管理工作者為對象所下的定義；如要改以組織作為對象時，就須將公式 1-1 管理績效中各變數的定義修正為「管理績效$_{\text{組織}}$＝決策力$_{\text{領導者}}$ × 執行力$_{\text{執行團隊}}$」。經此修正後的公式表達出：組織管理績效中的執行力決定於執行團隊的表現，而它的決策力反映的是領導者的決策能力。

其次，同樣的道理，公式 1-4 執行成果中的各變數也必須將它們加註下標成為「執行成果$_{\text{組織}}$＝執行力$_{\text{執行團隊}}$ × 外緣$_{\text{執行團隊}}$」。這時公式中的「外緣」是需要進一步檢視的變數。本章公式 6-3 已對團隊外緣定義為「上級領導力 × 考成系統功能 × 外部環境條件」。這一公式中的「上級領導力與考成系統功能」兩項因子，都可歸入領導者決策力的小外緣範疇，因此可用「 決策力$_{\text{領導者}}$」來概括；至於剩下來的「外部環境條件」這個大外緣因子，如果比較的是兩個組織在同一時間大外緣條件下的相對執行成果時，那麼這一具有公分母性質的外部環境因子就是一項可被消去的公約數。於是公式 1-4 也就可因而改寫為「執行成果$_{\text{組織}}$＝執行力$_{\text{執行團隊}}$ × 決策力$_{\text{領導者}}$」。於是在外部環境因子為已知情形下，管理績效$_{\text{組織}}$與執行成果$_{\text{組織}}$所衡量的就是同一件事，因此就可將兩公式整合成一個公式來表達：

$$\text{管理績效}_{\text{組織}} = \text{執行成果}_{\text{組織}}$$

$$= (\text{執行力}_{\text{執行團隊}} \times \text{決策力}_{\text{領導者}})_{\text{大外緣條件}} \quad \text{（公式6-5）}$$

公式6-5後端所加的下標「大外緣條件」，意指它所衡量的是：在「已知」大外緣條件下，組織所表現的工作績效或執行成果。

第一章〈概論〉所定義的執行成果是以因緣成果概念作為基礎。因緣成果展開來就是R（成果）＝ M（企圖心）× A（能力）× O（外緣）所表達的公式——公式中的外緣O，代表的是外在環境所提供給內因用來發揮與揮灑的「機會效應」。不過，因緣成果公式的外緣因子，除了有「大外緣」的機會效應意涵外，經過本章的討論，當它作為組織內部的「小外緣」看待時，還有其他三層意涵。

首先，本章在討論張居正變法案例時，論證了在大執行套疊小執行的架構下，「小外緣」因子對於執行團隊的內因，除了產生上述的第一種「機會效應」外，也會產生具有激勵與制約的第二種「影響力效應」。

其次，本小節有關「管理績效$_{\text{組織}}$＝執行成果$_{\text{組織}}$」的論證，又推演出團隊外緣公式6-3中的「上級領導力」可用以反映「兵隨將轉」的概念，這使「小外緣」因子又增加了一層對內因具有放大（或折扣）作用的第三種「乘數效應」意涵。

最後，再從小執行只是一種「奉命行事」將領導者所律定的決策付諸實施的觀點，可發現這種情形下的「小外緣」其實是小執行的「行動依據與張本」，因此這時的小外緣（亦即領導者所作的決策）對執行團隊來說所產生的是「規範效應」。具體說，由於這時的管理績效或執行成果可視為由領導者的決策力與執行團隊的執行力兩個因子所共同決定的結果，因此就可能出現以下幾種情形：(1) 如領導者決策品質好，而執行團隊執行力也強，那執行成果必然輝煌；(2) 如決策品質差，執行者也很弱，那執行成果必然不忍卒睹；(3) 如決策品質雖然很差，但執行者很強，就可能在執行時臨機用奇、翻轉情勢，結果仍然能夠達成了預定的使命——這是規範（亦即決策產出的執行藍本）很差，但在執行過程由執行者把它救回來的一種異常狀況——以 ETC 為例，相關的合約與政策都已在前一階段被當時政府的決策鎖死，而後續接手的政府則在執行過程中找出了解套辦法，來達成預定目標。

因緣成果原理（MAO 公式）適用於小執行與大執行。本書從第七章開始討論以組織變革（系統相變，system phase change）為核心的大執行議題。該章中對於因緣成果原理還會另再提出自組織觀點的解讀。

第七章

自組織

一、引言

■ 大執行與組織變革

第六章〈行〉討論的是經理人層次奉命行事的小執行。從本章開始探討由領導者帶領的大執行。領導者的大執行是根據「先利其器、再善其事」原則，先進行組織的整頓與變革，然後再以變革後的組織實現組織新願景的一種執行工作。

第一章〈概論〉中提到，組織變革理論的鼻祖，麻省理工的盧文（Kurt Lewin）教授，於 1940 年代把組織現況視為「系統內在的變革推力與維穩拉力相互作用下出現的準平衡狀態」，他並歸納出「解凍、變革、回凍」三部曲理論，作為組織變革的指導方針。從本書觀點看，盧文所洞察組織內部推、拉兩股力量所形成的「準平衡狀態」，其實是全體組織成員的內因（企圖心 M × 能力 A）所產生的「無形之手」合力（resultant force）效應。

■ 無形之手與可見之手

無形之手的概念是由英國的亞當・史密（Adam Smith）在 1776 年所出版的《國富論》中提出，他洞察到「市場是由一隻看不見的手在主導」的事實。因此，相對於市場的無形之手，政府的各種經濟、財政、貨幣等政策，後來就被稱為是一隻干預市場的「可見之手」。哈佛大學錢德勒（Alfred Chandler）教授於

1977 年，在論述 1850 年代隨著橫跨美洲大陸鐵路產業的興起，而帶動的革命性管理思潮與實務發展過程的著作中，就把當時發揮推動歷史之輪作用的企業經營與管理作為，稱為「可見之手」。至於杜拉克則早在 1940 年代開始，就把工業革命之後，運作跨國際的原料供應與產品行銷系統的現代企業組織，稱為人類所發展出來因應當代社會演進最重要的新社會機制（social institution），並認為也從此使大企業機構所提供的就業機會，成為大多數現代人安身立命的憑藉。由於杜拉克把企業組織視為工業化社會最重要的結構性基礎（infrastructure），因此他的下半生就以這個概念為核心，不斷著書立說提出他對經理人該如何運用自己的可見之手，來經營與管理現代企業組織的各種主張。

相對於可見之手的大量研究，在社會科學領域對於亞當史密所發現的無形之手，似乎始終只讓它停留在概念「黑箱」的層次，有關它的內在機制與行為規律一直未曾予以打開。本書認為人類組織是擁有無形之手生命力的系統，管理者外來的可見之手如能有意識地善用組織系統內在具有「載舟、覆舟」能力的無形之手力量，那麼就可用較目前更為省力的方式，以組織為工具取得管理成果。而要發揮這種舉重若輕的槓桿效應，管理者就必須先深入了解人類組織所擁有無形之手的運作規律。

■ 無形之手與自組織

用今天眼光看，無形之手的作用其實是系統內在、原生的自組織（self-organizing）力量。將自組織概念與無形之手作用相連結，來解釋具「生命力」系統的創生、演化等運作規律的理論，一直要到 1970 年代末期才在複雜系統（complex system）領域的耗散結構（dissipative structure）[1] 論中被發展出來。前面提到，盧文雖然領先於他的時代，洞察到組織內部先天存在變革與維穩兩股力量，但卻未能再作更深入的討論。這是因為盧文三部曲基本上屬於牛頓典範的產物，而牛頓典範下的系統代表的是如同精密鐘錶般，不具生命力、不擁有無形之手內生動能的人造系統，所以受限於這一系統理論發展上的侷限，致使盧文在當時未能進一步打開「準平衡狀態」的黑箱。

由於人類組織是先天無形之手與管理者可見之手並存、具有生命力的系統，因此本章的目的就是要針對人類組織以每個成員內因（M×A）所匯聚形成的無形之手合力效應，用自組織概念作為鑰匙打開這一理論黑箱，從複雜系統科學科研成果中歸納自組織的生命現象特徵，以及它的存在與演化的運作規律[2]。

由於企業所處的外在產業與社會生態環境，其實也是一個更大的自組織系統，因此這樣一套新系統論的整理與提出，不僅可為本書所定義的大執行奠定更現代化的理論基礎；也可讓管理者重新認識自己所管理的組織與外在大環境的關係，以及如何更有效地與它互動並求取自己組織的可持續存在。換句話說，傳統的組織與管理理論，在這套新的系統論互補下，可為管理者提供一個更完整的新觀點，來重新認識自己周遭的世界，以及一套新的方法學來發揮自己可見之手的功能。

■ 自組織、複雜系統、他組織

所謂自組織是指在沒有具主觀意志的外力介入，只在適當的

---

1 發展這一理論的學者普力高津（Ilya Prigogine）獲得 1977 年諾貝爾化學獎。

2 由於牛頓典範只談系統的存在不涉及演化，因此被稱為「存在系統論」；而可用來說明系統生命力與演化能力的新系統論則被稱為「演化系統論」。本章所談的系統概念屬於後者。

環境條件下，就能自然發生的一種過程。例如，自然界的物理化學現象；宇宙與星系的生成與演化；地殼變動、大陸板塊漂移等地質變遷；地球的天氣變化；生物的物種進化；動植物生態的循環漲落等，都是大自然自組織過程下的產物。

針對自組織現象，1970 年代自然科學領域發展出枝繁葉茂的複雜系統理論，並證明這套科研成果也可同時用來理解自然、生命與人文社會現象，具有司馬遷所稱「究天人之際、通古今之變」的性質。不過，因為在管理領域一直都還未能根據複雜系統的科研成果，整理出可立即套用的現成系統理論，以致本書必須直接從生硬的科研資料中，去篩檢、綜整可供管理應用的材料。

複雜系統論是由許多次級理論所組成，本書選擇其中的耗散結構、混沌、巨變、協同、分形[3]等五個次級理論家族的科研成果，作為建構自組織系統理論的依據[4]。所幸這五套複雜理論雖然各有不同發展的淵源，但因自組織現象是它們研究上的共同核心議題，所以本書就從複雜理論中萃取出具有系統哲學意涵的素材，以自組織現象為經，以系統的創生、存在、演化三階段生命現象為緯，建構出可用以解釋系統生命演化過程，以及可供管理應用、擺脫牛頓典範侷限的新組織系統理論。

為循序漸進引領讀者進入相對陌生的自組織世界，本章先從探討「不涉外力的純自組織複雜現象」談起，並針對存在於自然

3 耗散結構：dissipative structure、混沌：chaos、巨變：catastrophe、協同：synergetics、分形：fractal。

4 複雜系統科研成果非常豐富，對於它們個別分支的技術性內容，網路上有大量科普讀物性質的資料，讀者可自行查閱。本章限於篇幅省略了一般文獻回顧的討論，直接根據自組織系統觀點，呈現從複雜科研成果中所整理與管理相關的系統哲學意涵。

界的自組織作用力綜整出它們的行為規律——這套規律也可同樣用來認知與理解人類組織的行為與現象。接下的第八、九兩章則討論：在自組織的管理場域中，管理者如何根據「自組織為體、他組織為用[5]」的管理觀，以「用勢不用力」的方式發揮他組織可見之手的領導以及戰略功能——因為領導力與戰略力是對自組織系統狀態的改變最具決定性的兩股他組織力量。

（按：由於本章內容較為生硬，為期閱讀上的流暢性，因此對於初次接觸自組織概念的讀者，必要時可先閱讀討論領導與戰略的第八、九兩章，然後再回頭研讀本章。）

二、自組織宏觀現象

由於自組織現象的面向很廣，本章將它分為宏觀現象與微觀過程兩部分來討論。

要了解自組織複雜系統的生態，宏觀來看必須回答以下三個基本問題：(1) 自組織系統如何從混沌的無序狀態，經由「從無到有」的「創生」過程轉化為有序結構？ (2) 自組織形成的系統，如何在不斷漲落的環境中維持自己「有而能存」的穩定「存在」？ (3) 穩定存在的自組織系統，當環境發生劇變時，如何再次經由「從有到變」的「演化」過程，使自己得以在新環境中繼續存活？

耗散結構論

上述三問題貫串起來，正好涵蓋複雜系統生命歷程的創生、

---

5 這是在自組織的管理世界中，管理者應知如何善用自己他組織可見之手所能發揮的作用，以「用勢不用力」的方式來進行管理工作的一套原理原則。

存在與演化三個階段——其中的存在包含成長；而演化也包含當演化不成功時，系統就會走上被環境淘汰而死亡的下場。在複雜系統理論各分支中，耗散結構論是針對這三問題提出了一套解答的理論。不過在談耗散結構前，先來認識自組織系統的分類。

自然界的事物都是自組織過程下的產物，不過，這些自組織產物可大別分為兩類。第一類是物理作用與化學反應下的各種生成物（如晶體、磁體等）以及化合物，它們一旦形成就靜態地繼續存在，不會出現演化現象，所以是「死」的自組織系統。第二類雖也屬物理或化學過程下的產物，但它們以動態平衡的方式存在，並具有演化功能，例如宇宙、地殼、天氣、物種、生態等系統，它們是合稱為複雜系統的「活」自組織系統。這類活系統是本書所要討論的對象，而它們在構造上都屬耗散結構[6]。

自然生成的貝納花紋結構

耗散結構論採用貝納花紋（Benard cell[7]）作例子，說明自組織系統的創生、存在與演化過程，見圖 7.1。貝納花紋實驗是在裝有液體的平底盤下方均勻加熱，盤內液體為有效散熱，就形成從底到頂的上升熱流與從頂到底的下沉冷流兩種對流。整個液體就以這兩種對流作為構成單元，經過以下一系列的自組織過程，最後使盤頂液面出現六角形蜂巢狀的花紋：

---

6 《荀子》對人與萬物的差異有「水火有氣而無生，草木有生而無知，禽獸有知而無義，人有氣有生有知，亦且有義，故最為天下貴也。」的說法。這相當於二千多年前的《荀子》就為耗散結構系統做了三種分類：（一）沒有生命的無機複雜系統：有氣無生；（二）有生命的動植物（有機複雜系統）：有氣有生，但無知無義；（三）人類（人本社會複雜系統）：有氣有生、有知有義。本書對耗散結構先採無機、有機的二分法，等談到管理應用時，再把人類作為第三類分出。

7 貝納花紋是法國科學家亨利・貝納（Henri Benard）於 1900 年發現的物理現象。本書附錄對自然界的耗散結構有更仔細的說明。

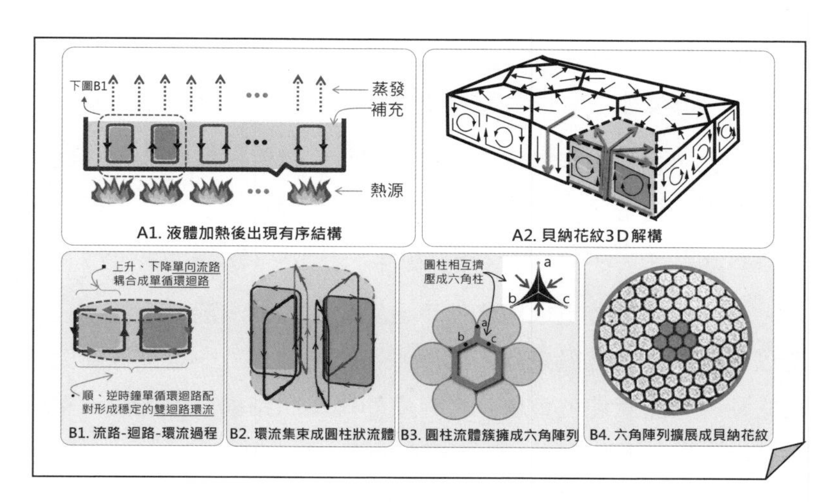

圖 7.1　無機性耗散結構貝納花紋的形成

1. 上升與下沉的單向流路兩兩配對構成單向循環迴路；接著順、逆時鐘兩個單向循環迴路再行配對，形成彼此都得以穩定存在的雙迴路環流（圖 7.1-B1）。

2. 眾多雙迴路環流再成束集中形成從中軸上湧，從周圍下洩的圓形柱狀流體（圖 7.1-B2）。

3. 七個（1+6）圓形柱狀流體再以「1 個柱體居中，6 個周邊柱體支撐」的方式，相互簇擁形成六角陣列模組；而「1+6」陣列中的每一柱體又因相互擠壓而使原本圓形柱體變形成為六角柱體[8]（圖 7.1-B3）。

---

8 圓形是大自然最容易形成的形狀，同樣的圓形要作最緊密排列時，非 1+6 陣列莫屬。不過陣列中每三個相鄰的圓間都會出現空隙，但當各圓都有向外擴張的張力時，這一空隙就會被向外擴張的圓填滿（圖 7.1-B3 右上角），使原來圓柱就都成了六角柱，於是就出現頂視為蜂巢狀的六角形。

4. 最後六角陣列模組在平底盤中呈全面性鋪陳展開後，就形成頂視為六角形蜂巢狀的動態平衡貝納花紋（圖 7.1-B4）。

以上用分解動作描述「流路－迴路－環流－柱狀流體－六角陣列模組－貝納花紋」的按部就班層層結構化過程，當它以自組織方式發生時，實際上是在非常迅速一氣呵成情形下完成的。

貝納花紋是特定環境條件下自組織形成的「活」系統。它之所以「活」是因獲得來自底部源源不絕的熱源；一旦熱源斷絕，它的動態對流狀態就會停止，有序的蜂巢狀結構就會消失，整個液體也恢復為平常無序、無結構的狀態。至於其他的「死」系統，例如各類礦石的晶體，它們一旦形成就是一個靜態的封閉系統，不需仰賴任何的外來「輸入」就可持續存在[9]。

全球許多地方可看到由玄武岩所構成非常壯觀，直徑約 1.5 公尺上下的六角柱狀地質景觀。例如台灣的澎湖列島各地裸露的岩盤、蘇格蘭的巨人堤道（Giant Causeway）等，都是早年地質大變動時期由炙熱岩漿所形成的貝納花紋結構，後因溫度驟降而凝固所殘留的遺跡。這些柱狀地景所以仍以結構化的形式繼續存在，而沒有恢復為起始的無序液體狀態，主要是因為岩漿無法在常溫下維持液態，以致溫度驟降使岩漿凝結成固體時，它當時的結構形式也就如同化石般一起被「凍結」保留了下來。

耗散結構的特徵

貝納花紋是典型的耗散結構，也是自然界出現的一種無機複雜系統，從它身上可發現自組織複雜系統的許多共通特徵。

---

9 石灰石岩洞中的鐘乳石結晶，雖然會因含有石灰石分子的水流繼續流經表面而緩緩變厚、變長，但水源斷絕後，已經生成的岩柱並不會因而消失，只會使它不再增生厚度、長度。

■ 普力高津的發現

耗散結構論是 1977 年諾貝爾化學獎得主普力高津（Ilya Prigogine）所提出的理論。根據貝納花紋等自組織系統的特性，普氏歸納出幾項耗散結構的基本特徵：

1. 針對貝納花紋從底部不斷獲得熱源而得以成為「活系統」的現象，普力高津作出以下解讀：耗散結構是以不斷與外界交換能量與物質的方式，來維持動態平衡的「活系統」狀態；一旦交換關係斷絕，耗散結構就會立即耗散（dissipate）不再存在；而要維持這種交換關係，耗散結構必須是開放系統（open system）。事實上，開放系統這一特徵不僅為耗散結構與其他自組織的靜態「死系統」劃出一條界線——因為其他「死系統」必然是封閉系統（closed system）——也同時為複雜系統一旦形成，所以能維持它的持續「存在」提供了答案，因為處於開放狀態，所以它能與外界不斷交換能量與物質來維持生存。

2. 對於貝納花紋是在液體加熱升溫到一定臨界值才開始出現的現象，普力高津則解讀如下：一個具有自組織能力，但處於混沌無序狀態的開放系統，在外在環境出現適當條件時，系統就會自發地動員起來，使自己進入「遠離現況的臨界狀態」，並乘勢一舉跨越從無序到有序的門檻，湧現[10]

10 湧現是自組織系統形成過程的重要特徵。由於它的形成並無藍圖作為依據，而是系統元素在特定環境條件下所出現的自發性組織化行為，或自發形成具有特殊功能的結構。例如，動態的人形飛行雁陣、魚群與鳥群的「群舞（swarm）」，靜態的蜂巢、蛛網、白蟻丘，河狸（beaver）水堰，甚至包括屬於自組織「死」系統的化合物等，它們都以湧現方式形成。湧現現象的共同特徵是在系統成形前，無法根據系統的初始元素去推知最終系統的面貌，這是因為系統元素間的自發組織化行為具有特定的內在結構與功能特性，這一結構與功能特性也使整

（emerge）出有序的結構。這一論述為複雜系統如何從無到有的「創生」過程提出了解答。

本書用「遠離『現況』的臨界狀態」取代一般引用普力高津所採較單純的「遠離平衡的狀態」用語，是為了強調複雜系統的創生與演化遵循的其實是同一套法則：因為不論「現況」指的是無序的混沌狀態（可視為無序的平衡狀態），或是指已經存在的有序動態平衡狀態，只要環境出現重大變化並且條件成熟時，自組織系統都會把自己帶到遠離平衡的臨界點，使它發生「從無到有」或「從有到變」的變化。

事實上，普力高津所發現有關複雜系統的「創生」規律，也同樣適用於自組織形成的「死系統」，但是後續即將討論的另外有關「存在」與「演化」兩條規律，就不適用於自組織的「死系統」，因為「死系統」一旦創生就是封閉系統，它們的存在不再仰仗與外界交流，並且也不具有演化功能。

複雜系統的術語將系統狀態稱為「相[11]」（音向，phase）。當系統發生從一種狀態蛻變為另一種結構與功能狀態時，就稱系統發生了「相變（phase change）」。因此，普力高津所發現「從無到有」或「從有到變」的自組織規律，就是複雜系統適應環境過程所遵循的一套相變規律[12]。

體系統因而展現出個別元素所無法顯現的功能。例如，水雖由二氫一氧化合而成，但水的特性卻無從根據氫與氧原子的特性而推知。所以通常都用「整體不等於個體加總」來形容湧現的特性。

11 自組織「死」系統也會發生相變，例如水的三相變化。所以用「相」來稱呼系統狀態並非複雜系統的專利，差異在「死」系統相變後不存在與外界繼續交換能量現象。詳本文後述。

12 《莊子 ‧ 達生》有「合則成體，散則成始（回歸起始的無序狀態）」的說法，可作為耗散結構能否完成「從無到有」過程的生動描述。

■ 負熵[13]、新陳代謝、宇宙熵增定律

對於耗散結構必須「不斷與外界交換能量、物質、資訊」來維持生存的現象，普力高津進一步將它解釋為一種「吸收負熵（negative entropy）、排出正熵，以使系統維持有序狀態」的過程。負熵的狹義定義等於正能量，廣義定義則泛指能量、物質與資訊。普力高津提出的負熵概念主要是用來處理「熱力退化論」與「生物進化論」這一對科學悖論的衝突。

所謂熱力退化論是指物理學熱力第二定律所宣稱：宇宙間的事物都無法逃脫熵增（亂度或無序化程度有增無減）的命運——這一又稱為宇宙熵增的定律明確宣示：宇宙是以不可逆的方式，單向地從有序朝向無序發展，例如覆水難收、破鏡難圓。不過，生物進化論則提出正好相反的論述，認為生物進化必然是從簡單有序系統朝向複雜有序系統的方向發展。

普力高津利用開放系統與負熵這兩個概念，為上述悖論架起一座化解矛盾的橋樑。首先，耗散結構這個開放系統只是外在更大的封閉環境[14]中的一個子系統；其次，當耗散結構從外在大環境吸收負熵、排出正熵，以維持自己的有序或演化成更有序時，外在環境的總（正）熵量其實變得比以前更多[15]。所以，耗散結

13 熵：中文有「商」或「商（音笛）」兩個唸法。也有人將它意譯為「能趨疲」。

14 「耗散結構開放，外在系統封閉」是個相對說法。因為外在環境本身也可能是另一更大外在環境內的開放系統。例如，人對組織、組織對社會、社會對地球生態，乃至地球對太陽系，它們的相對開放性與封閉性具有層層套疊的關係。

15 例如：人類為維持生存，必須對外攝取食物並排放排泄物。因此，人類「陳謝」過程的排泄物，使外在環境增加了一份正熵負擔。而人類對外攝取食物的「新代」過程，又因食物本身也必須以對環境排出正熵的新陳代謝方式成長，所以在這種套疊關係下，被人類所攝食食物的生長過程所排放正熵的帳，也要算成是因人類生存的需要，而使外在環境增加的第二份正熵負擔。

構的出現乃至生物進化論的存在，都與熵增定律不相衝突，因為耗散結構其實是以外在環境更大的熵增作為代價才能存在。也因此熱力退化論仍然是宇宙宏觀尺度上的普適定律，而生物進化論只能算是宇宙熵增定律下局部性與暫時性[16]的例外。

耗散結構以「吸收負熵、排出正熵」的方式來維持「存活（有而能存）」的概念，事實上與生物學的新陳代謝概念完全等價，就如同任何生物一旦停止新陳代謝作用，就會立即死亡一樣。所以，普力高津的「負熵」概念可說是物理版的新陳代謝解讀，他的這一概念也為無機的耗散結構（複雜系統）與有機的生命體之間，找到了關鍵性的共通行為特徵。

混沌論

接下談用以建構自組織系統理論的第二套素材：混沌論。混沌現象的科學探討早在 19 世紀就已開始，而晚近的混沌理論則濫觴於 1963 年美國麻省理工氣象學家羅倫茲（Edward Lorenz）教授的數值模擬研究。近代的混沌論主要探討表面上混沌無序現象背後所隱藏的可能規律——它的數學特性與統計上所稱亂數（random number）完全不同。

混沌論討論的面向很廣，本書只聚焦在與複雜系統演化有關的三個現象上：(1) 對稱破缺（symmetry breaking）；(2) 蝴蝶效應（butterfly effect），以及 (3) 路徑依賴（path dependence）效應。

16 這裡所稱的「局部」與「暫時」都是以天文學的尺度作為衡量：「局部」的規模可大到包括整個銀河系，而「暫時」的長度也可達到數十、百億年。

混沌三現象：對稱破缺、蝴蝶效應、路徑依賴

■ 對稱破缺

對稱破缺是複雜系統相變過程的特性。複雜系統進入相變的臨界狀態時，系統狀態的未來發展具有機會均等的多重選擇性，術語上將這種機會均等性稱為對稱性。而當系統跨越相變的臨界門檻，自組織地做出系統狀態發展的具體抉擇（術語上將這一選擇行為稱為分岔，bifurcation）後，上述的對稱性（機會均等性）就被打破，其他未被選中的可能性就在這一抉擇過程中被排除。因此，複雜系統的相變過程又稱為對稱破缺過程。

■ 蝴蝶效應

蝴蝶效應是羅倫茲教授進行氣象數值模擬研究時發現：初始條件（initial condition）（亦即俗稱的遠因）的微小差異，經由長程連鎖反應放大後，就可使後續所模擬的氣象成果出現極大的落差。於是，他就用「一隻蝴蝶在巴西輕拍翅膀，可導致一個月後德克薩斯州的一場龍捲風」的說法，來反映複雜系統狀態「敏感於初始條件」的現象。這也是這一現象被稱為蝴蝶效應的典故。

■ 路徑依賴

路徑依賴效應所表達的則是：複雜系統的演化，除受初始條件影響，致使系統創生期的許多特徵會持續保留在後代系統身上外；在對稱破缺分岔的當下所出現的邊界條件（boundary conditions）（亦即俗稱的近因或近緣）對後代系統的特徵也會產生決定性的影響。路徑依賴可說是蝴蝶效應的一種補充。

路徑依賴的著例是：封閉性的加拉巴哥（Galapagos）群島、馬達加斯加（Madagascar）島、澳洲，乃至澳洲離島塔斯曼尼亞

（Tasmania）等地，都有不同於其鄰近母大陸的特有動、植物物種出現。在這些封閉島嶼（或次大陸）上的動植物，雖與母大陸擁有共同祖先，但因在孤立生態環境下，單獨進行稱為「異域性物種形成（allopatric speciation）」的特有環境適應過程，所以演化出許多外觀形態、內部構造乃至生理機能等都與母大陸祖先有顯著差異的新物種。這一事實說明了自然界的物種演化，不只決定於它的源頭，也受到後續生命發展軌跡的影響：不同的發展軌跡所促成的漸變與突變，累積起來就會發展出不同的新物種。

對於路徑依賴現象更深入的研究則發現：自然界的物種演化是一種長期相對穩定的漸變與「間歇性突變（punctuated equilibria）[17]」交錯進行的過程，見圖 7.2。其中發生突變演化的時機往往對應時間或空間上的重大生態環境變化，例如：地質史上的火山大噴發、巨大彗星撞擊地球、冰河擴張氣候變遷、大陸陸塊漂移等。這時「種化」能力（新物種形成能力）較快、絕種速度較慢的物種支系，因具有較高的存活機率就會得到較高的繼續繁衍機會。

混沌三現象的演化意義

從自組織系統演化觀點看，上述混沌三現象代表以下的意義。

1. 對稱破缺現象代表：複雜系統的演化是因為它發展軌跡出現了分岔，並接著作出選擇的過程，而在沒有外力介入情

17 一般文獻把 punctuated equilibria 直接翻譯成「間斷平衡」，本書將它意譯為「間歇性突變」——因間歇發生的突變打破了既有的穩定漸變準平衡狀態。根據古生物化石的證據顯示，這一交錯演進的過程，就如行走跨距很大的平緩階梯：在幾億年平緩漸變的年代後，會出現持續 1、2 百萬年的激烈突變期，然後又進入相對穩定的幾億年平緩漸變期，之後又再出現幾十萬年或幾百萬年的激烈突變……。物種演化就以這種行走長而平緩階梯的模式反覆循環推進。

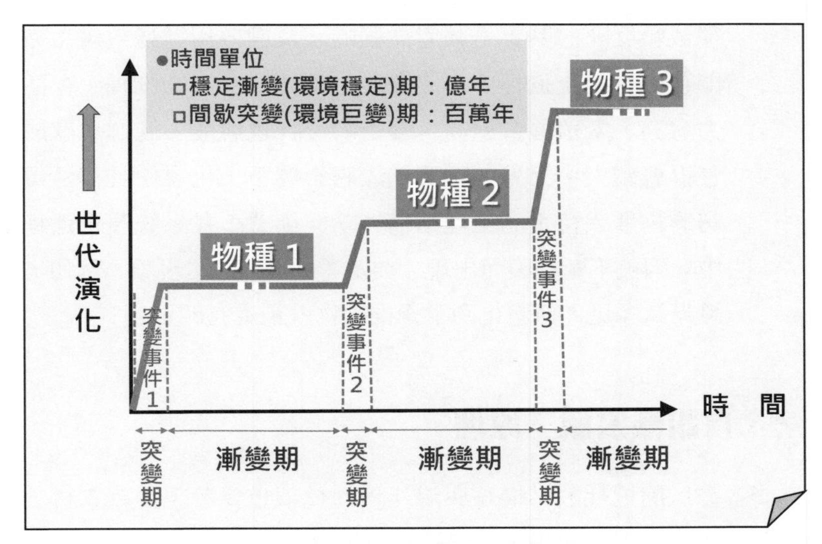

圖 7.2 物種演化的間歇性突變過程

形下，這種選擇是一種天擇的偶然。例如，公元 79 年 8 月 24 日義大利的維蘇威火山大爆發，因為當時吹的是西北風，所以火山灰就以排山倒海之勢掩埋了位居東南方下風處的龐貝城；如果當時颳的是東風，那麼被掩埋就是另一側的那不勒斯。

2. 蝴蝶效應反映出：不論演化的過程如何發生分岔，系統後期的發展都會受到系統創生初期屬性與特徵的制約。這也是「四千年樹齡神木的巨大，在種子落地生根的那一刻就已決定」說法的依據。

3. 路徑依賴效應則反映：複雜系統的演化，不論是長期漸變或間歇發生的突變，都受到歷史發展軌跡中所出現各種事件（亦即邊界條件）的影響。相對於蝴蝶效應的「前因決定論」，路徑依賴效應代表「後果決定論」的影響力。路徑依賴反映的其實是強者愈強的正反饋效用遞增效應：亦即在生物演化過程中，能發展出環境適應力的物種，存活力愈強，繁殖機會愈高，繁衍的後代也愈多，族群也就成長得愈龐大。另外在正反饋效應影響下，也會使具存活優勢的物種或特定的生理結構／功能模式，在系統演化過程中，因被不斷複製而出現「鎖定（lock-in）」現象。例如，昆蟲為多足，但演化到了脊椎動物就鎖定為四足。

三、自組織宏觀三原理

本書以前述耗散結構論與混沌論的幾項重要發現作為素材，綜整推演出「因緣成果、常變循環、臨機破立」等三項自組織宏觀基本原理。

複雜系統自組織第一原理——因緣成果

複雜系統的創生與演化過程

普力高津的耗散結構論發現：一個具有自組織能力，但處於混沌無序狀態的開放系統，在外在環境出現適當的條件時，系統就會自發動員起來，使自己進入遠離現況的臨界狀態，並乘勢一舉跨越從無序到有序的門檻，湧現出有序結構。

普力高津有關耗散結構創生與演化的論述，其實與第一章「因緣和合、生成萬事」的因緣成果概念完全契合。因為具有內在自組織能力的系統元素就是「內因」，而外在大環境就是「外緣」，當「內因」所處的「外緣」發生重大變動，既有「內因」不再適應這種變化時，既有的和合關係就不再存在，新一輪的因緣成果過程就會開始啟動並發生作用，一個在新環境（新外緣）中可穩定存在的新內因（新系統），就會凝聚成形、湧現而出。換句話說，耗散結構「從無到有」的創生，以及「從有到變」的演化，都同樣遵循「內因爲依據、外緣為條件」的因緣成果原理。

因緣成果是印度佛家在二千六百多年前，用直觀智慧洞察與領悟的天機。20 世紀後期，普力高津提出耗散結構理論，相當於用現代科學研究證實了因緣成果這個大自然法則。所以，本書把「內因為依據、外緣為條件」的因緣成果原理稱為自組織第一原理，不只因為它主宰自組織系統「從無到有」的創生，更因為它也統攝自組織系統「有而能存」的存在以及「從有到變」的演化，是涵蓋整個生命歷程的基本規律。因緣成果原理是自組織現象的基本規律，再舉以下兩例來說明。

■ 內因爲依據：以水分子爲例

水分子雖屬自組織化合作用下的「死」系統，但它的合成也適用因緣成果的觀點來說明。圖 7.3 顯示：氧原子 8 個電子中，位於外層的 6 個電子須增加到 8 個才能達到真正的穩定狀態；而氫所擁有的 1 個電子正好是最佳標的 —— 亦即 1 個氧原子與 2 個氫原子，先天就有相互和合的內因依據，所以在提供一定熱量（例如燃燒）的外緣條件下，氫、氧原子就會合成 H_2O 水分子。這一化合反應的特徵是原本各 1 個由 2 個氫原子獨立擁有的最外圈電子，變成環繞 2 氫 1 氧水分子的外圈共享電子。因此，自然界的化學反應符合「內因為依據、外緣為條件」因緣和合成果的定義，化合作用使這些具有互補作用的原子，發生外圈電子結構重組，形成結構上更穩定、並具有新功能特性的合成物。

■ 外緣爲條件：以微生物爲例

土生性黏菌（dictyostelium discoideum）的特殊生命歷程是一

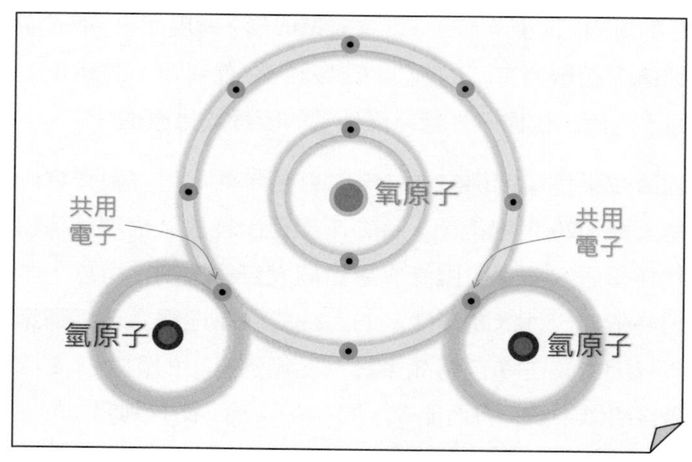

圖 7.3 水（H_2O）的分子結構

個值得介紹的生物界因緣成果案例。這種黏菌屬於群居的單細胞阿米巴變形蟲。在食物正常無缺環境中，它們以獨立個體形式，各自進行覓食、代謝、趨水、向光，乃至無性分裂繁殖等生命活動。但當環境劇變、食物變得匱乏時，這些單細胞個體就會放出特殊的費洛蒙（pheromone）信號，進行個體大集結（巨集規模可高達 10^5 個）。接下來，過去由個別單細胞所表現的多樣化求生能力，就改由為數眾多的細胞群以組織化的分工合作方式來展現。結果這個巨集的細胞群，就渾然一體地表現出宛如天生多細胞生物的行為模式，見圖 7.4。

當外在環境仍持續未見改善時，這個共生的變形蟲集團就會進一步將細胞功能分化，正式轉化成一個多細胞生物：集團成員一部分變成吸收養分的「基」細胞，另一部分轉型成具支撐作用的「莖」細胞，還有一部分細胞則往頂上發展成為擔負傳宗接代繁殖任務的「孢子」。在這種分工下，集團中只有轉化為孢子的細胞才有機會繼續存活，其餘細胞都會在集團孢子化，完成繁殖

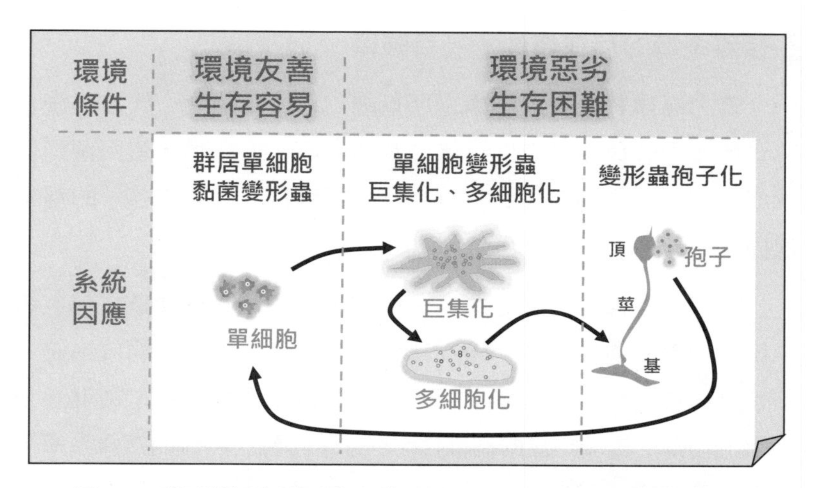

圖 7.4　群居單細胞變形蟲在「因緣和合」情境下的多細胞蛻變

保種任務後全部犧牲掉。不過，這些細胞的犧牲換得的是免除了整個群體滅絕的浩劫。

在惡劣環境下，黏菌變形蟲會以自組織方式巨集化與多細胞化，來提高整個種群存活機會的現象，是 2005 年才被科學家發現的原始生物求生模式。這個令人驚異的求生模式，對人類來說，可說是一個「意料之外，但又情理之中」的現象。這一現象反映出：面對惡劣環境，複雜化的組織比簡單的組織具有更高的存活機率，它具體宣示了「生物進化趨勢必然是從簡單走向複雜」的法則。

這一案例還可讓我們進一步引申：在友善環境中，單打獨鬥的「通才」固然可發揮以量取勝的族群存活優勢，但在充滿挑戰的環境中，要確保族群的生存與發展，就必須將自己轉化為「專才」，並納入組織系統與其他組織成員分工合作才行。這一推論也反映出「分工是合作的基礎」以及「分工的基礎就是專業化」的基本組織原理。

複雜系統的存在條件——自強律

普力高津對於耗散結構之所以能「活」，開出「開放系統」與「持續吸收負熵、排出正熵」兩個條件。因此滿足這兩個條件就成為創生之後的自組織複雜系統，要維持「有而能存」的基本前提。

上述第二條件「吸收負熵、排出正熵」，其實就是任何生命系統一刻都不能停止的新陳代謝作用；而第一條件「開放系統」則是實現第二條件的必要前提。因此，複雜系統創生之後就必須一刻不鬆懈地去滿足這兩個條件。不論是有機或無機的複雜系統，也都因為建立了獨特的「新陳代謝」機制，才能使自己得以動態平衡的方式穩定地生存下去。這一為維持存活而遵守的自組織規律，可借用傳統的「自強」概念來概括。

《易經》開宗明義就揭示了「天行健，君子以自強不息」的道理，代表古人對自然規律的深刻洞察。而普力高津則用耗散結構論，繼前述的「因緣和合、生成萬事」的佛學概念之後，相當於再為「自強不息、與時俱進」這個具有道德與價值意涵的古典概念，提出了現代科學的客觀佐證。因此，本書把這一維持複雜系統「存在」的規律稱為「自強律」，並將它視為因緣成果原理的重要支撐：複雜系統雖然創生，但若未能遵循自強律來維持自己的存在，那麼因緣和合的正果仍將立即耗散而無從修成。

因緣和合的成就條件——和合律

因緣成果原理在自組織過程中要發揮作用，因緣要能「和合」是必要前提，但「和合」究竟代表什麼意思？達爾文學派的進化論者提出「物競天擇、適者生存（survival of the fittest）」的命題，作為生物演化過程的競爭與存活原則。不過，這一命題因為過度強調汰弱留強的競爭面，甚至只把恃強凌弱的行為合理化，其實無法充分反映「和合」的完整意涵。耗散結構論為這一問題的答案，提供了更完整周延的素材。

■ 開放性複雜系統無法孤立存在

以物理性的貝納花紋為例。因為底層升溫，液體必須以對流方式來散熱，於是形成上升與下沉兩類單向流路，但這些流路要有效發揮散熱效果，必須經由本章圖 7.1 所描述的「流路－迴路－環流－柱狀流體－六角流體陣列－貝納花紋」的層層結構化過程，來形成最有效率的動態散熱系統。在貝納花紋這一複雜散熱系統的形成過程中，有兩個值得注意的特徵：

1. 從單向流路的出現開始，一直到圓形柱狀流體形成，一層層的結構化過程都一再反映出「每一層次的單元都必須與其他單元在結構與功能互補的基礎上相互合作，才能維持自己穩定存在」的道理。這種「孤陰不立、獨陽不成」唯互補才能共生共存的現象，代表複雜系統內部的結構與功能關係，也受到陰陽互依互補的因緣成果規律的制約。

2. 如果把圓形柱狀流體視為一個系統單元，那麼這一系統必須相互簇擁形成 1+6 的陣列，才能相互支撐、互補共存；但因每個柱狀流體都可視為一個 1+6 陣列的中心，所以就出現放眼望去沒有起點與終點、四面展開、連綿不絕的蜂巢狀貝納花紋。這說明系統與系統間也是以結構與功能互補共生方式才能存在，並在這種關係下，形成了因緣成果的生態大環境。

這兩個特徵說明：開放的複雜系統不可能孤立地在內、外生態環境中存在。任何耗散結構即使在發展過程中因錯綜的競合關係而顯得混沌，但當相變完成時，就在結構與功能上出現從微觀到宏觀清晰的相依互補共生關係，並反映出「大環境中的每一個體，在為自己存活努力的同時，其實也在有取有予（take-and-give）的互惠（reciprocal）效應中，不知不覺為其他成員的存活做出貢獻」的事實[18]。

■ 複雜系統與外在環境間的相依共生關係

上述的相依共生關係很容易在自然界找到例子。在小池塘中生活的菌類、藻類、水蚤、小魚與其他浮游動植物，就形成一個多樣性的小生態系統。其中的菌、藻類行光合作用，釋放氧氣於水中供其他動植物利用；水蚤以菌、藻類為食，它本身又是魚類的好餌料，而微生菌類分解動植物屍體，使它們在水塘中重新循環成為生物的養分……。這些互補共生的多樣種群所構成的協同合作小生態系統，也就在不自覺的情形下體現出「複雜系統（指每一不同的生物個體）在確保本身生存的同時，也為其他個體的生存做出貢獻」的自組織規律。本書認為相對於傳統的「適者生存」，這才是因緣「和合」關係成立的核心概念。

■ 支撐因緣成果的和合律

歸納來說，要理解因緣成果原理中因緣「和合」的意義，傳統的「適者生存」概念充其量只反映了複雜系統演化的相變「過程」面[19]以競爭性為主的部分特徵；而耗散結構的相變「結果」面則反映出「唯有與外在大環境間建立相依互補共生根本關係的

---

18 這是一種「己立立人，己達達人」或「我為人人，人人為我」的關係。

19 所謂「相變過程面」相當於稍後說明的常變循環過程中的應變態，而接下提到的「相變結果面」則指常變循環過程中的守常態。應變態是過渡期，守常態是存在時間較長的正常期。

個體系統，才能在新環境中穩定存在」的互補合作性根本特徵。因此，本書歸納「每一個體系統與外在生態環境的互動，都能遵循一定的取予關係，並在求取本身存活的同時也為其他個體系統創造存活條件」是促使複雜系統相變過程得以收斂的自組織規律，這也是「內因為依據，外緣為條件」因緣俱足下，系統與外在大環境得以成果、成局的理由。本書把這一支撐因緣成果原理的自組織規律稱為「和合律」。

這一因緣成果原理下的「和合律」概念，也為傳統「適者生存」中的「適（fitness）」字賦予了更廣義、更深刻的意涵。

複雜系統自組織第二原理──常變循環

說明了在因緣和合條件下，複雜系統如何創生、存在與演化的一般特徵後，接下放大檢視複雜系統「從有到變」，亦即從存在到演化的具體轉化機制與規律。

常變循環的自組織生命歷程

■ 守常態、應變態

要探討「從有到變」的問題，可從系統創生後所處的生存環境下手。耗散結構論把複雜系統創生後的生存環境，區分為以下兩大類：

1. 系統創生當時所形成的因緣和合條件仍然繼續維持，這時內因與外緣即使出現一定程度的起伏、漲落（fluctuation），但基本上並未超出系統可忍受的程度，因此系統既有的結構與功能不會發生重大改變。對於處在這種情境中的系統狀態，本書稱它為「守常態（conservational state）」。

2. 外在環境（外緣）發生重大變動，或複雜系統本身結構／

功能（內因）出現嚴重退化，以致系統創生當時的因緣和合條件已無法繼續維持。這時系統就會自發啟動它與環境間的相互調適作用，去重新尋找一個在新環境中得以穩定存活的新結構，以使內因外緣再度和合，這時啟動的就是「從有到變」的過程，而這種以變應變的系統狀態，本書稱它為「應變態（transitional state）」。

由於內因外緣的改變持續不斷，因此複雜系統生命歷程中的守常態與應變態，也就以交替循環的方式出現。討論混沌論時提到的「間歇性突變」，在相對長期的穩定平緩漸變（守常）期後，穿插短暫間歇性突變（應變）期，這種一常一變的組合反映出的生物演化進程就是一種常變循環過程。

■ 動態平衡、正負反饋機制

複雜系統是動態平衡系統，因為它的內因與外緣都是隨著時空而持續漲落振盪的變數。以人體的自律系統（內因）為例，它的體溫、脈搏、血壓、血糖等生理指標，都會不斷的升降起伏；至於人類日常所處的環境（外緣），也因為天候有寒暑晴雨的更迭，經濟景氣有週期性循環漲落等而會對每個人的生活發生順逆泰否的衝擊。這些內外因子的漲落波動，就是動態平衡（dynamic equilibrium）系統的特徵。

上述的內、外因子漲落波動還會通過反饋作用相互影響。當內因、外緣中某一因子發生變化時，就會引發其他相關因子的連鎖性消長變化，這一連鎖反應最後又都會回過頭來影響最初啟動變化的那一因子。當連鎖反應反饋到初始因子後，對初始因子下一階段的漲落如果發生抑制作用，這種反饋就代表負反饋（negative feedback）機制；反之，如果發生增強作用就是正反饋（positive feedback）機制。第三章〈識〉提到中醫生理學，就認為人體是一個由環環相扣的正、負反饋（生剋[20]）機制所形成的複雜系統。

■ 自穩定性、泛穩定性

守常與應變是複雜系統存在狀態的兩種模式（mode）。不過，這兩種存在模式採取的存活機制以及遵循的行為規律完全不同。其中維持守常態所仰賴的是負反饋機制，在運作上遵循「損有餘、補不足」以及「最小熵增（最低耗能）」的法則。用它來抵抗與收斂大環境的漲落振盪對系統所造成的干擾；把偏離常軌的系統行為，予以糾正並恢復常態，來確保系統動態平衡狀態的「自穩定性（self-stability）」。

至於應變態所仰賴則是正反饋機制，在運作上遵循「損不足、補有餘」的變本加厲法則，以便累積並放大內因與外緣振盪漲落所產生的能量，來打破系統既有的自穩定性，將它帶到遠離平衡的解構狀態，使系統進入可依據新的因緣和合條件，被再度重組成具有自穩定性的新組織系統。這一在特定條件下，自發打破老的自穩定性以重新尋求新的自穩定性的現象，本書將它稱為複雜系統所具有追求「泛穩定性（meta-stability 或 superordinate stability）」的一種特性。

歸納來說，複雜系統根據因緣成果原理創生後，它就按照內因外緣漲落變化的程度，來適時轉換自己的存活模式——守常態與應變態循環交替——建構出自己的生命歷程，圖 7.5。本書把複雜系統的生命歷程是由常變兩態交替循環所構成的規律，稱為「常變循環」原理[21]。

---

20 正反饋機制對應傳統陰陽五行「生」的功能；而負反饋機制對應「剋」的功能。

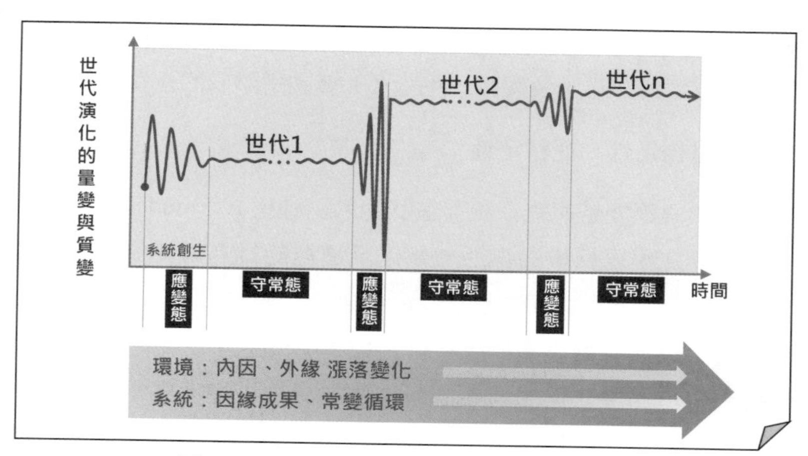

圖 7.5 複雜系統的常變循環生命歷程示例

維持系統自穩定性的守常律

■ 用於維穩的負反饋機制

任何動態系統要維持自穩定性，它的內在核心必然是一套「損有餘、補不足」的負反饋機制（圖 7.6），它具有使系統自動恢復平衡與穩定的作用。複雜系統因擁有與生俱來的負反饋機制，所以對於外來干擾具有恢復能力。例如泡熱水澡導致體溫升高時，我們的身體就會大量排汗，將體溫拉回正常範圍。生物學將這種自穩定作用稱為生理恆定性（homeostasis）。

■ 負反饋機制的自組織抵抗力與恢復力

自組織複雜系統具有維穩作用的負反饋機制，放大來看，它發生作用的方式是藉助兩種內發的力量——抵抗力與恢復力——

21 本書把常變循環原理翻譯為：The Principle on the Cycling of Steady and Transitional States.

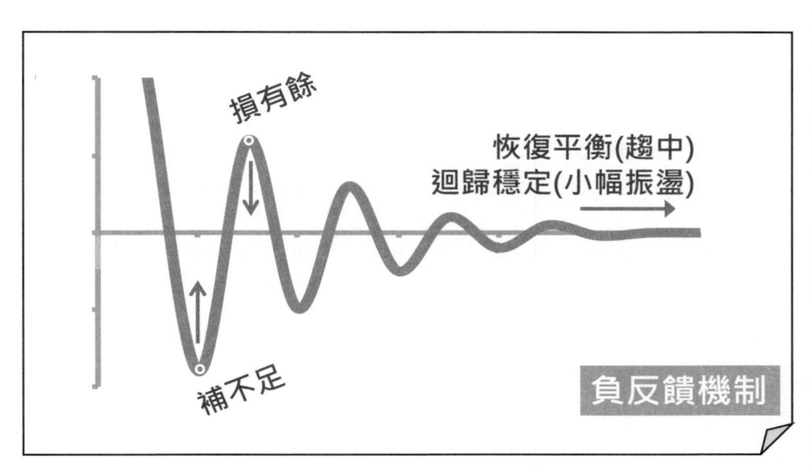

圖 7.6 「損有餘、補不足」的負反饋機制

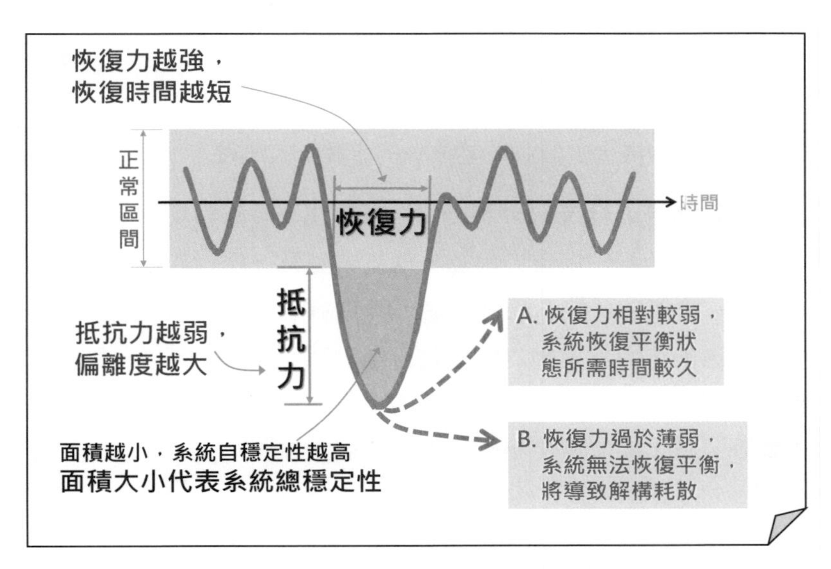

圖 7.7 自組織複雜系統的抵抗力、恢復力與自穩定性

來因應不論是內因或外緣的變化，對系統狀態帶來的振盪與衝擊（圖 7.7）。

圖 7.7 中的抵抗力（resistance）是系統面對衝擊的吸收能力，代表慣性的大小，以系統受到內、外衝擊後，所產生偏離正常狀態的程度作為衡量，抵抗力越弱，偏離度越大，反之亦然。至於恢復力（resilience）則是系統受到內、外干擾與破壞後，重新回復自穩定狀態的自我修復能力，它以系統一旦偏離正常狀態後，需要多久時間才能恢復原狀作為衡量，恢復力越弱，復原所需時間越久，反之亦然。

圖 7.7 中抵抗力與恢復力所涵蓋深色舌狀面積的大小是衡量系統自穩定性的指標。抵抗力低且恢復力也偏弱的系統，舌狀面積較大，自穩定性相對不足，一旦遭受衝擊所產生的偏離度大，所需復原時間也較久（如圖中虛線 A 的走勢）。而對於抵抗力與恢復力皆低的系統，當自穩定性的破壞超過限度後，系統就可能喪失重新復原的機會（如圖中虛線 B 的走勢），最後走上耗散之途。

耗散結構的抵抗力與恢復力兩者間往往具有相反的關係——亦即抵抗力越高，恢復力越弱；抵抗力越低，相對的恢復力反而越強[22]。例如：森林系統因結構比較複雜，所以它抵抗氣候變化與病蟲害的能力就遠高於結構較單純的草原系統。不過，結構單純的草原系統則會因為草本植物的生命週期較短，且繁殖爆發力也較強，所以即使遭受到嚴重破壞（例如燎原火災），它的復原

22 複雜系統的抵抗力與恢復力，與後面提到的分形論中所定義的分形基模結構複雜度有關。分形基模結構越複雜，系統抵抗力越強，但它一旦被破壞後，所需恢復時間也較長；反之，分形基模結構越簡單，系統抵抗力就越弱，但它遭受破壞後，要恢復就比較容易。

速度就非常快；但結構複雜的熱帶雨林，一旦遭到超限的亂砍濫伐破壞後，要再復原就極度困難。

■ 以守常律把關守常態

本書把複雜系統利用負反饋機制來維持動態平衡自穩定狀態的自組織法則，稱為系統在守常態所遵循的「守常律」。根據前面討論，守常律要發生作用的兩個前提是：(1) 內因、外緣的振盪漲落幅度必須落在系統可容忍範圍之內（代表系統處於「正常」狀態）；(2) 系統內在的負反饋機制必須具有充分的抵抗力與恢復力，能夠正常發揮「損有餘、補不足」的功能。

追求系統泛穩定性的應變律

■ 將系統帶往遠離平衡態的正反饋機制

複雜系統在內因、外緣出現持續性劇烈漲落，而系統恢復自穩定性的努力也已到「技窮」地步時，「從有到變」的相變程序

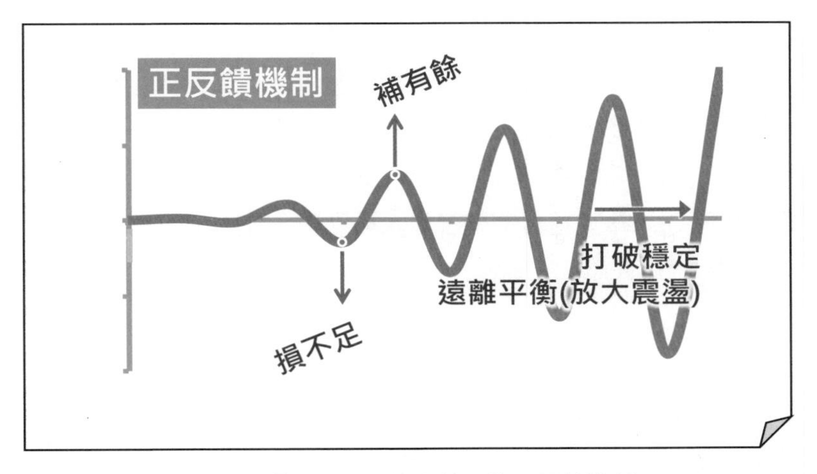

圖 7.8　「損不足、補有餘」的正反饋機制

就會啟動。這時原來用來抵抗外來干擾的負反饋機制就會遭遇乘勢崛起的另一股正反饋機制的挑戰（圖 7.8）。

耗散結構論發現，當「損不足、補有餘」正反饋機制一旦取得主導權後，就會進一步放大系統的振盪與漲落，打破系統原先所保持的動態平衡，將它帶入遠離平衡的不穩定狀態，使系統解構並活化成可再度遵循因緣成果原理，進行結構與功能重組的自組織狀態，然後在新環境中把自己重新塑造成另一種新形式的組織結構與功能，完成系統「從有序到演化」的「從有到變」的相變過程。

■ 複雜系統的應變：追求生命歷程的泛穩定性

正反饋機制把系統帶到遠離平衡的狀態不是目的，這只是要解構不合時宜現況的手段；真正的目的是要重建新系統，並將系統帶入另一個新的、穩定的守常態。耗散結構不將自己拘泥於特定結構狀態的彈性，不只反映「生命會自找出路（Life will find its way）」的韌性，也同時反映出複雜系統任一階段守常態所維護的自穩定性，宏觀來看都只是系統生命歷程中的一個過渡階段。耗散結構真正追求的是由無數這種過渡階段所貫串而成，使系統在各種不同的外在環境中，都得以持續存在的整體生命歷程的泛穩定性[23]。普力高津發現耗散結構有追求泛穩定的特性，可說是用科學研究成果為《易經・繫辭》「窮則變、變則通、通則久」的直觀洞察提出佐證。

23 耗散結構論發現，追求「生命泛穩定性的特性」也出現在無機的複雜系統身上。這是一個令人吃驚的現象，代表：即使是無機的複雜系統，一旦創生，就會把繼續存在當成「目的」，並在生命歷程中，不論環境如何發生變化，都會發揮複雜系統的求生韌性來達成這一目的。

根據耗散結構理論，在追求生命歷程泛穩定性的過程中，當自組織系統到了「非變無以求通」的狀態時，系統內在的反饋機制就會出現「由負變正」的反轉。這一反轉代表系統從追求自穩定性的守常態進入了「解構重組、先破後立」追求泛穩定性的應變態。這一轉換過程所出現的問題是：守常態用來維持自穩定性的自發性抵抗力與恢復力，到了該「以變應變」的節骨眼，如何讓它們不再為了維護老系統而奮戰到底，成為對抗變革的阻力？

自組織負反饋力量的守常慣性會否成為相變阻力，取決於內因、外緣振盪漲落的強度。如果這一振盪漲落的力度與持續性都不足，那負反饋作用仍可能將系統恢復為自穩定的原狀；反之，當負反饋機制在內外因子大幅劇烈漲落衝擊下喪失作用，那麼系統原有的平衡狀態也就因此打破，使整個系統進入遠離平衡，成為可被再造重組的臨界狀態，從而出現發生相變的契機。

■ 應變律：複雜系統相變「從破到立」的自組織規律

歸納來說，應變態是自組織系統因應環境變化，追求全生命歷程泛穩定性的一種「窮則變，變以求通」系統狀態。它由「先破、再立」兩階段的過程所構成。在「破」的階段，它利用正反饋機制打破系統的自穩定性，將既有的組織解構，使它進入可被再度重組的狀態；至於「立」的階段，則是在因緣成果和合律的主導下，通過臨界相變，完成新組織的重組，並重建系統新的自穩定性。

這一從破到立的過程，循著「解構→混沌→重組」的程序而完成。經由這一過程使自組織系統具備了「窮則變、變則通」的環境適應力，展現出生命的韌性，達成了使自己持續存在的目的。本書把自組織系統進入應變態後，通過先破後立過程，完成系統相變的這套規律，稱為複雜系統在應變態所遵循的「應變律」。

複雜系統自組織第三原理——臨機破立

複雜系統相變是它生命歷程出現的重大轉折事件，並也是系統發生演化的同義詞。因緣成果與常變循環兩原理對複雜系統相變的發生條件與發生過程作了說明。接下放大檢視常變循環應變過程的破立機制與自組織規律。

混沌論的對稱破缺概念指出複雜系統的相變是它生命歷程的走向出現分岔，並作出自組織選擇的過程。混沌論的蝴蝶效應與路徑依賴效應則指出複雜系統生命歷程的初始條件（遠因）與相變當下的邊界條件（近緣），對於系統演化分岔的自組織選擇都會發生具決定性的作用。

複雜系統相變是必然與偶然的交會點

從混沌論觀點看，關鍵性的歷史事件代表必然性與偶然性的一個交會點。歷史發展在這一交點上出現多重可能性的分岔，但究竟那一個分岔會被選擇成為歷史的實際走向，就決定於偶然因素——亦即混沌論所稱相變臨界點當下的邊界條件。不過，一旦歷史的偶然因素作出了它的分岔選擇，接下來的發展軌跡往往又具有一定的必然性。這一必然性就會變成主導歷史後續發展的慣性，一直影響到下一個具有歷史分岔作用的偶發事件出現為止。歷史的偶然與必然就以這種方式不斷交替循環。這一循環模式的特徵是：它一旦發生就無法以重來（reset）的方式進行重複試驗。這也就是歷史的不可逆性。

前面提過的物種演化間歇性突變，就是以上論述的佐證。肇因於大規模火山活動、冰河擴張、彗星撞擊、大陸漂移等所引發的環境變遷，必然導致既有物種必須突變才能求存的變局。但在變局內「以變求存」的眾多物種中，究竟哪一物種可勝出並在新環境中繼續存活，就決定於因緣成果和合過程中的偶然因素。一旦這一巨變塵埃落定，後續發展又再度具有一定可測度的必然性，直至下一次巨變發生。

自組織相變的臨機破立原理與分岔律

複雜系統的相變臨界點是兩種不同系統狀態的交界點，具有「動而未形、有無之間」的高度敏感性。在這個關鍵性的時間之窗（time window）內所出現的任何偶發性因素（邊界條件），都可能促使系統走上不同的分岔之路，因而使自組織系統的相變帶有濃厚的機率特徵。由於複雜系統的自組織相變過程，對應常變循環的應變過程，具有特殊的結構性，亦即經由「先破（解構）、後立（重組）」前後兩階段的分岔而完全；因此本書將這一規律稱為「臨機破立」原理[24]，見圖 7.9。

從圖 7.9 左側看起：它的起點是處於守常態的自穩定系統，但因內因外緣持續巨幅漲落所累積能量，已達到系統抵抗力與恢復力所能容忍的極限，於是整個系統進入解構的臨界狀態。這時在分岔上就出現兩個可能：(A) 應變推力不敵重新凝聚的守常拉力，系統解構不成、欲破未破，因而經由路徑 1 恢復成原狀；(B) 應變推力克服守常拉力，系統被解構並進入路徑 2「破而待立」的混沌狀態。在歷經一段混沌期，系統就達到另一個破、立臨界點，再度出現兩個分岔可能：(A) 路徑 3 －系統解構後因無法重新凝聚出可在新環境中穩定存在的新結構，終致耗散瓦解；或 (B) 路徑 4 －系統發展出可在新環境中穩定存在的新結構，新系統湧現、相變完成。

24 本書把臨機破立原理翻譯為：The Principle of the Moment of Truth in System Phase Change.

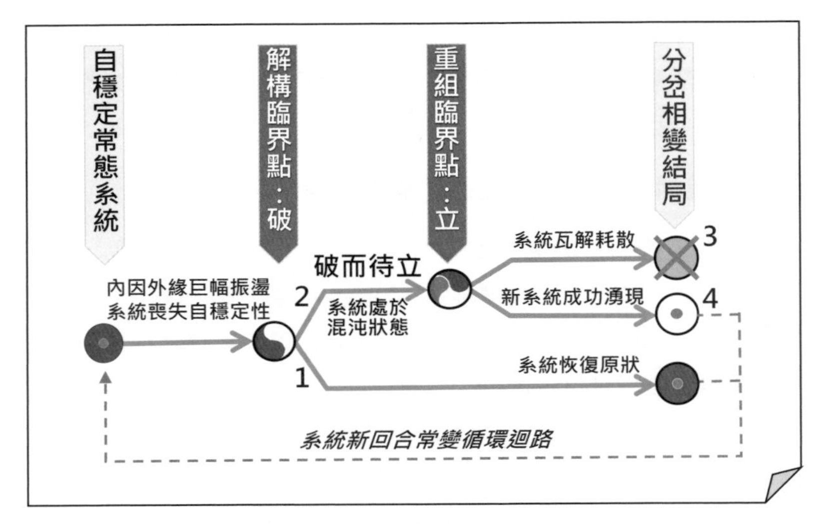

圖 7.9　複雜系統相變的臨界分岔破立過程

圖 7.9 中兩組破立分岔點的實際走向，一方面受到因緣成果和合律（達成因緣和合必須滿足的自組織規律）的規範；另方面也受到 (1) 系統創生階段初始條件（遠因，例如神木的巨大，在種子落地時就已決定）的牽制，以及 (2) 臨界相變當下偶發邊界條件（近緣，例如火山爆發當下的風向）的影響。這些遠因與近緣等制約因子的些微差異，都可能導致系統走上完全不同的分岔路徑，產生完全不同的演化後果。值得強調的是：欠缺必須的遠因，再有利的近緣也創造不出奇蹟來。

圖 7.9 最右側顯示的就是系統演化的三種可能結果：恢復原狀、相變失敗系統耗散或相變成功新系統湧現。至於圖 7.9 中從右往左的虛線迴路，代表完成相變後的系統（不論是復原的老系統或是剛湧現的新系統），都會再度回到常變循環的起點，等待另一回合常變輪迴的發生。

歸納來說，複雜系統的相變是偶然與必然的交會點。複雜系統在相關制約因子交互作用下，從發展路徑的各種可能分岔中，以自組織方式尋找可行出路、湧現演化結果。本書把「複雜系統相變的臨機破立是通過『先破後立』二層次的多重分岔過程而完成」的特性，稱為複雜系統臨機破立的「分岔律」。不過，分岔律的實際作用過程，未必以分解動作方式發生，也可能一氣呵成。

自組織相變的因革律

複雜系統的臨界分岔是一個由偶然因素主導的過程，而分岔後實際形成的新系統，在結構與功能的發展上，卻又有偶然中的必然性。這是因為因緣成果的和合律對於系統相變的先破後立、解構重組的選擇過程，發揮了一定的制約作用。凡是對新組織在新環境中的自穩定性有幫助（或不妨礙）的元素就會被保留下來，否則就會被淘汰掉。通過這種「善者因之、不善者革之」與「強者越強正反饋效應」的選擇機制，就使複雜系統不論如何演化，它的部分元素仍可能代代相承繼續留存下來。例如，從解剖學與演化生物學的角度看，人腦就是在爬蟲腦的基礎上進一步疊加增生發展出來的。

在因緣成果的和合律制約下，不僅使複雜系統與它的過去歷史發生了無法切割的臍帶與傳承關係，並且因此對系統後續演化的可能性產生了限縮作用，這也就是路徑依賴效應下的鎖定作用。本書把「複雜系統相變後演化形成的結構形式與功能特徵，所顯現『有所變，有所不變』的歷史臍帶與傳承效應」稱為系統臨機破立所遵循的自組織「因革律」。

自組織因革律的存在可用許多路徑依賴現象下的鎖定效應（lock-in effect）案例作佐證。除了上述生物解剖學的證據外，在人類歷史中最常被提到的就是鐵路 1.435 公尺國際標準軌距的形成過程。它的歷史可上溯到羅馬時代雙馬戰車軸距，經過工業革命時代又用雙馬拖拉有軌煤車在礦坑出煤，後來再改用蒸汽機代替雙馬來拉的有軌煤車，最後蒸汽機車用來改拉客運列車，再隨不列顛帝國殖民地擴張，使等同「雙馬戰車軸距」的鐵軌系統輸出至全球，成為市佔率最高的軌距標準，最後就變成了軌道系統的國際標準。這個故事的重點是：此一標準軌距的形成過程沒有人為的刻意設計在先，也沒有計畫性的行銷推廣在後，它只是一個在形勢比人強的發展下，自然湧現的結果。

另一個常被人提到的是：今天被稱為 QWERTY 的字母排列形式的英文打字鍵盤是怎麼來的故事。由於這個故事很容易在網上查到，本書限於篇幅，就不再贅述。

自組織宏觀原理與複雜系統生命歷程

本書以耗散結構論及混沌論為基礎，將複雜系統生命歷程中的創生、存在與演化過程所遵循的自組織規律，綜整出因緣成果、常變循環與臨機破立等三個原理，並進一步將它們展開，推導出支撐這些原理的六個法則：和合律、自強律、守常律、應變律、分岔律與因革律。圖 7.10 是自組織宏觀三原理、六法則與複雜系統創生、存在、演化三階段生命歷程的對應關係。

由於因緣成果原理統攝複雜系統生命歷程的創生、存在、演化三個過程，因此稱它為自組織綱領性的第一原理。而常變循環原理規範的是複雜系統生命歷程常變兩態的循環交替，所以是居於從屬地位的第二原理。至於臨機破立原理則因為主宰應變態的臨界相變破立過程，所以是相對較局部性的第三原理。

自組織的六個法則在複雜系統不同生命階段，各自發揮支撐

生命歷程 / 自組織原理	創生	存在	演化
因緣成果	和合律		
	–	自強律	–
常變循環	應變律	–	應變律
	–	守常律	–
臨機破立	分岔律	–	分岔律
	–	–	因革律

圖 7.10　自組織三原理、六法則與複雜系統創生、存在、演化生命歷程

自組織三原理的作用。其中和合律支撐創生、存在、演化三過程；而應變律與分岔律則共同支撐系統的創生、演化二過程——和合律相當於因緣和合的黏著劑；應變律是推動「從無到有」與「從有到變」，追求系統泛穩定性相變的動力引擎；而分岔律則是應變律發生選擇作用的導流閥。至於自強律是系統維持「有而能存」的生存祕訣；守常律為維持系統存在的自穩定性把關；而因革律則決定系統相變後的結構形式與功能的特徵。

複雜系統理論被認為適用於「自然、生命、人文」三界，是一套具有司馬遷所稱「究天人之際、通古今之變」特性的理論。本書在複雜系統理論家族中的耗散結構論和混沌論基礎上，引進了內因、外緣、因緣和合、新陳代謝、守常態、應變態、自穩定與泛穩定等概念，並以自組織現象為經，以生命歷程為緯，綜整推演出可用以理解複雜系統宏觀生命歷程自組織現象的一套概念系統——包括三項原理和六個法則。本書第八章〈領導〉、第九章〈戰略〉以及第十章〈案例〉，將說明如何將本章所綜整的自

組織宏觀原理與法則，根據「自組織為體，他組織為用」的管理觀，將它們應用在管理實務問題上。

四、自組織的微觀相變過程

以上是根據耗散結構論與混沌論，所綜整對複雜系統自組織相變具有規範作用的三套宏觀規律。要進一步了解複雜系統的特性，對於它的相變還需探討以下問題：(1) 系統微觀層次的結構與功能在相變過程中，究竟發生了什麼樣的變化？ (2) 這些微觀變化又通過什麼樣的機制與程序，最後導致宏觀系統狀態發生相變？上述這兩個問題，尤其是第二問題是傳統組織理論尚未交代的理論斷鏈（missing links）。本書從複雜系統理論家族中的巨變論（catastrophe）、協同論（synergetics）以及分形論（fractal）等相關科研成果中，尋找它們的答案。

巨變論[25]

複雜系統相變特徵

■ 量變到質變

複雜系統相變是系統狀態在內、外部力量因緣成果的合力下，經由「量變產生質變」的過程而發生。所謂量變導致質變的關係，可用草原上「狼兔消長」的生態來說明。當草量穩定時，這一由草量、兔口與狼口構成的生態系統，就會經由「兔口增加導致狼口增加→狼口增加導致兔口減少→兔口減少導致狼口減少→狼口減少導致兔口增加」此消彼長的因果循環過程，而達到動態平衡

25 巨變論是由法國數學家托姆（René Thom）於 1960 年代末期所發展的理論。

狀態。但若某種原因促使狼口劇減，以致兔口暴增，那麼草原就可能因遭到過分消耗而無法恢復，最後就會使草原、兔口與狼口一起消失。反之，若因某種原因促使狼口暴增，致使存活兔口跌到臨界量以下，那麼當兔口絕跡時，狼口也不再可能在此草原存活。因此，複雜系統與外在環境間的互依共生，不僅是一種「定性」關係，它也具有「量變會導致質變」的「定量」敏感性與制約性。唯有系統中的關鍵變量都維持在「破局」的臨界範圍內，具動態平衡關係的自組織因緣和合條件才能確保，否則系統就會被迫走上相變乃至耗散之路。

巨變論是分析系統相變過程量變到質變現象的利器。巨變論本身也是一個小型的理論家族，本書選擇其中相對簡單，而且應用彈性也最廣的尖點模型（cusp model）作為探討焦點。

尖點巨變模型有兩個自變數與只有兩個解的單一應變數[26]。模型中應變數的兩個解是區分為相變前與相變後的兩種系統狀態，本書稱它們為系統的現況與來況（present & coming state）。至於自變數則是相變過程中出現的兩股力量：一股是推向來況的推力，另股是拉回現況的拉力，兩力合稱為控制因子（control factor）。因此，尖點模型是用兩個控制因子的「量變」消長，來說明系統狀態如何發生（或不發生）「質變」的一套理論[27]。

---

26 尖點巨變模型的應變數不是連續變數（continuous variable），而是按照所求得解的正負符號而區分為二個解（如現況、來況）稱為類型變數（category variable）的離散變數（discrete variable）。

27 尖點模型根據彈性力學的能量原理所導出，因為它只涉及兩種系統狀態及兩個控制因子，最符合人們日常二元化的思維方式。例如：系統狀態的「成／敗，安／危，興／衰；吉／凶……」二分法；以及控制因子的「拉力 / 推力，追求利潤／規避風險，憤怒下攻擊／恐懼下逃避，……」二分法，所以它成為巨變論中實用性最廣的一種模型。本書附錄二用巨變論分析民主選舉的自組織「棄保」現象。

■ 用勢不用力

在討論尖點模型前，先說明系統發生相變方式上的兩種可能性。由於相變是系統狀態從現況轉化為來況的過程，因此理論上它的具體步驟就有如圖 7.11 所示的 A、B 兩種可能模式。

圖中模式 A，現況在窪點中，來況則在斜坡上，因此要把代表系統狀態的圓球，從現況移轉到來況，就只能用蠻力硬把它從窪點推上斜坡，這時不僅把圓球上推就極為耗力（甚至還可能「徒勞無功」），更何況將圓球推到斜坡上的定位後，為了讓它維持在來況位置，還需另再耗費力量把它頂住才行。而模式 B 則從大

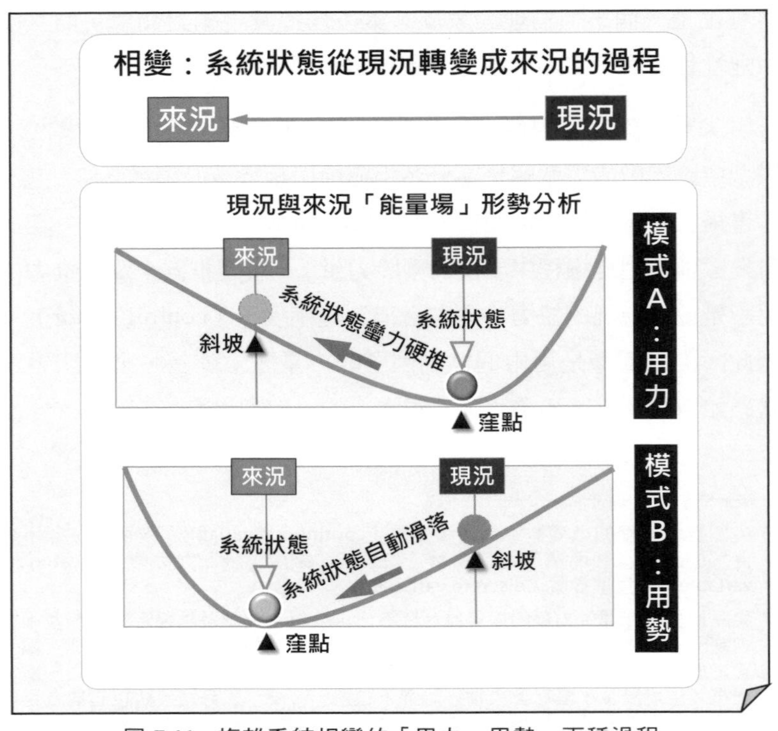

圖 7.11　複雜系統相變的「用力、用勢」兩種過程

形勢下手，亦即先把來況從斜坡變成窪點，而現況則相對抬升為斜坡；這時代表系統狀態的圓球，就可「不勞而成」地順勢從現況自動滑落到來況，並穩定地停留在新的來況窪點內。

圖 7.11 模式 A 是以蠻力來進行相變，而模式 B 則是利用形勢來完成相變。因此，相對於模式 A 來說，模式 B 是一種「用勢不用力[28]」的過程。巨變論根據能量場的理論，將圖 7.11 系統相變場域中的窪點稱為吸引子（attractor），並把這一用勢不用力的概念模型化。

圖 7.12 則進一步把巨變論的現況與來況吸引子消長的概念和前述常變循環的守常態、應變態概念相連結，說明複雜系統的相變過程。圖 7.12 的 (A) 與圖 7.11 模式 A 是同一張圖，這時系統處於守常態，系統狀態的圓球穩居於屬於現況的吸引子內。接下圖 (X)，在屬於來況位置上有新的吸引子開始萌生，準備挑戰老吸引子，代表系統脫離守常態進入應變態；不過這時的老吸引子雖然出現減弱現象（略微往上抬升），但系統狀態仍穩居現況老吸引子內。最後，圖 (B) 的態勢則與圖 7.11 模式 B 相當，它是系統發生相變的當下時點，這時現況老吸引子剛剛消失，代表系統狀態的圓球正好滑落來況新吸引子窪點內。

尖點巨變模型

尖點巨變模型就是用來分析圖 7.12 所示「用勢不用力」相變過程的一套理論，它顯示出控制因子量變如何導致現況與來況吸引子的消長，進而引發系統狀態質變的細節過程。

28 模式 A 勞而無功與模式 B 不勞而成的對比，可用伊索寓言的「北風與太陽」來對照說明模式 B 所代表「用勢不用力」的意義。

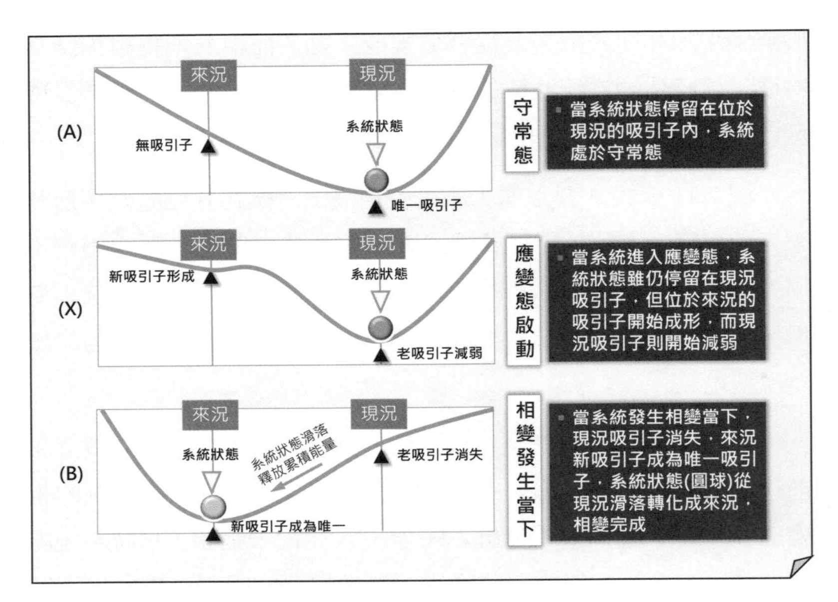

圖 7.12　吸引子消長狀態決定系統狀態是否發生相變

■ 狀態曲面、控制平面、守常區、應變區

圖 7.13 是尖點巨變模型的圖解。這個被暱稱為「東坡肉」的模型有上下兩部分：位於上方的是代表系統狀態的三維立體曲面（簡稱「狀態曲面」），而位於下方的「控制平面」則是上方狀態曲面的二維垂直投影。因為上方的狀態曲面有一個上下交錯的重疊區域，所以下方的控制平面上就出現一塊與上方重疊區相對應的三角狀投影區。接下就來破解隱藏在這塊「東坡肉」裡與系統相變有關的訊息。

首先注意，圖 7.13 上方系統狀態曲面上圓球（代表系統狀態）的滾動軌跡，它在 P 點出現從現況曲面跌落到來況曲面 P' 的鏡頭，這就是尖點模型表達系統相變過程的圖解，它把系統狀態從現況

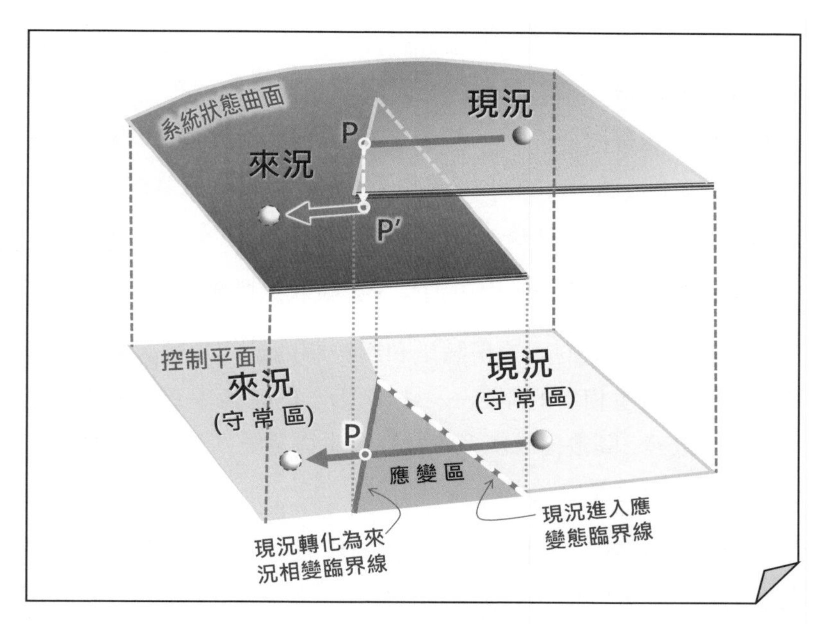

圖 7.13　尖點巨變模型顯示的系統相變過程

轉變為來況時所出現的「硬著陸[29]」意象，視覺化地呈現出來。

其次注意，尖點模型下方的控制平面標示出分屬現況與來況的守常區，以及夾在它們中間的系統相變應變區[30]。這一劃分為守常與應變兩類不同區塊的控制平面，就使常變循環原理中所定義的常變兩態，獲得了圖解的意義。而模型上方狀態曲面由小圓球所滾出的相變軌跡，投射到下方的控制平面，就成為一條系統狀態從現況守常區穿越應變區進入來況守常區的路線。

---

29 「硬著陸」特徵是出現跌落或跳崖（jump）的現象，屬於相變的「突變」模式；稍後會說明不出現跳崖現象，稱為「漸變」模式的「軟著陸」相變。

30 一般巨變論文獻將這一區域稱為分岔區（bifurcation zone），反映出控制平面上的這一範圍為現況與來況所共有的事實，當圓球由右方進入，該區為現況的應變區；由左方進入時，該區成為屬來況的應變區。

控制平面上的應變區有兩條邊線：左側的實線是上方重疊區上層現況曲面邊緣線的投影，它是現況相變的臨界線——當圓球於 P 點跨越該線時，系統就會發生現況轉變為來況的相變[31]。至於應變區右側的虛線則是上方重疊區下層來況曲面邊緣線的投影，它在相變過程代表的意義，稍後會再說明。

■ 控制因子量變、吸引子消長、系統狀態質變

尖點巨變模型的理論精髓是利用控制因子的量變，來解釋複雜系統所以發生相變的原因——控制因子的量變導致系統吸引子結構發生改變，間接達成使系統狀態發生從量變到質變的相變——以下說明它的道理。

圖 7.14 是圖 7.13 下方控制平面的放大圖。圖中的控制平面被套上正交十字座標軸，其中水平軸的 A 變量稱為正則因子（normal factor），垂直軸的 B 變量稱為干擾因子或分歧因子（splitting factor）[32]。該圖把控制平面上相變軌跡沿線不同點位的能量場予以展開，清楚顯示現況、來況吸引子在相變過程中的消長變化。

在圖 7.14 中間橫向穿過縱座標 B1 點的相變軌跡前後兩端，各有一個標有 ①、⑦ 號碼的圓球，代表相變軌跡的起、終點；而在應變區內的軌跡上也有標上 ② ～ ⑥ 五個號碼的點位，連同起終

31 這一過程對應圖上方狀態曲面上的圓球，從上層現況曲面 P 點跌落到下層來況曲面 P′ 點的過程。

32 尖點巨變的數學式是能量公式 $V(X, A, B)=X^4-BX^2-AX$，其中 V 是座標 (A,B) 點位的能量，X 是代表現況或來況的系統狀態，A 是正則因子，B 是干擾因子。在沒有干擾因子 (B=0) 情形下，系統狀態只根據「正則因子」的正負而決定；對應本書第五章〈斷〉圖 5.8 沒有社會常模干擾時，人們外顯行為完全由內在評價決定。根據巨變論，內在評價即為正則因子，而社會常模則為干擾因子；當干擾因子很強時，人就會表現出與內在評價（正則因子）相反的行為。

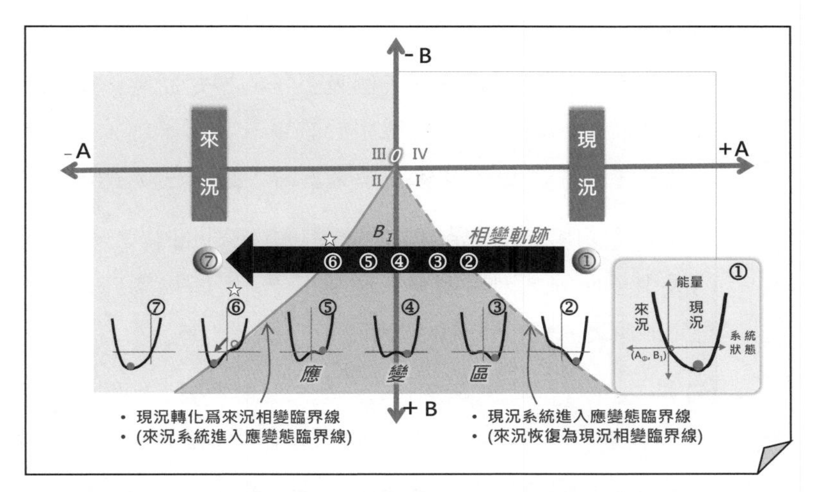

圖 7.14　尖點巨變模型顯示相變路徑上的吸引子變化過程

兩點，這七個點與下方標有 ① ～ ⑦ 的七個一列吸引子曲線圖相對應。以下說明它們的意義。

1. 先看右側標為 ① 的吸引子圖[33]。該圖縱軸是能量軸，但橫軸不是一般的連續數變量，而是只有現況與來況兩個定性變量的系統狀態，分立在縱軸左右兩側[34]。圖中的座標原點標示為（$A_{①}$, B_1），代表它位在控制平面上橫座標為 $A_{①}$，縱座標為 B_1 的點位。圖 ① 的曲線是該點位的能量分布曲線，簡稱「吸引子曲線」。

---

33 小圖 ① 的吸引子曲線與圖 7.12(A) 對應，小圖 ② 與圖 ⑥ 的吸引子曲線則分別對應圖 7.12 的 (X) 與 (B)。

34 尖點模型的自變數（控制因子 A 與 B）是連續變數，但應變數（系統狀態）原應是相當於 0 或 1 的二元定性變數，但尖點公式解出的系統狀態並非 0 或 1，而是正值或負值的符號差異。因此數學上要判定尖點系統是否發生相變，必須根據所解出應變數符號是否發生正負反轉而定；若符號反轉就發生相變，否則系統維持原狀。具這種性質的變數稱為類型變數。

2. 圖中 ① 與 ⑦ 都位在應變區外，所以它們的系統狀態都屬守常態，凡守常態都屬只有一個吸引子的穩定狀態，所以代表系統狀態的圓球也必然穩居於該單一吸引子內（系統為現況時，圓球在 ① 內；系統為來況時，圓球在 ② 內）。

3. 凡是應變區內（含邊界線）的能量場，亦即圖中 ② ～ ⑥ 五的吸引子曲線，因為都有二個吸引子[35]，所以屬於相對不穩定的應變狀態。依次說明如下：

   (1) 點 ② 正好位於臨界線上，它是來況新吸引子剛開始萌芽的點位，也是現況吸引子之外出現第二個具有競爭性吸引子的開始，所以點 ② 是系統進入應變態的臨界點。

   (2) 應變區內 ③、④、⑤ 都有兩個吸引子，並都呈現「來況新吸引子不斷強化，現況老吸引子不斷弱化」的趨勢。其中 ④ 位在縱軸上，它的新、老兩吸引子強度已等量齊觀；而 ⑤ 的來況新吸引子則已居相對強勢。

   (3) 點 ⑥ 是相變軌跡上另一位於臨界線上的點位。但它是現況吸引子剛剛消失，圓球正好滾入來況吸引子的點位，所以它是系統狀態發生質變（從現況轉化為來況），亦即完成相變的點位。

4. 從控制因子觀點解讀：相變軌跡上 ① 到 ⑦ 吸引子結構的演變其實是圓球從座標（$A_{①},B_1$）滾動到（$A_{⑦},B_1$） 所導致的結果。這是縱座標 B_1 維持不變，但橫座標 A 發生從 $A_{①}$ 到 $A_{⑦}$ 的量變[36]方式，帶動了「老吸引子為單一吸引子→

---

35 比尖點巨變更高階的系統，應變區內可能出現超過二個以上的吸引子。

36 因控制因子 B 改變而發生的相變，稍後在介紹逆轉相變時，將另再說明。

新吸引子萌生→新吸引子持續增強／老吸引子持續減弱→老吸引子消失／新吸引子成為單一吸引子」一系列吸引子結構的量變消長演化，最後導致系統狀態發生質變。這一過程印證了「控制因子的量變導致吸引子結構消長，進而促成系統相變」這一量變導致質變的間接因果效應。

5. 從能量場觀點，吸引子越深、吸引力越強：從點 ② 到點 ⑥，新吸引子不斷降低變深、吸引力越加強化；老吸引子不斷升高變淺、吸引力一再弱化；但在這新、老吸引子雖持續發生此長彼消的量變過程中，從圖 ② 到 ⑤，其中的圓球卻仍持續始終留在現況老吸引子懷抱內，一直要等到量變抵達點 ⑥ 臨界值時，圓球才會發生滾落來況新吸引子的質變。這種不論新吸引子變得有多強勢，不到老吸引子消失，圓球仍將繼續停留在老吸引子內不會動搖的現象，稱為現況吸引子的「在位者優勢」。

6. 應變區內出現系統狀態「雖量變但不質變」的特性，使具有相變可逆性的系統會出現相變延遲（hysteresis）現象。例如人體的「健康－生病－痊癒」過程就是可逆的相變過程，但它具有「病來如山倒，病去如抽絲」的特徵。尖點模型可用來分析這一延遲現象。圖 7.15 把圖 7.13 東坡肉上方狀態曲面的相變軌跡，以剖面的方式來顯示[37]：圖中圓球從 ① 的現況位置經過 P 點發生相變，跌落到來況的 P' 點再滾到 ⑦ 的相變路徑。不過，圖 7.15 比圖 7.13 多了「從來況恢復為現況」的逆向相變路徑——路徑上的圓球從 ⑦ 的來況位置出

37 這是在東坡肉上方系統狀態曲面上順著相變軌跡，以垂直於紙面的方式所切剖的側視圖。

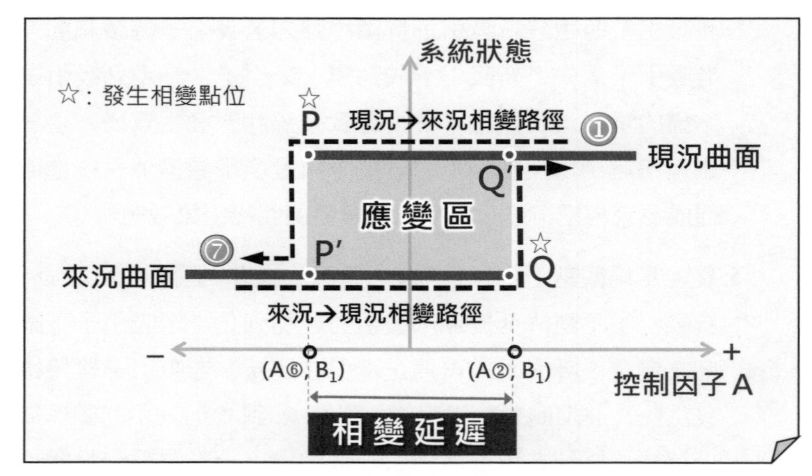

圖 7.15 可逆相變的延遲現象

發，經過 Q 點發生相變彈跳回現況的 Q' 點[38]，再滾到 ① 停止。值得注意的是：

(1) 逆向路徑並未在上次發生相變的 P' 點（座標為 $A_{⑥}B_1$ 的點 ⑥） 就立刻反彈回現況，而是一直延遲到 Q 點（座標為 $A_{②}B_1$ 的點 ②，是來況曲面臨界點）才返回現況。因此相對於正向相變的「歷史記憶 P'」來說，逆向相變落在應變區 P'-Q 間，從 $A_{⑥}$ 到 $A_{②}$ 所增加的額外歷程，就是一段「矯枉過正」的相變延遲歷程[39]，也是「病去如抽絲」的發生原因。

(2) 事實上，P' 點不是逆向路徑相變點，就如 Q' 點不是順向路徑相變點一樣，因為它們對應的都是對正在運動中圓球

38 這裡要想像圓球是處在無重力狀態，它只能存在於現況或來況兩曲面中的一個曲面上。

39 圖中 PP'QQ' 所圍的範圍，本書稱之為相變延遲現象的「相變之眼」。

不起作用的另一層狀態曲面上的臨界線投影而已。但因為它們都代表新吸引子萌生的點位，所以 ② 與 ⑥ 就分別成為系統從現況，或來況進入應變態的臨界線（點）。因此，利用吸引子消長變化的概念就可清楚說明應變區左右兩側臨界線的意義。

7. 上述發生在應變區內系統狀態「雖量變但不質變」的特性，其實也是自組織系統能夠維持現況自穩定性的重要原因。因為現況吸引子可利用這一時段來重整旗鼓，奪回主控權。

   前面提到「狼兔消長」就屬發生在應變區內的生態系統循環現象 —— 只要狼口兔口的量變軌跡，不跨越應變區左側相變臨界線，系統就能維持動態平衡的穩定狀態；但一旦跨越這一臨界線，系統來況就會出現耗散的下場 —— 兔狼雙雙消失。這也反映出一般生態系統都具有不可逆的特性[40]。

歸納來說，本小節從吸引子結構改變觀點說明複雜系統的自組織相變過程，由於吸引子的消長是因控制因子發生量變而引起；而吸引子消長也代表系統能量場「勢能」的改變。因此，在這一相變過程中，控制因子不直接去促成相變，而是利用改變吸引子結構所形成的「形勢」作為槓桿，讓系統相變自然發生，因此「利用控制因子量變促成複雜系統相變」的過程，就是以「用勢不用力」的間接方式達成相變目標的一種過程。

---

40 「狼口兔口」動態平衡現象用較尖點巨變更高階的巨變模型來模擬會更合適。如用尖點模型用來分析這類不可逆相變的案例時，就須將它的相變設定為不可逆相變。對這一議題有興趣的讀者，可在生態學的 Lotka-Volterra 模型應用的文獻中，找到「狼口、兔口」問題的另類分析方法。

系統相變的漸變、分岔、逆轉

■ 漸變路徑

以上討論的系統相變是以穿過應變區、跨越臨界線跌落到新吸引子的「硬著陸」方式完成的。不過，硬著陸不是系統相變的唯一方式，它也可以圖 7.16 所示的「軟著陸」方式完成。

圖 7.16 的相變軌跡不同前述的地方在它避開了應變區，採取繞道 IV、III 象限的方式，同樣達成從 I 象限現況轉化為 II 象限來況的相變結果。換句話說，它是在「東坡肉」頂部後側的平滑區開闢了一條新的相變路徑，因為避開了狀態曲面的破裂區，使這一路徑不致出現跳崖現象，所以相對於硬著陸，它的相變就屬於平滑的軟著陸過程。一般把硬著陸路徑稱為突變路徑；軟著陸路徑則為漸變路徑。

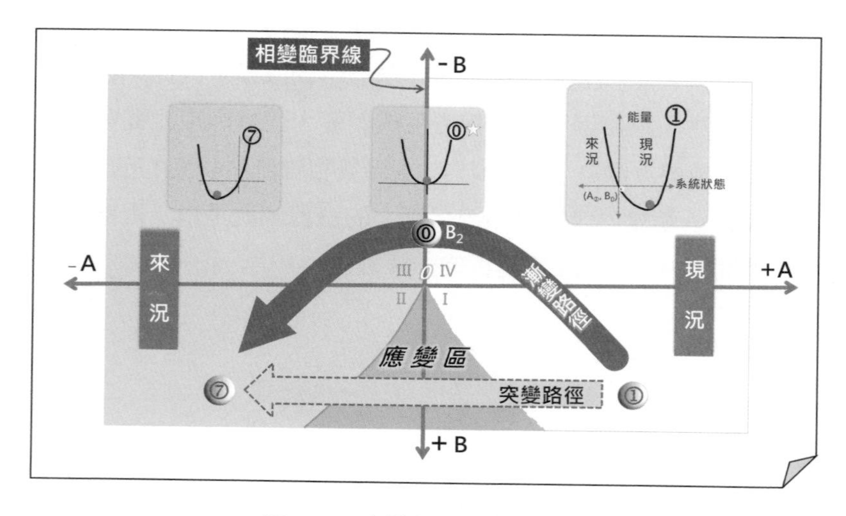

圖 7.16　尖點相變的漸變途徑

再看圖 7.16 上端漸變軌跡上的三個吸引子曲線結構。其中頭尾 ① 與 ⑦ 兩吸引子與圖 7.14 的相同；值得注意的是：該圖穿越縱軸的 ⓪ 點（座標為 $A_{⓪}B_2$）的吸引子曲線上只有一個吸引子，而圖 7.14 相對應的 ④ 就有兩個對稱的吸引子。這是因為漸進路徑是從現況守常區直接穿越由縱軸 B 所代表的無形臨界線（圖中 B 座標軸只是一條線，而非一個應變區），就使系統進入來況守常區完成相變，所以相變過程始終只存在一個吸引子[41]；並且它的過程是以圓球與吸引子「綑綁」在一起同步從現況移入來況，因而使漸變路徑的相變可以平順而非跳崖的方式完成[42]。

■ 相變過程中系統狀態的能量變化

圖 7.17 是系統相變過程的能量變化圖。在圖 A 突變過程中，從點 ① 到點 ⑦ 路徑上，現況吸引子位置不斷抬高，來況吸引子不斷下凹；在臨界點 ⑥ 系統狀態能量達到最高點，隨後發生相變，多餘的能量就被釋出，系統狀態又恢復到能量最低的吸引子中。而在圖 B 漸變路徑上，系統狀態與現況吸引子的能量從點 ① 同步抬升，於原點 ⓪ 達能量最高點，之後兩者能量又同步下降到點 ⑦。所以根據圖 7.17 的系統能量變化分析，再度顯示突變路徑則是一條陡升後跳崖的戲劇性相變之路；而漸變路徑則是一條緩升後緩降，在不知不覺中完成相變的平順坡道。

---

41 由於圖 7.16 中，在 ⓪ 點位右邊的吸引子屬於現況，而左邊的吸引子屬於來況，因此位在正中央軸上的 ⓪ 吸引子就既不屬兩況的任何一況，卻又同時屬於兩況。因此性質上，⓪ 正好處於尷尬的狀況轉換過渡點上：好比四腳走路的猿猴正要演化成兩腳走路的人猿，這時就會出現有時用四條腿，但有時又用兩條腿走路的情形。

42 從圖 7.16 可見：以橫軸為基準，⓪ 的吸引子能量要比 ① 與 ⑦ 的為高，這表示漸變過程中的系統能量從 ① 開始持續累積，在穿越縱軸的 ⓪ 達到最高點，然後能量就開始逐步釋放到 ⑦ 為止。

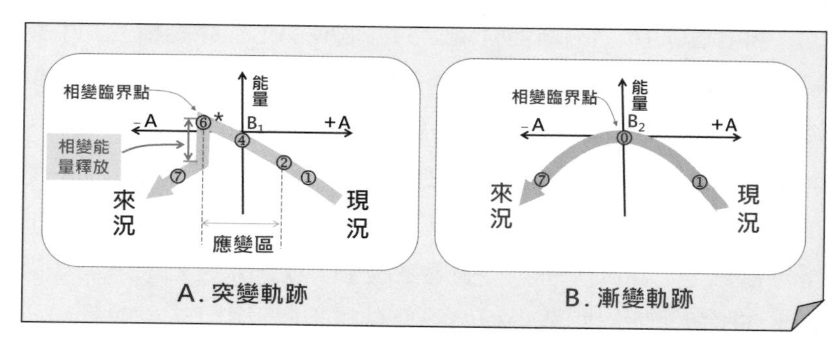

圖 7.17 突變與漸變軌跡系統狀態的能量變化

系統相變的漸變過程有時又被稱為寧靜革命，例如 18 世紀開始的工業革命起源於蒸氣機的發明，使人類首度突破了只能使用天然能源的限制，因而徹底改變了農業社會所建立的生產與銷售分配體系。而 20 世紀起源於電晶體的發明以及微處理器發展的資訊革命，則進一步使人類擁有處理巨量資訊的能力（相當於突破了人腦處理資訊的限制），因而根本改變了人類食、衣、住、行、育、樂等各個面向的工作方法與生活方式。這兩場革命都不是戲劇性一夜之間就突變完成的，而是在人們不知不覺中，以日積月累從量變到質變的方式逐漸形成的。它的基本規律就是由自組織無形之手，以漸進方式使歷史發展逐漸形成一個無可抵擋的大趨勢，然後再由這一趨勢去引導後續歷史的發展[43]。

43 相變的漸變過程也可經由他組織的可見之手來促成。例如，威爾許（Jack Welch）在 1981 年接任美國奇異公司執行長後，因為洞察到當時美國製造的家電產品，雖然表面上仍是一片榮景，但在地平線另一端的日本家電產業已經虎視眈眈、蓄勢待發；一旦發動攻勢打入美國市場，奇異公司將首當其衝，並會在成本與品質均居劣勢情形下被打得一敗塗地。所以他就毅然決然、力排眾議，採取「上醫醫未病」的宏觀戰略，很有膽識地放棄了當時被一般人視為「金牛」的家電生產線，大刀闊斧推動奇異公司的轉型計畫。比別人幸運的是，威爾許在奇異擔任了長達 20 年的執行長，因此使他能充分貫徹自己的想法，全面落實公司的寧靜革命。

自組織突變與漸變模型，也可用來解釋人類認知經由頓悟與漸修兩種不同途徑而獲得突破的機制。第三章〈識〉所提頓悟就是戲劇性突變過程，使處於應變區陷入混沌的認知狀態，經由「積之在平日」的努力，被帶到將破未破臨界狀態，等到某個「得之在俄頃」的機緣因子（邊界條件：例如六祖慧能聽到佛堂頌出的「無住生心」經文）出現的時候，認知狀態就跨越臨界線完成硬著陸的頓悟相變。至於軟著陸漸修則是漸變過程，它僅憑「積之在平日」的功夫就使認知狀態平順穿越臨界線完成相變[44]。

從控制因子觀點看，不論突變、漸變都是把其中的干擾因子B設為固定，然後觀察變動正則因子A時，所導致的系統相變發生過程；只不過突變的 B_1 落在應變區內，而漸變的 B_2 則在應變區外。事實上，複雜系統的相變也可採固定住控制因子A，然後以變動干擾因子B的方式來達到相變的目的。以下就來討論屬於這種過程的分岔路徑和逆轉路徑。

■ 分岔路徑

圖 7.18 是分叉路徑圖。圖中顯示狀態曲面上的白球，從遠端向曲面上的破裂面滾動時，只要滾動軌跡出現些微的差異，亦即以破裂面端點 △ 為準，發生偏右或偏左一個極小的 ε，就會使系統走上 ❶ 維持現況，或 ❷ 進入來況，出現兩種完全不同的結局。因此，圓球在通過應變區端點 △ 的臨界時刻，任何偶然因素所造成的軌跡或左或右的微小偏移，都會對系統未來狀態產生決定性影響。圖 7.18 所顯示「失之毫釐、差之千里」的現象，相當於以圖解說明臨機破立原理中分岔律的意義。

44 孔子所說「不憤不啟，不悱不發」中的「憤、悱」就是將破未破的認知臨界狀態，而「啟、發」後的相變則可能屬突變，也可能屬漸變過程。

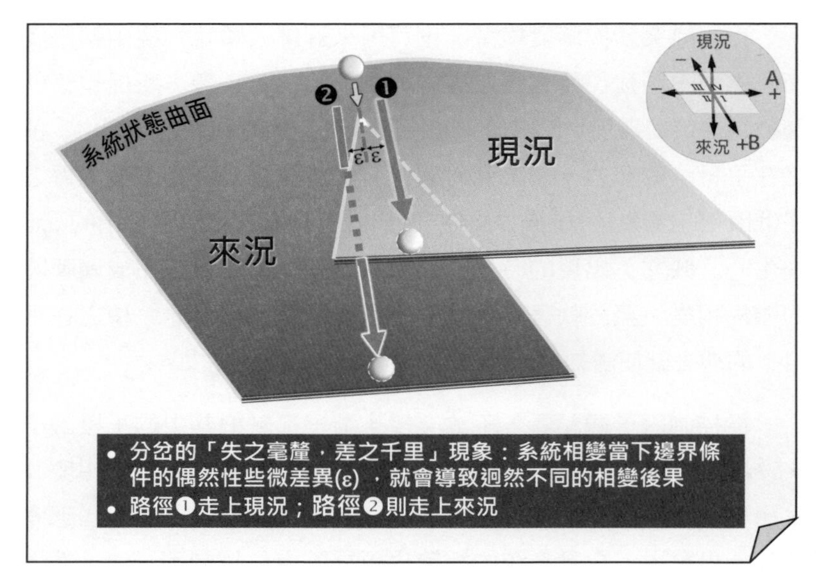

圖 7.18　尖點相變的分岔途徑

■ 逆轉路徑

圖 7.19 所示是逆轉路徑圖。圖中圓球的走向與上述分岔路徑正好相反，它是從狀態曲面近端的現況面上向破裂面的端點 △ 滾動。但逆轉路徑與分岔路徑相同的則是：若以端點 △ 為準，只要軌跡出現偏左或偏右的極小 ε 偏差，就會產生完全不同的後果：❶ 繼續維持現況，或 ❷ 以突變方式發生相變而進入來況。

至於圖 7.19 的路徑 ❸ 則顯示：當已落入來況的圓球循著曾發生相變的路徑 ❷ 反向運動時，它始終走在來況面上不會發生恢復現況的相變；而 ❶ 路徑的反向逆轉，也同樣不會發相變。因此反映出逆轉路徑的相變屬不可逆的反應。

路徑 ❷ 之所以稱為逆轉路徑，是因為一般相變都是干擾（分

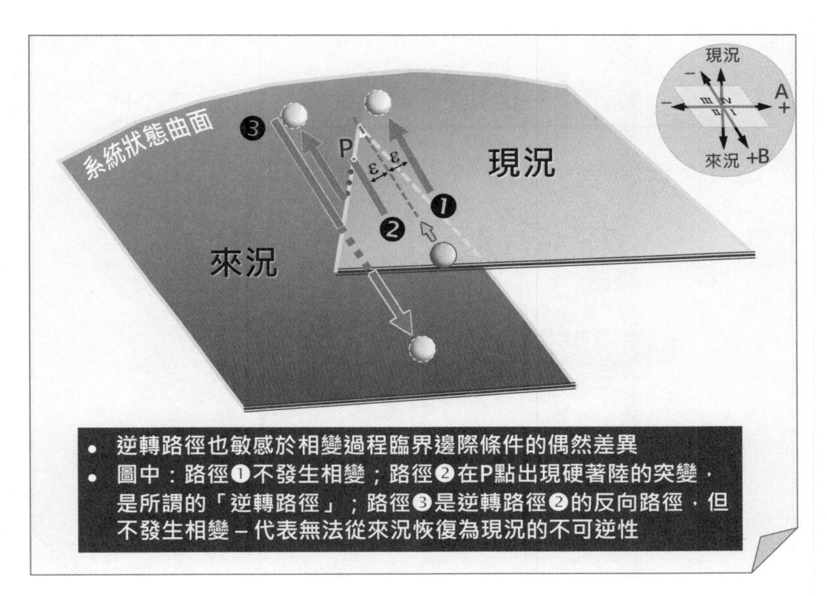

圖 7.19　尖點相變的逆轉途徑

歧）因子保持不變情形下，以改變正則因子的方式來促成相變的發生；但在逆轉相變過程中，正則因子維持不變，整個過程以變動干擾因子的方式來引發相變。例如：水在高海拔，未達 100°C 時就會沸騰，這一現象被視為「反常」是因為遇到平時不起作用的干擾因子（山頂相對的低氣壓）突然開始發生影響力時，就不免讓人感到意外，這也是稱它為逆轉的原意。逆轉相變模型也可用來解釋「變生肘腋、禍起蕭牆」的現象。

圖 7.20 顯示：當主導系統相變變革的橫向推力與維穩拉力兩者勢均力敵，系統狀態的圓球被定著在點 A 時，如原來維持不變的縱向干擾力突然鬆手，亦即把圓球頂住使它停在點 A 的縱向向下的力量突然減弱，就會使無法橫向左右移動的圓球，因為出現了向上方移動的機會而向點 B 滾動，就會使系統意外地跨越臨界

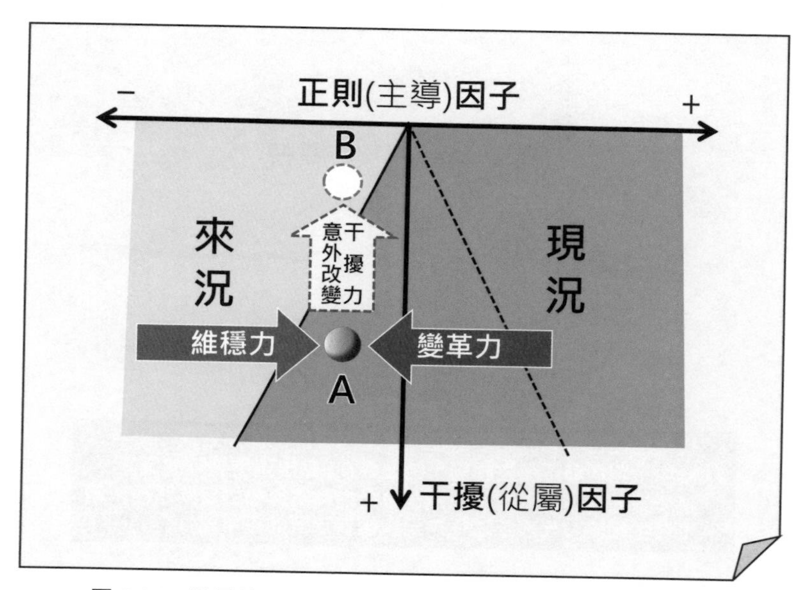

圖 7.20 從屬性干擾力的意外改變使系統發生逆轉性相變

線，發生逆轉性的相變。這種由配角出來攪局使整個情勢翻轉的情形，就屬讓人防不勝防的「禍起蕭牆、變生肘腋」戲碼。

協同論[45]

複雜系統處於只有一個吸引子的守常態時，代表情勢由維穩的拉力當家，系統遭遇任何擾動都會被它拉回現況，這時的推力就處於不外顯的隱性狀態。但當外緣或內因出現大動盪，維穩的拉力黔驢技窮時，推力就會浮出檯面開始凝聚力量，催化新吸引

45 協同論是德國物理學家哈肯（Hermann Haken）於1970年代末根據雷射（laser）現象所提出的理論。雷射光產生的原理是：原子受到外來光子刺激就會以發光的方式釋出能量。當光子能量不夠高時，它只會發出低能散射的光。但當光子能量夠強時，它的部分居於低能階的電子就會被激發並暫時停留在亞穩定的高能階；一旦累積於高能階的電子數多於低能階時，就形成「分布反轉（population

子（來況）的萌生，來與老吸引子（現況）競爭，使自己成為與維穩拉力相競爭的顯性控制因子，這時系統就進入應變態。

對於上述推、拉兩力的消長過程，協同論提出快變量、慢變量以及序參量等概念，來說明它的具體發生機制。

快變量、慢變量、支配原理

協同論主要討論：由大量個體成員構成的組織，所出現「系統協調性壓倒個體獨立性」的現象。協同論發現複雜系統的巨量個體成員，可區分為快變量、慢變量兩類。其中數量上佔絕大多數的快變量，慣性小、容易受到外來干擾而騷動；但它也經由這種騷動就把所吸收能量很快釋放出來，重新恢復穩定。而居於相對少數的慢變量則慣性很大，能吸收外來的干擾能量而不立即為其所動；但當它所儲存外來能量達到因緣和合的臨界條件時（如貝納花紋實驗開始出現由下往上湧的熱流），就會由靜而動帶領大量快變量追隨它，形成追求來況的推力，催化新吸引子的萌生與壯大，挑戰維穩現況的拉力，使系統進入應變態。

上述快變量受慢變量影響而發生協調一致同步運動的「慢起快從」現象，協同論認為是慢變量所產生「使群體間協調性壓過個體獨立性」的支配效應（slaving effect）所導致的結果。先前提到黏菌變形蟲在環境惡劣情形下，會放棄單細胞個體的獨立性，巨集群聚求取生存，甚至長出孢子將它們散布到生存條件更好的

---

inversion）」現象，這時再有外來光子刺激，暫居高能階的電子就會跌回低能態，並連同刺激它的那一外來光子，對外釋放出兩光子的能量而成為雷射光源；這一光源的光子還會再去激發其他原子，引發連鎖反應，使它們都成為新的光源；這一連鎖反應在共振腔（resonators）內一再反饋放大使光量增強後，就會射出純色、同向、單一波長的高能量雷射光。在上述過程中，協同論將吸收低能量釋放散射光的電子稱為快變量，而被較高能量激發停留在高能階成為雷射光源的電子稱為慢變量。

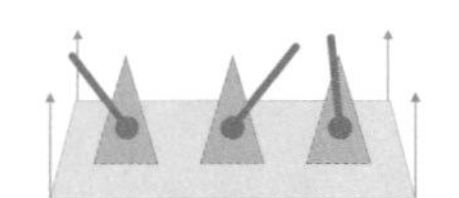
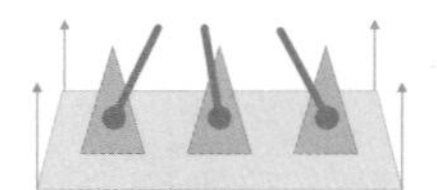
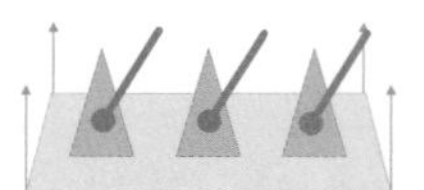

圖 7.21　慢變量支配快變量的自組織協同作用

遠方，就是生物在特定環境條件下，協調性壓倒獨立性以求生存的生動案例。

要說明協調性壓倒獨立性的支配原理，另一個有趣案例是「多個節拍器從各自獨立運動到被擺動的支撐底板同步化」的物理實驗[46]。圖 7.21 中的懸吊底板相當於慢變量，節拍器則相當於快變量。這一從獨立凌亂到協同一致的節拍器擺動同步化實驗，可充分說明協同論的支配原理發生作用的機制。

序參量、相變臨界線

自組織系統中的慢變量帶動快變量運動後，使系統原有的自穩定狀態發生變化。這時「揭竿而起」的慢變量可能出現多頭競逐的局面，在經過一番合縱連橫的整合後，就會匯流出勢力足夠

46 以「節拍器同步化」作關鍵詞鍵入 Google 等網站查詢，就可找到 YouTube 上這方面實驗的影片。

強大的「慢變量群」，來促成新吸引子的萌生，使系統進入應變態。協同論把這一帶頭形成新吸引子的慢變量群冠上「序參量（order parameter）」的名稱。因此序參量從眾多慢變量中脫穎而出的時刻，正好用來作為對應巨變論的系統狀態從現況守常區跨入應變區臨界線的時間點，亦即作為來況新吸引子開始萌生的信號。

建立了序參量與巨變論的連結後，以運動模式一致的強勢慢變量群為核心的序參量能量變化，就可用來解釋應變區內新吸引子的消長原因：在應變區內代表來況推力的序參量所凝聚的快變量越多，在強者越強的正反饋效應下，就使累積能量越來越大，形成的吸引子也越來越深，挑戰現況的能力也不斷增強，結果就使系統越發朝向相變的臨界點移動。

分形論[47]

協同論對組織相變的探討，雖以系統個別成員作為對象，但它只將這些巨量的成員籠統區分為慢變量與快變量兩類來觀察。而要建立系統微觀成員質變與系統宏觀相變間的具體聯結，還需利用解析度更高的分形論，來處理系統個體成員間的結構與功能在相變過程中如何蛻變與轉化的問題，並為微觀個體成員質變與宏觀系統相變間建立連結關係。

複雜源自簡單：局部與整體的自相似性

分形論強調：任何複雜系統的構成都可「還原[48]」成一些簡

47 分形（也譯為碎形）理論是法國數學家曼德布洛（Benoit Mandelbrot）於 1970 年代初期所提出的理論。不過，本書對分形論的解讀，亦將 John Holland 對複雜系統特性的闡釋一併作為素材。讀者可參考：J. Holland, 2014，Complexity: A Very Short Introduction，Oxford University Press。

48 「還原」的用語與複雜系統特性間的可能矛盾，後續會再討論。

單的初始條件和構成規則（或演算法則，algorithm）。分形論的這一結論來自它發現：複雜系統的局部個體單元都隱藏有整體結構與功能的訊息，因此只要能掌握局部就可能認識整體，亦即可從有限的取樣中去推知無限的母體特性。

■ 分形幾何——複雜源自簡單的密碼

用分形（fractal）作關鍵字，上網就可查到無數分形圖的介紹。圖 7.22 是稱為科赫（Koch）曲線[49]的分形幾何案例。圖 7.22-1(A) 是「將一段直線等分成三節，中央一節抽換成拿掉底線的正三角形」的規則下，所形成的科赫曲線基本單元，本書將這種單元稱為「分形基模（fractal module）」。

任何分形系統都是利用特定的基模，在系統內進行不斷的自我複製所構成，如圖 7.22-1(B)~(N) 所示。分形術語將這種過程稱為迭代遞歸（iterative recursion）。由於分形過程所形成的系統，它的局部與整體結構間存在自相似（self-similarity）的同構性（isomorphism），因此只要掌握局部就可用來認識整體。

■ 業緣循環：大自然的自組織運算法則

大自然有許多令人驚異的自組織行為。其中最簡單的是：螞蟻發現食物位置返巢後，群蟻循著沿途的費洛蒙軌跡找到食物，並將食物分解運回蟻穴的過程；而複雜到仍有太多謎團的則是：眼盲無腦的白蟻以自組織工法，興建直徑廣達 3 至 5 公尺，可容納 1 至 2 百萬隻白蟻蟻穴[50]的秘訣究竟是什麼？一般認為費洛蒙

---

49 由瑞典數學家馮柯赫（Helge von Koch）於 1904 年發表。

50 非洲、澳洲等地的巨型蟻穴：地表蟻丘（當通風用煙囪）高 3 至 5 公尺，地底蟻穴直徑 3 至 5 公尺，可容納 1 至 2 百萬隻白蟻。穴內通風良好、30° C 恆溫、

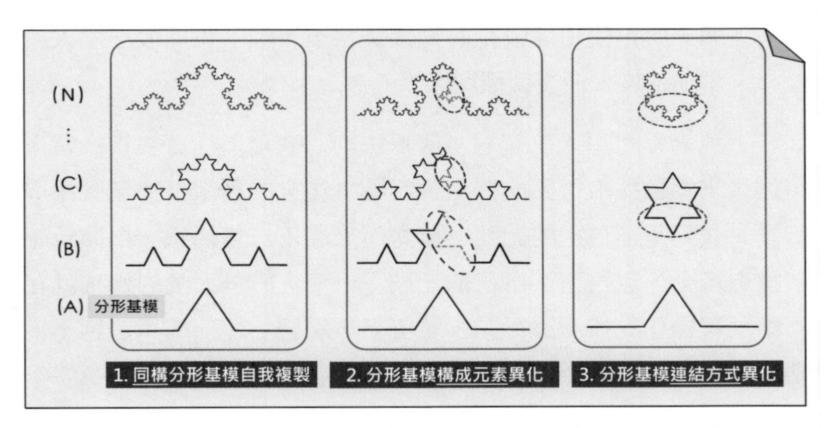

圖 7.22　分形系統：複雜源自簡單

是操控這類自組織過程的無形之手。以螞蟻搬食回巢為例，目前所知的自組織機制大約如下：

1. 費洛蒙的外部記憶（external memory）功能：發現食物的螞蟻將返巢路徑用費洛蒙標記，巢內的蟻群雖全無「內部記憶（腦）」能力，但根據暴露在外可共同參照具有「外部記憶」功能的費洛蒙標記，就可循線準確找到食物所在。
2. 用感官作決策（decision by sensing）：螞蟻因為沒有作決策的腦器官，所以用感官尋找費洛蒙記號是螞蟻搬運食物回巢的唯一行動依據。
3. 正反饋機制的強化作用：最初蜿蜒的長路徑在搬運過程中會被逐漸拉直。因往返於途的螞蟻都會在路徑上留下費洛

80% 恆濕、環境清潔；有散熱風管、四通八達走道、蟻后寢宮、孵育場、菌菇養殖場、食材倉庫、水源……儼然一座小型城市。

蒙，所以使用者較少的彎繞長路徑，費洛蒙揮發速度大於添加速度，最後就遭淘汰。

上述過程可用人工智慧「演算法則」表達為「每隻螞蟻留下可供後來螞蟻採取行動的費洛蒙記號→後來的螞蟻根據記號採取行動，並另留下自己的記號→接力而來的下一隻螞蟻，根據新記號採取行動，也再留下自己的記號……」，於是大量的螞蟻就在不斷反覆操作「按記號行動，並留下新記號」這一簡單法則下，塑造出連接巢穴與食物源兩點間的宏觀、動態覓食路徑。

法國生物學家葛拉斯（Pierre-Paul Grasse）在 1959 年根據記號與行動（做工）這兩個希臘字，創造出 stigmergy 這一名詞，用來標記上述自組織行為的特徵。本書借用佛家語彙把它翻成「業緣循環」，其中「業」代表行為個體（agent）在環境中留下的標記；而「緣」則代表這個標記被下一行為個體感知後，變成該個體採取行動的外部依據；至於「循環」兩字則反映：根據前階段「前緣」所造的「新業」，又反饋成為下階段「新緣」的一再輪迴關係，見圖 7.23。

網路上維基百科每一專業詞彙內容的接力修正模式，遵循的其實就是自組織業緣循環法則。任何人所寫不完整或不實的內容，就會被人接力補充，或發覺之後加以修正，所以最後留在版面上的就屬於相對完整與客觀的內容。

■ 決策四部曲是分形結構

本書對決策所下的定義是「在事實認定的基礎上，根據問題情境所作的價值取捨」，所以只要具備事實與價值兩個前提，再搭配特定的問題情境，就可構成一個獨立的見識謀斷決策。而見識謀斷每一單元本身，拆解開來其實都具備事實與價值兩個前提，

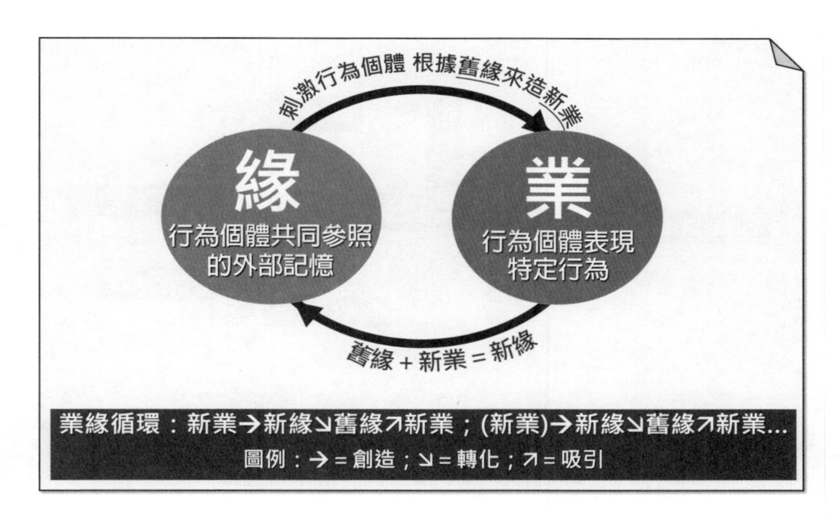

圖 7.23　業緣循環一微觀簡單法則成就宏觀結構

所以它們也都可各自構成一個獨立的次級決策，亦即都可再予展開出見識謀斷四個單元。這種「見識謀斷的每一步驟往下一層次展開時，看到的還是同樣的見識謀斷模組」的同構特性，說明了決策四部曲在結構上具有分形系統的特性，見圖 7.24。

歸納來說，不論是分形幾何或業緣循環法則，它們都具有「複雜源自簡單、從局部可認識整體」的特徵，也等於為《華嚴經》「一中知一切、一切中知一[51]」以及「芥子納須彌、一沙一世界」的玄奧說法，找到了現代科學的解讀。至於決策四部曲具有分形的特徵，本書認為可用「萬變不離其宗」來解讀，亦即：只要決策者充分掌握「見識謀斷」的基本特性，那麼結構再複雜的決策問題也都難不倒他（她）了。

51 禪宗的另一簡化版是：一即一切、一切即一。

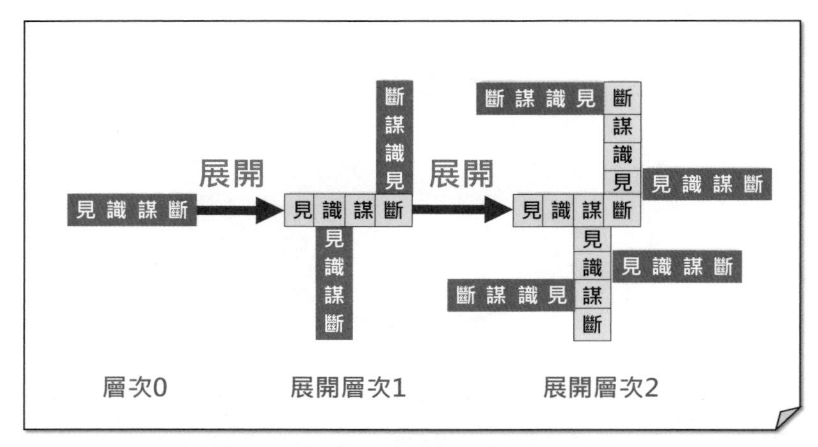

圖 7.24 見識謀斷模型具分形系統特徵

複雜系統的結構 - 功能演化

■ 分形基模的異化

前面提到的分形基模複製過程，在內因外緣等因素影響下，可能出現異化（或特化）現象。例如圖 7.22-2，基模中的一段元素發生向內翻轉的突變（mutation），或者如圖 7.22-3，基模間的連結方式發生異化（從線狀變成迴圈），以致在接下來的複製過程中，基模的結構方式也就跟著一路改變下去。事實上，也正因為這種異化可能性的存在，使複雜系統具備了在因緣和合條件下，表現出對環境的適應能力，也使分形原理在應用上具備了「出常入變」的彈性。

以人體為例，它的基本分形基模是細胞，但由細胞所構成的各種組織（tissue），就基於不同的功能需求而特化出結構迥異、功能分殊的細胞形式，以及全然不同的連結方式。例如：神經組織為傳遞訊息、消化組織為消化與吸收養分、結締組織為支撐體重與運動、表皮組織為包覆身體並禦寒抗暑等理由，都發展出具有全然不同功能的細胞結構，然後再經過組織、器官、系統的數層次整合，就構成了分工合作的人體大系統。

動物表皮細胞的異化尤其有趣。例如：走獸發展出毛髮；飛鳥發展成羽毛；水中生物與爬蟲發展成鱗甲、硬殼或粘膜等各種不同的形式。而按照演化學的說法，鳥類羽毛甚至起先是為保暖而發展的[52]，後來才轉化作飛翔之用。術語上將這種演化的意外發展或異化稱為「超演化（exaptation）」。

■ 結構－功能的演化機制

「複雜源自簡單、局部中見整體」是根據還原觀（或稱化約觀，reductionism），對分形系統特性的簡化描述。不過，複雜系統理論向來所宣揚的都是「整體不是局部的直接加總」的整體觀（holism）。由於還原觀與整體觀其實是科學哲學互相矛盾的一對悖論，因此具有還原論色彩的分形論如何可用來解釋複雜系統的自組織規律？

要回答這一問題，可從結構與功能的關係下手。結構對於功能具有決定性，例如，許多「同分異構（isomer）」的化合物，雖然元素相同，但因結構異化（例如煤炭與鑽石的差異）就會湧現出完全不同的功能。因此，由結構已發生異化的分形基模，雖經層層「線性」迭代複製形成層級性複雜系統，但卻會在每一層新結構中湧現出不同的「非線性」新功能。換言之，複雜系統以分形基模異化為起點的共生演化，是在「結構線性加總、功能非線性湧現」

52 人類把羽絨作保暖材料，反而是回歸了它的原始功能。

的過程中完成。洞察到這一層關係，那麼分形論在應用上就可跳脫還原論的侷限性，就可用來解釋複雜系統非線性的自組織特性。

■ 分形基模與慢變量

分形基模結構與功能的質變，始自它的結構元素或連結方式的異化。這一異化過程的起點是系統遭遇「因緣不合」的困境時，系統自發產生用以回應外緣新要求所形成的「替代性內因模式」。這一以分形基模異化為核心的「替代模式」就是用來挑戰現況的來況模式雛形，它背後的驅動力來自協同論所稱的慢變量。

自然界由均質（homogeneous）元素所構成的複雜系統，要指認慢變量是相對複雜而困難的事，但對人類系統來說，這一慢變量通常就是組織的領導者，或是系統內的意見領袖。

▌分形的相變觀：共生演化、長程關聯

複雜系統的相變是內因外緣出現重大變化而發生。分形論帶來的啟發是：系統的相變必然始於最基層系統組成單元（亦即分形基模）的異化，因為唯有經歷這種「從下到上」質變過程所形成的新系統，才能真正具有適應環境的能力，並在新環境中存活。

前面提到結構決定功能，而從因緣成果的角度看，功能也決定結構。這是因為複雜系統在因緣和合條件下形成，也在因緣不再和合情形下發生相變，所以在系統的應變過程中，新的外緣對系統既有功能必然施加必須有所變革的壓力。而這一施加在系統「功能」上的壓力，就會轉化成對系統「結構」轉型的他律性相變要求，這時系統原有的分形基模必須進入應變過程，去尋找新的結構異化方式，以使建構出來的新宏觀結構能夠湧現出被新外緣所制約與要求的新功能。這是從分形論觀點所解讀的相變過程。

再回頭看貝納花紋的例子。貝納花紋是在臨界狀態下，經由「說時遲，那時快」一氣呵成的方式所形成。該過程反映出複雜系統相變所具有的共生演化與長程關聯（co-evolution & long range correlation）兩個特徵。

首先，形成貝納花紋的「流路－迴路－環流－圓形柱狀流體－六角柱狀流體陣列－貝納花紋」每一步驟都可看到因緣和合和合律的影子，任一層次的基模單元都無法孤立形成與存在，都需要本身以外其他互補性基模的協助。這時呈現的就是「每一層次的基模單元都須同時共生，才能互相支撐彼此的形成與存在」的「共生演化」畫面。這種畫面也曾出現在 1990 年代台灣的資通訊產業聚落（ICT industry cluster），從晶片設計、晶圓產製到封裝測試等價值鏈生態系統的形成過程。

其次，上述這一互依共生的演化過程要能成立，必須滿足的一個條件是：參與共生演化的基模覆蓋範圍必須夠廣，例如貝納花紋六角柱狀流體陣列必須擴及整個液面，否則如果最外圍的陣列得不到必要支撐而站不住腳的話，那麼一路崩塌過來，就會影響到居中陣列，使它們站不住腳。前面用「說時遲、那時快」來形容貝納花紋的形成，反映的就是複雜系統相變當下所發生的「長程關聯」效應[53]。換句話說，複雜系統在相變當下，新分形基模自我複製是在系統內不同尺度的各個層次以及各子系統身上同時發生作用，並在這種全面性連鎖反應下完成系統整體宏觀相變。

---

53 根據相變理論，系統內部某個基模的結構與功能發生質變時，受它影響而發生連鎖質變的基模可位在多遠距離之外的量度稱為關聯長度（correlation length），而在臨界狀態下，複雜系統基模質變的關聯長度趨近無限大（達到系統的實質邊界），因而稱為長程關聯效應。

從自組織觀點來看產業革命的話，它的過程就是起始於基本生產單元發生改變。從 18 世紀初期的紡織機械革命開始，到接下來的蒸汽機、內燃機、電動馬達等一系列的動力革命，它的進程就是階段性地把人類生產製造的分形基模，從個人工作坊，提升到小型工廠，再變成大量生產線的模式，從而帶動了波瀾壯闊的產業革命。而從共生演化觀點看，量能大幅提高的生產力，不只原料供應必須以遠遠超越過去的規模來支撐，而大量產出的產品也需跨國界的市場來消化，於是地理大發現後的西歐殖民政策的成果，就正好以長程關聯的方式，因緣際會地發揮了產業革命所必須的全球性原料供應與產品市場的價值鏈支撐功能。換句話說，產業革命所帶來階段性與系統性的結構與功能巨變，就在原料、生產與市場三個子系統的共生演化與長程關聯效應下，從 18 世紀中期起使人類文明產生了空前變化；至於接續產業革命而來的資訊革命與網路革命，所帶動的人類生活全面性變化，直到今天都還屬方興未艾狀態。

五、自組織相變微觀三原理

根據前面所綜整的巨變論、協同論與分形論等相關內容，本書歸納出以下三個自組織相變微觀過程的規律。

因勢利導原理

複雜系統自組織相變是系統狀態從屬於現況的老吸引子，移轉到屬於來況新吸引子的過程。這是一個可比喻為「雙子搶球」的過程：其中的「球」是系統狀態；「子」是代表現況的老吸引子與代表來況的新吸引子；而「搶球」就是以吸引子的強弱消長來決定系統狀態去向的過程。

複雜系統相變過程中，新、老兩吸引子的消長有三種情形：

1. 當新吸引子取得決定性優勢，而老吸引已無力阻擋時，系統就跨越應變區臨界點，發生從現況轉化為來況的相變。
2. 當老吸引子經過一番調動與反擊，使自己能量重新具有決定性優勢，而新吸引子也無能力翻盤時，系統就脫離應變區重返現況常態區，回歸原狀。
3. 當新、老兩吸引子各有消長，但誰都無法取得決定性優勢時，如同草原上取得動態平衡的兔口與狼口，系統狀態就會膠著在應變區內不斷循環漲落起伏。

總之，複雜系統的狀態，包括經由突變、漸變、分岔、逆轉等過程完成相變，或回歸現況原狀，甚至是否成為滯留在應變區內形成循環漲落膠著狀態，一概決定於系統的「勢」。至於這一「勢」則是由相關吸引子的相對強弱走勢來定義，而吸引子強弱的走勢，又決定於控制因子力量消長所產生的「合力」效應。因此系統的因緣成果機制就是通過促成控制因子力量消長的方式，來改變吸引子的相對強弱，進而間接達成使系統發生或不發生相變的結果。這種不以直接施加有形力量，而是間接通過吸引子相對強弱的改變來完成相變（如圖 7.12 所示）過程，本書把它稱為「因勢利導」[54] 原理。

量變質變原理

從巨變論觀點看，複雜系統的相變步驟是通過來況吸引子萌生、成長，再達到跨臨界優勢的過程而完成；而這一「成勢」過程

54 本書將因勢利導原理翻譯為：The Principle of the Indirect Approach to System Phase Change by the Non-application of Force but by the provision of Direction.

主要是由能產生變革推力作用的控制因子的不斷量變強化所推動。

從協同論觀點看，控制因子的推力是大量系統個體成員相結合後所產生的能量。而系統成員中最值得注意的是慣性大、能吸收外來干擾能量，不輕易運動，但一旦動起來就能發揮領頭作用的慢變量（本書稱它為陽變量）。它們會吸引一群慣性小、容易受到擾動的快變量（相對稱為陰變量）作為追隨者，並同步化這些追隨者的運動模式，使不斷凝聚與集中的能量得以形成具有推力作用的控制因子，並進而促成來況新吸引子的萌生與茁壯。

上述這個為新吸引子凝聚能量的「陽起陰從」造勢過程，是一種從量變到質變的漸進程序。它的程序如下：(1) 當陽變量打破慣性開始運動後，就會去支配與感應大量的陰變量，通過合縱連橫的整合過程逐漸形成具有推力作用的控制因子，促成新吸引子的萌生；(2) 這一不斷凝聚的能量達到進入應變態的臨界值時，帶頭的陽變量們就搖身成為協同論所稱的序參量，引領系統進入應變態，並啟動第二階段吸引子本身的量變到質變過程；(3) 當系統已進入應變區時，來況新吸引子就不斷將應變區場域中的能量逐步吸納集中到自己身上，使推力不斷增強、拉力不斷減弱；(4) 等到老吸引子能量消蝕殆盡，系統狀態就順勢跌落入來況新吸引子中，使它變成「實心」狀態。本書把上述過程的規律性稱為複雜系統微觀相變的「量變質變」[55] 原理。它反映以下兩個特性。

1. 系統「窮則變、極則反」現象：上述「陽起陰從」過程形成推向來況的推力，並萌生出代表來況的新吸引子來挑戰現況吸引子，是系統具有「窮則變」特性的反映，也是帶

---

55 本書將量變質變原理翻譯為：The Principle of Quantitative Change Transforming into Qualitative Change.

動相變的量變過程。而「極則反」則反映上述量變達到臨界門檻值時，系統狀態就會發生質變的特性。整個過程跨越兩次門檻：(1) 序參量形成，將系統從守常態帶入應變態；(2) 現況老吸引子耗散，使系統狀態轉化成來況。

2. 量變質變間存在過渡期：系統相變的量變質變過程通常都存在一段讓系統醞釀準備的過渡期（可對應相變的延遲現象）。這一過渡期出現在應變區內，系統在該區內屬於只發生量變但還未達到質變門檻的階段，在發展上它也具有雙向性，亦即可一往直前奔向來況，也可能經過一番折騰後重返現況。所以，這一階段對現況來說是具有預警作用的緩衝期，甚至是系統現況能否重整旗鼓，脫離應變態重返現況的最後機會，例如，從大歷史觀點看到的許多撥亂反正、朝代中興案例。

共生演化原理

從分形論觀點看：複雜系統相變是從基層的微觀分形基模發生質變開始；而整體系統宏觀相變則是在系統內部各層次的組成單元，發生全面性的連鎖質變下完成。上述相變過程有以下幾個特徵：

1. 複雜系統本身是由「具有特定結構與功能的分形基模」為基本單元所構成的多層次系統。系統相變開始於基層微觀分形基模的結構 - 功能質變，而質變後新基模再以自我複製方式，在系統內部不同層次不斷複製、增生與擴展；當整個系統內所有分形基模都已轉變成新基模時，宏觀系統相變也就完成。

2. 分形基模的質變就是異化（或特化），方式包括基模元素的異化（如圖 7.22-2），或連結方式異化（如圖 7.22-3）。這兩種異化都可形成結構不同的新基模，並改變據以一路複製與展開後的系統結構，最後在新系統結構下湧現出不同以往的新整體功能。不過，經由分形基模質變所形成的整體新結構與因而湧現的新功能，最終仍須通過因緣成果和合律的檢驗，以確認相變後的系統在發生巨變的外緣中具備互補共生、穩定存活的能力，否則仍難逃耗散命運。

3. 新分形基模複製擴散成效，除了須受制於外部因緣和合關係的和合律檢驗外，對內也必須：(1) 能達成系統的單元與單元間、層次與層次間，部門與部門間，乃至子系統與子系統間的分工合作效果，這就出現相互磨合與適應的需要；(2) 確保獨立的新基模都能獲得其他新基模的相互支撐而存活，這就須發展出因共生而得以共存的關係。分形論把這一特性稱為相變的共生演化現象。

4. 共生演化是複雜系統微觀基模質變與宏觀系統相變之間的橋梁。複雜系統的共生演化伴隨長程關聯效應一起發生，當系統新基模多層次嵌套的自我複製規模達到臨界點時，就會觸發全面性的連鎖反應，促成系統宏觀結構與整體功能的質變，使系統狀態發生相變。

本書把上述特徵簡稱為複雜系統微觀相變的「共生演化」[56] 原理。這一原理反映複雜系統所具有的因緣成果潛能是來自它系統內在的特殊結構 - 功能互動關係，而系統演化過程則必然開始於因緣成果作用下所引發的分形基模異化或特化。

---

56 本書將共生演化原理翻譯為：The Principle of Self-organized Co-evolution.

微觀相變結語

歸納來說，自組織複雜系統微觀面相變的發生是一個連續性過程，微觀三原理所產生的作用就融入在這一過程中，導引相變的進行。

如同因緣成果是規範宏觀自組織現象的第一原理，用勢不用力反映的是自組織相變過程所具有「因外在形勢的改變，導致系統發生相變」的基本特徵，所以它是微觀相變的第一原理。第一章介紹因緣成果概念時，曾提到「因果定法則、因緣成萬事」的說法；由於「因果」代表系統內部關係，而「因緣」則代表系統與環境間的外部關係，因此不論是「因緣成果」或「用勢不用力」反映的都是複雜系統「因緣關係制約因果關係」，這一相變機制的特徵。而當因緣關係中的外緣又是由管理者的他組織之手所決定時，用勢不用力的相變就成為「可見之手創造外部環境，再由生命系統的無形之手自行運作，來完成系統演化」的過程。

在用勢不用力的基礎上，自組織相變的具體發生過程，不以一步到位、一蹴而成的方式出現，而是遵循量變導致質變的法則，以控制因子發生量變為起點，導致新吸引子形成使系統進入應變態，然後再經由新吸引子逐步壯大的量變，走上系統狀態質變的終點；因此，這一過程也可說是「因緣關係量變（漸變）導致因果關係質變（突變）」的過程。

至於共生演化則反映處於臨界狀態的系統，是以通過分形基模發生全面性的連鎖質變（異化）的方式來終結它的過程，代表自組織複雜系統在發生相變當下所遵循的行為規律；它把「因果定法則、因緣成萬事」── 也就是「因緣關係制約因果關係」── 的相變機制，予以進一步放大；把「系統與環境間」以及「系統內部成員間」所發生從外到內、從上到下的刺激傳遞，以及從下往上、從內往外的相對連鎖反應，因而導致的宏觀與微觀系統的結構異化與新功能湧現，全面呈現出來；它也為複雜系統微觀元素質變與宏觀系統相變間的關係建立起理論上的橋梁。

六、自組織與管理

本章詳細介紹了自組織的概念以及相關的系統行為規律，接下討論自組織概念與管理的關係。

重新發現人類周遭的「自組織之海」

人類文明的創造

當我們仔細觀察周遭世界，其實很快就會發現人類文明的成就都是「自組織的自然力」與「他組織的人力」協同合作下獲得的成果。

1. 以最古老的農業為例：作物與禽畜本身的生長是自然力所起的作用；人力只是提供或改善作物、禽畜生長條件與環境，來確保更豐盛的作物與禽畜產出。

2. 以疾病醫療為例：人體先天自體免疫系統的療癒恢復能力是自然力的作用；人力所做的只是祛除或隔離致病因子，改善與強化自我療癒條件，以使人體加速康復。

3. 以化學產品為例：化合物的生成是自然力的作用；人力只是為自然生成的化合物提供優化的反應環境與條件，以生產出成本低／品質好／性能佳的產品。

4. 以積體電路生產為例：核心製程中晶體本身的生長是自然力的作用；人力只是在生產過程中，為晶體生長提供最佳環境，以提升產品良率。

5. 以水利工程為例：流體動力、河床動力與地質等自然力，決定水利設施功能可否發揮、結構物可否持續存在。「都江堰」屹立二千年仍能發揮功能，只因它是順應大自然法則所設計建造，所以成為與大自然融為一體的結構物。

以上所稱的自然力都是自然界無形之手所發揮的自組織作用力，至於人力就是人類可見之手所施加的他組織作用力。而上述農業、醫療、製造業與工程等案例，都一再說明這兩種力量始終以「自組織為主（體）、他組織為輔（用）」相輔相成的方式，有史以來就無所不在地存在於我們的日常生活中。這種自組織作用力無所不在的情境，幾乎可用「人類是生活在自組織之海當中的魚」來形容，只是人類因為過於自我中心，所以只看到自己可見之手所產生的作用，以致於「習焉不察，視而不見」，忘記了無形「自組織之海」的存在。

古人的管理智慧

管理實務先於理論而存在，古今中外不同領域管理者（領導者）所成就的重大管理事蹟中，其實可找到許多與本章所歸納宏觀、微觀自組織原理不謀而合的案例。以下是從中國歷史中垂手可得一些案例。

1. 因緣成果：句踐被夫差滅國後，在范蠡等謀臣輔佐下，十年生聚十年教訓終於成功復國，這段「耐性造內因、淡定待外緣」的歷史，符合因緣成果原理。

2. 常變循環：漢高祖得天下後，採納謀士陸賈「偃武修文、休養生息」的建議，使秦王朝苛政與楚漢相爭之後的凋敝民生得以恢復生機，而文景兩朝也繼踵奉行道家的無為而治，直到漢武帝才將朝綱改弦易轍「換檔」成積極開拓經貿、鞏固邊防的政策。這段「一弛一張」的歷史符合常變循環原理。

3. 臨機破立：孫臏的圍魏救趙、下駟對上駟，以及項羽的破釜沉舟、背水列陣等，都是經典的臨機破立案例。

4. 用勢不用力：管仲治齊以順民心為優先、唐太宗的水能載舟亦能覆舟施政理念、張居正以考成制度作為推動變法的工具，都是用勢不用力原理的實踐。

5. 量變質變：諸葛孔明七擒孟獲，終使孟獲口服心服歸順蜀漢，可說是洞察自組織量變導致質變原理的一項傑作。

6. 共生演化：趙武靈王的胡服騎射、北魏孝文帝的漢化，乃至滿清開朝建政後有因有革的漢化政策，都是共生演化原理的實證。

因此，本書提倡「自組織為體、他組織為用」的管理觀，其實可視為把過去中外先賢們所洞察並身體力行的許多管理大道，利用複雜系統科學所發現的自組織原理做為骨架，將它們以組織化、結構化的方式整理出來而已。

重建「自組織為體、他組織為用」的管理觀

18 世紀以來的人類近代史已經證明：對於經濟市場來說，可見之手如能先把握住自組織的規律，再來發揮他組織的影響力，就可間接通過市場的無形之手來達成政策目標；但當可見之手不顧自組織規律，只憑主觀意志而逆勢操作的話，那麼他組織力量的介入非但無助於達成政策目標，反而只會造成市場的災難。

因此，把自組織系統的規律與原理整理出來，並把「自組織

無形之手」與「他組織可見之手」並立起來看成是一對互補的力量，對管理者來說，它的重要性在於：(1) 這是「人類文明是這兩隻手共同合作所創造」的認知下，原本就應該重建的一套世界觀；(2) 在這個新世界觀下，管理的方法論也將跟著調整為「自組織為體、他組織為用」，因為這才是有效利用自組織無形之手存在的事實，並以它作為槓桿，使管理者可見之手從此可以「用勢不用力」、舉重若輕的方式來成就事功的王道。

本書「自組織為體、他組織為用」的管理觀，以下列認知作為前提：

1. 人類的生活環境是自組織與他組織兩種作用力並存的複雜系統；
2. 自組織作用力是人類的各式組織與社會內在固有的主要力量，是導致相關系統狀態發生改變的基本驅動能量來源；
3. 他組織作用力只是複雜系統內的輔助性力量，它的功能是誘導系統的自組織作用力去產生符合他組織領導者與管理者意圖的系統狀態。

由於人類的社會與組織是自組織無形之手與他組織有形之手並存的系統，因此擁有他組織可見之手力量的決策者與領導者，就應重新認識管理世界的真正運作方式，建立上述「自組織為體、他組織為用」的管理觀，使他組織有形之手可以在自組織世界中，更有效地發揮它的功能。

接下來討論自組織世界中，對系統相變最具有決定性影響力的兩股他組織力量——領導力與戰略力，如何以他組織有形之手「給方向」，自組織無形之手「出力量」的方式，相輔相成達成管理使命。

第八章

領導

由於人類組織是自組織與他組織兩種作用力並存的系統，而管理者的可見之手所產生的領導力與戰略力，是對系統相變最具決定性的兩股他組織力量。因此，根據「自組織為體、他組織為用」管理觀，本書接下來的兩章，將重新檢視人類組織中領導與戰略這兩股最強勢的他組織力量，探討它們在「自組織之海」中，如何以更有效的方式發揮它們的作用。本章先談領導。

一、領導力與組織變革

領導力與自組織

第一章〈概論〉從領導者與經理人的不同觀點，將執行區分為大執行與小執行兩部分；第六章〈行〉從因緣成果觀點總結外緣因子的意涵時，將它區分成大外緣與小外緣兩部分，並把大外緣定義為「系統之外」的外在大環境條件，它對作為內因的系統產生的是自組織無形之手的「機會」效應；而小外緣則定義為「系統之上」領導者可見之手對系統內因所產生的他組織作用力。因此從大執行觀點看，「系統之上」領導力的根本任務就是要「利用小外緣對系統內因所能產生的機會、影響力、乘數、規範」等效應，以「用勢不用力」的方式，達成「再造組織、改善現況（make a better difference）、實現願景」的目標。

另從協同論觀點看，領導者是居於樞紐地位的陽變量（慢變量），領導力展現的是陽變量驅動陰變量的支配作用。不過人類組織與自然界的組織系統不同[1]，它的每一成員都是有自主意識的個體，不必然會盲從附合領導者的意見，並無條件接受支配；換句話說，組織成員必須被領導者說服、鼓勵與誘導後，才會心服口服地加入領導者的變革陣營。因此，能否帶動組織變革、實現組織願景，就成為領導力的嚴苛考驗。

本章先從宏觀角度說明領導者如何在戰略上帶領組織變革、實現願景；次從微觀角度說明領導者如何在戰術上運用人際影響力策略，來改變組織成員的認知與行為。最後再從整體觀點說明領導力如何帶動組織微觀質變、促成系統宏觀相變。本章所稱領導者主要指機構負責人，但本章所討論有關大執行的多數原理原則，也同樣適用於組織內經理人的小執行過程。以下先談組織變革。

盧文三部曲的自組織解讀

盧文的「解凍、變革、回凍」變革三部曲，遵循的是古典牛頓系統的線性概念，因此變革推力（助力）與維穩拉力（阻力），就如第一章圖 1.4 所示，兩股力量是排列在同一軸線上；以致理論上唯有推力凌駕阻力時，組織變革才有可能。

但在現實世界有許多在阻力大於助力情形下完成的系統變革實例。例如，當年為滿足加入 WTO 的需要必須限時開放台灣電信市場，但電信工會害怕因此傷害員工權益而堅決反對，結果立法

1 自然界自組織系統的快變量，因為沒有自主意識，所以會無條件地接受慢變量的支配而運動。

院的多數黨於 1996 年接連六次甲級動員均告失敗，直到第七次[2]才強行通過「電信三法」，使台灣電信產業從此進入市場全面開放的新局面。這類變革案例就須利用巨變模型才能作出合理解釋。

巨變論告訴我們，推力與拉力這兩股衝突的力量不必然是線性關係——因為套入尖點模型，在控制平面上這兩股力量的座標軸垂直相交[3]（圖 8.1）——所以即使在阻力大於助力情形下，只

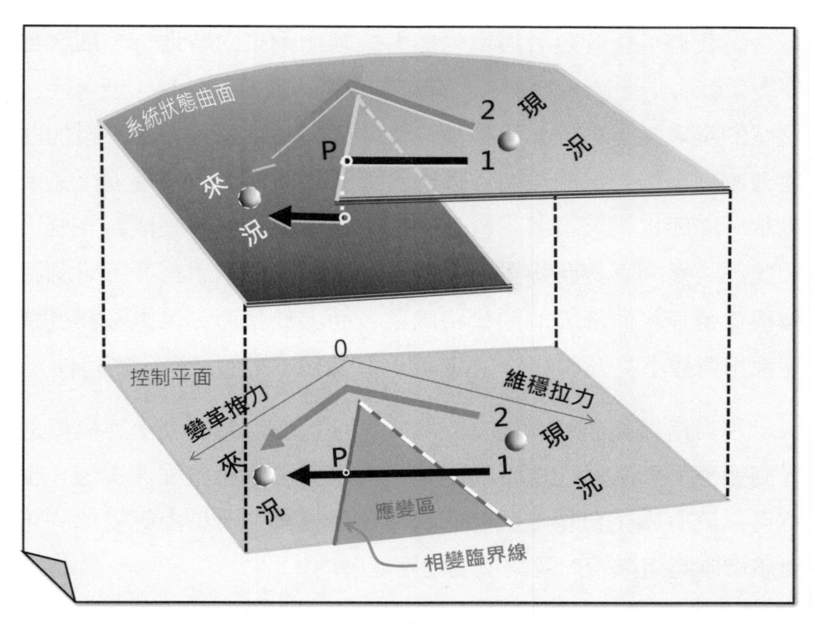

圖 8.1　組織變革尖角突變模型

2 具體過程是七次甲級動員使法案通過「逕付二讀」的一讀決議，然後再以協商方式完成二、三讀。

3 一般尖點模型兩控制因子因屬主從關係（正則 vs. 分歧），所以座標軸以正交方式呈現；但在組織變革場合，變革推力與守常拉力為競爭關係，所以座標軸旋轉 45°，以反映雙方（兩股力量）對等地位。

要善用它們消長互動所產生的合力（resultant force）關係，就可讓組織跨越相變臨界線達成變革目標。因此，本書用非線性的尖點巨變模型取代牛頓力學模型，來重新詮釋並深化盧文變革三部曲的內涵。

解凍、變革、回凍

■ 解凍

推動組織變革須先進行解凍工作是盧文的創見。尖點巨變模型告訴我們：化解阻力與增強助力的動作如果同時進行，那麼實際變革就會走上圖 8.1 路徑 1 的突變路線（圖中 P 點是「硬著陸」跳崖的突變點）；但如果採取先消除阻力（維穩拉力），再加強助力（變革推力）的策略，那麼就可循著路徑 2 的漸變途徑完成變革，亦即以不著痕跡「軟著陸」方式將舊系統轉變成新系統。因此，突變的直接路線雖然長度較短，但卻會平添許多不可測風險與後遺症，而漸變的間接路線雖表面上較迂迴，但風險與後遺症都相對較小[4]，反映出「兩點間的直線並不必然最短」的特性。

用自組織術語解讀盧文的解凍：它代表組織從守常態換檔進入應變態的新階段，這時的組織不再由守常律與自強律主導，也不再以既有系統自穩定狀態的恢復作為目標，而是由應變律的正反饋機制將組織帶向離開現況的應變區內。

---

4 突變路徑在強大阻力情形下，以加大推力方式強行促成相變的發生，可能出現兩種後遺症：(1) 有時阻力只是暫時被壓制成隱性，所以仍可能隨時伺機集結力量反撲，使系統再度成為不穩定狀態；(2) 有時在相變衝突過程中，屬於阻力的一方可能受到嚴重的生理、心理傷害，而這一傷害可能成為難以磨滅的記憶，以致轉化為系統內長期性的摩擦與不諧和來源。反之，如果能循漸變途徑，以事前先充分化解阻力的方式完成相變，那麼上述後遺症與風險就可避免。

尖點巨變模型的漸變路線精確反映盧文解凍的精髓：推動變革不要急著把組織從現狀直接推向目標，而應針對現狀中存在的阻力，先進行化解的工作。這相當於把系統狀態推向圖 8.1 的座標原點，等維穩拉力消除後再增強變革推力。這時因為系統狀態已繞過應變區尖點，代表解凍工作已完成，所以系統就可一往直前邁向預定目標。因此，以自組織理論取代牛頓機械典範作為組織變革的理論基礎，可凸顯盧文解凍概念更宏觀的「先勝」戰略意涵，並精準反映解凍行動方針的精神。

■ 變革

遵循漸變路線，當解凍工作大功告成時，代表系統狀態的圓球就已繞道應變區外圍，滾動到圖 8.1 座標原點附近位置，這時變革阻力（維穩拉力）已經化解，所以圓球就可作 90°轉向，全力提升變革推力，朝向變革目標邁進。因此，只要解凍工作充分到位，接下的變革就是一項「因勢利導」將組織所律定的戰略藍圖付諸實施的工作（詳見第九章〈戰略〉）。

■ 回凍

從自組織觀點看，解凍是系統進入應變態的準備工作，這時的守常律必須將系統狀態的主控權交給應變律。至於回凍則是反過來將系統狀態重新回歸守常態，把系統狀態的主控權從應變律手中再度交還給守常律，以便將已經完成的變革常態化與制度化，確保系統不至於又退化恢復為舊狀態。這也是自組織因革律發揮鎖定作用的階段。稍後會說明，上述「守常態→應變態→守常態」的兩度「換檔」，他組織的領導力都有重要角色需要扮演。

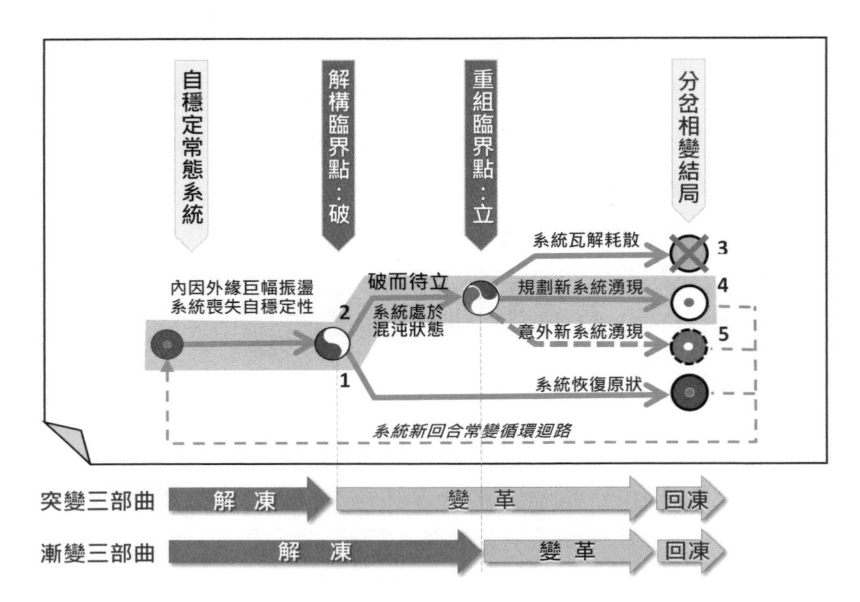

圖 8.2 盧文變革三部曲與自組織系統臨界分岔的關係與差異

突變、漸變過程

圖 8.2 是自組織臨界破立分岔圖與盧文變革三部曲的對照與連結。首先，與圖 7.9 相較，圖 8.2 重組臨界點之後多了一個「意外新系統湧現」的虛線分岔。這是因為圖 7.9 是純粹的自組織臨界破立現象，所以只要有新系統湧現都算是成功的相變。但圖 8.2 是他組織變革過程，必須確保相變後形成的新系統符合事前規劃，避免出現意外「開花」的局面，也因此圖 8.2 中只有路徑 4 是唯一符合主觀期望的結局；路徑 5[5] 則是無力回天悲劇英雄的下場；而路徑 3（系統潰散）則是必須避免的最不幸相變後果。

5 在一個群雄逐鹿的局面中，路徑 5 代表所有「非規劃」的意外結果，這是相當於俗語所説「女友（或男友）結婚了，但新郎（或新娘）不是我」的結局。

其次，圖 8.2 下方（框外）是上方分岔圖與組織變革突變、漸變路線的對應關係。其中突變路線的解凍，只做到把由守常律把關的系統帶入由應變律主政的程度（他組織之手只帶領系統跨越解構「破」的臨界點）。但因為這時系統還處在一種「破而待立」混沌狀態，對於接下來的變革究竟會出現什麼樣的結局並不確定；所以對突變三部曲來說，圖 8.2 最右端四種結局的任一種都有發生可能，相對風險較高。至於漸變路線的解凍則涵蓋從破到立的整個過程（他組織之手導引到重組「立」的臨界點），接下的變革只是執行已有共識的組織改造計畫而已，所以漸變三部曲的變革就不再出現路徑 1、3 或 5 的分岔，而是直接循著預先規劃的路徑 4 發展出符合規劃的新系統。這一漸進相變過程是圖 8.2 中用長條陰影方框圍出來的路徑。

最後，圖中回凍階段的漸變與突變路線內涵相同，都是把已完成相變的系統重新恢復自穩定狀態，並準備進入新一回合的常變循環迴路。

自組織為 scalar、他組織為 vector

值得注意的是：圖 8.2 與圖 7.9 在分岔路徑分類上的差異，充分反映出「自組織相變沒有方向上的偏好，而他組織相變就有明確方向性」的事實。因此，本書將他組織作用力視為向量（vector），相對的自組織作用力就是純量（scalar）；而領導者在系統相變過程中的基本功能，就是要用可見之手將系統內生、不具方向性的自組織力量轉化成向量，使系統相變可在「他組織給方向、自組織出力量」情形下，順利達成計劃中的相變目標。這時領導者所發揚的就是「自組織為體、他組織為用」的「用勢不用力」管理之道。

「自組織為體、他組織為用」的組織變革

接下從「自組織為體、他組織為用」觀點，進一步解讀傳統組織變革理論。

變革阻力的來源

傳統的解凍概念與心理學的完形（gestalt）理論有關——這是根據物理學的場域（force field）概念發展出來的理論——它主張人類的行為不是一種孤立於外在環境的存在，而會受到周遭各種作用力的影響；所以要改變一個人或組織的行為，就可先從改變會影響這個人或組織行為的周邊條件下手。完形概念與本書因緣成果原理中的外緣概念相契合。

對於組織變革阻力的來源，本書採取常變循環的觀點來解讀。處於守常態的組織為了維持自穩定性，都會發展出抗拒干擾及恢復穩定的負反饋機制，因此即使對於管理者的他組織作用力所推動的「計畫性組織變革（planned organization change）」，負反饋機制也必然會把它當成是必須加以抵抗與消弭的外來干擾。甚至越有制度、越上軌道、越有歷史的組織，這種抵抗力就越強。因此，對於這種原因引發的阻力，不應將它看成組織病態的徵候，而要將它視為組織的正常反應——它反而是組織平素紀律嚴謹的一種表徵。面對這種情境，推動他組織變革的領導者就須發揮領導力，有系統地發起組織變革的「換檔」動作。

守常到應變的換檔

自組織系統不論有無外力介入，都會因為內因外緣的巨幅振盪漲落，而自發地從守常態轉化為應變態，為自己尋求在變局下繼續生存的機會。不過，守常態負反饋機制的抵抗力與恢復力往往相當頑強，甚至在沒有外力介入情形下，會因維穩與變革兩股

力量僵持不下而延宕應變的進度。所以對於領導者來說，推動組織變革的首要工作就是：明確下達「組織狀態已從守常態『切換排檔』進入應變態」的宣示。藉著這一換檔指令使組織內部企圖繼續維護系統現況的保守勢力，放棄負隅頑抗立場，共同加入組織變革行列，以加速解凍進程。

不過，必須強調的是：面對組織變革的潛在阻力，系統管理的戰略性換檔絕非「一個口令，一個動作」般容易。當領導者確認組織變革的需要後，通常都須設法先讓組織上下形成「系統已到必須變革關頭」的共識。這是盧文苦心孤詣提出解凍理論的原因。哈佛大學約翰 • 寇特（John Kotter）教授，在盧文理論基礎上，進一步提出下述的八步驟模型 ，反映出這一問題的複雜度。

變是化之漸：解凍與變革

他組織變革的破立過程可分成微觀與宏觀兩個層次。微觀層次涉及如何誘導個人認知與行為的改變，稍後再來討論。至於宏觀過程，寇特教授於 1996 年提出組織變革八步驟模型[6]：(1) 確立危機意識；(2) 組成變革核心團隊；(3) 提出組織新願景與達成願景的策略；(4) 溝通願景與策略；(5) 投入資源、移除障礙，動員組織執行變革策略；(6) 創造近程戰果、強化變革信心；(7) 回饋修正、再接再厲，達成變革目標；以及 (8) 將變革成果內化為組織新文化，將變革制度化、常規化。

寇特模型可視為盧文三部曲的展開，使它更具操作性。八步驟的前四步都是變革前的準備動作，屬於解凍的範疇。寇特強調變革前領導者必先「喚起組織成員的危機意識」，激發解決問題

6 Kotter, J. 1996. Leading Change, Harvard Business School Press.

的迫切感，這與第一章提到行動力的首要條件，執行者要有強烈行為「企圖心」的概念相契合。一旦危機意識變成共識，組織就等同進入應變態。接下來「變革團隊的組成」則屬協同論支配原理的應用，以作為驅動變革動能的核心。而「提出並溝通組織新願景／策略」的兩個步驟，則是要凝聚組織成員對行動方案的共識，這是以「用勢不用力」的方式，為系統的相變分岔設定明確的方向。總之，寇特的第 2 到第 4 步驟，相當於利用他組織之手的介入，走完圖 8.2 中的漸變三部曲中，將組成從應變的「破」帶入「立」的階段，來避免臨界分岔出現「開花」的意外——不使相變走上圖 8.2 路徑 3 或 5 的結局。

寇特的 5 到 7 步則屬變革的範疇。其中第 5 步相當於執行力的第二要件，亦即執行者在企圖心外，還需具備的能力因素。第 6、7 步則是利用「積小勝為大勝」，亦即以「量變帶動質變」的正反饋強化策略，將階段性成果回饋給組織成員，來激勵大家信心，以誘發「共生演化」程序，繼續朝達成最終目標邁進。

化是變之成：回凍

寇特第 8 步等同盧文的回凍概念。盧文三部曲中的回凍是一項較不為人注意的工作。根據常變循環概念，回凍就是要將應變律手中的系統主導權交還給守常律，使系統重新回復為自穩定狀態。唯有到了這一地步，系統相變的「共生演化」過程才算正式完成。

這一回凍工作可由自組織作用力自發地完成，也可藉助他組織之手來加速這一「切換回原檔」的工作。寇特第 8 步另強調必須以價值觀為核心來重建組織文化。因為組織文化是組織的靈魂，所以組織結構與功能的改造必須以新的組織文化與價值觀來支撐，才能真正達成變革的目的。

歸納來說，由於自組織作用力沒有方向性，但他組織則是有方向性的向量，因此「自組織為體，他組織為用」就是要在「他組織給方向，自組織出力量」情形下，讓組織內在強大的自組織力量成為有效的管理工具。至於大執行範疇下的組織變革，則不只用系統的自組織力量作工具來完成他組織的管理目標，而是通過他組織之手的影響力讓自組織力量先來改造它自己，然後才用改造後的自組織系統來更有效地達成他組織目標。

二、領導力的宏觀功能

傳統領導理論

領導與組織變革這兩個領域的許多概念相互重疊。以寇特為例，他早期許多有關領導力的著作，內容上與他後來提出的變革八步驟就可相互銜接[7]。他對領導力的見解包括：(1) 領導是一種過程與功能，而非職位或權力；(2) 領導者必須具有感染他人的熱忱以及清晰的價值觀與方向感；(3) 領導就是要利用各種非威權、非高壓方式，將組織帶往特定目標；(4) 領導的主要工作是確立組織變革計畫，並建構執行變革計畫的平台。

學者華倫・邊尼（Warren Bennis），對領導力則歸納四個重點[8]：(1) 利用願景使組織能量聚焦；(2) 經由溝通，傳播組織存在價值的新意；(3) 利用戰略定位與實際執行成果，建立推動變革的信心；(4) 以身作則，感召成員自發投入組織變革的陣容。

---

7 Kotter, J. 1988. The Leadership Factors, New York: Free Press.

8 Bennis, W. & Nanus, B. 1985. Leaders: The Strategies for Taking Change, New York: Harper & Row.

歸納來說，這些領導力文獻所闡揚的概念，不約而同地都以「能否帶動組織完成變革」作為檢驗領導力的標準。而對於領導功能的發揮，也都一致強調「創造有利變革外緣條件」的重要性，此外，對領導過程的闡釋，又有以下的共同交集：(1) 提出鼓舞人心的新願景與新方向；(2) 激發組織成員動能，凝聚組織變革共識；以及 (3) 以具體行動帶領組織克服困難，達成變革目標。

從自組織觀點解讀領導力

接下從自組織觀點來重新詮釋上述傳統領導理論的主張。首先，本書贊同以「能否帶動組織完成變革」作為領導力檢驗的標準。領導是一種最強勢的他組織作用力，當環境出現重大變化，系統若以自組織方式應變往往出現緩不濟急現象，這時就需要領導力來發動與主導變革，將組織從守常態換檔為應變態來加速相變過程。

其次，對於「領導者必須為組織創造有利變革的外緣條件」，是指領導者必須嫻熟因緣成果原理，並且：(1) 對於創生階段的組織，要善用「據因造緣」或「據緣造因」策略，去催化組織的創生過程；(2) 對於存在階段的組織，要秉持「一常一變之謂道」的常變循環原理，掌握「陰柔處常、陽剛臨變」以及「有所為、有所不為」的原則，慎用自己的可見之手，在該放手的守常態，就放手讓自穩定系統自行運作（陰柔）。但在該介入時就果斷下達換檔指令，帶領組織進入應變態（陽剛）；(3) 在組織的演化階段，則要洞察「動而未形、有無之間」的臨界分岔契機，根據「善者因之、不善者革之」的因革法則，運用巨變與協同策略，去主導系統破立演化的發展路線，然後再應用分形策略去擴散微觀量變的成果，完成宏觀系統的質變。唯有修煉出這種功夫，領導者才算做到「守常有道、應變有方」。

其三，對於領導者必須「提出新願景與方向、激發並凝聚組織能量，以及用具體行動帶領變革」這些實踐準則，從自組織觀點可演繹如下。

1. 提出鼓舞人心的新願景與新方向：領導者對於組織存在的目的與正當性必須要有深刻的省思與體認，組織一旦出現適應上的危機，領導者就必須為組織重新找到有意義的定位，作為組織可繼續穩定存在的基礎——這是因緣成果原理和合律與自強律的發揚，也是正式推動組織變革前，必須先行完成的概念解凍與認知破立工作。惟有等到領導團隊內部達成新願景與新發展策略共識後，領導者下達「守常律退位、應變律接手」的時機才算成熟。

2. 激發成員動能、凝聚變革共識：這是將領導團隊內部達成新願景與新發展策略的共識，擴散成為組織全體成員共識的一項思想準備工作。這時領導者與其團隊必須扮演有效溝通者與臨機破立操盤者的角色，去鼓舞與感召組織成員認同自己的目標與方向，激勵追隨者內在動能，啓動系統的自組織變革過程。

3. 帶領組織克服困難，達成目標：他組織變革有「實質面－知」與「程序面－行」兩個面向的工作要做。其中的實質面是組織未來目標狀態——組織願景與發展藍圖——的策定；而程序面則是要為組織尋找出如何從現狀走向目標狀態的行動策略。實質面問題考驗的是領導者見識謀斷的決策力；程序面問題考驗的是領導者群策群力、因緣成果的執行力。張居正變法所揭舉「致理之道，莫急於安民生；安民之要，惟在於覈吏治」的原則，其中安民生觀照的是變法的實質內容，而覈吏治觀照的就屬程序面策略。

領導是給方向、激發自組織出力量的工作

歸納來說，根據「自組織為體、他組織為用」的管理觀，領導力的宏觀功能就是要用可見之手為組織變革「給方向」，而微觀功能就是要激發與誘導組織這隻無形之手「出力量」。其中「給方向」部分就是領導者戰略力的發揮（第九章〈戰略〉有完整闡釋）；而激發無形之手「出力量」部分，則是稍後要討論的微觀「領導力八策」的議題。

最小阻力、最大效益法則

組織變革的執行策略，就如同軍事作戰計畫的策定，遵守最小阻力與最大效益法則。因此，現代戰爭兩軍對壘時，很少採取全線進擊、正面對抗的戰術，而會選擇對方弱點作為突破口來發動攻勢。為了減少傷亡、發揮奇襲效果，往往也都會避免正面攻擊而採圍魏救趙的間接路線。

任何進入應變狀態的組織，它的各項業務與各個部門的變革必要性與迫切性，必然有所不同，所以為避免備多力分、局面失控，領導者必須區分輕重緩急。對於哪些部門應挑出來作為變革的突破口，哪些部門仍暫時維持守常態，必須預先作出評估與抉擇，然後再集中資源針對突破口攻堅，以期先馳得點、建立後續變革所需的灘頭堡。這其實是「慢變量帶領追隨者所走的路徑必然是一條阻力最小路徑」的自組織規律，也是一般討論協同理論的文獻，普遍忽略的一條重要潛在規則。

變革突破口案例：找一件可全員參與的事，把它做成功

第三章中提到的曼德拉 1995 傳奇，就是曼德拉根據他敏銳的洞察力，非常有智慧地利用世界盃大賽這個機緣，以「用勢不用力」的方式，成就了他化解種族對抗的突破性成果。曼德拉的策略完全符合上述協同論的潛在規則，以體育賽事這一條阻力最小的軟性間接路線，去拆解緊繃、敏感、盤根錯節的種族對抗這一炸彈的引信。曼德拉很幸運，原本充其量只是八強之一的跳羚隊，在他的感召下居然有如神助般過關斬將，奇蹟式的奪得當年的世界冠軍。因此，1995 年的世界盃大賽對全世界其他的球迷來說，只是一場精彩而刺激的年度大賽，但對不論黑白的南非人民來說，卻是一個撫平歷史傷口、找到未來希望的共同美好記憶。

一旦變革工作有了突破性的進展，接下來要做的就是利用分形論的自我複製原理，去不斷擴散這個成功的模式，達到「量變促成質變」的目的。這時領導者一方面要去排除任何可能阻擋或延滯這一擴散過程的障礙；另方面同樣重要的是，必須讓每一組織成員都能清楚看到階段性的宏觀整體成績與進展。唯有如此，領導者才能強化追隨者的變革信心，並進一步催化旁觀者參與變革的決心，使協同支配的效應擴散，使變革的陣容日益壯大[9]。

解凍階段的組織文化重建

最後，值得討論的是：組織文化的重建究竟應該放在解凍或回凍階段的問題。因緣成果的和合律決定組織存在的正當性，而價值觀是和合律的核心，它會從組織文化上具體反映出來。任何

9 曼德拉之後的南非十分不幸，因後繼者都沒有曼德拉的政治胸襟與能力繼續融合種族裂痕，結果使種族歧視出現負向翻轉，居於少數白人反成被迫害的對象。相信曼德拉如仍在世必然對此深感痛心。

重大的組織變革，必然涉及組織核心價值的反省與重新定義。寇特雖把組織文化的重建放在變革的最後一步來執行，但也有許多變革領導者，卻把組織文化，也就是組織核心價值的再造當作組織願景的一部分來訴求，使組織成員在變革發起點上，就能根據新價值觀來進行變革行動。許多事實證明，把價值觀重建直接放在解凍階段的作法，對於變革推動的速率與成效，往往具有事半功倍效果。本書第十章〈案例〉將再討論這個議題。

三、領導力的微觀作用

組織者人之積，人者心之器

人類組織具有「組織者人之積，人者心之器[10]」的特性，反映出組織成員的行為，決定於人們的態度與認知；而人們的態度與認知又會受到外來影響力而改變。所謂影響力（influence）是指「可使別人在思想或行為上，按照自己的意志去作為或不作為的能力」。法蘭戚與芮梵（French & Raven）把影響力視為廣義權力（power）的一種形式[11]。本書認為領導是運用各種影響力手段去改變組織個體成員行為的過程。鐵塊磁化過程是領導力的很好類比（圖 8.3 ）。領導者應把組織個體成員視為先天具有內在磁性

10 這句話修正自孫中山先生在《心理建設》一書中「國者人之積、人者心之器」的名言。

11 John French & Bertran Raven, 1959, The bases of social power. In D. Cartwright (ed.), Studies in social power (pp. 150-167). Ann Arbor, MI: Institute for Social Research. 至於五種權力基礎則是：法定職權（legitimate power）是來自職位與職務依法行使的權力；獎懲權（reward power）擁有資源可行使賞善罰惡的權力；專家權（expert power）因為知識即權力；參考權（reference power）因為別人願意以自己為榜樣來表現行為；強制權（coercive power）在高壓脅迫情形下使人就範。

的鐵原子，在群龍無首的時候：(1) 領導者起而扮演有明確指向的核心磁場，使失掉方向感的鐵原子，受到感應而自發地歸順並服膺領導者所指引的方向；(2) 這種效應一旦開始起作用，在正反饋效應下就會有越來越多的鐵原子自動加入核心磁力圈，導正自己的方向；(3) 這種歸順（alignment）作用由內而外擴散放大，最後就使整個鐵塊都被磁化成強力磁鐵，而領導者也就經由這種過程而將組織轉化成具有強大變革動能的系統。

鐵的磁化是微觀量變導致宏觀質變的自組織相變過程。這一過程可對應 MAO 公式所產生的作用：比喻中的個體鐵原子磁性對應組織成員先天擁有的企圖心與能力 (M×A)，而領導力則代表具有強勁磁感應力的外緣 (O) 因子，只要領導者洞察組織成員所具有的內因潛能，並針對這一內因發揮「系統之上小外緣因子」強而有力的感應作用，那麼在「陽起陰從」正反饋機制增強作用下，共生演化的長程關聯效應也將因而啟動，最後整個組織就變成「上下同欲」的強大磁力系統。

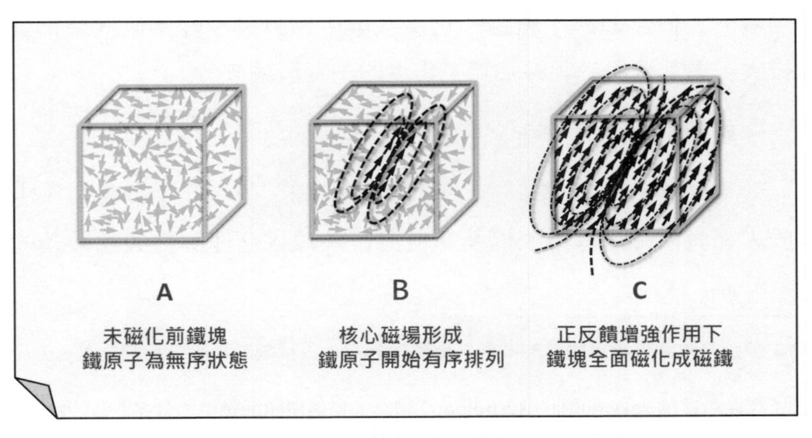

圖 8.3　鐵塊磁化過程核心磁場的作用—領導的影響力模型

領導力八策

以上說明反映出人類的認知與行為也是因緣成果的產物。由於內因 (M×A) 會受到外緣 (O) 的影響而改變，因此領導者這時就應充分發揮可見之手的外緣[12]對內因所可產生的「影響力」效應，來促成組織成員內因的質變，從而使成員們表現出領導者所期望的認知與行為的成果。本書根據這種認知，把組織成員的行為（亦即系統內因）作為現象變數；把對內因的改變具影響與決定作用的各種領導措施（亦即系統之上的小外緣）作為解釋變數，將現代心理學的相關理論歸納成八個大類，合稱領導力八策（亦可稱為影響力八策），用它們來解析微觀領導力的內涵。

以下利用「**行爲$_{\text{現象變數}}$＝ f（解釋變數）**」的函數關係，逐項說明領導力八策的基本假設、適用情境與方法，以及在應用上須注意的地方。

概念領導：認知論「行為＝ f（概念）」

這是以認知心理學為基礎，用概念作為個體行為與態度解釋變數的「概念領導」理論。它是八策中相對最年輕，但效果相對較大，尤其適用於領導知識工作者的一套理論。

■ 基本假設

「知是行的基礎」、「思想產生信仰、信仰產生力量」，由於人都有求知、解惑，以及為自己行為尋找合理解釋與意義[13]的

12 參照第六章張居正變法的案例，此處的外緣，更精確說是指「系統之上」的小外緣。

13 存在心理學（existential psychology）認為人類最原始的動機力量是「追求意義」的意志；協助人們經由自我探索找回生活目標（通過「意義治療」程序），因而創造與實現個人價值，就可使生命具有意義。

心理需求，因此領導者可利用概念啓發、認知點化、感受開悟等方式，來滿足組織成員的認知需求，並經由「能知就能行」的效應，使成員們表現出預期的行為。

■ 適用情境與方法

第一章提到人的行動力決定於當事人的企圖心 M 與能力 A，因此要利用認知元素讓一個人去表現我們所期望的行為，就須從改變當事人的企圖心與能力兩因子下手。

(1) 企圖心：如果當事人是因認識不足，覺得某件事不重要而不想去做，那麼領導者就須進行曉以利害的認知點化與說服工作，讓當事人知道這件事對個人以及組織的意義與重要性，以使其下定決心去實現它[14]。例如，曼德拉告訴跳羚隊長皮納爾要他打贏世界盃，使皮納爾意識到他不只要打贏一場球賽，他更背負了實現曼德拉縫合種族裂痕理想的重任。

如果企圖心不足是當事人認知上先入為主，因不喜歡而生排斥感；那麼領導者就須進行旁觀者清的感受開悟與勸說，使當事人擺脫刻板印象或冰釋誤會，進而重新詮釋自己的感受，以期對事物可因此改採開放與接納的態度。許多心理諮商工作的重點，就在提醒當事人去檢視自己觀察事物的前提假設是否有誤、認知是否出現「女兒可以、媳婦不可以」的雙重標準偏見。有時甚至必須刻意凸顯當事人看法上的矛盾，使其陷入認知失調（cognitive dissonance）

14 企圖心不足的改善所產生的是強化動機（empowering）作用。

狀態，然後再提示新的觀點，協助當事人走出失調，重新建構新的認知。

(2) 能力：如果當事人因為見識不足、眼界太低，或洞察力不足，以致面對混沌情勢而方寸大亂，束手無策；那麼領導者就須發揮概念領導的功能，根據「了解全局、洞察趨勢、把握重點」的原則，為這些人指引發展方向、勾勒願景藍圖，並帶領他（她）們走出危機，完成變革。許多創業垂統或中興再造的領袖，就都具有這種「先知覺後知、先覺覺後覺」的能力與特質。

如果能力不足，不是看不清「該做什麼（what to do）」，而是不知道「該怎麼做（how to do）」，由於這時欠缺的是專業知能（know-how），因此領導者就須發動組織學習，使每一個人都學會必要的知能來參與變革[15]。例如，獨佔市場的國營事業轉型為開放競爭市場的企業體時，遭遇的首要課題就是如何使組織成員在認知與心態上，從生產／供給導向轉變為市場／需求導向，這時領導者就須安排各種學習課程與實作機會，來提升與服務客戶有關的知能，為組織變革奠定成功的基礎。例如：第十章〈案例〉中華電信的「全員行銷」。

■ **應用上須注意事項：**

(1) 用認知來領導是一種「誰講的有道理就聽誰」以理服人的領導技巧，所以領導者必須避免用「官大學問大」職位壓人的高姿態，將自己的想法強迫灌輸給組織成員。因為這

15 能力不足的改善所產生的是強化能力（enabling）作用。

種做法違背認知論的基本原則，會產生不利的反效果。

(2) 運用這套方法前，須先確認雙方都抱持願意經由溝通來解決問題的開放態度，在許多諸如勞資談判、衝突斡旋等場合，都須以這種條件作為前提。

(3) 領導者良好的溝通技巧是另一必要前提。特別要避免過猶不及（施加壓力過大或不足），致使對方認知狀態發生巨變論中的逆轉性突變（例如，認知從恐懼轉為憤怒，致使氣氛從合作轉為對抗）；另方面，由於認知效應的產生有時會出現潛伏期，因此往往不能操之過急。

(4) 在訊息傳達上，可按照議題性質，將小眾人際互動與大眾媒體傳播兩種方式相輔相成、交互運用。

(5) 概念不是決定行為的唯一解釋變數。因緣成果原理告訴我們，人的外顯行為並不完全由內因所決定，常會受到「系統之外」的大外緣（社會常模）因子干擾而發生反轉。所以領導者為達成改變個體成員態度與行為的目標，通常都不能只用認知的單味「偏方」，而須採用多管齊下的「複方」（搭配領導力其他七策），以收配套互補的效果。

參與領導：參與論「行為＝f（群體認同／歸屬）」

這是一套以組織成員對團體的認同度與歸屬感作為行為解釋變數的「參與領導」理論。這套理論至少有三個源頭：(1)1940 年代以盧文為鼻祖，研究人際互動現象的群體動力學；(2) 馬斯洛（Abraham Maslow）於 1954 年提出的需求層級理論，說明人類除了有維持生存的生理需求外，也有維持群體關係以追求心理成長與發展的需求；(3) 萌芽於 19 世紀末，發展於二戰與東西方冷戰期間，後來受到 1960 年代美國校園民主、反越戰、黑人民權等社會運動影響，又再度勃興的群眾心理學研究。

■ 基本假設

(1) 人類天生就有結群的本能需求：人們通過人際互動和參與團體活動，來滿足社群歸屬感、人生價值與自我實現等多方面的心理需求。

(2) 人除了認知與概念外，外顯行為也受到情感、情緒，以及社會常模的支配。從巨變論的觀點看，認知與概念當作人類外顯行為的正則因子時，上述的其他因子就是會產生干擾作用的分歧因子。

(3) 人在群體互動環境下所表現的行為，與個體獨處情形下的表現並不相同。群體的認知、價值觀與情緒有「趨同效應（convergence effect）」，因此群體對個體行為會發生促進或抑制作用。網路集體霸凌是這方面的負面案例。而倪布爾所提醒「群體理性低於個人理性」的悖論現象也是在這一背景下產生。

(4) 群體內出現事實認定與價值判斷的衝突是自然現象；保持開放態度、尊重多元價值觀，並開誠布公交換資訊，是解決問題的最佳方法。

■ 適用情境與方法

從方法學角度看，參與論與建構教學法可相互對照。建構教學為提高學習效果，強調三個重點：問題導向、自主學習、協同合作。參與論也具有這三個特徵，並引發以下效應：

(1) 宣洩（catharsis）效應：當組織出現認知、價值與情緒衝突時，讓利害關係團體共同參與，以便表達、聆聽、交換與折衝彼此不同的觀點和感受，是化解衝突的有效方法。開放參與討論的機會，代表對個體自主性的尊重，個體可因此滿足組織歸屬感，並使鬱結情緒獲得發抒與宣洩。

(2) 群體動力（group dynamics）效應：「上下同欲」是領導力的重要檢驗指標。若要上下一心，領導者必須觀照三個面向：(a) 要使組織核心價值與願景，凝聚成眾議咸同的共識；(b) 帶人要帶心，關切並解決個體成員的情緒問題，避免出現成員對組織的疏離感；(c) 對於組織內部的各種衝突必須能有效化解。由於人的價值觀、態度與外顯行為，大多是通過群體過程而形成，因此要妥處上述問題，領導者必須善用群體動力效應。教育領域的建構教學法、心理學領域的團體治療法、乃至企業與行政管理領域的專案工作圈，它們的共同作法都是組成學習小組，利用特定的問題情境，促使參與者以協同合作的方式，去發展解決問題的能力。一旦參與者培養出解決問題的團隊精神，成員的認知就會出現改變，對問題也會因此形成新的定義並發展出新的對策。這種群體動力效應還可產生從情緒到行為的感染力，帶動坐言起行的集體行動。

(3) 認同（identification）作用：每一組織成員都是具有自主性的個體，領導者必須使成員自發認同組織核心價值。參與群體互動是消除成員疏離感，強化歸屬感的重要催化機制；而激發成員對組織的認同感是這一過程的目標——宗教聚會的群體過程就有這種效果。認同作用是一種自我發展機制，它使成員因自己的認知和價值觀與組織一致，甚至會自發地站出來以組織理念的代言人自居，主動為組織辯護。成員對參與過程所獲得的結論，通常也會產生「心理契約」效應，將這些結論視為自己必須接受與遵守的共識。認同作用一旦在群體中發酵，組織就會表現出完全不同的整體行為。對於這一現象，盧文便說：「群體不是個體的簡單集合，而是一個整體性的動力系統，系統中某一部分的變化都會帶動其他部分一起發生變化。」

■ **應用上須注意事項**

(1) 以參與方式處理組織內部多元價值的衝突，符合民主精神；而決策過程的參與，使每個人都可成為有價值的貢獻者，也有助組織內聚力的形成。不過，在首長制的組織內，一旦出現見仁見智的價值衝突時，領導者仍須有自己的主見，以便在各方意見僵持不下時，能夠作出必要決斷。領導者必須體認「成遠算者不恤近怨、任大事者不顧細謹」的道理，設法與利害關係人說明自己的決策考量，尋求對方的諒解。領導者必須避免為企圖討好所有的人，而使自己陷入父子騎驢、搖擺不定的窘境。事實上，想討好所有人的企圖，到最後討好不到任何人。

(2) 群體參與過程有必須遵循的基本原則：組織成員必須培養互信，才能充分分享資訊（各自的意見與感受）；在尚未形成共識前，不同的意見必須維持開放的態度，組織成員也不應存在必須服從眾議的壓力。換句話說，群體過程潛藏許多陷阱，處理不慎很容易出現反效果。例如，趨同效應引發的群體認同作用，有時在同儕壓力下質變成自我防衛機制，使得組織成員在尚未形成自己真正的看法前，就過早順從或屈從眾議，結果使組織落入「集體失智」的陷阱，成為沒有思考與反省能力的一言堂。

(3) 群體過程最大的風險是當群體變成人多勢眾的群眾時，所產生難以掌控的群眾效應。群眾心理學告訴我們：個體加入群眾後，在匿名、感染、暗示與模仿等作用影響下，往往出現個性與意識人格弱化、理性與責任感泯滅，以及聽命本能支配等現象；甚至在衝動、激情與假性安全感麻醉下，很容易進入集體歇斯底里狀態。這時一句簡單的煽動性口號就會如同「宗教信仰」般征服群眾，使每人都以這一「信仰」傳播者與衛道者自居，任何相反意見都被視為不正義，都是必須打倒與消滅的敵我矛盾。在極端情形下，這些累積的群眾能量，只要稍加煽動，就可能爆發成為自以為代表正義的大規模群眾行動。公民活動變質成法西斯式民粹，經歷的就是這種負面的群眾效應過程。許多激烈社會／政治運動，以及網路集體霸凌現象，都可從這個觀點來理解。

歸納來說，參與式的群體過程必須避免出現以下幾種現象：(a) 喪失理性思考與反省能力，只有情緒性「刺激－反應」的負面群眾效應；(b) 使趨同效應過早變成同儕壓力，以致認同作用的正向自我成長功能，反而質變成為固步自封、負向的群體自我防禦行為，落入「集體失智」的陷阱；(c) 群體的匿名效應，具有使個體突破慣性行為的作用，但不應使它成為因「罪不罰眾」而出現負面的極端激化行為。因此，領導者對於群體動力效應的用與不用，必須要有「知黑守白」、「有所為、有所不為」的警惕與體認，在異議與共識、多元化與統一性間拿捏必要的平衡性。

誘因領導：制約論「行為＝f（預期後果）」

這是以古典生物性制約論為源頭，以人們對預期後果的追求或規避當作行為解釋變數，也就是以「胡蘿蔔與鞭子」為代表的一套「誘因領導」理論。管理領域裡的目標管理與考成制度就是依據這一誘因理論，以獎懲作為反饋控制（feedback control）機制，來達成預設目標的一套管理制度。

■ **基本假設**

(1) 行為是後果的函數：行為者表現某特定行為或某種特定績效後，如獲得正面回應，就會激勵與增強該行為繼續出現的機率；反之，如得到負面回應，則會減弱與抑制該行為的出現機率。

(2) 正向回應稱為增強誘因，負向回應稱為抑制誘因，兩者都須在行為出現後立即實施，以建立行為與後果間清晰的關聯性，否則行為者就會發生認知上的混淆——不知為何受賞或受罰。

■ **適用情境與方法**

(1) 誘因領導應用上通常都與「反饋控制」的考成措施相結合，因此領導者必須：(a) 定義什麼是成員被預期的行為；(b) 設定具體指標來衡量這一預期行為是否已經發生；(c) 提供具有行為增強或抑制作用的誘因措施。

(2) 誘因領導不僅可作為「目標管理」的基礎，也可作為「手段管理」的依據。目標管理是以績效為標的，凡達成績效的行為均予獎勵；而手段管理則以行為的本身作為標的，只要表現出該特定行為，不論實際達成的效果為何，都可獲得獎勵。不論以目標或手段作為管理標的，領導者都須建立「標的－誘因」間的明確關聯性。「徙木立信」的故事可視為手段管理的佳例，商鞅用這一案例作示範，向秦國民眾傳達「遵守法令就有獎賞」的變法決心。

(3) 領導者必須了解具有獎勵作用的誘因措施，並不限於記功嘉獎、公開表揚、頒發獎金、休假獎勵、優先升遷等刻板模式。個體成員表現了領導者所預期的行為後，當事人在意的有時只是關注的眼神或口頭的肯定，因此領導者必須善用各種廣義的正面誘因措施，來向行為者表達肯定、嘉許與感激。方式包括：邀請共進午餐、指定列席重要會議、優先選派受訓、享有更大的授權幅度、給予隨時可見到自己的優先權，或者讓更上層長官（亦即領導者的上司）知道當事人的事蹟等舉動。領導者也可善用誘因論中「高機率行為可作為低機率行為增強劑」的概念，例如：把同意學童打球作為寫完作業的獎勵，使學童為了能夠儘快去打球，而努力寫作業。

(4) 領導者除利用上述各種外在報酬（external reward）誘因外，還應懂得如何運用具有自我增強作用的內在報酬（intrinsic reward）效應，作為行為者的行動誘因。內在報酬效應屬於馬斯洛理論中最高層次「自我實現」需求的滿足，行為者這時的心態已超脫於外在評價或世俗名韁利鎖之外，在意的只是自我存在價值的實現或超越。要應用這種效應，領導者可根據「工作績效資訊反饋的是最好激勵因子」的道理，將行為者所達成的績效適時反饋，使當事人知道自己的努力已產生值得自我肯定的成果。現代社會由於分工綿密，以致個別成員無法直接看到自己對整體系統績效的貢獻，因此提供這種反饋資訊，往往就足以成為行為者繼續奉獻心力的驅動力量。

■ 應用上須注意事項

(1) 多鼓勵、少懲罰：在應用誘因領導策略時，一般都會提醒多用獎勵，少用懲罰。因為懲罰性的抑制因子通常只會使不受歡迎的行為被暫時隱藏或掩飾，而不容易真正消失；一旦抑制因子移除，往往又會故態復萌。相對來說，獎勵性誘因較能培養出長期穩定的新行為。

(2) 激勵因子退化為保健因子現象：物質性外在報酬（例如績效獎金）的激勵作用往往有效用遞減現象，尤其當外在報酬演變成例行獎勵後，當事人就會將它視為自己正常所得的一部分，使原本用來提升績效的激勵因子，退化成只能維持既有績效的保健因子，亦即一旦停止給與這一報酬，工作績效還會下跌到既有水準以下。這時除非進一步提高外在報酬的強度，否則它的激勵作用就會完全喪失。這是過分依賴外在報酬作為激勵因子，難免出現的一種後遺症。相對來說，善用具有自我增強作用的內在報酬效應，就是一種「惠而不費」且又沒有後遺症的激勵措施。

(3) 社會交易（social exchange）觀點：外在報酬具有激勵工作績效的效果，也可用社會交易的觀點來理解。社會交易論告訴我們：行為者所付出的代價，與考核者所給與的報酬，兩者必須具有一定的對價關係，交易才能成立；如果代價與報酬不成比例，但交易仍然成立的話，往往代表行為者與考核者間存在無可選擇的不對稱依賴關係。例如壟斷市場中的獨買或獨賣關係。因為經營者是員工績效的獨買者，所以早期的資本家就利用這一關係，剝削員工的勞動價值，後來勞工意識勃興，勞資雙方歷經長期的激烈對抗後，終於學習到達成雙贏才是大家應該追求的目標，使代價與報酬維持對稱與平衡才是王道。這也是領導者運用外在報酬作為激勵因子時，必須銘記在心的道理。

期許領導：期許論「行為＝f（他人的期許）」

這是以 1930 年代喬治・梅佑（George Mayo）發現的霍桑效應、馬斯洛的自我實現需求理論，以及麻省理工心理學教授麥格瑞果（Douglas McGregor）[16] 於 1960 年代所提出的 Y 理論等人本管理學派的概念為基礎，以人的自尊與自我實現意識的覺醒，作為行為解釋變數的「期許領導」論。

■ 基本假設

(1) 每個人都有被再開發的潛能，亦即每個人達到自認的最佳表現後，通常還有再往上進步的空間。

(2) 要使人們發揮這種「從 A 到 A^+」的潛能，必先喚醒當事人的自我意識與追求自我成就感的企圖心，接著通過外在期許內化為自我實現甚至自我超越[17] 的內在期許過程，使行為者表現出別人所期望的外顯成績。

(3) 期許論認為人會按照別人的預期來表現自己的行為，亦即「我就是你所期望的我」的現象，心理學把這種現象稱為

---

16 1960 年代麻省理工的麥格瑞果（Douglas McGregor）教授，針對當時西方管理顯學——也就是泰勒（Frederick Taylor）從 1910 年代倡導的科學管理理論——提出反思；他以 X 理論與 Y 理論相互對照方式，突顯科學管理過於把人「物化」的偏失，強調人性化管理的重要性，從而成為西方人本管理思想的濫觴之一。不過，麥格瑞果雖把人從機械典範的泰勒管理理論中解放出來，但是西方的組織理論卻始終擺脫不了機械典範的束縛，本書根據人類組織的自組織特性，演繹出「自組織為體、他組織為用」的理論，還原人類組織所具有的演化生命力。

17 存在心理學根據追求生命意義的概念，主張人們不應侷限於馬斯洛的自我實現，更應以追求「自我超越」作為終極目標。

比馬龍（Pygmalion）效應。例如，被看好的人通常都會引發當事人不辜負別人期望的情緒，因而盡力表現佳績，來獲得被別人肯定以及自我實現的滿足感；而被看壞的人往往就容易自暴自棄、自卑退縮、難以自拔。

■ 適用情境與方法

(1) 相對於概念啓發與誘因制約，期許是相對軟性的方法。期許是一種細膩而含蓄的人際過程，它往往以盡在不言中的方式來傳達，例如：不期然流露的關愛眼神、不經意的肢體語言、無條件的付出與相挺等。因此期許的傳達透過當事人的感受，會比經由明示告知更有效。特別是當事人在事後因反思而體會、領悟，進而引發知遇圖報之心，這時產生的效果最大。

(2) 期許論與前述其他理論的差異：參與論是經由群體互動所引發的社會歸屬感與認同感中，來獲得安全感與自尊心的滿足；而認知論屬於「知性」概念的灌輸與塑造，制約論屬於「理性」行為誘因的吸引與驅使；至於期許論則是「感性」自我意識的啓迪與覺醒。期許論是通過單方向、間接的軟性輸入，來感召與覺醒當事人的自我意識，進而使其在不可辜負別人期望的決心下，奮力達成目標。南非跳羚隊隊長皮納爾受到曼德拉的付託，要用跳羚隊奪得世界盃冠軍的成果，作為南非黑白種族融合的里程碑，最後他率領球隊奇蹟般達成了這個幾乎不可能的使命，可說是期許作用的極致案例。劉備白帝城托孤，使「一對足千秋」的諸葛亮，以「兩表酬三顧」的方式全力輔佐阿斗，來報答劉備的知遇之恩，也屬期許論的歷史著例[18]。

(3) 從期許論觀點看，曹操的「望梅止渴」也是個有趣案例。它啓動以下心理機制：(a) 提出引發大家渴望的遠景（不遠處的梅林），並利用這個預告，先在心理上轉移部眾的短期焦慮，並在生理上使部眾因「心想梅子、口生唾液」而實質地解除部分渴意；(b) 期許大家都具備能夠堅持到底的意志力，來催化部眾「再忍耐一下、痛苦就會結束」的自我暗示與催眠作用，使每個人都勉強自己苦撐下去，結果就真的到達了曹操要大家去的目的地。望梅止渴效應也可用來說明醫療上「寬心劑或安慰劑（placebo）」的作用，意思是：在病人不知情的情形下，醫師雖開出不具實際療效的中性處方，但因病人相信自己正在接受妥善治療而懷抱希望與信心，結果在本身免疫系統作用下痊癒。

(4) 期許論也可反向操作變成激將法。人們對於別人的負面預期，有時會逆轉變成當事人發憤圖強、贏回顏面的鬥志與動力來源。所以要一個人去做某件事，有時可反其道而行，讓當事人知道別人都認為他（她）毫無機會，結果當事人為了賭一口氣，反而做到了別人要他（她）做的事。三國演義中的群英會，諸葛亮舌戰東吳群儒時公然宣稱：面對曹操壓境大軍，孫權絕無膽量與魄力挺身與曹軍決一死戰！愛面子的孫權受到諸葛亮激將，再也無法猶豫逃避，不得不作出願與劉備合作共抗曹操的決定。不過，使用激將法必須注意對象的人格特質——如果對象具有不服輸的個性，這一招就管用；但如果對象的自我意識薄弱且

18 「兩表酬三顧、一對足千秋」是四川成都武侯祠的門聯。兩表是前後出師表，一對則指隆中對。

毫無自信，這一招就可能適得其反，使得當事人從此自暴自棄，極端情形下，還可能因此憂鬱難解而走上絕路，不可不慎。

激將與自我期許　筆者當年在馬祖服預官役的後期，奉命負責開鑿一條可存放戰車的U字型坑道，但因地形關係所選定的兩頭出口一高一低。由於筆者唸書時參加過成功大學的測量隊，還當過小隊長，因此對這百來公尺的「立體坑道」工程，自認有一定把握。但從筆者到現場打三角樁放樣開始，帶隊施工的工兵連老士官長，就對我這個看來毫無經驗的年輕少尉一直很不放心，害怕會連累他做虛工。後來在坑道施工面從兩頭逐漸向中央推進的過程中，士官長每次見到筆者就會比個類似太極拳的抱球式，並說他老感覺兩頭一高一低會無法銜接。為了不讓他繼續碎碎唸，筆者就撂下「打不通，我就不退伍」的話，並請工兵連弟兄作見證。結果，在離退伍還有個把月的一個下午，傳來了坑道打通的消息。筆者立刻衝入充滿爆破煙塵的坑道內，一眼就看見位在新開炸面上方出現了一個破口，而對向的照明燈正巧有一道光線從洞口穿過煙塵，形成一道光柱投射下來。看到這一至今難忘的畫面，當時不禁渾身泛起雞皮疙瘩，耳邊彷彿響起「哈利路亞」的歌聲。回想起來，誇下「不退伍」豪語是被人激將下，年輕氣盛的一種反應，但也可將這一公開宣示轉化爲自我期許。事實上，實現自我期許所帶來的興奮，遠高於確定自己可退伍的喜悅。每次與學生們分享這一經驗[19]時，筆者都會把它稱作是，除了運用「三三三」策略考上高考外，自己年輕時的另一次高峰經驗。

19 這一經驗還有個不為人知的驚險面：坑道打到一半，難度日漸升高時，從隔壁大砲部隊借來的經緯儀因故被收了回去，結果只好勉強用自己部隊僅有的量角

(5) 期許論也是管理學「工作豐富化運動」的理論基礎，它的核心是「因為我相信你做得到，所以就放手讓你去做」的授權精神。在提供必要配套條件下，根據這種理念所作的任務分派與組織分工，與傳統單調的功能分工相比較，往往可使人們獲得更高的工作滿足感，而工作效率與品質也可因此提升。期許論對於弱勢族群教育也有特殊意義：首先要讓他（她）們知道沒有人是完美的，因而無需自卑；其次要使他（她）們相信只要發掘自己長處，並盡力把它們發揮出來，那就是生命的意義與價值；其三再培養他（她）們坐言起行的自信心。一旦這些條件都俱足後，期許論就會在他（她）們身上開始發生作用。

歸納來說，期許論可應用於個人、團隊、組織層次，也可與個人自我期許與自我實現的企圖心結合。領導者如能體認期許論的精髓，強化自己的角色技巧，了解自己的角色對別人行為改變所可造成的影響，那麼就可發展出一套「期許領導」的個人風格。

■ 應用上須注意事項

(1) 外在期許往往是以意在言外的方式傳達，因此雙方認知與預期必須要能一致。例如，期望者過於鼓勵出人頭地，有時會造成行為者以不擇手段的方式揣摩上意、爭名奪利。為避免出現這種認知的落差，對於重大任務的推動，領導者就應該明確地宣示所要達成目標的內涵，乃至達成這一目標所應遵循的行為準則，而不應讓大家去揣摩與猜測自己的意思。

儀（只能測角度不能測距離）來繼續施工。所幸自己的測量學還夠用，就根據「有啥打啥」的精神把結果硬拚出來。否則士官長的太極拳抱球式（代表坑道兩頭接不上頭）就可能成真。

(2) 不論是暗示或明示的期許水準，對行為者來說都必須要有實現的可能性，不可偏離現實太遠。例如只能挑 30 斤擔子的人，就不能期望他（她）去挑 100 斤。因此期許者必須先預估行為者潛力的上限，否則就會使當事人覺得不可行而根本放棄嘗試的念頭（資訊超載下的放棄行為也可作此解釋）；或者在嘗試之後，因無法承受失敗的挫折，從此喪失自信，變得絕望。

(3) 應用期許論去影響別人的行為，首先必須拋棄對當事人的成見與刻板印象；其次則要耐心等待期許作用的微妙發酵過程。跳羚隊的故事是個好例子：曼德拉首先拋開成見，請皮納爾這個白人隊長來開啓自己「黑白一家」的新頁，並要求跳羚隊向黑人學童推廣橄欖球運動，接下來就耐心等待世界盃足球賽的來臨。領導者必須了解，期許是文火慢燉才能產生效應的一種影響策略。

(4) 期許行為面面觀：以「恩怨盡時方論定，封疆危日見才難[20]」的張居正為例：作為明神宗的老師，張居正善盡太傅之職，從小就期許與訓練神宗要當聖君明主。年幼的明神宗在這一違背他本性的期許壓力下，不得不戴上偽裝順從的假面具，等張居正病故後，神宗就對他展開撤爵、抄家等極為病態的報復行動，直到明熹宗時才予平反。再以「教育虎媽媽」為例，她們竭盡心力培養下一代，力求子女從小就出人頭地，結果固然有許多媽媽如願以償，但也有許多成了張居正與明神宗間不幸關係的翻版。問題的真正關鍵在於：虎媽們應辨明「小孩的成功究竟是為了滿足

20 這是張居正位在湖北江陵故居的一對門聯。

自己生了個好小孩的虛榮？」還是「為了使自己所創造的一個生命，能夠成就他（她）的生命意義？」簡單說，就是要搞清楚成就的期許，究竟是為自己？還是為對方？

標竿領導：模仿論「行為＝f（標竿行為）」

這是以個體行為社會化以及兒童學習心理學等理論為基礎，將具有樣板作用的標竿行為作為解釋變數的一套「標竿領導」理論。傳統儒家思想中的見賢思齊、以身作則等概念，都屬於模仿論的古典版。

■ 基本假設

(1) 人們有觀察別人行為，從而表現出同樣行為的習性。模仿學習的發生首須提供模仿的樣板，並須使模仿者注意到樣板的存在。而模仿者開始複製樣板行為後，還可加入增強誘因，使模仿者維持新習得的行為。

(2) 模仿學習可只根據直接觀察的印象，不經練習、不需外來誘因，完全在無意識情形下完成。通常越新奇的行為，越容易成為模仿樣板，例如特殊的手勢、表情、用語、走姿，甚至推理習慣等。而直接模仿也是孩童成長過程的最主要學習模式。

(3) 模仿不是單純的抄襲或複製，個體可將模仿對象所代表的概念、風格、價值觀作為學習對象。這種抽象的參照學習，不必然全盤照單全收，往往會滲雜個人風格的選擇與修正。在青少年自我意識覺醒與人格形成過程中，所尋找的人格典範（role model）也不必然是具體、特定的人物，可能只是一組抽象意念的綜合體。例如，傳統知識分子就將「以道立身、以儒處世、以法治事」作為自己不同面向行為的典範，這種抽象模仿，根據的也許僅是學習者「想當然爾」的推論，不見得有可供直接觀察的具體數據或對象。以上現象都是每個人社會化學習過程的主要特徵。

■ **適用情境與方法**

(1) 領導者必須提出可供成員學習與模仿的標竿與樣板，以作為彼此溝通的具體對象。為了避免認知上出現落差，領導者必須讓成員於事前知道所要學習的究竟是某種具體行為的模仿，或只是某種抽象精神的發揚。對表現這種行為或發揚這種精神的單位或個人可給予適當表揚，以擴散見賢思齊的效應。

(2) 標竿學習最有效的方式是找標竿本人來現身說法，讓模仿者親炙標竿的風采、直接與標竿對話，使模仿者根據自己第一手的觀察，來體認典範行為並非遙不可及，而是有可能達成的目標。如果模仿學習的內涵屬於抽象的概念，這時可找具有社會聲望的人士來精神講話，宣揚這一概念；或利用偶像的光環效應，發揮參考的作用，加深模仿者的印象。此外，表現優異的異質團隊也可用來作為相互參考、競爭與模仿的對象。例如生產部門向行銷部門學習服務的概念，行銷部門向生產部門學習效率化工作方法，有時可用工作輪調的方式，來達成這種觀摩學習效果。

(3) 領導者本身通常是標竿學習的被檢驗對象。每當領導者提出任何標竿學習要求時，組織成員必然會用這一標竿來檢驗領導者的行為，如果領導者不能通過這一檢驗，那麼他（她）所推動的標竿學習，就將立即喪失在組織成員心目中的價值與意義。受人尊敬的領導者，必然都是「先要求自己、再要求別人」：亦即自己須先創下有難度的空中三翻滾紀錄，再回頭要求別人做二翻滾的動作。組織學習課程所找的講師也須慎選，因為講師與學員間會出現師徒關係的心理狀態，學習者也會將課程內容投射到講師身上去檢驗，如果講師本身在學員心目中不具有說服力，學員就會立即失去學習興趣。

■ 應用上須注意事項

(1) 模仿論主要是一種先從外在行為學習下手，再求內化為認知與信念的一套學習理論。前面提到的認知論則是從內在觀念的改變下手，然後再求表現為外在績效的一套過程。所以經由模仿所學得的外在行為，在尚未內化成內在認知前，模仿者可能出現行為與認知表裡不一的狀況。如模仿的目的只是追求短期績效，那麼只要模仿者能夠表現出期望中的行為，目的就算達成。但如模仿的內容涉及抽象概念的認知，模仿者就不免出現認知失調現象，這時就須搭配與概念領導等配套措施，來解決這一問題。

(2) 模仿行為也可能並非出於主動認同，而是出於自衛防禦的假同化現象。例如學童霸凌事件中，被霸凌者可能為免除被攻擊而模仿霸凌者的行為模式；或者在專制社會中，成員模仿標竿行為往往只是為了藉此代表順從效忠，以避免被迫害[21]。這些都可能使模仿變成一種失去本意的表象。另方面過度的示範也可能引發反效果，例如在父母有形無形的示範壓力下，有時反而會引發子女心理或態度上對父母價值觀的抗拒。這些都是在應用標竿學習時，必須注意的基本常識。

強制領導：壓力論「行為＝f（外來壓力）」

這是以機關法定職權，或運用其他強制力量來改變別人行為的壓力或脅迫理論作基礎，把外來壓力當作行為解釋變數的一套「強制領導」理論。所謂強制領導是迫使別人在不得不服從情形下達成目的，而不是以改變人的行為作為目標的一種領導策略。

■ 基本假設

凡是「使別人在一個無法脫身的情境中，表現出符合自己要求的行為」就稱為強制行為。因此強制行為不必涉及明示的暴力、威脅與恐嚇等手段，只要是利用職權直接下達指令，或使用法令規章、道德壓力使人就範，都屬強制行為。

製造「使人無法脫身」的情境是行使強制權的基本條件。例如：民意代表要同僚連署某個有爭議的法案，就利用大家聚在休息室的機會，要助理把大門一關，然後親自拿著連署書請在場代表簽字。如有人企圖尿遁，當事人就盯著對方說「簽了名再走，好嗎？」想離場的人除非認為得罪當事人沒關係，否則就可能在考量後果的壓力下就範。不過，這種「使人不能脫身」的情境並不必須有上述「準綁架」的行為，它可能只是一種無形的拘束力量。前面提過「你是老闆！」的情境，反映的就是自己無法擺脫組織倫理規範的事實。再如，對於許多決策或行為，人們為了怕產生罪惡感（不順從代表放棄）、怕使人失望（不順從代表背叛）、沒有其他選擇（封建社會貞婦有必須守節的禮教）等情形，而不得不在「外慚清議、內疚神明」的無形壓力下表現出順從的行為。

---

21 政治學者漢娜 · 鄂蘭（Hannah Arendt）發現這種自我防禦假同化有時會導致「平庸的邪惡」行為。

■ 適用情境與方法

(1) 行使上對下的法定職權是強制權最經常出現的形式。這是在常態下領導者為了提高工作效率與維繫組織紀律，必須採用的管理手段。因為領導者不應也不必為了日常的例行性指令，去運用前述認知、參與、期許、模仿等策略，耗費大量時間去爭取成員的同意與認可。此外，當組織變革意願低落、抗變阻力強大、勸說溝通無效，而變革時機又非常急迫時，領導者就會被迫利用強制權來帶領組織跨越臨界門檻，完成系統相變。這時領導者手中任免權、獎懲權與資源分配權，是遂行強制領導的重要配套手段。

(2) 發動於基層由下而上的社會異議與改革運動，也常採用各種不同強制手段，來表達意見與爭取權益。例如靜坐、示威、罷工、群眾遊行等，都是以造成對方困擾、不便，作為強迫對方回應的手段，性質上也屬強制脅迫行為的範疇。這時要避免暴力相向，以致引發以暴制暴的風險。

■ 應用上須注意事項

(1) 不論是領導者的強制或下對上的施壓，都具有改變對方行為的效果，但也都有它的極限。一方面這種強制權或壓力的施加，雙方一定要有適當的角色關係，否則會招致強大的阻力與反感；另方面一旦這種強迫力量難以為繼時，它立刻就會失效。因為強制或脅迫無法用來真正改變別人的內在認知，也無法使人心悅誠服。

(2) 對涉及成員權益的重大議題，領導者應儘可能以取得大家諒解與共識的方式，來確立對策。但當理性溝通已經盡力，而各種衡平措施也已充分納入後，仍然無法獲得少數人接受時，如何妥適運用強制權？領導者就須作出裁量。

(3) 對於領導群眾運動或基層集體抗爭的人來說，除非存心革命造反，否則必須思考以下問題：如何在個人良知基礎上運用這一手段，來促成社會真正的進步？如何在合法、合理、合情的架構下，運用群體能量來表達異議？

外緣領導：環境論「行為＝f（環境條件）」

這是以 1930 到 40 年代霍桑實驗、完形論與場域論，再結合 1970 年代的社會－技術系統（socio-technical system）理論、組織再造論，以及微觀的人因工程等作為基礎，以外在環境條件當作行為解釋變數的一套「外緣領導」理論。古代的孟母三遷就與這套理論的精神相通。

■ 基本假設

本理論假設工作環境是個體行為的決定因子，所以改變工作環境，就可改變人們的行為與態度。至於所謂工作環境包括：具體的生產、營業、辦公環境（含所採用的科技系統）以及抽象的工作內涵、職權與責任劃分、組織結構與工作流程，甚至工作同僚的選擇與組成等因素。

■ 適用情境與方法

工作環境的改善與工作流程的再造，會帶動工作方式與內涵的改變，也會因此而改變組織成員的工作滿足感與成就感，並進而影響生產力與工作品質。所以領導者必須致力於各項「外緣」條件的改善，使員工在達成組織績效目標的過程中，還可同時滿足他（她）們個人的工作成就感，以及改善生活品質的目標。

■ 應用時須注意事項

(1) 理論的質疑：快樂的工作者是否等於最有效率的工作者？一般認為這一理論在應用上必須搭配其他管理措施（例如績效考成制度），才能發揮它的效益。管理者採用外緣領導時必須了解：工作環境改變所引起的行為改變，需要經過時間發酵才能產生結果，尤其是工作方法與工作流程改變初期，在學習曲線尚未爬升到達頂點之前，組織的生產力反而可能降低。

(2) 理念的質疑：生產效率是否為組織管理所應追求的最終目標？對於知識工作者來說，他（她）們的貢獻在於創意，理論上就不能以刻板的傳統效率如 KPI 等指標來衡量。因此，許多以創意為核心價值的高科技公司，就以提供最大自由度與自主性的工作環境，作為管理的第一要務。

綜合領導：綜效論「行為＝ $f(X_{i\,(i=1\sim7)})$」（X_i= 前七套理論）

從因緣成果觀點看，微觀領導力是管理者通過對人們認知與行為具有決定性影響力的因素，來間接改變人類認知與行為的一門人際關係學。前述領導力七策是把各種相關因緣因子，拆開當作獨立自變量的「分析」式處方，所以在效果上難免成為各有所長的「偏方」，見表 8.1。

第一章提到，分析只是為了學習的方便，綜合才是實際運用的常態，因此本書的微觀領導力第八策沒有特定的內涵，只是前七策的綜合運用。因為複雜的問題，唯有辨證論治，開出「君臣佐使」配伍得當、因案制宜的「複方」，才能有效解決。第八套「綜合領導」的綜效函數展開如下：

表 8.1 微觀領導力八策的歸納

策略	基本假設	適用情境與策略	注意事項
概念領導（認知論）	•知是行之始 •能知便能行	•轉意願：啟發、勸說 •增能力：訓練、學習	•屬專家權運用 •勿夾帶職權與強制權
參與領導（參與論）	•以群體過程提升認同感，發揮趨同效應	•開放參與、群體動力過程，誘發認同作用/心理契約	•需價值衝突化解機制 •避免成為集體失智的一言堂
誘因領導（制約論）	•後果決定行為 •以獎懲為誘因 •因緣果報效應	•考成系統、目標管理 •善用內在報酬、誘發自我激勵	•多用獎勵、少用懲罰 •激勵因子可能退化成保健因子
期許領導（期許論）	•我就是你所預期的我 •人都有再突破精進的空間	•經由外在期許轉化為內發自我實現 •可反向操作成為激將法，但要視對象而用	•期許水準須具可行性，避免過高的負面後果 •避免當事人偽裝，扭曲本性
標竿領導（模仿論）	•人有複製他人行為與思維模式的習性	•提供模仿樣板與標竿 •偶像示範，領導者以身作則	•外在行為內化問題 •勿過度示範以致引發反效果
強制領導（壓力論）	•組織倫理規範下行使職權 •使當事人無法脫身而就範	•維持組織日常運作的效率/紀律 •推動重大政策，限於時限的最後手段	•強制力移除時，效果消失 •強勢處理爭議，容易引發反抗
外緣領導（環境論）	•改變外緣可改變行為 •外緣包括軟硬體系統	•工作環境改善、系統流程再造，提升滿足感與生產力	•滿足知識工作者的自主意識 •滿足感＝生產力？的理論質疑
綜合領導（綜效論）	•影響力是以上七種策略的綜合運用	•以「君臣佐使」概念設計配套互補策略 •因案制宜是基本原則	•講究主從/體用關係，根據情境混合運用七種策略，發揮綜效

領導力＝ f（概念、參與、誘因、期許、標竿、強制、外緣）

（公式 8-1）

公式 8-1 表達出「領導是影響力策略的綜合運用」的意義，而表 8.1 是微觀領導力八策的簡化歸納。歸納來說，領導者平日就須嫻熟領導力八策的個別要旨與運用竅門，事到臨頭才能以無招勝有招、八策齊上、因應變化的方式，將具有強大綜效的影響力源源不絕地發揮出來。

四、領導力：帶動微觀質變、促成宏觀相變

在組織變革過程中，領導者居於樞紐地位，一方面必須利用各種影響策略去帶動微觀個體行為的改變，另方面又必須在個體質變的基礎上去促成整體組織的宏觀相變。因此，領導者必須善用自己的可見之手，發揮「從微觀質變通往宏觀相變」的橋梁功能；根據「因勢利導」原則，創造有利變革的形勢，以誘導系統的自組織無形之手去自發催化與促成組織個體成員認知、態度與行為的質變，進而引發系統的共生演化連鎖反應，達成組織宏觀相變的目標。

提升求變意願與行變能力

變革動能的激發是領導者在變革解凍階段的核心工作。變革動能是一種行動力，套入第一章「執行力 (F) ＝ 企圖心 (M)× 能力 (A)」的公式，並將式中兩個因子轉換為「求變意願」與「行變能力」，可得以下公式：

變革動能（F）＝求變意願（M）× 行變能力（A） （公式 8-2）

求變意願（motivation to change）

求變意願是指：組織成員對於「組織已經到了非變革不可的地步」這一認知共識程度的高低。麻省理工學院心理學教授理查 · 貝克哈（Richard Beckhard），針對組織的求變意願提出被稱為貝克哈變革方程的公式：D×V×F> 抗變阻力。公式中的 D（dissatisfaction）是對組織現狀的不滿程度，V（vision）是未來願景的期待程度，F（first step）則是第一步變革行動的具體程度。當以上三個變數的連乘積大於抗變阻力時，組織變革才可能發生。

本書根據貝克哈的概念，加上筆者推動組織變革的實務經驗，將求變意願分解成以下四個因子：

1. 對現狀不滿程度：除非對現狀的不滿已到了不願再忍受的地步，否則不容易引發組織成員的求變意願。寇特的變革八步驟，就把喚醒危機意識列為領導者的第一要務。

2. 對遠景期待程度：雖對現狀不滿，但如果沒有具說服力的遠景，仍無法動員組織成員。因此領導者必須讓每一成員知道，要脫離現狀並非無路可走，現狀之外還有值得追求與期待的遠景，藉此提振組織力求突破現狀困境的決心。

3. 對變革計畫可行性的信心：遠景雖美但可能只是遙不可及的天邊彩霞，所以領導者還必須告訴大家，從現狀走向遠景的具體可行步驟，特別是第一步該怎麼邁出，來爭取組織成員對變革遠景的信心與支持。

4. 對變革之後本身權益所受衝擊的接受度：在正式投入變革行列前，組織成員難免會質疑「變革之後，我的權益會有什麼改變？（what in it for me）」一個對組織有利的變革計畫，但對自己卻會產生重大負面衝擊時，一般人仍難接受。例如，國營事業民營化後，績效獎金的核發就應按每人實際績效改採差別的標準，而不應再以吃大鍋飯、全員劃一的方式來分配。這雖是制度上的合理修正，並使積極進取的員工可得到真正的激勵與鼓舞，但對績效後段班的員工則會衝擊「既有」利益。因此領導者就須運用過渡性配套措施給予這些同仁學習與改善的機會，以減輕衝擊，並進行多元的溝通，來贏取大家對改革的認同。

歸納來說，組織成員求變意願強度是通過領導者「知性開示啟發，理性指引說服，感性感召激勵」所帶動，它可簡化為由以下四因子所構成的連乘積公式：

求變意願＝現狀不滿度 × 遠景期待度 × 計畫可行性 × 自身權益衝擊度 （公式 8-3）

行變能力（ability to change）

第六章〈行〉定義「團隊能力＝成員知能 × 團隊資源 × 執行機制」，如將式中左側的「團隊能力」代換為「行變能力」，並將它置入組織變革的情境時，它的三個因子可展開如下：

1. 成員知能：組織成員必須具備推動變革所需的觀念、知識與技能。觀念靠溝通、開示與說服；知識靠傳授與學習；技能靠訓練與實作。所以，領導者必須利用系統化的組織學習來達成這個目標。

2. 團隊資源：領導者必須下定決心，根據「打啥有啥」原則，預先投入各種必要的資源（包括人力、財力、物力等）來支援變革的執行。

3. 執行機制：組織必須具備支撐變革所需的流程與結構。所以，領導者必須針對變革需求，於組織的不同層級，設立必要的正式或非正式跨部門統合指揮的專案小組，律定規劃、執行與考核的流程，以及設計績效獎懲機制，來確保變革計畫的成功實施。

盧文三部曲轉化為寇特八步驟

公式 8-2 的變革動能可進一步代入執行成果公式，成為：

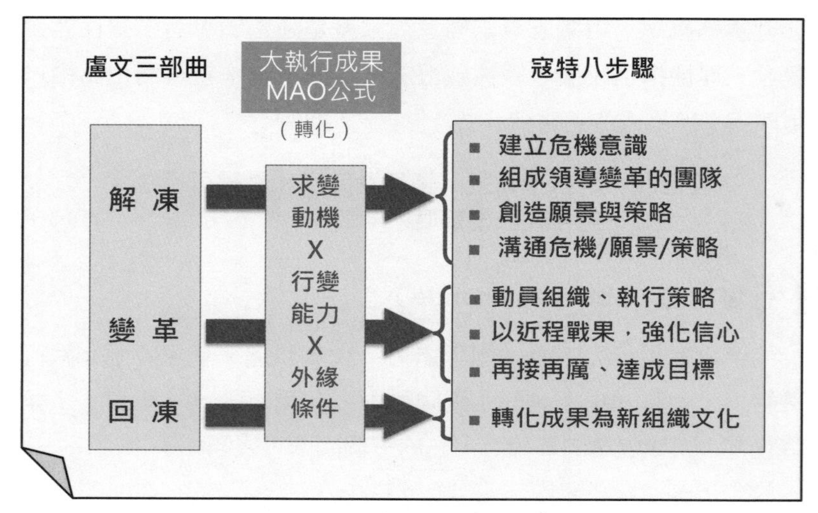

圖 8.4 盧文三部曲轉化爲寇特八步驟

$$\text{大執行成果（R）} = \sum \text{求變意願（M）} \times \text{行變能力（A））}_{\text{組織成員}} \times \text{外緣條件（O）} \quad \text{（公式8-4）}$$

這一公式顯示大執行的成果決定於全體組織成員的求變意願與行變能力可被動員的力道（公式左側積分號所代表意義）；至於其中的外緣條件則包括大小兩部分效應：(1) 領導者所創造系統內部執行環境的有利程度（亦即小外緣）以及 (2) 外在大環境可被掌握與運用的程度（亦即大外緣）。公式 8-4 可視為是盧文三部曲與寇特八步驟間的一個轉化函數，如圖 8.4 所示。

以組織學習帶動組織變革

領導者在組織變革過程中，必須創造外緣條件來催化微觀個體內在求變意願與行變能力的質變，使解凍工作在個體成員的層次，能夠發生新系統所需微觀分形基模的異化——個體成員認知、態度與行為出現與前不同的新模式。領導者還須將這些分形新基模，在組織內部不斷複製、擴散，來促成組織宏觀結構的相變。這一「催化微觀個體質變、帶動宏觀系統相變」的工作，可套入組織學習的架構轉化成由以下五項重點所構成的「以學習帶動變革（change by learning）」的策略。

1. 知行合一：領導者必須讓每個人在認知上，對於組織變革的理由、目標以及策略，取得心悅誠服的共識，以避免進入實際執行階段後，因變革理由與目標不明確而原地打轉。這一先知後行的工作，領導者不只在「知」的決策階段須要善用組織學習策略，來催化有關變革理由、目標與策略等共識的形成；在「行」的應變執行過程中，也應就如何創造變革成果、達成變革目標的具體步驟，鼓勵成員發揮創意、分享個別的經驗，來複製並擴散變革成效。

2. 安排協同學習環境：組織學習的目的是要使原本由自組織作用主導的微觀個體到宏觀整體的擴散過程，改由他組織力量來加速變革進程。這時必須安排協同學習環境，善用參與領導策略將學習重點聚焦，催化擴散與共生演化的效率。在這一過程中還須善用概念領導策略，協助個體完成認知的突破外，還須善用誘因領導策略，使組織成員能將新認知轉化為新行為，並形成為宏觀相變的分形基模。

3. 群策群力、共生演化：組織是群策群力的分工合作系統，系統中任何部門的變動必然都會觸發、帶動其他部門的變革。例如：生產、銷售與售後服務部門間，各自的新工作模式就有磨合與協調的需要。因為組織變革的本質是組織功能與結構的調整與改變，涉及個別成員彼此互動關係的改變，這種改變不可能只在個體學習的基礎上完成，必須通過團隊學習的方式才能成就。領導者在這種相互調適、交叉催化的自組織共生演化過程中，必須創造有利群體學習的外緣環境，並善用概念、期許、標竿、誘因、強制等策略，來催化擴散與磨合效應，使組織儘早實現宏觀相變。

4. 突破口的選定：前面提到「慢變量帶領追隨者所走的運動軌跡，必然是一條阻力最小的路徑」。自組織選擇過程固然最後會找到這樣一條路徑，但往往需花較長的時間才能達成，所以需要他組織的介入來加速這一選擇過程。領導者這時必須運用自己的洞察力與判斷力，去選擇組織變革的關鍵議題，以及與該議題有關的關鍵部門，作為推動變革的突破口；然後利用在這個突破口上所發生的事件與案例，當作正面（或負面）教材，發動組織學習，來催化系統的自組織解凍與變革過程。

5. 發揚自主學習精神：組織學習以個別成員為訴求對象，而他（她）們都是具有自主意識的個體，因此在組織學習過程中，他組織作用力只是催化劑，功能只是激發個體成員的自主性學習動機，不能因為他組織力量的介入，反而扼殺了成員們的學習意願。對於組織變革的意義，領導者應該設法使它成為學習者心悅誠服的自發認同，對於變革的目標也應該成為學習者的自主抉擇（誘導「找答案」），而非被動的順從（強制「給答案」）。在塑造新行為的共生演化過程中，領導者也必須為學習者保留一定的個人化空間。領導者在發動組織學習時，必須深切體認：唯有理性思維後所產生對變革意義的認同，才能成為組織成員自發性行動力的真正泉源。

給答案與找答案

本書「用勢不用力」的要訣在「他組織給方向、自組織出力量」，相對於上述「給答案 vs. 找答案」的說法，在組織學習帶動組織變革的過程中，他組織可見之手「給方向」的方式，更精確地說，其實是利用循循善誘的方法，讓無形之手去「自行發覺（找到）」那個被管理者可見之手預設的方向。

領導 小結

自組織世界中的領導力

領導力分為宏觀、微觀兩部分；宏觀領導力以能否「帶動組織變革，實現組織新願景」為衡量，屬於大執行範疇；微觀領導力以人際影響力為重點，影響力八策是它的實用指南。

本書第一章以因緣成果概念定義個人成就，並簡化為 MAO 公式。領導者帶領組織，群策群力成就事功的作為也同樣可用因緣成果的概念來表達，只不過 MAO 三因子的內涵須作修正。因此，在自組織的管理世界，要用公式 8-4「大執行成果 (R) = $\sum$（求變意願 (M) × 行變能力 (A)）$_{\text{組織成員}}$ × 外緣條件 (O)」來同時表達領導力的微觀與宏觀意涵，就須將它的外緣條件再予展開如下：

$$\text{因緣成果}_{\text{領導者}} = [\underbrace{\Sigma(M \times A)_{\text{個人}}}_{\text{自組織無形之手}} \times \underbrace{\text{小外緣}O_{\text{領導者}}}_{\text{他組織可見之手}}]_{\text{系統內因}} \times \text{大外緣}O_{\text{環境條件}}$$

系統之內：成員自組織力 X 系統之上：領導他組織力　　系統之外：大環境

催化動能 營造內因 → 領導者領導力$_{\text{微觀}}$

賦予方向 因應外緣 → 領導者戰略力

（公式 8-5）

公式 8-5 顯示：(1)「$\sum(M \times A)_{\text{個人}}$」反映人類組織是具有自組織生命力的無形之手；(2)「小外緣$_{\text{領導者}}$」是領導者可見之手對人

類組織無形之手所具有的他組織影響力；(3) 公式中括號所框的 M×A×O 構成組織系統內因；而「大外緣 $O_{環境條件}$」則是系統內因所面對的外在環境。從公式中可看出：系統之內是自組織力量；系統之上是他組織領導力；而系統之外則是外在大環境的力量。

從公式 8-5 中也可看出「小外緣 $O_{領導者}$」居於「承內啟外」的關鍵地位：對內，它發揮微觀領導力，催化組織成員自組織動能，營造系統內因，使組織成為群策群力、上下同欲的有機系統；對外發揮宏觀戰略力，賦予組織明確方向與願景，來因應恆變的外在大環境。因此宏觀領導力涵蓋戰略力。而第六章圖 6.2 所解析張居正變法「以領導者與執行團隊兩套 MAO 架構相套疊，來因應外在大環境挑戰」的大執行模式，是公式 8-5 的應用範例。

自組織出力量、他組織給方向

人類組織系統的無形之手所產生的合力，在沒有可見之手介入時，會出現三種狀態：(1) 淨合力為零，系統停滯不前；(2) 維穩拉力與變革推力持續拉鋸，系統方向搖擺不定；(3) 淨合力相對穩定，但往系統退化方向發展。領導者他組織之手這時所要發揮的功能是：催化系統內在自組織動能，並賦予這一動能明確的方向。本章圖 8.2 的說明提到：系統無形之手的自發動能不具特定方向性，但領導者的可見之手必須有方向偏好；因此，領導者若能把屬「純量」的自組織作用力轉化為可作功的「向量」，就能以「用勢不用力」的方式，達成管理目標。

這種將吃力的工作交由自組織之手來完成，而他組織之手只作大方向引導的「自組織出力量、他組織給方向」的管理方式，就是本書「自組織為體、他組織為用」說法的依據。

第九章
戰略

一、引言

基本概念

根據「自組織為體、他組織為用」的管理觀，戰略力與領導力是對系統狀態的改變最具有決定性的兩股他組織力量。領導是第八章主題，本章談戰略。先說明「戰略、戰略範疇、戰略思維」三個名詞。

戰略

戰略（strategy）是一個系統或組織，在特定時空情境下，求取生存與發展的一套最高行動指導原則。軍事戰略家[1]把戰略定義為「運用軍事手段來達成政治目的之藝術」；對軍事幕僚來說，它是最高層次「為指而參」[2]的參謀作業。非軍事領域的戰略（或稱策略），一般也都以上述軍事概念作為參考典範。

戰略作為管理議題具有以下幾個特徵：(1) 戰略反映強烈的主動性與主觀意志，所以必然是可見之手的他組織產物；(2) 戰略不

---

1 英國籍戰略家李德・哈特（Liddel Hart），Strategy: The Indirect Approach, Pentagon Press, reprint edition, 2012.

2 「為指而參」是軍事參謀作業的基本原則，意思是：參謀作業所產生的成果必須能滿足指揮官用以下達決心的需要。

存在於真空中，都具有明確的時空條件針對性與方向性，所以它本身也必然是因緣和合條件下形成的複雜系統；(3) 戰略的形成必須遵循決策的見識謀斷過程，戰略的執行也須搭配變革組織、實現願景的行動計畫；(4) 戰略還須因應內外環境變化，進行與時俱進的修正與演進。以上有關戰略的形成、執行與演進等工作，統稱戰略管理。

戰略範疇

第二章〈見〉中提到，善於從戰略高度觀察問題的杜拉克，任何企業找他諮詢時，他都會用著名的杜拉克三問「你做的是什麼生意？你的顧客是誰？你憑什麼認為自己可以存活？」作為單刀直入的話頭。本書將杜拉克三問的內涵略作修正，對應三個V字開頭的英文字：願景 Vision、使命 Venture、價值 Value[3]，用它們作為戰略範疇的定義，簡稱為戰略三綱領。任何戰略都是以這三個綱領作為內涵。

(1) 願景是針對未來特定情境的認知所宣告的組織未來走向，它在眾多混沌的可能性中，勾勒出值得組織去追求與現況不一樣的未來，它也是組織尋求自我實現與自我超越的根本驅動力量。

(2) 使命是坐言起行實現願景的行動指南與實現戰略企圖的藍圖。它具體宣示自己要從哪裡下手、究竟要做什麼，以及為什麼這麼做就可實現願景的道理。對企業來說，這是市場目標定位的宣告、商業模式獨特性的定調，並決定組織資源的未來布署。

(3) 價值是實現願景、達成使命的過程中，對組織成員行為的

---

3 Westley, F. & Mintzberg, H. 1989: Visionary leaders and Strategic Management. Strategic Management Journal, (10)。

規範，以及組織所生產的產品與所提供服務的規格與品質的主張。它是組織面對「關鍵決策（tough decision）」時，「有所為、有所不為」的準繩與底線，也是賦予願景與使命生命力的中心思想與核心靈魂。

要提出有意義的綱領性「願景勾勒、使命宣示、價值主張」，必須要有獨到的世界觀，與深厚的方法學素養。第七章所綜整的自組織宏觀原理與微觀原理，是管理者用以醞釀戰略思維的一套實用的世界觀與方法論。

戰略思維

戰略思維是一種思考方法與思考習慣。它的特徵可用本書一再提到「了解全局、洞察趨勢、把握重點」的 12 字要訣來概括。

(1) 了解全局是戰略思維起手式的要訣，領導者認識問題一定要養成「既見樹又見林」的習慣——在鑽入細節前，先從鳥瞰的高度看清楚內因、外緣的整體範疇——唯有這樣才能成為統籌因緣成果全局的領導者。

(2) 洞察趨勢的重要是因為戰略面對的問題都具有未來性，以及因緣果的不確定性（戰略要打的是飛靶而非定靶），所以領導者必須能夠從「機微隱漸」的多元徵候中，洞察宏觀局面未來的各種可能走勢，預判情勢發展的不同可能性，並辨識其中的風險與機會。

(3) 把握重點是戰略思維「收功」的要訣，就在於將各種繽紛龐雜、看似無關的訊息元素，納入一個「吸引子」內，並從中提煉出一套執簡馭繁的結構化新概念——亦即經由綜合而非分析的過程，發掘問題背後的問題，歸納出一套清晰的因緣成果事中之理，抓大放小、聚焦關鍵，指引組織趨利避害的最佳前進路線。

上述戰略思維的特徵通常都會在領導者見識謀斷的決策過程中自然流露——具有這種思維特質的領導者通常被稱為是有智慧的高瞻遠矚（visionary）者。有戰略思維習慣的領導者，對於所處理的問題不必是專家，但他（她）們必然都具有批判性的個性，懂得在「全局、趨勢、重點」各面向上，怎麼去「問對的問題（ask the right question）」，去挑戰大家習焉而不察、妨礙創新的隱藏性假設前提。

對領導者來說，要培養戰略思維的難處就在：大家都已養成讓「守常、應變」的「在線」例行工作塞滿行事曆，習慣於凡事行動導向只投入眼前事務的處理，而忽略了每天應保留一點時間讓自己思考未來的問題。這也是本書在第六章〈行〉提到開門三件事中，特別把戰略思維納入其中的原因。管理者層級越高越需要保留「離線」思考時間[4]，以便能「了解全局、洞察態勢、把握重點」去做更多有意義的事。

本書同意管理學者明茲堡（Henry Mintzberg）對傳統戰略規劃的批評[5]：他認為傳統的戰略規劃過於著重去產出一個充滿細節的封閉性計畫，而忽略了戰略規劃的真正意義在於：提綱挈領地導引組織，用「與時俱進」的開放態度，去完成一項具有創造價值意義的新使命。意思是，戰略的重點在目標與方向，而不是路線細節；目標方向確定後不輕易改變，但路線必須隨需要調整。因此，為避免戰略規劃的決策淪為「牆上掛掛、永遠趕不上變化」

4 筆者過去擔任機關首長的公職期間，每天都會在早上 8 點半左右抵達辦公室，利用 9 點前其他同仁還沒上班的 30 分鐘空檔，作為每天的「離線」思考時間。

5 Henry Mintzberg, 1994: The Fall and Rise of Strategic Planning, HBR, January-February。

的下場，戰略這個議題對領導者來說，戰略思維習慣的養成與活用才是真正的重點。

本章內容

自組織宏觀原理代表一套有別於傳統典範的世界觀。充分了解這一世界觀，管理者就可自然融入「自組織為體、他組織為用」的管理世界，因而更有效地運用自己的可見之手，以「他組織給方向，自組織出力量」的方式，去誘導與掌握自組織世界的改變。因此本章第二節將根據「因緣成果、常變循環、臨機破立」三個宏觀原理所代表的自組織世界觀，探討他組織戰略思維的內涵。

至於自組織微觀原理，可將它們視為一套有別於傳統邏輯的戰略設計方法論。根據這套深具辯證色彩的思維方法，管理者可發揮他組織可見之手的積極性與主動性，去形成饒富創意的新戰略。因此本章第三節將根據「因勢利導、量變質變、共生演化」原理，探討他組織戰略設計的理念外，另也根據「自組織為體、他組織為用」的因勢利導觀點，對《孫子兵法》的「虛實、勝負」概念進行有別於傳統的解讀，作為本書提倡「自組織為體、他組織為用」管理觀的一個重要註腳。

二、自組織宏觀原理與戰略思維

接下討論自組織宏觀三原理，對管理戰略思維的啟示。

因緣成果

從因緣成果觀點看，他組織可見之手的基本功能就是：營造和合條件、主動搓合因緣，以促使成果順利湧現。而把戰略規劃放到因緣成果的架構來檢視，也可使決策者一開始就精準聚焦在

「內因、外緣、和合、成果」四個基本議題上，並從「知己知彼」的功夫下手，去審酌本身的能力條件（內因），盱衡外在的機會情勢（外緣），從中洞察出結合能力與機會的可能性（和合之機），並發掘實現可能性的方法（成果之途）。

定局：因緣範疇的認定

戰略上要創造因緣成果的局面，必須先從戰略三綱領的「使命（venture）」觀點確認內因與外緣範疇。這時 MAO 公式代表能力的內因 A，就成為能否與外緣發生和合效應的檢視焦點。第六章〈行〉所定義由「成員知能、團隊資源、執行機制」構成的團隊能力（公式 6-2），這時就須解讀為「用以支撐戰略使命推出『事（服務）、物（產品）』的能力」。以製造業為例，這包括具有創意產品概念的形成能力，產品設計的能力，智慧財產、原物料、元件零組件的掌握能力，以及生產製造行銷所需的資金、人力來源，乃至製造與行銷能力等。

至於大外緣，這時也須區分成兩大塊來檢視。第一塊是產品或服務的市場需求是否存在以及能否打開的問題。傳統行銷有「AIDA[6]（注意力－興趣－擁有欲望－購買行動）」的階段論，不論媒體、通路如何改變，消費者購買決策的心路歷程仍不脫 AIDA 模式。所以如何善用 AIDA 概念，去設法為所要推出的產品或服務打開市場這一大外緣，就是這時的一個根本課題。

大外緣的第二塊是大環境中的生產因素市場對內因能否發揮槓桿作用的問題。這是在追求因緣和合前提下，內因卻出現缺口時，能否借助大環境外緣因子，取得技術、資金、人力、行銷通路，

6 AIDA 模式是由哥德曼（Heinz Goldmann）於 1958 年提出的行銷理論。

乃至合縱連橫等奧援，以彌補與強化內因的不足，促成因緣成果的結局——這時的大外緣就成為內因藉以借力使力起槓桿作用的「外援」——例如胡雪巖與青幫在批發生意上的相互合作。

從戰略規劃觀點看，凡與因緣成果有關的內外因素都必須納入視野，然後才能根據「了解全局、洞察趨勢、把握重點」的原則，擘畫出有意義的企業戰略。

路線：依因造緣、依緣造因

在「自組織為體、他組織為用」的管理世界中，「主動和合因緣」是他組織可見之手的根本功能。從戰略觀點看，在內因與外緣這兩個因素當中，有人「依因造緣」根據能力去尋找機會，例如微軟的蓋茲與宏碁電腦的施振榮；也有人「依緣造因」根據市場機會去張羅能力，例如非技術出身的麥可・戴爾創立戴爾電腦；又如聯邦快遞（Federal Express）創辦人佛瑞德・史密斯因為預見了「隔夜送達」快遞服務的可行性與潛在商機，所以無中生有地創造了龐大的快遞王國。前者一般稱為資源導向戰略（resource based strategy, RBS），後者則稱為市場導向戰略（market oriented strategy, MBS）[7]。不過，不論「依因」或「依緣」都只代表戰略思考起心動念的切入點而已，真正的關鍵仍在於能否實現因緣和合的成果。

在應用上，因緣成果原理有兩種解讀方式。第一種是內因觀點：也就是「果從因生」的因果法則早已擺在那裡，能否真正成果就看「緣」是否出現；所以這是一個內因已存在，但「法不孤

7 相對於常被用來研判商場情勢的 SWOT 分析，從內因入手主要著眼在自己是否擁有資源優勢（亦即 SW, strength & weakness）；而從外緣入手則著眼在外在市場所出現的機會或必須因應的威脅（亦即 OT, opportunity & threat）。

起、仗境而生」的「依因待緣」之局；它是 RBS 戰略的理論基礎。第二種則是外緣觀點：也就是外緣早已開放在那裡，就看誰能「造因而據之」。所以這是一個營造內因以成就因緣和合充分條件的「依緣造因」之局，它是 MBS 戰略的理論基礎。

不論是依因造緣或是依緣造因的戰略，實際執行的時候首重活用。表 9.1 矩陣所示是如何將「新產品、老產品（兩類內因）」打入「新市場、老市場（兩類外緣）」的戰略組合示意[8]。亦即：(1) 新產品／新服務要打入新市場，就必須跨越地塹[9]、催成長率；(2) 新產品／新服務要打入老市場，就須能破人之機、立己之機，搶奪龍頭地位；(3) 老產品／老服務要打入新市場，就須能先發制人、衝市佔率，來取得先機；(4) 至於老產品／老服務要在老市場繼續存活，就須打好防禦戰；否則就須採創新或轉進策略，以免淪為挨打的落水狗。

表 9.1 矩陣組合「可依因造緣」與「可依緣造因」的雙向性反映出：不論從內因產品下手打入外緣市場，或是先鎖定外緣市

表 9.1　因緣成果觀下的產品與市場的戰略組合矩陣

市場 ＼ 戰略 ＼ 產品	新產品/新服務(內因1)	老產品/老服務(內因2)
新市場(外緣1)	跨越地塹、催成長率	先發制人、衝市佔率
老市場(外緣2)	破機立機、取代龍頭	防禦、創新、轉進

8 安索夫（Igor Ansoff）提出類似的安索夫矩陣，但本書戰略矩陣論述與其不盡相同，強調操之在己「贏家思維」精神的發揚。

9 地塹代表創生期與成長期市場外緣條件的巨大質差；能否跨越地塹是新創企業能否持續成長與存活的關鍵挑戰。本章常變循環一節將進一步說明。

場再推出內因產品，它們的核心戰略內涵都相同；但在實際操作上，造因者與造緣者手上可打的「牌」不同，所以如何善用自己優勢就是成敗的關鍵。

歸納來說，究竟該據內因或依外緣來展開戰略布局，除決定於客觀條件外，也決定於決策者主觀抉擇。以企業創業為例，技術出身的創業家，多會以內因作基礎，再來尋找外緣的機會；而以市場商機敏銳度見長的創業家，則會先鎖定外緣，然後再依據外緣的需求來張羅相關的內因——要技術找技術、要人找人、要錢找錢。

和合：價值創造

自組織相變的過程雖會出現激烈的競爭，但相變後所形成新生態系統狀態的結果，呈現的就是一個相對平和而穩定的相依互補、同生共榮的局面。面對企業生態環境，企業是以對相關利害關係人所創造的價值來確保自己存在的正當性，這一價值訴求可用第五章〈斷〉圖 5.5 的「企業價值金字塔」來表達。

在現代社會用以支撐企業立足的價值金字塔四條腿分別是：(1) 顧客價值：這是產品（服務）銷路的基本憑藉，也是企業競爭力的支撐與收入來源的保障；(2) 股東價值：這是企業對股東的回饋，也是對投資者的承諾；(3) 員工價值：這是企業對員工所作貢獻的回饋，除實質報酬外也包括自尊與自我實現的滿足；(4) 社會價值：這是企業對所處社會的其他利害關係人所承擔的概括性責任，包括價值鏈上的誠信互惠、環境保育、弱勢照顧、文教公益等，也是「社會因為有我而變得更好一點」理念的實踐。

企業通過這四類價值的創造，使它在相依互補、同生共榮的產業生態系統中，與其他相關次系統間確立自己存在的正當性，並也從中獲得自己生存與發展所需的各種滋養資源，建立「得和以生、得養以成[10]」的安身立命立足點。這一價值創造的概念反映因緣成果原理的和合律，以及自組織和合關係的成立條件。

晚近數位與網路市場有免費服務（或商品）的商業模式。這是數位平台業者（甲方）利用網路連結巨量終端消費者（乙方），再以這一消費群對第三者（丙方）所代表的潛在商機，讓丙方願意代替乙方來支付甲方對乙方所提供服務（或商品）的成本，因而使乙方得以享受免費服務（或商品）。這一「乙獲得甲的服務但由丙付錢」的商業模式，起槓桿作用的是網路平台所連結的巨量消費群所具有規模經濟與潛在商機移轉兩種價值。

谷歌（Google）免費搜尋服務的上述甲、乙、丙三方關係已非常穩定，屬於具可持續性的商業模式。從戰略觀點看，企業長期經營的商業模式必須奠基於能穩定存在的和合關係；因此，只出現於單一戰役的和合成功的關係，例如在網路上推銷只需付運費的免費消費品的一次性成功商業促銷案例，充其量只是戰術運用，不必然能轉化為可持續存活的企業長期戰略。

常變循環

自組織的常變循環原理其實是為西方哲學大儒懷海德（Alfred Whitehead）的過程哲學作了強力的佐證。懷海德認為「存在（being）是一種過程；任何存在的事物，都是正在轉化（becoming）成為另一種存在狀態的過程而已！」

常變循環原理告訴我們自組織複雜系統的生命歷程，是由守常態與應變態所構成的循環過程；但由於守常態追求自穩定，應

10 語出《荀子•天論》：萬物各得其和以生，各得其養以成。

變態追求泛穩定，因此它們都有各自的存在特徵與遵守的行為規律。這一自組織規律的發現，不只使我們了解複雜系統的生命歷程是以常變循環的方式展開，更使我們了解在因緣成果的大前提下，複雜系統是以追求泛穩定性作終極目標，不斷為自己生命的可持續性尋找出路。

創生與成長

任何組織系統——不論是國家、機關，或企業、機構——的生命歷程都由「創生、成長、興盛、衰老」四相[11]（phase）作為元素所構成。對於有些彗星般，俗稱「一代拳王」的企業，它們可能僅僅歷經「生、長、盛、衰」的一個拋物線式的循環，就被歷史淘汰出局；而有些續航力強的企業，它們經歷「生、長」兩相達到「盛」相的高原後，就利用不斷的自我再造與轉型，來扭轉由盛轉衰的命運，使自己始終維持在「盛」的狀態。從系統生命常變循環的觀點看，以上說明帶出下列三個問題：

(1) 組織的「生、長」兩相，他組織之手可發揮什麼作用？

(2) 組織進入「盛」相後，他組織之手如何協助維持系統的自穩定狀態？

(3) 為化解組織「由盛轉衰」的危機，他組織之手又如何推動系統應變？

本小節以企業組織為例，依序討論上述三個問題。圖 9.1 是以代表組織狀態的內因為橫軸，代表市場機會的外緣為縱軸，所

11 本書將生命系統區分成「創生、存在、演化」三個歷程是「生長盛衰」四相的簡化，其中「存在」包括「長、盛」兩相，但「演化」則不只包括「衰」也涵蓋「亡」與「再生」——再生是針對組織或族群生命的說法，因為組織或族群結局與個體生命不同，它們可能因死亡而消失，但也可能借族群繁衍而再生。

繪製由「生、長、盛」三相所構成的新創企業成長 S 曲線。

新創企業的「生、長、盛」生命歷程就是組織內因與市場外緣不斷相互調整適應的發展結果——其中內因是指企業組織結構與功能有關的系統狀態，以及生產因素的投入情形；而外緣則指市場機會以及企業從中獲益的產出情形。通常在創生階段的內因必須作出較大的適應與調整才能取得外緣的相對成長；而成長期往往是報酬遞增的階段，相對較少的內因調整就可獲得較大的外緣成長；到了興盛期如何維持報酬不遞減就成為主要考驗。總之，內因與外緣都必須要能適時的調整與改變，新創企業才能一步步實現「生、長、盛」的發展。

新創企業的「生、長、盛」成長過程中，創生階段因為內因外緣不確定性最高、挑戰最多，所以戰略規劃的難度也最大。在募資與徵才用的創業計畫書中，創業者就必須把因緣成果的關係與和合的關鍵竅門，講清楚、寫明白。

以製造業的創業過程為例，從因緣成果觀點看，它們除了要張羅必要的人力與技術，以站上草創（start-up）的舞台外，尤其要能夠尋找一波波財源來進行：(1) 從「0 到 1」雛形品（prototype）試製；(2)「1 到 1,000」[12] 的小量試產試銷；以及最後 (3)「1,000 到 1,000,000」的量產。不過，從生命歷程觀點看，即使到了可開始量產的階段，企業還只是剛經歷分娩過程的初生嬰兒，許多存活的奮鬥與成長的挑戰才剛要開始。

圖 9.1 所示新創企業的 S 型成長曲線，其實只有少數的創業者能夠真正走完全程，爬上高原，大部分在中途就遭淘汰出局了。

---

12 1,000 及 1,000,000 屬示意性數字。例如大型物件小量試製可以 10 件為目標。

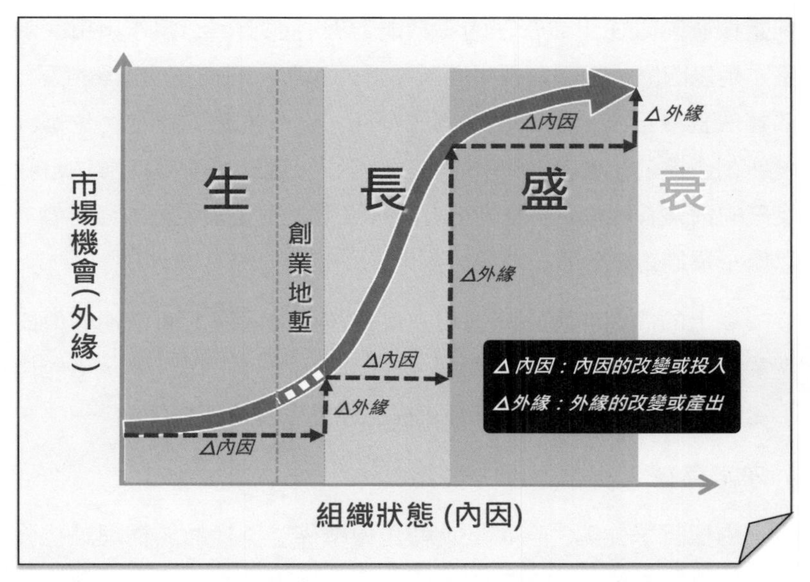

圖 9.1　新創企業 S 型成長曲線的內因外緣互動示意

對高科技產業來說，從創生期進入成長期之間甚至還存在一個很難跨越的「地塹（chasm）[13]」。這是因為「地塹」兩邊的內因與外緣內涵不具連續性。例如，對外緣來說，創生期所吸引相對少數性慕新奇的顧客，與成長期所要打入講究務實的更大消費群完全不同。因此，許多「閃購」活動中彗星般竄起的爆紅產品，在「後閃購」的正常市場就可能推銷不動。

而對內因來說，不論創生期有多成功，面對成長期所需打入的主流市場，以及該市場對產品所抱持的不同期待與要求，都使

13 地塹的概念為 Geoffrey Moore 於 1991 年在 Crossing the Chasm（Harper 出版）書中首次提出。

創業核心團隊在組織管理的專業能力與心態上，必須作出重大調整才足以因應——因為創生期所獲得因緣和合的初步成績與經驗，都無法直接用來跨越地塹進入成長期。這一地塹的存在，也是許多新創企業演出臨陣換將劇碼的原因——過於技術導向無法自我突破的創業者，將決策權移交給具有經營大型企業經驗的經營者，以使企業能夠充分發揮成長的潛能。

以上的問題其實不只出現在高科技產業，處於新創期的傳統產業往往也都須面對類似問題。這反映出「馬上得天下，不能馬上治天下」的道理，創業家必須搭配經營家才能保住江山。

守常存在

過程哲學強調「存在是為轉化做準備」；耗散結構理論也強調「遠離平衡態」的重要性，因此不免出現「存在」與「轉化」誰主誰從的問題？不過，根據「間歇性突變」理論，儘管突變對演化進程的發展具有決定性，但以時間長短來衡量的話，相對穩定的守常態仍佔最大比例。反觀人類組織的發展，也多視守常為常態，應變為過渡；所以，從戰略管理的立場，如何根據「自組織為體、他組織為用」觀點，重新檢視人類組織守常態的經營管理法則，就屬必須講究的一個根本議題。

首先看守常態的定義。複雜系統的自組織守常態是一不斷起伏漲落的動態平衡狀態；但只要起伏漲落的幅度維持在系統可容忍的範圍，那麼系統就會運用它的內在負反饋機制修正偏離，使系統恢復穩定狀態。其次由抵抗力與恢復力兩股內生力量所構成的負反饋機制，也具有：抵抗力越強，系統受內外衝擊所引發的振盪幅度就越小；恢復力越強，系統狀態一旦偏離，所需的恢復時間就越短的特性。

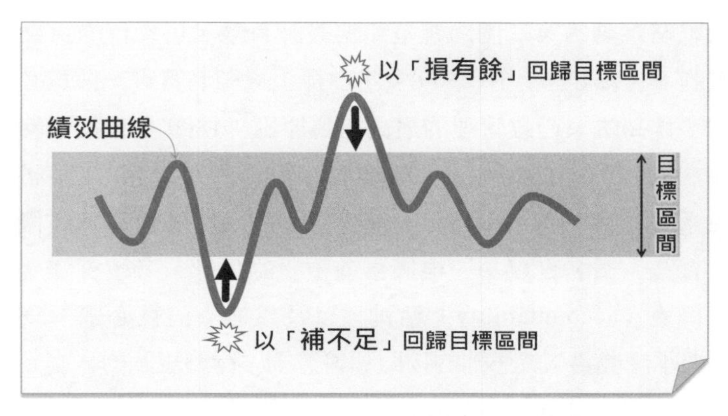

圖 9.2 他組織的「異常管理」負反饋機制

相對於自組織的守常律，傳統管理理論的「異常（例外）管理」可與它完全對應，見圖 9.2。所謂異常管理是先設定一個控制績效的目標區間（績效漲落的可容忍空間），然後針對逾越這一範圍的績效，就以「損有餘、補不足」的方式予以糾正、修復，使它們能回歸到目標區間內。

從戰略規劃角度看，對於異常管理首先就有「如何設定目標區間」的問題。以庫存管理系統為例：庫存基本上是一種緩衝（buffer）機制，作用在隔離兩個風險性不同子系統（例如講究穩定的生產與講究彈性因應的銷售）間的相互干擾，使它們可各自保持在「準」獨立的運作狀態。當存量的動態起伏都未超出目標區間，管理者不採取任何行動；但當存量出現「異常」起伏時，管理者就須利用控制進出流量的方式予以調節。因此目標區間訂得較狹窄，管理者就須經常進行流量調控的異常管理；若訂得較寬鬆，管理者就較輕鬆，但它的經營成本就相對較高。如何求取最佳平衡就是守常管理的學問所在。

戰略規劃的第二個問題是如何設計有效、可操作的負反饋管理機制。《韓非子》在 2300 多年前提出「循名責實、信賞必罰」八個字作為法家行政管理的最高指導原則；1800 多年後明朝張居正建立文官「考成系統」，將韓非的理想予以制度化。張居正的考成系統就是一套「損有餘、補不足」的負反饋異常管理機制，也是實踐「循名責實 —— 根據事前預設的目標，考核實際產出績效」問責（accountability）精神，以及貫徹「信賞必罰：該獎賞的根據承諾獎賞；該懲罰的按照預警懲罰」行為規範的一套系統。這是由管理者可見之手所設計的一套對組織成員內因 (M×A) 具有激勵與影響效應的外緣系統 (O)，用來誘導成員內因產生出管理者所期望的績效與成果。這可說是「自組織為體、他組織為用」、「用勢不用力」管理觀的具體實踐。

應變演化

常變循環是複雜系統的生命歷程模式，用過程哲學的話來說是「為下一次相變做好準備是當下存在的重要目標」；而從生命存續觀點看，會出現生存風險的是生命歷程中的應變期而不是守常期。所以對戰略規劃來說，應變態必然是生命歷程的重中之重。

■ 常變循環過渡期的他組織換檔

自組織的常變循環，從守常態過渡到應變態的過程中，有一個系統控制機制從負反饋「換檔」為正反饋的關鍵動作；而在系統完成相變後，又有控制機制再從正反饋恢復到負反饋的再次「回檔」動作。在「純」自組織的自然系統中，這兩次換檔都是經由系統狀態的振盪放大或振盪收斂的過程，以自組織的方式達成的。但對擁有他組織能力的人類組織來說，這兩次轉換不待系統的自組織機制發生作用，而是由領導者經過謀定後動的決策程序後，下達「換檔」的動員令，以更有效率的方式完成。面對常變循環的企業生命歷程，「需否換檔」與「如何換檔」就是一個關鍵的戰略決策。對於這一議題，本書第八章〈領導〉已有討論。

■ 用產品生命週期組合化解企業生命週期危機

企業生命歷程有「生、長、盛、衰」四相，這一生命歷程概念也同樣適用於產品。產品的生命四相歷程一般都用銷售與利潤作指標來定義，如圖 9.3A 所示。圖中的銷售線就是圖 9.1 的 S 曲線再加上最後「衰」的下降曲線所構成；而相對應的利潤線則顯示出「先增後減、從負轉正又再歸零」的獲利變化歷程。

美國波士頓管理顧問（Boston Consultant Group, BCG）於 1970 年將產品的生長盛衰四相，放到由成長率與市佔率作為縱橫軸的四個象限內，並貼上「兒童、明星、金牛、病狗」四個標籤，推出企業「產品組合（portfolio）」的概念，見圖 9.4B。BCG 認為企業可根據這一組合分析，來檢視它產品戰略的整體風險性。

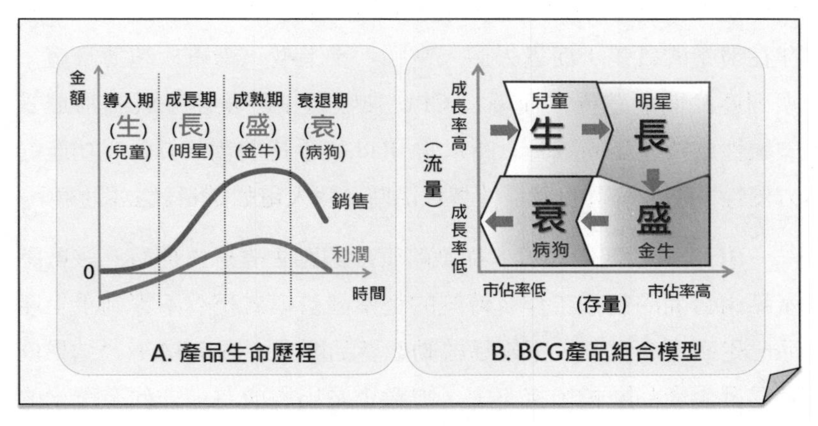

圖 9.3　產品生命週期與企業生命週期的關係

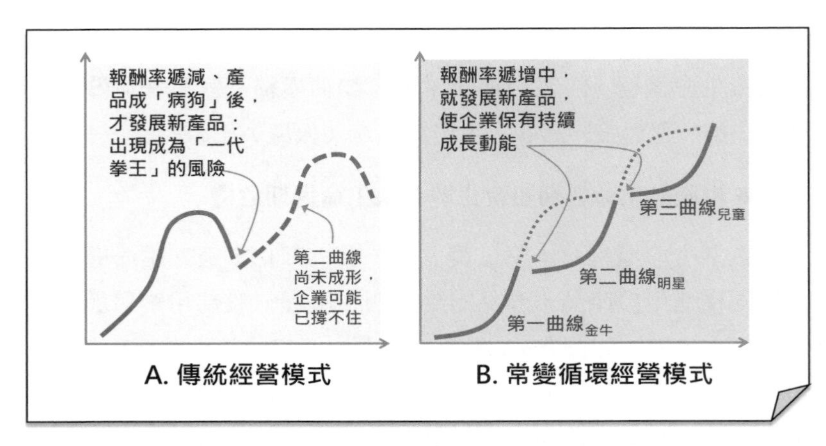

圖 9.4　產品生命週期與企業生命週期的關係

產品與企業兩者都有「生長盛衰」的生命週期，而 BCG 產品組合概念的戰略意義在於：企業應利用多元組合的產品生命週期來化解企業生命週期的危機！

要使不同生命週期產品的組合具有戰略意義，產品間必須要有一定的質差。例如，蘋果的 iPod-iPhone-iPad 系列產品間，就存在清楚的質差；而過去個人電腦「桌上型－筆電－超薄筆電」系列產品間的差異，僅屬以 CPU 升級為主的量差，就容易遭受破壞性創新產品的威脅。所以當 iPad 挾手持裝置兼具通訊功能的方便性，成為筆電的競爭性替代品時，個人電腦銷量就立即腰斬。

BCG 模型促使領導者從戰略管理觀點去省思：何時應該啟動產品組合間的銜接工作？傳統的企業經營模式是：不等到手上產品已走到生命盡頭，不輕易啟動新產品開發（圖 9.4A），結果就容易發生產品斷檔銜接不上，導致企業出現成為「一代拳王」的存亡危機。但既知常變循環是企業的宿命，那麼 BCG 模型所代表的戰略思維就是：不等「金牛」老化成「病狗」，就須及早培養可接班的「明星」，甚至也不等「明星」空出位置，就須及早隔代培植有潛力的「兒童」（圖 9.4B）。至於從前一階段的「金牛」退下來成為銷量衰退、利潤由正轉負的「病狗」，就應設法為它另闢新戰場（如表 9.1 中「用老產品開拓新市場」戰略），或尋求其他起死回生的解方；否則就應讓它儘速退場，不要等招式用老後變成企業的包袱。

從他組織觀點看，BCG 模型的戰略意涵在一個「預」字訣。在常變循環世界裡，管理者必須要能洞察變化趨勢，做到「備變到位」然後才能「應變有方」。所以，相較於 9.4A 的傳統企業經營模式，根據 BCG 模型所導出的圖 9.4B，就代表一套可使企業與時俱進、保持續航力的「常變循環經營模式」。這與英國管理學者韓第（Charles Handy）所提「第二曲線」的經營理念相符。不過，本書「常變循環經營模式」的立論，強調企業除了必須及早著手建立具有「明星」潛力的第二曲線外，甚至還須提前把眼光放到第三曲線「兒童」的培植上。

■ 常變循環經營模式實踐上的挑戰

常變循環經營模式是從自組織宏觀、微觀原理中導出的企業戰略應然模型，但實然的成功案例卻不多見。甚至許多紅極一時的跨國企業也都難逃「一代拳王」的命運，都是過不了這一關卡。

例如，從 1940 年代二戰戰場上就以無線通訊技術大放異彩的摩托羅拉（Motorla），一直風光到數位行動通訊 2000 年代前期，然後就從市場中被淘汰下來。接著從 1990 年代後期起引領行動市場風騷的諾基亞（Nokia），在激烈競爭的功能型行動手機市場，全球市佔率曾經所向披靡，創下高達四成以上的輝煌紀錄；但在

2007年的智慧手機市場中，竟被初次出手的蘋果iPhone打趴在地，從此就很快狼狽不堪地淡出手機市場[14]。個人電腦CPU霸主英代爾，吒叱風雲長達40年，但包含智慧手機等行動裝置取代個人電腦成為消費性電子市場聚光燈下的主角後，英代爾就被擠出行動裝置的主流市場，而接手行動市場CPU的擔綱者ARM，甚至已開始反手打入英代爾伺服器市場。

這些原本以技術創新起家的跨國企業，只經歷一個「生、長、盛、衰」的生命週期，就像彗星般消逝（英代爾命運尚未可知），背後的故事裡都有一個類似的情節：在當紅的金牛產品已經開始顯露敗相時，在企業內「把住老產品既得利益的當權派，仍不願放棄資源分配的權力來革自己的命」，以致尚待培養的「明星」以及隔代極待哺育的「兒童」，無法獲得必要資源的投入及整體產品戰略上的支持；結果在沒有成熟的產品接班梯隊可來遞補已成病狗的昔日金牛情形下，整個企業的生命歷程也就走到了盡頭。

1980-90年代紅極一時的迷你電腦（mini-compter）品牌全部走入歷史；2000年代被《從A到A+》[15]書中選為標竿的企業，於今也幾無一倖存，在在印證忽略常變循環原理的嚴重後果。

總之，唯有領導者能清楚認識「常變循環」的自組織原理，並能掌穩企業「常變循環經營模式」的大舵，及早經營第二、第三曲線，他（她）所領導的企業組織才能在恆變無明的大環境中闖過一關關守常、應變的考驗，貫徹企業追求「泛穩定」的目標。[16]

---

14 諾基亞幾度易手後，於2017年重返手機市場，推出iPhone式的無按鍵智慧手機。惟前途未明。

15 Jim Collims（2002）原著，麥若蘭譯，台北：遠流出版社。

臨機破立

化自組織偶然為他組織必然

■ 大機、小機

在自組織三原理中，臨機破立的「機」與因緣成果的「緣」都屬機緣因子，但它們有大小之別。因緣中的緣談的是決定系統能否存在的外部條件，它的形成與營造講究的是「積之在平日」的功夫；而臨機中的機談的則是相變當下所出現的人事時地物等偶發因子，對於這一因子的洞察與運用，講究的是「得之在俄頃」的臨場反應；因此，因緣成果的緣是「大機」，又因為它是長期培養下所取得，所以性質上對應系統較早期的初始條件（遠因）；而臨機破立的機則是「小機」，也因為它是臨場掌握、稍縱即逝的機遇，所以對應相變當下的邊界條件（近緣）。

■ 偶然、必然

根據以上「大機、小機」的論證，管理者他組織可見之手的基本責任就是：在組織相變過程中，去轉化「自組織的偶然」成為「他組織的必然」！這是因為自組織作用力沒有方向性，惟有管理者運用可見之手使它變成具有方向性的「向量」，才能用它來取得管理者所要的成果，這也是「他組織給方向」的要旨。

因此，一方面在戰略規劃上，管理者必須創造與掌握有利於「因緣成果」的大機緣，去促成組織系統的創生、成長與茁壯；而另方面在戰略執行上，管理者又必須洞察與掌握關鍵時空所出現的小機遇，以使「臨機破立」的結果符合決策者的主觀期望。

16 企業除了新創期須跨越地塹外，成長曲線每一階段的轉型都是一道道充滿風險的地塹。

■ 用兵求破、爲政求立

他組織之手對於臨機破立原理的分岔律與因革律，在運用上也各有講究。分岔律主要談具有質變性質的「破」，而因革律則著重在以量變為主的「立」。古人將「破、立」這一對概念拿來與「用兵、為政」相對應，歸納出「用兵重破，故其要在乘機用勢以為勝；為政重立，故其要在因革損益以為治」的道理。意思是：用兵的目標是一次性戰役的勝負，它的重點就在利用當下的機緣，形成自己在戰場上的決定性優勢，以獲取勝利；而為政的目標在長治久安，它的重點就是在既有基礎上，進行「善者因之、不善者革之」的變革，來取得政績。

以下就從「自組織為體、他組織為用」的觀點，把以上的道理再予展開。

▌分岔律

複雜系統經由對稱破缺分岔過程所湧現的相變結果，對自然現象來說，那是在各種因緣和合可能性中，由自組織之手在臨界點當下的邊界條件影響下所作的抉擇——這一臨界點當下的邊界條件，可能是繼承初始條件而來，始終存在於系統內的因子，但也可能是臨場出現的偶發性環境因子，但不論如何，對「純」自組織系統來說，它的分岔結果都具有「自組織的偶然性」。

從他組織的戰略觀來看，在臨機破立的關頭就是要把系統的相變分岔，從「自組織的偶然性」轉化為「他組織設計下的必然性」，由他組織之手掌握系統演化過程的主導權，使系統相變得以朝向組織決策者希望的方向發展。

系統相變的必然與偶然差異，可用圖 9.5（簡化的圖 8.2）來說明。對「純」自組織系統來說，相變不論走上圖中 4 或 5 的分

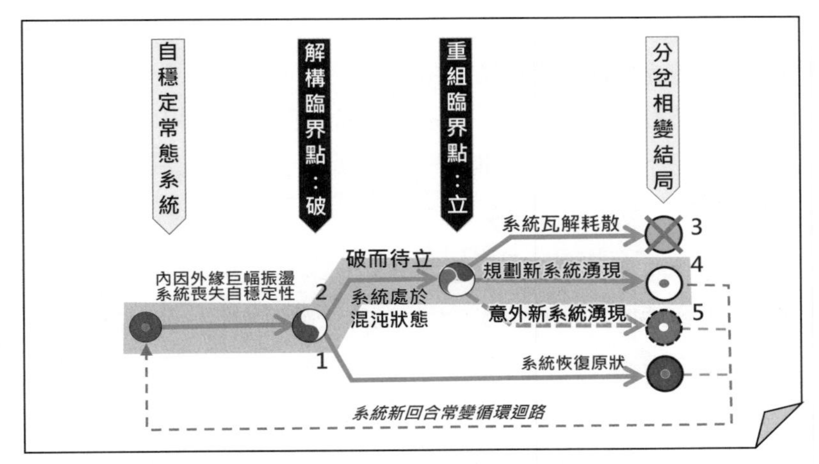

圖 9.5　化自組織的偶然爲他組織設計下的必然

岔都算是成功的相變（因為自組織發展沒有方向偏好，所以本書將自組織力量稱為無方向性的純量）；但對他組織之手來說，分岔 4 是所要追求的唯一結果，任何其他的「偶然」對它來說都是意外與災難（因為他組織有明確的方向性，所以本書將他組織力量稱為向量）。

要達成「偶然轉化成必然——使沒有方向的自組織力量變成『向量』」目標，決策者就須聚焦在兩個先決條件上：(1) 維護代表系統核心價值的初始條件（遠因），(2) 創造與善用有利於自己未來發展的邊界條件（近緣）。以蘋果的賈伯斯從個人電腦戰場打入手機市場的戰略為例。首先，在手機的整體設計上，他堅守一貫的簡約風格與廣受歡迎的直覺式人機介面（這代表賈伯斯所維護的品牌初始條件）；其次，他利用 iPod「果粉」作為槓桿，對蘋果即將推出「具通訊功能的 iPod」，在全球消費性電子產品市場，製造出熱切期盼的氛圍——賈伯斯相當於把同屬行動設備的 iPod

當作他打入行動通訊市場的「特洛伊木馬」——也就因為創造出這種臨場邊界條件，結果使他所推出的 iPhone 果真達到「轟動武林、震驚萬教」的效果，不僅成功席捲行動通訊市場，更從此為智慧手機訂下設計上的新典範。賈伯斯的這兩項作為就充分掌握了臨機破立的竅門。

分岔律主要談「破」，它的戰略意義著重在「機」字訣。意思是：決策者必須走在趨勢前面，洞察「動而未形、有無之間[17]」的「機會之窗」，果敢行動。所以，戰略上就有「觀機不觀勢」的說法，意思是：決策者凡事必須洞察並掌握還處於不確定狀態的「先機」，立即採取行動；否則一旦趨勢成形，局面已難再改變時，就來不及了。至於所謂的「機會之窗」可指 (1) 關鍵性的時機點：例如，從守常態轉換為應變態「換檔」時機的選擇；或 (2) 關鍵性的空間：例如，兩軍對陣，對方所暴露可作為突破口的弱點。不過，除了時、空因子外，「機會之窗」也可泛指任何具有畫龍點睛「成果」效應的人、事、物等其他機緣因子。

從他組織觀點看，「機」其實是一個具有操作性的概念。因此決策者必須培養「觀機、識機、用機」的本領，也必須懂得如何「破人之機、立己之機」來扭轉形勢，使系統相變朝向於己有利的方向發展。本章第四節討論孫子兵法時，還有進一步說明。

因革律

因革律在無意志力操控的自組織演化過程中，產生出因襲自羅馬帝國雙馬戰車軸距的現代鐵道國際標準軌距，以及百多年前雷明頓（Remington）打字機所採用的 QWERTY 鍵盤排列模式成

17 北宋周敦頤《通書》：「……動而未形、有無之間，幾（機）也。」

為普世通用標準等案例。

與此相對應的他組織因革律案例則是：秦始皇一統天下後的「書同文、車同軌」政策，除了為當時的國家治理打下重要基礎外，更影響了往後兩千年的中國歷史發展。而蓋茲在個人電腦的萌芽期，洞察到作業系統的潛在重大商機，就設法以優勢的市佔率使微軟視窗成為快速成長市場的通用標準（de facto standard），並因此催生出龐大的微軟帝國；另賈伯斯推出無按鍵直覺式人機介面的 iPhone 後，從此也一錘定音成為智慧手機的標準設計。

古人對於開創新局、建立典範的領導者給予「創業垂統」的禮讚，本書將這種成就稱為「用他組織之手創造出具有歷史影響力的路徑依賴效應」，而秦始皇、蓋茲與賈伯斯則代表不同性質的創業垂統古今範例。

因革律對他組織之手的戰略意義就是決策者要有意識地根據和合律，做好「創新垂統」的局面開闔，以及「善者因之、不善者革之；不因不生、不革不成」的因革損益選擇工作。在去蕪存菁的工作上，賈伯斯在推出 iPhone 過程中，把他在 Mac 電腦上所創造出來的蘋果品牌特有風格「一以貫之」地傳承下去，就代表他對具核心價值的初始條件的堅持[18]。這種堅持使系統的優良屬性得以遺傳基因 DNA 的方式代代相傳下去，使它們繼續發揮蝴蝶效應的作用——屬於他組織因革律的正面範例。

不過，因革律在保存系統核心價值前提下，決策者也必須要有「能捨才能得」的警惕。例如，前面提到諾基亞在智慧手機市場的一敗塗地，最後淪入轉賣脫手的下場，就是「成功為失敗之

18 這相當於與初始條件的續約（renewal）。

本」的不幸例子。因此，對於組織系統的各類遺產（legacy）在系統的演化過程中，哪些該留、哪些該捨，領導者要有選擇的智慧。但另方面，決策者決定因革取捨的對象後，又須避免發生「因之不問其非、革之並遺其是」的過猶不及問題——對於要留下來的，仍應過濾出其中的適用部分，而不應全部概括承受；對於要去除的，同樣也要避免發生西諺所說「倒洗澡水，連嬰兒也一起倒掉」的情形。美國暢銷飲料可口可樂，一度因認為配方過於老舊，企圖更改口味推出新產品，但市場反應極為負面，甚至導致市佔率快速下滑，嚇得它立即放棄更新配方的念頭，重新販售老產品。也是這方面的重要案例。

三、自組織微觀原理與戰略設計

說明自組織宏觀原理的戰略意涵後，接下討論自組織微觀三原理：因勢利導、量變質變、共生演化，對他組織戰略設計所可帶來的啟發。本書所歸納的自組織微觀原理內容相對單純，但它們反映出與傳統的線性邏輯完全不同的強烈辯證色彩。事實上這也代表複雜系統科學與傳統的牛頓機械論具有本質上的差異性。不過，正由於自組織原理的辯證性，因此使它們的戰略意涵更富有探討價值。

因勢利導

第七章〈自組織〉圖 7.13 顯示自組織系統因為無法伸出一隻可見之手，直接施力把一顆球推上山去，所以改以間接「改變地形（landscape）」的方式，將山坡變成窪地，讓球自動滾進去。這是巨變論用吸引子消長的概念，對用勢不用力相變過程所作的圖解。

對他組織之手來說，因勢利導原理的戰略意義在於提醒決策者：系統相變決定於吸引子消長，因此要促成相變不是直接對系統狀態下手去改變它；而是把眼光放在控制因子身上，利用他組織之手驅動控制因子產生量變的方式，導引吸引子結構出現「老吸引子消、新吸引子長」的變化，最後在老吸引子完全消蝕情形下，順勢完成相變。

他組織之手經由「控制因子消長－吸引子消長－系統狀態相變」的間接路線，就從自組織之手中奪得「雙子搶球」相變過程的主導權來完成系統相變。這是一套具有辯證色彩的方法學，它提醒管理者：要成就任何大事，他組織之手的責任只在創造形勢（給方向），剩下來的工作就由形勢去完成（自組織出力量）。這也是古人「舉大事不以力取」戰略思維的現代科學解讀。管理者唯有掌握了這套方法學的竅門，才能把凡事都應「用智不用力、用巧不用強」的原則，變成自己的思考與行事風格。

蘇花高速公路陷入「發展、保育」激烈角力的無解僵局，結果使蘇花公路的防災改善工程都無法進行。2008 年後交通部將問題重新定義為：基於「社會公平」給花東居民修築「一條安全回家的路」，以此取得處理問題的理性討論空間，以及後續的議題設定主導權。「蘇花改」是實踐「因勢利導」戰略原則的一個典型案例。再看以下案例。

一卡通或多卡通　為了推廣公共運輸，交通部在 2008 年之前曾有推動「全台一卡通」的政策。筆者接任部長後發現，要用交通部發行的卡片「一統天下」，必須先將各縣市使用中，且已有一定發行量的卡片，通通予以收編並下架才行，但可預見這將招來極大的反抗阻力，使它成為「勞而無功」不具可行性的政策。

於是決定「脫框」思考，反過來改採「全台多卡通」的政策：不動現有流通中的卡片，改從讀卡機下手，由交通部補助公車業者在每一輛公車上都裝設可讀多種卡片的讀卡機，來方便乘客跨縣市搭乘公共運輸。結果，兩年時間「多卡通」政策就普及全台灣。

這也屬用勢不用力的間接路線推動公共政策的一個案例。

量變質變

量變質變原理說明：推力與拉力兩控制因子一長一消的自組織量變，先導致來況新吸引子的萌生，將系統帶入應變態；然後再繼續促成現況吸引子不斷弱化與來況吸引子不斷強化的量變；最後在現況老吸引子發生削蝕殆盡的質變時，系統狀態就出現從現況吸引子自動跌入來況吸引子的跨臨界質變，完成系統相變[19]。

量變質變原理可視為因勢利導原理的進一步展開。它提醒管理者：勢的營造可用階段性的方式達成，就像打棒球不必要求棒棒都打全壘打；利用接連的密集安打來得分，往往反而較容易做到。所以凡事不必要求一步到位，可以積小勝為大勝的方式，最後達成讓形勢翻轉的目標，這也是古人所說「勢以漸成、事以積固」的道理。

對他組織之手來說，量變質變原理也提示了操作上的一項訣竅：要推動系統相變就從強化推力因子的量變下手；而要維穩系統就從強化拉力因子的量變下手。因此，如果他組織的目標是推動系統相變，那麼強化推力的竅門就是：由領導者扮演「慢變量」

19 以上描述的是突變過程。至於漸變，它的過程則是老吸引子從位於現況的位置，以不斷量變位移的方式，將它自己（吸引子）連同系統狀態（圓球）一起跨越臨界線，以非跳崖的軟著陸進入來況範圍，完成相變。這同樣是一種量變質變過程。

的角色，啟動「陽起陰從」的支配效應，將大量追隨而來快變量的動能予以同步化，凝聚成具有推力作用的控制因子，以促成來況新吸引子的萌生，並帶領系統進入應變態；接下就是讓新吸引子感應更多的快、慢變量加入，繼續壯大新吸引子的優勢，直到老吸引子發生消失歸零的質變，系統狀態自動跌入來況吸引子，完成相變程序為止，這就是積小勝為大勝的過程。

反之，如果他組織的目標是維持系統穩定，那麼強化拉力的竅門則是：一旦系統出現新吸引子挑戰現況的情勢時，領導者就要發揮同樣的「陽起陰從」支配效應，但這時必須反過來善用系統所擁有抵抗力與恢復力的「在位者優勢」，重整旗鼓，來壓制新吸引子的萌生，化解因量變而引發質變的危機，使系統重新恢復單一吸引子的穩定狀態。基本上這是一種「防微杜漸」的過程。

前面提到美國神學家尼布爾寧靜禱告的三句話：「用勇氣去改變可改變的事，用寧靜去接納不能改變的事，用智慧去區分什麼能變與什麼不能變。」有經驗的領導者往往還可加上第四句話：對於應該改變，但一時不能改變的事，就要祈求運用戰略與耐心去將它從不可變轉化成可改變！加上第四句話的根據就是量變質變原理——經濟學就有「從長期來看，沒有任何成本是固定成本，所有的成本都是變動成本」的說法，意思是長期而言，天下沒有不能改變的東西。

高速公路電子收費 ETC 計畫，因為是民間特許投資的 BOT 案例，所以一切作為都須按照特許合約的規定辦理。但因合約內容的瑕疵，使該案如依約放任而行必然無法達成於 2013 年完成高速公路全面電子收費的目標。2008 年後交通部在不修約的前提下，花費超過 3 年的耐心說服，終於使投資並營運 ETC 設施的遠通公司，在幾番心理拉鋸與掙扎後，願意增資提供「零元」e-Tag 作為電子收費的元件，與政府攜手共同推動全面電子化的收費系統。後來經過基隆地區展開為期 8 個月的先導計畫，證明「零元」e-Tag 確有巨幅提升使用率的效果，並且也能有效處理所謂「多車道自由流（multi-lane free flow）」的精準收費問題之後，e-Tag 的全面供裝就此展開。

高速公路全面電子收費案的執行過程是一典型的量變到質變的漫長過程，在這一過程中交通部與投資營運的遠通公司各自掌握的控制因子，在既競爭又合作方式下，逐步促成新吸引子（「零元」e-Tag 方案）的形成，最後終於在量變導致質變的情勢下，系統狀態滾入新吸引子，而台灣的高速公路也就因此破繭而出，成為全世界第一個全面實施 ETC 的公路系統。

共生演化

共生演化原理進一步放大量變質變過程更細部的內在機制，它說明：複雜系統因為是「具有特定結構－功能關係的分形基模」作為基本單元所構成的層級組織，所以系統相變開始於這些分形基模單元本身或單元間連結方式發生異化；而當異化後的分形基模或其連結方式，經過同層次與跨層次的自我複製擴散，以及磨合調整的共生演化程序，最後引發稱為長程關聯效應的全面性連鎖反應，完成系統宏觀結構與整體功能的質變，結束相變過程。

對他組織之手來說，共生演化原理的戰略思維價值在提醒決策者：要推動系統相變必須 (1) 確認系統分形基模的結構與功能應該發生什麼樣的變化；(2) 尋找適當的突破口，來啟動系統分形基模的異化；(3) 創造有利於異化後分形基模以自我複製方式在層次內與層次間擴散的共生演化環境，以促發長程關聯效應，完成系統宏觀相變。

上述的共生演化過程可用「解聯立方程」來比喻。因為系統各層次的分形基模都非孤立的存在，它們之間具有一生皆生、一起俱起的相依互起特性，所以因勢利導與量變質變效應的發生，在相變當下的時刻是以全面性的方式出現，而非僅是一個局部現象；就如同當聯立方程的通解出現時，整套方程式就一氣呵成全面豁然貫通一般。

以高鐵財務危機解除為例，那就是兩組套疊聯立方程式的解法。首先，利用債務借新還舊，搭配折舊攤提改為前低後高，解決短期現金流失血問題，一方面使高鐵得以維持正常營運，另方面也爭取到緩衝時間來規劃長期結構性改善方案。接下為避免走上「因違約而強制收買」導致兩敗俱傷的法律對抗途徑，因而研議改採公司法途徑來為問題尋找解套之道。於是就有與高鐵五大原始股東協商，並爭取立法院支持，來進行先減資再增資的財務結構改善等一系列措施，終於達到通過股權結構改變，使泛公股董事成為董事會絕對多數的目標，以和平方式正式取得公司主導權。而在泛公股掌控公司的情形下，也使高鐵公司特許經營合約期限的延長取得了正當性。最後再在安排股票公開上市，甚至被納入 MSCI 指標後，正式確認了台灣高鐵是具備可持續經營條件的上市公司。到 2017 年底剩下的唯一議題就是：未來如何進一步將多餘公股與泛公股股份進一步釋出，使它成為一家真正由全民所擁有的公司。

高鐵危機的化解是一個仰賴眾多內因、外緣的配套條件，以共生演化方式逐步塑造出一個穩定的新吸引子，終於使系統狀態順勢滑落其中的過程；它也可用「為一組動態演化的聯立方程式求取解答」的過程來比擬。

四、解碼《孫子》

自組織的宏觀與微觀原理其實與傳統兵法的戰略與戰術思維高度契合。因此如將傳統兵法藉由現代自組織理論進行「以今解古」的重新詮釋，就可從中萃取許多對現代企業管理與公共行政具有啟發性的教訓。以下就以《孫子兵法》為例，說明如何應用自組織原理，來重新解讀其中許多經典概念的現代意義。

《孫子》的「勢」與物理學的能量

為了要對全書近六千字，內容博大精深的《孫子》進行聚光燈式的重點解讀，本書把焦點放在決定戰爭勝負的「勢」與「虛實」兩個核心概念上。先將這兩個概念賦予本書所給的新定義後，再將孫子戰略戰術思想的微言大義，利用自組織原理予以重新詮釋。接下先從「勢」談起。

激水之疾，至於漂石者，勢也。

善戰人之勢，如轉圓石於千仞之山者，勢也。

以上是《孫子・兵勢》兩句非常視覺化的陳述。參照現代物理學的能量概念，這兩句話其實就是「動能」與「位能」兩概念既生動又具象化的描述。因此，我們可以毫不勉強地將《孫子》的「勢」與物理學的能量概念劃上等號：

勢＝能量 （公式 9-1）

不過要把兩個不同領域的概念連結在一起，還必須再做些「轉譯」的加工才行。根據牛頓物理學：動能＝ m ($\frac{1}{2}v^2$)；位能＝ m (g h) ，其中的 m 是有形的物體質量；而括號內的乘數（multiplier），對動能來說是與速度有關的時間因子，對位能來說則是與高度有關的空間因子。相對於「有形」的質量 m，這兩個與時、空有關的乘數都是看不見的「無形」因子；所以物理學動能、位能兩公式就可概括為：

$$能量 = 有形因子_{質量} \times 無形因子_{時空乘數} \quad （公式 9\text{-}2）$$

接下必須為公式 9-2 的「有形因子$_{質量}$」與「無形因子$_{時空乘數}$」兩個變量，賦予兵法上的意義。首先所謂「有形」是指可被觀察的變量；而《孫子・始計》開宗明義就說，興師作戰前必先評估：「主孰有道，將孰有能，天地孰得，法令孰行，兵眾孰強，士卒孰練，賞罰孰明」，換句話說「主、將、天地……」等評估項目都是對勝負具決定性作用的因子，它們所產生的成效都是可用來與對手比較的一種衡量。因此本書就把《孫子》所定義這種可作比較的成效，作為代入公式 9-2 的有形因子，並將這一有形因子用《孫子・兵勢》中「強弱，形也」的「形」來代表。

至於無形因子，《孫子・虛實》有「善攻者，敵不知其所守；善守者，敵不知其所攻……形兵之極，至於無形……能因敵變化而取勝者謂之神」等說法，對於這些相對玄奧的說法，本書用一個「機[20]」字訣來概括，並用「機」的概念來對應能量公式中的無形因子；因此，如果把以上演繹出來的概念套入公式 9-2，那麼結合公式 9-1 的定義，就可得到以下公式：

$$勢 = 形 \times 機 \quad （公式 9\text{-}3）$$

公式 9-3 揭示「靜態的有形實力轉化成動態能量」的基本機制。公式中的「機」是對「形」具有乘數效應，足以使事物朝特定方向轉化的關鍵性時、空或其他特徵的機緣因子。兵書《六韜》中「用之在於機、顯之在於勢」的說法，正好用來描述公式 9-3

所代表「形」借由「機」轉化為「勢」的道理。

■ 形勢成勢＝因果成果[21]

公式 9-3 的「形機成勢」原理，不僅把用勢不用力的概念用公式來表達，它其實也與因緣成果原理相通：它代表有形的內在實力（內因），與無形的外在機緣因子（外緣）相結合後，就會產生出決定勝負的勢能（果）。

本章討論宏觀原理時曾提到：因緣成果原理中的緣是「大機」、臨機破立原理中的機是「小機」；本節提出的「形機成勢」中的「機」，則可指「大機」也可指「小機」，決定於應用的場合。例如，以形機成勢的概念來指導戰略規劃，這時的機就著眼在「積之在平日」的「大機」；如果以它來指導臨場的應敵戰術，所指的就是「得之在俄頃」轉眼即逝的「小機」。

虛實決勝律

接下討論公式 9-3 所定義的勢能與戰局勝負的關係；這就涉及《孫子》兵法中的「虛實」概念。

公式

「虛實」是「形」與「勢」之外，出現在《孫子》十三篇篇名中的一對概念。《孫子・兵勢》說「兵之所加，如以碫投卵者，虛實是也」。「以碫（石）投卵」是描述戰場勝負很生動的形容，整句話的意思是：戰局勝負決定於交戰雙方的虛實狀態；而它的

---

20 《孫子》雖沒有直接提出「機」的概念，但字裡行間卻處處暗藏「機」蹤。

21 「形機成勢　因緣成果」都可用 MAO 公式來表達。稍後的「虛實營造律」將說明：MA 是「積之在平日」的有「形」實力，　而 O 則是「得之在俄頃」的臨場「機」緣。

規律則是「實方勝、虛方敗」。

把上述「以碬擊卵」的「虛實」概念再與《孫子・兵勢》「善戰者求之於『勢』」的說法相連結，那麼前面所定義的勢與決定勝負的虛實，兩個概念就具有等價關係，亦即決定勝負的虛實是以勢來做衡量；這一關係用公式表達就是：

虛實＝勢＝形 × 機 （公式 9-4）

公式 9-4 反映「虛實定勝負；勢實者勝，勢虛者敗」的法則，本書把這一「以實擊虛、避實擊虛」的虛實定勝負法則，簡稱「決勝律」，它有以下重要意涵：(1) 勝負不決定於「絕對的形」，而決定於「相對的勢」；(2)「形弱」的一方，如能善用乘數效應高、槓桿作用大的「機」，去創造出相對的「優勢」，就可「以小搏大、以寡擊眾、以弱勝強」而贏得最後勝利；(3) 它是因勢利導原理的另類表達；亦即要從賽局中勝出，除了要用有形實力當底子外，更須懂得善用無形的機緣發揮乘數效應，來轉形成勢，以舉重若輕的方式去取得勝利。

對於形、勢與勝負的關係，《孫子・虛實》又有「人皆知我所以勝之形，而莫知吾所以制勝之形」的說法。其中「勝之形」就是本書所稱的有形實力，所以「人皆知」；而「所以制勝之形」則屬本書所指的「形 × 機所產生的無形勢能」，所以別人就「莫知」了。因此，如果把上述原典第二句最後一個「形」字換成「勢」字，使整句話變成「人皆知我所以勝之形，而莫知吾所以制勝之勢」的話，那麼就相當於用《孫子》原典的字句，為公式 9-4 的「決勝律」直接作出註腳，也為「形可知、勢無形不可知」的概念作了最精準的註解。

案例

以下用大家耳熟能詳的「下駟對上駟、圍魏救趙、破釜沉舟」三句成語典故，來說明如何應用決勝律，來理解這些「以弱勝強、以寡擊眾」案例的玄機。

下駟對上駟　戰國時期齊國的威王與他的大將田忌都喜歡賽馬並養有馬隊。但田忌馬隊素質較齊王的略遜一籌，所以在歷次馬賽中屢戰屢敗輸了不少錢。孫臏初到將軍府擔任軍師，就親自到馬場觀看比賽情形。回來後，他跟田忌說：下一場比賽讓我來調度，將軍儘管下注，我會把過去你輸掉的錢全部贏回來。田忌就請孫臏操盤，結果真的贏回了過去輸掉的五百金。孫臏獲勝的玄機是什麼？因為孫臏發現：雖然齊王與田忌兩支馬隊的有形實力關係是「$\text{上駟}_{\text{齊王}} > \text{上駟}_{\text{田忌}}$，$\text{中駟}_{\text{齊王}} > \text{中駟}_{\text{田忌}}$，$\text{下駟}_{\text{齊王}} > \text{下駟}_{\text{田忌}}$」；但預判「$\text{上駟}_{\text{田忌}} > \text{中駟}_{\text{齊王}}$，$\text{中駟}_{\text{田忌}} > \text{下駟}_{\text{齊王}}$」；所以他就在第一場派出下駟去消耗掉齊王上駟的優勢，使田忌在後兩場穩操勝券。田忌馬隊獲勝的關鍵在於：孫臏識破了馬隊「出場時序」的玄機。一般人都有可贏的時候先贏再說的迷思，都會先排自己的上駟上陣；對孫臏來說，這就成為可乘之機，可用不按「慣行牌理」出牌的方式取得勝利。

因此，用決勝律來解釋本案時，公式就變成「$\text{勢} = \text{形} \times \text{機}_{\text{時序之機}}$」，意思是：田忌馬隊的平均實力（形）雖不如齊王，但因孫臏運用「改變出場順序」之「機」，靠著這一乘數因子，使田忌馬隊臨場的「勢」轉虛為實，因而得以三戰兩勝打敗齊王。因此「下駟對上駟」清楚印證「勝負在虛實、不在強弱」的道理，即使「$\text{形}_{\text{田忌}} < \text{形}_{\text{齊王}}$」，但因「$\text{機}_{\text{田忌}} >> \text{機}_{\text{齊王}}$」產生「$\text{勢}_{\text{田忌}} > \text{勢}_{\text{齊王}}$」的效果，導致田忌勝而齊王敗的結局。

圍魏救趙（三）　龐涓率領魏軍包圍趙國邯鄲。齊威王派田忌領軍援救趙國。齊軍開拔前，孫臏提醒田忌要「批亢搗虛（避實擊虛）」，應採圍攻魏國國都大梁的「圍魏救趙」的間接路線來解邯鄲之圍。田忌聽從孫臏的計謀結果大敗龐涓，獲得「救趙、弱魏、強齊」三重效果。用決勝律分析「圍魏救趙」獲勝的玄機在於：(1) 原有情勢：因為魏軍實力強於齊軍（齊軍形弱），齊軍長途遠征邯鄲，魏軍先處戰地，以逸待勞（齊軍無先機）；所以就兩軍的勢來說，孫臏判定齊軍是虛方，並無勝算。(2) 孫臏洞察到「空間翻轉」之機，亦即 (a) 攻其必救：魏軍精銳盡出後方空虛，正好乘虛而入，逼迫龐涓不得不兼程回師保衛國都；因而使齊、魏兩軍主客易位，齊軍奪回先處戰地、以逸待勞的先機。(b) 掌握主動、避實擊虛：於龐涓回師必經的桂陵埋伏重兵，使齊軍可趁魏軍進入峽谷頭尾不相顧時，攻其無備、乘機痛擊。

因此，用決勝律解釋圍魏救趙的公式就變成「$勢=形\times機_{\text{空間之機}}$」，在上述 (a)、(b) 兩重空間翻轉效應下，使原本實力較弱的齊軍，勢能遽增，一舉擊敗原本實力較強的魏國勁旅。亦即原本「$形_{\text{齊軍}} < 形_{\text{魏軍}}$」的強弱之形，借助「$機_{\text{齊軍}} >> 機_{\text{魏軍}}$」得到「$勢_{\text{齊軍}} > 勢_{\text{魏軍}}$」的結果，使齊軍因而獲勝。本故事再度證明：勝負在虛實、不在強弱！

破釜沉舟　漢朝開國第二年，韓信率 3 萬漢軍直取佔據井陘（發音刑）關的 20 萬趙軍。韓信一進入井陘地界，就先派二千精銳輕騎迂迴包抄井陘關後方；而主力部隊則於渡過綿曼河後，破釜沉舟、背水布陣[22]（見圖 9.6）。由於漢軍兵力懸殊，且佈陣又犯了自斷後路的兵法大忌，趙軍望見大笑認為必然不堪一擊，因此傾巢而出企圖一舉殲滅漢軍。韓信則親自領軍反擊、殊

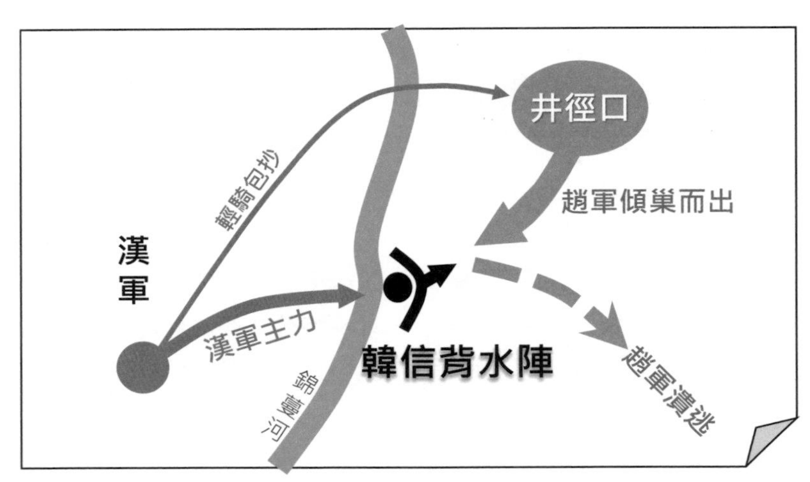

圖 9.6 韓信井陘之役的破釜沉舟背水陣

死奮戰。後來趙軍因無法獲勝而要退回井陘，卻見大本營已遍插漢軍赤旗，結果軍心大亂、棄甲曳兵、兵敗如山倒。這一反其道而行的佈陣用兵方式，卻取得以寡擊眾決定性勝利，到底竅門何在？韓信事後說「背水陣雖是兵家大忌，但兵法上也說過『陷

---

22 韓信背水陣是記載在《史記》中的故事。不過，由於兵力過於懸殊（假設史書所載無誤），加上一般關隘的易守難攻，因此如何引誘趙軍傾巢而出，不留任何主力在關內，以免漢軍必須發動第二波攻堅，是韓信在戰術上能否能速戰速決的關鍵因素。如果這一考量屬歷史事實，那麼韓信的背水陣其實就是在「不出奇無以致勝」的困境下，鋌而走險所設的苦肉計。因為唯有「能而示之不能」，讓趙軍低估他的領兵打仗能力，才可能讓趙軍見獵心喜，傾巢而出（按：當時韓信登壇拜將還不到兩年，雖已有數場勝利戰績，但尚未完全樹立能戰、善戰名聲）。而這一苦肉計要能得計，必須搭配兩個先決條件：(1) 趙軍真會為吞下這塊苦肉之餌，貿然傾巢而出；(2) 背水列陣的漢軍，要有把握在超過七、八倍以上兵力的強打猛攻下，仍能頂得住、活下來。如果以上的分析亦屬歷史未揭露的事實，那麼韓信確實非常幸運：因為趙軍果真中計傾巢而出，而漢軍也不負期望，真的以一當十守住了陣地。不過，在這種情形下，史記所載韓信本人對這個案例的現身說法，卻只講了置之死地而後生這一半的道理，對於為何要設下「苦肉計」的理由，就完全沒有交代。

之死地而後生，投之亡地而後存』的道理，只是大家不知運用而已。」由於背水已經是兵法上的「死地」，再加上自斷退路（破釜沉舟）就更成了「亡地」，到了這時刻每個人就只剩奮力一戰，以求活命一條路。

因此，背水而勝運用的是心理因素的轉換之機，它的決勝律公式是「勢＝形 × 機$_{心理之機}$」。這種心理之機一旦發生作用，就可出現「以一當十」的乘數效應。所以背水陣顯示即使「$形_{漢軍}<形_{趙軍}$」，但因「$機_{漢軍}>>機_{趙軍}$」仍可創造出「$勢_{漢軍}>勢_{趙軍}$」的結果，本案例又再次印證：勝負在虛實、不在眾寡！

歸納來說，以上案例一再證明：勝負決定於勢的虛實，而非僅形的強弱、大小；戰局交手雙方的勝負，決定於關鍵時刻，誰能創造與捕捉「機」來扭轉與強化自己的「勢」。因此，決勝律的精確意義是：戰局勝負的決定，不是交手雙方所擁有整體性絕對實力的大小，而是誰能在衝突點上創造出局部性的相對優勢。

決勝律不僅與自組織用勢不用力的道理完全相通，它也可用來理解本書一再提到《孫子》「勝兵先勝而後求戰」的意義：要應用先勝的概念，必須知道如何預判勝負，而了解決勝律的道理就可對先勝與否做出判斷。

虛實（奇正）營造律

決勝律是個定義性的法則，說明「形機成勢」以及「勢的虛實決定戰局勝負」的道理。接下討論「勢」的虛實能否營造，亦即「形、機」要如何來經營與創造的問題。

公式

《孫子：兵勢》有「凡戰者，以正合、以奇勝」的說法；《老子》則說「以正治國、以奇用兵」；而本書在討論臨機破立的他組織有形之手的功能時，曾提過「為政之道在因革損益以求治，用兵之道在乘機用勢以為勝」；因此，本書把「奇正」概念與虛實律的「形、機」等概念拿來相互對應，並把「形」定義為平時該努力的重點，把「機」定義為臨場應變所應創造與把握的變數；因此歸納出「守常以正、應變以奇；常變循環、營造形勢」的法則，本書將這一法則稱為虛實營造律，用公式來表達就成為：

$$勢 = 形_{正} \times 機_{奇} \qquad （公式\ 9\text{-}5）$$

公式 9-5 揭示：勢的營造可區分為平時守常與臨場應變兩種努力方向——在平時的守常狀態，著力的重點在經營基本面整體的絕對實力，亦即「以正養形」；而臨場的應變狀態講究的重點就在「以奇用機」，目的是在創造衝突點的局部相對優勢，也就是創造「成勢」的效果。

相對來說，「以正養形」屬決策者可控因子，該做的是修道保法、厚積薄發的量變質變功夫。這時只能用「正」道來培養，就如同蹲馬步的基本功，不能取巧；必須本著「無恃其不來，恃吾有以待之；無恃其不攻，恃吾有所不可攻也」的原則，在平時確實做好「打啥、有啥」的準備。

至於「以奇用機」則具有可遇不可求的不可控性，必須用洞察力與創意去設奇造機、出奇制勝，創造出舉重若輕的槓桿效應；並發揮「戰勢不過奇正，奇正之變，不可勝窮」的靈活性， 展現「有啥、打啥」的臨場應變能力。見表 9.2。

表 9.2　虛實營造律中「形$_{正}$、機$_{奇}$」特性的對照

時機	作為	特性	關照範圍	衡量	行為模式
平時守常態	厚積養形	可控/用正	整體基本面	絕對實力	打啥、有啥
臨場應變態	因機成勢	不可控/用奇	局部衝突點	相對優勢	有啥、打啥

表 9.2 顯示，相對於「形機成勢」的決勝律對應因緣成果原理，「平日養形遵循正道、臨場用機出奇制勝」的虛實營造律，在應用上對應常變循環原理的守常態與應變態。營造律接續決勝律，進一步說明：根據「奇正相生、營造形勢」以及「因形用機以造勢」的道理，決定勝負的「形」與「勢」這兩個變量，都是可被他組織之手經營與創造的。

案例

接下舉例說明，如何應用營造律來理解複雜系統的「形、機、勢」三者的關係。

曲突徙薪（二）　在這個闡揚防災意識的著名成語故事裡，非常清楚說明：如果在平時不圖僥倖、不取巧，把該做到位的曲突徙薪改善工作老老實實做好（平時做好以正道養「形」的守常工作），那麼成災的風險之「機」在源頭就被消滅掉了，事後的火災也就無法成「勢」，焦頭爛額的場景也因此可完全避免，根本就沒有「應變以奇」的需要。

下駟對上駟（二）　這個故事印證：雖然整體實力不如人，但仍可能「設奇用機、因機成勢」創造局部優勢，以弱搏強並獲勝的道理。不過，必須注意的是：要利用機緣因子的乘數效應來轉化自己的虛實地位，先決條件仍是整體實力必須達到起碼的水

平，與對手差距不能太大才行；否則再有威力的乘數效應也難以拉拔不成氣候的弱者。換句話說，田忌的馬隊如果不具備「上駟$_{田忌}$ > 中駟$_{齊王}$、中駟$_{田忌}$ > 下駟$_{齊王}$」的條件，那麼孫臏再厲害也改變不了他連戰連敗的命運。而這種必要條件的創造，就看田忌平時是否做好慎擇馬匹、訓練馬隊的工作；同樣的先決條件也適用於圍魏救趙與破釜沉舟兩個案例。

所以，在應用虛實營造律的時候，必須深切體認「形、機、勢」三個變量之間「形是勢之體、勢是形之用」的基本關係，意思是：「形」雖不能直接決定勝負，必須借助「機」轉化成代表能量的「勢」才能用來決勝負；但它仍然是三者間最基本的分母，因為如果「形」太弱，再強的「機」也很難造出能獲勝的「勢」；反之，如果「形」一開始就夠強，那麼往往不待「用機成勢」，它本身就是可產生「不戰而屈人之兵」嚇阻效應的本錢。

虛實（破立）轉化律

營造律談「形、機、勢」的虛實如何營造；接下來討論賽局對陣當下，居於弱勢的一方可用什麼辦法來翻轉虛實、反敗為勝？由於賽局臨場雙方的「形」都已固定（形是平常要下的工夫），因此這時雙方所掌握「機」的強弱，以及有無「破人之機、立己之機」的手段去促成「勢」的消長，就成為賽局決勝關鍵。

公式

《孫子・謀攻篇》說「識眾寡之用者勝，上下同欲者勝，以虞待不虞者勝」。韓信「破釜沉舟的背水陣」是識眾寡之用，並做到將士上下同欲的典範；而孫臏「圍魏救趙」則是「以虞待不虞」的傑作。這些以寡擊眾、以弱勝強的案例，背後的共同訣竅都是運用了「破人之機、立己之機」的訣竅。

決勝律「勢」的概念與物理能量理論相契合，而能量理論另有「封閉系統中能量守恆」的定律，因此把能量守恆的概念與「形機成勢」的概念結合，就可進一步引申出「封閉性戰局總勢能不變，勢能佔比高的一方獲勝」的推論。根據這個邏輯就可定義總勢能轉化的公式如下：

$$\text{勢}_{\text{總}} = \text{常數} = \text{形}_{\text{己}} \times \text{機}_{\text{己}} \uparrow + \text{形}_{\text{彼}} \times \text{機}_{\text{彼}} \downarrow \qquad \text{（公式 9-6）}$$

公式 9-6 中因為總量守恆，而雙方的「形」在臨場當下已經固定，所以隱含「$\text{形}_{\text{己}} \times \text{機}_{\text{己}} + \text{形}_{\text{彼}} \times \text{機}_{\text{彼}}$」爲常數，以及具有其中一項升高時，另一項必然降低的翹翹板關係。該公式反映：(1) 臨場當下，形已固定，機是全局焦點；(2) 這時的機，因為有互為消長的關係，所以必須成對來看，才能觀察出此長彼消的動態趨勢；(3) 「破人之機、立己之機」是賽局臨場轉化雙方虛實的機制——如果能使「己機」變成放大因子，那麼「彼機」就自然變成折扣因子，從而帶動賽局中總能量的重新流動；再經由「己勢長、彼勢消」能量重新分配的轉化過程，就能使己方勢能在系統中的佔比壓倒對方，因而取得己實彼虛的優勢而穩操勝券。

本書把上述「破機立機」所可產生的虛實翻轉效應，稱為「虛實轉化律」——它與自組織的臨機破立原理在道理上相通，可融會應用。一般在戰術上所稱的不對稱戰爭，就是應用虛實轉化律，在「形」的大小差距很大、不對稱的情形下，以最大化「破人機、立己機」效應的方式，設法使自己在戰局中獲勝。

案例

以下看幾個「識眾寡之用」以「破人機、立己機」轉化戰局虛實的歷史案例。

聲東擊西　曹操與袁紹在官渡正式展開最後決戰前，是以白馬城之役作為序幕——這也是《三國演義》中，描述關羽斬顏良的那場戰役。當時曹操與袁紹對峙於官渡附近，曹方的白馬城被袁方猛將顏良包圍，而袁紹親領的主力大軍又正源源向白馬開拔過來，曹操軍情異常吃緊。袁紹兵多，原本對於會戰早已勝券在握；但曹操用聲東擊西法，把袁軍一分為二，使袁紹的主力大軍朝白馬的相反方向運動，破解了袁軍勝機；然後再迅速集結自己所有兵力向包圍白馬城的顏良奔襲，為曹軍確立勝機；於是就在曹操的「我專為一、敵分為二」的「一破一立」戰術下，圍白馬的袁軍就被曹軍以破竹之勢，一舉擊潰。

其次，再看前面已提過的圍魏救趙與破釜沉舟的兩個案例，如何用「破機立機」的虛實轉化概念來解讀。

圍魏救趙（四）　孫臏用避實擊虛間接路線，捨邯鄲、走大梁，破解了龐涓的勝機；而齊軍又於桂陵設伏，在魏軍猝不及防的時、地，予以包圍痛擊，則是確立了齊軍的勝機；結果孫臏大獲全勝，一舉達到「救趙、弱魏、強齊」三重目標。

破釜沉舟（二）　韓信布下背水陣，使趙軍見獵心喜，誤以為可一舉殲滅漢軍，於是大軍傾巢而出，離開了易守難攻的井陘關寨，成就了韓信的破敵之機。而韓信採取 (1) 破釜沉舟、自斷退路，以激發漢軍「置之死地而後生」的奮戰決心；以及 (2) 事先派出輕騎兵包抄到井陘關後方，以阻絕趙軍退路的兩項戰術，為自己立下勝機；結果漢軍發揮以一當十乘數效應，以寡擊眾大破趙軍，而韓信也因此一戰成名。

以上案例清楚印證：虛實法則用於臨場應變時，竅門就在「破人之機、立己之機」八個字。俗語說「下棋要下上手棋」它所搶得的就是一步之差「致人而不致於人」的先機。因此，要臨場轉化戰局的虛實，必須遵循「破機立機、因應轉化；因機而動、用勢而成」的原則，這一原則就是虛實轉化律的訣竅。

《孫子》以虛實論勢與勝負的戰略思想，除可發展出上述三律外，還可各自衍生出「先勝」與「全爭」兩個重要的戰略概念。

先勝律

《孫子 ‧ 軍形》提出「勝兵先勝而後求戰，敗兵先戰而後求勝」的概念，這是任何賽局攤牌前，決策者必須確認的一項「量敵而後進，慮勝而後會」的自我檢驗標準。「先勝」概念的背後是《孫子‧虛實》「善戰者致人而不致於人」，亦即任何戰略必須掌握主動權（前述「上手棋優勢」）的思想。

本書討論組織變革議題時，就利用「先勝」概念來描述「解凍」這一程序在整個變革過程中的意義；而第八章〈領導〉的內容，不論是討論宏觀或微觀領導力，大半篇幅其實也都在探討如何取得先勝的解凍策略。本章正式進入戰略與兵法的領域，根據戰略與戰術上「致人而不致於人」的主動思想來談「先勝」的概念，就必須交代如何達成「先勝」條件的方法論。

本書根據《孫子》以虛實論勢與勝負的概念，推演出由「決勝、奇正、破立」三律所支撐，以「平時營造虛實、戰時轉化虛實」為內涵的形機成勢原理，這套原理其實就是一套具有操作性的戰略戰術方法論，並且運用這套方法論所產生的量變質變效應，就可使我們取得先勝的賽局優勢。

本書把善用形機成勢的量變質變成果，以取得「掌主動，致人而不致於人；制虛實，先勝而後戰」賽局優勢的思想稱為孫子兵法的「先勝律」。這一先勝律可對應自組織的量變質變原理。

先勝思想結合《孫子・軍形》「善戰者先為不可勝，以待敵之可勝……善戰者之勝……勝已敗者也……善戰者立於不敗之地，而不失敵之敗也」等概念，進一步反映出形機成勢戰略功夫的目標與步驟是「先求守而必固、再求攻而必取」。

根據先勝律，有經驗的決策者都會在開賽前就把「形機成勢」的戰略功夫做到位，來預先取得戰局的相對優勢，不待開賽就已胸有成竹、穩操勝券。

全爭律

五代的史學家張昭，對《孫子》有以下評語「戰國諸侯言攻戰之術，其間以權謀而輔仁義，先智詐而後和平，惟孫子十三篇而已」。張昭這一說法的依據，應是《孫子》雖是一本兵書，但它卻有非常清晰而明確的非戰思想。例如《孫子・謀攻》有：

- 善用兵者，屈人之兵而非戰也，拔人之城而非攻也……必以全爭天下……
- 上兵伐謀、其次伐交……其下攻城……
- 用兵之法，全國爲上、破國次之，全軍為上，破軍次之；全旅為上，破旅次之；全卒為上，破卒次之；全伍為上，破伍次之……
- 百戰百勝，非善之善者也；不戰而屈人之兵，善之善者也。

這些「屈人非戰」的思想與上述的先勝律相同，都是在形機成勢的戰略功夫基礎上才能實現。換句話說，形機成勢方法論所發揮的量變質變效應，產生了先勝的賽局條件；而在已取得先勝優勢的前提下，形機成勢方法論還可進一步發揮用勢不用力的效應，使我們可用「寓破於全、屈人非戰」的方式，達成「贏得戰爭也贏得和平」的戰略目標。

本書把運用形機成勢原理來實現的「營造優勢、用勢不用力，屈人非戰、以全爭天下」的思想，稱為孫子兵法的「全爭律」。這一全爭律可對應自組織的因勢利導原理。

由於只有穩操勝券的先勝者，才有資格與條件談論決定勝負不必訴諸戰爭，以及「屈人非戰、以全爭天下」的崇高目標；而《孫子》正因為洞察與掌握了「戰勝不忒[23]」的訣竅，所以提出「貴謀賤戰」的主張，提倡「寓破於全」的「全爭」思想，亦即：

> 《謀攻》：知彼知己，百戰不殆…不知彼不知己，每戰必敗
>
> 《軍形》：善戰者之勝也，無智名、無勇功。
>
> 《作戰》：不盡知用兵之害者，不能盡知用兵之利。
>
> 《火攻》：非利不動…非危不戰，主不可怒而興師，將不可慍而致戰。

決策者如能深切體認《孫子》「先勝、全爭」思想，並將它作為戰略思維的前提，就能夠成為一個「知敵己之情、知勝負之道」用勢不用力的戰略家。

---

23 《孫子 • 軍形》：不忒者，其所措勝，勝已敗者也。

虛實五律 結語

歸納

虛實五律是利用現代物理的能量概念以及複雜系統自組織理論，將傳統兵學決定勝負的核心概念——虛實與勢——予以重新解讀後得到的成果。

前面提到：《孫子》虛實五律中的決勝律可對應自組織宏觀因緣成果原理，營造律可對應常變循環原理，轉化律可對應臨機破立原理，而先勝律則對應自組織微觀量變質變原理，全爭律對應因勢利導原理。表 9.3 是虛實五律內容的彙總。

表 9.3 《孫子》虛實五律內容彙總

	名稱	作用	定義	公式
虛實五律	決勝律	定義虛實 因緣成果	勢之虛實決定勝負 勢實者勝、勢虛者敗	虛實 = 勢 = 形 X 機
	奇正律	營造虛實 常變循環	守常以正、臨變以奇 常變循環、營造虛實	勢 = $形_{正}$ X $機_{奇}$
	破立律	轉化虛實 臨機破立	破機立機、因應轉化 因機而動、用勢而成	$勢_{總}$ = 常數 = $形_{己}$ X $機_{己}$↑ + $形_{彼}$ X $機_{彼}$↓
	先勝律	先勝致人	掌主動、致人不致於人 制虛實、取得先勝先機	量變質變、營造轉化
	全爭律	不戰屈人	尚謀慎戰、用勢不用力 屈人非戰、以全爭天下	用勢不用力、以全爭天下

《孫子》虛實五律可再簡述如下：

決勝律：(1) 賽局勝負不決定於雙方的有形實力，而決定於賽局系統總勢能的分布；(2) 勢能由交手雙方各自的有形實力 (形) 與可結合運用的機緣因子 (機) 交互作用而產生；(3) 雙方各自擁有的勢能加總後為總勢能，在封閉性賽局的守恆總勢能中，勢能佔比高的一方為實方，低的為虛方；(4) 實方將在賽局中勝出。

營造律：有形實力的培養是平時著力的重點，而機緣因子的捕捉與運用則屬臨場應變的功夫；所以決策者須在平時培養自己的絕對實力，並也須鍛鍊臨場用機成勢的能力。但決策者必須切記「形為本、機為用；以正立形、以奇用機」的道理。

轉化律：破人之機、立己之機是臨場應變的關鍵，如能有效達成「破、立」效果，就可使不利於己的系統狀態出現逆轉，或使有利於己的狀態得以鞏固。

先勝律：根據致人而不致於人的主動精神，遵守形機成勢原理以量變質變方式，在開賽前就取得穩操勝券的相對優勢，達成守而必固、攻則必取的目標。

全爭律：知己知彼，貴謀賤戰；在先勝前提下，善用虛實形勢、用勢不用力，屈人非戰、以全爭天下；贏得戰爭、也贏得和平。

虛實五律可用以下的話做總結：詳敵我之情，知致勝之道；識眾寡之用，明奇正之變；為強弱之形，制破立之機，轉虛實之勢；握和戰之權，定成敗之數。

遵天道、興人道

明朝茅元儀對《孫子》有「前孫子者孫子不遺，後孫子者不能遺孫子」的評語。本書認同茅氏對《孫子》的崇高評價。《孫子》雖是一部兵書，但它「貴謀賤戰」的基本精神、「用勢不用力」的主張，以及「以全爭天下」的胸懷，使它的貢獻與價值遠遠超越了兵書的格局。

本書討論有關決策與執行議題，採取古人將治事、行醫、用兵之道視為「體同而用異」的看法，把「治、醫、兵」三道相關理論與案例，一併作為探討對象。本章從物理學切入，再從因緣成果等自組織原理觀點解析《孫子》，歸納出「形機成勢」公式，並進一步推導出可與自組織宏觀三原理相互對應的「虛實決勝律、奇正營造律、破立轉化律」。

又由於形機成勢公式代表一套具有操作性的方法論，根據應用這套方法論所產生的成效，還可再進一步與《孫子》另兩個重要的戰略概念建立連結，歸納出「先勝律、全爭律」兩個法則。其中先勝律是通過形機成勢的量變質變效應，所取得的賽局先機；而全爭律則是在先勝前提下，發揚用勢不用力精神，達成「寓破於全，屈人非戰；贏得戰爭，也贏得和平」的目標。因此這又是可分別對應自組織微觀的量變質變原理與因勢利導原理的二個《孫子》法則。

根據《孫子》原典所演譯出來的戰略戰術規律，不只可與自組織理論密切契合、高度相容，並在意涵的理解上具有互補的作用，甚至在概念上也有殊途同歸的一貫性，收到互相發明的效果。這種古今理論可直接對話的有趣現象，它的發生原因主要是：春秋戰國時代諸子的著作，基本上都反映了當時代的宇宙觀，亦即古人所稱的「天道」；而《孫子》就在那種背景下，以「遵天道、興人道」為前提，發展出一套恢宏精闢、歷久彌新的兵學理論。由於古人所洞察的天道，其實就是自然界自組織原理；而複雜系統科學只不過是為古人的直觀智慧提供現代科學的佐證而已，因此從這個觀點看，孫子可說是懂得應用自組織概念的一位先知。

有趣的是：包括《孫子》在內的諸子百家，所提出百花齊放的學說與主張，背後都有各自遵奉的一套「遵天道、興人道」的理念。而本書所稱的「自組織為體、他組織為用」其實也是一套「遵天道、興人道」的理念，只是本書所遵循的天道是以複雜系統的自組織原理為依據，而人道則是專業經理人所應該遵守組織治理的倫理與紀律。對於這一議題，本書在最後的〈管理之道〉一章還有進一步討論。

第十章

案例

本書第七章介紹自組織理論，第八、九章從「自組織為體、他組織為用」的觀點，說明如何重新解讀傳統的領導與戰略兩概念的意義。本章則以兩個實際案例來說明，如何應用這些理論來分析與解決現實世界的問題。第一個案是中華電信的企業組織轉型與再造；第二個案例是埃及 - 以色列的和平談判。這兩個案例雖都不是最近發生的事件，但它們在各自的專題領域中有一定的代表性。兩案例本身富有戲劇性，個案中也寓有許多通案性的經驗與教訓，並有充分的素材來反映本書「自組織為體、他組織為用」的管理觀，也可用以印證本書所歸納宏觀、微觀自組織原理與法則的實用價值。

一、中華電信轉型再造

中華電信的案例是筆者從 2000 年 8 月到 2003 年 1 月擔任中華電信公司董事長那段期間親身經歷的現身說法。美國哈佛大學商學院在 2008 年把這段故事整理成企業轉型與再造的個案教材[1]。

1 Paul Marshall, et al, "Chunghwa Telecom Co., Ltd." Harvard Business School, Case No. N1-808-137, April 2008, Harvard Business School Publishing, Boston, MA, USA

危機

時間倒帶到 2000 年的 8 月 16 日，台北市忠孝東路行政院大門前聚集近 3000 名中華電信員工，針對公司民營化以及員工權益等訴求進行示威遊行，現場高喊「葉菊蘭下台、毛治國不要來[2]」的口號。

員工走上街頭

人還沒上任，就遇到中華電信員工這種陣仗，我提醒自己：作為一個機構未來的領導人，遭遇這種情形，特別需要運用洞察力與判斷力，去冷靜診斷自己面對的究竟是什麼問題，必須要能看出「熱鬧」表象下，問題的真正「門道」。唯有這樣才能對症下藥，找到釜底抽薪之計，而不致只是揚湯止沸、治絲益棼。

中華電信是 1996 年下半年在「政企分離」政策下，從交通部電信總局分割改組成立的國營公司；同年台灣的行動通訊市場也打破獨佔、開放競爭。面對民營新業者猛烈搶攻市場，中華電信招架無力，不斷節節敗退。到了 2000 年 5 月行動通訊市佔率從三年多前獨佔時期的 100%，一路跌到 26%，以致市場第一名寶座在當月被民營新業者奪走。員工的士氣與信心遭受空前重創。

接下來的 2001 年，中華電信還將面對公司民營化與固網市場開放兩項重大挑戰。民營化釋股工作當時也面臨許多爭議。例如，股票合理價位該定在哪裡（價高雖有利國庫，但不利釋股銷量；價低則有賤賣國產的質疑）？應否採全民配股政策以分散股權，避免國營企業財團化？國內與國外上市比重又該是多少？由

2 葉是當時的交通部部長；而筆者則是當時主管電信業務的交通部次長，8 月 14 日剛剛內定要接任中華電信董事長。

於 2000 年網路泡沫化導致華爾街股票大跌，因此有人質疑國外上市時機的妥適性？甚至還有因行動通訊是具潛力的成長股，而固網則是不具賣相坐待被瓜分的市場，所以為使釋股順利進行，就有應將中華電信行動與固網切割成兩個公司，分開上市的主張[3]。

而對中華電信員工來說，那是一段人心惶惶的時刻，資深的都想退休，年輕的則想跳槽；於是工會就帶領他（她）們走上街頭，高喊「不裁員、不減薪」的保障權益訴求。

公司面對的危機

在 2000 年 8 月 21 日正式上任當天，對於員工同仁之所以走上街頭，我除了就職講話外，還另發表公開信昭告大家，在那些表面的權益訴求之外，我看到的真正核心問題是：

1. 面對市場自由化的信心危機：對於迫在眼前的固網市場自由化 —— 民營固網業者預計於次（2001）年初就將全面開台進入市場 —— 大家對公司的競爭力完全沒有信心。絕大多數同仁甚至都深信：行動市場開放後，中華電信市佔率大量流失的慘劇，必將在固網市場重演。

2. 面對公司民營化的生涯危機：對於即將實施的公司民營化政策（當時設定的目標日是 2001 年年底），大家普遍感到茫然與惶恐。因為在當時，公司方面對於民營化後的人事制度，尚未完成規劃，再加上對公司的競爭力完全沒有信心，所以普遍都有將來難免發生裁員、減薪的恐懼。

---

3 將行動業務與固網拆分上市的主張，是釋股承銷商基於「股票可定好價錢，並且容易賣」的觀點所提出。不過這種作法將使固網變得更難上市，並也喪失將來與行動與數據相互結合，以發揮業務綜效的機會。因此，筆者當時對此想法抱持完全反對與阻止的態度。

我認定 8 月 16 日的示威遊行，就是中華電信員工面對上述兩項交疊在一起的危機，所引發的集體焦慮反應。有了這種認識後，從上任伊始我就把注意力聚焦到兩個基本議題上：(1) 如何讓中華電信在全面自由化的電信市場中發揮競爭力；(2) 如何針對民營化後的公司，儘速規劃與員工權益攸關的人事制度和工作規則。而在這兩個危機當中，我又認定信心危機是真正的核心，因為只要信心危機能夠解除，大家看到了中華電信的競爭力，生涯危機的恐懼就會自然化解。

化危機為轉機

所謂競爭力問題，對中華電信來說其實是一個組織再造的問題，也就是如何將一個百年老店的國營事業，轉化成一個在自由市場中具有競爭力的企業化戰鬥體。當時我意識到自己必須立即進行的就是盧文的「解凍」工作。

面對外在環境的變遷，員工能有危機意識，甚至因而引發強烈的不安情緒，對管理者來說，相對於公司雖已出現危機但員工卻仍像「溫水鍋中青蛙」渾然不覺的情形，反而是一種值得慶幸的「可用民氣」。員工的信心危機與生涯恐慌，基本上來自對公司與自己前途的茫然；當他（她）們找不到問題的答案時，就必然會陷入集體焦慮狀態。

要帶領組織走出危機與恐慌，我的首要任務就是要為這個久懸的問題，提供一個明確的答案。這裡所稱的答案，就是要為中華電信提出一個願景，並且還要告訴大家如何一步步去實現這個願景[4]。如果這樣一種願景與執行策略，能夠很快在員工間形成共識，並開始表現出有目共睹的成績時，解凍工作就算大功告成。

對策

恐龍跳舞——全員行銷奪回行動龍頭寶座

■ 業務聚焦：守語音、攻數據、扳行動

實際的操盤，我採取目標管理的策略，從設定具體的營運目標下手，來凝聚大家的注意力與動能。首先我把中華電信多達30餘項，講也講不清楚的龐雜業務，予以簡併並重新定義為「固網、行動、數據」三大塊。其中固網向來以語音服務為主，這是一項即將從獨佔進入開放的業務，所以從市佔率角度，只能採取少輸為贏的防禦策略；而行動通訊則是還有很大成長空間的新興市場，何況第一名剛被民營業者搶走，所以必須設法急起直追，以儘速奪回龍頭寶座作為目標。至於數據業務則是以方興未艾的寬頻上網為核心，但當時中華電信只提供根本算不上寬頻，僅有64K的ISDN[5]服務，因此我就把次年要推出頻寬有512K的ADSL[6]服務，當作一個強攻主打的新產品，甚至還要利用這項新業務來帶動中華電信的轉型，使它從傳統的電話公司轉型為以網路服務為主的現代化通訊公司。所以，在2000年的第四季一開始，我就提出「守語音、攻數據、扳行動」三個口號，作為公司當時的基本行動方針。

設定了大方向後，接下來就是選擇一個突破口來發起攻擊。當時所選的就是「奪回行動龍頭」的戰役。2000年中華電信總共

---

4 這就是第九章〈戰略〉三綱領中的勾勒願景（vision）與宣示使命（venture）。

5 ISDN是「整合服務數位網路（Integrated Service Digital Network）」的縮寫。它是有品質控制的數位傳輸服務，但因頻寬只有64K，且月租費相對較高要2,000多元；所以當56K的免費撥接推出，以及512K的ADSL技術成熟後，就失去市場競爭力。

6 ADSL是「非對稱數位用戶迴路（Asymmetric Digital Subscriber Line）」的縮寫，因為名稱冗長難懂，所以一般都只用它的英文縮寫簡稱。

有 3 萬 5 千員工，一個企業員工人數太多通常是一種成本包袱，但如能化害為利，把這些人力拿來打一場別人沒本錢打的「人海戰術」，並且能夠打出成績的話，那麼這場戰役或許就可成為中華電信「帝國大反擊」的序曲。看到了這個可能性，我們就決定推出「全員行銷」方案，也就是訂出「包括董事長在內的每一員工，在為期三個月的促銷期內，都必須至少賣掉 5 支帶門號手機」的一套產品促銷計畫。

■ **帝國大反擊：哪裡跌倒、哪裡站起來！**

對於這個計畫，原本認為只要能賣出 15 萬支[7]，我們就可宣告勝利。但計畫啓動後很快發現：新手機的銷售其實是以每天 1 萬到 1 萬 5 千支的驚人速度在成長。那段時間執行副總張豐雄最常跟我說的一句話是：「董事長，昨天我們又賣掉了 1 萬多支手機，不過我還是沒搞清楚這麼多新客戶究竟是從哪裡冒出來的！」結果三個月下來，我們一舉創造了讓我們的對手以及我們自己都嚇了一大跳的紀錄：80 萬支！

針對這個戰果，我對媒體說：「大家都說中華電信是一隻反應遲鈍的大恐龍，但今天我們向全天下的人證明：這隻恐龍已經會跳舞了，而且一跳就驚天動地！」（按：1993 至 2002 年間擔任 IBM 總裁，並帶領該公司成功轉型的葛斯納（Louis Gerstner），在 2003 年以《誰說大象不會跳舞（Who Says Elephants Can't Dance）》為名出版回憶錄。而我早於 2001 年就形容中華電信的

---

7 全員行銷賣的是摩托羅拉（Motorola）的一支手機。當時要求供應商備妥 15 萬支，中華電信在三個月內包銷。筆者事後知道：因為摩托羅拉對中華電信賣手機沒有信心，所以只準備了 10 萬支，但一開賣居然不到一週就出現缺貨警訊，嚇得供應商先是全台調貨，再是全球調貨，最後不得不下急單重開生產線來因應需求。

變革為「恐龍跳舞」，與葛斯納「大象跳舞」的說法異曲同工。）

平心而論，推出全員行銷方案之初，我的用意只是找個題目，讓所有還自認為是公務員的公司同仁，有機會去親身體驗一下「什麼叫做顧客、什麼是行銷」。至於選擇推銷手機當目標，一方面因為客觀上我們必須儘快擴增行動客戶規模，來改善營收結構，擺脫對固網收入的依賴；再方面又因剛剛失掉行動市場的龍頭寶座，公司上下都有一股不吐不快的鬱悶之氣。所以，我其實是在一種「在哪裡跌倒，就在哪裡站起來」以及「反正沒什麼好損失」姑且一試的心理下，站到這支「哀兵」前面登高一呼，號召大家一起來打這場行銷大戰。但超乎我預期的是：中華電信員工真的把它當成一場雪恥反攻的聖戰在打，非常賣命地動員了起來。

三個月 80 萬支手機的銷售紀錄，讓中華電信第一次體認到 3 萬 5 千名員工一旦上下齊心的話，可發揮的威力究竟有多大。更有趣的是，許多同仁甚至因此發現自己天賦異稟，從此成了上癮的行銷達人，在公司全員行銷計畫結束後（按：全員行銷招式不能用老，否則難免出現管理與行銷上的各種後遺症，所以事後我就立即喊停），仍然在自己的後車廂裡擺上二、三十支手機，利用每一個可能機會，例如，吃喜酒、與朋友聚餐、唱卡拉 OK 等場合，每次三支、五支地繼續推銷下去。

共許世紀之願——作價值創造者

■ 勾勒民營化後願景

有了全員行銷的戰果，到了 2000 年底聖誕節前夕，我親自草擬了一封「讓我們共同許下跨世紀之願：使中華電信成為價值創造者」為標題的電郵，分送到每一同仁的信箱。信中提出三個論述：

1. 市場自由化之前，中華電信要倒閉的話，大家都會扶著不讓它倒；因為它倒了，台灣就沒有電信服務了。但自由化後，中華電信再要倒閉的話，大家就會放手讓它倒；因為它倒了，已有別人可取它而代之。所以自由化後，中華電信必須重新證明自己存在的正當性。由於任何企業存在的前提，都是因為它能夠創造市場、服務顧客，因此中華電信今後也必須用它創造市場與服務顧客的能力，重新證明自己的存在價值。

2. 公司民營化後，因為中華電信已不再是國營事業了，所以就沒有理由再像過去一樣，動不動就去向政府爭取員工權益。由於民營公司能否持續經營仰賴的是產品市場中顧客的支持，以及資本市場中投資人的支持，因此員工權益的最終保障其實決定於：員工能否為公司創造顧客價值，使顧客們願意繼續使用中華電信的服務，使公司具有可持續的營收與獲利能力；以及創造投資人（股東）的價值，使股東們願意購買並持有中華電信的股票，使公司獲得成長所需的資金。

3. 對民營公司來說，顧客價值的創造是公司存在的基礎，股東價值的創造是公司成長的依據，而顧客與股東價值的創造又是員工價值的核心，也是員工權益的最終保障。因為員工價值、顧客價值、股東價值是以員工權益為核心所構成的一個反饋循環、生生不息的價值鏈金三角；所以中華電信要確保永續經營，未來就必須成為能夠創造「員工價值、顧客價值、股東價值」的企業體。

最後，我歸納說：「成為『員工、顧客、股東』三種價值的創造者，是中華電信應該自我期許的跨世紀心願；創造價值也應

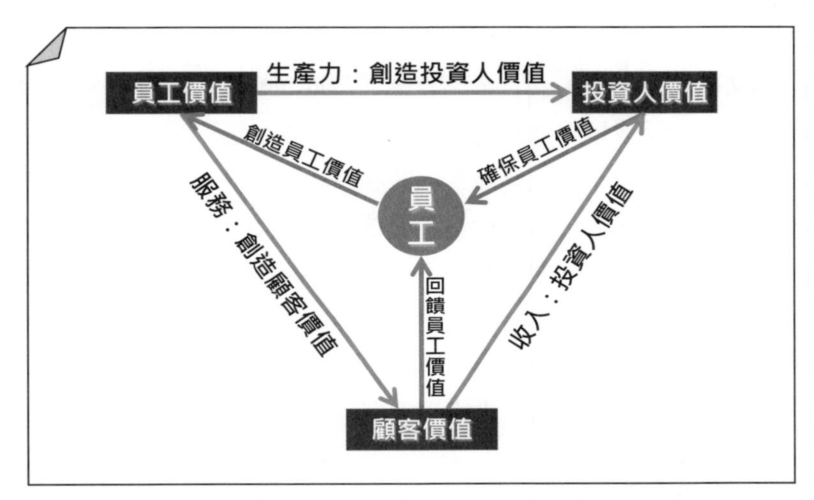

圖 10.1　投資人價值、顧客價值、員工價值的黃金三角

是民營化後的中華電信必須重建的企業文化新核心。」圖 10.1 以圖解方式說明「顧客價值、股東價值、員工價值的黃金三角」與員工權益的因果循環關係[8]。這個圖所詮釋的意義，後來發現其實與 1960 年代美國甘迺迪總統的那句名言異曲同工：「要問公司為自己做了什麼之前，先問自己為公司做了什麼！」

■ 許世紀之願的背景

會動念寫這樣一封電郵有三個重要背景。第一個是來自那段時間自我學習心路歷程的心得。當時為了要讓中華電信股票到美國紐約證交所上市，特別聘請了華爾街高盛（Goldman Sacks）

8 本圖與第五章圖 5.5 的差異在於本圖未將「其他利害關係人」列入範疇。這是因為當時中華電信組織文化再造的優先重點是：如何在員工心目中儘速建立「顧客、投資人」的基本概念，所以為免把問題弄得太複雜，就只先聚焦在這三個核心價值上。

公司擔任釋股承銷商，協助準備俗稱「粉紅書（Pink Book）」的申請文件以及向法人投資機構路演（roadshow）用的資料。在與承銷商不斷論證相關資料的過程中，剛開始自己一直被提醒「毛董事長，這問題不能這麼答！那問題請不要那麼說！」始終不得要領。經過一個多月的挫折後，在某個聽簡報的場合，我突然醒悟這應該是自己的管理者觀點沒能轉過彎來，不曉得要從投資者眼光來看問題的原因。因此開始重新檢視自己的思考模式，結果很快發現投資人觀點與自己原有的管理人價值觀確實有很大的差異——投資人花自己的錢來賺錢，而經理人則是花別人的錢來賺錢[9]。有了這一警覺與認識，並做了相對的自我心態調整後，承銷商在後來的路演問答演練中，就不再能難得倒我了。這一過程也使自己深切認識：今後唯有在兼顧股東、顧客與員工三個面向價值的情形下，才能帶領公司走上民營化的坦途。

這一段心路歷程的經驗，也使我警覺到：自己是受過科班訓練的管理工作者，只因為從未在上市公司工作過，所以對所謂的股東價值，都須折騰一兩個月才能真正領會它的意義；如要讓三分之二都是工程師出身的中華電信同仁，去自發領悟出同樣的道理，那要等到何年何月！於是決定將這一心得分享給全體同仁。

在 2000 年聖誕節前夕發出「許世紀之願：作價值創造者」那封電郵，並特別提出「價值金三角」概念的第二個動機，其實是要用來破解部分員工所抱持「員工權益無限上綱」的想法。價值

---

9 對身為公務員出身的我來說，過去只要有外部效益，「大算盤」打得過來，具「經濟可行性」的「建設」就值得推動。現在當了股票上市公司董事長，就必須換腦袋，先從「小算盤」打得過來，能滿足有充分入袋收益的「財務可行性」下手，從「投資」觀點來作決策才行。

金三角的概念以員工為核心，但唯有員工先啟動員工價值的創造，顧客價值與投資人價值才能賡續產生，而這兩項價值也才能再善性循環反饋並確保員工權益。

第三個發信的動機則是：對於剛剛創下的全員行銷行動電話的驚人紀錄，我必須利用大家記憶猶新的時刻，立即對它作出正式的解讀——亦即要將這個大家共同參與所獲得的重大成果，與當時亟需達成的組織轉型再造目標緊密連結，將這個事件從為公司勾勒願景的角度，最大化它的意義。

■ **作價值創造者**

這封「創造價值」的電郵發出後，接著我就利用各種場合，隨時向主管及員工同仁進行「如何做價值創造者」的機會教育，告訴他（她）們如何利用「創造價值」的概念，來檢驗自己的行為。

對一般同仁，我會一再利用大家親身參與過的全員行銷案例來說明：擴大顧客規模就是員工應該為公司創造的員工價值，而這一員工價值最後會反饋回去保障員工權益。所以，員工權益不是用向政府抗爭的方式去爭取的，而是經由員工、顧客與股東價值的創造去贏得的。

對管理幹部，我則耳提面命提醒：「在公司內部的文件裡，我從此不要再看到『建設』兩個字，一律改用『投資』來取代。因為『建設』在認知上會把它當成一種不計成本的義務；經理人唯有根據『投資』的概念，來處理資本支出的決策，才是為公司創造價值的正確態度。」因為心態上，前者代表責任，而後者代表選擇。

就在不斷進行機會教育的過程中，我發現「創造價值」這一概念已經在公司內部快速散布，並逐漸變成員工同仁們新的共同語言。直接的證據是，每當訪視第一線營業單位時，當地工會代表都會向我提出一些對公司經營的建議，我注意到他（她）們都會嘗試利用創造價值的概念來展開自己的論述。

後來，一方面為了對內向經營團隊示範，另方面也為了對國內外資本市場宣示中華電信創造投資人價值的決心，我在 2001 年挑選規劃經年的 CDMA[10] 投資計畫作出取消投資的決策。這個計畫緣起於第一代類比行動電話 AMPS[11] 正要退場，它所使用的頻譜必須繳還政府；但政府的附帶條件是：如果中華電信要用它來經營 CDMA 的話，就可留下一半頻寬繼續使用。當時中華電信在「全部繳回太可惜」的行政思維下，就決定繼第二代 GSM[12] 之後，還要再推出 CDMA 服務。

因為，當時中華電信的 GSM 已經上市，所以從行銷的角度實在無法想像一個公司如何去推出兩項互相競爭的新產品。於是，在某次高階會議上，我問了個簡單的問題：「我們花兩筆錢投資兩套系統，但我們的市場規模與營收能否能因此擴大成兩倍？」當場每個人的答案都是「不可能！恐怕連一半都沒有！」於是我接著說：「那麼對 CDMA，大家都知道該怎麼做了吧！」撤消一個已定案的計畫，對中華電信來說，在過去幾乎是完全無法想像的事。這一超乎大家預期的決策，在後來國內外法說會上獲得一致讚揚。中華電信也因為執行了這個決策，在 2002 年被《亞洲財務（Financial Asia）》選拔為台灣地區最能創造投資人價值的企業。

---

10 CDMA 是美規「分碼複取無線技術（Code Division Multiple Access）的縮寫，屬第 2 代與 2.5 代間的行動系統，但台灣主要採用歐規的 GSM 系統。

11 AMPS 是第一代類比行動電話系統（Advanced Mobile Phone System）的縮寫。

12 GSM 是全球行動通訊技術（Global System for Mobile Communication）的縮寫，屬歐規的第 2 代與 2.5 代行動系統，為台灣大多數業者（包括中華電信）所採用。

2001 年十大風雲商品——ADSL

就在發動全員行銷手機的同時，我們也不動聲色地在為數據業務的推動開始布局。當時我們已設定次年（2001）的公司總營收必須保持 2000 年相同水位的目標。但後來很快發現，因為面對新開放的市場，固網面臨必須大幅降價的壓力，並且還須承受國際話務被瓜分的後果。所以即使把行動營收的成長作最樂觀的估計，也只能彌補一部分因固網減收而出現的總營收缺口。因此，為了達成公司總營收持平的目標，在固網語音服務已無可為，而行動通訊的成長力道也已用盡情形下，中華電信必須創造出新的收入來源，才有機會打贏這場總營收保衛戰。於是，這一希望就寄託在寬頻上網這個新產品上。

當時數據這一第三大業務的主要收入來源是撥接（dial-up）上網。但因民營業者已推出免費撥接的服務，所以收費撥接的收入將來必然只會萎縮，不再有成長機會。換句話說，要利用數據業務來創造新的收入，寬頻上網就成為營收保衛戰不能不押的寶。

對於推出寬頻上網產品，首先就出現該有多大的頻寬才算寬頻的技術性爭議。中華電信當時已有的規畫是抄襲日本 NTT 當年的路子，主打月租費超過 2000 元的 64K-ISDN。不過那時候，撥接上網已推出 56K 的數據機，ISDN 雖然保證品質，但相對於 56K 免費撥接，64K 的頻寬對於一般用戶顯然不具任何吸引力。於是直接利用傳統電話線作傳輸網路，下載頻寬可達 512K 的 ADSL 技術，就很自然地成為我當時最現成的選擇。（按：理論上另一個選擇是直攻光纖，但不論從供、需任何一方面來說，這在當時都是一個門檻過高的市場，短期內絕無可能創造出我心目中期望的市場爆發力。）

對於 ADSL，中華電信從 1997 年起就在淡水地區進行實驗性供裝計畫，所以到了 2001 年已達可正式商用的階段。記得在 2000 年底一個高階主管會上，我問總工程師李添永[13]：「明年 ADSL 的上線目標是多少？」他大聲跟我說：「10 萬！」因為 ISDN 推了 5、6 年，總用戶數才不過 25 萬，所以一項新業務一年就要推 10 萬，已是一個很神勇、可大聲講的目標。但我淡淡接腔：「我要多加一個 0，以 100 萬作明年目標。」負責數據業務的副總經理立刻激動地舉手提醒我：「董事長，全世界的電話公司推動數據業務，到目前為止都沒什麼好下場；對一個全新的數據產品，推出的第一年就訂這麼高的目標，我不知道有什麼人做到過；如果別人都做不到，那麼中華電信又憑什麼可做到？」對於這一有話直說的意見，我不以為忤，只回應說：「就讓我們試試看吧！還沒嘗試過，怎知我們一定做不到！」

■100 萬 ADSL 年度目標

對於 ADSL 年度目標設為 100 萬，後來在一次國外法說會上也有分析師好奇地問我：「這個魔術數字打哪兒來的？」當時我回說：「我的直覺（My intuition）！」對於這樣的回答，發問者很不以為然，認為我不應開玩笑。我接著說：「突破性的戰略決策通常都不是請顧問公司用數字推演出來的，往往是領導者根據洞察力與判斷力所作的跳躍式決定。」

剛接任中華電信董事長那段時間，因為自己的鏡頭常常出現在媒體上，所以走在路上常常被人認出來。當時就有好幾次被不認識的路人攔下來，忍無可忍地跟我說：「毛董事長，請幫幫忙，

---

13 李時任北區分公司總工程師，負責中華電信 ADSL 供裝實驗與投資規劃。

上網速度實在太慢了！」有人甚至還繪聲繪影地強調：「下班回家上網，下載只有三行字的電郵，但在電腦前面都已打完了一個盹，竟還沒下載完！」這些對話的場面直到今天仍歷歷在目。在這同時，我也注意到台灣在 2000 年第四季，使用 56K 撥接上網的帳號數已達 400 萬；所以自己就大膽推論：如果中華電信推出頻寬 512K、月租費 500 元的 ADSL（速度比撥接快約 10 倍，而收費又只有 ISDN 四分之一）那麼只要我們供裝的速度夠快，在人人都抱怨上網速度太慢的潛在需求下，我們應該有機會把四分之一的撥接市場（也就是 100 萬戶）吸引過來變成 ADSL 的用戶。正因為事先心中已經有過這樣的盤算，所以在後來的會議中，才會出現我脫口而出 100 萬這個數字的場景。

■ 全員學習：ADSL 供裝之戰

設定一個企圖心旺盛的目標是一回事，是否有足夠的執行力去實現這個目標又是另外一回事。100 萬總目標設定，各單位的配額也已分派完成，接下來就是行銷與供裝計畫的規劃與執行。在行銷上，我們請來知名藝人伍佰來促銷「頻寬 512K、月租費 500 元」的新產品。市場反應之熱烈，一如我原先的預期。但問題隨即發生：第一線供裝能力不足，訂單大排長龍，顧客提出申請一個月後，往往還無法完成接線。

ADSL 的推出，一開始就知道它是一場供給面的戰爭。所以，凡是曾經參加過淡水實驗計畫，從機房端到用戶端的所有同仁統統被我調到訓練所去當講師，現身說法教導各地派來受訓的機房與線路班班長。但是，當時 ADSL 在全世界都還是個全新的產品，而台灣用戶家裡以拼裝為主的桌上電腦，根本還沒有「即插即用（plug-n-play）」的標準界面，所以線路班的同仁在用戶端必須針對每一台個別電腦，去分別克服上網設定的問題，弄得大家苦不堪言。

這時工會就跳出來找我抱怨：「董事長，ADSL 是個餿點子！同仁們都一大把年紀了，你還忍心讓他們去學新把戲？」因為 ADSL 的線路固然是原來那條大家已經非常熟悉的電話用雙股銅絞線，過去只要把線路拉好，在用戶端拿起話機，聽到待機的嗡嗡聲就大功告成，裝機同仁就可雙手一拍走人。但現在把線路插上電腦背後的插座，正要走人，用戶卻說：「對不起，等電腦螢幕秀出 Hinet[14] 畫面再走。」結果，黑手出身的線路同仁就得持續不斷為系統設定的問題奮戰；往往瞎忙一兩天仍不得要領，最後還得請出資訊中心同仁出馬幫忙才能搞定。

■ 是的，我們做得到！

從執行力角度看，這是一個典型的雖有執行企圖心，但執行能力不足的問題。所以，為提升供裝效率，我們一方面規劃與推動更細膩的組織學習，另方面則設計標準化界面設備，來解決電腦設定的難題。經過一番從上而下的努力後，訂單積壓很快獲得改善。ADSL 拉線裝機速度到了 2001 年 6 月，已創下單日最高 6,000 條線的紀錄。從學習效率觀點看，2000 年第四季才開始推出的新產品，在短短八、九個月內，我們就爬上了 S 形學習曲線的頂端。原本對 100 萬年度目標還心存懷疑的同仁，這時也紛紛開始投入供裝與促銷 ADSL 的行列。2001 年 6 月 ADSL 累計裝機直逼 50 萬大關，年底 100 萬目標已指日可待。ADSL 後來還獲選為 2001 年風雲產品（圖 10.2）。圖 10.3 則是當年各國供裝 ADSL 的比較。

---

14 Hinet 是中華電信提供上網服務的入口網站。

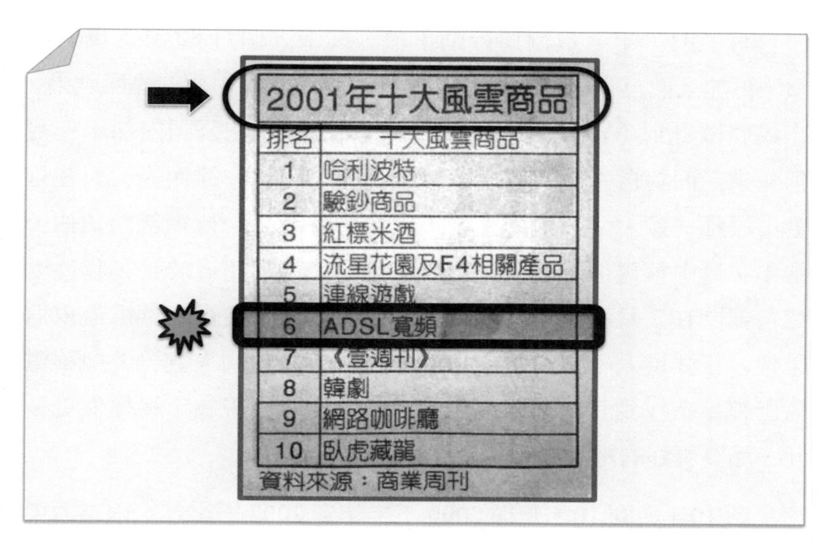

2001年十大風雲商品

排名	十大風雲商品
1	哈利波特
2	驗鈔商品
3	紅標米酒
4	流星花園及F4相關產品
5	連線遊戲
6	ADSL寬頻
7	《壹週刊》
8	韓劇
9	網路咖啡廳
10	臥虎藏龍

資料來源：商業周刊

圖 10.2 ADSL 是 2001 年媒體票選的 10 大風雲商品

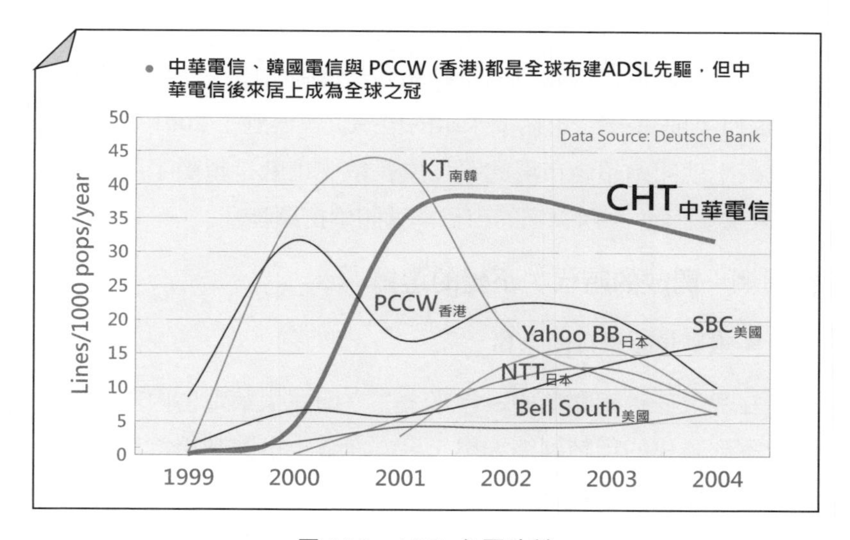

圖 10.3 ADSL 各國比較

有了前一年全員行銷行動手機，創下三個月 80 萬支驚人佳績，再加上截至 2001 年 6 月 ADSL 已有近 50 萬用戶的亮麗戰果，「我們做得到（Yes, we can）！」的熱烈情緒在公司內部迅速蔓延開來。面對自由化的信心危機，這時已完全一掃而光。而在行動市場那一頭，又再度傳來令人振奮的好消息：行銷部門預估，當年 7 月中華電信將可重登行動市場的龍頭寶座。於是，我就要總務部門在 7 月底籌辦一場盛大的慶功茶會，慶祝中華電信重返榮耀，正式進入一個嶄新的新紀元，並藉此向國人宣告：中華電信已經重新找到它的存在價值，並將以新的面貌為市場提供更多元、品質更好的電信服務。

圖 10.4 與圖 10.5 是從 2000 下半年到 2002 下半年，兩年內中華電信行動用戶與 ADSL 裝機接線的成長曲線。有趣的是圖 10.4 的兩條曲線：圖中行動電話累計用戶數是以大致穩定的成長率直線成長，但市佔率則呈現「先止跌，再持平，後爬升」的有趣走勢。這代表中華電信在行動市場發動的強勢反攻，首先使自己追平了市場的平均成長率（市佔率水平的段落），而到了 2001 年後，它的成長率就開始超越市場的平均成長率（也就是超過了所有其他業者的成長率），所以它的市佔率就開始持續爬升。

固網：開放的時代、不變的選擇

■ 董事長認養行銷業務

在我上任後剛開始的一年半，一方面在中華電信內部一時之間找不到勝任的行銷副總人選，另方面我也企圖利用行銷策略的推動，來帶動公司組織與企業文化的變革，所以我就親自實質認養公司的行銷業務。我把固網、行動與數據三個部門營運處各挑選一部分同仁出來，另再結合招標進來的三家廣告商，以及辦理

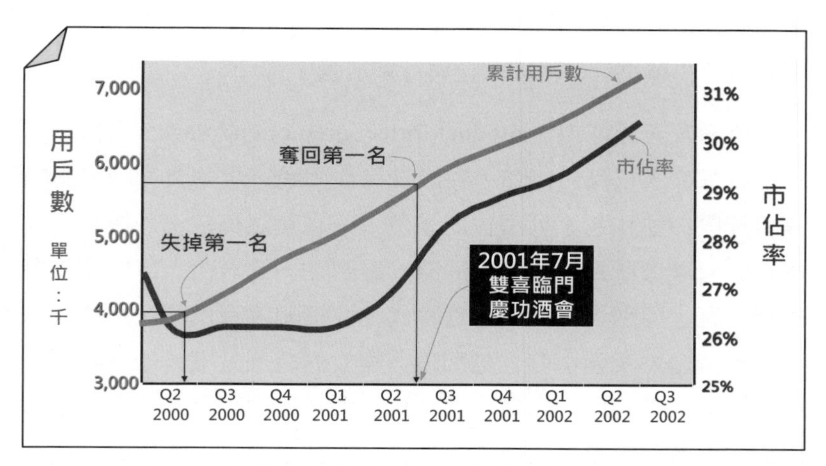

圖 10.4　行動奪回龍頭之役：用戶數與市佔率的成長

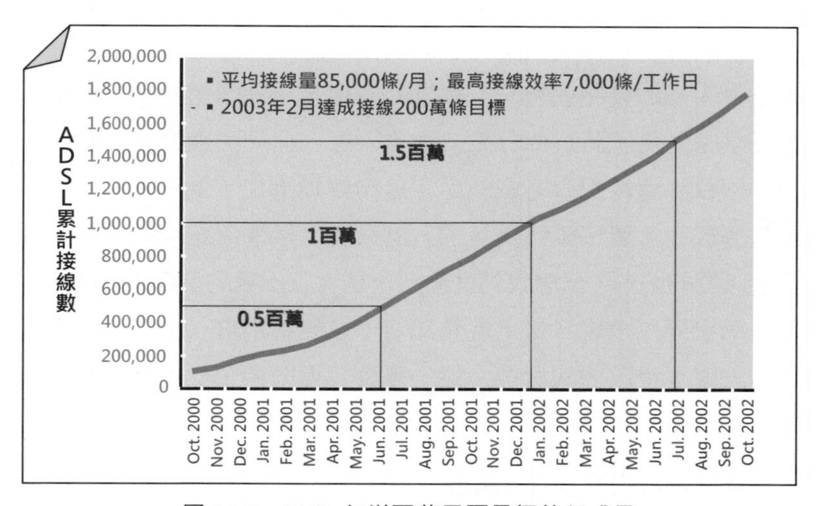

圖 10.5　ADSL 年增百萬用戶目標執行成果

公司民營化所聘僱的釋股承銷商，就以這內外三股人馬作為核心，開始重建中華電信的行銷文化與行銷能量。

當時凡與行銷 4P（product, price, promotion, place）有關的工作，我都介入很深。例如，在設計保衛固網市場的文案時，對於該用什麼口號作為系列廣告的基調，一直無法搞定。最後在一次檢視民營業者所打出的廣告片時，看到在一個老舊大廈倒塌的鏡頭裡，有「揮別沒有選擇的舊時代，迎接開放時代的新選擇」這樣一句旁白；我腦中就立刻閃現「開放的時代、不變的選擇——中華電信」這句廣告口訣。當時也立即意識到：這句口訣不僅可用來對外順勢反擊民營業者的訴求，它甚至還可「外銷轉內銷」發揮對內鼓舞固網同仁士氣、指引發展方向以及凝聚人心與動能的作用。

前面提到，三大業務中行動與數據兩項都已有非常具體的行銷策略與行動目標；但處於防禦地位的固網一直都還提不出可用來鼓舞人心的響亮號召。「開放的時代、不變的選擇」這句話，正好拿來向佔了將近四分之三總員工數，但仍然處於焦慮狀態的固網同仁，進行對內心戰喊話。這句話提醒他（她）們：「時代雖然開放了，選擇雖然變多了，但只要中華電信能夠繼續提供客戶最滿意的服務，那麼我們就仍然會是大家不變的選擇！」因此，對於固網同仁來說，如果能夠認清「只要我們自己夠好，我們就仍是大家不會改變的選擇」這一事實，等於給了他（她）們一顆定心丸，讓每一個人清楚知道自己應該努力的方向。

■ 固網價格的戰略性撤退

對於中華電信的變革是否成功，除了競爭力與士氣的提升之外，如以結果來衡量，我的真正目標是公司總營收結構的調整，也就是要降低對固網收入的依賴。所以，在行動與數據的攻勢戰和固網保衛戰打得熱熱鬧鬧，並逐漸佔穩上風的時候，我的眼光就開始聚焦在營收結構板塊的移動上。在我剛上任的 2000 年第三季，中華電信當季總營收 442 億元中，固網收入高達 66%，而行動與數據僅分佔 24% 與 10%。這種營收結構面對固網即將開放的大環境，是非常要命的。因為情勢很清楚，固網這個戰場如要創造出必要的防禦縱深，就必須進行戰略性的大撤退，所以我們就將利潤相對最高，且對手進入門檻又最低的國際電話費率，進行幅度高達 40% 的降價。（按：國際電話的高額獲利是獨佔時期中華電信繳庫盈餘的主要來源。）

在討論如何執行國際話費降價策略時，公司內部曾有究竟應該用「走樓梯」分階段逐次下降，還是「坐電梯」一次降足 40% 降幅的論辯。後來我力排眾議，決定採取一次降足的策略。因為分段下降，雖然表面上營收損失不會一下掉得太兇，但卻只會使自己成為市場價格的追隨者，每次降價都必然是跟在被搶走一批客戶之後，結果到了年底非但價格仍須降到相同水位，而市佔率也已巨幅流失。反過來，如一次降足就可使自己取得市場價格制定者的主動權，雖然必須在年初就忍受既有營收的巨額損失，但保住市佔率的機會卻也因此大幅提高。在市場巨變的時刻，保住長期的市佔率（客戶不流失）比保住短期營收額度來得更重要；因為「留住青山，才有柴燒」，但客戶一旦流失，往往花再多的廣告與促銷費用都難以挽回。

這一戰略性撤退的代價，是中華電信的總營收將會出現將近 20% 左右的重大缺口。所以，發動行動與數據攻勢作戰的目的，絕不僅只用它們很熱鬧的戰果來提振士氣而已，終極目標其實是要能因此達成營收板塊的大挪移，以及總營收額度的不下降。圖

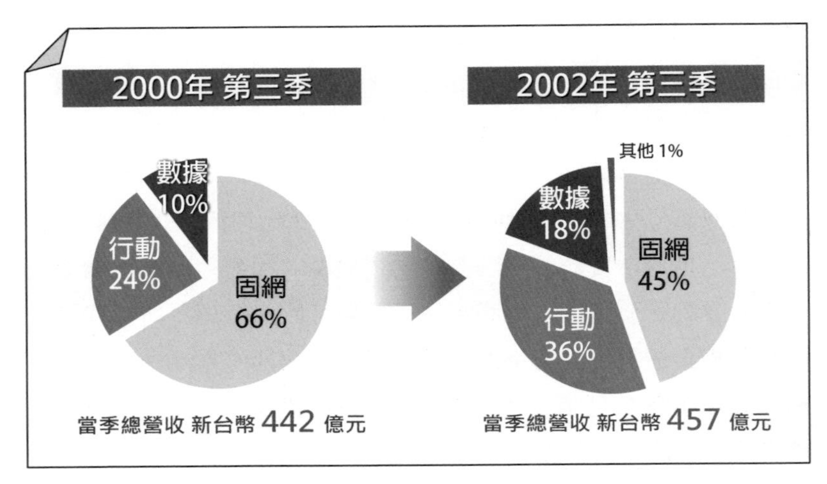

圖 10.6　營收結構策略性轉型——降低對固網收入的依賴

10.6 是 2000 年第三季與兩年後 2002 年第三季公司總營收的額度以及三項業務所佔比重的比較。從圖中可看出，經過兩年努力，我們不僅使總營收的額度維持一定幅度成長，而它的板塊組成也出現了非常明顯的挪移，使它的結構變得更健康、更具有競爭力。事實上，我以這個效果的達成當作中華電信已完成它階段性組織變革的一項重要指標。

因應民營化的組織變革

到了 2001 年下半年，中華電信表現在外的成績已經有目共睹，當時一些企業界的朋友就跟我說：「中華電信的改變很明顯，好像在變魔術。」

■ 組織結構再造

不過，外顯的績效一定是以內部組織結構與流程的改造作支撐才能實現，所以相對於前述的許多戰略布局與戰術作為，那段時間我與總經理呂學錦也推動了許多內部的組織再造工作。

1. 針對民營化計畫，我遵守對工會的承諾，重新規劃了民營化後的人事考成、薪資結構與獎金制度，並以充分參與、徹底溝通的方式，尋求大家的共識，以作為未來推動新制的基礎。

2. 在組織文化與結構的調整方面，首先確立「行銷為前導、技術為後盾」的行銷導向文化——革除過去獨佔時期「自己有什麼技術才提供市場什麼服務」的生產導向、技術掛帥心態；確立了「市場需要什麼，我們就提供什麼」的認知來進行策略規劃。其次，首度成立了早該設立的行銷以及企業客戶二個專責部門。另外，我們也把三大業務之一的行動通訊，正式從長途固網業務中獨立出來——這也是一件早該作的事。當年中華電信在傳統市話為主的思維下，顯然不認為行動電話會有什麼了不得的遠景（連 1980 年代美國 AT&T 某位總裁都說過「行動電話這產品全世界加起來的需求量，不會超過 100 萬門」），所以就把它「寄養」在同樣具有跨（市話）區服務性質的長途電話部門之下。不料後來行動電話這個養女，超乎預期地越長越大，也越來越比長途電話這個養母更具重要性；但中華電信卻一直沒有進行必要的組織分割。這種延宕其實已嚴重影響行動通訊的發展。

除了上述基本面的一些調整外，我也將各個分公司重新定位。例如，北中南三個區的分公司，過去只是固網市話業務的地方分公司，我將它們重新定位為固網、行動與數據三項業務的全方位通路；至於國際、行動與數據分公司則定位為產品線，負責推出專業性的服務，提供給區分公司去行銷。

■ 組織功能共生演化

共生演化是組織變革與回凍過程中不能忽視的一種現象。前面提到，在推出 ADSL 這一新產品過程中，我們必須重建一套包括「產品行銷、線路供裝、機房管理、售後服務」一貫作業的支撐系統。由於 ADSL 是新產品，因此每一環節都需各自建立一套全新的標準作業流程與全新的資訊管理系統。這個工作的難度是，當時各項工作本身都還處在一種各自不斷摸索、學習與改善的狀態，所以根本無從標準化，更不用提要將這些流程進行無縫整合了。因此，在新客戶已源源不絕流入情形下，這套一貫作業的支撐系統就必須以「且戰且走」方式，經由不斷摸索與相互磨合來發展。由於售後服務在過去以電話服務為主的時代相對需求很低，但進入上網時代，售後服務工作就變得無比重要；而對中華電信來說，這就成為一項必須從頭學習的全新工作需求。因此，我們甚至是從改建新客服中心建築，重組上線服務人力，以及重建客服資訊系統做起。這項工作一直到 2001 下半年才初具規模。

ADSL 供裝之役是一項解「聯立方程式」的系統動態共生演化挑戰，它的解題過程就是利用計劃性的組織學習以及系統性的流程規劃，以用勢不用力策略創造出一個一以貫之的跨部門運作平台，這一平台就讓中華電信的內在自組織力量，自發地創造出每年供裝 100 萬門號的成績。

省思

嚴酷的任務環境

以第一人稱寫個案的價值是可把外人無法想像的身歷其境臨場感忠實反映出來。尤其是在戰況激烈的火線上，指揮官本人在兵慌馬亂、瞬息萬變的環境中，觀察與注意到了哪些第一手的「機微隱漸」線索；又在什麼心情下作出什麼樣的判斷與抉擇，促成了哪些事或阻止了哪些事的發生？

中華電信的案例其實是一個危機處理的個案。拿來當教材的話，值得注意的一個重點就是個案主人翁所面對的嚴酷任務環境（task environment）：對內，主人翁對中華電信這一文化封閉的國營事業來說，是有史以來第一個外來的空降領導人，甚至還因為他曾經主持過電信自由化政策的推動，所以使公司上下對他的上任充滿敵意與戒心；對外，主人翁只是個沒做過生意的公務員，但卻要帶領一個長期獨佔市場的龐大企業體去因應日益激烈的自由競爭；另還同時背負要將過半股票上市，完成當時國營事業中規模最大的民營化計畫的使命；尤其是執行這些工作的時機點還是在台灣政局剛發生第一次政黨輪替之後。面對這種臨危受命、前途難卜的任務環境，我當時就跟家人說：「推動電信自由化的煉劍師傅，終於到了自己要跳進火爐的時候了！」

■ 利害關係人

確認任務環境中的利害關係人是危機處理者的首要工作。中華電信當時的主要利害關係人有：(1) 員工：以強勢的工會為代表；(2) 股東：行政院關心民營化政策的落實；交通部關切中華電信「股票首賣（initial public offering, IPO）」的順利推動，以及 2000 年底固網開放政策的如期實施；(3) 消費者：行動、數據、固網市場全面開放，公民營業者群雄逐鹿一起搶食市佔率；(4) 其他利害關係人：包括競爭對手（民營電信業者）、民意代表（立法委員為主）、媒體（平面、電子）……。

不同利害關係人的關切各有不同。例如工會理事長陳潤洲每天都比我還早到辦公室等我，追蹤員工權益問題的處理進度。至於交通部對 IPO 的態度則是當時另一較難掌握的外緣因素—— 政府本身在缺乏大規模釋股經驗情形下，先將國內 IPO 程序匆匆啟動，因此就使一度考慮的全民釋股喪失了執行條件。後來交通部又因惜售心理訂出偏高的 104 元股價[15]，把投資人獲利空間壓縮殆盡，以致 16% 的國內釋股配額僅成交 2.8 %。接下來要到紐約證交所以美國存託憑證（American Depositary Receipt, ADR）方式上市的計畫，也因而充滿不確定性[16]。其他甚至也有自認代表「新民意」的熱心社會人士跑來辦公室企圖說服我：管理中華電信的首要工作就是「除弊」！

■ 自我任務定義

身處這樣一種雞飛狗跳、噪音雜訊充斥的任務環境中，主其事者就需有「人亂我不亂」的淡定，才能在渾沌中找到自己的定位，掌握住行動的方向，並把組織儘速帶出迷霧、脫離危機。

從開始我就把自己定位為危機處理者，要處理的是自己所領導公司發生的信心危機與員工生涯危機，其中又以信心危機為主要重點。至於化解信心危機的關鍵則在重建公司的競爭力，而競爭力最具體的表現就在行動市佔率的提升、數據成長率的拉拔，以及固網市場的鞏固與轉型三件工作上。所以，梳理出這一事理脈絡後，我的核心任務已非常清楚，就是設法提升公司競爭力來達成三項目標：(1) 對工會，要徹底化解員工權益難以保障的疑慮；(2) 對交通部所關切的 IPO，要用最腳踏實地改善公司績效的方式，

15 當年就有看熱鬧的媒體與立委認為：中華電信資產值「應有」3,000 至 4,000 億元，所以股價至少要訂 300 至 400 元，低於這種價格就屬賤賣國產。這種說法對交通部的決策形成壓力。

16 2001 年 2 月在中華電信國際 IPO 路演團隊準備出發前，交通部果不其然臨時喊卡，後來將它轉變成非交易性路演（non-deal roadshow）方才成行。

來提升股票賣相；(3) 為公司組織轉型與再造奠定基礎，並做出初步成果。

贏取信任：溝通、影響力、行動

■ 溝通、建立互信

在三千員工上街頭高喊「不裁員、不減薪」口號下接任董事長，工會理事長肩上所背負捍衛員工權益的沉重壓力，也直接轉嫁到我身上。不過，我當時看得很清楚：要帶領中華電信走出危機，直接從員工權益下手只會治絲益棼[17]。因此，就像孫臏要解邯鄲之圍，不能直接從邯鄲下手一樣，必須採取重建公司在自由市場中競爭力的「間接路線」，才能真正確保員工的長期利益。

不過，為了執行間接路線的大戰略，仍須先穩定軍心與員工情緒。所以我遵守承諾，由人資處經理與工會共同成立專案小組處理員工權益議題；另也打開自己辦公室大門，只要是工會代表，不論是三、五人，十數人或數十人，我都一概接見。由於我深信員工不是不可能被說服的，因此在會面的溝通過程中，除了傾聽他（她）們的意見與建議外，我也會伺機將我對公司願景的規劃以及對同仁們的期許，一併與他（她）們分享。

■ 影響力策略

第八章的領導力八策中，我把認知論放在第一位，就是因為一旦組織成員在概念上能大破大立時，它所產生的行為改變效果，即使不搭配其他策略，都可能使當事人從此自發完成自我再造。

---

17 因為當時公司在自由市場中的競爭力都還沒有著落，如果馬上就關起門來談員工權益，那麼最壞狀況就可能變成只是把公司既有的資源分光而已。所以必須先打開大門，讓公司重建市場中的競爭力，站穩了可持續經營的腳步，才有充分的資源與條件來談員工權益保障問題。

有鑒於自己上任伊始推動的全員行銷戰績是全公司最有價值的共同記憶，因此在 2000 年底拋出「創造價值」的概念，就是希望藉由同仁們對本身經驗的反芻，帶動認知的改變，進而自動發酵相互感染。

ADSL 供裝初期的不順與頓挫，使我注意到必須善用領導力八策的參與策略，在公司內創造出協同學習的場域，使同仁們在互助情境中學習裝機技術，並將這種團隊精神從教室延伸到工作現場，轉變成新的工作方法。又因為「績效本身是最好的激勵誘因」，所以我也設法把團隊合作的各種實際裝機績效直接回饋給每一參與者，讓大家更有信心去繼續用新學來的模式去做事。結果，表面上單純的一項參與策略，實際上就把認知、模仿、期許、激勵誘因等效應，都一併發揮出來——這就等同八策中的第八套綜效領導策略的應用了。

■ 行動與回饋

這段時間，我的一項主要工作就是到第一線訪視。一方面把公司的整體績效告訴大家，同時讓大家知道每個人的努力我都看到了；另方面也把自己在各地看到值得推廣的案例傳播給大家，激發「我們也做得到，甚至我們可做得更好」的效法與競爭心理。

這種全體動員的情緒擴散開後，我就聽到許多有趣的故事。例如，有線路班長發現因有人不積極而使全班成績不如人，所以就主動要求他們星期天來加班，親自傳授自己的心得，克服他們學習上的恐懼與障礙，還要他們第二天跟自己出勤，實際去動手裝機。我甚至聽說有政風人員，眼看辦公室同仁全都出去裝 ADSL，因不願落於人後，而自動請纓要求經理同意讓他開車接送線路同仁出勤。

在中華電信 2001 年 7 月慶功茶會上，我把北中南三區的 ADSL 實際裝機數，分別製作成三座會即時跳動的超大馬表放在舞台上。會後我把這三座馬表擺到總公司一樓的大廳，讓大家隨時可以看到自己努力的成果。因為每個人每天只專注在自己工作上，無法了解自己的努力對公司整體的貢獻，用這種方式可讓每一個人在跳動的數字中，直接感受自己努力的那份成就感。

■ 互信、組織氣候轉化

在我上任的前四個月，與工會代表們共有約 30 餘次大大小小的會見場合。從他（她）們所提出的問題與意見當中，我察覺到在內涵上出現非常有趣而顯著的量變質變現象。剛開始因為情勢還很渾沌，雙方互信也不足，所以談的內容十之八九都是員工權益問題。但等到各項提升競爭力的措施陸續推出並開始展現出成績，而民營化有關規劃也相繼出爐與明朗化後，工會代表所提的問題與意見中，員工權益比重就顯著減少，反而出現越來越多如何進一步提升公司競爭力的建議。到了 2000 年底，除理事長外，工會代表找我的頻率已明顯減少，即使來找我，十之八九也都在討論如何強化公司競爭力。我一直把這一清晰的量變質變趨勢變化，視為雙方逐漸建立互信，甚至是公司組織氣候出現轉變的一種指標。

▌組織變革的漸變路線

中華電信組織變革實際發生的速度，遠比我自己預估要快得多。因為自己受過組織變革的理論訓練，所以在推動中華電信再造過程中，我很清楚自己在做什麼，也很清楚自己要什麼，但唯一難以預估的是：組織變革的成效究竟要多久才可顯現？一開始我認為對一個有 3 萬 5 千員工、業務龐雜、觀念保守，且又信心蕩然無存的百年老店，能在三年內讓它發生一些改變就已經不容易了。

在危機中上任，從退無可退的26%行動市佔率重新出發，利用全員行銷的背水陣發動反擊，三個月一鼓作氣打出銷售80萬支手機的戰果，使中華電信終於肯定自己還是一支可以打仗的隊伍。如果全員行銷手機的人海戰術，所使用只算是蠻力的話，那麼ADSL之役考驗的就不只是第一線裝機技能的能否突破，更考驗中華電信能否在最短時間內，整合出一套前所未有「市場促銷、用戶端裝機、機房管理、售後服務」一貫作業的支撐系統。我習慣用「解聯立方程式」的說法，來形容這種必須「連環配套、布局成勢、用勢成果」的管理挑戰。

從2000年第四季起，八個月左右時間中華電信就攀上了ADSL學習曲線的高原，創下單日裝機6,000條線的紀錄。先前曾抱怨「ADSL是餿點子」的工會幹部，後來碰到我就眉開眼笑地說：「董事長，ADSL太棒了！把已經沒有價值的電話銅線拿來上網，簡直是把黃銅變成黃金啊！」我認為這是經過困知勉行的協同學習過程，看到自己功夫沒有白費的成果後，同仁們自然流露的滿足感與成就感。

■ 寇特變革八步驟

2001年下半年，有一些企業界的董事長與CEO朋友們開始問我：「你究竟做了什麼事，可使中華電信發生這麼大的改變？」或者「可跟我的高階主管來講講你在中華電信的故事嗎？」為了回應這些問題，我就重新翻找變革理論文獻來作功課，結果發現了哈佛大學寇特（John Kotter）教授的企業變革理論[18]。一看之下甚為吃驚，因為比起自己在1980年代所學的盧文「解凍、變革、回凍」變革三部曲，寇特的八步驟幾乎就是中華電信那段時間變革過程的完整寫照。

寇特的組織變革八步驟中的第 1、2 兩步起手式「變革前企業必須要有明確的危機意識」以及「要組成一個幹練的團隊[19]」，對中華電信的案例來說，這是一開始就已具備的兩個條件，所以，我相當於是從第 3 步「提出公司的願景與實現願景的計畫」開始入手。

寇特的上述第 3 步連同接下來的第 4、5 步「通過溝通，使願景與計畫成為公司上下一致的共識」、「利用組織學習，使員工具備執行計畫所需的知識與能力」所做的是進一步的「解凍」工作，至於第 6、7 兩步「根據變革計畫儘速創造一些有目共睹的戰果，用來激勵與強化成員推動變革的信心」，以及「積小勝為大勝，繼續擴大戰果，直攻最後目標」則是從量變到質變的實際「變革」工作。在中華電信案例裡，這五個步驟可說是以前後連貫、一氣呵成的方式完成。

自己親身領導的實際案例，竟然與知名學者的理論高度吻合，確實讓我興奮莫名。這等於印證了清朝理學家李塨「理在事中、事外無理」的主張；意思是，如果大家所參悟的是同一件事，那最後悟解出來的就會是同一個道理。

不過，中華電信案例相對於寇特的理論，仍有一項非常基本的差異。寇特把企業文化再造，放在變革的最後，那是相當於盧

18 寇特的變革八步驟理論，本書第八章〈領導〉已有說明。

19 筆者到中華電信上任，除辦公室秘書外沒帶班底，全部就地取材，讓有潛力的人發揮所長。

文「回凍」的第 8 步。但我則是在發動變革之初，就以提出新願景的方式，倡導「創造價值」的新企業文化，來化解員工權益無限上綱的迷思。事實上，中華電信經過這種觀念上的心理建設後，創造價值這個新理念就成為推動後續變革的驅動力量。因此，企業文化的再造不必等到回凍時才來執行，在解凍或變革階段就可同時進行，甚至及早進行企業核心價值的再造，反而可使員工們在新價值觀的驅使下，加速企業組織變革目標的達成。

■ 贏家的志氣

看到中華電信的改變，就有內行的 CEO 朋友問過我：「領導國營事業變革，我不認為你有我們民營企業的那些工具，你究竟用什麼方式在動員組織？」他所說的工具主要是指人事上最基本的獎懲權：把不服從、不勝任的人解任、資遣；對績優的人重金獎勵或不次拔擢等。

在回應這個問題前，通常我都會先舉一個非常有趣的例子。在 1997 年開放行動市場後，中華電信市佔率節節敗退，當時我在交通部任次長，作為旁觀者實在看不下去，就問當時中華電信當家副總，為什麼想不出辦法來反擊？得到的回答是「次長，民營業者靈活啊，他們什麼都能做；我們國營事業綁手綁腳，這個也不能做，那個也不能做。」我就提醒他「要有贏家志氣（think like a winner），不要未戰先敗！要為成功找方法，不要為失敗找理由。」到了 2001 下半年，中華電信行動反敗為勝、數據新業務開出紅盤，而固網保衛戰也打得有板有眼。當時就有位民營電信董事長跟我抱怨：「你們國營事業財大氣粗，這個也能做，那個也能做；我們民營業者小本經營，這個也不能做，那個也不能做。你們勝之不武啦！」我只能笑著對他說：「這句話聽來很熟，幾年前中華電信就跟我說過同樣的話！」

■ 分辨什麼可變、什麼不可變

遇到上述情形，通常我都會用第二章〈斷〉提到的倪布爾寧靜祈禱詞「上帝啊！請賜我勇氣，去改變可變的事；請賜我寧靜，去接納不可變的事；也請賜我智慧，去分辨什麼可變、什麼不可變！」來鼓勵大家。事實上，任何組織都有它們做不到的事，我到中華電信後，過去大家認為綁手綁腳做不到的許多事，我也同樣做不到。但我要求高階經理：「不要去羨慕別人可以做的事，也不要只會抱怨自己做不到的事；每人頭上都有一片天，要專注自己可以做的事，並把它做到最好。」

不論是公營或民營企業領導者，「尋找與善用啓動自組織力量的鎖鑰」是一門大家共同的必修課。國營事業最大的罩門是管理誘因的僵化，但在沒有辦法中仍可想出辦法來。過去在觀光局的工作經驗，讓我知道旅行社代辦機票，有訂滿 15 張就附送 1 張免費機票的慣例，所以我就要求總公司與各分公司把同仁們每年公差出國，可取得的所有免費機票，統統集中起來由董事長統一運用。我把這些旅程長短不一的機票，統統折換成到澳洲的來回票，然後在年底辦的表揚大會上，用這些機票犒賞那些推銷手機與 ADSL 績效最優的同仁。而對於那些無法進入獎勵名單的績優者，則頒發一面獎牌，並與他（她）們個別合影留念，乃至擁抱他（她）們一下。有些同仁就跟我說：雖然沒拿到機票有點遺憾，但自己一年來的努力能夠受到長官的注意與肯定，仍然是一件非常值得驕傲與滿足的事。這些措施的門道是：機票等的外在報償只是額外的加碼，真正訴求的其實是每個參與者內生報償（intrinsic reward）的自我實現與自我滿足感。

分析

事後檢討中華電信的案例，熱鬧中的真正門道，可說是相關變革都能充分遵循「自組織為體、他組織為用」原則，並且都是以「因緣成果、用勢不用力」的方式完成的。所以就連身為操盤手的我，對自己可見之手所啓動自組織槓桿效應的巨大威力，也感到吃驚不已。以下就從「自組織為體、他組織為用」的觀點來解讀中華電信的案例。

宏觀戰略：了解全局、洞察趨勢、把握重點

《史記：項羽本紀》中，項羽說過「劍一人敵，不足學；學萬人敵」的豪語；項梁因而不教他劍術，改教他兵法。項羽心目中「萬人敵」就是一套宏觀戰略的方法學。作為一個數千人、數萬人，甚至更大規模組織的領導者，必須常以「將軍無能、累死官兵」的警語提醒自己——因為帶領這種規模的組織，尤其是處在危機狀態的組織，必須「決策有看法、執行講方法」。

第六章談執行時，曾提到管理者開門三件事：戰略思考、守常與應變。在中華電信兩年半的時間，我其實每天都只在戰略思考與應變兩件事中打轉。所謂「戰略思考」重點在於：把自己從日常工作中拉出來，進行離線思考，用以確保自己能夠真正做到「了解全局、洞察趨勢、把握重點」。以下歸納的就是當時念茲在茲的幾項戰略思考。

■ 間接路線、掌握戰略制高點

《孫子》十三篇以始計為首，強調：凡事都須先做好謀定後動的決策工作。而決策是一套見、識、謀、斷的功夫。對組織來說，見、識是一種「如何盱衡環境、審時度勢，為組織診斷問題、發

掘機會」的工作，講究的就是「了解全局、洞察趨勢、把握重點」的洞察力，以便為組織確立問題定義，並為它設定目標。至於謀、斷則是一種「針對問題與機會，擬定因應對策、以達成組織目標」的工作；講究「創意性、有效性與可行性」，是一套「把一個既定問題找出最有效的對策來解決」的能力。

自己處理中華電信危機一開始所設定的基本戰略就是：雖然員工因生涯危機而上街頭示威，但要解生涯危機卻須以迂為直繞道攻堅信心危機，採取「圍魏救趙」的間接路線才能取得戰略制高點。因為唯有公司發展出可持續生存的能力，員工權益也才能獲得真正的保障。不過，為執行這一間接路線，在過程上仍需先投入心力去探討與處理員工關心的權益問題，因為唯有穩住員工情緒，並讓員工們知道董事長處理問題的誠意，他（她）們才會願意聽自己所擘劃的公司願景，並參與實現願景的行動。這是一項相對微妙與脆弱，只能成功不能失敗的信賴感建立（trust-building）過程，也是組織變革醞釀「求變意願」的最重要步驟。

■ 以新產品組合化解企業生命週期危機

中華電信以電話起家，超過四分之三的人力、資產與組織架構都是為提供傳統市話服務而設置，中華電信向來的主要收入也來自傳統電話服務。面對行動與網路通訊的崛起，中華電信半世紀以來所辛苦建立的電話王朝，一夜之間突然就變成了資本市場中無人眷顧的白首棄婦。因此如果不能為這批看來已經過時的人力與資產找到再生利用的價值，那麼民營化後的中華電信就難逃必須大幅裁員資遣的命運，公司本身也必將面臨被拖垮的下場[20]。

20 這種裁員與資遣一旦發生，甚至怪不到自由化或民營化政策的頭上去，因為它

企業為了因應常變循環大環境，往往採取「用具有新生命週期的產品組合」來化解「企業生命週期危機」的策略。在我擔任交通部次長時，就知道中華電信已在測試 ADSL 這項產品，但公司在戰略上因為走的是日本 NTT 光纖路線，所以還沒人把它當主流看待。到了 2000 年底，檢視中華電信的未來發展，我頓然發現 ADSL 甚至是比行動通訊更重要的續命仙丹——它不僅可使 512K 上網服務立即商用化，更可為已不具價值的傳統電話網路以及過於龐大的固網電話人力資源，在未來的網路市場中再度創造出新價值，一舉化解絕大多數員工的真正生涯危機。洞察了這個臨機破立、一箭三鵰的戰略機會，並將它以群策群力方式落實生效後，不僅使 ADSL 成為 2001 年台灣的十大風雲產品，也使中華電信在全球電信業者中一馬當先成為 ADSL 服務的典範，甚至也因此在台灣培養出幾家新的通訊設備生產業者（如合勤、國碁等）。

行動電話重新恢復成長並奪回市場龍頭；數據業務一如預期快速開花結果；而固網資源除用來支撐數據業務外，原地區分公司也重新定位為固網、行動與數據三大業務的共同通路；至於行動與數據分公司則成為專業產品線——在「用具有新生命週期的產品組合，來化解企業生命週期危機」的大戰略指導下，中華電信業務三大板塊的嶄新布局，就在新任董事長上任一年半內大致底定。接下來要做的就是各板塊營收比重的調整：亦即在確保總營收持續增加的前提下，如何提升行動與數據業務收入的比重，降低對傳統電話收入依賴的問題。

是產業科技進步過程中所必然發生、誰都抵擋不住的新陳代謝淘汰現象。事實上，在 1990 年代開始的全球性固網開放、行動與數據快速崛起過程中，國際間就有許多老牌的公民營電信業者因為錯失了稍縱即逝的固網轉型時機，以致出現一蹶不振，甚至被併購或慘遭淘汰的命運。

■ 依因造緣、依緣造因

從因緣成果的觀點來看 ADSL 與行動電話兩場戰役，對中華電信來說其實代表「依因造緣」與「依緣造因」兩套不同的戰略思維。其中 ADSL 所用的傳統雙股銅絞線網路原就是中華電信的獨門強項，只是語音市場的快速質變使它即將淪為公司的沈重包袱；所以用它作為闊頻（wild band）傳輸網路，來滿足迎面而來的新數據上網的市場需求，這一為消逝中既有強項的優勢，掌握機緣再創價值的作法，就是標準的「依因造緣」戰略。

另方面，相對於超過百年以上的傳統市話，1980 年代後期才大規模商用化的行動電話，對中華電信來說其實還不到真正非常上手的程度；所以 1996 年後才進入市場的民營業者很快就把中華電信打趴在地。不過，2000 年前後台灣行動通信所形成的強勁市場浪潮，使中華電信沒有選擇，必須自立自強全力投入也成為乘風而起的強勢破浪者才行。所以這一著眼於市場外緣的強大商機，而回頭檢視與強化內因競爭力的作法，就是一項標準的「依緣造因」戰略。

■ 形機成勢：戰略執行力

有了清晰的戰略構想後，接下來就須規劃行動方案將構想付諸實施，並做出成果來。這時第九章解碼《孫子》所導出的形機成勢概念就是重要的指導原則。應用這個概念的竅門在於如何定義「形、機」這兩個因子。在中華電信全員行銷賣手機的故事裡，所謂的「形」就是可用來打「人海戰」的 3 萬 5 千名員工這一龐大的人力資源，而所謂的「機」則是每個員工心中那股市場龍頭被奪走、無處發洩的鬱悶之氣。於是形、機兩因子相乘後，就產生出銳不可當、動能極大的「勢」，終於成就出令誰都嚇了一大跳，三個月推銷了 80 萬支手機的成果[21]。

至於 100 萬 ADSL 之役，則可從供給與需求兩方面來分析形機成勢的關係。首先，從供給面來看，所謂的「形」是指穿透率已超過 2,000 萬門的固網市話網路，而「機」則是因為 ADSL 數位技術的突破，使原本只有 9.6K 頻寬的傳統電話線可用來傳輸 512K 以上的數位訊號，所以中華電信就可利用老網路價值再生的機緣，去創造供給面的空前優勢。其次，再從需求面來看，所謂的「形」是指當時要求快速上網已蓄積很高「位能」的潛在需求，而「機」則代表中華電信是唯一有能力宣洩這股高位能洪流的供應者。當這兩個形、機因子相乘後，中華電信在需求面的情勢也是一片大好[22]。於是在高度需求與快速供給兩股能量激盪下，就使 ADSL 成為當年台灣的十大風雲商品——事實上，台灣在那一段時間，不論是寬頻上網的穿透率或成長率，都創造了名列世界前茅的佳績。

談到戰略，一般都會提到「藍海戰略」的概念。我認為藍海戰略的最佳註解是「人無我有、人有我變」，也就是設法使競爭者永遠趕不上自己。這時值得特別強調的就是「平時立形、戰時

21 值得補充的是中華電信從 1999 年開始進行行動網路的大規模投資工作，兩年下來在網路容量與品質方面已有相當改善；全員行銷正好讓這把新鑄的劍，有了試鋒的機會。

22 中華電信 ADSL 之役，表面上只是一場沒有競爭對手的自我挑戰。但當時我的戰略假想敵是有線電視：因為一旦它們也像其他國家一樣能夠用來上網的話，一則頻寬將超過 ADSL 的 512K，再則網路普及上也有很高穿透率，所以是個不容小覷的潛在對手。也因此中華電信必須採取先佔（pre-empty）策略，以最快速度打入需要上網的每一用戶家內。不過由於主管有線電視的行政院新聞局沒有及時開拓出有線電視上網的政策環境，因此我心目中的假想敵始終沒有出現。

用機」的認知，因為再怎麼說，「形才是體」（平時的基本功），「機只是用」（臨場的機緣），如果平時不在形上打好基礎，那麼戰時即使出現良機，仍將無從乘機、用機，這是「機會只留給有準備的人」的道理。例如，當年就有東南亞國家聽到中華電信 ADSL 的故事，曾經問我可否幫他們複製，結果發現他們固網的穿透率太低，根本就沒有模仿與複製的條件。

■ 掌握量變質變的節奏、打出事業經營的章法

前面提到三大業務板塊初步布局後，接下來還須在總營收不變的前提下，進行它們之間營收比重的挪移，以達成降低對固網收入依賴的目標。這又是一個解聯立方程式的工作。

對於中華電信新定義的三大業務，為了掌握它們的整體財務走勢，我用繪製「總營收、總成本、總利潤」三條時間系列曲線（簡稱頂線、中線、底線[23]）來檢視。基於製作年度計畫的需要，我很早就主觀設定：2001 年必須維持 2000 年的總營收水準，亦即頂線（top line）必須持平。但為了因應 2001 年固網市場的開放，基於保衛市佔率的需要，我又決定要將收益最高的國際電話費率，進行高達 40% 的一次性戰略降價。於是這一降價所導致的總營收缺口，就須由行動與數據兩項業務所創造的新增營收來彌補，才能達成 2001 年頂線持平的目標。湊巧的是：如果國際話費所減少的營收，確可由行動與數據所增加的營收來彌補的話，那麼總營收的板塊結構就會自動按照我所希望的方向大幅挪移。因此，熱熱鬧鬧推動的「全員行銷賣手機」以及「100 萬 ADSL 促銷」兩項企業再造運動，其實也可看成是在「保衛 2001 年總營收頂線」

23 將利潤線稱為「頂線—中線—底線」中的底線，語意上也反映出它是企業經營的最基本也是最後檢驗標準。

以及「挪移總營收結構板塊」兩大企業戰略目標下，所適時推出的配套行動方案。

值得一提的是，2001 年中華電信雖是以「保衛頂線」作為年度主題（annual theme），但許多其他基本面改革其實也都同時如火如荼展開。例如在資本支出與營運支出方面，已開始採取許多新措施，為中華電信生產效率的提升、成本的節省與控制[24]打下基礎；再加上 2001 年底依計畫實施為配合民營化而進行的優惠退休措施，預期人事成本將可因而大幅節省[25]。所以，我當時就確認隔年（2002）可採取壓低總成本中線（middle line）的策略，來達到使總利潤底線（bottom line）反彈上升的目標。於是「讓底線抬頭」就預設為中華電信 2002 年對內對外訴求的年度主題。

對領導者來說，把「了解全局、洞察趨勢、把握重點」作為指導原則，作好見識謀斷的決策工作，並把「打出章法來」當作經營事業的宏觀領導力檢驗標準，是一項值得推薦的做法。而要達到這個標準，考驗的是領導者的戰略洞察力、決策的判斷力，以及執行的意志力。

微觀領導：人際互動影響力

領導是他組織作用的核心驅動力量。第八章〈領導〉也說明，領導力可從宏觀與微觀兩個層面來發揮。宏觀面領導力是指：領導者如何從「戰略」的高度，做好組織變革見識謀斷的決策與因緣成果的執行工作。而微觀面領導力則是指：領導者如何經由人

---

24 對於從來未曾正式推動過成本控制措施的企業，如設定 2~5% 的成本節約目標，通常都不難達成。當時很重要一項成本控制是不准再像過去「盲目」編列增置資產，特別是土地的預算。

25 2001 年底中華電信有將近 20% 員工，約 7,000 人選擇優退而離職。

際互動去影響個別組織成員的態度與行為，進而帶動整體組織的變革。

對領導者來說，宏觀領導如果是項羽口中「萬人敵」的戰略，那麼微觀領導就屬「一人敵」的劍術。不過，我們絕不應好高騖遠，貶低「一人敵」的價值，認為它不足學。因為我們必須切記在組織變革過程中，「個體質變是整體相變的基礎」，所以領導者如果沒有能力去運用人際互動的策略與技巧，來帶動個體成員質變的話，那就根本不可能去憑空奢求整體系統的相變。當然反過來說，如果領導者所有的本領也都僅及於微觀層次人際技巧的話，那麼他（她）還真不具備領軍去打「萬人大會戰」的資格。

■ 陽起陰從、上下同欲

《孫子》對領導效能是用「令民與上同欲」來衡量，也就是要讓追隨者與領導者上下一心。至於領導的基本門道在於 (1) 能否洞察出原本就存在於每一組織成員身上的內在潛力（執行力 F=M×A）；以及 (2) 能否技巧地將成員們的內在潛能誘發出來，去產生出整體宏觀的巨大能量（執行成果／潛能 R=M×A×O）。領導者掌握了這一「陽起陰從」的竅門，就能以舉重若輕的方式，達到「上下同欲」的境界。

中華電信的案例從微觀領導的觀點，有以下三個特徵：首先，如果對於在集體焦慮情緒下幾千名員工走上街頭的事件，能夠洞察到隱藏在「不裁員、不減薪」表面權益訴求的背後，其實是一股大家想要有所作為，以求擺脫眼前困境的強烈企圖心。這時只要我們能夠提出可被大家信服的願景與脫困對策，這群員工就會跟著我們往前走。這種效應就是第八章〈領導〉提過的磁化效應——每個員工都是一顆具有磁性的鐵原子，因此只要設法創造一個小規模的核心磁場（提出讓人信服的願景與方向），那麼這個核心磁場就會自發啓動後續的自組織磁化程序，直到整個鐵塊完全轉化為磁鐵為止。

其次，順著磁化效應的比喻，我在行動、數據與固網三個領域，分別創造了「全員行銷奪回龍頭」、「100 萬 ADSL 新產品促銷」、「開放時代的不變選擇」三個核心磁場，然後再用「創造價值」的概念統攝這三個核心，來催化磁化連鎖反應並加速擴散效應，結果就把全體員工統統動員起來，一起投入公司的組織再造運動。在案例細節的討論裡，有許多躍然紙上的證據，一再印證以下的道理：個體的質變是宏觀相變的基礎，它們可被複製並擴散成組織所有成員的行為模式，而這種連鎖反應過程的最終結果就是宏觀系統相變的自然湧現。

不過，不論是全員行銷賣手機或全員學習供裝 ADSL，過程中我們都清楚看到了協同論所稱「快、慢變量」兩種截然不同的行為模式：前者言而不行、遇挫即止；而後者則是一旦下定決心，就毅力十足、百折不撓。重要的是：一旦鍥而不捨的慢變量開始作出成績時，那些作壁上觀，甚至等著看好戲的快變量，最後還是會服膺從眾效應，加入由先知先覺慢變量所帶領的「遊街陣頭（bandwagon）」行列。

其三，在催化個體質變的過程中，我採取了多元的說服、激勵、動員措施，並在每一措施身上都看得到影響力八策的複合綜效。而從《韓非子》所稱「用人之智」或「用人之力」兩種領導模式的角度看，每一變革動作往往也都兼取這兩種模式的效應。就以領導者親自到第一線訪視所代表的意義與所產生的效應為例，它們就包括：(1) 親眼觀察、親身體驗來取得政策績效的第一手回饋資訊，以作為政策修正的依據。這一作為一方面可用來確認組織是否出現「上有政策、下有對策」的陽奉陰違現象；另方面，正面的績效即使對領導者本身也可產生有意義的鼓舞效果；(2) 對第一線人員的表現進行直接且第一時間的鼓勵與嘉許，讓他（她）知道自己的努力，長官看到了；(3) 現身說法闡釋政策理念，使第一線的同仁直接聽到精準的政策說明與政策目標的宣達，免除了以訛傳訛或各行其是的困擾；(4) 告知大家系統整體達成的績效，不只使第一線的同仁知道自己的那一份努力，如何聚沙成塔已經產生巨大的整體成效；也使他（她）們了解因為自己的努力，整個系統又向共同目標邁進了一步；(5) 與第一線互動，聽取心得與改進建議，落實同仁們的參與感，在這種互動場合，往往可聽到許多有趣的點子與案例；(6) 傳播從各地聽來值得複製、模仿的行為模式與工作方法，期許第一線的同仁「別人做得到，你們應可做得更好」。不過，最後必須強調的一個重點是：以上的這些意義與效應都必須在領導者親力親為下才能達成，而不是派一位副手去就能發生作用。

■ 領導力八策

以上說明，清楚印證了「領導力是影響力策略的綜合運用」這句話。有經驗領導者一個看似單純的舉動或作為，其中可蘊涵許多人際互動與相互影響的元素，成員的自我期許、認同感、使命感等情緒，都可能在這一舉動或作為下被一併激發出來。另方面，這也表示微觀領導的人際互動，除非是相對單純的情形，領導者只需用到領導力前七策中特定的某一策就可把問題處理掉；而大部分情況用到的其實都是部分或全套的第八策（前七策的綜合運用）。它們的奧妙就如同「君臣佐使」的複方法則，只要配伍得當就可發揮「$1_1+1_2+\cdots+1_n>>n$」的綜效。

總之，領導的門道在於：(1) 誘發組織每一成員的內在驅動力，並將它們導向組織的共同目標；(2) 提供簡單明確的組織發展指導南針（亦即宣示組織的核心價值、組織變革的宗旨），使組織成員知道自己是誰。特別是當環境變得渾沌不明的時候，這一指南針就可使組織及它的成員不至於迷失方向。

■ 共生演化

複雜系統宏觀相變是以基層分形基模的異化為起點。這句話在中華電信案例裡也獲得驗證。組織真正變革決定於個體成員的心態（mindset）—— 思考模式、行為模式 —— 是否發生自我調整的改變。因為個體成員心態的改變，就相當於系統基層分形基模出現異化，接著就可啟動結構－功能的連鎖性共生演化，帶動宏觀系統相變。以下是 2016 年一個高科技業的 CEO 告訴我的故事。

2001 年初新成立的民營固網業者，拿著剛出爐的國際電話促銷優惠方案，到他公司來拔中華電信的樁。公司總務很快就被說服，幾乎準備簽約。但那位 CEO 認為國際電話是公司最重要的國際聯絡管道，剛成立新公司的服務可靠度與穩定度都沒經過考驗，自己的公司不應只看價格就去做他們的白老鼠，所以要求應回頭去問中華電信願不願來比價。結果出乎這位 CEO 意外的是，過去通知中華電信任一分公司，就永遠只有那個分公司的人員會上門回應，而這一次也明明只找國際分公司派人來談，但中華電信當地的固網、行動、數據三個單位的業務與工程人員竟然不請自來全部到齊。而在接下的業務討論中，中華電信不只提出優惠的國際電話費率，而且還主動提出要把他公司的行動與數據服務，一併更換成更價廉物美的方案。

這位 CEO 對中華電信一反常態，突然變得這麼積極與替顧客著想，覺得非常不可思議。後來中華電信也開始把他公司當大客戶看待（這時中華電信的企業客戶部門應該剛剛成立），三不五時就來噓寒問暖一番，完全跟以前不一樣。他說因為這故事的記憶太深刻了，所以遇到我就一定講給我聽。

我還在董事長任上時，就有人跟我說「中華電信變得不一樣了」。但老實說，那時因自己身在局中，還真無從知道在別人眼中，中華電信究竟不一樣到什麼程度？聽到上述故事後，我仍然覺得中華電信應可做得更好 —— 也就是不要等人來找，就應主動出擊去做好大客戶的固樁工作 —— 不過，不論如何，對一個「部門本位主義」根深蒂固的老公司來說，員工們能夠懂得主動去做跨部門的聯合行銷推廣工作，還真得要大家都一起開竅，改變工作心態才行。所以，我把這個故事當作組織的基層分形基模發生異化，進而帶動系統全面共生演化的一樁案例。

組織核心價值的因革

具有自組織生命力的系統都有追求系統泛穩定性的特性。而要能確保在常變循環相變過程中的泛穩定性，系統必須發展出與時俱進的環境適應力。對於同時擁有他組織之手的人類組織來說，它用來適應環境的核心動能來源就是第九章所提戰略三綱領中的價值訴求（value proposition）。價值訴求是指導組織成員行為的中心思想，它宣示組織存在的正當性，也使組織具有識別性。不過在系統相變過程中，價值訴求本身也會出現必須有所因革的問題，這一議題就是領導者他組織之手一項最根本性的戰略抉擇。

領導者必須把組織中心思想（價值訴求）的因革演化，當作組織變革過程中的自己所要承擔的關鍵性責任。當這一中心思想因為內因與外緣劇烈變動而顯得搖搖欲墜時，領導者就須提出新的理念與訴求作為凝聚組織能量的新核心，並利用這一新的中心思想來協助組織成員，重新定義與詮釋自己工作的意義，然後再把這一從個體成員做起的新認知與新態度，通過相互激勵與自我強化的過程，內化成每一個成員的新行為模式。這也就是促成組織分形基模異化的過程。

在中華電信案例裡，「創造價值」的概念對它的民營化轉型，發揮了預期的驅動力量。從組織變革的角度看，中華電信在 2000 年最後一季發動的「扳行動」，2001 年初發動的「攻數據」兩場戰役，到了 2001 年的年中，就已取得了決定性的戰果。再加上從「開放的時代、不變的選擇」這句口訣中，員工們又重新發現「只要能夠持續創造顧客與股東的價值，我們將是開放時代中大家永遠不變的選擇」的竅門，就使 2001 年 7 月份辦的那場慶功茶會，等於一方面向世人宣告中華電信已經重返榮耀的事實；另方面也向全世界見證了一場「積小勝為大勝」化解組織危機「用勢不用力、量變質變」的變革工程——試想 11 個月前，這家公司的員工才因對公司在自由市場中的競爭力沒信心而走上街頭，但不到一年時間，驀然回首，公司的信心危機已經以「輕舟已過萬重山」的軟著陸方式悠然化解。

不過，像中華電信這麼龐大的組織，要在方方面面都能改頭換面，它的變革與再造必然是個「與時俱進、沒有止境」的工作。威爾許再造奇異公司花了 20 年，葛斯納改造 IBM 也花了 9 年時間；而我在中華電信只待了兩年半，所以在企業文化的轉變上，充其量只是為它打下初步的基礎而已。在一個電信技術與服務快速演進的年代，對一個員工超過 2、3 萬人，又有百年歷史的中華電信，兩年半的時間能為它打下轉型再造的基礎；而攸關它下一階段發展的光纖網路（ADSL 只是過渡性產品）、MOD 加值服務，以及行動 3G 等計畫也都已經開始推動，從管理專業的觀點看，這應是一張交得出來的成績單。

二、泛執行：1978 年大衛營和平談判

「自組織為體、他組織為用」的變革理論有三種應用場合：(1) 把一般決策付諸實施，是「見、識、謀、斷、行」解題五步驟的最後一步，是本書所稱的小執行，也是一般經理人推動的執行；(2) 重大決策的付諸實施，亦即正式的組織再造或政策、制度變革的推動與執行，就是本書所稱的大執行，例如中華電信再造的案例，屬於由領導者推動包含組織變革的執行；以及 (3) 任何企圖改變別人的態度與行為，以遂行自己意志的場合，這就是更廣義的「泛執行（pan-implementation）」問題。泛執行問題的共同特徵都是出現了必須化解的各式各樣阻力與衝突 —— 包括產品行銷、心理諮商、政策論證、商業／政治談判等問題 —— 於是用來化解阻力、提升助力的「自組織為體、他組織為用」變革理論與策略，也就同樣可作為處理這類問題的有效工具。

以下就舉個著名的國際案例，來說明如何應用本書所歸納的理論來解析國際政治談判的過程。

談判背景

在國際政治談判領域，1979 年埃及與以色列簽訂的大衛營協定（Camp David Accords）是個經典案例。要談這個案例，就須從中東以、阿間的連年戰爭說起。

以色列自 1948 年建國到 1977 年為止，與周邊阿拉伯國家陸

續發生了四次重大戰爭：1948 年以阿戰爭、1956 年蘇伊士運河戰爭、1967 年六日戰爭，以及 1973 年十月戰爭。除了最後一場 1973 年戰事外，其餘幾次衝突，以色列都是贏家。尤其是 1967 年閃擊戰，讓它佔領了敘利亞的戈蘭高地、約旦的約旦河西岸地區，以及埃及的加薩走廊與西奈半島等大片土地。

因為飽受連年戰事之苦，所以埃及沙達特（Anwar Sadat）總統於 1972 年對外宣告，只要歸還埃及被佔領的土地，他願意與以色列談判和平條約。接著 1973 年埃及與敘利亞聯軍發動突襲，摧毀以色列的蘇伊士運河防線，成功進入以色列佔領的西奈半島。打了這場勝仗後，沙達特發現要與以色列進行和談，他已經取得了有利的「門票」。

事件過程

破冰（解凍）之旅

1977 年 11 月 9 日沙達特在公開演講中宣稱：「他願意到包括耶路撒冷在內的任何地方，與以色列討論和平問題。」隔了兩天的 11 日，以色列總理比金（Menachem Begin）向埃及人民廣播，表達歡迎沙達特到耶路撒冷訪問，並於 15 日正式發出邀請函。16 日沙達特照會敘利亞領袖阿薩德（Hafiz Assad），告知自己將有耶路撒冷之行。19 日沙達特啓程前往以色列，在班固里昂機場受到盛大歡迎。20 日沙達特到以色列國會演說，呼籲以色列從佔領區撤軍並支持巴勒斯坦建國。21 日返回開羅前，沙達特與比金舉行聯合記者會，會上沙達特再度呼籲以色列應有積極作為來回應他的來訪，會後雙方還發表「不要再有戰爭（no more wars）」的聯合公報[26]。

沙達特破天荒的耶路撒冷國會演說之旅，引起舉世震驚。埃及與以色列兩國民眾普表支持，但阿拉伯世界則大多反對埃及單獨與以色列謀和。

美國原本在 1977 年 10 月就企圖要以色列與阿拉伯國家在日內瓦召開多邊會議。但以、埃兩國都認為應該先進行雙邊會談，所以為了避免被美國逼上多邊會談之路，埃、以兩方就先發制人，展開了突破性的直接互動。

大衛營談判日誌

沙達特訪問以色列後，埃、以雙方雖然共同成立了政治與軍事委員會，並在接下來的幾個月進行密集協商，但一直到 1978 下半年仍沒有具體進展。於是，美國卡特總統就在當年 9 月邀請沙達特與比金兩人到華盛頓特區的大衛營，舉行以美國為中間人的雙邊和平談判，討論包括：和平條約與外交承認、西奈撤軍與非軍事化、約旦河西岸與加薩走廊未來解決方案，乃至巴勒斯坦自治自決等一系列問題。會議從 1978 年 9 月 17 日起一共開了 13 天，每天的主要內容如下[27]：

大衛營談判

第 1、2 兩天：埃、以雙方分別向美方表述自己對各項問題的基本立場。結果內容非常分歧，甚至出現南轅北轍的極端論點。不

26 依常理推斷，沒有邦交的兩國元首要見面，事前必然有長期的秘密斡旋。雙方幕僚必先談定彼此過招的順序、接待的方式、雙方元首談話的底線等事宜。一切安排妥當後，才輪到元首上場，行禮如儀，完成大家表面上看到的熱鬧。

27 大衛營談判的內容整理自網路上的相關報導。大衛營的每日大事記則參考：Jonathan Oakman, The Camp David Accords: A Case Study on International Negotiation. Woodrow Wilson School of Public and International Affairs, Princeton University. http://www.wws.princiceton.edu/~cases/papers / campdavid.html. 11/10/2002.

過，沙達特在第二天下午寫了份書面資料給卡特，說明自己可讓步的底線。

第 3、4 兩天：開始舉行三邊會談，結果埃、以兩方人員因爭執而互相咆哮。美方發現讓兩方領袖直接談判不是辦法，於是就將雙方人員隔開，改為由美方居間「穿梭」傳話的方式，進行埃、以兩邊的溝通。

第 5 ～ 7 三天：美國試擬談判協議的草稿，分別交由兩方修改，再將兩方修改過的內容相互交換再修改，然後由美方把雙方修改、交換、再修改的內容，重新整理成新的草稿版本後，重複另一循環的草稿交換與修改動作。

第 8 ～ 10 三天：草稿文字經過不斷反覆修改與整理後，無法達成共識的議題雖已水落石出——主要圍繞在西奈、約旦河西岸、加薩走廊，以及巴勒斯坦自決等幾個問題上——但談判實際上已陷入無解的僵局狀態。

第 11 天：沙達特的幕僚們在極端沮喪之下，開始打包行李準備離開。這時卡特就出面提醒沙達特，他如果就此離開，將嚴重影響美、埃關係，以及他們兩人的私人友誼。另方面對於比金，卡特則向他保證以色列未來油源的穩定供應，以及西奈空軍基地撤離後，美方願意在其他地點協助以色列興建另外兩座基地的承諾。於是在卡特斡旋下，埃、以雙方都同意繼續留下來，為談判做最後努力。

第 12 天：埃、以、美三方面決定擱置約旦河西岸、加薩走廊與巴勒斯坦自決等幾個難題不予處理，而把其他可達成結論的事項納入協議內容。

第 13 天：在美國見證下，沙達特與比金兩人正式簽署「大衛營和平協定」。

大衛營協定結束了兩國長達 30 年的戰爭狀態，沙達特與比金兩人更因簽署了「大衛營和平協定」，共同獲得了 1978 年的諾貝爾和平獎。接下來的 1979 年 3 月 26 日「埃及－以色列和平條約（Egyptian-Israeli Peace Treaty）」在華盛頓正式簽署。埃、以簽定和平條約後，雙方建立正式的外交關係，並一直維持和平至今。

和平協定

大衛營和平談判成功，代表埃、以雙方捐棄了刻板的意識形態，以國家利益為優先，開創了兩國歷史性新局：埃及洗雪了歷年戰敗的國恥，收復了西奈半島失土，並確保了日後經濟利益；而以色列則經由和平協定的簽訂，一舉把力量相對最強大的埃及，從環伺該國的阿拉伯敵對陣營中隔離出來，達成了極重要的戰略目的。和平協定最核心內容是西奈半島的處理：

1. 以色列將西奈半島歸還埃及，並將它劃為非軍事區，埃及坦克車不得進駐。此舉降低了以色列的外在威脅，也保全了埃及主權。
2. 埃及國庫重要收入來源的石油產於西奈半島，和平協定對埃及後來的經濟發展功不可沒。
3. 以色列雖然失去了西奈控制權，但它的船隻從此取得自由通過蘇伊士運河的航行權，對它的國際競爭力大有幫助。

不過，阿拉伯世界普遍認為埃及為了本身利益，背叛了他們的共同理念，以致在 1981 年 10 月 6 日，慶祝 1973 年戰爭勝利 8 週年閱兵典禮上，沙達特不幸遭到反對人士刺殺身亡。至於未被協定納入，懸而未決的巴勒斯坦自決問題，一直拖到1994年，因以色列同意設立巴勒斯坦自治區，才獲得進一步解決。

案例分析

兩層次賽局

外交是內政的延伸，內外兩層次的問題緊密關連。大衛營談判過程中，卡特曾數度提到「我充分相信沙達特，但對比金信任不足。」但這是卡特忽略了沙達特在埃及擁有獨斷的決策權，但比金的任何決策都必須考量：是否能獲得由多黨組成的內閣成員以及國會的認可與支持。不過也因為這種政治制度上的差異，每當埃、以雙方談判出現重大僵局，而比金又以自己沒有辦法說服國會為由不願讓步時，沙達特就變成美方施壓的對象。因為美方認為他沒有國會的壓力，可全權作主，所以每每要他單方面讓步，以便達成協議。

蘇聯因素

進行大衛營談判的1970至80年代，東西雙方還處在冷戰狀態。當時美國在未經諮詢埃、以兩方的情形下，曾逕自企圖邀請蘇聯共同主持日內瓦會議，來處理複雜的中東問題。不過，由於埃、以雙方都對蘇聯極度不信任，但又都想爭取美國在外交、財政與安全上的支持；因此，他們一方面寧可私下自行展開雙邊和平探索，杯葛日內瓦多邊會議的倡議；而另方面當美國改提在大衛營進行雙邊談判的建議時，就又都欣然應允出席。許多國際觀察家認為，出現企圖找蘇聯共同解決埃、以問題的這一不必要周折，完全出於卡特外交團隊對當時中東情勢的誤判。

美國角色

從大衛營談判的每日大事記中，可清楚看到美國一開始扮演的是一個雙邊談判的中性仲介者（mediator）的角色，特別是進行穿梭傳話的階段。但當談判陷入僵局後，美國就調整了它的中性立場，開始變成談判的積極促成者（advocator）。因為卡特意識到大衛營談判如果失敗，不僅有損美國威望，甚至還會衝擊他自己競選總統連任的選情。所以大衛營談判的成敗，這時已不再只是埃、以兩方目標能否達成的問題，美國的利益也已實際牽涉在內了。因此，雖然調解衝突的仲介者原本不應預設立場，去介意自己所促成的究竟是何種協議（甚至有沒有協議）；但當仲介者轉變成積極參與的第三者時，他（她）們就會關切自己所促成協議的具體內容，並會企圖使它也能同時滿足自己的利益。

因此到了第 11 天，眼看沙達特準備打道回府時，卡特情急之下，就把美國手上的資源拿出來作籌碼，來扭轉談判的情勢。當調停者不再扮演中性角色而成為積極促成者時，對於原來談判的兩造來說其實都是一種警訊——因為這可能會使當事的兩方都陷入一種兩面作戰的困境，最壞狀況甚至會變成多一個人來分食既有大餅的局面。不過，在大衛營談判的案例裡，美方從仲介者變為促成者後，雖然它不是來分食既有大餅，反而是投入它的第三方資源來左右談判的結果，但這時談判兩造的任一方，仍然必須注意：這個過於積極的第三者，會否為了關照本身利益，而出現偏袒、甚至選邊的情形，致使自己的利益受損。

三個主角表現

■ 美國卡特總統

卡特在大衛營談判中扮演居中協調的關鍵角色。一般認為卡特本身對中東和平的促成，有他自許的道德責任。而他的執政團隊也相信中東和平是個有解且可解的問題，並且樂觀地認為當時以色列與阿拉伯各國間雖仍衝突不斷，但在多方努力下，多邊對話已經展開，部分努力成果也正逐步顯現。所以，美國只要出面協助埃、以兩方，把這些已經形成的積木（building block）設法組裝成一個完整的協議，中東和平便可水到渠成、應運而生。正因為這種樂觀的認知，所以卡特上任後便積極倡議重新召開日內瓦多邊會議，來討論中東和平問題，甚至還企圖安排蘇聯共襄盛舉。後來，有鑒於埃、以雙邊已自行展開談判，但卻又不得要領、難以突破，於是就順水推舟出面擔任調解人，協助雙邊進行談判。美國的角色雖然只是個仲介者，但實際上它同樣受到前述國際、國內兩層次賽局的制約，所以美國與埃、以兩國相同，都必須承受談判成敗的國內外輿論壓力。卡特最後不顧中立的立場，直接以自己的影響力去扭轉談判情勢，就是這種壓力下的自然反應。

■ **埃及沙達特總統**

沙達特其實是整個事件的真正驅動力量，他與他的前任總統納瑟（Gamal Nasser）完全不同。納瑟矢志當阿拉伯世界的英雄，曾誓言要發動聖戰殲滅猶太人；沙達特則把追求埃及長久和平作為目標，選擇親美外交路線，以帶領埃及走出戰爭與衝突。他甚至說過「為和平而生、為原則而死」一語成讖的豪語。就因為他把和平當終極目標，所以他在 1973 年西奈戰役獲勝後，就利用勝利者的有利地位，主動與以色列進行多次私下和談的接觸。直到 1977 年底時機成熟，沙達特就一鳴驚人地公開宣告，他要到耶路撒冷進行和平之旅的企圖，而以色列的比金也很有默契地立即回應，正式邀請他往訪。埃、以的和平之門也就此正式開啓。

對於沙達特在大衛營談判過程的表現，有人認為他太過老實，甚至在一開始的第二天下午就把自己的底牌，以書面方式和盤托出給了卡特，相當於把自己的一副牌交到卡特手中，讓美國人幫他打；再加上埃及集權式的政治制度，無法拿國會當擋箭牌，在談判後期常被美國當作要求讓步的對象。不過，也有人說沙達特深知埃及與美國相交未久，遠遠不及以色列與美國關係源遠流長、根深蒂固，所以他不得不一開始就採取掏心掏肺的輸誠策略，來感動出身美國南方純樸農村的卡特，爭取他的個人友誼與支持。

嚴格說，沙達特在大衛營談判中的真正難題是：如何在埃及本身利益與泛阿拉伯利益之間求取平衡。但是錯綜複雜的泛阿拉伯問題絕非一次談判就可理清頭緒，僅僅 13 天的會議能夠達成當時的協議內容已屬不易，其他的問題就只能留到以後再說了。不過，其他的阿拉伯國家在當時則普遍認為：作為阿拉伯老大哥的埃及，只顧切割處理自己的問題，而把其他國家的利益棄置不顧，是一種背叛行為，所以隨後就發動與埃及一連串的斷交動作。埃及後來是在積極協助解決泛阿拉伯問題（例如巴勒斯坦自治化等）的後續過程中，才重新逐步修好與各鄰邦的關係。

■ 以色列比金總理

比金是以色列的開國元勳之一。他是在他所領導右翼保守的利庫黨（Likud）於 1977 年選舉獲勝後，開始擔任內閣總理。原本選民認為他會對阿拉伯國家採取強硬路線，但比金考量到以色列國防預算居高不下，國內經濟情勢又日益惡化，而民眾也開始顯露厭戰心理，所以當沙達特拋出尋求和平的橄欖枝時，在形勢比人強情形下，比金就務實以對，拋棄意識形態，接納了沙達特的善意，並予積極回應。最後終於在他與沙達特共同努力下，簽訂了歷史性的大衛營協定。在作風上，他不像沙達特行事帶有浪漫色彩，比金將個人友誼與工作關係分得很清楚。例如，雖然他與沙達特都須設法拉攏美國，但在整個談判過程中，他絕不對卡特洩露自己的底牌；他也善用議會政治的民主保護傘，來強化他談判中不讓步的立場。所以從高峰談判的角度，一般人認為比金要比沙達特老練得多。

自組織解讀

以下首先說明如何從第七章介紹的自組織宏觀原理觀點，分析具有高度衝突性政治談判的宏觀戰略布局，以及實際談判的發生過程。其次從微觀戰術與影響力策略運用的角度，來檢視「自組織為體、他組織為用」的概念，如何被用來化解衝突，達成預設的目標。

宏觀原理與法則

■ 因緣成果、因勢利導

先宏觀來看和談的過程。長期以戰爭相向的以、阿世仇，要推動和談絕對是一項空前艱鉅的工程，但從因緣成果觀點看，它的成功必然有一定的內因與外緣條件。客觀上，埃及與以色列都已出現戰爭拖累經濟的嚴重情勢，而兩國民眾也已呈現明顯的厭戰心理，所以在形勢比人強的大環境下，兩國領袖都不免會興起如何脫困的念頭。但根深蒂固的主觀民族對抗情結，卻只使整個形勢變成水煮青蛙的困局。

埃及於 1973 年十月戰爭的勝利是一重大契機，過去每次衝突都遭敗績的埃及，終於打了一次漂亮的勝仗。沙達特令人佩服的地方是：他沒有因為難得的勝利而沖昏頭，而是決定利用這次戰爭的勝利，來贏取長久的和平。所以他開始找機會與以色列接觸，並且散布願意和談的訊息。到了 1977 年時機終於成熟，他就以戲劇性的耶路撒冷破冰之旅，為埃、以和談正式拉開序幕。沙達特的到訪其實也為以色列的國內輿論，創造了準備和談的必要條件，使比金得以順勢而為，配合沙達特一起啓動和談程序。

埃及與以色列武力對抗的僵局，從開始解凍到完成相變，是由幾個戲劇性的事件串連而成。首先，沙達特出人意表的耶路撒冷之旅，象徵埃、以關係開始正式解凍；其次，雙方同意參加由美國居間協調的大衛營談判，代表雙邊關係已到了突變臨界點的邊緣；最後，大衛營馬拉松式的談判達成協議，則相當於雙邊關係終於跨越突變臨界線，達成了系統相變的目標。

在上述相變過程中，雙方領袖都發揮了「洞察情勢、把握時機、扭轉大局」的訣竅。特別是沙達特在關鍵的時刻，以無比的意志力與勇氣，用他的可見之手敲開了通往和平的大門，為埃、以和談創造了不可逆轉的新形勢。接下來比金就與他共同攜手，營造兩國和談所須具備的各種內因外緣條件，最後在卡特拿出美國手上的資源作為槓桿的情形下，因緣湊合、臨門一腳，使埃、以關係完成了戲劇性的跨臨界相變轉折。

大衛營和談被視為國際政治談判的經典，一方面在性質上它原本就是一個衝突性極大、難度極高的案例；再加上它在功敗垂成之際，因為仲介者美國的角色作出了調整，使局面發生良性逆轉，終於達成協議，致使事件本身也充滿了非常吸引人的戲劇性。另方面在過程上，它的節奏緊湊而曲折、人物角色強烈而清晰，三方互動模式也都有板有眼、章法井然，所以也是一樁非常受歡迎的教學案例。

■ 自組織六律

本書認為大衛營談判充分反映出複雜系統「自組織為體、他組織為用」的相變特徵。為了突破埃、以間循環不斷的仇恨與戰爭的宿命，沙達特甚至在 1973 年的十月戰爭前，就已拋出願意和談的訊息。十月戰爭獲勝，沙達特確立了和談的有利地位（這可視為「自強律」的實踐），就正式開始為埃、以和談進行各種鋪路工作。直到 1977 年底時機成熟，沙達特戲劇性的耶路撒冷之旅，啓動了「應變律」下的他組織「換檔」動作，把埃、以關係從傳統武力相向的僵局，扭轉成向和解談判傾斜的新形勢。

至於和談的訴求，沙達特的重點在以色列必須歸還西奈失土，而相對於以色列，他則承諾把收復後的西奈半島非軍事化，作為埃、以兩國的和平緩衝區，來確保以色列南方國土不必直接面對埃及軍事威脅。基本上這是兼顧雙方利益的雙贏訴求，符合自組織「和合律」的互利互補精神，也因此為「因緣成果」打下了成功的基礎。

臨機破立原理的「分岔律」可用來說明談判幾乎破裂的第 11 天場景。當時在美國強力斡旋下，為了打破僵局，雙方決定將一直無法取得共識的泛阿拉伯議題暫時擱置，只針對與埃、以兩國直接相關的議題完成協議。在大衛營協定中排除泛阿議題，這應該有違埃及初衷，屬於迫於形勢不得不的讓步。而談判過程所出現的這一「偶然」分岔，在大衛營協定以及和平條約簽署後，因為泛阿拉伯國家對這種結果的不諒解，埃及就開始承受鄰國長期敵意相向的「必然」後果。

至於「因革律」則可用來檢視「埃－以和平條約」簽訂後，雙方除了維持形式上的和平之外，兩國人民實質上是否能夠恢復平常心，互把對方視為可和平共處的友邦？根據網站上找得到的資訊來看，直到 2010 年代，這個問題的答案好像還是否定的。換句話說，無數歲月所累積的種族仇恨，它根深蒂固的程度已不是一紙協定或條約所能一筆勾消。所以對兩國人民來說，和約的效果可能充其量只做到了「不打仗真好，但要作朋友免談」的地步。

微觀過程與策略

■ 資訊的分享

為化解衝突而談判的雙方，對於自己所持的事實與價值資訊，願意與對方分享到什麼程度，決定談判的難易程度。最順利的情形是雙方不分你我地將彼此的資訊，毫不保留地完全攤在桌面上與對方共享，並把對方視為一起解決問題的夥伴，在誠信相待、絕不使詐（play no game）共識下，以互利互補方式，各展所長來共同尋求解決問題的最佳對策。性質上這是完全「協同合作」[28] 的模式。

不過，「協同合作」模式一般主要出現在同一組織內，跨部門的協商過程中，較不容易出現在分屬不同主體的兩個組織的協商過程。

一般談判多屬「協商折衝」模式。談判雙方在問題的價值前提與事實前提上仍有基本歧異，即使雙方都有解決問題的意願，

---

28 湯瑪士（Kenneth Thomas）與基曼（Ralph Kilmann）兩人於 1974 年發表一般簡稱為 T-K 衝突模型的理論。他們用當事人所持自利獨斷（assertivenessness）與利他合作（cooperative）動機強度的不同組合，將人際衝突的關係區分成「逃避（avoidance）、忍讓（accommodation）、對抗（confrontation）、協同合作（collaboration）、協商折衝（compromise）」五種類型。而要化解衝突，它的成局條件就是衝突雙方都要有意願坐下來談。這時如果雙方都有「協同合作」的最高誠意，那就會不分你我，充分共享彼此資訊，共謀可達成雙贏目標的問題最佳解。但如雙方想要解題的意願雖然相同，但在心態上仍區分你我，互有防人之心，資訊便不可能彼此充分揭露（屬「協商折衝」模式）；由於這時的問題對策是在相互討價還價的折衝過程下產生，因此很難落實把餅真正做大的目標，以致它的最後答案會落在以雙贏與零和為兩端所構成光譜的中間段落。埃、以和談就屬這種案例。至於零和是雙方都採「對抗」態度下的結果。

但在如何解決問題的對策上，還存在「我方、你方」的利益衝突。因此，各方所掌握的資訊便不可能和盤托出與對方分享，必然會有所保留，甚至還會操作爾虞我詐的「欺敵」遊戲。

由於大衛營談判的性質屬於協商折衝模式，因此對於沙達特在談判第二天就把自己的底牌揭露給卡特，就有許多人認為他犯了談判大忌，因為這麼重要的資訊即使只是洩露給居中協調的善意第三者，都必然會使自己在談判上喪失必要的迴旋空間。

另從談判協定的內容來看，雙方取予（take-and-give）交換的斧鑿痕跡非常明顯，這些取予條件也看出它的平衡性——唯有滿足平衡性條件的協議內容，才能形成穩定的「吸引子」，使不穩定的衝突局面收斂。但美國要另興建兩座機場給以色列的暗盤交易則沒有寫入合約，成為美、以兩方沒對埃及揭露與分享的資訊。

■ 議題的切割

值得注意的是，由於同一案件可能包括許多不同的子議題，而這些子議題之間的重要程度並不相同，因此為了在折衝過程中取得協議，談判者往往會把同一案中的不同子題進行切割，然後按照子題的性質差異而分別採取不同的立場與策略，亦即：有的子題採妥協立場，作出退讓；但有的子題則堅持原則、絕不鬆口。

在大衛營談判中，一開始埃及將以色列應把 1967 年六日戰爭所佔領的泛阿拉伯土地全部歸回原主，當作一個題目來談，結果談判幾乎破局。後來在卡特斡旋下，埃、以雙方重新把問題聚焦在西奈半島上——埃及堅持必須收復自己的失土，而以色列則在美國另有保證前提下，要求西奈非軍事化——於是就在雙方各讓一步情形下達成「雖不滿意、但都能接受」的協議。至於巴勒斯坦的獨立自主，還有以色列所佔領的其他阿拉伯土地等問題，則因雙方仍各有堅持而無法形成共識，最後就只好以模稜曖昧的文字，作些原則性宣示來收尾。

前面提到這是臨機破立的偶然分岔現象，而這一偶然分岔也證明後來果真出現必然的後遺症——泛阿拉伯對埃及的不滿，以及沙達特的被刺。

■ 影響力策略的運用

傳統章回小說或真實歷史案例裡的說客（可視為變革的仲介者）， 通常都是以多管齊下的方式，綜合運用「悟之以心、喻之以理、動之以情、誘之以利、戒之以禍、懾之以威、制之以法 」等幾種策略，來達成他（她）們說服別人改變心意或態度的目的。本書第八章〈領導〉根據晚近心理學相關研究成果歸納了影響力八策，除在範疇上涵蓋了上述的傳統策略外，更把各種策略的理論源頭、假設前提，以及應用的注意事項做了說明，使讀者對這些策略的內涵不僅「只知其然」，更能「知其所以然」。

大衛營談判的案例說明影響力八策也是衝突調停過程的基本工具。不過，在運用上必須針對不同對象講究不同的主從與先後關係。例如在談判最後階段，卡特對沙達特，就以個人友誼與美埃關係作為要脅在先，再以保證以色列歸還西奈來利誘在後，來設法留住他。因為沙達特相對感性，所以就用「諭之以理，不如感之以心」的辦法，先論情再論理比較容易影響他。而對於比金，卡特則承諾協助建設用以取代西奈基地的兩座新軍機場，以及把西奈非軍事化，來交換以色列撤出西奈半島的讓步。因為比金相對理性，所以就用「戒之以禍，不如喻之以理」的辦法，直接曉以利害讓他就範。

巨變模型應用

■ 形機成勢

衝突情境也可用「勢＝形 × 機」的虛實轉化概念來分析。圖 10.7 為大衛營案例的尖點巨變模型。過去以、阿歷次戰爭，阿方都是居於劣勢的落敗者。直到 1973 年的十月戰爭，埃及終於打了勝仗，使沙達特在形勢上搶得優勢地位——這時埃及相當於在圖 10.7 中由橫軸上居於劣勢的 a_0 位置右移到屬於優勢的 a_1 位置。

同樣形勢分析圖套到比金身上，相對於沙達特，他是 1973 年戰爭的敗方，所以他在形勢圖 10.7 中相當於處於 a_0 的位置。不過，到了談判最後階段，比金出現逆勢反攻的機會：卡特為了避免破局，以歸還西奈失土留住了沙達特，這時卡特就必須提出具有相等吸引力的條件來留住比金，以與比金交換以方佔領的西奈。

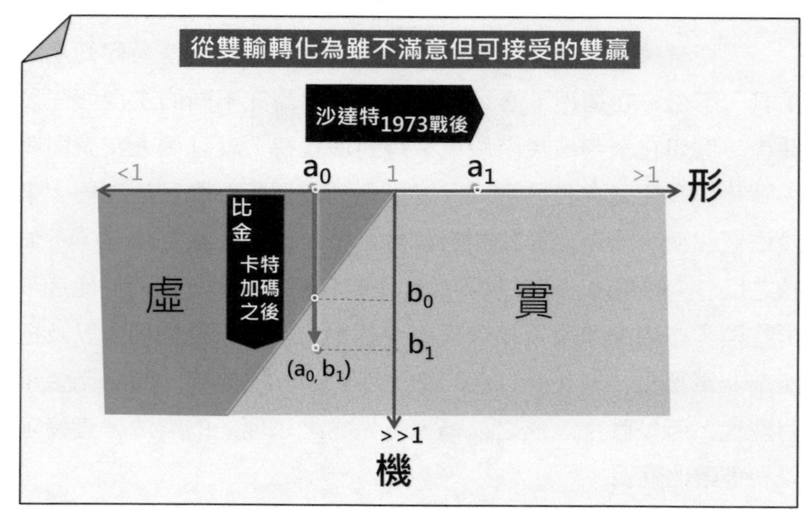

圖 10.7　形機成勢的虛實逆轉

於是，在卡特的平衡政策下，比金除了得到美國保證把西奈非軍事化，還再加碼獲得兩座空軍基地。結果卡特為維護自己利益的這朵保護傘，被比金用來作為「機」緣因子，使比金得以硬生生地跨越圖 10.7 中（a_0, b_0）相變臨界點大步向（a_0, b_1）的位置移動，相對於埃及的原有優勢，獲得了仍可稱「不滿意但可接受」的雙贏結局。

■ 和戰翻轉、留人走人

在一般和戰決策案例中，我們用憤怒與恐懼兩個對立因子當作決定和戰的自變數，見圖 10.8A。其中憤怒因子屬於不計後果的情緒性因素，而恐懼則屬擔心無法承擔後果的理性因素。因此如果要勸戰，就須說服當事人與對方開戰的後果，其實沒有想像中那麼嚴重；如果要勸和，就得對當事人曉以利害，讓當事人知道一旦開戰的後果有多嚴重。

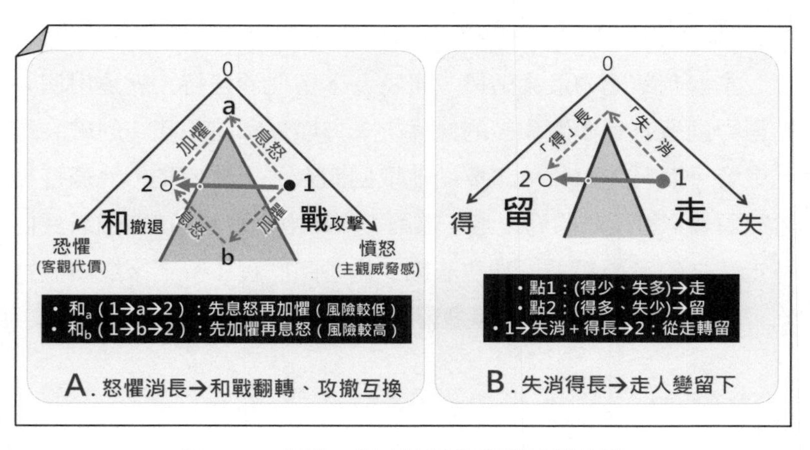

圖 10.8　和戰、留走決策的尖點巨變模型

至於實際操作方式又有兩種途徑。以勸和為例，可在圖 10.8A 中走 1-a-2 的路徑，這是繞道應變區外圍 a 點的漸變路線：先減輕當事人憤怒感，然後再提升恐懼感，使當事人達到點 2 位置；也可走 1-b-2 的路徑，這是穿越應變區內點 b 的突變路線：先提高當事人恐懼感，再降低憤怒感後到達點 2。而若要勸戰，則可反向操作。不過，勸和先息怒再加懼，相對於先加懼再息怒風險較小，較容易達到目的。

埃、以談判過程的留下或走人的決策，也可用圖 10.8B 競爭因子的消長關係來分析。圖中實心黑點 1 位在「得少失多」的「走」方；而空心圈點 2 位在「得多失少」的「留」方。因此，要使決定走的人留下來，就必須要使他（她）確認自己的情況已從「得小於失」轉變為「得大於失」才行。這種得失評估的改變決定於當事人在談判過程中：(1) 對得失是否已「感受」到了消長變化；以及 (2) 對改變後的得失所做「評價」是否已發生改變？前者涉及圖 10.8B 的小球是否已開始出現位移，後者決定小球位移後的實際落點。因此如果當事人經評價後認定小球已從點 1 移動到了點 2，那就可做出留下的決定。

本談判案例的最後階段，卡特為了留住沙達特，就運用個人影響力創造有利繼續和談的條件，一方面以私誼和邦交的破裂作為威脅，而另方面又承諾要助他取回西奈失土。於是，沙達特相當於順著卡特所布的局，走了趟圖 10.8B 中從實心點 1（重新評估一走了之的可能損失）到空心點 2 的心路歷程（留下來繼續談判的可能獲益）；進而作出繼續留下來完成談判的決定。

第十一章

管理者

本書前面各章主要是從「事」的觀點討論決策和執行有關議題。本章把焦點拉回決策與執行的主體管理者身上，從「人」的觀點討論管理者所扮演的決策者和領導者兩種角色的有關議題。其中決策者部分，本章將討論決策風格的分類，風格轉型的需求等問題；而領導者部分，本章則將討論領導者與決策者的差異，領導者的用人、治事、修己等議題。最後從「應變、備變、不變」觀點，總結管理者必須內化的一些基本概念。

一、決策者

決策風格——從蓋茲與賈伯斯談起

蓋茲（Bill Gates）與賈伯斯（Steve Jobs）都是從 20 世紀 70 年代，到 21 世紀前 10 年共 30 餘年間，在全球個人電腦與網路發展歷程中引領風騷的傳奇人物。本書興趣在他們決策風格的比較。

蓋茲旗開得勝

蓋茲　蓋茲 1955 年出生，13 歲就迷上電腦程式。1975 年就讀哈佛大學期間創設微軟公司，1977 年輟學全力投入軟體開發事業。他洞察到二個重要商機：(1) 電腦軟體未來在專利保護制度下，將可成為非常關鍵的新產業；(2) 個人電腦（personal computer, PC）未來將會大行其道，而驅動它的作業系統

（operating system, OS）是它的核心軟體，如能發展出一套大家都會採用的作業系統，就能創造出一個非常龐大的市場。不過，蓋茲後來也承認，當初雖然預見到這兩項商機，但卻從沒想到它們的規模會大到這種程度。事實上的發展歷程是：PC 受惠於產業鏈全球化所發展出來的 OEM 模式（台商扮演著最關鍵性的角色），使得一代代 PC 的性價比，完全按照摩爾定律的節奏持續盤旋攀升。而微軟與英特爾聯手推出的 Wintel 作業系統，以及微軟自己開發的辦公室（Office）套裝應用軟體，也因隨著 PC 的普及全球，搶先奪得了壓倒性市佔率而大發利市。蓋茲本人因而在這一新產業的發展過程中，累積了大量財富而成為全球首富。蓋茲於 2008 年離開微軟公司，全力投入慈善事業，經營擁有 600 億美元的基金會，致力於全球傳染病防治，以及貧窮兒童獎學金的贊助等活動。

賈伯斯　賈伯斯與蓋茲同年（但大他 8 個月），也是個大學中輟生。他在 1976 年成立蘋果公司，同年就組裝出蘋果 I 號，並以 666 美元價格賣出。1977 年推出蘋果 II 號，立即就站穩市場腳步。蘋果 II 號因設計簡單、組裝容易，後來也成為全球紛紛仿冒的產品，這也使賈伯斯成為 PC 普及化的真正推手。1984 年賈伯斯推出線條簡約、一體成型，使用滑鼠及圖形界面（graphic interface）的麥金塔（Macintosh，簡稱 Mac），銷售又非常成功，從此奠定蘋果產品設計上特有的賈伯斯品味。1985 年蘋果董事會權力鬥爭，賈伯斯離開蘋果另行創業，成立以電腦開發平台為主要業務的涅克斯（NeXT）公司。1996 年蘋果買下涅克斯，並把賈伯斯一併請回，重任該公司的執行長，負責拯救因發展路線錯誤而瀕臨垂死邊緣的蘋果公司。回任後的賈伯斯不負眾望，帶領蘋果締造了輝煌而傳奇的 iTunes、iPod、iPhone、iPad 時代。

2003 年賈伯斯發現罹患胰腺癌，不幸於 2011 年病逝，享年 56 歲。

■ 因緣際會、亦敵亦友

在 2007 年電視媒體安排的一次同台採訪中，他們非常友善且惺惺相惜地相互推崇說「彼此都實現了各自年輕時的夢想，一手設立了自己的企業，並且也都創造出使用者喜歡的產品。」這兩個一同成長的創業家，彼此事業版圖有重疊的地方，也有相互獨立的部分。因此，在事業上長期處於一種既競爭又合作的關係。

一般人認為他倆有「瑜亮情節」，彼此隔空交火時出現過許多流傳甚廣很「毒舌」的相互批評。例如，賈伯斯說「比爾毫無想像力，未曾發明過任何東西。這是他應該專注於慈善事業的原因！」蓋茲也毫不客氣地說「史帝夫活在自己的『現實扭曲力場』中……他哪懂什麼科技，他甚至連程式都不會寫！」不過，蓋茲在賈伯斯死後的一次媒體訪問中，談到已辭世的賈伯斯時，眼眶不由泛紅，並提到賈伯斯妻子事後告訴他，賈伯斯臨終前枕邊放著他（蓋茲）寫給賈伯斯的一封信。

■ 蓋茲旗開得勝、全球首富

在 PC 還處在群雄逐鹿的 1980 與 1990 年代，作業系統是關鍵戰場：微軟用 DOS 打入以製造硬體為主的眾家品牌，不多久就成為產業的實質標準（de facto standard），幾乎達到一統天下的地步。但蘋果的 Mac OS 則因採取獨家封閉系統策略，無法與其他 PC 的資料相容，以致全球市占率長期達不到 10%，而成為市場中的孤鳥。所以個人電腦的第一仗很清楚由蓋茲勝出。

賈伯斯在外流浪 11 年後，1996 年重回蘋果執掌兵符，所展開「帝國大反擊」的第一個關鍵舉動，就是結束與微軟間的零和對抗而開始與它合作。因為賈伯斯顛覆性的 iTunes 推出後，他發現這項服務不止「果粉」喜愛，主流市場的微軟視窗用戶也千方百計想要使用它，所以賈伯斯就將計就計與微軟合作發展出微軟版 iTunes，使得 iTunes 轉瞬間就風靡了整個 PC 市場。另為了突破 Mac 與別人不相容的孤鳥現象，賈伯斯也與微軟合作開發 Mac 版的視窗與辦公室套裝軟體，使 Mac 也能打入屬於 PC 市場主流的視窗用戶群，大幅開拓了 Mac 的市場規模。

賈伯斯「帝國反擊」、反敗為勝

不過，賈伯斯洞察的真正戰略商機是「後個人電腦（post-PC）」時代的行動手持裝置市場。所以在成功推出 iTunes 服務後，他就仿照當年索尼 1979 年推出隨身聽（Walkman）的模式，在 2001 年發展出獨立於 PC，隨身可攜、可自主播放的 iPod，上市後立刻席捲隨身音樂市場。接著他馬上又洞察到把隨身攜帶的 iPod 與手機相結合的可能性，於是就在 2007 年推出另一顛覆性的產品 iPhone。結果一上市又再度風靡智慧手機市場，並立即成為市場新典範。由於 iPhone 顛覆了傳統手機大部分的技術與功能規範，產業界也因此出現翻天覆地的洗牌效應，甚至使穩居手機龍頭品牌地位長達 20 年之久的諾基亞（Nokia），也因適應不了這一新變局，而在 2013 年不得不把手機業務賣給微軟。

賈伯斯對微軟的真正重擊，是 2010 年上市直接挑戰傳統 PC 市場的 iPad。微軟雖早在 2005 年就推出過平板電腦（tablet PC），主要賣點在觸控螢幕以及可直接輸入手寫原稿等功能，但上市後並沒有帶動流行的風潮。反之，同屬平板電腦的 iPad，換由賈伯斯推出後就又再度轟動武林、震驚萬教，使得傳統 PC 市場的成長立即停頓，甚至出現需求快速下滑現象。iPad 的成功，動搖了長期壟斷 PC 市場的 Wintel 典範，也使賈伯斯的光芒正式壓倒蓋茲，成為消費電子產品市場引領風騷的新盟主。

■ 在對的時間、推出對的產品

同樣是平板電腦，為什麼蓋茲失敗、賈伯斯成功？本書看法是：蓋茲原本希望利用平板電腦來刺激新一波的 PC 換機潮，於是從筆電端的 PC 市場「直接」攻向平板 PC 的世界，但由於微軟版平板 PC 的賣相及吸引力，沒有大到足以引發傳統筆電用戶的換機熱情，因此蓋茲以失敗收場。而賈伯斯則是挾著 iPhone 所帶動的智慧手機市場動能，推出相當於大螢幕版的智慧手機「間接」攻入筆電市場，結果勢如破竹地促成傳統筆電用戶紛紛變節，不再購買升級版的筆電，轉去享受從 iPhone 延伸過來的使用經驗。經過這場戰役，蓋茲不得不承認：賈伯斯在使用者界面上高人一等的直覺洞察力，以及產品設計所散發的特殊品味是他致勝關鍵。

歸納來說，賈伯斯先借助搭乘微軟視窗廣大用戶群優勢的便車，讓 iTunes 在 PC 市場站穩腳步，然後再利用 iPod 乘勝追擊，開創出屬於自己的自主性硬體品牌市場規模。接著又槓上開花，推出 iPhone 切入行動手機的主流市場，成為智慧手機呼風喚雨的新教主；最後再從高速寬頻上網的智慧手機市場，用 iPad 迂迴攻入高端 PC 的筆電主流地盤，正式顛覆了稱霸已久的 Wintel 王朝。

賈伯斯事後也承認，他剛開始進行「帝國大反擊」戰役時，並沒有預設出這樣一條清晰的全盤戰略路線圖，後來的發展其實是根據且戰且走但又隨時洞燭機先，採取了「在對的時間、推出對的產品」的戰術，所獲致的成果。

■ 揚眉吐氣、精神永存

賈伯斯生前的 iPad 最後一役，可說是把壓抑了大半輩子「因沒有足夠市場，以致好東西（如當年的 Mac）無法普及」的委屈一舉掃除，徹底傾吐了平生的怨氣。全球性高科技電子消費產品的分分合合與改朝換代的大戲，雖然仍會不斷繼續進行下去，但自從推出 iPad 大獲成功後，對賈伯斯來說已是死而無憾了。

風格同異

用以上述背景資料作為素材，接下分析這兩位引領風騷的高科技創業家決策風格的同異。

■ 直覺洞察力與細節執行力

他們兩人相同的一項性格特質是：對於未來趨勢都具有異於常人的敏銳洞察力——蓋茲看到應用軟體的商機；而賈伯斯看到取代主機電腦與迷你電腦的個人電腦硬體商機。他們並且也都具有強烈的企圖心，投身成為創業家，去實現他們年輕時的夢想。

他們兩人另外一個共同特徵是：除了能夠洞察大處著眼的宏觀遠景外，也同樣具有小處著手的技術能力。蓋茲從自行開發作業系統的程式下手，有能力去抓出程式中的小錯誤；而賈伯斯則從組裝輕巧好用的個人電腦下手，有能力去指導滑鼠該有幾個按鍵，以及如何使 PC 造型設計得更有質感之類的技術問題。

宏觀趨勢的洞察力仰賴決策者化繁為簡的直覺力；而深入細節的執行力則考驗決策者微觀的官能力。這兩種能力對一般人多半都會有長於此則弱於彼的性向偏頗。蓋茲與賈伯斯兩人在宏觀的直覺洞察力與微觀的細節執行力，這兩種迥然不同的能力上很顯然都具有能夠平衡關照、優游出入的靈活性與自由度。

■ 理性與感性

除了上述「洞察力與執行力兼具」的共同特徵外，蓋茲與賈伯斯在其他的行事風格上，就出現極大的歧異，甚至是完全相反的行為模式。蓋茲凡事講究邏輯與事理因果，擅長用客觀推理的方式尋找問題的答案；而賈伯斯則具藝術家氣息，對事物取捨有審美上強烈的主觀好惡。這種差異從他們的日常穿著上，就可看出非常明顯、甚至刻板化的對比。

有人說：性格決定命運。思維上按部就班的蓋茲，就做不出有創意的設計；而思維上會跳躍的賈伯斯就寫不出章法嚴謹的電腦程式——這也是前面提到兩人相互「毒舌」攻訐時，所互揭的對方短處。所幸他們兩人都有自知之明，都能用己之長、捨己之短——蓋茲有自知之明，採取站穩應用軟體的領域，並不斷複製擴大市佔的策略，來創造他高獲利的微軟王國；至於賈伯斯則充分發揮他對使用者偏好的敏銳直覺力，以及對產品設計上審美品味的堅持，不斷推出「轟動武林、震驚萬教」引領風騷的新產品。

■ 性格決定命運

性格上很明顯的是：蓋茲理性、賈伯斯感性。蓋茲在作業系統與辦公應用軟體的市場潛力方面，看得很準並也成就極大，不過除此之外，他在許多新領域上就不斷連連失利，未能再創任何令人驚豔或稱道的新風潮。前面提到的平板 PC 已是一例；而 2003 年曾經高居市佔率 90%微軟網路瀏覽器 Explorer，就在谷歌興起後一落千丈，又是一例。還有 1999 年推出曾是網路即時傳訊最熱門平台的 MSN，後來也在臉書以及智慧手機 App 等社群通訊服務紛紛崛起後敗下陣來。這些例子代表蓋茲後來在很多事情的洞察力與判斷力上，都失掉了準頭。這些連串失誤是不是促成他在 2008 年急流勇退的原因，就不得而知了。所以賈伯斯批評蓋茲欠缺想像力與真正的原創力，還不算無的放矢。

理智型決策者的行為通常都四平八穩，且行事低調；而率性的決策者就比較神經質、浪漫、表演欲強，往往讓人覺得富有魅力（charisma）。大家只要看賈伯斯每次親自上場的新產品發表秀，噱頭十足，網路瘋傳的情形就為明證。不過，感性的決策者在行為上有時顯得任性、喜怒難測，外傳「與賈伯斯搭乘同一部電梯的蘋果員工神經都會緊繃，因為不曉得會發生什麼事！」至於蓋茲雖然也「痛恨平庸」，但在待人方面就顯現充分的自制。據說一旦會議中出現蓋茲不能認同的意見，他往往會說「可否請你教育我一下，你這個主張的道理在哪裡？」對於那些仍然無法說服他的意見，他通常只是丟下一句「再提個資料給我吧！」而不會當場給人難堪。

決策風格的理論

蓋茲與賈伯斯兩人事業生涯的不同成就，可用「性格決定命運」來總結。接下討論如何定義決策風格的問題。

本書認為心理學大師卡爾・榮格（Carl Jung）在 1921 年提出經典性的性格類型理論（personality typology）是一套有用的概念。因為決策風格是決策者性格特徵的一部分，所以借用榮格的概念來詮釋決策風格，相當於把當事人性格中與決策風格有關的那一部分特徵予以放大拿來應用。不過，為了說明上的方便與一貫性，本書仍使用「見識謀斷」、「事實認知、價值判斷」等術語取代榮格原來相對應的辭彙，來介紹他的理論。

決策者見識與謀斷的意識機能

榮格認為每個人面對問題與解決問題的模式都有固定的習慣性傾向。例如：在事實認知上，有人偏好利用五官所接受的訊息作為依據，凡事都以眼見為憑、耳聽為據的方式來認識問題；但也有人正好相反，慣於利用直覺，凡事都是用「三分外來線索、七分內在思維」亦即見微知著、舉一反三的方式來認識外在世界。而在進行價值判斷時，有些人偏好利用邏輯推理，先分析利弊得失，再抉擇對策；但也有人則傾向按照自己內在的好惡情感，或者根據外在社會價值常模的傾向，來對問題作出反應。

榮格把上述的事實認知視為人們對外在世界的理解或感知（perceiving），而價值判斷則視為人們面對問題所作的判斷（judging）與反應——本書把前者簡稱為認知，後者簡稱判斷。榮格認為認知與判斷是兩種性質不同的意識作用：前者是接收資訊的工作，用到的是官能（sensing）與直覺（intuiting）兩種意識機能；而後者則是處理資訊的工作，用到的是思考（thinking）與感受（feeling）兩種意識機能。本書將榮格的概念與決策四段論相連結，把上述的認知與本書「見＋識」的「認識問題」相對應；而判斷則與本書「謀＋斷」的「確立對策」相對應。利用這套新標籤，榮格的理論就可展開如圖 11.1。圖中以職司認識問題的意識機能作為橫軸，職司確立對策的意識機能為縱軸，把榮格所定義的「官能對直覺」與「思考對感受」的意識機能四分法，套入座標後，就構成決策風格的「四力分析圖」。接下說明這套理論的內涵。

■ 官能力、直覺力

首先說明圖 11.1 橫向認知軸的意識機能：官能力與直覺力。所謂官能力是指利用眼、耳、鼻、舌、身等五種感覺器官，通過它們的視覺、聽覺、嗅覺、味覺、觸覺等五種生理官能來蒐集外來資訊，並依據這些資訊來認識世界的能力。至於直覺力所仰賴的除了上述五種生理官能之外，還把第六感或潛意識[1]包括在內，

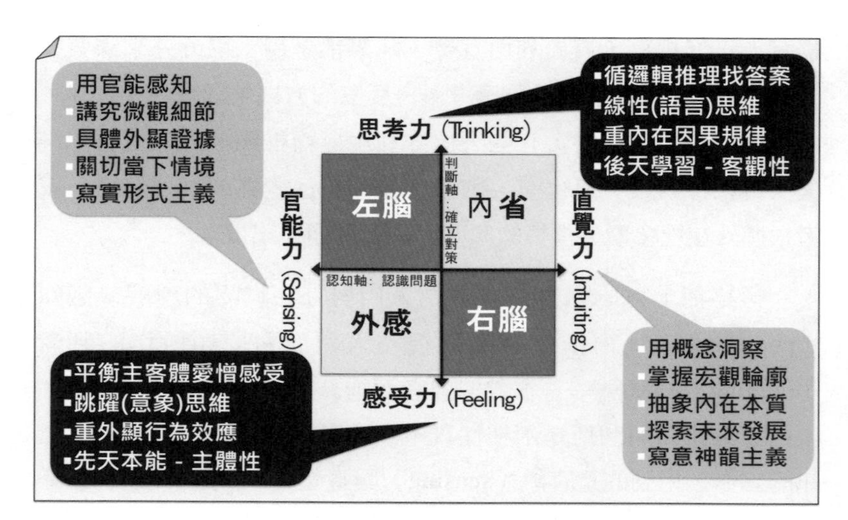

圖 11.1 決策者事實認知與價值判斷的四力分析圖

然後再經由概念化過程，形成對外在世界的看法。因此直覺力所認識的世界除了外來訊息外，有一大部分來自當事人的內在思維。以下將它們進一步展開。

1. 直覺了解全局、官能掌握細節：相對來說，官能力是外感導向、數據導向的認知機能；而直覺力則是內省導向、概念導向的認知機能。官能力著重眼前現象或與當下情境的掌握，所以在官能力活動範疇裡，沒有想像的空間。而直覺力則企圖了解視野之外被遺漏的景象、透視表象之下被隱藏的底蘊，乃至當下之後事態的未來可能發展，所以直覺力活動範疇是想像力與創意發展的溫床。其實，直覺力是動物與生俱來的一種求生本能，也是動物根據各種宏觀

1 對照佛學用語，直覺力相當於「眼、耳、鼻、舌、身」五根之外的第六根「意」。

的徵兆與直接間接的線索，在第一時間就能作出外在環境是否友善的認知能力。

更進一步說，官能型決策者對於外在世界的認知，通常是從現象的外在表徵下手，較注意問題徵候的細節，講究「有幾分證據，說幾分話」，傾向於根據具體證據來掌握重點、定義問題。而直覺型決策者關切的則是現象背後的問題本質，興趣在於探究問題的內在結構，所以理解問題時，在意的是如何見樹又見林，將問題勾勒出整體輪廓，並把它概念化；關切的是如何將外來資訊與內在既有知識結合，去發掘出問題的事中之理。

2. 官能微觀寫實、直覺宏觀寫意：官能型的決策風格可用注重形式細節、強調微觀分析、以寫實為主的工筆畫家來比喻，例如故宮所收藏宛如照片般細緻的郎世寧寫生；而直覺型決策者則是注重整體神韻、強調宏觀結構、以抽象為主的寫意畫家，例如認為「太似媚俗、不似欺世」意在筆先的齊白石畫作。如果再用修辭學的術語來比喻的話，那麼官能型決策者著重的是語法（syntax）的形式，而直覺型決策者所著重的就是語意（semantics）的內涵。換句話說，當面對一座森林時，官能型決策者傾向於去從個別的樹木下手，去認識森林；而直覺型的決策者則傾向於先從整片樹林的特性著眼，去了解森林。

■ 思考力、感受力

接下說明圖 11.1 縱向判斷軸的意識機能：思考力與感受力。思考力是指利用演繹或歸納等邏輯程序，為問題構思對策、確立答案的能力。至於感受力則是根據人與外在事物接觸互動後，所產生的苦樂憂喜感覺，以及因而引發的愛憎迎拒情緒，來抉擇問題對策的能力。相對來說，思考力是一種強調客觀、講究內在結構與秩序的意識機能，考驗的是決策者的 IQ；而感受力則是一種強調主觀、重視外顯效應的意識機能，試煉的是決策者的 EQ。接下再將它們進一步展開。

1. 思考言傳用左腦、感受意會用右腦：第三章〈識〉對左右腦的分工已有說明。基本上，思考型決策者是典型的左腦思維者，他（她）們在構思與取捨問題對策時，遵循按部就班的邏輯推理法則；而感受型決策者則屬右腦型的思維者，他（她）們的思考與判斷過程，往往不循序漸進而會出現跳躍與不連續的現象。由於左腦是用可「言傳」的普通語言思考，因此它的過程具有邏輯上的連貫性；而右腦則因為使用只能「意會」的圖像語言思考，性質上是一種無法用線性序列（linear）的普通語言來描述的平行（parallel）處理過程，所以思考上就會出現不連續的跳躍現象。

思考力是經由後天學習發展出來的能力，而感受力與直覺力則同樣都是生物基於存活的需要而發展出來的先天本能——這種能力使人類能夠根據對外在世界的粗略概括印象，並針對這一印象中最醒目的部分，作出是否應該採取即時行動的判斷。這種根據生物「即時求生」的需求發展出來的能力，在判斷上必須黑白分明，不容許灰色地帶的存在，也不容許猶豫不決，以便先發制人確保自己的生存。由於在過程上感受力具有「未覺先動、先感後思」的特性，因此它在資訊解析度上，就會較思考力來得籠統、粗略與欠缺組織性。

2. 感受屬先天本能、思考需後天學習：腦科學家發現感受力是人腦中稱為邊緣系統（limbic systems）的副腦所主宰的功能[2]。

它通過感官所接收的訊息，來感受與揣測對方的心思與心理狀態，然後操控當事人的生理機制（如心跳、血壓、體溫、內分泌、新陳代謝等），將他（她）的身體功能調節到最佳狀態來因應特定的外在情境。

邊緣系統是人類的情感產生中心，是哺乳動物通過演化發展所形成，也是用來監控與調和外在世界以及本身內在生、心理狀態的一套系統。所以，邊緣系統可說是一種本能性的外來訊息解碼器，以及一種自律性（自組織性）的內在生理狀態調節器。

四種基本風格類型

■ 左腦型、右腦型、內省型、外感型

決策風格的分類以圖 11.1 的縱橫雙軸為界，可區分為「左腦：官能＋思考」、「右腦：直覺＋感受」、「內省：直覺＋思考」、「外感：官能＋感受」等四個象限（類型區塊）。接下討論這四種基本類型的特性。

1. 左腦型（官能＋思考）：這類決策者凡事講究科學方法，在問題的認識上強調具體的證據與精確的細節；在對策的確立上則側重根據既定的規則，按部就班地分析出具有可行性的對策。這種風格事實上也是近代西方教育典範所倡導「科學、客觀、理性」精神的主要內涵。

2. 右腦型（直覺＋感受）：這類決策者對問題的認識並不完全根據外來的耳目之知，而會相當程度地採用「聞於無聲、

---

2 人腦由爬蟲腦、新皮質、邊緣系統（哺乳動物才有）等三個副腦所構成。每個副腦都是階段性演化的產物：《愛在大腦深處—A General Theory of Love》，Thomas Lewis 等著，陳信宏譯，2001，台北：究竟出版社。

視於無形」來自內在的概念來定義問題。至於在對策確立上則傾向於根據自己對候選案的好惡感受，或是根據利害關係人對候選方案的預期接納度，來取捨對策。

3. 內省型（直覺＋思考）：這類決策者在問題的認識上不只要了解表面上可觀察的「其然」，還會運用內在知識去探索更深一層的「所以然」。至於在對策的確立上則著重問題與對策間邏輯關係的確認，以及對策效益的綜合評估。

4. 外感型（官能＋感受）：這類決策者在問題的認識上排斥抽象的概念，只相信親眼目睹、親耳聽聞的事實，以及親身經歷過的經驗。至於在對策的確立上，則不重視繁瑣的理論分析，而在意於自己對決策的後果能否與願否承擔。

■ 基本風格類型舉例

蓋茲與賈伯斯（二） 先談他倆相異處：因為蓋茲重思考、賈伯斯重感受，所以蓋茲就落在縱軸的上側方，而賈伯斯則在下側方。其次因蓋茲與賈伯斯都兼具直覺力與官能力，所以他倆並不侷限於橫軸左右兩側中的任何一側，而是同時橫跨左右兩格位。於是就得到圖 11.2 的結果——蓋茲屬於「左腦＋內省」型，而賈伯斯則屬「右腦＋外感」型。

以上分析也反映出決策風格分析會出現風格並非只侷限在某一特定格內的情形。越多才多藝的人，就越可能跨越超過一種類型的格位。再看以下的例子。

劉備、曹操 劉備在諸葛亮加入自己陣營並提出隆中對之前，只是一個徒有偉大憧憬，而完全沒有具體計畫的空想家。所以，他本身並不是一個具有了解全局、洞察趨勢，然後能從中歸納宏

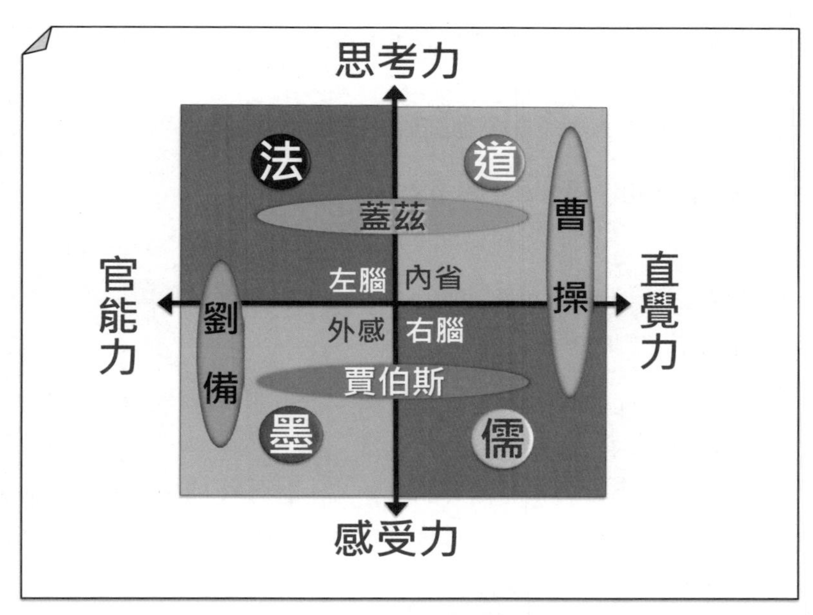

圖 11.2 決策風格類型舉例

觀戰略的直覺型決策者，而是橫軸另一端的官能型人物。而對曹操來說，不論是挾天子以令諸侯的大戰略，或如白馬之役聲東擊西饒富創意的戰術，都是他的決策傑作，所以曹操屬於具有整體戰略思維能力的直覺型決策者。再從縱軸看，曹操顯然是個利害得失算計得很精準的理性決策者，而「寧可我負天下人、不可天下人負我」這種極端自我中心的狠勁，把別人都物化成隨時可予捨棄的棋子，則是一種理性到病態的行為。但曹操也有率性的一面，例如橫槊賦詩時所表現的文采，以及揮手放走關羽所展現的豪情，都是自然流露的感性特質。劉備雖也算是個理性決策者，但他的感情往往壓過理性。例如關羽大意失荊州在麥城遇難，他悲而興師，不惜一手破壞諸葛亮苦心經營的蜀吳聯盟關係，這可說是他情感重於理智的證據。

因此在圖 11.2 中，曹操位在屬直覺的右側，劉備則位在屬官能的左側。不過，他們都佔據思考與感受上下兩個格位：曹操以思考為主、感受為次；而劉備則以感受為主、思考為次。

■「儒、道、墨、法」風格差異

儒、道、墨、法是戰國時期諸子百家中的顯學，它們各自代表一套截然不同的價值理念與行為規範。我們也可利用決策風格類型來分析它們的基本差異。

1. 儒家：他們倡導仁愛、忠恕與中道思想；懷抱「知其不可而為之」的理想主義浪漫精神，執著於道德人文世界的重建；他們本著悲天憫人的情懷，主張以教化代替刑罰；強調建立人際規範的重要性。因此，儒家的處世哲學可說是直覺－感受型的典範。

2. 道家：他們重精神輕物質；興趣不在經驗的表象世界，而在宇宙深層本質的探討；他們性格曠達獨立、超塵脫俗；用深邃的洞察力、剔透的直覺，以及犀利的思維、冷觀世態，開拓屬於個人的心靈世界。因此，道家的性格特質符合直覺－思考型的風格。

3. 墨家：他們重技藝、講實踐，主張「兼天下而愛之、交萬物而利之」；他們是救世濟人的人道主義行動家；本著無我與犧牲奉獻的精神，摩頂放踵、行俠仗義，推動社會改革運動。因此墨家行為模式可說是官能－感受型的代表。

4. 法家：他們篤信集體主義精神，以追求國家富強為唯一目標；凡事講究嚴謹的方法，循名責實、依法治眾，追求務實的績效；強調「法（制度）、術（統御方法）、勢（權力）」的運用，務力不務德。因此，法家的治事風格可以歸入官能－思考型決策者的範疇。

不過要特別提醒的是：以上只是就儒、道、墨、法四家主要特徵，所作的簡化描述，而非嚴謹的學術分析比較。所以不宜用來作為了解儒、道、墨、法全部內涵的依據。例如，就以上述被歸為官能－感受型的墨家為例，他們固然強調悲天憫人的感性與身體力行的實踐力，但絕不表示他們就沒有思辯論證能力。由《墨經》中《經上、經下》等六篇文獻所構成的「墨辯」理論，許多人就認為是與希臘三段論、印度因明學齊名的三大古典邏輯理論。

風格類型各有所適

看了上述四種基本風格分類，不免會問：究竟哪一種類型是決策者的最佳風格呢？答案是：各有所適。因為不同的決策風格，在處理不同性質的問題時，都會出現「尺有所短、寸有所長」的現象，所以不同的風格各有適用的場合，沒有任何一種風格適用處理所有類型的問題。

■ 行業別、專業別的差異

前面用風格類型分析「儒、道、墨、法」各家的重要基本特徵；而從行業別的角度來看，我們也可發現以下粗略的對應關係。

1. 官能－思考型的風格通常是會計師、工程師或法官、律師的訓練目標。因為他（她）們的主要職責是通過專業訓練與邏輯分析，去開物成務、應用實踐，或是根據既有的法令規章，去保障人們權益、維繫社會秩序。

2. 官能－感受型通常是社會服務工作者或民意代表的最佳人選。因為這是需要有敏銳的社會觀察力、急公好義的熱忱，以及任勞任怨責任感的工作。

3. 直覺－思考型則是科學家或哲學家所需具備的風格。因為他（她）們的角色是洞察人、事、物的精微奧妙，抽象演繹有關自然與人文世界的真理與規律。

4. 直覺－感受型屬藝術家、教育家或傳教士的理想風格，因為他（她）們通常都需具有濃厚的理想主義色彩與人本精神，去進行創作、服務人群。

另從管理專業領域的角度看，官能－思考型的風格適用於講究效率、組織與紀律的生產管理工作；官能－感受型的風格則適用於需要細膩心思、周到設想，以及圓融應對的客戶服務工作；直覺－思考型的風格適用於需要富有創意，以及懂得發掘市場商機的戰略規劃或行銷研究工作；而直覺－感受型的風格則適用於需要有宏觀眼界，又能洞達人性的人力資源發展工作。

■ 決策問題類型與風格類型

再以第五章〈斷〉所提「定義明確、專業判斷、衝突化解、渾沌待機」等四種問題類型為例。每一問題類型不僅各自適用的解題策略完全不同，而在見識以及謀斷過程中所運用官能、直覺、推理與情感等四種機能，在相對比重上也有很大差異。

1. 定義明確問題：它的事實前提與價值前提都屬確定，所以解題上主要是將既有資訊與證據加以組織與整理，然後透過標準作業程序或一般演繹與歸納法去找出問題的答案。這種過程主要運用左腦的機能，因此，決策者可本著官能－思考的左腦型風格來為問題找到對策。

2. 專業判斷問題：它的價值前提確定，但事實前提不確定，所以它是在既定的價值前提下，針對不足的事實資訊加以充實，以求掌握問題真相，發掘隱藏在現象背後的事中之理。這是「以洞察力與創意為前導，以專業知識與邏輯推理為後盾」，亦即「大膽假設、小心求證」的一種過程，因此決策者可本著內省型的決策風格，將此類問題先轉化為第 I 類定義明確的問題，然後再根據上述左腦型風格，來尋找問題的答案。

3. 衝突化解問題：它的事實前提確定，但價值前提不確定，這種問題如僅單純訴諸法理，可能只會升高它的衝突性。所以它的解題訣竅在於：如何有效運用敏銳的觀察力與感受力、發揮同感心（同理心）去包容對方的價值觀、體諒對方的情緒反應，並依據「先談情、再講理」的策略，為價值共識的形成創造有利條件。這時決策者就須本著外感型或右腦型為主的風格，進行溝通與協調工作，以便將問題朝向第 I 類問題轉化。一旦轉化完成後，就可委請左腦型風格的人（或自己運用左腦型風格）再把問題解掉。

4. 渾沌待機問題：它的事實與價值前提都不確定，因此它有四種解題策略：(1) 稍安勿躁、耐心等待適當時機的到來；(2) 設法先確立問題的價值前提，將它轉化成第 II 類專業判斷問題；(3) 設法先確立問題的事實前提，將它轉化成第 III 衝突化解類問題；(4) 將 (2)、(3) 兩種策略結合，亦即運用第四章〈斷〉所提的跳躍漸進法，將問題逐步轉化為第 I 類問題。而要解決價值前提的不確定性，需要的是右腦型與外感型決策風格；而要解決事實前提的不確定性，需要的是左腦型或內省型決策風格。因此，要解決渾沌待機問題最大的考驗，在於 (1) 如何掌握決策的時機點，以及 (2) 如何選擇用來消除不確定性的策略—— 這時洞察力與想像力就是見識問題的關鍵，而敏銳精準的直覺力與感受力，就是謀斷對策主要的憑藉，換句話說，這時用到的已是全方位的決策能力了。

不過，仍須再度強調：上述討論也只是高度簡化的比較，目的在凸顯各風格間的對比性，方便讀者掌握各個類型主要特徵。因此對於各種行業、專業與問題類型特性的描述，在解讀上同樣不宜過度延伸。

決策風格的轉型需求

決策風格類型各有所適的說明，引發一個很重要的問題：專業經理人的決策風格能否或需否改變？這個問題的答案是肯定的。因為管理者事業生涯歷程中，可能會投入或轉任不同的行業，不同的專業部門（生產、行銷……），也會追求職務上的升遷；這些水平或垂直的生涯發展，相對要求的最適決策風格也都各有不同，所以為避免事業生涯出現不適任的瓶頸，不論是管理者本人或其所任職的機構（機關），都需利用各種「管理發展（management development）」手段，來順暢當事人的轉型過程。不過，決策風格的改變是難度較高的一個管理發展議題。

管理知能的「由技入道」現象

事業生涯的由技入道　1980 年代美國某州立大學工學院為了修訂大學學程，廣發問卷給畢業校友，以便了解究竟什麼樣的課程對他（她）們事業的發展最有幫助。結果在回收問卷中，從數學、物理、心理，到藝術、哲學，都有人強調它們的重要性。面對這樣的數據，研究人員簡直找不出頭緒來解讀。後來有人想到或可按畢業年次來進行群組分析，於是一幅清晰的圖像就躍然紙上：(1) 剛畢業的社會新鮮人，認為技術性專業課程最為重要，因為不具備這些知能，就根本找不到入門的工作；(2) 步入中年的校友則強調心理學、人際關係，乃至與事業經營有關的會計、財務、投資的重要性，因為這時他（她）們多已擔任主管或正在自行創業，具備這些知識對當下事業發展最有幫助；(3) 至於資深校友則因事業已走到頂峰，所以開始關切如何洞察產業趨勢，以為自己所領導的組織設定宏觀願景；或因已到總結人生經驗並為自己尋求歷史定位的時刻，這時就會對歷史或抽象的哲學等概念性的知識感到興趣。

哈佛大學卡茲（Robert Katz）教授針對事業生涯過程中知能需求會發生轉變的現象，於 1955 年提出「管理知能需求階段論」（圖 11.3）。卡茲教授認為一般人事業生涯所需具備的管理知能，概可區分為「技術性、人際性、概念性」三大類。位居組織不同層級的管理者，對這三類知能的倚賴程度並不相同。基層主管以技術知能為主、人際知能為輔；中階主管則以人際知能為主，但

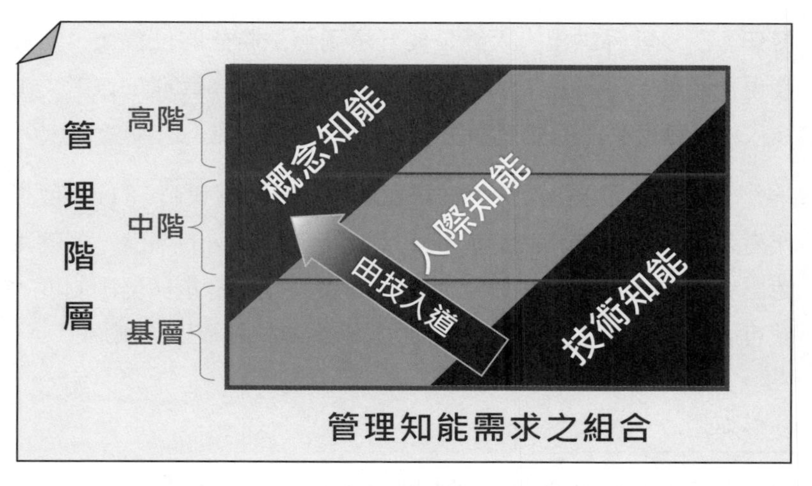

圖 11.3　管理工作者知能需求的由技入道現象

概念知能分量已逐漸加重，而技術知能就漸漸變為次要；高階決策者的技術知能已不佔什麼分量，而人際知能仍有其重要性，但這時真正具關鍵性的是概念化的能力。本書把這種現象稱為「由技入道」的過程——剛開始以硬邦邦的技術性知能為主，越到後來所用到的知能，就越軟性、越趨抽象。

在第五章〈斷〉提到「定義明確」到「渾沌待機」的四類問題中，基層主管處理的多以定義明確問題為主，中階主管須處理專業判斷與衝突化解問題，而組織領導者則須經常面對渾沌待機問題。再從上一小節討論這四類問題各有最適用決策風格的觀點，一個專業經理人的事業生涯中，不論是水平跨部門的輪調歷練，或者是垂直升遷的權責範圍擴大，所需要的決策風格會持續不斷改變。因此，不論是經由有意識的自我鍛鍊，或參與外界的訓練課程，當事人都須及早讓自己完成必要的風格多元轉型的準備。

管理學者也另發現被稱為「彼得原理」的現象[3]：人們往往因前一個工作很有績效而獲得升遷，但一旦出任新職卻被發現無法勝任。所以就歸納出「人總是要升遷到無法勝任的位置後，才會發現他（她）不勝任」的現象。這一現象可視為管理工作者「由技入道」轉型失敗的典型案例。

管理知能需求階段論與彼得原理現象都提醒我們：(1) 管理工作者如不能隨著職務調動或升遷，做好自我轉型的準備，那就難免出現不勝任的現象；(2) 一個組織若沒有好的考核與培訓制度，就可能出現大量不勝任主管，而使整個組織快速衰敗或癱瘓。

3 Laurence Peter, Raymond Hull, 1969. The Peter's Principle: Why Things Always Go Wrong. New York: William Morrow and Company.

有趣的是：對於單一類型的決策風格，不足以適應多元問題情境，決策者必須在事業生涯歷程中設法讓自己轉型，並朝向全方位發展的問題，也可在榮格的性格類型學中找到答案。

全方位決策風格

■ 榮格性格類型的全貌—16 類型

榮格的性格類型，除了上述「官能－直覺」、「思考－感受」所構成二維四象限的基本類型結構外，另還有「外向－內向」與「長於認知－長於判斷[4]」兩個額外的面向。加了這兩個新維度後，就構成一個四維共有 16 (=2^4) 種類型的性格類型全貌，它比起前述二維的基本類型，在應用上具有更高的解析度與鑑別力（見圖 11.4）。這一共有 16 個象限的四維空間也代表榮格心目中人類意識系統的完整結構。

舉例來說，一般認為愛因斯坦是內向、長於認知的直覺－思考（INTP）型科學家（但稍後我們會進一步說明，他其實應是一個全方位的決策者）；健談爽朗、科普著作等身，也同樣是諾貝爾物理獎得主的費曼（Richard Feynman）則屬於外向（ENTP）型的科學家。而美國總統當中，辯才無礙、富有群眾魅力的雷根（Ronald Reagan）屬於外向、長於判斷的直覺－感受（ENFJ）型政治人物；至於個性陰沉、鬧出水門案政治醜聞，最後黯然辭職下台的尼克森（Richard Nixon）則屬於內向、長於判斷的官能－思考（ISTJ）型政治人物。以上舉例表達的都屬一般人對這些名人的刻板印象，目的在說明榮格所定義風格類型的可能應用方式[5]。

4 「房謀杜斷」的成語顯示房玄齡以認知軸見長，而杜如晦以判斷軸見長。

5 對於榮格的 16 類型風格，已被發展出稱為 MBTI 的問卷可供人測試。

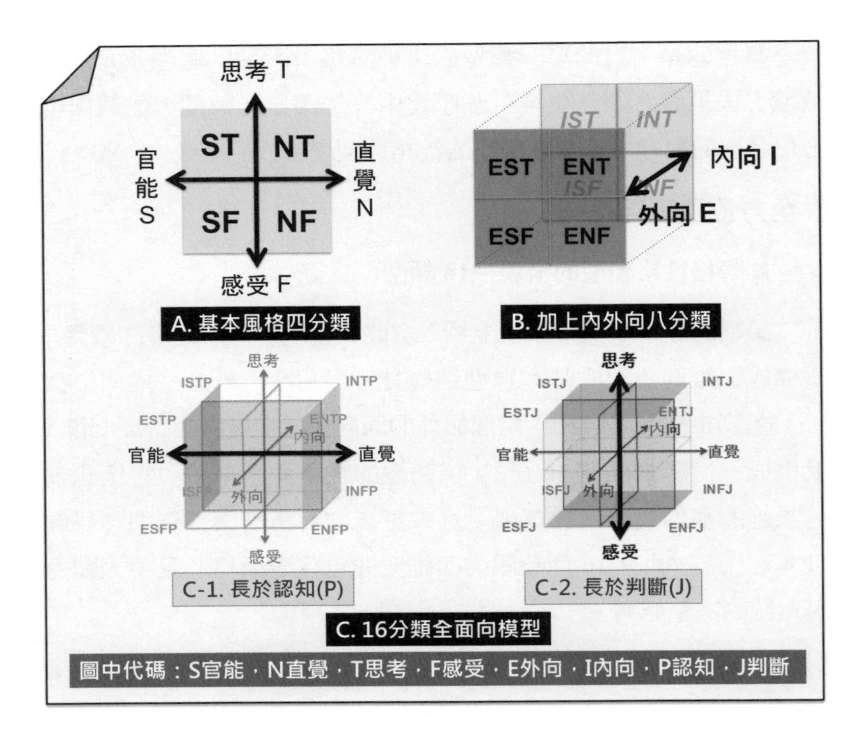

圖 11.4　決策風格的四維 16 象限空間

■ 心靈能量動力學

本書認為榮格性格類型學除了為我們提供一套性格的靜態分類邏輯外，更重要的是它背後以心靈能量假說為基礎的心靈動力學（psyche dynamics）概念。

要了解心靈能量的意義，可用榮格率先提出「人的性格有內向與外向之分」的概念來說明。榮格注意到有些人心直口快、健談愛現、熱情爽朗、樂於社交，他（她）們透過向外的「移情作用」，將自己融入外在情境，並經由實際體驗去了解豐富多采的外在世界。榮格利用心靈能量概念解釋這種現象，他認為：具有上述特質的人，從與外界世界的互動過程中取得心靈能量，因此他將這種性格稱為外向性格。

榮格也同時發現另有些人沉默寡言、深藏內斂、不喜社交，他（她）們透過向內的「抽象作用」，把從外在世界所觀察的感受，融入自己的內心世界，來豐富自己內在知性理解的經驗。從心靈能量的觀點看，具有這種特質的人，從內在的精神世界取得自己所需心靈能量，因此他將這種性格稱為內向性格。

蓋茲與賈伯斯（三） 在外向、內向這個軸上，蓋茲與賈伯斯應該都屬內向型的決策者。不過，對於內向型的決策者，千萬不要誤認他（她）是無法與人相處、害羞怯懦的「宅男、宅女」。相反的，他（她）們往往可像蓋茲一樣，毫不含糊地成為領導幾萬人的大公司總裁，創造出改變人類工作與生活形態、及奠定資訊社會基礎的成果；或像賈伯斯一樣，在全球轉播聚光燈下，自信地主演「轟動武林」的新產品發表會，引領產業發展的風騷。

內向型的真正特質是，當他（她）們心靈能量耗盡時，會選擇安靜獨處作為回充能量的方法——在圖書館裡找到好書，他（她）們可看上一整天都不會累。而外向型的人在能量耗盡時，則會選擇到外頭與人互動，來恢復動能——在圖書館裡就坐不太住，他（她）們看一陣子書後，就需要起來走動、找人講講話才行。所以內外向的分野不在與人相處時的行為表現，而要看獨處時，對他（她）們來說是消耗能量還是回充能量。

■ 心靈能量的分布與流動

心靈能量有以下三個特性：(1) 它以流動的形式存在；(2) 它的流動場域就是前述 16 種性格類型的分布空間；(3) 每個人性格

類型的差異，是因為每個人的心靈能量在這 16 個象限的四維空間中，流動的能力以及分布的模式有所不同而造成。榮格的性格類型理論，以心靈能量為樞紐，把它從一套靜態的分類學轉化成動態的類型學。

榮格認為：人的心靈能量在意識機能的四維空間流動時，對於其中任何一個座標軸來說，它都有朝向兩端的其中一個端點集中的傾向。這些為能量所集中的一端就成為表現在外的強勢意識機能，而強勢機能的組合也就成為當事人的性格類型特質，凡是分配不到能量的另一端意識機能，就被壓抑到潛意識中成為隱性的弱勢機能。例如，左腦型就是強勢官能力與思考力的組合。

值得注意的是：由於任何一種特定的性格類型，都只對應 16 象限中的某一特定象限 —— 只是所有分布形態中的 1/16 —— 因此從心靈能量流動可能性的觀點看，它們都屬偏據一隅、分布極端不均衡的一種狀態。榮格把它稱為「單面向」現象，例如：前面提到 INTP、ENFJ、ISTJ 等風格類型。

榮格理論進一步提醒我們：由於心靈能量具有流動性，因此雖然每個人性格的初始狀態不免呈現單面向的狀態，但這種單面向現象並非靜止與固定，而是可被改變的，並具有在 16 象限中自由流動的可能性。

■ 心靈自由：應無所住而生其心

相對於「單面向」性格，心靈能量能夠在四度空間的 16 象限中自由流動所表現的性格，榮格稱它為「全方位」性格，他並認為每一個人都有發展出「全方位」性格的潛力 —— 這一概念的提出據說是受佛典「人皆有佛性[6]」思想的影響。

無住生心 據載，禪宗六祖慧能雖不識字，但因聽到有人誦讀《金剛經》「應無所住而生其心」的經文從而開悟得道。這句經文意思是：不要在一個念頭或現象上執著不放，唯有達到了無罣礙的境地，我們才能看清世界的本來面目。

「心無所住」的概念，用榮格語彙來說明，就是要跨越單面向的侷限性，使心靈能量不停駐在某個固定象限內，而能夠在 16 象限間自由流轉進出，達到「該用哪類風格來面對問題時，就能適時表現出那種風格」的境界。這是決策者所追求的「心靈自由」，亦即「決策者全方位風格」的目標。

因此，複雜問題的決策應該是「官能－直覺、思考－情感並重（左右腦併用）；認知－判斷、內向－外向等所有意識機能一起動員」來完成的過程。而在各行各業的傑出專業人士中，我們確可發現許多達到這種境界的「決策達人」，也就是可隨著問題處理階段的不同，而表現出因應該階段的最適當風格。

愛因斯坦相對論 前面提到一般人認為愛因斯坦的風格屬於「內向、直覺、思考、認知」的 INTP 類型。但這可能只是狹隘的刻板印象。探究愛因斯坦提出相對論的過程，我們可作以下推論：首先，他的起心動念源自敏銳的官能力，觀察到牛頓物理學對許多自然現象的解釋存在嚴重矛盾；其次，針對這些矛盾，他從官能端飛躍到直覺端，率先提出「光速為常數，且時間空間都具有相對性」的大膽假設；其三，產生這一革命性假設後，他隨即進行嚴格的推理檢驗工作；最後他的感受力又對論證結論也

6 「人皆有佛性」的意思是：每個人都有一股內在動能，去追求做一個「具有大智慧與大慈悲修養的人」的天性。

起了決定性的作用：因為他堅信真理一定是簡單易懂的，所以不斷化繁為簡，終於把能量、質量二個變數，利用光速這一常數，建立了 $E=MC^2$ 來呈現的簡單關係。因此在決策風格上，愛因斯坦應該是一個心靈能量可自由流轉、不拘於一格的物理學大師。

■ 全方位決策風格的修煉

「單面向」決策風格的問題是：面對多元多變決策情境，一旦原有的強勢機能組合出現無法適應的「失能」現象時，長期被壓抑在潛意識中的弱勢機能，突然被推上意識層，並立即挑起大樑來處理複雜問題時，就可能出現無法勝任的失能風險。決策者如何使自己可從單面向的風格轉型成全方位的達人？圖 11.5 以決策四力分析為例[7]，比較全方位與單面向（左腦型）風格的差異。

圖 11.5A 顯示訓練有素、爐火純青全方位決策者的所有面向意識機能都極為敏銳，每種能力都均衡地分布在遠離原點的端點上；而圖 11.5B 則顯示單面向左腦型決策者，決策力的分布則只侷限在左上角的象限內。因此單面向決策者應以圖 A 當目標，強化自己的弱勢決策力，使它們朝向遠離座標原點的方向推進。對圖 B 左腦型決策者來說，努力目標就是加強直覺力與感受力，儘量將這兩項弱勢意識朝向座標軸的遠端拓展。

要有效啟動決策風格轉型的修煉，首先是決策者本人須有自己應該轉型的自覺，其次必須尋求外在協助，例如自修、找有經驗者開示、參加訓練班或研討會，而最重要的是利用機會，在實際工作中練習、檢討、修正、改進。因為管理功夫的修煉特徵始

---

7 圖 11.5 只是「四力（四象限）」分析，更複雜的全方位 16 象限分析，可根據四力分析邏輯類推。

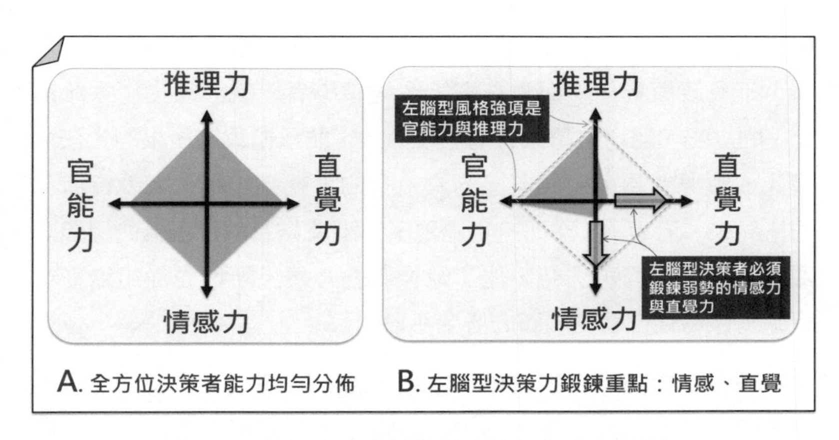

圖 11.5 決策力分布的差異（以四力分析為例）

終都是「師父領過門、修行在個人」，所以管理者的自覺與鍥而不捨的自我改善企圖心，是產生成效的關鍵。

二、領導者

凡領導者必然都是決策者，但領導者又不只是決策者。領導者與決策者在角色上有以下差異。首先，領導者是一個組織的首腦，必須懂得以群策群力的方式成就事功；而決策者可以是個獨來獨往的孤狼或獨行俠。進一步說，領導者所以能帶出組織的群策群力效應，是因為相對於組織成員以及參與決策的一般經理人來說，他（她）擁有「系統之上」的「小外緣」身分，以及伴隨這一身分而來的影響力與支配力；所以領導者與決策者的第一個差異，就是領導者必須講究如何運用自己的「小外緣」這隻可見隻手來「用人」。

其次，領導者與決策者的差異，也可用政務官與事務官的關係來說明——事務官（部門決策者）只是在「系統之內」奉命行事，不負政策責任；而政務官（系統領導者）就必須從「系統之上」的立場，關切整體系統的表現績效，並承擔政策後果的責任。因此，領導者為了達成自己的決策目的，就必須用「大執行者」的格局來「治事」，亦即一旦出現了必須將作為執行工具的組織，進行大開大闔的再造時，他（她）們就必須果斷地先從組織變革下手，作為遂行戰略鴻圖的必要手段。

最後，根據「謀在於眾、斷在於獨」的特性，系統領導者的責任範疇遠較部門決策者為大，決斷過程所處理問題的難度、所需承受的內外壓力，以及知性、理性、感性面的掙扎，也遠比部門決策者為高；而在道術、體用、本末的認知上，以及在大是大非價值觀的掌握上，也都有更高的要求標準——這是領導者必須通過「修己」考驗的道理。

以下依序說明領導者「用人、治事、修己」的基本原理原則。

領導者的用人

卡茲的管理知能三分法中，人際知能是貫穿低、中、高三階層的一項必要知能。不過，這裡所稱人際知能不僅是指如何與人相處，更指如何領導別人，以群策群力方式成就事功。因為任何階層的主管，例如專業科長、部門經理，都應認識自己的領導者身分，所以都已不應再作凡事親力親為的獨行俠，都需要懂得如何領導別人，如何善用團隊力量做事的道理。這也是《荀子》所說「人主者以官人（調派對的人去做對的事）為能者也，匹夫者以自能（凡事都能自力解決）為能者也」的意思。

善用組織力量：用人之智、用人之力

每一個領導者都應切記《韓非子》「上君用人之智、中君用

人之力、下君盡己之能」這句言簡意賅的名言。它告訴我們：最高明的領導者會激發人們主動發揮創意與智慧，去積極解決問題達成目標；次高明的領導者則是自己出點子，然後讓部屬去執行並完成任務；最笨拙的領導者凡事親力親為，完全不知如何用組織的力量來做事。《韓非子》清楚點出領導者與決策者的差異在於：領導者必須懂得用人，亦即懂得運用組織；而決策者有時只是「謀在於眾」過程中參贊決策的幕僚或顧問，並不涉及用人的問題。

用人之智是激勵別人主動貢獻，用人之力是要求別人被動配合，而盡己之能則只會使團體成員消極不作為。圖 11.6 以「見識謀斷行」的解決問題歷程作橫軸，來說明「用人之智、用人之力、盡己之能」三種領導風格的差異。圖 11.6 顯示以下意義：

1.「用人之智」有兩種模式：第一種模式是領導者宣示目標（戰略三綱領中的價值訴求），部屬就自發地去發現與定義問題、構思與律定對策（戰略三綱領中的願景與任務），並主動去執行決策，實現領導者所宣揚的價值理念與所宣示的目標。第二種模式是領導者發現、定義問題，並設定目標（戰略願景）後，就交由部屬去構思與律定對策（戰略任務），並負責執行、達成目標。「用人之智」的領導者通常都是按照問題性質的不同而交替應用這兩種模式。

2. 用人之力：領導者自己作見識謀斷的決策（戰略願景 + 任務），然後再將已完成的決策（戰略計畫）交由部屬去執行，來達成組織目標。

3. 盡己之能：從發現問題開始到執行決策的整個過程，都由領導者親力親為完成，部屬（經理人）的角色因被領導者完全取代而閒置。

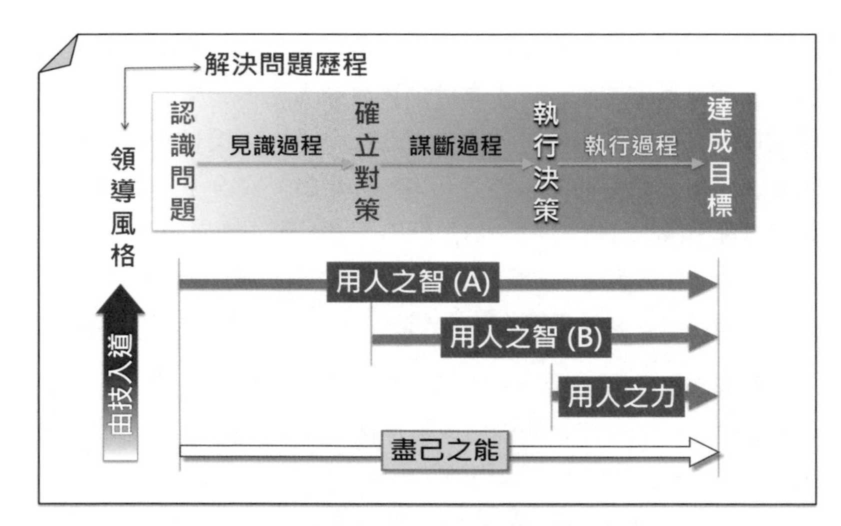

圖 11.6　領導風格與解決問題歷程的關係

圖 11.6 中，「由技入道」的箭頭是值得注意的重點。它表達領導風格的養成是一種學習過程。小局面的領導者或是只參贊決策而不必擔負最後決策責任的決策者，往往都以盡己之能為起始狀態。但是隨著組織的成長、職務的升遷，領導的局面就會擴大，責任的內涵也會加重，這時不論是小局面的領導者或者已經升級為組織領導者的決策者，就必須趕緊進行「由技入道」的轉型，學習如何用人之智、用人之力。以下再來回顧馬謖失街亭的故事。

馬謖失街亭　馬謖從諸葛亮征南蠻、擒孟獲時的出色幕僚，到防守街亭兵敗問斬的歷程，一般都認為他失敗在剛愎自用，未聽從副將王平建議，誤把大軍駐紮在易被斷水的山頂上。本書認為真正問題在：單純出謀獻策與實際臨陣指揮是兩回事，馬謖根本還沒準備好去擔當必須負起全盤責任的統兵將領。因為過去擔任幕僚，他只須出點子，至於點子好壞與後果承擔，就不用再費心，自有領導者去負全責；但他當統帥後卻不改「盡己之能」的幕僚心態，想到某個點子就很情緒地予智自雄、不聽諫言；而不知這時應本著「用人之智、用人之力」的精神，不僅自己不必急著提出點子，要讓幕僚們先出主意；即使自己出了點子，也一定要保持「無可無不可」立場，避免一味辯護，因而扼殺幕僚提出替選方案的空間；最後才再根據理性原則，誰講得有道理就用誰的主意。馬謖因為沒有這種自覺與認識，以致一敗塗地、賠上性命。

失街亭說明了馬謖其實還只是一個「以自賢為能」的單面向匹夫，他雖可勝任幕僚[8]的工作，但卻缺乏領導者所需具備的多面向性格。所以決策者為了使自己能夠成為承擔更大責任、應付更複雜問題的領導者，就須注意將過去的幕僚性格加以轉型，及早培養「因案致宜」善用組織人才的能力。

領導者也須謹記：凡屬部屬該做的事，即使做錯了或做得不夠好，也都只應提示原則，把案子退回要求部屬重做，千萬不要自己動手幫部屬去做——因為教練可指導或示範，但絕沒有代替球員上場打球的道理。這一「動口不動手」的原則，對於技術出身的領導者尤其重要。因為他（她）們必須擺脫「為所善為」與「為所好為」的陷阱，去學習「為所當為」的新作風，不再涉入自己不應過問的細節——給部屬犯錯的空間，讓他（她）們在學習中成長。

對領導者來說，用人是必須學習也是可以學習的一門功夫。縱觀歷史，領導者能自覺自省將自己行為與風格予以轉型，以因

8 參贊決策的幕僚可堅持己見，讓領導者去作定奪，而一旦成了領導者就須保持開放心胸，否則一味予智自雄，就會使幕僚以「你是老闆」的心態，有口令才有動作，變成袖手旁觀者。

應更複雜的局面並承擔更重大責任的案例，劉邦與項羽正好是一組強烈的成敗對照。

劉邦、項羽　劉邦打入潼關進佔咸陽後，立即封皇宮、禁寶庫，與百姓約法三章，然後秋毫不犯，退到幾十里外的灞上屯兵，這些舉動深獲關中民眾好感。范增知道了大為吃驚地說「沛公居山東，貪財好色；今入關，財物無所取、婦女無所幸。此其志不在小！」見證了劉邦入關後的表現，與過去素行已有極大轉變。這表示他在一路征戰過程中，通過納諫與學習，不斷調整行事風格，使自己越來越具備君臨天下的器識與格局。反觀項羽，少年時讀書不求上進，起兵後也表現出許多剛愎自用、拒諫飾非、唯我獨尊的個人英雄主義行為，犯有許多缺點而終身未改。項羽甚至還有與部將爭功的心理，史書就說「項羽嫉賢妒能、有功害之、賢者疑之；戰勝不與人功、得地不與人利」；許多人才便因此背他而去，投奔劉邦。而劉邦相對地就精通權謀，能捨、能給。例如，劉邦在滎陽與項羽對峙，千鈞一髮之際，韓信正好攻下山東，就派人來要求「假王」封號，劉邦一聽大怒，但經張良從他身後踢屐提醒後，馬上改口說「這麼大的功勞應該直接封王，為何只封假王！」就冊封韓信為齊王。後來韓信在東、劉邦在西，左右夾擊下，逼使項羽敗走烏江自刎而死。如果劉邦當時沒有反應過來，逼使韓信自立為王，那就可能立即出現三分天下的情勢，而楚漢相爭的歷史恐怕就此改寫也未可知。由於劉邦深諳籠絡人才、收攬人心之術，因此得到天下後，志得意滿地說「運籌帷幄之中、決勝千里之外，吾不如子房；鎮國家、撫百姓、給糧餉、不絕糧道，吾不如蕭何；連百萬之眾、戰必勝、攻必取，吾不如韓信；三者皆人傑、吾能用之，此吾所以取天下也。」而項羽直到烏江自刎的那一刻，仍搞不清楚自己為什麼落敗，只能再三不服氣地說「天之亡我，非戰之罪！」

在楚漢相爭過程中，劉邦有很清楚的自我轉型痕跡，懂得「有所不為、方能有為」的道理，該自制、自律的地方就能自制自律，所以，劉邦是個名符其實懂得「用人之智、用人之力」的領導者。而項羽自始至終都不懂必須自我成長與轉型的需要，沒有學會如何「用人」，所以終究只是個「盡己之能」的獨夫。

用勝於己者：借力使力、舉重若輕

古人說「君人之要在用人」，這句話除了強調領導者要知人善任外，另外也反映領導者在自我轉型過程中，也須同時培養用人的智慧與容人的雅量，以便借力、使力，讓「勝於己者」彌補自己智能的不足。懂得「用勝於己者」的領導者，除了劉邦之外，最出名的應是李世民。

李世民用人　唐太宗李世民善於用人，向為史家稱道。貞觀之治的滿朝文武，見識謀斷行，各有所長，就是明證。唐太宗將長於謀略的房玄齡與長於判斷的杜如晦，分任左、右僕射（宰相），凡事都讓房杜兩人攜手去發現問題、定義問題、籌謀對策，而他只需從旁提點原則、定奪決策，就使自己成為名符其實，懂得「用人之智」的上君，並也成就了「房謀杜斷[9]」的佳話。尤其是早期出身李建成太子府的魏徵，雖曾提出過應先下手為強將李世民除掉以絕後患的建議，但唐太宗仍不計前嫌，任命他為諫議大夫，魏徵後來經常犯顏進諫，甚至有時因言辭過於激烈，而使李世民數度動了殺機，但他終究隱忍克制，虛心接納魏的諫言。

9 理論上，房玄齡的謀只做到「籌對策」，杜如晦的斷則從「推後果」做到「評利弊」，最後的「作取捨」仍是唐太宗的工作。

唐太宗的器識與胸襟，網羅許多智能勝過他的臣子，不只彌補了自己的不足，創造了輝煌的貞觀之治政績，並也成就了中國歷史上「師臣者帝，友臣者王[10]」的典範佳例。

器識：用心待人、以理服人

「成大事者，在量不在智」是領導者必須銘記在心的一句話。《史記》提到，劉邦初進咸陽，看到華屋寶物美女未嘗不動心，但在樊噲、張良勸阻下，他便幡然醒悟，立即與民約法三章、秋毫不犯，並作出退守灞上的決定。韓信在劉邦兵荒馬亂之際要求假王封號，劉邦也在張良提醒下壓抑沖天怒氣，反而正式冊封他為齊王。劉邦這些行為充分表現「有容德乃大，有忍事乃濟」的領導器識。

劉邦用人　領導者要籠絡人才、收攬人心，必須講究兩件事：(1) 察納諫言的智慧與胸襟——對人才來說，自己的意見能否被採納，代表自己是否被人重視，是決定去留的先決條件。韓信、陳平就因項羽不懂納諫，所以離他而去；韓信甚至也因劉邦一開始不理會他而離開，後來被蕭何連夜追回，接受劉邦登壇拜將大禮，才幫他一統天下；(2) 要有賞罰分明的判斷力與說服力——要吸引人才為己效力，就須讓這些人才覺得自己的努力獲得公平的回報。劉邦稱帝後，把沒有戰場汗馬功勞的蕭何，排在戰功彪炳的曹參之前授賞，使眾將大為不平。但劉邦看得很清楚，楚漢相爭期間，蕭何留守關中負責後勤接應，力保關中作為漢軍的堅強根據地，這些功勞都不是任何將領所可相提並論。因此劉邦就以打獵為例，把曹參等將領比喻為獵犬，把蕭何比喻為指揮獵犬

10 意思是：把臣子當老師的國君可以稱帝，把臣子當朋友的國君可以稱王。

的獵人，誰的功勞大就很清楚。劉邦一席話講得一干將領都無話可說[11]。

儒學大師熊十力說「能受而不匱之謂器，知本而不蔽之謂識」。這兩句話可簡化為：器就是能容、識就是不惑。領導者聽到與自己不同的意見能夠容忍，不視為忤逆而震怒，這是大器能容；而針對不同意見判斷利害得失的時候，能夠一本理性把握大經大綱、大是大非，作出正確的抉擇，這就是大識不惑；這也是「必先有識，然後才能轉識成智」的道理。能容與不惑這兩種特質就是所謂的領袖器識；憑著這一「恕以養容、德以養量」、「德隨量進、量由識長」的器識，自組織協同論的快變量追隨慢變量的「陽起陰從」支配與追隨效應就會自然發生。

歸納來說，第八章〈領導〉整理的領導力八策也可利用「用人之智、用人之力、盡己之能」三等第領導模式，來比較組織成員行為反應的相對積極度，見表 11.1 。該表顯示，領導者人際互動所運用的都是同樣的八套策略，但採取用人之智或用人之力兩種不同的模式來領導時，所帶動的組織成員積極性就完全不同。在用人之智的模式下，領導力八策都以帶動成員自發的認知改變、自主參與學習、內生報償誘因、自我期許，以及使命感與敬業精神的激發等作為訴求重點，都屬於自我實現與自我滿足層次的內涵，所以就能誘發出組織成員積極主動貢獻的行為。而在用人之力模式下，領導者要求的只是組織成員的被動配合，所以各項影響力也相對降低了它們訴求的需求層次。至於盡己之能的領導者

11 人確實都難以求全。劉邦當上皇帝後，也與勾踐一樣，出現可共患難但難以共安樂的毛病，亦即「狡兔死，走狗烹」的問題。這時張良效法范蠡，辭漢萬戶、消失於江湖；蕭何選擇裝瘋賣傻；而韓信則因企圖謀反而被殺。

表 11.1 領導力八策與三等第領導模式的關係

<table>
<tr><td colspan="2" rowspan="2">領導者
成員</td><td colspan="5">領 導 效 能</td></tr>
<tr><td colspan="2">用人之智</td><td colspan="2">用人之力</td><td>盡己之能</td></tr>
<tr><td rowspan="19">組織成員行為</td><td rowspan="8">主動貢獻</td><td>認知</td><td>願景感召、提升能力</td><td colspan="2" rowspan="8">—</td><td rowspan="8">—</td></tr>
<tr><td>參與</td><td>自主學習、自發認同</td></tr>
<tr><td>制約</td><td>內生報償、自我激勵</td></tr>
<tr><td>期許</td><td>自我期許、自我實現</td></tr>
<tr><td>模仿</td><td>見賢思齊、啓發創意</td></tr>
<tr><td>強制</td><td>責任感、敬業精神</td></tr>
<tr><td>外緣</td><td>外緣滿足、成就傑出</td></tr>
<tr><td>綜合</td><td>心悅誠服、全力奉獻</td></tr>
<tr><td rowspan="8">被動配合</td><td colspan="2" rowspan="8">—</td><td>認知</td><td>任務目標、行動方案</td><td rowspan="8">—</td></tr>
<tr><td>參與</td><td>從眾、一口令一動作</td></tr>
<tr><td>制約</td><td>獎懲誘因、目標管理</td></tr>
<tr><td>期許</td><td>不辜負外來期望</td></tr>
<tr><td>模仿</td><td>複製標竿制式行為</td></tr>
<tr><td>強制</td><td>服從、紀律、倫理</td></tr>
<tr><td>外緣</td><td>欲善其事、先利其器</td></tr>
<tr><td>綜合</td><td>成果導向、使命必達</td></tr>
<tr><td rowspan="3">消極不作為</td><td colspan="2" rowspan="3">—</td><td colspan="2" rowspan="3">—</td><td>成員行為模式：
▪意願：陽奉陰違,怠惰推諉,壁上觀
▪能力：顢頇無能</td></tr>
</table>

由於完全不諳領導的竅門與管理的要領，凡事都事必躬親，因此組織成員就會出現消極不作為的行為模式：意願上陽奉陰違、怠惰推諉；以及能力上的顢頇無能。

所以，只有當領導者是以用人之智的模式來領導時，才能吸引真正的一流人才樂於為他（她）們所用；當領導者是以用人之力的模式來領導時，可能只有相對較無創意的二流人才願意追隨；至於盡己之能的領導者就可能完全吸引不到人才。這也是《列子》所說領導之難「難在知賢，不在自賢」的道理。

領導者的治事

領導者相對於決策者，除增加必須懂得用人的挑戰外，最大的不同在領導者必須用大執行者的格局來治事。不過值得強調的是：本書雖然把執行分為大、小兩個範疇，但是，因為領導者除自己直接推動大執行外，事實上也監督小執行的進行；何況任何大執行中必然都套疊有許多小執行，所以領導者是以扮演好「大執行者」角色的方式，來統攝大、小執行的成敗責任。

用「大執行者」的格局來治事，就是領導者要以「組織變革工程[12]」推動者或稱為變革者（change agent）來自居。對於變革者這一概念，在管理學的領域中已發展出自成系統的一套學問[13]，因此要發揮大執行者的角色功能來治事，每一領導者都應將這套已經相當成熟的學問當作基本常識。接下探討變革者這一議題。

變革者定義

■ 變革工程的三角關係

變革者是組織變革工程的推手，擁有變革管理的解凍、變革、回凍相關專業知識與技能。變革者的角色甚至可以是為企業機構或行政機關提供組織變革顧問服務的一種專業。這種由第三者介入所協助推動的組織變革過程，就出現「變革者、變革業主（client）、變革標的（target）」三種角色；它們之間的關係是：需要進行變革的組織（亦即業主）聘請外部變革者，針對整個組織系統或系統中某特定部門（亦即標的），協助規劃與推動擬議中的組織變革工作。

---

12 組織變革必須從事中之理下手，謀定後動、講究方法，符合工程學的定義。

13 只要在網路上鍵入變革者（change agent）這一名詞，就可找到豐富的資料。

與其他性質的顧問服務比較，一般的工程顧問與管理顧問，基本上都是以客卿身分，協助業主處理與「事」有關的外包顧問服務；但變革顧問則是協助業主處理組織變革過程中以「人」為主的問題。所以變革管理顧問所進行的，在性質上是一種好比侵入性（invasive）醫療行為的「外來者干預（intervene）組織內部家務事」的工作。因為這種工作的特殊性（涉及許多複雜敏感的人際問題），就使變革管理顧問除須擁有專業的變革管理知能外，更需同時關照專業倫理（professional ethics）上的許多額外課題，這也是變革者這一議題成為一套專門學問的理由。

■ 變革者的「外人」身分

不過變革者的角色，除外聘的變革管理顧問外，也可能是由組織內部的下列三類人員來扮演：(1) 組織最高領導人（例如第十章中華電信案例中的董事長），這時業主與變革者兩個角色就合而為一；(2) 受過專業訓練的組織內部人力資源部門人員，這時變革者就從外聘變為內設；(3) 專案經理、產品經理或部門主管，這時變革者也從外聘變為內設。不過，上述 (1) 最高領導人與 (3) 經理人或主管兩類人來扮演變革者時，都必須要有自己是變革者的自覺，而組織系統也須確認這些人員都具備變革管理的專業知能。

重點是：不論是外聘或內設的變革者對於變革標的來說（除了上述 (1)、(3) 兩類外），都是沒有組織上直接隸屬關係的「外人」，所以對這些身分為「外人」的變革者來說，推動組織變革就是一樁必須發揮「沒有職權關係的影響力（influence change without authority）」的挑戰性工作。

因此，凡不是由組織最高領導者出面推動的變革，不論變革者是外聘或內設，他（她）們的首要課題就是獲得最高領導者的充分背書（例如張居正案例中的內宮支持）；因為未能獲得最高當局充分授權的變革，除非存心造反，否則不僅會使變革不具正當性，也無法取得變革過程中所需的各種資源（例如王安石就因未能獲得宋神宗充分支持，以致無法貫徹變法計畫）。

■ 領導者作爲變革者

組織最高領導者作為變革者，因為擁有完全的職務指揮權（legitimate power）以及資源支配權，所以在先決條件上佔有絕對優勢。不過，這時仍須注意以下兩個問題。(1) 領導者本身是否具備充分的變革管理知能。例如，漢武帝「出道入儒（入法）」的朝政更張，就是由自己直接操盤並表現出一定成績；而宋神宗、明神宗變法就仍得靠宰相、首輔主政。所以後者其實仍存在業主與變革者的關係，只不過對張居正來說，他做到了使自己成為小萬曆皇帝實際上的替身。(2) 尤其重要的是：從變革標的來看，不論變革者為誰（包括最高領導人在內），推動任何變革性質上都是一種外來的干預與侵入行為，因此都難免引發抗變的阻力。

因此，要順利推動變革，任何身分的變革者（包括最高領導人在內）在行為上所須遵守的，與「第三者外人身分的外聘變革顧問」遵守的其實是相同的一套遊戲規則，因為這是一套完整且要求標準相對最高的行為準則，能夠遵守這套規範才有機會贏得變革標的充分合作與支持。

在繼續往下討論前，值得先補充說明在第十章「大衛營和談」案例之前，曾經驚鴻一瞥提到的「泛執行」概念。

■ 泛執行的變革者

本書把泛執行定義為：任何企圖改變別人的態度與行為，以遂行自己意志的場合。所有泛執行問題的共同特徵都是出現了必須化解的阻力與衝突，於是用來化解阻力、提升助力的「自組織為體、他組織為用」系統相變宏觀理論，以及人際影響力的微觀策略，也就同樣可作為處理泛執行問題的有效工具。因為從心理學的角度看，它們最核心的議題完全相同，所以解決問題的對策所應用的也是同一套理論與工具。

任何遭遇泛執行問題的人都應把自己當作變革者，並以推動變革的方式來解決問題。這時「任何變革都始自於一個人，就看你要不要做那個人！」就是一句具有激勵作用的話；因為任何想要「有所作為——亦即英文所稱有 make a better difference 企圖心」的人——都應該自許為變革者。這些泛執行的變革者可包括 (1) 創業家：克服困難、搓合因緣，在外緣大環境中提供新的可能性，以滿足價值鏈中供給方或需求方未被滿足的需求；(2) 教育工作者：以循循善誘方式，讓學習者克服學習障礙、發揮各自潛能，達到改變行為、認知與人格特質的目標；(3) 各類志工乃至社會企業[14]創業家：針對特定服務標的或外緣環境，克服各種困難與阻力，提供服務或做出貢獻，以實現自己篤信的善念；(4) 衝突的調解者：為任何因利益分配、事實認定、價值判斷、情緒失衡等原因所出現的人際或團體間衝突，尋求化解之道——例如，美國在大衛營和平談判過程中的角色。

泛執行變革者對於變革過程中的變革標的來說，通常都沒有組織上的隸屬關係，所以他（她）們都必須用發揮「沒有職權關係的影響力」來推動變革。除此之外，在問題情境上他（她）們

14 本書認為社會企業的簡單定義是：做自己相信也喜歡做，而且又能感動別人的財務自主志業。

還需面對另一層挑戰，那就是往往因為根本找不到「組織上的最高當局」來撐腰，所以更需要懂得如何營造與運用宏觀大環境以及微觀變革標的所存在的內在自組織力量，以用勢不用力的方式來達成變革成果[15]。

接下將從變革者是外聘變革顧問的觀點，先說明變革者必須遵守的一套行為準則，然後再談由領導者擔任變革者時，實做上應注意的事項。

變革者須知

■ 信賴感與接納度——慎始善終

不論是那一種身分的變革者（包括泛執行變革者），都須切記：變革者最重要的起手式就是與變革標的建立相互信賴關係。唯有一開始就建立這種關係，並持續細心維護，後續變革工作才有推動的基礎。信賴關係一旦破壞，它的後果通常都是不可逆的，甚至會出現除非更換變革者，否則工作就難以為繼的情形。因此對領導者來說，這就是無論如何都須避免發生的災難。

為建立互信關係，欺騙是絕對不可犯的大忌。因為變革工程的成敗不決定於「一翻兩瞪眼」一次性攤牌，所以變革者與變革標的必須發展長期信賴關係，任何欺騙的企圖即使可得逞一時，但接下來就必然會因變革者背負了這個無法磨滅的負面紀錄，而使變革難以推動。另外變革者也切忌輕諾，因為輕諾難免寡信，一旦發生失信於變革標的之事實，後果與存心欺騙沒有兩樣。

---

15 如果把 make a difference 的概念用來改善自己——例如：減肥、戒菸，或做一件該做卻一直沒做的事——亦即把自己當作變革標的，那麼自己就成為自己的泛執行變革者，來執行改造自己的變革工程。這種變革工程也可能找個「最高當局」來監督自己，另也必須發揮高度自律的自我影響力。

變革者要讓變革標的覺得值得信賴（trustworthy），最好是變革者過去的工作事蹟，在公眾心目中已樹立公信力（credibility）口碑，這時變革者便可利用這一正面形象作為光環，使變革標的一開始就願意拆除自我防禦藩籬接納自己。但對一個陌生的變革者，變革標的通常需要花費較多時間，累積較多事證後，才願意充分信任並接納他（她）。中華電信案例中，在如何建立雙方互信的問題上，就提供了許多有趣事例。

不過，信任雖是接納的前提條件，但只有信任不必然代表當事人就願意接納。因為信任是基於知性與理性的判斷，而接納則取決於感性因素，兩者沒有必然因果關係。變革者要推動變革工程必須設法同時贏取變革標的之信任感與接納度。

■ 變革者的觸媒作用

變革者在變革工程中發揮的是化學觸媒（catalyst）的催化作用[16]。催化作用可解讀為一種繞道效應——原本從 A 與 B 兩個

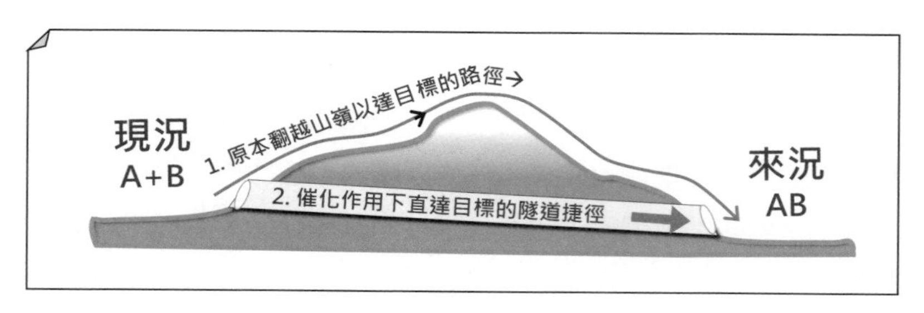

圖 11.7　觸媒的催化功能

16 化學催化作用為加速 A+B→AB 的反應過程，用加入觸媒 X 的方式，把原本進行緩慢一步到位的反應，拆成兩個分解動作 A+B+X→A+XB→AB+X，亦即在 X 催化下，B 先被活化形成了 XB；接著就因 A 對 XB 的吸引力比 X 更大，所以 B 就捨 X 就 A，順勢完成 A+B→AB 的反應，而觸媒 X 則又重新恢復自由之身。

反應物所代表的現狀 (A+B)，要轉化為化合物 AB（目標狀態），好比必須翻越一座高山才能完成的過程（圖 11.7）。觸媒的加入就如同在被高山阻隔的現狀 (A+B) 與目標 (AB) 兩端間，穿鑿一座直達隧道，使系統現狀可用更便捷（耗能更低）的方式轉化成目標狀態。

上述催化作用的比喻反映出變革者的挑戰在於：如何為變革工程找到一條耗能最少的路徑，來完成跨越臨界點的相變。如果領導者本身或組織內部找不到勝任這項工作的適當人選，那麼就得從外部敦聘合適的變革顧問，來協助業主打通這樣一條捷徑。如果因為變革顧問的介入，使變革工程用在化解阻力而消耗的能量與資源因而減少，那麼變革顧問就發揮了催化劑的價值。

這時的變革顧問是領導者的輔佐，而功能則是：(1) 切入問題核心，把握「事中之理」以業主研提有關變革願景與目標的建議，為混沌變局撥雲見日；(2) 根據變革願景與目標，協助業主擬定組織變革計畫與執行策略，亦即為變革工程描繪推動路徑的藍圖；(3) 洞察變革過程中潛在的重大衝突，並預謀化解衝突的因應對策，為變革工程排除實施的障礙；(4) 提醒業主什麼事該做、什麼事不可做，協助領導者扮演好化解阻力、催化助力的變革火車頭角色。

除了以上這些工作項目外，變革顧問有時還須在變革工程的不同階段，扮演教練、啦啦隊長，甚至裁判等各種不同身分，來協助業主培養變革核心團隊所必須具備的人際技巧，參與並輔導關鍵性會議的進行，以及催化組織內部的創意，將它們整合並納入變革工程的計畫當中。

■ 變革者處人、處事之道

1. 處人之道

外來變革顧問對組織來說是「外人」，即使是內設變革顧問對其他部門來說也是「外人」，以致變革顧問經常會遭遇「角色正當性」的質疑。因此，變革顧問必須：(1) 使業主與變革標的對自己產生信賴感，相信自己具備足夠的能力來幫助他（她）們解決問題；(2) 使業主與變革標的都願意在情感與情緒上接納自己，來協助他（她）們解決問題。變革顧問必須在人際互動過程中，用尊重與同感心去傾聽業主與變革標的對問題的陳述，體會他（她）們採取特定立場來看問題的原因。這時「對人公正無私、平等對待；對事平衡關照、不偏不倚」就是必須遵循的基本原則。唯有以這種方式取得的資訊作為基礎，變革顧問才能為業主與變革標的提供有意義的專業意見。

變革顧問是「與人為善」的工作，對業主與變革標的來說，他（她）們屬於第三者的客卿身分，必須奉行儒家「為人謀而忠」的職業倫理。意思是：變革顧問所作所為必須以業主的利益為主要考量，不可反賓為主謀求自己的利益。除非業主的主張傷天害理、違反社會正義或形成環境公害，這時變革顧問就應以去留力爭業主的改變心意；否則在價值取捨上，必須以業主的意見為判斷標準，而不應擅作主張[17]。

17 催化過程中變革顧問的角色只是一個幫人打天下的人（king-maker），例如歷史上幫句踐復國的范蠡，或「送秦一錐、辭漢萬戶」的張良，他(她)們主要是為了實現某種理想或抱負，本身並無企圖去反客為主成為擁有天下的人（the king）；否則就成了俗語所說「公親變事主」或「抬轎反成坐轎人」——這是一種違反職業倫理的嚴重行為。

變革顧問的核心工作就是：協助業主與變革標的處理變革工程中具有潛在衝突性的人際關係，所以「寵辱不驚」——穩定的情緒成熟度（EQ）——是必要的專業素養。在與人互動的時候，不論對方職位高低，都應以同樣的尊重與審慎的態度對待，不可有「大小眼」的差別待遇。為了保持客觀，凡事都不要過早下判斷，應秉持小心求證的態度，去了解正反兩面意見的背景因素。對於任何變革標的向自己尋求協助的個案，務必追蹤後續的發展。因為別人眼中的小事，對當事人來說都是大事。

變革顧問必須設法使變革標的也熱情投入變革工程，並從中獲得成就感。但變革顧問本身則須甘於作無名英雄，絕不可掠美變革標的或管理團隊的成果，否則必然會遭受當事人質疑。最後，因為變革工程涉及敏感的人際互動，即使再小心都難免誤觸地雷，所以變革顧問在自我磨鍊上，必須體悟「正確的判斷來自經驗，而經驗又來自錯誤的判斷」這句話的道理，要有「不二過」的自我要求，從每一次錯誤中吸取經驗與教訓，並繼續保持自己的鬥志與工作熱忱。

2. 處事之道

業主與變革標的對變革顧問的信任、信心與接納度，講到底是建立在變革顧問是否擁有解決問題所需知能與經驗的基礎上。任何變革者推動變革工程，「自組織為體、他組織為用」是必須遵守的基本規律。遵循自組織的「因緣成果、常變循環、臨機破立」三大宏觀原理，可使變革者在變革的大方向上，確定自己是在「做對的事」。至於自組織微觀的「因勢利導、量變質變、共生演化」原理以及人際影響力八策，則為變革者在臨場應變上，提供了「把事情作好」的訣竅與工具。

外聘的變革顧問因為沒有領導者的職位權、賞罰權與強制權可運用，所以尤其要懂得用勢不用力的道理，以「造勢、乘勢；借力、使力」的方式來發揮自己的影響力。因此，贏取領導者對自己的信任、信賴與支持就成為外聘變革顧問的第一要務。變革顧問功能主要是發揮變革工程「程序面」的催化劑作用，但如能對業主的「實質面」變革內容也具備足夠深入的專業知識，那麼變革顧問所能發揮的作用與價值就更高。例如，做企業組織變革顧問，要能了解企業當前的關鍵議題；做教育改革顧問，要能了解當前教育政策的關鍵課題；做健保制度改革顧問，要能了解複雜的醫病關係、醫藥政策與保險制度上的核心課題等。不過，即使變革顧問是這些議題的專家，但他（她）們仍然只該以循循善誘方式激發變革標的自主學習情緒，自發地發現問題、尋找答案，而非以權威身分，把自己的意見直接灌輸給業主或變革標的。

傳統的組織變革過程，通常都是領導者直接把「答案」交付變革標的去付諸實施。而變革顧問介入變革工程的價值，就在於突破傳統「給答案」的刻板模式，改用協助變革標的「找答案」的方式來推動變革。這種模式的好處除可通過參與的過程，提升變革標的求變意願與行變能力外，更能因此而觸動組織系統的深層文化結構，把組織文化的反省與重建也融入變革工程一起完成。

從以上的討論可知，變革顧問與一般管理顧問的工作完全不同。要做一個勝任的變革顧問，對於本書各章所闡釋的原理原則，必須要有深刻的認識；對於各種人際互動的策略也必須要培養出專業而細膩的操作能力。唯有具備了這些條件，變革顧問才能為變革工程，開展出單憑業主一己之力不可能創造出來的新局面。

■ 領導者守則

由領導者親自擔任變革者相對於外聘的變革顧問，因為擁有正式職權，所以有更多可用的影響力工具以及充分調度組織資源的權力。不過，如果領導者能夠儘量不去使用職位、賞罰與強制權等硬性手段，把自己當成一般變革者，只用變革顧問所能使用，如認知、參與、期許、模仿與環境等相對軟性的「沒有職權關係的影響力策略」，去領導並帶動變革工程，也就是等同自己先綁起一隻手來打仗，而結果還能打出漂亮成績的話，那就必然能夠獲得變革標的更大的認同與支持。這一道理在中華電信案例中可找到許多可供參照的印證。

歸納來說，「變革者」的概念其實代表管理者及領導者的一種工作態度與工作方法；變革者的成功要訣可用第一章所提出的 R ＝ M×A×O（執行成果＝企圖心 × 能力 × 外緣）的公式來歸納。除了 M（企圖心）與 A（能力）屬於變革者本身必要的內在依據外，O（外緣）條件的掌握與運用——主要指變革者與業主、變革標的之間所發展的關係——是成功的最主要關鍵。而對於領導者親自擔任變革者的場合，外緣 O 代表提供給變革標的參與變革的機會，以及任何可借力使力用作槓桿的外在資源。例如中華電信的行動電話全員行銷、推動 ADSL 上網服務，都是在變革標的積極參與情形下快速達標；而在這一過程中，領導者也充分運用釋股承銷商、廣告商作為變革工程的槓桿（以補自己的不足），來啟發高階主管的投資人價值與市場行銷概念。不過這些外聘專家當時恐怕都未曾意識到自己被業主拿來發揮隱性變革顧問的功能。

領導者必須了解變革者的關鍵成功因素在於：(1) 掌握變革管理「自組織為體、他組織為用」的基本原理，培養人際互動的策略與技巧；(2) 慎始善終，在變革標的心目中建立與維護值得信任與信賴的形象（對外部顧問來說，當然還須贏取組織領導者的堅強支持）；(3) 即使是領導者自任變革者，也須遵守變革者的行為準則，扮演好變革工程催化劑的角色；(4)「對人公、對事平」，以專注的同感心進行人際互動，獲取最真實的第一手資訊，作為人際溝通的基礎；(5) 以協助變革標的「找答案」取代「給答案」的自主學習方式帶動組織學習氣氛，提升變革標的對變革的認同，激發對組織文化的反省，並參與組織文化的重建。

領導者的修己

談完領導者的用人與治事的法則，接下談領導者本身的修養。領導者必須注重本身的修養，一方面因為領導者是團體的表率與標竿，所以本身的行為必須經得起追隨者的檢驗，這是所謂「德須配其位」的問題；另方面因為領導者處在「斷在於獨」的位置上，時時面對恆變的問題情境，所以必須培養出「變中有常」的定見，以執簡馭繁的方式帶領組織朝向可持續發展的目標前進。領導者唯有滿足了這些條件後，才能在因緣成果的自組織法則下，充分發揮領導功能。這一論述也反映了「立己才能立人、達己才能達人」的傳統智慧。

領導風格個性化

前面提到，要成為與時俱進、不出現職涯瓶頸的決策者，就必須讓自己從單面向風格發展成全方位的風格。而領導者所需面對的考驗遠高於決策者，因此要使自己風格發展成為全方位的必要性也完全相同，只是要求的標準更高。

根據榮格的心靈動力學，當心靈能量能夠在意識機能的 16 個象限內自由流動時，單面向的風格就轉化成了全方位風格，並達到佛典所說「無住我心、了無罣礙」的心靈自由境界。這時不僅意識機能不再有強、弱勢之分，潛意識也與意識交融合作共同解決問題，不再成為意識的干擾與障礙。

全方位風格是每一領導者應該追求的理想，而弱勢意識機能的強化與鍛鍊則是達成這一理想必須下的功夫。不過，由於每人稟賦不同，下功夫後得到的結果也必然不盡相同，因此，風格多面向化的自我修煉，榮格認為是一項「適性揚才」的個性化（individualized）工作。

針對 16 象限的意識結構修習個性化的功夫，對有些人來說，代表的是知性或理性意識機能的再強化，而對更多的人來說往往代表去重新找回知性與理性之外的感性能力，培養更多的感性經驗。

知性、理性、感性

知性、理性、感性是西方哲學大師康德（Immanuel Kant）所定義人類認知事物的三大能力。本書認為康德的知性、理性概念與本書所定義的「事實認知、價值判斷」可相互對應，見表 11.2；至於感性，康德把它侷限在生理性的感官能力——相當於榮格狹義的官能力——本書認為這種定義過於狹隘，應該根據晚近腦神經生理學的發展而賦予它更能與知性、理性相對等（compatible）的內涵。

表 11.2　知性、理性與決策四部曲的關係

	屬性1	屬性2	與決策四部曲關係			
			見	識	謀	斷
知性	事實認知	事物與事物關係	察徵候	審事理	籌對策	評利弊
理性	價值判斷	事物對人的意義	顯問題	定目標	推後果	作取捨

■ 求眞、求善、求美

第二章〈見〉提到「三人觀樹」例中，植物學家、木匠與藝術家就是分別從知性、理性與感性的角度，觀察同一棵松樹所代表的意義。其實我們也可從資訊處理的角度，來區分知性、理性與感性在決策過程中的功能差異[18]。

知性主導決策過程中，外來與內在資訊的重組加工（processing）工作。它通過「抽象作用」發掘並建立客體事物間的關係，形成人們心目中有關客體「是什麼」（what）的認定。知性過程的產出是決策問題的事實前提，由於事實認定著重「實然」，因此知性的本質在「求真」。

理性主導資訊處理過程的篩選定向（directing）工作。它通過「反省作用」詮釋外在客體對象對於決策者主體的意義——客體對象對主體所具有的本質價值或工具價值——反映出人們對客體對象的偏好取向，為決策的抉擇尋找「為什麼」（why）的依據。理性過程的產出是決策問題的價值前提。由於價值判斷強調「應然」，因此理性的本質在「求善」。

感性主導資訊重組加工、資訊篩選定向這兩項工作的實際執行（executing）過程。它通過「審美與淨化作用」呈現決策者對外在人或物客體對象的情感體驗，反映決策者心靈與客體事物的交流感應強度。感性決定人們與外在事物互動時，該「如何」（how）反應的方式，所以感性支配知性與理性意識機能的整體表現。感性過程的產出是決策者行為表現的風格。由於決策風格講

18 王宏維、江信硯，1994《認知的兩極性與張力》，台北：淑馨出版社。

究「恰到好處、留有餘地」的「適然」，因此感性的本質在「求美」。

歸納來說，知性與理性處理的是與決策有關的「坐而言」思辨工作；而感性則主導決策者「起而行」的具體實踐行動。因為知性與理性是用來釐清自己的思緒，而感性則用來與外在世界互動，包括因應外在世界的無常與無明。所以感性不僅決定決策者作決策的方式，更決定他（她）表現在外言行舉止的整體風格。

■ 知性爲自然立法、理性爲自身立法、感性爲實踐立法

感性與風格　感性與風格的關係，可從藝術表演與創作領域找到許多有趣的案例。首先，以音樂作品為例：(1) 同一曲目的交響樂，不同的指揮家可用不同的方式予以詮釋。例如，在嚴肅專注、講究精確的卡拉揚（Herbert von Karajan）手中，表現出冷峻凝練；到了熱情洋溢、兼具作曲家身分的伯恩斯坦（Leonard Bernstein）手中，在節奏與力道上，就變得自由、相對隨性。(2) 同一首旋律的樂曲，不同的編曲者也可用不同的配樂方式，將它變得古典、浪漫，甚至爵士或搖滾。因此，對於平時熟習的樂曲，乍聽到完全不同版本的編曲與配樂時，常常讓人驚異不已。其次，以風格明顯的印象派大師們的畫作為例：莫內（Claude Monet）以細緻柔美的淡彩光點、朦朧畫面為他作品的特徵；梵谷（Vincent van Gogh）以狂野扭動的線條、鮮活的色彩來凸顯個性；而高更（Paul Gauguin）則以沉穩的色塊、簡潔的畫面來表現自己的特色。最後，再以書法為例：同樣的中文字，在蘇東坡手中顯現雄渾瀟灑；在黃庭堅手中顯現剛健卓絕；而在米元章手中則顯現率性俐落。以上的例子，在在說明一個道理：同樣的創作體材究竟該用什麼樣的形式將它們表現出來，原本就沒有一

表 11.3 決策過程的「知性、理性、感性」三面向

	功能定位	資訊處理	心智作用	決策內涵	特性1	特性2
知性	為自然立法	資訊重組與加工	抽象作用	What 是什麼	實然	求真
理性	為自身立法	資訊篩選與定向	反省作用	Why 為什麼	應然	求善
感性	為實踐立法	資訊處理的執行	審美淨化作用	How 怎麼做	適然	求美

定的規律與標準，表現者可根據對這些體材的感受，以及自己所最嫻熟的技法，用自成一格的方式予以展現與表達。

古人說「技有巧拙、藝無古今」，意思是：凡能滿足一定審美標準的作品，不論用什麼方式表現都是值得鑑賞的對象。而要創造出這種「藝境」的決定因素，除了創作者在表現技巧上所擁有的稟賦外，更重要的就是當事人特有的感性素養。

感性支配人對事物所產生的感覺與情緒的呈現方式，它本身就是一種創作行為。凡是創作就必然有個性發揮的空間，因此在同樣的領導情境下，不同的領導者所表現的成績就可能完全不同：有的領導者輕佻聒噪、虎頭蛇尾、一事無成；有的則沉穩務實、慎始善終、成績斐然。

康德曾說「知性為自然立法、理性為自身立法」，根據以上的論證，順著同樣的語法，我們提出「感性為實踐立法」的看法，用以說明決策者與管理者對事物的態度與行為都決定於感性的事實。表 11.3 歸納「知性、理性、感性」的特性，以及它們在決策與領導過程中所發生的作用。

動心忍性的內化歷練

要能精進知性、發揚理性、淨化感性，對任何領導者來說都必然是在無數「不經一番徹骨寒、怎得梅花撲鼻香」的動心忍性、

堅忍圖成的經歷，以及通過不斷的知性考驗、理性試煉、感性淨化與昇華的內化（internalize）過程後，才能達到的境界。

■ 知性的考驗

知性通過抽象作用使人了解外在世界事物間的關係，使人了解如何描述現象、解釋成因，洞察事中之理。不過，領導者必須了解知性訊息的傳遞依賴溝通，而溝通可能出現失真問題；人類的感知系統也因為受到先天的選擇性與自組織性的限制，所以也會出現「存在的看不見、看見的不存在」的現象[19]。

知性的核心是科學精神。《韓非子》「無參驗而必之者愚也，弗能必而據之者誣也」兩句話是最好的寫照。因此，凡是有任何合理懷疑的事物，包括上述的溝通訊息是否失真、感知的訊息有無扭曲或偏差，都應把它們當作待檢驗的假設，然後根據假設檢驗法則對它進行客觀檢驗，以確認真假。

總之，善用假設檢驗法並養成獨立思考的習慣，是確保知性品質以及避免集體失智、理盲情濫的主要憑藉。這些都是領導者的必修學分。

■ 理性的試煉

理性通過反省作用使人知道外在的人與物對自己的意義。理性是經驗法則下的產物，因為體察到不計後果的選擇，是製造問題不是解決問題，所以為了發揮決策解決問題的工具價值，就必須根據決策的後果來取捨行動方案[20]。不過，相同的經驗，不同

19 詳第二章〈見〉的相關說明。

20 誘因論、嚇阻論假設前提就是「行為者都是根據後果來選擇行為的理性人」。

的人可能歸納出不同的行為法則，亦即所謂的價值觀。對領導者來說，必須知道的是：行為的後果通常都有「利近而顯、害遠而隱」的特性，時間是價值觀的最後檢驗。所以領導者必須懂得從過往的歷史中學習經驗與教訓，去發掘與掌握隱藏在恆變世事背後的不變道理。

本書第五章〈斷〉討論集體失智現象時，特別提到倪布爾的「完美的不可能性」概念。他發現個人理性與社群理性間的矛盾：原本擁有無私與利他善念的個人，在社群情境下就會為了集體的私利而對外作出不道德的行為。這種「社群理性低於個人理性」的現象，就成為人類衝突與社會不公正、不公平的根源。

本書認為領導者必須要有「真正的理性必然捍衛知性、淨化感性」的認識與信念，也要把這一信念的實踐當作自己的責任；而反省作用與根據後果作選擇，是確保言行如一、貫徹理性精神的基本法門。領導人也必須認識到人類取捨行為的從眾效應[21]會使人們放棄自己「正念」而屈從環境常模，以致出現倪布爾所稱「社群理性低於個人理性」的集體失智與行為民粹化的現象。因此，領導者除了本身要養成獨立思考、自覺自律的習慣，並把握住理性精神的大是大非外，也要為自己所領導的組織，建立起自我反省的他律規範，帶領組織走出以社群私利動機為核心的慣性常模負面影響，使它能夠表現出對社會、乃至對歷史的理性且負責任的行為。

在知性、理性、感性三者中，理性具有最關鍵地位，因為非理性將導致反知性，並助長感性的情緒化，所以要「精進知性、淨化感性」，就必須先確立「發揚理性」的大前提。

21 見第五章〈斷〉「取捨行為的社會效應」說明。

■ 感性的淨化昇華——腦神經科學的新證據

感性通過審美與淨化作用決定人們與外在人、事、物互動過程中的行為表現方式。感性有身心靈三個層次，理解上可大致用馬斯洛的需求層級來對應——生理與安全需求對應「身」，社會歸屬與尊重對應「心」，自我實現以及自我超越則對應「靈」。人們對外在世界的知覺感受與情感體驗，有兩種表達方式：(1) 不加節制直接表達，(2) 讓感性經過理性淨化後再表達；前者是動物性生存本能所遺留的反應模式（屬「身」的層次），而後者則蘊含經由學習與反省而沉澱，具有文明審美元素的反應模式（屬「心、靈」的層次）。

近年腦神經科學對人類感性淨化反應提出生理學的證據[22]，研究發現：眼耳鼻舌身五種官能接收的外來訊息，進入大腦中部的丘腦（thalamus）集中後，將循長、短兩條路徑傳遞。其中短路徑將訊息送往稱為杏仁核（amygdala）的組織，並直接通往運動神經以便對外作出即時反應；而長路徑則連接大腦主管長期記憶的前額葉（prefrontal cortex），經擷取過去經驗並作出最適反應的判斷後，再將訊息通過杏仁核傳遞給運動神經做出反應。長短路徑分別對應上述 (1) 身、(2) 心與靈的兩種感性表達方式，也可拿來對應卡尼曼所稱的快思慢想過程。

感性反應的長短路徑彼此會搶奪當事人的行為反應主控權，因此為了控制臨場情緒，專家們就提出「不要被杏仁核綁架」的「冷靜 6 秒鐘」原則：(1) 放鬆肢體，作 6 次深呼吸，讓杏仁核激發的情緒性化學反應消退；(2) 讓自己正向情緒回來——對人用「同

22 坊間有洪蘭教授所翻譯的大量腦神經科學書籍可供參考。

感心」體諒別人，對事則以「事中之理」理解對方；(3) 以時間爭取空間，使後果導向的理性心智，取得行為反應的主導權。古人說「事不再思終有悔、氣能一忍自無憂」，現代腦神經科學為這一德性修養教條提供了科學證據。

短路徑是自組織的即時反應，而長路徑則是生物進化後期所發展，使理性得以介入，使情緒性行為得以翻轉的新機制[23]。值得鼓舞的是，決定 6 秒鐘後行為的理性心智，也經研究證實是可藉由人為（他組織）努力而創造與培養出來的。腦神經科學發現：一個想法若能予持續專注，就會使大腦內相關的神經連結趨向強烈；若專注時間夠久，這一連結就會變成大腦網路的慣性結構，進而形成穩定的「心智地圖」。因此人們可通過自我反省與觀照，利用新的外來刺激發展新的腦神經連結模式，使短期記憶變成長期記憶，來形塑正向積極的新心智地圖，改變當事人的行為模式。這也為「喜樂之心乃良藥」這句修養口訣提出了科學的修煉竅門。

情緒必須被控制與淨化才能避免它對知性與理性所造成的干擾。不過，腦神經醫學也同時發現：作為情緒中心的杏仁核嚴重受損或被割除的病患，雖然決策的「見、識、謀」功能仍然存在，但對夾雜得失利弊後果的多元候選方案，就無法作出最後「斷」的取捨。這顯示管理者必須「保留一點脾氣」，因為決策與領導行為必然包含有意志與企圖心等感性成分，如果把這些元素全都抽離的話，不僅決策行為就會喪失動能，並會使管理者的行為因為缺乏「同感」能力而失去「溫度」。換句話說，感性中的情緒

23 從生物腦部演化歷史來看，短路徑在爬蟲腦中就已存在，而長路徑則在哺乳類腦中才出現，所以這一事實可解讀為：生物演化的過程也支持生物行為的理性化發展。

固然必須被淨化與昇華，但它也不全然只有負面作用；領導與決策必然是「知性、理性與感性共舞」的過程，完全排除感性反而會作不出決策來。不過，重點是領導者與決策者如何在這一過程中，發展出符合審美標準的個性化風格。

空有不異、性緣互起、心物合一

在知性、理性、感性的修煉上，是以「還知性以客觀、還理性以無私、還感性以本然」為目標，而要達成這一目標的竅門是《老子》為道日損的「減字訣」，這時如何放空自己就是決策者與領導者必須學習的入門功夫。

■ 放空才能全有

談放空，佛典裡有個不容易講清楚的概念：色不異空、空不異色。因為色代表有、空代表無，原本是毫無交集的對立概念，甚至根據傳統邏輯的排中律，它們根本就是不可能統一的矛盾。但本書認為如果轉個彎，「空有不異」最平易的解讀是：空杯子可裝任何東西，滿杯子就無法裝任何東西，所以放空才能全有，滿有反而落空。這一「空有不異」的概念另可從邏輯學的內涵與外延（範疇）觀點來解讀：當內涵為空集合時，外延為無窮大的宇集合；而當內涵為宇集合時，外延又必然為空集合，這時把內涵外延看成一體兩面時，空、有這一對概念就可合體並存了。

賈伯斯生前在史坦福大學以「Stay hungry, Stay foolish」為題演講。該講題最簡潔的直譯是「求知若渴、虛懷若愚」。通篇演講勁氣內斂，顯示賈伯斯在當時性格上應已有重大轉變。光從深富智慧與哲理的演講題目來看，本書認為他應已充分體悟「無住其心、放空自己，才能產生破格思維、才能產生創意」的個中三昧，並達到了用減法「入道」，來追求心靈自由的境界。

■ 緣起性空：不先入為主、該是什麼就是什麼

「空有不異」與前述「無住我心」這兩個認知的共同深層核心是「性緣互起[24]」的概念。而這三個概念中的「性、心」代表思考的載具（vehicle，也就是前面所稱的杯子），而「緣」則是載具上所載的資訊。因此性緣互起就可解讀為：載具與所載並非獨立的存在，而是互依互生出現；因此緣起性空的意思就是所載出現時，載具就要放空——這時「淡定」就與「虛心」的概念成為同義詞：亦即事情來了，就放空自己，以便看清事情的本來面目。

再用第五章「誰來晚餐」為例：主張黑白平權的父親知道自己鍾愛的女兒要嫁給黑人時，使原本深信不疑的理性價值觀驟然遭到感性上放不下的重擊，出現了「究竟要放棄向來的信念，反對女兒的婚姻？還是堅持自己的信念，不替女兒操心？」的嚴肅抉擇。經過一番踟躕長考後，故事主人翁決定尊重女兒的決定——女兒已成年，男方很優秀，而兩人也真心相愛——但提醒他們兩人心理上必須要有充分準備，以便在當年實質上還根深蒂固黑白不平等的社會中，去共同承擔未來可能遭遇的各種壓力。

「空有不異、性緣互起」都在強調放空，放空之難在於一個「執」字。「誰來晚餐」父親經歷的掙扎與開悟，反映的就是從執著到放下的心路歷程。這種過程又可稱為「法、非法、非非法」[25]的「正、反、合」感性昇華過程；其中第一個「法」是「法執」——黑白平權是平日認同的理念；第二個「非法」是「我執」——自己的女兒要嫁黑人女婿，覺得難以接受（對「法」的否定）；第三個

---

24 性緣互起的佛學原始解讀是：萬事萬物皆從因緣和合而生，無有自性，唯心所現，唯識所變。

25 這是「見山是山」、「見山不是山」到「見山又是山」三層次的認知轉折過程。

非非法則是「兩不執，又兩皆執」—— 經由辯證釐清「非法」的疑慮，使認知進入更深刻與透徹的「非非法」境界。

《菜根譚》有「風臨疏竹，風過而竹不留聲；雁渡寒潭，雁去而潭不留影；故士君子，事臨心乃現，事去心隨空」的說法，描寫的就是領導者與決策者應該培養的「緣起則性空、性空則緣起」認知習慣。意思是：當問題來了就放空自己，以便看清問題的真面目（緣起性空：被動放空）；平時也要使自己常處於放空狀態，以便讓自己隨時可發覺隱藏的問題（性空緣起：主動放空）。而不論是被動或主動放空，反映的都是「空容器才能裝東西」的事實。

總之，放下「法執、我執」把感性放空，從第三者觀點客觀看問題時，理性才有介入空間，去作出最適當的判斷[26]。而「誰來晚餐」的故事，另也清楚反映人們平時所宣稱的價值觀，只有到了涉及親身利害時才會見真章，能心口如一、不患得患失的是真實信念；而心口不一、臨場轉彎的就是假冒偽善。

■ 心物合一、性緣互起、不執無礙

對於放空、不執著，也可用「唯物、唯心到心物合一」的辯證過程，來認識它們的意義。圖 11.8A 顯示出「人的內在認知客觀反映外在事物」的「物主心從」唯物觀點；圖 11.8B 代表「心靈決定所見之物」的看法，屬於「心主物從」的唯心觀點；而圖 11.8C 則是「性緣互起的心物合一、心物不二」觀點。

---

26 佛家的放空反映「菩提本無樹、明鏡亦非台」的「萬法無自性」概念；而存在主義則有「生命與存在沒有固定意義（存在先於本質、本質為空）」的見解，兩者認知具有重疊性。佛典悟出「緣起性空、因緣和合生成萬法」的道理；存在主義則歸納出「人一旦存在就是自由的，人可用這一自由來創造與選擇自己生命的意義（本質），不過，人要為自己的選擇負責（承擔後果）」的結論。

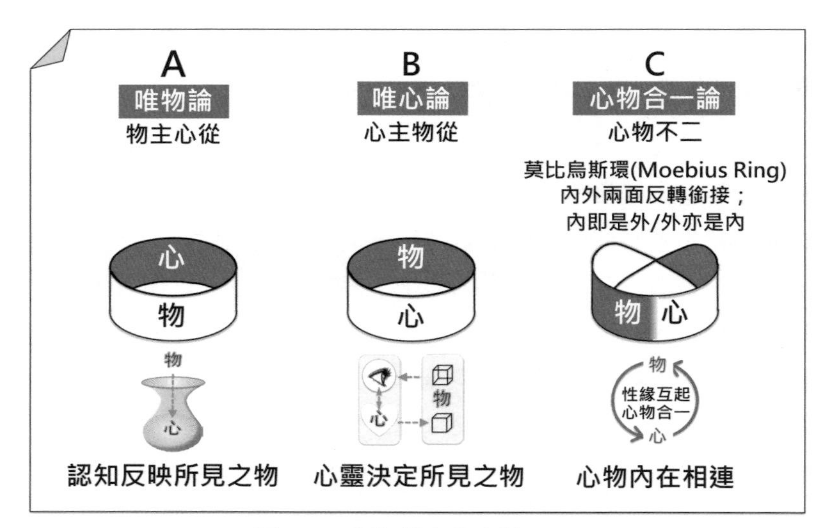

圖 11.8 認知的心物之辯

對於圖 C，想像把手指緊貼著標有「心」字的環圈白色端開始向右移動，那麼始終沒有離開環圈面的手指，二圈轉下來就會停止在標有「物」字的黑色端上（圖中「物」字與「心」字無縫銜接）。圖 C 稱為莫比烏斯環（Moebius Ring[27]），相較於各有內外兩面以及上下兩條邊緣線的圖 A 與 B 環圈，莫氏環令人吃驚的是：它只有一個面（沒有內外之分），也只有一條邊線（沒有上下緣之分），它把明明有黑白兩面、上下兩條邊緣線的環圈，利用簡單的扭轉與黏接後，就很輕鬆地顛覆了圖 A 與 B 所代表「一黑一白、內外有分、上下有別」的刻板世界觀。莫氏環以視覺化

27 莫比烏斯環的製作方式是先把原本內黑外白的環圈剪開，並將中段扭轉 180 度後，再將內黑外白的兩端，在剪斷處直接黏合起來。

的三維圖像，在我們熟悉的心物對立二元意象之外，表達出心物合一的第三種可能性[28]。

第二章〈見〉就曾提到「存在的看不見、看見的不存在」的問題。「存在的看不見」是唯物論必須回答的問題：雖然運用儀器，我們可觀察肉眼所無法察覺「至大無外、至小無內」的世界，但是科學上所探討的四度空間以外的宇宙，則不再是傳統的「觀察」所能盡功。至於「看見的不存在」則是唯心論必須回答的問題——圖 11.8B 下方 12 根線條的組合圖，在不由自主情形下，被看成實際上不存在的倪克方塊——雖然這種認知的自組織作用，在平時有加速人們資訊處理的效果，但它其實也是造成誤導決策刻板思維的一個根源。

人之所以會「執」是因認為所「執」是唯一的「真」，但「存在的看不見、看見的不存在」的事實顯示「唯物、唯心」都可能失真；所以「法執、我執」最終都可能只是沒有必要的堅持，唯有採取「兩不執、又兩皆執」的立場，了解「心物並起、無所先後」的道理，去探索看不見的存在是什麼、存在的看不見又是什麼；然後在這種思維下去「就物識物、就心察心、就道悟道」，去洞悉與了解事物的本來面目，才能獲得真正的心靈自由。

重新發現智、仁、勇

■ 智仁勇與知性、理性、感性

以上有關領導者知性、理性、感性修煉的論述，我們是以「還知性以客觀、還理性以無私、還感性以本然」作為追求的目標。而經過以上討論，本書重新發現了傳統人格特質的「智、仁、勇」

28 《老子》的「禍兮福之所倚，福兮禍之所伏」就可用莫氏環輕鬆地解釋。

三分法與知性、理性、感性的對應關係。

智、仁、勇　本書認為「智者不惑、仁者不憂、勇者不懼」可解讀為：(1) 知性必須做到不惑——就是不僅要能分辨事實的真相，還要能通透事理的因果；(2) 理性必須做到不憂——就是不僅在價值觀上要有清晰的中心思想，並在充滿矛盾的價值衝突中，能撥雲見日、精準自信地作出應有抉擇；(3) 感性則必須做到不懼——就是不僅要有化解阻力、執行對策的決心，還要有承擔風險、開創新局的膽識。所以，智者不惑可對應屬事實認定講究客觀求真的知性，仁者不憂可對應屬價值判斷講究無私求善的理性，而勇者不懼則可對應屬坐言起行講究本然求美的感性。

前面提到知性與理性必須與感性共舞，而要作到「勇者不懼」必須具備兩項先決條件：(1) 領導者必須在知性上事理通透，在理性上立場清明，然後才能建立起必要的自信基礎；因此，不懼必然建立在不惑與不憂的基礎上，這時達到的不懼是理智與情感間取得的一種平衡；(2) 領導者還須修煉出不患得患失的自律與自制功夫，古人說「有容乃大、無欲則剛」、「榮悴顯晦、不易常度」，事實上唯有看透得失與欲求，才有堅持的勇氣。

總之，放空、不執著的心法不是要使人因此變得消極退縮無為，它們是用來協助領導者在認識問題、尋找對策過程中，看清事中之理、發覺解題之道的功夫，等到思想開悟通透，確立了解決問題的對策後，領導者就應成為放下得失罣礙宛如「怒目金剛[29]」的勇者，該怎麼做就怎麼做，任勞任怨任謗，去勇敢承擔後果。

---

29 按照佛學理論，菩薩法身依因緣不同而有低眉與怒目兩相。低眉現慈心、怒目展悲懷，都屬普渡眾生的不同方式。

圖 11.9 知性推進、理性導引、感性航行

看一個人一生的成就，要看他（她）克服了什麼困難？為當時的社會／組織解決了什麼重大問題？造就了什麼好的改變？明朝呂新吾說「大事難事看擔當、逆境順境看襟度、臨喜臨怒看涵養、 群行群止看識見」，這四句對領導者來說也是「知性、理性、感性」修養很好的自我檢驗。

■ 知性是帆、理性是舵、感性是海

知性、理性與感性在領導與決策過程中，不是個別單獨發揮作用，而是以統合的方式決定領導者與決策者的實際行為。以下用帆船渡海來比喻管理過程，見圖 11.9。

在管理過程中，處理事實認知的知性，相當於提供管理之船動能的風帆，發揮的是推進功能；處理價值判斷的理性，相當於控制行船方向的船舵，發揮的是導引功能；而感性則相當於管理之船所航行的大海，提供行船的航行條件。根據這種比喻，我們可進一步申論：只有當感性之海風平浪靜時，由知性推進、理性導引的管理之船才能平順地抵達彼岸；而當感性之海波濤洶湧時，管理之船不僅無法正常航行，甚至還可能翻覆滅頂。

因此，管理過程可說是「以知性推進、以理性導引、以感性調節」，三者相互依存、同步運作的一種心智活動。上述「帆、舵、海」的比喻，反映出知性、理性、感性三者既相互制約，又彼此合作來決定整個管理過程的品質。不過，對於「感性之海」的比喻，管理者一定要有「它不在身外，而在自己心中」的認識。俗語說「要處理事情，先調理心情」就是因為知性與理性雖是處理事情的基礎，但感性卻是心情的主宰；所以為了要辦好事情，管理者必須先使自己內在的感性之海，保持在寧靜與穩定的狀態。唯有這樣，知性與理性才具備可充分發揮作用的條件，而管理過程也才能達到「還知性以客觀、還理性以無私、還感性以本然」的境界。

三、管理者的應變、備變、不變之道

《易經》一名而有「變易、簡易、不易」三義。任何好的管理理論也都應有相同的特性：它們談的也都是在恆變的世界中，那些簡易且不變的規律與道理。本節則從相對的「應變、備變、不變」三個觀點來總結本章的內容。

應變：善策者無常、唯因應變化

面對恆變的問題情境，《孫子》說「兵無常勢、水無常形，能因敵變化取勝者，謂之神」；而中醫也有「病無常形、治無常法、醫無常方」以及「方在法中、法從症出」的說法。兩者都強調：不論是作戰要克敵制勝，或是治病要妙手回春，在方法上講究的都不外是一個「以變應變」的「因」字訣。因此，天下沒有必勝的戰略或戰術，也沒有可治百病的妙方；作戰與治病的基本要領都在於：根據當時所遭遇問題的特性，選擇最佳的因應對策。把以上這些主張與心靈自由的全方位風格概念結合，本書得出「善策者無常，唯因應變化」的結論。

「善策者無常[30]」意指：勝任的管理者因嫻熟各種不同的管理風格、八力均衡發展，所以能隨著恆變的問題而機動調整行為模式，因而使他（她）們顯現在外的行為模式不拘一格。本書的「善策者無常、唯因應變化」與禪宗「應無所住、而生其心」概念完全相通，是心靈能量在各種人格類型間自由流動情形下，所自然表現出來的全方位風格。

備變：執簡馭繁、守正用奇、居中應圜、處易俟變

面對恆變的問題情境，在態度上必須做到「守常有道、備變到位、應變有方」。上述「善策者無常」說的是管理者在「應變面」必須根據「因」字訣，採取以變制變的作為來因應變易、解決問題；而在「備變面」，管理者便須根據「減」字訣的「簡易」原則，針對變化無窮的萬象，去做好「執簡馭繁」的事前備變工作。

例如，本書對於繽紛龐雜的管理工作，單刀直入切成決策與執行兩大塊，然後針對決策力與行力的培養分別提出提綱挈領的管理之道，包括：決策的見識謀斷四部曲；自組織的因緣成果、

30 要特別提醒的是，讀者必須避免望文生義，把「善策者無常」去作馬基維利（Niccolo Machiavelli）式的解讀，認為決策者為維持「天威難測」的神祕感，所以在行為上應故弄玄虛，讓人無從捉摸。這就成了捨本逐末、玩弄權術的行為，與本書原意完全相悖，絕非領導與決策的正道。

常變循環、臨機破立、因勢利導、量變質變、共生演化等原理；領導與戰略的他組織原則，決策者知性、理性、感性的修煉；以及領導者用人、治事、修己等訣竅。它們都是經過實證檢驗，針對不同面向議題，具有實用價值的簡易管理之道。

執簡馭繁是管理簡易之道的特徵，談的都是「把握扼要樞紐來掌控全局；應用精簡原理來化解難題」的道理。因為只有把繁複的道理轉化為簡易的原則，才容易讓人了解、應用，並容易做出效果[31]，所以執簡馭繁原則還可再開出以下三個細則：守正用奇、居中應圜、處易俟變[32]；用以強調備變之要在：平時用正道做好基本準備，以奠定戰時用奇取勝的基礎；立足全局圓心，平衡觀照四面八方動態；以淡定之心、拙樸之姿，迎接變局。唯有這樣才能在平時做到「備變到位」，並為戰時的「應變有方」打下基礎。

不變：變有其宗、術有其道、用有其體

善策者無常是根據「因」字訣，是面對「變易」的以變制變「應變」之道；執簡馭繁是根據「減」字訣，用於日常「備變」的「簡易」之道。不過，面對恆變的外在環境，管理者除了「備變到位、應變有方」之外，最後還需講究「守常有道」，也就是當大環境處於守常態時，管理者必須遵守「變中之常」的管理原則來維持系統的自穩定狀態。事實上，這一「變中之常」所涵蓋的深層管理之道，其中有許多也是應變與備變過程所必須遵守，具有「萬變不離其宗」特徵，居於結構深層的「變中的不變」核心。荀子對李斯就有的評論。

31 《易經・繫辭》：易則易知、簡則易從；易知則有親，易從則有功。
32 蕭天石，1979，世界偉人成功秘訣分析：君道之易簡原理，台北：自由出版社

荀子評李斯　荀子對他的入室弟子，也就是精明能幹，襄助秦始皇一統天下的李斯，曾有「用術不用道、捨本逐末、盛極必衰」的批評。荀子把「道、術」對立起來看，認為「道為本、術為末」，做人行事不能捨本逐末，否則路一定走不遠。果不其然，李斯後來被腰斬而死。而秦始皇雖發揮法家思想的工具價值而一統天下，但因缺乏具本質價值的中心思想來支撐王朝的長治久安，所以也只傳二世而亡。

所謂「術」是面對恆變無常的情境，用來解決問題的方法與對策，所以它必然具有不拘一格，「善策者無常、唯因應變化」的特性；至於「道」則是恆變的方法與對策的「公分母」，代表方法與對策設計上永遠不妥協的基本道理、中心思想與核心價值觀，也就是「變有其常」那個不會改變的本體。因此「道、術」之間必須講究「本末之辨、體用之分」。

一般人看到恆變的表現，就說「變是唯一的不變」，但本書從第一章就提醒學習管理就是要去學習「變有其宗」那套不變的道理，使自己可站在前人的肩膀上，以萬變不離其宗的常道為基礎去更有效因應恆變無常的世界。

以道立身、以儒處世、以法治事

管理者風格的個性化通常都以自我覺醒為起點，而這一過程最終遭遇的都是如何自我定位，以及如何處理人、物、我三角關係的問題。

傳統知識分子主張「以出世精神、做入世事業」，並從諸子百家學說當中，針對「對己、對人、對事」三個行為面向，分別挑選出值得認同的主張，作為統合與指導自己行為的一套角色典範（role model）。例如，曾國藩就用「以道立身、以儒處世、以

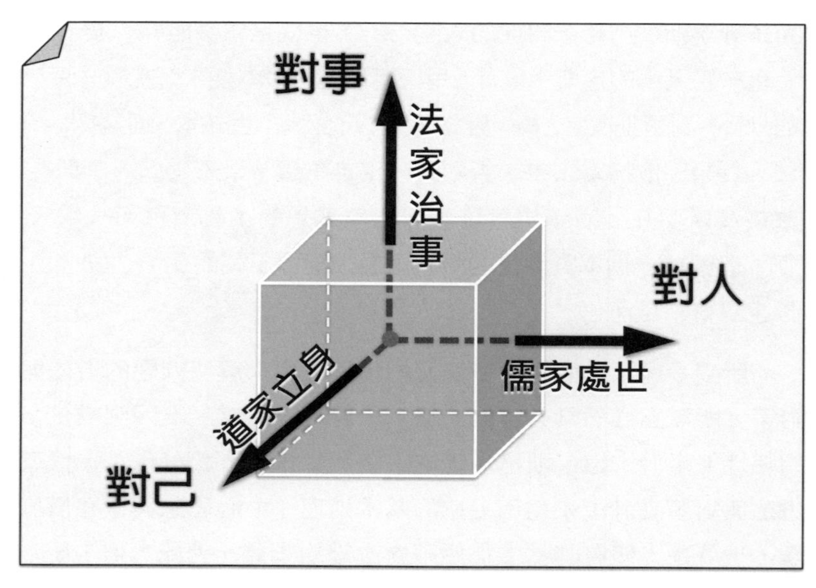

圖 11.10 「立身、處世、治事」的三維模型

法治事」來自我要求。筆者大學畢業時注意到上述說法，曾將它們進一步演繹：對己的立身哲學可以黃老道家的淡泊與灑脫作為目標（例如范蠡的急流勇退、另創生涯；張良的功成不居、辭漢萬戶）；對人的處世哲學可採儒家的中庸與誠懇，和墨家的俠義與豪情作為標竿；而對事的治事哲學則可採法家的紀律與嚴明，以及兵家的務實與權變作為原則。因此歸納出「黃老立身、儒墨處世、孫韓治事」三句話，並把它寫成立軸掛在牆上，希望當作自己一輩子的座右銘。後來年過五十，把佛學當哲學來研究，覺得在立身哲學中，可再納入釋家的通透與智慧，因此把上述第一句「黃老立身」修正為「釋道立身」，使每個面向都有兩家來支撐。在此一併與讀者分享。曾國藩的三維化模型可圖解如圖 11.10。

值得提醒的是：「以道立身、以儒處世、以法治事」的各家須各適其位，不宜混淆。例如，以道家治事，難免喪失成就事業的企圖心；以法家、兵家處世，難免淪為刻薄寡恩的酷吏，或機關算盡令人生厭的權謀家；以儒家立身，則難免會因使命感太強而容易產生懷才不遇的挫折感。

■ 仁者不憂智者樂、靜中定合動中觀

同樣的感性修練、同樣的風格全面向的發展功夫，造就出來的卻是變化多端、不盡相同的領導者風格，這就是風格的個性化現象。領導者個性化風格的養成，不僅是一種概念或理論，更是一套知行並重的實踐功夫，也是領導者從實際問題情境中，歷經不斷考驗與鍛鍊的內化過程，才能逐步建立的行為模式。

本書一再強調，任何講究實踐的功夫，都有「師傅領過門、修行在個人」的特性，雖然一開始都是從套招演練入手，但最後則須設法根據自己的稟賦與個性，發展出融入日常生活的一套自發性行為模式才行；使自己能夠在看似無招無式的過程中，將問題以舉重若輕的方式，迎刃而解，並達到「自適其適」的境界。

有經驗的領導者都懂得「緣起性空」的訣竅；當問題到來時，知道先要讓自己「心無所住、了無罣礙」做到放空，使自己的感性之海保持寧靜、無波，這樣才能在「還知性以客觀、還理性以無私、還感性以本然」的情形下，作出最適當的決策。

有經驗的領導者也知道人的認知有「悟時為道體、迷時為現象」的特性，因此會時時提醒自己要本著「熱鬧中著冷眼、冷落處存熱心」的態度，使自己在事理的掌握上，能夠保持獨立思考的洞察力；在價值判斷上能根據「仁者不憂智者樂；靜中定合動中觀」的原則，保持自己的虛心與反省力；而在面對問題的態度

上則能秉持「對問題執著、對得失灑脫」的精神，使自己平衡觀照知性、理性、感性三個面向，自然達到「執著時嚴肅、擺脫時豁達」的境界。

第十二章
管理之道

一、管理的概念

管理是一種知行合一、群策群力的工作。不論任何性質的管理工作都可簡單歸納成決策與執行兩個核心議題。因為管理以決策與執行為核心，以解決問題為目標；所以管理者必須以「決策有看法，執行講方法」來自我要求。

管理者必須銘記在心的第一道公式是「管理績效＝決策力×執行力」。其中的決策力是面對問題時，知道如何認識問題與尋找對策的能力；而執行力則是完成決策後，知道如何把對策付諸實施，以解決問題的能力。從「知行合一」的觀點看，決策力是「能知」的功夫，執行力是「能行」的本領，因此管理者必須既能知又能行，才能做出好的成績。

管理問題的構成有四個要件：(1) 預期、(2) 實況、(3) 實況與預期的差異，以及 (4) 因出現差異而引起的心理焦慮。其中心理焦慮一旦轉化為問題意識，管理者就會接著啟動決策與執行程序。

決策

見識謀斷

本書提出「見、識、謀、斷」概念架構來說明什麼是決策與如何作決策。完整的決策是由見識謀斷四個單元所構成，它們分別代表「發現問題、定義問題、設計對策、抉擇對策」四層次的決策過程。在見識謀斷四部曲模型中，斷（選擇）是決策的核心，沒有斷就不成決策，但實際決策可視需要而往上升級。例如簡單決策用「斷」即可解決，較複雜決策就需「先謀後斷」，更複雜的決策就需搬出「見識謀斷」全套程序來解決。當決策程序一旦從斷往上升級，就使「決策不只是選擇」了。

決策者面對任何決策問題，都須先作出「究竟該從見識謀斷哪一層次下手」的判斷。本書把這種判斷稱為「決策的決策（meta-decision）」。這一決策之前的決策，如果判斷錯誤，就可能使決策掉入「沒把事做對（do the thing wrong）」或「做了錯事（do the wrong thing）」的陷阱。

總之，決策者必須了解沒有任何單一的決策程序可解決天下所有的問題，唯有了解決策的基本原理，再以因案制宜的方式來慎選決策程序，亦即作好「決策的決策」的判斷，才能定義出對的問題並找到對的解答，完成決策。

事實、價值、情境

決策是個引人入勝的議題，可從許多不同的觀點來定義它。例如，從認識論觀點看，決策的發生以及它的核心意義是面對選擇所作的抉擇行為，而它的構成又可再區分成見識謀斷四個不同層次的單元。另從方法論觀點看，決策是針對特定問題情境，在事實認定基礎上所作的價值判斷。再從手段－目的觀點看，決策是用來發現問題、解決問題的手段。最後從價值論觀點看，決策是追求「擇所當為、止於至善」的目標導向工作。

上述各決策定義中，方法論觀點值得再予強調：它把決策套入邏輯學的演繹推理架構，並將事實認定與價值判斷設為決策的二個大前提，問題情境設為小前提，於是決策就成為根據這組大小前提的命題所推演而得的結論。不過，把決策視為邏輯推論過程時，它不僅關切推論形式是否符合邏輯法則，它也同時檢驗大小前提的命題是否為「真」或為「善」，以避免決策者作出不合情理的錯誤決策。

所謂事實前提是涉及既存事實，或根據因果關係而推知的未來狀況。這些訊息都具有可被客觀檢驗，不會隨著決策者主觀意志或好惡而改變的特性，所以決策者對這類資訊必須注意它們的「真假」，以避免被「非真」的事實前提誤導。以行業別為例，法官判案所採證據是已經存在的過去事實，而醫師治病則根據稱為預後（prognosis）的未來預期療效，來挑選最佳的療法。

至於價值前提則因涉及決策者的主觀偏好，所以沒有客觀的標準答案。參與決策的人越多對事情的偏好必然會出現越多或越大的分歧；不過，即使是單一決策者的偏好，也會隨著當事人多元角色的改變而變化。值得提醒的是：價值性資訊即使再主觀但決策者對於不論是本質價值或工具價值所代表的「善惡」意涵，仍須要有清楚的論證與立場，以免自己會作出「外慚清議、內疚神明」的決策。

最後屬於小前提的問題情境資訊，性質上也應以事實性資訊來看待它，否則就會出現選擇性認知下，文不對題的風險。甚至會使決策者因不願或不敢面對事實，而陷入脫離現實的險境。

見識謀斷的展開

本書強調：不僅宏觀的整體決策是以事實性與價值性的兩類資訊作為大前提，見識謀斷每一階段所處理的資訊也可二元分解為事實與價值兩大類。這一二分法也使見識謀斷得以展開成「察徵候、顯問題；審事理、定目標；籌對策、推後果；評利弊、作取捨」等八個子單元，來進一步呈現決策的細部內涵。

本書的見識謀斷四部曲決策模型其實是一個標準的二元分類架構。整個架構以見識謀斷為核心，向下再根據事實與價值前提二分法，予以二元分解展開成「察徵候」等八個下層子單元；而向上則可予以二元整合，亦即將見識收斂成「認識問題」，謀斷收斂成「確立對策」，反映出決策是為問題找對策的過程。最後「認識問題」與「確立對策」又再相互結合，就還原成為最上層的「決策」本尊。

群體決策

張居正用「謀在於眾、斷在於獨」描述決策過程的特性。基本上這是首長制組織領導者的決策模式，適用於一般企業的執行長，以及一般行政機關的首長。但對於合議制組織，「斷在於獨」的說法就不成立，這時的決策就須兼顧所有參與者的意見，來產生大家都能接受的決策。

■ 事實前提的爭議

不論是首長制或合議制的決策過程，最大的問題都在如何處理爭議。決策的爭議通常都因為事實前提或價值前提出現了不確定性。事實性前提出現不確定性，因為它通常都可作客觀檢定，所以不論是首長制或合議制組織，一般都採用去搜集更多資料讓數據自己說話，或者找專家協助的辦法來解決，而不會讓首長用「官大學問大」的方式來判斷，也不會在合議的場合用投票來表決究竟什麼才是事實。

■ 首長制下的價值爭議

至於價值性前提出現莫衷一是的不確定性時，首長制組織在設計上就由首長定奪——他（她）講了算——以求解決問題的效率。但首長取得這個價值判斷權力的相對代價，就是必須承擔決策後果的概括責任。不過有些錯誤決策後果的責任其實是當事人根本擔當不起的，例如馬謖失街亭的後果，就不是將他問斬所能補救。因此對於重要組織首長的遴選與任命，更高層的決策者就必須戒慎恐懼，縝密考察，以避免用錯人。

■ 合議制下的價值爭議

合議制組織出現價值爭議時，則是設計一套衝突化解的機制來產生大家都願意接受的結果。這一機制包括直接表決（可為簡單多數決，也可定出必須超過 2/3 或 3/4 的絕對多數門檻的規則）或尋求共識（任何單一成員都有否決權，所以必須全員都無異議才能通過）。由於合議制的精神是尊重少數、服從多數，以便不同的多元意見都有表達與融入決策的機會。但為避免發生多數霸凌或少數暴力這兩種極端化的局面，因此它的決策程序相對於首長制通常都比較冗長，並且都會在力求和諧的前提下，針對討論中的議題，經由協商與理性論證的方式，互相說服或持續修正議案內容，來慢慢形成大家都可以接受的方案，然後再予通過。不過，當協商不成時，表決仍是最後的解決機制；但表決的結果大家都要接受與遵守，並概括承受它的後果。

大部分的合議制都是代議制[1]，也就是對於眾人關切的特定事

---

1 相對於代議制的替代制度，就是讓眾人的多元意見直接表達的公民投票。不過要舉辦有意義的公投，也有許多須要講究的地方。本書第五章〈斷〉略有觸及，但因非本書重點，就不再討論。

務，推選代表去代為表達自己的意見與價值觀。所以，這時就會出現代議者的正當性以及行為妥適性的「治理（governance）」風險。例如，根據股票持有比例組成的企業董事會，就可能發生犧牲廣大散戶小股東利益，來謀取擔任董事的大股東不當得利的情事；而設置獨立董事最主要用意之一就在防制這種現象。雷同的現象也會出現在政治的場域，也必須發展出相對應確保「治理」妥適性的有效機制。

■ 化解衝突的跳躍漸進法

本書有關群體決策的討論是以第五章〈斷〉所提湯普森模型作為重點。該模型把群體決策問題定義出「定義明確、專業判斷、衝突化解、混沌待機」四種類型，並同時為這四類問題找出相對應最有效率的解題策略。

本書根據湯普森模型，進一步提出「跳躍漸進」的 Z 字形動態解題程序，作為群體決策化解衝突的具體策略。由於實務上決策問題的事實與價值兩前提，往往都可能存在某種不確定性，以致理論上都可能歸類為湯普森模型的第 IV 類，這就會使所有的問題都陷入只能無奈等待的窘境。因此本書提出跳躍漸進的策略，由決策者先判斷究竟應從釐清「技術性」的事實認定爭議下手，或從協調「原則性」的價值矛盾切入，作為化解衝突的起點，展開解題程序。

例如，在爭議兩造都願意坐下來談的共識下，方法之一就是決策者可把價值矛盾暫時擱置，採取先從釐清事實認定爭議下手的策略，等到事實前提獲得一定澄清後，再回頭尋求價值前提的可能交集；而當價值前提也已建立異中求同初步共識後，又可再回頭針對事實前提尚未完全釐清部分，重新攤開來討論……。於是就以每次往前推進一步的方式，將問題狀態在第 II 類與第 III 類間來回跳躍，使雙方的事實與價值歧見逐漸縮小，一步步朝向第 I 類問題轉化。利用這種跳躍漸進的程序，就可為原本無解的第 IV 類問題創造出解題契機，突破無奈等待的困境。

歸納來說，根據第 II、III、IV 類的問題分類來解題的過程，其實是一套問題類型的轉化程序，而第 I 類問題則是其他三類問題經過類型轉化後的共同收斂點，因此其他三類問題只有轉化成第 I 類問題後，它們的不確定性才完全消除，解決問題的對策也才能真正確立。

執行

從解決問題觀點看，執行其實是與「見、識、謀、斷」相連貫的最後一哩環節，把「見、識、謀、斷、行」五個階段貫串起來，就構成解決問題的完整循環歷程。不過單獨來看，執行卻絕非「做就對了（just do it）」那麼簡單，它其實是相當於為決策過程所產出的工程設計圖，去找出一套施工方法，把結構物興建出來的「方法學」。

執行力、執行成果

執行是行動力的展現，當事人必須兼具主觀的企圖心以及客觀的能力時，才會展現出行動力。本書把這種行動力稱為執行力，並用公式「執行力 (F) ＝企圖心 (M)× 能力 (A)」來表達它們的關係。執行力的核心動能是企圖心，因為只要有充分的企圖心，沒有能力也會去培養自己的能力。這就是俗話所說「態度決定高度」的意思。

執行力是一種可用來成就事功的力量。但執行力只是執行者所具備的內在因素（內因），它還須搭配外在條件（外緣）才能真正成就事功。這就是佛家所說「當『內因爲依據、外緣為條件』的因緣兩因子都俱足而和合時，就能成就萬事萬物」的道理——本書將它稱為因緣成果原理。

如果把因緣成果原理中的外緣定義為機會（O），並把所成就的果稱為執行成果，再結合執行者本身具備的執行力內因（F），就可得到「執行成果 (R) ＝執行力 (F)× 外緣 (O) ＝ M×A×O」。這一公式中的外緣代表執行者所獲得的表現機會或執行力所獲得的發揮空間。

因為執行成果公式是根據物理學能量（作功，work）概念所導出，所以它可有兩種解讀方式：(1) 完成式：代表執行力實際已經成就的結果；(2) 未來式：代表執行力在已知外緣條件下，所擁有成就事功的未來潛（勢）能。第二種潛能的解讀就與法家與兵家主張相呼應——亦即凡事都應「因機乘勢、用勢不用力」中的「勢」概念意義相同。

執行與組織

《韓非子》「上君用人之智、中君用人之力、下君盡己之能」的名言提醒：執行離不開組織，所以領導者務必要懂得以群策群力的方式，善用組織作為執行的工具來解決問題。

前述的執行力與執行成果概念都是從單一執行者觀點所作的立論。如果把它們放到群策群力的組織環境中，它們的基本定義雖仍然是 M、A、O （企圖心、能力、外緣）三個因子，但三因子的內涵就須進一步展開成為：

(1) 企圖心$_{\text{執行團隊}}$＝組織文化 × 團隊紀律

(2) 能力$_{\text{執行團隊}}$＝成員知能 × 團隊資源 × 執行機制

(3) 外緣$_{執行團隊}$＝（上級領導力×考成系統功能）×外部環境條件

根據以上公式，要提高團隊企圖心就須從組織文化與團隊紀律這兩個因子的強化下手。而團隊能力則決定於成員們的知能水平、團隊所能動用資源的多寡，以及團隊用來整合個體執行力的結構與程序機制（亦即針對特定任務所律定的分工合作標準作業程序）；如果這些因素都能充分到位，群策群力的團隊執行力綜效就可充分發揮。

至於執行團隊的外緣則有大小兩部分：其中「上級領導力×考成系統功能」構成的是「小外緣」，它代表經理人（或執行團隊）直接感受得到的組織「系統之上」的環境內部影響因素；而公式中的第三項外部環境條件因子，它是經理人（或執行團隊）連同組織領導者所須共同面對來自「系統之外」外在大環境的外來風險變數。本書將它稱為「大外緣」。

■ 小執行——奉命行事完成任務

一般談執行都是指組織內的特定執行團隊或經理人，去完成上級交付特定任務的一種工作。這種執行通常都是在既有的組織架構下，利用已有的組織資源，秉持「以紀律為基礎、以成果為導向」的精神去奉命行事完成任務。由於它們的格局與範疇相對較小，所以本書把它稱為「小執行」。

■ 大執行——改造組織、實現願景

在小執行過程中，機關組織只是執行任務的單純工具，組織系統本身不受執行過程的干擾。而在「大執行」過程中，因為機關組織是政策的執行工具，所以在「欲善其事、先利其器」前提下，就會出現「為了實現機關的願景，必須先改造機關組織，才能使它成為執行機關新政策、實現機關新願景的有效工具」的情境；

而這就是由領導者親自帶領推動的大執行工作。

明朝張居正推動的變法，採取「先利其器」的戰略，首先進行萬曆一朝官僚系統的再造，再正式推動實質變法，整個過程可說是本書所稱大執行的範例。本書旨趣以探討領導者所推動的大執行為主；相對於小執行的一步到位，大執行是分兩步走的過程，而組織系統再造就是其中第一步要進行的前置作業。也因為多了這一前置作業，就使得大執行「不再只是奉命行事」了。

大執行、組織變革、系統演化

■ 外緣在大、小執行中的不同意涵

本書為定義大、小執行的差異，將組織內的領導者與經理人（或執行團隊），用「系統之內」與「系統之上」的區分來討論它們間的關係；而外在環境這時對領導者與經理人兩者來說，就是「系統之外」的關係。

根據上述「系統」觀點，本書將因緣成果 MAO 公式中的外緣 O 分成大小兩類，展開出以下五種不同意涵：(1) 在個人場合，它代表與當事人內因 MA 可相互和合的外緣因子 O；這時對內因來說發揮的是「機會」效應（這也是外緣定義的原型）；(2) 在小執行場合，它以「上級領導力 × 考成系統」的形式成為系統內的「小外緣」因子，這時它對執行團隊的內因 MA 產生「影響力」效應（如張居正案例）；(3) 而在小執行場合，若單就「上級領導力」來說，它對執行團隊績效又產生「兵隨將轉」的小外緣「乘數」效應（獅子帶領羊群的放大效果，羊帶領獅群的折扣效果）；(4) 當執行只視為經理人「奉命行事」的小執行時，這時的小外緣也代表由上級交付要經理人去實施的決策，它對經理人績效產生的是劇本性的「規範」效應（亦即必須決策品質好，據以執行的

成果才會佳）；(5) 不論是大執行或小執行場合，組織系統中的領導者與執行團隊都必須共同面對的是外部大環境所帶來的影響，這種影響仍屬大外緣的「機會」效應。

上述這些大、小外緣要產生「機會、影響力、乘數、規範」等效應，事實上都必須假設與它們發生和合作用的內因（MA）是產生自具有生命力的系統才行。因此，因緣成果的概念以及上述因緣成果效應的討論，其實都相當於為後續有關複雜系統生命現象的討論，預先留下相互銜接的伏筆。

■ 系統典範決定世界觀

大執行以組織變革作為前置作業。而要談組織變革除了必須了解「解凍、變革、回凍」三部曲的竅門外，其實還涉及「把組織系統看成什麼」的問題。

不同的科學典範決定人們對問題的看法，也決定人們對待問題的態度與方式。目前管理領域的組織理論採用的是牛頓機械論的系統典範。這個從工業革命之後就被許多不同領域學門共同採用的系統概念，它的最大問題是只把任何拿來探討的系統，都一律當作沒有生命的人造機械來看待，所以理論上就沒有能力來處理具有生命力的有機系統（包括人類社會與組織）所實際出現的生命演化現象；並且也因此大幅拘束了人類組織作為解決問題工具的發揮空間。

■ 新系統觀的重建

本書第七章〈自組織〉根據複雜系統的科研成果，以自組織為經，複雜系統的創生、存在、演化生命歷程為緯，綜整出宏觀、微觀自組織原理與法則，揭露了人類社會與組織系統內在自組織「無形之手」的運作規律。使管理者只要遵循這些規律，就可用他（她）們的「可見之手」，把這一個以每一系統成員的企圖心 (M) 與能力 (A) 為核心的強大自組織作用力釋放出來，成為用以成就事功的能量。

不過，企業組織與行政機構雖然都是具有生命力的自組織系統，但是因為自組織無形之手本身的能量不具有方向性，所以管理者的他組織可見之手的功能，就是要將屬於（沒有方向性）純量（scalar）的自組織動能轉化成為向量（vector），在「自組織出力量，他組織給方向」相互合作情形下，使人類組織成為可用以達成管理目標的有效工具。 以上的論述就是本書所倡導「自組織為體、他組織為用」、「用勢不用力」管理觀的基本理念。

領導與戰略

人類組織是自組織與他組織兩股力量並存的系統。相對於人類組織先天自組織無形之手的力量，管理者可見之手產生的就是他組織作用力。本書根據「自組織為體、他組織為用」的管理觀，特別針對領導與戰略這兩股對自組織系統的狀態改變（系統相變）最具有決定性的他組織作用力，重新詮釋它們管理的意義與發揮功能的方法。

領導

傳統領導理論都以能否帶動組織變革作為領導力的衡量。本書則進一步從大執行的角度，將領導力定義為：推動組織變革並實現組織新願景的他組織力量。

■ 盧文三部曲的自組織解讀

對於組織變革，本書從自組織觀點將盧文的解凍、變革、回凍變革三部曲予以深化。

推力拉力的非線性關係　首先本書將決定組織相變的兩控制因子——維穩拉力與變革推力——從傳統的線性關係修正為尖點巨變系統的直角座標關係。經此修正後，系統狀態在控制平面上的關係決定於推力與拉力的合力（resultant force），而非兩者線性相減的淨值。因此即使在拉力大於推力情形下，系統仍然可能發生相變。

變革過程的阻力來源　處於守常態的自組織系統，遇到外來干擾都會根據異常管理原則，利用負反饋機制所發揮的抵抗力與恢復力，將偏離的系統狀態以損有餘、補不足方式使它恢復正常。但當系統需要進行變革時，這一守常慣性也會出而抵抗，成為抗拒變革的阻力。因此對於這種自組織的內生阻力，領導者就須主動下達「換檔」的指令，讓守常律退位改由應變律接手掌控系統狀態的變化。

漸變突變過程　為善用控制因子的合力效應，事半功倍且後遺症最小的相變途徑是漸變，亦即在施加變革推力前，先設法化解抗變阻力；而當阻力消弭殆盡時，系統狀態就已推進到控制平面原點附近位置；因為這時的系統狀態已繞過應變區抵達（漸變）相變臨界線，所以在這當下領導者就可全力啟動變革推力，完成臨門一腳的軟著陸相變，並將系統朝向願景目標全力推進。不過，當抗變阻力未全部化解，而領導者因迫於時間壓力必須施加變革推力的話，由於系統狀態尚未脫離應變區，因此系統這時就會以硬著陸的突變方式跨越臨界線完成相變。但是，以突變方式完成的相變，系統難免會有殘餘的後遺症需要進行後續處理。

回凍的自組織意義　組織達成相變目標後，應變律必須「回檔」將系統狀態主導權交還給守常律，使系統重新恢復自穩定狀態。領導者這時也需適時插手促成這一「回檔」工作的完成。

■ 領導力八策

組織者人之積、人者心之器，要改變一個組織必須從改變每一個組織成員的認知與行為下手；而要改變一個人的認知與行為，就可從改變當事人企圖心與能力下手；根據因緣成果原理，這又可通過領導者可見之手「小外緣」的影響力效應來達成。所謂影響力就是使別人能夠按照自己的意志來表現行為的力量。本書根據現代心理學原理歸納了八套影響力的策略，包括：概念領導的認知論、參與領導的參與論、誘因領導的制約論、期許領導的期許論、標竿領導的模仿論、強制領導的壓力論、外緣領導的環境論，以及綜合領導的綜效論等，統稱領導力八策，作為領導者發揮微觀影響力的指引；領導力是影響力八策的綜合運用。

■ 領導者是系統微觀質變與宏觀相變的橋梁

在組織變革過程中，領導者居於樞紐地位。領導者一方面必須利用各種影響力（領導力）策略去帶動微觀個體行為的改變，另方面又必須在個體質變的基礎上去促成整體組織的宏觀相變。因此，領導者必須善用自己的可見之手，發揮「從微觀質變通往宏觀相變」的橋梁功能；根據「用勢不用力」原則，宏觀上發揮他組織戰略功能為組織變革指引方向，微觀上運用「小外緣」影響力，促成組織個體成員的質變，進而引發系統的共生演化連鎖反應，在「自組織出力量，他組織給方向」用勢不用力的情況下，達成組織宏觀相變的目標。

▌戰略

戰略是任何組織為求生存與發展所遵循的最高行為指導原則。戰略力的發揮重點在戰略思維，戰略思維代表領導者「了解全局、洞察趨勢、把握重點」的思維習慣，領導者也根據這種思維為組織界定「願景、使命、價值觀（vision, venture, value）三大戰略綱領，作為組織未來發展的指南。

由於編制一份充滿執行細節的戰略規劃書，非常可能出現「規劃趕不上變化、落到牆上掛掛」的下場，因此為了使戰略規劃確實發揮指導組織變革的功能，領導者就必須將作為戰略構想核心的事中之理，作出提綱挈領的清晰陳述，以使組織上下的行動有共同一致的遵循依據——例如，中華電信「守語音、攻數據、扳行動」、「開放的時代，不變的選擇」就屬最高戰略層次的清晰訴求——唯有錨定這種「變中的不變」的參照基準，戰略行動的具體細節作為才能在持續變化的外在大環境中，發揮「策雖前定而貴應變、略雖先成而貴轉化」的適應能力。

■ 自組織原理對戰略思維的啓發

因緣成果　以因緣成果原理作為戰略規劃入手點，思維上就自然會聚焦到「內因、外緣、和合、成果」四個基本議題上，並凸顯出領導者可見之手的功能在於「營造和合條件、主動搓合因緣」以達成因緣成果的目標。在戰略思維上，不論組織處在創業、成長或轉型的任何階段，領導者都應：(1) 從因緣範疇的認定下手，根據了解全局、洞察趨勢、把握重點的原則，檢視相關內因外緣是否滿足和合成局的條件。(2) 戰略路線的設計就應聚焦到揚長避短的「依因造緣」或「依緣造因」戰略選擇上。(3) 和合價值的創造則應以促成系統與環境發展出新而穩定的共生共榮關係為重點。

舉例說，中華電信「攻數據」之役，將既有的獨門固網予以升級，拿來作為新興的 ADSL 上網服務之用，戰略上屬於「依因造緣」路線；而相對的「扳行動」之役，則是把自己過去相對落後的行動競爭力先予以強化，然後用來奪回並保持行動市佔率的龍頭地位，戰略上就屬於「依緣造因」路線。

因此，再複雜的戰略講到底都不外「依因（善用己之長）」或「依緣（善用外在機會）」兩條路線。《孫子》曾說「戰勢不過奇正、奇正之變，不可勝窮也」；我們也可用相同語法說「戰略不過依因依緣，依因依緣之變，不可勝窮也」。這個說法一方面凸顯了因緣成果是自組織宏觀第一原理的地位；另方面也印證了因緣成果概念對戰略力這隻可見之手功能的發揮，所具有的重大啟發意義。

常變循環　組織系統有常變兩態，守常態追求自穩定，應變態追求泛穩定。守常態以具有「因、緣、果、報」特性的負反饋考成機制進行異常管理。從守常態進入應變態對組織系統來說是重大事件，所以領導者必須明確下達「換檔」指令，動員相關成員一起參與變革行動。對企業組織來說，要具有對環境的應變能力就是要落實「常變循環經營模式」，用多元產品生命週期的新組合來化解組織生命週期的危機。這時領導者為避免成為「一代拳王」，除須從老「金牛」手上把主要資源移轉到新一代「明星」與隔代「兒童」身上，以使產品形成清楚的接班序列外，也須注意產品序列間所應存在的質差，因為唯有具價值與功能上的質差，才能確保新產品與恆變市場間的可持續因緣成果關係。

臨機破立　組織相變當下是偶然與必然的交會點。領導者的他組織之手最主要的功能就是將「自組織的偶然性」轉化為「他組織設計下的必然性」，使他組織之手掌握系統演化過程的主導權，使系統相變得以朝向組織領導者希望的方向發展。而要達成「將偶然轉化成必然」的目標，領導者必須聚焦兩個先決條件：(1) 維護代表系統核心價值的初始條件（遠因）；(2) 創造與善用有利於自己未來發展的邊界條件（近緣）。對於近緣，領導者還必須洞察與掌握「機會之窗」的先機，讓自己永遠走在趨勢前面。領導者也須體認「用兵求破、為政求立」以及「善者因之、不善者革之」的道理，要有創業垂統的格局與器識，也要有成功為失敗之本的自我警惕。

因勢利導　領導者應了解系統相變的關鍵在辨識與掌握控制因子，並深諳利用他組織之手驅動控制因子產生量變的策略，來導引吸引子結構出現期望中的「老消、新長」變化，使系統順勢完成期望中的相變。這種利用控制因子量變，帶動吸引子消長，最後導致系統相變的間接路線，就是因勢利導的道理。

量變質變　在因勢利導過程中，用以成就事功的「勢」可根據「勢以漸成、事以積固」的階段性方式來達到相變目標。可見之手藉由控制因子以漸進的方式取得改變吸引子結構的主導權；新吸引子又再以這種方式取代老吸引子搶得系統狀態之球，這些都是經由量變達成質變的道理。領導者可根據這個道理，將倪布爾口中「不能改變」但應該改變的事，用策略與耐心予以轉化成「可變的事」——這也是「長期而言，沒有固定成本」的意思——所以要「使不可變成為可變」的必要條件就是要有足夠長的可用時間（available time）。例如蘇花改的定案花了 2 年多；說服 ETC 改弦易轍花了 3 年；而高鐵財務危機的完全解決則共花了 6 年時間。

共生演化　複雜系統是以「具特定結構與功能關係的分形基模」為基本單元所構成的層級組織；系統相變也開始於分形基模單元本身或連結方式的發生異化。當異化後的基本分形基模經過同組織層次與跨組織層次的自我複製共生演化程序，進而引發長程關聯的全面性連鎖反應後，系統宏觀相變也就完成。在這一過程中，領導者的他組織之手主要用來：(1) 確認系統分形基模的結構與功能應該發生什麼樣的異化；(2) 尋找適當突破口，來啟動分形基模的異化[2]；(3) 創造有利環境，使異化後的分形基模得以迅速自我複製，擴散為全面性的長程關聯連鎖反應。

■《孫子》虛實五律：形機成勢

兵法可視為領導者可見之手介入系統狀態變化的一套指導原則，它的目的就是要使系統狀態能夠按照決策者的意志而發展。本書選擇集兵學大成的《孫子》，就其中決定勝負的虛實概念，利用現代物理學予以展開，並根據自組織原理對它進行不同於傳統的解讀，以期為兵學研究開闢一條新的論述途徑。

勢與現代物理學　本書首先根據《孫子・勢》的「激水之疾，至於漂石者，勢也」以及「善戰人之勢，如轉圓石於千仞之山者，勢也」兩句陳述中「勢」的命題，與牛頓物理的動能與位能概念相連結，建立「勢＝能量＝質量 × 時空乘數（亦即速度或落差高度）」的關係。然後再將物理的「質量」與「時空乘數」分別代換成兵學語彙「形」與「機」，從而得到「勢＝形 × 機」的形機成勢公式。

勢＝虛實　根據《孫子・勢》「兵之所加，如以碫投卵者，虛實是也」的說法，將「虛實」定義為決定勝負的概念，並將它與「勢」連結就得到「勢＝虛實」以及「勢實者勝、勢虛者敗」

2 例如，2014 年底立法通過簡稱為「實驗教育三法」的三個新條例，就是有鑒於教育問題盤根錯節、根深蒂固，非常難解；於是在許多有志之士共同聯手下，促成了這顆教育改革與創新種子的誕生，以期在學校型與非學校型實驗教育，以及公立國民中小學委託民辦等方面，能夠因此而打開突破口。目前看到投入實驗教育的民間力量日益壯大，而部分初步成果也慢慢成形，或許這終將成為引發台灣教育另類思考與擴散創新思維的一個重要起點。

的推論；再將以上推論予以展開就演繹出形機成勢[3]的「孫子虛實五律」。

決勝律　「虛實＝勢＝形×機」，勢的虛實決定勝負，因此，戰場勝負不決定於整體絕對的「形」，而決定於局部相對的優「勢」，亦即整體絕對的「形」居於劣勢的一方，如能在決戰臨場當下把握住具有巨大乘數效應的「機」緣因子，使「形×機」所得的「勢」超過對方，因而翻轉成為優勢，就可獲得「以弱勝強、以小博大、以寡擊眾」的勝利戰果。決勝律與因緣成果具有同構關係：形對應內因，機對應外緣，勢對應果，所以它與因緣成果在自組織宏觀三原理中的地位相同，是虛實五律定義性的第一律。

營造律　虛實的營造有平時與戰時的不同講究，可以公式「勢＝$形_{正}$×$機_{奇}$」表達。意思是：形是整體基本面絕對實力的營造，要貫徹的是「打啥有啥」為下一場要打的仗做好準備工作，所以必須用腳踏實地的正道來經營。至於機則是戰場局部相對優勢的創造，要弘揚的是「有啥打啥」為成功找方法，使命必達的精神，所以必須以最靈活的方式，識機、造機、握機、用機，以求出奇制勝。營造律與自組織的常變循環原理相互對應，其中「以正養形」是守常態的工作，「以奇用機」則是應變態的課題。

轉化律　虛實五律的解析基礎是物理能量的概念，因此零和賽局臨場競爭的當下，也受到系統中的能量守恆的制約——在封閉系統中，劣勢方轉化為優勢所獲得的能量，必然得自優勢方所喪失之能量。又因臨場當下雙方的「形」已無可改變，所以要從賽局中勝出就須「破人機、立己機」，從而得出虛實轉化公式「勢

3 形機成勢雖非《孫子》兵學思想的全貌，但可充分代表它最核心的兵學理念。形機成勢名稱本身也可用以反映「用勢不用力」的基本戰略思維。

$_{總}=常數=形_{己}\times 機_{己}\uparrow+形_{彼}\times 機_{彼}\downarrow$」。虛實轉化律與自組織臨機破立原理相對應，臨機原理偶然性反映的就是臨場邊界條件破立消長所導致的結果。

先勝律　形機成勢的戰略功夫做到位，在賽局開始前就可預判自己必勝。掌握了必勝先機，就取得戰術上「致人而不致於人」的主動權，並可善用虛實形勢，不戰而屈人之兵。先勝律反映的是形機成勢方法論發揮出量變質變效應後所產生的結果。

全爭律　在已取得先勝優勢前提下，形機成勢方法論還可進一步發揮用勢不用力的效應，使我們可用「寓破於全、屈人非戰」的方式，達成贏得戰爭也贏得和平的戰略目標。本書將這一法則稱為全爭律。

自組織理論的先行者　《孫子》雖是一部兵書，但它貴謀賤戰的基本精神，以及「以全爭天下」的胸懷與主張，使它遠遠超越了兵書的格局，可說是「遵天道、興人道」思想的奉行者。本書從物理學能量與複雜系統概念入手解碼《孫子》，發現該書的概念與自組織原理環環相扣、不謀而合，因此孫子可說是自組織理論的先知先覺者。

二、自組織原理申論

複雜系統科學以動態與發展的眼光觀察並分析問題，從而發覺了一個以自組織無形之手所建構的世界。這個有自發演化能力的世界，它的運作規律便與牛頓典範下不談演化，相對靜態的世界不盡相同。本書第七章〈自組織〉根據複雜系統科學的研究成果，歸納出六個原理與六個法則，但該章僅聚焦說明原理與法則的主體內容，而未能申論自組織更深層的意涵。本節接續該章內容將它們的內涵進一步展開。

自組織微觀三原理的再認識

首先說明自組織微觀三原理：量變質變、因勢利導、共生演化所代表的世界觀與方法論。

量變質變原理

本書根據巨變論、協同論與分形論所歸納的量變質變原理，反映出自組織系統相變過程的三個重要特徵：

1. 量變導致質變：控制因子量變會導致系統狀態質變（系統宏觀相變）；
2. 系統相變會使原本對立的兩種系統狀態相互轉換，例如吉變為凶、和變為戰；
3. 根據複雜系統追求泛穩定性的常變循環特性，相變現象會在系統生命歷程中持續發生。

以上這三個特徵若予以細究，會發現它們與黑格爾（George Hegel）辯證法的「質量互變律、矛盾統一律、否定的否定律」存在一定的對應關係。辯證思維與複雜系統觀點相同，都強調要從變化發展的眼光來觀察與分析問題。但從傳統邏輯靜態觀點看，以「非線性轉折」為特徵的辯證法，是一種難以理解且充滿文字障的思維方式。而發展於 1970 年代的複雜系統論，特別是其中的巨變論，由於處理非線性轉折現象原本就是它的核心議題，因此正好用來作為解析辯證思維的工具，甚至可針對黑格爾的辯證三律提出一套巨變論的解讀。

■ 質量互變律

辯證法之所以遭一般人排斥，與它的基本名詞定義就充滿爭議有關。以質量互變律為例，它的「質、量」以及兩者間「轉化」的意義就有很多不同的詮釋。但巨變論中的相關名詞都有很明確的定義。它用來作系統自變數的控制因子是連續變數，而作為應變數的系統狀態則是具離散特性的類型變數；至於兩者間的轉化關係則是：控制因子的連續漸進量變，會帶動系統內在吸引子結構的量變，進而在臨界條件下，吸引子的量變就會導致系統狀態突發的質變（系統相變），清楚反映出量變導致質變的非線性轉化關係。

因此，辯證法雖然率先洞察並提出「量變導致質變」的命題，但後來的巨變論則不只為「量變」與「質變」的概念作出精確定義，還為「系統從微觀量變轉化爲宏觀質變」的具體過程，用數學模型提供了視覺化的明確描述與說明。

■ 矛盾統一律

傳統邏輯認為矛盾統一律的「亦此亦彼、亦真亦假」論述因為違反「非此即彼、非真即假」的排中律，所以是無法接受的謬誤。但因為矛盾統一律觀察的是動態發展的現象，與傳統邏輯的靜態命題完全不同，以致雙方無法溝通。巨變論提供了清楚的圖解模型（見圖 8.1）說明：控制因子合力作用的消長變化，會導致兩種對立性的系統狀態，發生「窮則變、極則反」非線性轉化的事實，這一模型可用來觀察諸如「福禍相倚、安危相因」等對立翻轉過程。於是，過去被認為謬誤的辯證法「矛盾統一律」，巨變論用它的非線性「對立轉化」相變模型，為「矛盾統一」的概念提供了一個巨變論的解讀。

■ 否定的否定律

對於否定的否定律，複雜系統可有兩種解讀方式。首先是量變質變原理所描述的系統相變過程，其實是一個「先破後立」的階段化過程；在這一過程中，如果我們把只有一個現況吸引子的狀態稱為「正」，並把從來況吸引子萌生到兩個吸引子相互角力的「破而未立」階段稱為「反」，那麼最後相變完成又只剩下一個來況吸引子的階段就是「合」。這一「正、反、合」過程就可解讀為一種「否定的否定」過程。其次根據複雜系統的常變循環原理，只要外在環境持續出現重大改變，自組織複雜系統為了追求泛穩定性，就會不斷放棄原有結構型態，使自己演化成更具環境適應性的新結構型態；因此，複雜系統生命歷程中，為因應環境變化而不斷以否定既有「自我」的方式來求取持續生存「泛穩定性」的生命韌性，也可稱為一種「否定的否定」行為。

綜合以上兩種解讀，可發現不論是複雜系統的單次相變過程或生命歷程的持續相變過程，都反映出「否定的否定」現象，所以這等於為辯證法的否定律也提供了複雜系統版的另類解讀。

■ 歸納

自組織複雜系統科學試圖為存在於現實世界中，但被牛頓機械世界觀所忽視的各種動態發展現象，提出一套描述、解釋與預測的理論。而巨變論（配合宏觀的常變循環原理）更以數學建模的方式，為自組織的演化提出具體的描述與說明。這套新的方法學也為具有類似世界觀的辯證法，過去以直觀洞察力所歸納的那一套概念性法則，提供了可具體解讀它們含義的分析工具。事實上藉著與辯證法的對照，也同時深化了我們對自組織量變質變原理內涵的了解。

因勢利導原理

自組織相變的量變到質變非線性轉換，可在單純因緣和合情形下發生，也可在有意志力的可見之手介入情形下發生。不過，不論是否涉及可見之手的外力，相變基本上都以「用勢不用力」的方式產生結果。所謂「用勢不用力」就是俗語所說「用巧不用力（working smarter not harder）」的道理，它在實作上的竅門就是：凡事都要找到可用以扭轉形勢的控制因子。因為控制因子是自組織無形之手與他組織可見之手介入系統相變過程時，所共同運用的著力樞紐與槓桿。

因勢利導的間接路線所產生的成果，對看熱鬧的人來說，會有「不見其事，但見其功」的神秘感，甚至將它形容為「垂拱而治」的現象；但懂門道的人就會去追蹤促成這種成果背後的控制因子是什麼，並去進一步了解這些控制因子在相變過程中發生了什麼的變化。第十章中華電信案例，就為因勢利導的概念提供許多佐證。

共生演化原理

因勢利導原理利用系統狀態的控制因子作為槓桿，使系統相變可以「舉重若輕、少勞有成」的方式發生。這裡所稱的控制因子對任何組織系統來說，都須聚焦到組織的構成單元。這一構成單元具有層次性，以企業組織為例：最基層的就是組織系統的個體成員，再往上是組織的功能單元（如科、組、處等功能性部門），更往上是事業部門或企業整體。從分形論觀點看，這些層次性的系統單元都是具有一定結構—功能關係的分形基模。對於作為人類組織最基層分形基模的個體成員來說，管理者所需聚焦的基模變數，就是個別成員的企圖心 (M) 與能力 (A) 這兩個內因。

共生演化原理告訴我們：複雜系統的相變必然是以最基層分形基模發生異化——個體成員的認知（mindset）與行為模式發生根本改變——作為起點；接著通過層層套疊的複製過程，使每一層次的基模都發生結構的異化；而結構的異化又會帶動各該層次功能的異化，最終就導致宏觀系統的相變。至於如何催化個體成員這一分形基模的異化，管理者就須根據因緣成果原理，善用自己可見之手的外緣 (O) 效應，去影響（運用領導力八策）與促成個體成員 M 與 A 這兩個內因的正向異化。中華電信的案例也為這一共生演化現象提供許多佐證。

上述以分形基模為基礎的共生演化概念，為組織理論中過去一直很難處理的一個問題——個體成員行為的改變如何導致組織整體效能的改變——提出了解答，也使這個長期存在的組織理論斷鏈因而得以銜接起來。

共生演化來自與「一即一切、一切即一」道理相通的分形論。由於分形基模對應「一即一切」中的「一」，而宏觀系統則對應「一切」；因此「分形基模發生異化是系統宏觀相變基礎」的道理，就可用「既然一即一切，當一改變時，那一切也必然會發生相對應改變」的說法來理解。

微觀原理 小結

歸納來說，量變質變原理的申論使我們與辯證法不期而遇；因勢利導原理的申論凸顯出相變過程中，控制因子具有的關鍵性槓桿地位；而共生演化的申論則使我們注意到分形基模異化在相變過程中所發揮的核心作用。

複雜系統的相變肇因於當下的內因與外緣不再和合，但所謂的內因究竟是什麼，我們一直未予明確定義。共生演化原理告訴我們，這一內因指的其實就是複雜系統內具有一定結構與功能關係的分形基模。因此，複雜系統是在作為內因的分形基模發生異化情形下，經由「內因爲依據、外緣為條件」的因緣和合過程而完成宏觀系統的相變。

自組織宏觀三原理的再認識

以今解古與借古喻今

■ 用自組織理論「以今解古」

本書所綜整用來解釋複雜系統從創生到演化生命歷程的自組織原理，事實上也可用來解讀古人對宇宙運行原理所作的直觀洞察。在古典文獻中對宇宙生成過程講得既言簡意賅又相對完整的是《老子》。《老子》對宇宙創生有以下說法：

1. 道法自然。
2. 天下萬物生於有，有生於無。
3. 無名萬物之母、有名萬物之始。
4. 有物混成，先天地生……可為天下母。吾不知其名，強字之曰道，強為之名曰大，大曰逝、逝曰遠、遠曰反。
5. 道生一、一生二、二生三，三生萬物。

首先，我們把《老子》所稱的「道」直接用大自然的自組織力量來解釋，所以第一句「道法自然」就無須再作翻譯。事實上，《荀子》的「不見其事，但見其功，夫是之謂神；皆知其所以成、莫知其無形，夫是之謂天功[4]」，以及《易經》對道的「百姓日用而不知」說法，都是無形自組織力量很貼切的描述。

上述第二與第三句可用來對應「耗散結構是從混沌無序的狀態，通過因緣成果過程蛻變成有序結構狀態」來解釋。因為所謂的「無」可解釋為無序的混沌態，而「有」就是出現了有序的耗散結構。至於所謂「無名」就是因為沒有出現佛家所稱「差別相」，所以是一種分不清東西南北的混沌狀態——這一說法也符合《莊子》中對尚未開竅前的「渾沌」所下的定義。而「有名」則是出現了有序耗散結構，世界從此有了差別相，因此，人們就會為這些不同的差別取名字，所以從此就可指名道姓地區分你我。

第四句前半段是在說：有天地之分是一種有序狀態，在這之前的宇宙開端則是天地不分的混沌無序狀態。至於後半段，雖有點勉強但卻可與耗散結構演化過程特徵相連結的解讀是：「道」是自組織力量；「大」用來指平衡狀態；「逝」是指既有平衡狀態的消失；「遠」是指系統狀態離開老平衡態越來越遠；而「反」就是系統進入另一層次的新平衡態完成相變。

第五句的「一」可解釋為宇宙起始的混沌狀態，「二」是內因外緣二因子相依互起產生自組織作用，「三」是因緣和合形成了新的耗散結構，「三生萬物」則是耗散結構一旦出現後，因緣成果作用就會源源不絕創造出更多新的耗散結構。

以上的「以今解古」部分句子雖不免有些牽強附會，但如果了解到《老子》的直觀洞察並沒有拿耗散結構論當作文本依據，而耗散結構論也不是以《老子》的命題作為它假設檢驗的對象；而相隔兩千多年的兩套概念，居然在思維甚至用詞上，都可找到如此多的巧合與重疊，確實是一個令人嘖嘖稱奇的有趣話題。

---

4 這句話可翻譯為：看不到它的過程，只看到它的結果，這就是大自然神奇的自組織力量；人們雖看到了有形的萬事萬物，但卻不知道它們的產生都是自組織這隻無形之手的功勞，這就是大自然成就事功的方式。

■「借古喻今」說明自組織理論

在「以今解古」的基礎上，本書也反過來「借古喻今」，引用道理相通並且是大家熟悉的古典名詞來作自組織理論的標籤，例如因緣成果、常變循環……。這一作法的最大好處是言簡意賅。因為利用簡潔有力的幾個字，就可把一個複雜的大道理完全涵括，大幅提高了溝通的方便性。

不過，本書的「借古喻今」用的雖是舊瓶子，但裡面裝的不是傳統經典的文字訓詁，而是從複雜系統科學歸納出來，與傳統經典可相互印證的另一套全新的現代內容。本書利用「以今解古」與「借古喻今」的雙向詮釋，再加上筆者的工作經驗與心得，就以這種「既述且作」的方式進行新系統理論的綜整與建構工作。

因緣成果原理

「因緣和合，生成萬物」的內生潛能是所有自組織系統的基本動能來源。相對於因緣和合的概念，中國傳統經典中，《易經‧咸卦》有「天地感而萬物化生」；《老子》有「萬物負陰而抱陽，沖氣以為和」；《莊子‧田子方》也有「至陰肅肅，至陽赫赫，肅肅出乎天，赫赫發乎地；兩者交通成和而物生焉[5]」等說法。後來《淮南子‧天文訓》就在「陰陽交融、合異相濟」觀念影響下，提出「陰陽『合和』而萬物生」的命題。不過，本書根據耗散結構論所歸納的因緣成果原理，主要的「借古喻今」對象是代表佛學核心精髓的「因緣和合，生成萬法」概念——按佛典用語，此處的「法」

---

5 《莊子》所描述的「陰出乎天、陽出乎地」根據的應是《易經》「陰在上、陽在下」的泰卦之象——按照《易經》的概念，陰是下沉之氣，陽是上升之氣，因此當陰上陽下時，就會出現交流現象。

泛指一切事物。

■ 借古喻今的今古差異

「因緣和合，生成萬物」這句話的佛典原意在強調萬事萬物原來都是不存在的，唯有因緣和合的時候它們才出現；而當因緣和合條件不復存在時，它們就會同時幻滅。所以這一概念的著眼在：因緣兩因子的「相依互起（co-arising）」是決定事物出現與存在與否的前提。而本書根據耗散結構論所發現自組織複雜系統「從無序到有序」以及「從簡單有序再演化為更複雜有序」的演化規律，歸納出自組織的因緣成果原理，則是用來強調複雜系統的創生、存在與演化過程，都具有「內因爲依據、外緣為條件，當因緣俱足時，就可生成萬事」的特徵。

■ 依因造緣、依緣造因

本書把因緣拆開成內因、外緣對立的兩個範疇，主要有兩個原因。首先，從系統科學的觀點，一般都會把系統與環境對立起來看，而耗散結構的形成也是具有自組織潛力的系統內因，與外在環境特定條件互動後所產生的結果。因此很自然就把這一過程中的內在因子與外在條件，分別定義成內因與外緣兩個相對的概念。其次，在討論「自組織為體、他組織為用」管理觀時，內因外緣的區分一方面使管理者注意到內因可控，外緣相對不可控的差異；再方面也使管理者的可見之手可自然聚焦到「依因造緣（資源導向戰略）」或「依緣造因（市場導向戰略）」兩種不同戰略路線的選擇上，去開物成務、成就事功。

■ 形機成勢

本書用自組織概念解讀《孫子》對勝負的認知，歸納出形機成勢「勢＝形×機」的理論，並在「虛實＝勢」的理解下，進一步推導出與虛實有關的決勝律、營造律、轉化律、先勝律、全爭律等五個法則。形機成勢其實是應用在競爭性領域，使用不同詞彙表達的因緣成果原理。形機成勢公式提醒管理者：形雖是決定勝負的重要基礎（形為體、機為用），但臨場決勝不單獨決定於形的大小、強弱，而是決定於「勢」的虛實，所以在形的基礎上，管理者還須懂得善用「因機而動、用勢而成」的竅門。

將因緣成果原理轉換成形機成勢公式，並展開出具有高度實用價值的虛實五律，不只深化了我們對因緣成果原理的認識，也使因緣成果原理對管理者的可見之手來說，因而更具有可操作性。

常變循環原理

■ 窮則變、變則通

耗散結構的生命歷程具有常變循環的現象。對於這一現象《易經》有「窮則變、變則通、通則久」的命題。《易經》的這一直觀洞察符合耗散結構的基本特性。不過，因為《易經》的命題相對樂觀，所以根據耗散結構論可提出兩個修正：(1) 在現實世界「變則通」不必然成立，因為系統應變之後如不能形成新的因緣和合成果，系統就可能走上耗散之路；(2) 對耗散結構來說，即使「變則通」成立，但「通則久」也無法保證，因為「通」後仍可能再「窮」，亦即還有另一波具有不確定性的「變」等在後面。

不過，我們也不必單就這一命題就此厚誣《易經》，因為光憑「卦終未濟」的安排，就可證明《易經》清楚認知任何系統的生命歷程都是一種持續不斷常變循環的過程。

■ 追求泛穩定性是所以常變之道

《易經》說「一陰一陽之謂道」，但宋朝的程伊川則強調「一陰一陽不是道，『所以』陰陽才是道[6]」，順著程氏的邏輯：耗散結構出現一常一變的生命歷程現象，就必須去深究「一常一變背後『所以』發生常變」的道理是什麼？本書把這一常變循環的背後動能歸因於系統追求「泛穩定性[7]」的自組織力量，而所謂「泛穩定性」反映出：複雜系統的存在只是一種過程，過程中的應變態只是過渡，重新使系統恢復穩定才是階段性的目的。

■ 反者道之動與泛穩定性

從借古喻今的角度看，如果把《老子》「反者道之動」中的「反」解爲單純的返回；再根據《老子》「萬物並作，吾以觀復[8]」的「觀復」概念，循線找到《易經》復卦「復，其見天地之心（天地間的大道）乎」的註解，那麼我們就可推論《老子》也注意到：在一個恆變的世界中，回歸（亦即返、復的意思）穩定狀態才是任何系統「動中有常、變中有不變」的基本目標。因此按照這種推論，我們就可把「觀復」的說法，解讀為：《老子》用易卦語言表達出凡系統都有追求泛穩定性的目標。這個解讀如果成立的話，那麼對於《老子》所持的「反、復」概念，耗散結構論可作的補充是：經過每次因緣成果過程所回歸的穩定狀態，絕非復舊，而是進入了另一個「返本（穩定）開新」的新局面。

■ 周敦頤與普力高津的對話

本書在進行「以今解古」與「借古喻今」過程中，湊巧發現普力高津的耗散結構理論，可用來解讀北宋大儒周敦頤（濂溪）

6 程伊川論證的是「知其然」與「知其所以然」的差異。

7 複雜系統以「一常一變」的交替循環來維持它的泛穩定性，所以本書比照程伊川的語法説明複雜系統遵循「一常一變之謂道」的道理。

8 陳鼓應，《道家易學建構》，2003，台北：台灣商務印書館。

的陰陽互動概念。周敦頤在《太極圖說》中有以下論述：

> 太極動而生陽，動極而靜，靜而生陰，靜極復動；
> 一動一靜，互為其根；分陰分陽，兩儀是立焉。

如果把形成有序結構前的混沌無序狀態對應包容萬有的太極；把守常與應變兩態與陰陽對應，再根據「陰柔處常、陽剛臨變」的概念，把正負反饋作用與剛柔對應，就構成「太極－混沌無序；陽－應變態；陰－守常態；動－正反饋；靜－負反饋」的名詞對照關係。於是我們就可將周敦頤的《太極圖說》，一字不改地用普力高津耗散結構的語言解讀。

1. 無序的混沌狀態（**太極**），藉由內在的正反饋作用累積能量，將自組織系統帶往應變狀態（**動而生陽**）；
2. 當總能量達到因緣成果的臨界點時，一個有序結構就會湧現，自組織系統也因此進入守常態；這時負反饋機制就會出來維持守常態的自穩定性（**動極生靜、靜而生陰**）；
3. 當內因外緣再度出現巨變，既有的有序結構窮盡力量都無法維持穩定時，內在的正反饋機制會再度出而蓄積自組織系統的動能，將它帶往先破後立的應變狀態（**靜極復動**）；
4. 正反饋、負反饋機制就這樣不斷交替輪流發生作用（**一動一靜，互爲其根**），使自組織系統建立了以守常與應變兩種狀態循環輪迴的方式，來因應內因外緣的持續變化（**分陰分陽，兩儀是立焉**）。

用耗散結構論的語言可以不算勉強的方式來對應解讀周敦頤的陰陽互動概念，是個意外而有趣的巧合。通過這種相互對照的轉譯，普力高津的耗散結構論豐富並補充了周敦頤直觀推理所無法推演得出的陰陽互動的「過程性」細節內容。但反過來，通過這種對譯與對照，《太極圖說》中動而生陽的「先陽後陰[9]」論述也提醒我們「耗散結構的創生其實始於應變態」的事實。也因此本書所歸納的應變律，它的影響範圍涵蓋自組織的創生、存在與演化過程，而守常律則只在系統的存在過程中起作用。

臨機破立原理

臨機破立原理，宏觀看是歷史發展規律的歸納，反映出歷史發展是由偶然與必然事件串連而成的事實。而根據混沌論，鏈結這些偶然與必然事件的是：(1) 早期歷史性的初始條件，以及 (2) 事件發生當下所出現的邊界條件。用白話文來說，初始條件就是遠因，而邊界條件就是近緣，所以宏觀看臨機破立是自組織系統受到「遠因與近緣和合」影響下所發生的過程。

臨機破立原理，微觀看是常變循環過程中先破後立過程的放大。對自組織無形之手與他組織可見之手並存的人類組織來說，將系統發展歷史放大後，在系統相變的破立過程中，處處都可發現可見之手的斧鑿痕跡。例如〈隆中對〉對三國局面形成，發生的指導作用，充分體會出「自組織出力量，他組織給方向」的特徵。

宏觀原理中的因緣和合與臨機破立，以及戰略應用的形機成勢公式，都有「機」的概念。本書用「大機、小機」的說法來區分它們的差異。其中因緣和合的「緣」屬於積之在平日，需要領導者去創造與掌握，具有決定宏觀因緣和合效應會否發生的「大機」；而臨機破立的「機」則是得之在俄頃，要靠戰場指揮官在

9 周敦頤「先陽後陰」的論述應該來自《易經》「大哉乾元萬物資始（主導創始）、至哉坤元萬物資生（主導創生）」的先乾後坤順序。

決戰當下去掌握與運用，以使自己取得致勝優勢的「小機」。至於形機成勢的「機」則要看它是用在平時的「以正造形」或臨場的「以奇用機」，如為前者就屬「大機」，而後者就屬「小機」。

■ 機的借古喻今

對於「機」的概念，《易經》有「唯幾（機）也，能成天下之務」的說法，強調「機」的重要性；另外又說「幾（機）者動之微，吉之先見者也」；周敦頤就因此認定「機」是「動而未形、有無之間」的概念。順著這一思路來解讀系統相變的破立過程，就得到：「破」的發生是系統離開有序狀態進入無序狀態的「離有入無」之機所促成；而「立」的發生則是系統離開無序狀態進入新的有序狀態的「離無入有」之機的實現。

《老子》說「未兆易謀」，意思是凡事在兆頭還沒完全成形時，就下手處理是比較容易的——這就是凡事要把握機先的概念。古人有「智者觀機不觀勢」的提醒，意思是凡事等到已經形成趨勢就太晚了，所以一定要把握住形成趨勢前所出現稍縱即逝「機會之窗（time window）」的先兆，才能主導趨勢的發展，而不致於被動地讓趨勢推著走。換句話說，管理者他組織之手在臨機破立的當下，就要根據「觀機不觀勢」的精神，在關鍵時刻果敢採取行動。

■ 破立與創新

《老子》「反者道之動」的反字，雖在前面用來解讀泛穩定性時，我們只取它最簡單的返回之意；但這一反字通常又另代表導引系統朝相反方向發展的力量，是驅動事物量變質變的基本動能。本書第四章〈謀〉談到創新之機就提到要善用突破既有框架的「脫框思維」；而所謂脫框，用「正反合」過程來看，就是「反

（走到現況的對立面）」的實踐——雖然「反」不是目的，「反」後所得的創新成果所代表的「合」才是目的，但是利用脫框來啟動創新應用的終究是個「反」字訣——這是借古喻今，從「反者道之動」這句名言，得到「反」這一概念與創新的關係。

複雜系統的創生、存在、演化生命歷程

■ 以今解古

本書第七章所整理的自組織原理，可用來解釋複雜系統生命歷程的創生、存在與演化現象。對於生命歷程，易卦三爻定義出「始、壯、究」三個階段，所以牟宗三說[10]宇宙事物的發展過程是「拋物線」。不過，就如同前面提到過的「窮、變、通」，拋物線這一比喻的問題也出在第三階段。

對生物個體的生命來說，拋物線的說法自然成立；但對生物整體物種的生命歷程來說，靠著遺傳與繁殖就有機會代代相承下去——即使生態系統出現重大變化，但許多適應力強的物種充其量只會出現數量消長，而不會真正走上滅種之路——所以從物種觀點看生命歷程應該是一條會漲落起伏的正弦曲線（sine curve）而非拋物線；這一說法同樣也適用於人類組織。不過，我們也不能因此而厚誣牟先生，因為易卦三爻原本就不能代表談生生不息《易》道的全部意涵。

■ 生命歷程的另類觀點

對生命歷程的認識其實也可從古老的宗教信仰裡找到有趣的印證。在東南亞凡是受到婆羅門教影響的地方，信眾都會禮拜三

10 牟宗三，2003，《周易哲學演講錄》，台北：聯經出版公司。

位神祇：(1) 創造神，又稱梵天（Brahma），也就是在泰國廣受信奉的四面佛，祂是大千世界無中生有的「創生」者；(2) 保護神，又稱毗濕奴（Vishnu），祂是人世間萬般事物的維護者，確保它們的生存與發展，亦即確保它們的當下「存在」。因為毗濕奴是多手造型並且是職司守護與救渡的神祇，所以有人認為祂是華人社會所信奉千手觀音的原型；(3) 破壞神，又稱濕婆（Shiva），祂在三位神祇中名氣最大，一般都說祂是人世間萬事萬物的破壞者或毀滅者；但實際上祂掌管的不只是單純的破壞或毀滅，而是更積極的除舊布新、蛻變與「演化」的工作。所以祂不止決定世間萬物的死亡，也決定它們的重生。

婆羅門教所崇拜的三位神祇，代表早期人類的一種宇宙觀，也代表人類對生命力的一種認知。這種教義的基本概念可解讀為：生命是由創生、存在與演化三種過程所構成，每一過程又都有各自必須遵循的特有規律。婆羅門教把這套概念具象化後，就發展出創生、存在與演化這三種生命過程，都各有一位特定的神祇來分別掌管它們的獨特教義。

對於生命力的認知，婆羅門教神祇的創造、保護與破壞（演化）三分法，如將它們解讀為代表生命歷程三階段的規律，就是個很具啟發意義的概念架構。本書將自組織系統的生命歷程區分為創生、存在、演化三階段，並非採自婆羅門的概念，但把兩者拿來相互印證仍是一個有趣的對照。

不過，相對於婆羅門的三神分立，複雜系統的創生、存在、演化三種生命歷程，並不是各自獨立的三個階段，它們實際上是以相互重疊的方式發生。也就是說，生命創生之後，與存在有關的規律就開始起作用；而在生命存在過程中，除舊布新與演化也是平行出現的現象；最後，對於群體生命來說，它們的生命演化又會與個體新生命的創生相銜接。

自組織宏觀六法則的再認識

支撐自組織宏觀原理的六法則，彼此間有非常密切的關聯性。和合律是影響力最大的一個法則，它的影響貫穿自組織系統生命歷程的創生、存在與演化三個階段。和合律也是應變律、分岔律與因革律這三個法則所以能夠發生作用的基本依據，因此它是最具有統攝性的一個法則。

「因緣和合，生成萬事」講的其實是事物間的「關係」之道，而其中的道理就在「和合」兩字。本書用和合律來詮釋這兩字的意涵，也因此使和合律在複雜系統的自組織過程中佔有貫穿全局的關鍵地位，成為其他五項法則必須共同遵守的一項更深層的法則。

和合律的關鍵地位

本書根據耗散結構各單元間必須發生互利互補作用，才能維持彼此穩定的共生共存的關係[11]，歸納出「每一個體系統與外在生態環境的互動，都遵循一定的取予關係，並在求取本身存活的同時也為其他個體系統創造存活條件」的和合律，同時發現這一具有「己立立人，己達達人」以及「人人為我，我為人人」特性的「關係」法則，是使複雜系統相變過程得以收斂的基本規律，也是「內因為依據，外緣為條件」因緣俱足下，能夠成果、成局的理由。

---

11 和合律所制約的對象，除了本身就屬耗散解構的大生態系統中每一系統成員間的關係外，也同樣適用在每一耗散系統成員內各部門（子系統）間的關係。

■ 和生養成

上述和合律所描述的世界，可用《荀子》的「萬物各得其和以生，各得其養以成」來很貼切地形容。意思是：萬物間發展出互利的和諧關係就能形成一個共生環境，萬物間發展出互補的滋養關係就能形成一個共榮的系統。《荀子》用相當精準的語言說明「有『和』諧不衝突的關係就可共『生』，有互補滋『養』的關係就可共榮（一起『成』長）」，勾勒出一個「得和以生、得養以成」的共生共榮生態世界。

任何一個穩定存在的生態系統，每一個體成員存在的正當性，決定於兩個條件：(1) 與其他個體能否發展出和諧不衝突的共生關係；(2) 與其他個體能否發展出互補滋養——各取所需交換維生的資源——的共榮關係。這種個體成員存在的正當性就建立在「維持自己泛穩定存活的同時，也為其他個體的泛穩定存活做出貢獻」的關係上，這種關係也是普力高津的開放性耗散結構所追求具有宏觀泛穩定性的關係，並且也成為自組織系統所遵循的行為基本規律。

自組織系統行為規律的形成，背後沒有主觀的意志力在制約，它只客觀反映出系統狀態吸引子的能量結構特性。在因緣成果前提下，所形成具有穩定性的自組織系統只有一個吸引子，在這種系統（不論是有機生態系統或無機貝納花紋）中的系統成員間就可觀察到「和生養成」的關係。但這種關係接下來就會受到常變循環原理的制約；亦即當宏觀因緣和合不再成立時，系統內就會出現多吸引子的不穩定狀態，整個生態系統也同樣會在追求自己泛穩定的驅動力導引下，去尋找下一個因緣成果的新機緣，重新恢復到只有一個吸引子的「和生養成」穩定狀態。

第九章〈戰略〉提到谷歌商業模式中的丙方付錢給甲方，讓乙方可使用甲方免費服務，而丙方最後又會從乙方這一龐大潛在消費群身上賺回它的投資，這一循環相生的關係，就符合「和生養成（得和以生、得養以成）」的和合律，因此就能發展出具穩定性的商業生態系統。

不過，本書也一再強調「窮則變，但不保證變一定通」，因為系統一旦脫離單一吸引子的守常態後，能否通過追求泛穩定性的努力，再度重建一個新的「和生養成」只有一個吸引子的自穩定狀態，決定於許多遠因、近緣，往往偶然性高於必然性。事實上，歷代王朝的興亡，現代企業的樓起樓塌，都一再見證這一法則。

■ 完美的不可能性[12]

為使讀者了解自組織規律的特性，以上的論述必須加上兩個註解。首先，再怎麼單一的吸引子，它的和合律「純度」都不可能百分百——這就是「完美不可能性」的現實。舉例說，和合律講究成員間的互利關係，但難免有部分成員會以不對稱的寄生關係存活。當這種「不純度」不高時，還不致影響系統正常運作，但當這種比例很高時，就會導致系統內因的退化與腐化（不再滿足和合律要求），進而使因緣不再和合，成為系統進入不穩定狀態的原因。

其次，對人類社會與組織來說，和合律所產生的作用會受到具有意志的他組織之手的制約。例如，面對上述的「不純度」問題，有經驗的可見之手就會設法動員自組織自強律，來發揮撥亂反正的反制作用，以確保「和合律純度」。現代企業的轉型整頓，

12 這是前面提過美國神學家倪布爾的名言。

歷代王朝的中興再造就屬這方面的案例。不過，他組織之手對系統運作的干預，不見得都必然有助於系統的穩定；因為如果主其事的領導者管理知能不足，企圖直接以逆勢操作來對抗系統內在的自組織力量；或者本身心術不正，變本加厲惡化和合律的「不純度」，結果都會加速系統的崩壞與衰亡。

■ 時位性—和合關係的動態面

本書用和合律來闡釋自組織和合的意義，並用「和生養成」來描述因緣和合關係的特性。但因緣間的和合關係，除「和生養成」所代表的相對靜態結構面關係外，往往還有其他面向的關係必須滿足，才能確保和合關係的成立。

衛禮賢（Richard Wilhelm）所譯《易經》，把《老子》重視的「復卦[13]」翻譯為轉捩點（turning point），並加了段很有意思的注解「天運自然，故其化易；除舊布新，皆循其時，故無咎[14]」。意思是：凡事都遵循大自然的規律，那麼它的蛻變轉化就會順暢；而要進行除舊布新的工作，如能把握它們的最佳時機，那麼事情的推動就不會出錯。這段話的核心概念是「時機（timing）」。用因緣成果來理解，這句話中除舊布新的企圖是因，時機是緣，而除舊布新的完成是果。漢朝的劉向在《說苑：談叢》中就說過類似的話：「求以其道則無不得，為以其時則無不成」。

---

13 見本章前述有關常變循環一節的討論。

14 Richard Wilhelm, "The I Ching", 1997 (27th printing), Princeton University. 原文在該書第 97 頁，摘錄如下：The movement is natural, arising spontaneously. For this reason the transformation of the old becomes easy. The old is discarded and the new is introduced. Both measures accord with the time, therefore no harm results. 這段文字的中譯出現在北京中國人民大學出版社 1989 年出版，由徐道一翻譯，卡普拉（Fritjof Capra）原著《轉捩點：科學、社會、興起中的新文化》，第 24 頁。

這種「時而後動、順時應變」的思想，充分強調了「時機」的價值。而時機也是自組織臨機破立原理的關鍵因子。

總之，「和生養成」只是因緣和合關係中，靜態結構上必須滿足的一個關鍵條件，但是任何事物的發生都有它一定的時空背景，並與它上下前後左右的因素都有關係（例如俗語所說的天時、地利、人和）。換句話說，和合關係的成立，除了靜態結構上的空間關係外，往往也以其他人、事、時、地、物等「泛外緣[15]」因子做為條件。而上述的時機就是其中一個關鍵因子。

■ 自強律：內聖；和合律：外王

複雜系統自組織的自強律與和合律，究其內容其實與儒家「內聖外王」的主張不期而遇。因為儒家的內聖是「自強篤實、健以立己」的成德之學 —— 可對應自強律的內涵；而外王則是「開物成務、利濟天下」的成務之學 —— 可對應和合律的內涵；所以自強律與和合律這兩個法則兩相搭配，事實上可與儒家的內聖外王之學，在內涵與精神上相互輝映。這一針對儒學經典主張「內聖外王」所作「以今解古」現代科學闡釋，或許也可為新儒學的探索提供一條另類途徑。

六法則間的關聯

和合律搭配應變律是確保自組織系統在應變狀態下達成泛穩定性目標的基本機制，它們也是自組織系統表現存活韌性的主要憑藉。應變律的核心是「損不足、補有餘」變本加厲的正反饋機制，它也是啓動「先破後立」自組織過程的推手。當內因、外緣發生

---

15 泛外緣因子是指因緣成果過程中，當事人所盼望與等待具有畫龍點睛之效，可搭配內因用來修成正果的「對的人、對的事、對的時間、對的地點、對的事物」。

巨變，既有系統無法維持自穩定性時，具有自我顛覆作用的正反饋機制就會蓄積能量，將系統帶往遠離平衡的狀態使舊組織解構，然後在和合律導引下，通過臨界相變淬鍊出一個可在新環境中穩定存在，具有新結構與新功能的系統。

自強律搭配守常律是確保自組織系統在守常狀態下得以維持自穩定性的基本機制，它們使系統可在最低耗能（熵增）情形下維持動態平衡狀態。自強律的核心是「吸收負熵、抵抗熵增」的新陳代謝作用；而守常律的核心是「損有餘、補不足」抑強扶弱的負反饋作用，這一作用使系統在穩定環境中，發展出抗拒外來干擾的慣性（抵抗力與恢復力），維持它的穩定生存。

複雜系統一旦形成就有追求泛穩定性，來維持自己繼續存活的目標。自組織複雜系統採取「守常求穩定（自穩定）、應變求發展（泛穩定）」的常變循環生存模式，來兼顧自穩定性與泛穩定性兩個目標，而階段性的自穩定性又是宏觀泛穩定性的構成單元。

分岔律是應變律的顯微放大，凸顯「自組織演化有多重但互斥途徑可供選擇」，以及「演化分岔點是偶然與必然交會點」的事實。和合律為分岔律提供抉擇的準繩，但具體路徑的取向則決定於偶發機緣；並且發展路徑一旦選定，就具有無法重複試驗的不可逆性。不過，偶發事件對大歷史的影響，還是有輕重之分。前面所舉許多例子，固然都是決定歷史發展與走向的重大事件，但也有許多偶發事件，充其量只改變得了歷史進程的速度，卻改變不了歷史發展的大趨勢，例如民國初年張勳的復辟與袁世凱的稱帝事件，就只代表短暫性的歷史逆流。

最後，因革律規範的是相變後組織元素與前階段組織元素的關聯性。它告訴我們自組織系統通常敏感於它的初始狀態，而在系統演化過程中，也會出現受到相變當下邊界條件所產生的路徑依賴效應。不過，新舊系統組織元素因革損益的抉擇，和合律仍然是一項基本準繩。

三、自組織爲主、他組織爲用

系統論的典範革命

人類組織所具有的自組織特性被管理學界長期忽視，原因在於傳統系統理論是根據牛頓古典力學而來的機械論模型。這套從工業革命以來就被許多學術領域普遍採用的思維典範，應用到管理領域就不只把組織視為一具他律、被動、靜態存在的「被組織」人造機器[16]；甚至使管理者對整個管理世界也因此而誤認為只是個「被動」的世界，以致對許多管理者來說，因為將組織視為沒有生命，所以管理工作就變成是只是一項「拉牛車」的工作。

從 1970 年代就發展成形、分支眾多的複雜系統科學，是一套可用來替代牛頓機械模型的新系統學典範。不過因為它的研究成果一直未曾做過較全面的系統化整合，不僅內容流於支離零碎，使讀者無從在瞎子摸象情形下，去拼湊出大象的全貌：另外在滿布數理用語的文字障情形下，也使讀者望而生畏，無從真正窺見複雜系統的堂奧，認識它們對當前管理思想所可帶來的價值。

本書從複雜系統科研成果中，洞察到「自組織」概念其實就是化身為各種形式、隱藏在各個分支理論背後，我們所要尋找複

16 日文把外來語 organization 翻成機關，中文後來也引進使用，充分反映出牛頓機械論思維。

雜系統基本原理的本尊，於是筆者就戮力綜整並推演出一套可供管理者應用的自組織系統理論；並從第七章開始介紹這套理論，試圖導引讀者進入相對陌生的自組織世界，目的就是要讓大家重新認識「管理世界的自組織之海」。而在重建這一認識之後，本書接著要推廣的就是融合東西方管理思想，簡稱為「自組織為體、他組織為用」的管理觀。

天道、人道

自組織現象普遍存在於自然、生命、人類社會三界，而自組織原理，用司馬遷的話來說，具有「究天人之際、通古今之變」的特性。人類社會與組織系統是自組織無形之手與他組織可見之手並存的世界，因此自組織與他組織間的關係之辨就成為重要議題。《老子》的「天道無為、人道有為」一錘定音，本書用它來呼應「自組織對應無為天道，他組織對應有為人道」的說法。

天道無擇、人道有辨

對於天道、人道關係，明朝羅順欽提出「天道莫非自然，人道皆是當然；凡所當然者，皆自然不可違也」，點出「人道不違天道、人道蘊含於天道」兩者間所存在的主從關係。不過，清朝王夫之另提出「天道無擇，人道有辨」的命題，因為天道雖「無為」但也存在「無所不為」的反向面；而人道的「有為」也同樣存在「有所不為」的正向面。

因此，人道雖蘊含於天道，但不必盡採天道，而應有所選擇。這一道劃開「自然」與「當然」的紅線，就是人類的價值觀與倫理觀；自然界無所謂善惡，而人類社會必須明辨善惡[17]。因為人終究不同於萬物，人道多了悲憫之心，會去關懷弱勢，會去關切人類社會的可持續發展，所以道德原則固然不能違背自然規律，但是道德原則卻可選擇性地採用自然規律。這也是《道藏・西昇經序》所稱「萬物莫不由之之謂道，道之在我之謂德」的道理。

歸納來說，因為人道不違天道，但天道與人道兩者有自然與當然之別;所以得出「人道只是天道的一個選擇性子集合」的結論。此外，又由於王夫之用來區分天道與人道的「無擇、有辨」概念，其實與本書第八章〈領導〉曾經提到「自組織無主觀方向性、他組織具有主觀方向性」的說法完全契合；因此把「人道不違天道」的概念與上述針對「有辨、無擇」所作「方向有無」的解讀，兩相結合後，就可用來支持以下說法：管理者的工作就是要善用自己決策力與執行力所產生的他組織之手的功能，以使人類組織這一不具方向性的自組織系統，轉化為具有「方向性」的管理工具，使管理者得以在「他組織給方向、自組織出力量」、「用勢不用力」方式下，取得管理成果——這也就是本書「自組織為體、他組織為用」的管理觀。

遵天道、興人道

本書根據「人道不違天道」、「天道無擇、人道有辨」以及「他組織（人道）給方向，自組織（天道）給力量」等認知，提出的「自組織為體、他組織為用」管理觀，性質上是一套「遵天道、興人道」的主張。

17 例如，在「自私的基因」驅策下，非洲草原會出現公獅撲殺非己出的乳獅，來使母獅因不再哺乳而發情，以便孕育出屬於自己幼獅的現象，但這種行為就不容許於人道世界。

■ 參贊化育

管理觀與「天道、人道」概念不期而遇，使得管理工作驟然間變得神聖起來。因為在古人概念裡，孕育萬物的生命是大自然（也就是自組織的天道）所專管的事，現在管理者通過對自組織原理的了解與掌握，進而要以「自組織為體、他組織為用」的方式，去一起參與至少是人類社會與組織生命的創生、存在與演化工作，這已經是與天地平起平坐的一種「參贊化育」的使命。

《中庸》說「唯天下至誠，為能盡其性；能盡其性，則能盡人之性；能盡人之性，則能盡物之性；能盡物之性，則可以贊大地之化育；可以贊天地之化育，則可以與天地參矣[18]」。這一段話如用複雜系統語言來解讀，意思是：當一個人（最基本的分形基模）能夠在「遵天道、興人道」前提下，發揮因緣成果的自組織效應，那麼分形基模在共生演化與長程關聯效應下，從個人到組織到外在環境的系統相變就會一路啟動，最後湧現出一個由新生態系統所代表的新生命就會誕生。到了這時候，人道就與天道、地道平起平坐，三個合而為一了。

■ 管理者的自我期許

管理工作的規模與影響各有大小，把所有的管理工作都稱作「參贊化育」不免太過沉重。但對許多規模較大而且影響較深遠的管理工作來說，管理者如果能夠認知這種決策的高度已上綱到「參贊化育」的層次，必須用宋朝謝良佐所說「莫為一身之謀，

18 白話直譯是：只有天下最真誠的人能真正發揮他的本性；能發揮個人本性，就能發揮眾人的本性；能發揮眾人本性，就能發揮自然界的本性；能發揮自然界的本性，就可以幫助天地孕育生命；能幫助天地孕育生命，那麼人就可與天、地「並列（參字的意義）」在一起了。

而有天下之志。莫為終身之計，而有後世之慮」的態度來推動的話，也應是管理者必要的一種自我要求與自我期許[19]。

變易、簡易、不易

在本書「以今解古、借古喻今」雙向詮釋的解說中，《易經》是很主要的一個對象。《易經》統攝天道（自然之道、自組織之道）與人道（人倫之道）[20]。古人解易，起初多直接從卦象，亦即象數角度來討論；直到漢朝王弼根據孔子註釋的《繫辭》，建立從義理角度來解易[21]，《易經》的哲學意涵才開始蔚為研究重點。

提到這段易學研究發展歷程的原因，是要用它來對照複雜系統科研的現況。前面提到，目前複雜系統科研成果的推廣，不論東西方，基本上都仍停留在科普讀物的層次，這就如同把易學只停留在象數研究層次一樣。本書嘗試綜整自組織原理的努力，就是企圖發掘複雜系統科研成果的真正金脈，亦即它的系統哲學內涵—— 相當於易學研究的義理途徑。這一融合東西方管理哲學理念的努力，本書只是一個開端，後續還有許多工作可做。

再回頭談易道，它除了「日月為易（篆字型拆解），象徵陰陽」說法外，漢朝經學家鄭玄提出「易有三義：變易、簡易、不易」的見解。意思是《易經》談的是天地人三道的變易演化現象（這指變易），但這些複雜的變易現象，《易經》都把它們歸納

19 在自組織世界中，他組織的作為，理論上，都屬代理行為（agent behavior），因此可見之手的運用就有必須講究的正當性問題；而正當性的核心就是治理（governance）問題，這時就會涉及為誰而戰、為何而戰，以及代理人的行為規範與職業倫理問題。這些都是傳統組織理論中的重要議題，而「自組織為體、他組織為用」的觀點將成為這個領域值得深入探討的一個新角度。

20 《易經・繫辭》：易之為書也，廣大悉備。有天道焉，有人道焉，有地道焉。

21 《荀子・大略》也說「善為易者不占」，反映《易經》還有其他有價值的用途。

與蘊含在相對簡單的規律之中（這指簡易），更重要的是《易經》所歸納的這些簡單規律，都屬恆變萬象所遵循「變而有其宗」的不變常道（這指不易）。

本書所綜整的宏觀微觀自組織原理，乃至於全書所談與決策與執行有關的管理原理原則，在內容的整理上其實也都以「變易、簡易、不易」三義作為努力目標。

變易：治事必先明變、知變方能處常

本書篤信「治事必先明變，知變方能處常」的道理，這種說法所根據的是一種動態恆變的世界觀。自組織理論從開始就把組織系統看成是一個動態恆變的系統，並且系統的生命歷程會出現一常一變的交替循環現象。

不過，知道「一常一變」只是知其然，認識「所以一常一變（導致常變循環發生）」的背後道理，才是真正知其所以然的「明變、知變」。本書提出「追求系統存在的泛穩定性」是複雜系統常變循環現象的內發自組織動能。根據這一認識，本書一方面綜整出常變循環原理以及守常律與應變律兩個法則，來說明自組織系統的生命歷程，為何與如何發生「一常一變」交替循環的現象；另方面更從複雜系統「從無到有」的創生源頭，歸納出「內因爲依據、外緣為條件」因緣俱足，生成萬物的因緣成果原理，以及針對系統相變當下的系統狀態破立過程，歸納出臨機破立原理。根據這些成果，就可使管理者不論是處在系統創生、存在或演化的哪一階段，或是在系統的守常與應變哪一狀態，甚至是在臨機破立的哪一當下時刻，都能找到可供參考與應用的原理與法則，來發揮自己可見之手守常達變的決策與執行功能。

簡易：複雜源自簡單

國際間複雜系統科研成果，不論是紙本或電子版的書籍、論文等，早已超過汗牛充棟的程度。不過，用易學研究的象數與義理二分法來比喻的話，目前這些文獻都屬技術細節討論為主，相當於「象數」路線的成果，因此，對於非理工背景的社會科學與管理學工作者來說，不僅難以置喙，更無從有效應用。本書採取跨越「象數」技術細節，直攻複雜系統科學「義理」的途徑，從相關文獻中去歸納其中的系統哲學意涵，並從中淬鍊出可供管理領域應用的原理與法則。目前的成果僅屬初步嘗試的成績。

分形論已經證明「複雜源自簡單」，但要從複雜中發現簡單的過程往往不簡單。本書所歸納「自組織為體、他組織為用」的管理觀架構，它的過程可說是：先經過「為學日益」的長期加法過程，去搜集複雜系統科研成果的大量資料，並分門別類了解個中不同「象數」的基本意義，然後再經過「為道日損」的長期減法過程，從原料狀態的資料中，去篩揀、提煉、結晶出其中的含金量（自組織概念），並發掘隱藏在深層的一貫邏輯脈絡（自組織原理原則）。而為了使經此程序所產生的「義理」成果能滿足「執簡馭繁」的要求，本書撰稿期間更曾易稿改版無數次，最後才確定以目前六原理六法則方式來呈現。

《華嚴經》所說「一中知一切」是追求簡易達到極簡後的最高境界。但反過來的「一切中知一」，這一辯證性的反向命題，恐怕較少人注意到其實是在發掘「變中有常」的道理——也就是《易經》的第三義：不易。

不易：變中有常、變有其宗

本書提倡並推廣自組織理論在管理領域的應用，但管理工作早隨人類歷史而存在，不等自組織理論出現而成立。古今中外各領域的管理者即使不知有自組織理論，也都成就了許多偉大的管理成果。不過，僅以本書用來示例的古今故事（含決策與執行各章）來說，故事中主人翁為人稱道乃至令人動容的事蹟，細究起來也多與「自組織為體、他組織為用」管理觀不謀而合。所以，本書以自組織為核心所發展的管理觀，其實只是把過去中外先賢們所洞察並身體力行許多「不易」的管理大道，利用複雜系統科學所發現的自組織原理作為骨架，將它們以組織化、結構化的方式整理出來而已。

附錄一

自然界的耗散結構

耗散結構（dissipative structure）是自然界在一定條件下，從混沌「無序」狀態自組織（自發）生成的一種「有序」結構。這種結構具有與外界不斷交換能量與物質來進行「新陳代謝」的特徵；當新陳代謝功能停止時，它就會「耗散」恢復無序狀態。討論耗散結構前，先說明「無序、有序」概念。

一、有序結構

有序、無序

附圖 1-A1 容器中的分子是自由運動的氣體，而 A2 容器中的分子則凝結為結構穩定的固體。A1 屬於無序狀態，A2 則顯然屬

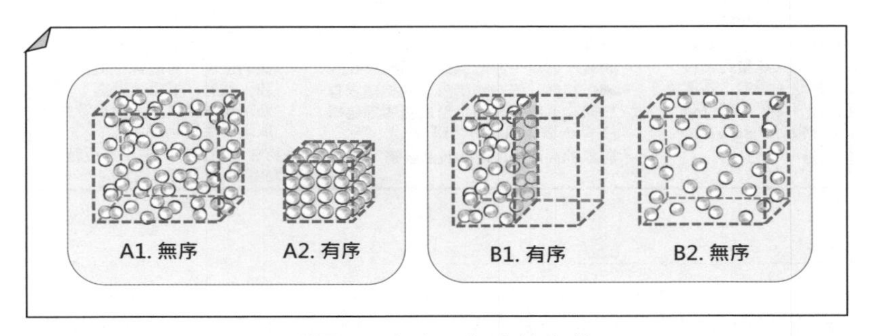

附圖 1　有序、無序的意義

於有序狀態。附圖 1-B1 是將 A1 容器分隔成兩部分，並將其中一半的氣體抽空；而 B2 則將 B1 的中間隔板移除，讓氣體恢復自由運動。B2 無疑問屬於無序狀態，但 B1 屬於有序狀態嗎？

B1 的空間半邊實、半邊虛；而 B2 的空間一片混沌，因此定義上，B1 比 B2 有序。B1 一分為二，出現「有、無[1]」（或「陰、陽」）的相對差異，相當於佛家所說的「差別相」，這種差別相就是建立秩序與出現結構關係的開始。

有序結構物

有序結構物至少可分成三類：(1) 自組織形成，屬靜態結構物的晶體、磁鐵等；(2) 自組織形成，屬動態結構物的耗散結構；(3) 人造（他組織）的靜態或動態結構物。附表 1 歸納這三類結構物的特性，其中的耗散結構是本附錄說明的重點。

附表 1　三類有序結構物特性比較

晶體、磁鐵	耗散結構	人造結構
例：晶體、磁鐵（原子呈現有序排列之巨集體）	例：貝納花紋、B-Z化學鐘、複細胞生物、生態系統、企業/產業系統、都市聚落、自由市場	例：建築物、鐘錶、機械、汽車、化合物、電子產品
自組織因緣和合湧現	自組織因緣和合湧現	他組織（可見之手的產品）
靜態、穩定結構	動態平衡、穩定結構	靜態或動態人造穩定結構
封閉系統：湧現、存在、毀損	開放系統：湧現、存在、演化、耗散	封閉系統：被製造、存在、磨耗、損壞
靜態有序	動態有序	人為（設計）有序
▪ 存在條件：不需從外界輸入能量與物質，常態（壓力、溫度等）下可維持持續存在 ▪ 守恆(conservative)的封閉系統	▪ 存在條件：必須與外界不斷交換能量、物質、訊息，才能維持持續的存在 ▪ 演化條件：既有結構無法維持穩定存在時，系統自發演化形成新穩定結構 → 新一輪因緣和合循環 ▪ 開放的耗散(dissipative)系統	▪ 存在條件(無演化能力)： ・被製造後，會磨耗、氧化、腐蝕、疲勞、退化、損壞 ・必須保養與維護，更換零組件以延長使用年限 ▪ 特性：可設計內在正負反饋控制機制 →傳統仿生組織

1 《老子》「無名萬物之始、有名萬物之母」，可用來説明有序、無序關係。B2 混沌無序對應「無名萬物之始」，B1 從混沌中分出有無、虛實、陰陽的稱呼，對應「有名萬物之母」。這也是「一生二、二生三、三生萬物」的起點。

以下用貝納花紋與 B-Z 化學鐘為例，說明大自然界自組織形成的空間性與時間性耗散結構。

二、貝納花紋

普力高津利用無機的貝納花紋說明：(1) 一個有序結構如何從無序狀態湧現成形（從無到有）；(2) 有序結構生成後，如何維持它的穩定存在（有而能存）；以及 (3) 當環境改變後，它又如何自組再造，發展出新的穩定結構，使自己能繼續存活（從有到變）。以下介紹貝納花紋的形成機制，並分別利用耗散結構、突變、協同、分形與混沌等複雜系統理論，來解釋貝納現象的多面向特徵。

現象

貝納花紋的出現

貝納花紋是「空間性」耗散結構的案例，貝納花紋可在實驗室複製，也可在自然地景中發現。以實驗室環境為例，貝納花紋實驗是個相對簡單的操作：在一個淺盤狀開口容器內注入液體，並在底部均勻加熱，等到盤底溫度上升達臨界值時，液面就會出現由無數股上升湧泉所形成的蜂巢狀六角形花紋。這時如果使盤底維持恆溫，並將逐漸蒸發掉的液體，適時予以補充，那麼液面花紋就可持續存在（見附圖 2-A1）。一旦將熱源移除，花紋就會耗散；如持續加熱，溫度超過臨界值，液面花紋就會走樣，甚至進入高溫湍流狀態——屬於另一種動態「結構」形式。

貝納花紋的形成

貝納花紋靠兩股力量形成：液體底層分子受熱後產生的浮力，以及上層相對較冷分子下沉的重力。液體受熱就要散熱，以使自己恢復上下均溫狀態；散熱的方式有輻射、傳導與對流等三種。當液體僅底部受熱而頂部未受熱，以致液體上下溫差擴大時，除輻射與傳導外，液體必然會出現對流現象，來加速散熱與溫度均勻化的效果。

貝納花紋發生過程：液體（假設是水）受熱後必須利用對流來散熱時，底層較熱、受熱後所出現比重較輕的分子，就會尋找空隙往上竄升，以使系統內蓄的熱量可從位於頂層的液體表面散去；而上層較冷、相對比重較大的分子受到熱分子不斷上湧擠入，需要尋找空隙往下沉降。這種交叉運動經過相互衝撞與閃避之後，向上的熱分子與向下的冷分子就會各自找到互不干擾的運動路徑，於是方向相同的冷、熱分子就會分別匯流成下降與上升的水路。這些流向相反的水路還會互相調整位置，以兩兩配對的方式，形成相輔相成的單循環對流迴路。接下來順時鐘與逆時鐘的對流迴

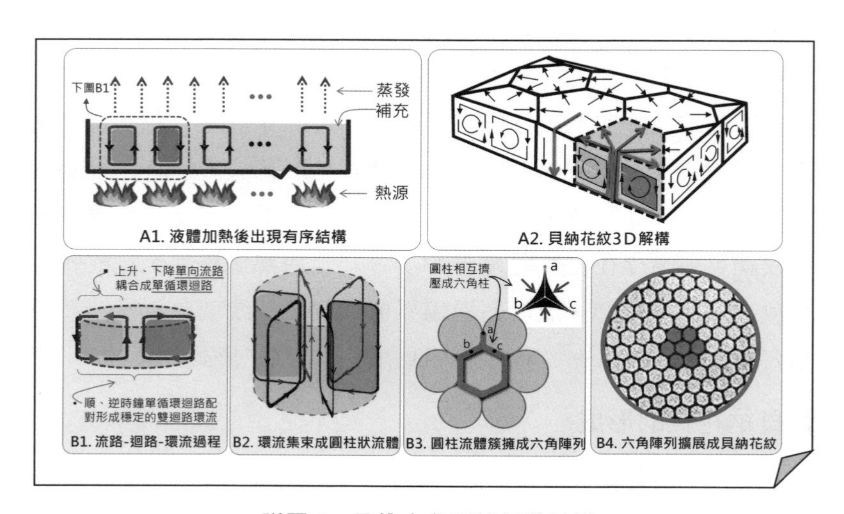

附圖 2　貝納六角形蜂巢狀結構

路還會再進一步兩兩配對，結合成可穩定存在的雙循環迴路（附圖 2-B1）。經過「上升、下降水路→單循環對流迴路→配對雙循環迴路」的一系列排列組合規律化過程後，這些配對雙循環的水流迴路，又會成束聚攏在一起形成圓柱狀從中央往上湧出再從四圍下瀉的水柱（附圖 2-B2），這些動態的湧泉般水柱再形成 1+6（1 個在中央，6 個在周圍）的陣列簇擁在一起（附圖 2-B3），然後這種 1+6 的陣列組合再向四方擴散，液體表面就出現蜂巢狀的六角形花紋（附圖 2-B4）。

六角形蜂巢狀花紋

為什麼貝納花紋呈現出蜂巢狀的六角形，而不是其他的形狀呢？首先，從幾何學觀點看，圓形是大自然最容易形成的形狀，若以相同直徑的圓柱填滿空間，最緊密的形式就是一加六（一心加六邊）的結構（附圖 2-B3）。不過，這時相鄰三個圓柱間會出現弧形三角間隙（B3 右上角放大圖 abc 所圍面積），這一間隙都會立刻被周圍具有擴張性的三股圓柱形的水流擠入填滿，使得原本有間隙的 1+6 圓形水柱陣列，在間隙被填滿後就擴展成六角水柱的陣列，於是液體表面就出現蜂巢狀的六角形花紋。

歸納來說，液體分子受熱後要散熱是它的目的，這一目的源自物體有使溫度保持均勻狀態的特性。當受熱後上下溫差擴大時，對流是最有效率的散熱方式，而貝納花紋就是根據液體熱升冷降的物理特性，所自然發展以對流來散熱的最有效方式。於是貝納花紋就成為在特定加熱條件下，液體為達散熱目的必然會出現的自組織穩定結構。

解釋

以下利用不同的複雜系統理論，從不同的面向來解釋貝納花紋現象。

耗散結構論

普力高津的耗散結構論可解讀為一套「內因為依據、外緣為條件」的「因緣成果」自組織理論。底層液體分子受熱後會膨脹上升、相對較冷的上層分子則會下降，這種物理特性就是形成貝納花紋的「內因依據」。不過，熱脹後要上升的液體分子會遭遇上方相對低溫正要下降分子的阻擋而變得動彈不得；唯有那些正好有較多高溫分子聚集的點位，出現了上升浮力大於上層下降壓力的「外緣條件」，然後在這些點位就會出現熱分子上升突破口，這就是貝納對流迴路形成的起點。

上述「因緣和合」所形成的突破口，剛出現時都是這裡一些、那裡一些，彼此並不相連貫、斷斷續續的短程水路。唯有能一路串連形成從盤底直達液面頂端的全程水路，才有機會「存活」，否則就會半途被別的水路兼併而夭折。其次，即使是已經形成從底到頂的連貫水路，能否持續穩定存在，仍須通過兩道考驗：(1) 它必須找到反向的下降水路，以便結合成完整的上下循環迴路；(2) 這些獨立循環迴路，還須儘速與鄰近的互補迴路完成順、逆時鐘流向的配對，才能存活。所有通過這幾道關卡考驗的水路，就是形成貝納花紋自組織系統的基本成員，這些流向相互配對的一組組迴路，還會自動調整排列關係，成束聚攏形成圓柱狀的水柱。接下來這些從中湧出的水柱還會儘量擴大自己的直徑（不同液體的柱體直徑隨分子大小而有巨大差異），並且以 1+6 的陣列方式簇擁在一起的方式向四方展開，就形成緊密的蜂巢狀花紋。

用耗散結構語言來說，貝納花紋是以下列條件為前提而形成：(1) 開放系統：與外界不斷交換能量與物質，盤底加溫是「交換能量」，補充水量是「交換物質」；(2) 遠離平衡態：只從底部加溫，打破系統的均溫平衡狀態；(3) 因振盪漲落，使系統的功能與結構發生解構重組：底層分子受熱上升、強迫頂層分子下降，導致系統出現上下對流的「結構」，來發揮排熱與平衡溫差的「功能」；(4) 反饋增強機制：順暢的迴路，因排熱效果好，會成為強勢迴路；而強勢迴路會吸納、消滅弱勢迴路；於是在強者越強，弱者淘汰情形下，留下來的都是強勢迴路，最後出現 1+6 的上湧水柱陣列；(5）臨界相變：經過上述迴路配對、淘汰過程，當 1+6 陣列形成並四面展開時，貝納花紋就驟然湧現。

巨變論

巨變論告訴我們自組織系統相變是一種微觀量變導致宏觀質變的過程，且過程中會出現多個吸引子爭奪系統狀態主導權的情形。在貝納花紋例中，在盤底加溫前，液體可想像為由相同溫度的分子一層層堆疊而成（類似千層糕）的一種結構，各層次間的分子彼此不相流通。當底層液體受熱後，通過輻射與傳導，液體不同層次間便會產生溫差；但由於同一層次的分子無法必然保持等溫，於是在那些高溫分子較集中、浮力較大的點位上，就會出現穿越層次的上升流突破口，代表原本井然有序的「千層糕」系統開始發生微觀的量變。等這些突破口經過層層串聯、配對、競爭、協同等過程，一關關從「短水路」開始，經由上下貫通單向水路→上下對流雙向迴路→順、逆時鐘配對的雙向迴路→中央湧出四圍下降水柱模組等轉化過程，最後達成液體全面貝納花紋化。

從巨變論的吸引子觀點看，裝水淺盤加溫前，液體各層次間分子為不相交流的「等溫、水平式千層糕狀」結構，可用來代表系統既有狀態的吸引子；「打破層次界線，使液體分子有秩序上下對流」則代表挑戰既有狀態的新吸引子開始形成。不過，新吸引子必須等到「液體表面以四方連續方式，展現蜂巢狀六角花紋」時，才算正式取得系統狀態主導權，這時系統狀態已經發生相變，變成「垂直式上下有溫差對流系統」。

協同論

協同論的貢獻在於針對由大量元素所構成的系統，將組成分子區分為快、慢變量的概念，以及系統相變過程會出現快變量追隨慢變量現象；另並強調一旦慢變量打破慣性開始運動，就會迅速凝聚巨量的快變量形成新吸引子（稱為序參量），來挑戰舊秩序（老吸引子）啓動宏觀相變過程。事實上，新吸引子的萌生（亦即序參量的勃興），代表複雜系統追求「泛穩定性」的潛在規則開始發生作用。這一潛規則的作用方式是：如果能恢復既有結構的穩定性，就儘速恢復它；但如果在新環境狀態下，無法繼續維持既有結構，那麼就尋求可在新環境中穩定存在的新結構，使系統得以新的面貌繼續存在。對貝納花紋來說，當進入系統的熱量過大，必須利用對流方式才能有效散熱，於是跨層次的分子運動就開始發生，垂直的短水路開始出現，這種現象的呈現就是新吸引子開始形成、序參量開始起作用的明確表徵；最後「貝納花紋化」的結構因為排熱效果最佳，所以就成為新環境條件下可穩定存在的新結構。

從快變量、慢變量觀點看，性屬快變量的分子吸收熱量後，只會在原來的層次內擾動，這種運動的效果只發揮傳導與輻射的散熱作用，等熱量散發後，它們就在原來層次內又安靜下來。至於慢變量則不隨同快變量排放熱量，而是吸收並儲存這些能量，等累積到一定程度後，就以帶領快變量突破「千層糕」水平層次間藩籬，開闢垂直上升水路的方式來排放熱量；而液體結構的宏觀相變過程也就於焉展開。

自組織系統相變當下都會強調「長程關聯效應」的概念。貝納花紋的形成其實是一種「說時遲、那時快」的過程，過程中每一環節的動作，會在液體不同層次與不同區位，此起彼落隨處發生；而層層套疊的協調與配對，則是在橫跨整個液體的大範圍內，以連鎖反應的方式在起作用。所以，任何一個圓形水柱模組的成形，都非孤立現象。每個作為核心的圓形水柱，必然都是以周邊六個水柱都已存在的前提下，才能維持自己的存在，而要滿足這種互相依賴的條件，這些圓形水柱就必須同時以陣列的形式一起出現才行。這種一起併起的現象，就是所謂的長程關聯效應，這與佛家所稱「因緣並起（co-arising）」的概念完全吻合。

分形論

對貝納花紋來說，熱對流迴路是系統的基本模組，這一自相似的同構模組，以尺度不變的方式出現在從微觀到宏觀的液體流路中。這些大大小小對流迴路的串聯與配對現象，不斷向各方複製擴散，衍生出宏觀的巨型層級結構，最後形成四方連續的蜂巢狀六角形花紋。分形基模的異化與演化，可根據耗散結構的「功能－結構－漲落」概念展開它們的套疊與複製過程，亦即老系統結構遭到解構（千層糕層次間的藩籬被突破）→系統元素出現新功能（新突破口引發垂直水流）→形成新分形基模結構（垂直流路）→新分形基模發揮新功能（流路出現串聯、配對現象）→系統演化出宏觀新結構。

不論是分形論的分形基模異化，協同論的長程關聯，或是耗散結構的功能－結構－漲落概念，它們的核心其實都是共生演化（co-evolution）作用，亦即自組織系統的新分形基模，在複製與擴散過程中，必須進行相容性的協調與適應，以使彼此得以有效相互介接、發揮整體功能。在貝納花紋例中，任一對流迴路都必須在自己周邊發展或找到可供配對的反向迴路，才能使自己穩定存在，否則就會被攪亂消滅掉——分形基模必須相輔相成才能生存的特性，在系統相變的長程擴散過程中，會發揮共生演化的「選擇」作用，把落單、格格不入的迴路淘汰掉，使留下來的迴路都能與其他迴路相互間形成穩定的互補關係，於是外觀上對稱緊密的六角形貝納花紋也就因此誕生。

混沌論

貝納花紋眾多受熱的分子中，「那些分子會成為吸納較多能量，具有突破層次藩籬能力的慢變量？這些慢變量會出現在那些區位？」都決定於偶然因素，每次實驗的情況也都不會完全相同，例如某次實驗有個六角水柱的中心正好落在某個有標記的點位上，但下次實驗時可能是某個六角水柱的邊緣（而非中心）落在這個點上。所謂分岔現象，對貝納花紋來說，就是某次實驗中某一上升流路突破口發生在液體某層次點 A 的位置，並逐漸壯大發展成貝納花紋的一個六角水柱中心時，那麼與它緊鄰的點 B 就永遠失去成為中心的機會。

最後值得一提的是，通常我們實際所看到的貝納花紋並不必然那麼正六角形，這是因為雜質侵入或受到其他偶然因素影響，而使花紋形狀扭曲、走樣。尤其是自然界形成的貝納花紋地質景觀，它們變形走樣的情形更為明顯。現實世界中的複雜系統，即使擁有同構的自相似分形基模，但整體結構經過演化後也不盡然完全相同。

三、B-Z 化學鐘

B-Z 化學鐘是俄國科學家貝羅索夫（Belousov）以及查波廷斯基（Zhabotinsky）兩人於 1950 至 60 年代發現，具有動態振盪（oscillation）特性的一種化學反應，是「時間有序」耗散結構的代表性案例。這種化學反應特徵是：反應物 X 與生成物 Y 的濃度，在反應過程中除出現此減彼增的消長外，兩者間還會通過反饋產生的相生相剋作用（附圖 3），致使反應因為無法收斂而出現循環性的漲落振盪現象。

B-Z 反應一開始，反應物 X 的濃度會隨著反應的發生而逐漸降低（附圖 3A 中 a → b 粗線），生成物 Y 的濃度則逐漸上升（附圖 3A 中 c → d 粗線），但當 X 的濃度降到臨界值 b，而 Y 的濃

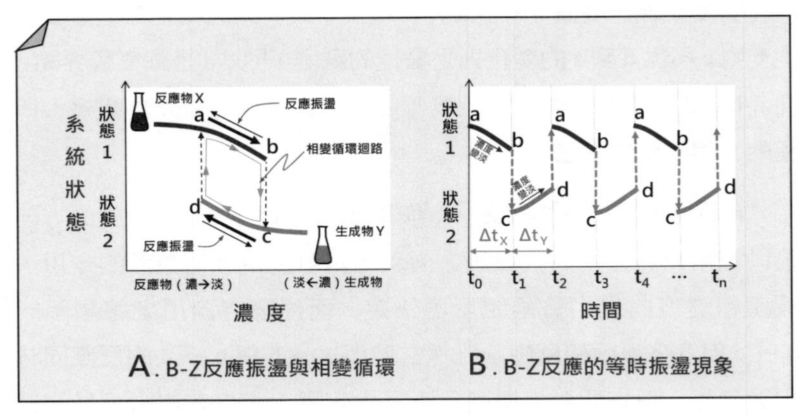

附圖 3　B-Z 化學鐘特徵

度上升到 d 值時，反應發生逆轉；這時 X 的濃度開始回升（附圖 3A 中 b → a 細線），而 Y 的濃度則反過來開始下降（附圖 3A 中 d → c 細線），直到 Y 的濃度降到臨界值 c；而 X 濃度恢復到 a 值時，反應再度反轉，Y 的濃度重新開始回升，X 的濃度再度開始下降。如此週而復始、循環不已。

有趣的是：B-Z 反應剛開始時，因為 X 濃度較高，所以液體顏色顯示出 X 的色澤（附圖 3 中狀態 1—淺色狀態）；但當 X 濃度降為臨界值 b 時，液體顏色就變為 Y 的色澤（附圖 3 中狀態 2—深色狀態，這時 Y 的濃度為 c）。不過，等到 Y 的濃度降為臨界值 d 時，液體顏色又再恢復為 X 的色澤（這時 X 的濃度為 a）。所以，B-Z 反應起作用後，液體的顏色就以「固定的時間間隔」，一下淺一下深，不斷循環交錯、變換顏色。

附圖 3A 顯示反應物 X 的濃度會在 a 與 b 間來回振盪，而生成物 Y 則在 c 與 d 間來回振盪，但如從時間序列角度看，相變循環是循著 a-b-c-d 的順序發生的。附圖 3A 所示其實就是著名的尖點巨變相變延遲的反 S 曲線。根據巨變論 B-Z 反應是典型的量變產生質變案例，附圖 3A 中 a 與 b 以及 c 與 d 間的變化都是量變，從 b 到 c 與從 d 到 a 的變化則是質性的躍變，b 與 d 是躍變臨界點，而 a-b-c-d 所圍的範圍就是相變應變區，也是第七章〈自組織〉所稱的「相變延遲之眼」。

附圖 3A 中反應物的 a → b 與生成物的 c → d 兩個過程的方向箭頭都用粗線顯示，代表該方向反應具有決定液體色澤的作用，液體相變方向也由這兩組反應決定。而反應方向用細線顯示的 d → c 與 b → a 兩個反應，雖然它們與 a → b 與 c → d 的反應同時配對發生，但它們對液體顏色不發生作用，所以在肉眼可見的相變過程中屬於不顯著的隱性反應。

附圖 3B 把圖 3A 中 a → b → c → d 的相變循環迴路，用時間座標展開。圖中 c → d 反應模組被向右翻轉，使 a → b 與 c → d 兩個基本反應模組，得以順著時間軸做線性串聯展延，於是狀態 1（淺色）與狀態 2（深色）交錯循環的振盪反應過程，就清楚呈現在時間座標上。

由於 a → b 與 c → d 的反應時間長度 Δt_X 與 Δt_Y，通常都為穩定的定值，亦即 B-Z 反應的顏色轉換時間間隔，往往如同時鐘般準確，因此 B-Z 反應又被稱為「化學鐘」反應。

附錄二

巨變論的應用：
選舉棄保現象的分析

自組織無形之手的作用不只出現在人類的經濟活動，它同樣出現在人類的社會活動中，以下針對民主選舉棄保現象進行分析。

一、選舉棄保現象及其發生的前提條件

在甲、乙、丙三人競選的場合，如果其中領先的甲、乙兩人勢均力敵，那麼原來支持相對落後的丙的選民，實際投票時就有可能發生分裂。因為只有死忠的選民才會繼續把票投給丙，其餘選民或者為了避免自己的票浪費在必然落選者的身上，或者在領先的甲、乙兩人中，有一個自己非常不喜歡的候選人，就會把票投給甲、乙兩人中自己較可接受的候選人，以使自己這一票可以成為決定選舉勝負的有效票。這種臨到投票前夕才出現的變卦，對選舉結果往往造成決定性影響。這種現象就是俗稱的「棄保現象」，國際上把它稱為策略性投票（strategic voting）。

棄保現象也可能出現在勢均力敵的雙候選人場合。例如，投票前夕發生聳動聽聞的戲劇性事件，結果使得兩個候選人中的某甲形象瞬間備受質疑，或使某乙突然變成值得同情的弱者，不論哪一種狀況都可能使原本就沒有強烈忠誠度的中間選民，在第二天投票時出現不投某甲、改投某乙的情形。一旦出現這種情形，

原本會支持某甲的一票轉投給了某乙，於是一出一進之後，就使兩人的實際得票數被放大成兩票的落差。在這種效應下，就會使原本勢均力敵但略微領先的某甲，情勢翻盤，從預期險勝的勝選者轉變為小敗飲恨的落選者。

如果只用「因緣成果」概念來理解的話，那麼棄保現象的「因」是：先要存在一批投票傾向不是那麼極端的中間選民；至於「緣」則是：(1) 在投票前夕這些選民必須突然發現自己的選票，可能還有一個更有意義的投法；或是 (2) 自己原本就屬「兩可」的中性立場，但受到突發事件影響，以致下定決心換邊投票。以上兩類「緣」故，基本上都是通過媒體、網路所傳播的直接間接訊息，所引發選民認知與判斷的自發性修正，進而導致投票行為的改變。這種特殊的投票行為，性質上就屬社會性的自組織現象。

二、選舉棄保現象的尖點巨變模型

前面所提的棄保現象其實是人類外顯行為會受外在常模影響，如本文中圖 5.8 所示的一種後果。可用尖點巨變模型來分析它的發生過程。

首先，棄保現象最典型的背景條件是：A、B、C 三個候選人競爭一個席位，三人的民調支持度為「A > B > C」，但有「A、B 甚為接近，而 C 則遠為落後」的關係。這時原本支持 C 的選民們，在眼見 C 已當選無望，但卻又一致性地非常排斥 A 的當選，「棄 C 保 B，以使 A 落選」就成為這些選民的新選項。附圖 4 是棄保效應的尖點突變模型圖解。由於棄保現象只是一次選舉的單方向相變，沒有恢復路徑、不涉及應變區，因此在圖中只需繪出一條臨界線。

附圖4的橫軸（內因）是選民對C候選人的忠誠度，而縱軸（外緣）是棄保指標，它用A與B兩候選人民調支持度差距的倒數來衡量——亦即A、B兩候選人民調差距越小，它的倒數數值就越大；因箭頭向下為正，所以縱軸落點越低，棄保指標數值就越高，棄保現象也越可能發生。

要用巨變模型分析棄保現象，必須掌握三項訊息：(1) 棄保臨界線，亦即設法預估社會常模等干擾因子的影響力強度；(2) 棄保指標，亦即根據候選人A與B的民調，推算指標值；(3) 當事人把投票給C的忠誠度。有了這三項資訊就可繪製附圖4的尖點巨變模型。該圖意義可解讀如下：

1. 當棄保臨界線為0M，而棄保指標為 b_0 時，忠誠度 a_0 以下，原屬意C的選民就會轉投給B；但如棄保指標升高到 b_1 時，忠誠度為 a_1 以下的C選民都會轉投給B。

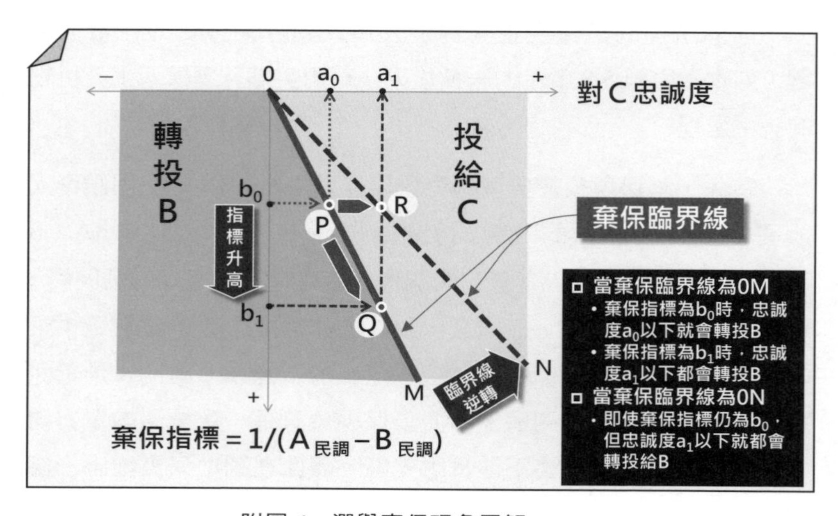

附圖4　選舉棄保現象圖解

2. 但當棄保臨界線為 0N 時，即使棄保指標為 b_0，忠誠度為 a_1 以下，原屬意 C 的選民也都會轉投給 B。

戲劇性棄保現象的發生，主要是在選前發生了如圖附 4 所示的兩種情況：(1) 棄保指標突然升高，亦即 A 與 B 的民調發生突變；(2) 棄保臨界線因為突發事件而發生逆時針迴轉。如發生第一種情況，就會使選民投票行為出現從圖中 P 點向 Q 點移動的改變；而發生第二種情況的話，就會發生從圖中 P 點往 R 點移動的改變。

接下來的問題是什麼原因會產生棄保指標或臨界線的重大變化？從台灣過去的選舉史當中，其實可找到許多案例來佐證：當選情緊繃時，越靠近投票日出現任何會衝擊選民情緒的重大事件，就越可能使選民的投票傾向或對候選人的認同度發生決定性的影響，它們的結果就反映在棄保指標的改變，或棄保臨界線的大幅迴轉。

不過，利用巨變理論來分析棄保現象，有以下幾點提醒：

1. 注意 B+C>A 的前提條件：選舉的棄保現象會否發生，有它必須滿足的前提條件；如果這些條件並不具備，那麼棄保現象就沒有發生的可能。例如，當三個候選人民調支持率是 $B + C < A$ 的情形時，棄保現象沒有炒作空間。

2. 注意選民的異質性：由於選民組成往往具有高度異質性，因此上述棄保分析所採「所有『棄 C』而去的選民，都會全數去『保 B』」的假設，在現實世界可能並不必然成立。因為決定棄 C 而去的選民中，也可能存在較認同 A，但不認同 B 的投票者，這些選民改投的對象就可能是 A 而不是 B。因此，忽略了選民組成異質性，不管是 A、B、C 任何一個候選人，在競選策略上就可能犯下重大錯誤。

3. 注意民調數字的正確性：前面的分析，都是以民調作為推論基礎。但民調數字是否可靠？是否具有代表性？選舉民調所遭遇的困難至少有兩個：(a) 長期慣用的電話民調，所抽樣本相對於母數的代表性；(b) 不願表態受訪者（或中性選民）比例過高時，就會使只根據已表態樣本所作的推論失真。因此應用模型進行分析前，對於套入模型的數據，必須先判定它們的可靠性，以避免「垃圾進、垃圾出」，發生誤導決策的結果。

4. 希望選民了解這套分析方法後，能提高自己投票的自主性，降低受不擇手段候選人的可見之手刻意操弄的風險。

管理

國家圖書館出版品預行編目 (CIP) 資料

管理 / 毛治國著 . -- 二版 . -- 新竹市 : 交大出版社，
民 107.08
　冊；　公分
ISBN 978-986-96220-2-8(精裝)

1. 企業領導 2. 組織管理

494.2　　　　107009304

作　　者：毛治國
責任編輯：程惠芳
封面設計：曾頭設計
封面照片：曾頭設計曾均揚
封面題字：毛治國
内文插圖：毛治國
内頁美編：黃春香

出 版 者：國立交通大學出版社
發 行 人：張懋中
社　　長：盧鴻興
執 行 長：簡美玲
執行主編：程惠芳
助理編輯：陳建安
製版印刷：台欣彩色印刷製版股份有限公司
地　　址：新竹市大學路 1001 號
讀者服務：03-5131542（週一至週五上午 8:30 至下午 5:00）
傳　　真：03-5731764
網　　址：http://press.nctu.edu.tw　　e-mail：press@nctu.edu.tw
出版日期：107 年 2 月初版一刷、107 年 3 月初版二刷
　　　　　107 年 8 月二版一刷
定　　價：650 元（軟精裝合訂本）
ISBN　：9789869622028
GPN　：1010700865

展售門市查詢：
交通大學出版社 http://press.nctu.edu.tw
三民書局（臺北市重慶南路一段 61 號））
網址：http://www.sanmin.com.tw　電話：02-23617511
或洽政府出版品集中展售門市：
國家書店（臺北市松江路 209 號 1 樓）
網址：http://www.govbooks.com.tw　電話：02-25180207
五南文化廣場臺中總店（臺中市中山路 6 號）
網址：http://www.wunanbooks.com.tw　電話：04-22260330